"十三五"国家重点出版物出版规划项目
国家科技基础性工作专项重点项目
国家社会公益研究专项项目
中国农业科学院科技创新工程

中国土壤剖面数据集

·黑龙江卷

主　编　张维理

本卷主编　张认连　刘双全　李玉影　魏　丹

浙江科学技术出版社·杭州

版权所有　侵权必究

图书在版编目（CIP）数据

中国土壤剖面数据集. 黑龙江卷 / 张维理主编；张认连等本卷主编. -- 杭州：浙江科学技术出版社，2024. 6. -- ISBN 978-7-5739-1268-8

Ⅰ. S152.2

中国国家版本馆CIP数据核字第20243NX801号

书　　名	中国土壤剖面数据集·黑龙江卷			
主　　编	张维理			
本卷主编	张认连　刘双全　李玉影　魏　丹			
出版发行	浙江科学技术出版社			
	杭州市拱墅区环城北路177号　邮政编码：310006			
	办公室电话：0571-85152719			
	销售部电话：0571-85176040			
排　　版	杭州万方图书有限公司			
印　　刷	浙江新华数码印务有限公司			
经　　销	全国各地新华书店			
开　　本	787mm×1092mm　1/8	印　张	50	
字　　数	881千字			
版　　次	2024年6月第1版	印　次	2024年6月第1次印刷	
书　　号	ISBN 978-7-5739-1268-8	定　价	380.00元	
地图审核号	GS浙（2024）312号			
策划组稿	詹　喜　章建林	责任编辑　詹　喜　周乔俐	文字编辑	汪哲远
责任校对	赵　艳	责任美编　金　晖	责任印务	叶文炀

如发现印、装问题，请与承印厂联系。电话：0571-85155604

《中国土壤剖面数据集》
编委会

主　　任　赵其国

副 主 任　张维理

委　　员（按姓氏笔画排序）

　　　　　毛达如　　史学正　　刘　旭　　刘先林　　刘更另
　　　　　孙　睿　　孙九林　　孙铁珩　　杨　鹏　　张洪江
　　　　　张维理　　周健民　　赵其国　　陶　澍　　黄鸿翔
　　　　　黄德明　　傅伯杰

《中国土壤剖面数据集·黑龙江卷》
编写人员

主　　编　张维理

本卷主编　张认连　　刘双全　　李玉影　　魏　丹

本卷编委（按姓氏笔画排序）

　　　　　马星竹　　龙怀玉　　田有国　　刘　颖　　刘双全
　　　　　刘国辉　　孙　磊　　李玉影　　佟玉欣　　谷学佳
　　　　　张认连　　张维理　　郑　雨　　赵　月　　郝小雨
　　　　　姜佰文　　徐爱国　　姬景红　　黄鸿翔　　隋跃宇
　　　　　雷秋良　　冀宏杰　　魏　丹

土壤大数据整合与数字制图

设　　计　张维理

制　　作　徐爱国　　张认连　　冀宏杰

程序编制　贾　萌　　吴章生　　严　豪

地图编辑　中国地图出版社集团有限公司

内容提要

本数据集以分县主要土壤类型与土壤剖面点分布图、土壤剖面理化性状表的形式，提供了我国各地详尽的土壤资源与质量的科学数据。全集共25卷，收录了全国2200多个县（市、区）的分县土壤图和6万多个土壤剖面的分层理化性状数据。根据各省级行政区土壤剖面数量和地域关联特征，既有一个省（自治区）的单卷，也有多个省（自治区、直辖市、特别行政区）的合订卷。各卷内容包含分县主要土类说明、主要土壤类型与土壤剖面点分布图、中心区气候特征图表，还含有全国和各卷所涉省级行政区的土壤图、土壤有机质含量图与地势图，以便读者在全国、省级和县级不同视角和尺度上，了解土壤资源与质量状况及其空间分布特征，以及土壤类型、土壤肥力与气候条件、地势、地貌之间的相互关联。

黑龙江省位于我国东北边疆，为大陆性季风气候，年平均降水量为370—670mm，降水量由西向东逐渐增多，到中部地区达最大值，再往东略有减少；年平均气温为 -5—4℃，由东南向西北递减。主要地貌为松嫩平原、三江平原、大小兴安岭和东部山区四大地区。受气候、地形、母质、水文、植被等成土因素影响，主要土壤类型有暗棕壤、草甸土、沼泽土、黑土、棕色针叶林土、白浆土、黑钙土、风沙土、水稻土、新积土、泥炭土、火山灰土、石质土、草甸盐土、碱土、栗钙土、漂灰土、山地草甸土等18个土类。本卷收录了黑龙江省70个县（市、区）1705个典型土壤剖面的分层理化性状数据，便于读者了解黑龙江省主要土壤类型的分布特征及剖面特征，可作为农业、林业、环境、气象、国土、水利、经济等领域的科研、管理、技术人员的工具书和参考书，也适合高等院校相关专业研究生参考使用。

序

万物土中生，有土斯有粮。土为万物之本，土壤的重要性是怎么强调都不为过的。现在，土壤相关数据已成为农业、林业、环境、气象、国土、水利等各部门、各行业的基础数据。土壤研究最基础、最重要的表现形式是土壤剖面数据，其反映了不同层次的土壤理化性状。然而，长期以来，我国一直缺乏一套完整的系统性表现全国各区域土壤性状的剖面数据。

中华人民共和国成立以来，我国曾开展了两次全国性土壤普查，其中20世纪70年代末开始的全国第二次土壤普查是迄今为止最完整的。当时全国挖掘了550余万个剖面，各地分县完成了大比例尺土壤图，数据完整且可靠性高；然而，限于种种因素，当时仅完成了全国范围小比例尺土壤类型图和养分图的汇总，未及时完成全国土壤剖面库的整理。这些纸质资料散落于各地，并且年代久远，面临丢失、损毁的风险。这些宝贵数据具有时空尺度的唯一性，一旦出现问题，将对国家和社会各层面造成无法挽回的损失。

自2001年起，在国家社会公益研究专项项目资助下，张维理研究员带领团队，在全国范围开始对分散存留各地的土壤调查资料进行抢救性收集和整理。2006年，科技部启动了国家科技基础性工作专项项目，"我国1∶5万土壤图籍编撰及高精度数字土壤构建"项目被列入首批重点项目并连续获得两期资助。该项目由中国农业科学院农业资源与农业区划研究所牵头，全国近20个科研单位（两期）共同承担任务，极大地加快了土壤数据抢救的进程，为编制本数据集奠定了基础。在参与本数据集编制的土壤科技工作者20年的持续努力下，在2019年度国家出版基金的资助下，在中国农业科学院科技创新工程的持续支持下，本数据集终于得以面世。

本数据集以涵盖全国2200多个县的土壤剖面分层数据为主体，首次同时展示了分县土壤图与典型土壤剖面分布图，描述了影响土壤发生的气候特征、主要土类的性状等，内容丰富，兼具专业性和科普性。全集共25卷，既有一个省、自治区的单卷，也有多个省、自治区、直辖市、特别行政区的合订卷。鉴于其数据的完整性、系统性、科学性，本数据集可成为我国资源环境领域的必备工具书之一。

本数据集至少可以应用于以下几个方面：

第一，直接服务于农业生产，保障粮食安全和食品安全。全国分县的不同土壤类型分层养分数据、土壤质地信息，可为科学施肥、土壤培肥与耕作措施的制定提供决策依据。

第二，为水利、环境、建筑、旅游等行业提供便捷、直观的土壤分层次基础信息。信息后标有剖面点经纬度，便于查询获取。

第三，对于土壤质量演变、耕地地力演变、碳储量、面源污染、气候变化等多学科研究具有土壤科学起始点数据意义。

我国疆域辽阔，编制本数据集需要对各地分县完成的大比例尺土壤图和土壤调查资料进行数字化整合，创建覆盖我国全域的高精度数字土壤，再进行分县土壤剖面表的提取与分县土壤图的缩编。本数据集的总数据处理量达到 TB 级且数据来源多而复杂、专业性强、处理难度大，按常规方法，需数万人历时多年方能处理完成。张维理研究员创造性地将数据科学、人工智能与人机交互设计原理引入土壤学范畴，首创土壤大数据方法，以土壤科学需求设计统领其他各层级设计，以智能化、自动化、人机交互式的数据分析流程替代人工流程，高效、精准地完成了土壤大数据的时空整合和表达，这一巨著才得以面世。作为两期项目的专家组组长，我亲历了整个项目的全过程，对张维理研究员勇于创新、踏实、勤奋、务实、敬业、有担当的优秀品质印象深刻，也深感钦佩！

本数据集的完成前后历时 20 年之久，直接参与数据收集、编撰人数近百人，涉及我国各省（自治区、直辖市）的土壤肥料相关单位。正是他们的付出和努力，才使得本数据集得以面世。衷心希望本数据集能在农业、林业、环境、气象、国土、水利以及肥料工业等领域发挥积极作用，更好地服务于我国经济和社会发展。

中国科学院院士　赵其国

2021 年 12 月

前 言

土壤是农业的基础，是陆地生态系统生命过程的基础，也是维持地球上能量与水的交换、生命元素循环的重要基础。《中国土壤剖面数据集》首次以分县土壤图和土壤剖面理化性状表的形式，提供了我国陆域全覆盖的土壤资源与质量的科学数据，为农业、林业、环境、气象、国土、水利等部门和相关行业精准了解各地土壤资源分布与质量状况，科学利用土壤资源，发展绿色农业、特色农业和节水农业，进行耕地保育、科学施肥、面源污染防治和基本农田保护等提供了科学依据；也为农业科学、环境科学及地学、气象、测绘、水利等多个学科领域的科研工作者研究陆地生态系统生产力演变、地球物质循环、气候与环境变化提供了基础数据。

编入本数据集的分县土壤图和土壤剖面理化性状表主要源于对全国第二次土壤普查（以下简称"二普"）调查资料的收集、整理、提取与汇总。二普是我国现代规模最大的以查清土壤资源和土壤肥力为主要目标的土壤资源综合调查，既完成了我国迄今为止最详尽的土壤分类调查，也首次在全国范围进行了较高密度的土壤采样化验，开启了我国用土壤理化性状量化指标描述土壤资源与质量状况的时代。二普地面调查采样实施于1979—1987年，通过550万个土壤剖面观测和采样，分县完成了1∶5万比例尺土壤图绘制和10万余个土壤剖面的分层采样、化验、记录，其中的土壤质量稳定性要素，如土体构造、质地、母质、成土条件、土壤类型等时效性长，CRT值（土壤特性响应时间，characteristic response time）达上千年，可长久使用；土壤有机质含量，氮、磷、钾含量，酸碱度，耕层厚度等土壤质量变化性要素为了解土壤与环境质量演变提供了重要信息。无论从数量还是质量上看，二普获取的土壤科学数据至今都是我国最详尽、最有价值的土壤资源基础数据，其精度与质量超过许多发达国家的土壤资源基础数据。

20世纪末期以来，全球性人口和经济快速增长导致的人均土地资源与水资源紧缺、环境污染、气候变化、粮食安全危机，使科学界对土壤及其形成过程的关注度不断提高，关注重点也从了解土壤与环境质量现状转变为弄清演变趋势、引致变化的内在机理和驱动因素。土壤圈处于地球大气圈、水圈、生物圈和岩石圈的交会处。土壤层中的生物过程和物质循环过程既活跃，又具有一定的稳定性，能较好地反映地球水圈、土壤圈、大气圈、生物圈及岩石圈五大圈层动态交互作用的结果。只要对近年来国际上关于碳足迹、气候变化的研究进展稍加关注，就可知晓具有时空维度的土壤科学数据对于阐明土壤与环境过程并弄清其驱动因素、预测未来土壤与环境质量变化具有无可替代的作用。本数据集编入的土壤质量数据既是我国在全国范围内首次完成的土壤理化性状的科学记载，也是40多年前对我国土壤质量变化性要素的客观记录，能帮助我们了解改革开放以来经济、农业高速发展以及农用化学品投入量高速增长对土壤与环境质量的影响，对了解我国土壤与环境质量时空演变亦具有起始点土壤科学数据的意义。本数据集编入的起始点数据使我们对全国土壤及相关过程的认识延伸了40多年。历史上的土壤调查结果不能被新的调查结果替代，这一不可替代性使得本数据集将成为我国农业与环境领域最具影响力的工具书和参考书之一。

本数据集既是我国老一辈土壤与农业科研工作者在全国土壤普查工作中取得的成果，也是数据集编制人员长期以来默默耕耘的结晶。二普完成的大比例尺土壤图件和土壤剖面理化性状主要为手绘纸质图件和非正式出版的铅印或油印资料，份数少且由各地自行保存。二普结束后，随着各地机构调整与人员变动，土壤调查资料被损毁或丢失严重，难以发挥作用。在我国多位知名科学家的倡议和推动下，"十一五"期间，"我国1∶5万土壤图籍编撰及高精度数字土壤构建"项目（2006—2017）被列为国家科技基础性工作专项重点项目。其目的是对各地宝贵的土壤科学数据进行抢救性收集、数字化和整合，提升我国科学研究与管理基础数据的条件。为实现这一目标，项目组研究人员首先对各地分散存留的纸质分县土壤调查资料进行了全面的收集、修复和整理。针对国际范围内缺少对异源、异质、异构、异形土壤大数据的提取、整合方法的难题，项目组研究人员积极探索、勇于创新，融合应用土壤学、地理信息系统技术、数据科学、人工智能、人机交互设计方法，创建了土壤大数据方法，以层级化的流程设计实现土壤科学层面的需求设计统领体系架构、数据流程及模块设计，以独立于数据流程的监控设计实现土壤科学家对全流程的掌控和人工干预，以智能化、人机交互式数据流程替代人工流程，优质、高效地完成了对各地异源土壤资料的审核、提取、过滤、分类、整合与表达，完成了覆盖我国全陆域的1∶5万比例尺土壤图绘制与土壤剖面点空间数据库建设工作。为满足各行各业准确了解我国各地土壤资源与质量状况的广泛需求，编者通过对1∶5万比例尺土壤图数据的缩编表达与10万余个土壤剖面理化性状数据的进一步提取，最终完成了本数据集的编制。

本数据集共25卷，收录了全国2200多个县（市、区）的分县土壤图和6万多个土壤剖面的理化性状数据。根据各省级行政区土壤剖面数量的多寡和地域关联特征，既有一个省（自治区）的单卷，也有多个省（自治区、直辖市、特别行政区）的合订卷。为便于读者了解全国及各省级行政区土壤资源与质量的分布特征，特别编制了全国及各省级行政区土壤图、土壤有机质含量图与地势图三个序图，读者可以方便地查询全国及各省级行政区任何地区拥有的主要土壤类型，了解其土壤有机质含量及地势、地貌特征。在各分卷中，分县土壤资源与质量性状由主要土类说明、中心区气候特征图表、分县主要土壤类型与土壤剖面点分布图以及土壤剖面理化性状表共同呈现。

本数据集既可作为工具书、参考书，供农业、林业、环境、气象、国土、水利、经济等领域的管理人员和技术人员使用，也适合高等院校相关专业研究生参考使用。

我国幅员辽阔，从收集、整理全国分县土壤调查资料，到完成覆盖我国全境的1∶5万比例尺土壤图籍，再到完成本数据集的编制，来自全国近20家研究机构的科研人员组成项目组，辛苦工作了20多年。其间，本项工作得到了国家社会公益研究专项项目、国家科技基础性工作专项重点项目的长期、连续资助和在项目实施年限上给予的充分理解，同时得到了中国农业科学院科技创新工程的资助，全国50多家国家级及省级土壤、测绘、农业科研与管理机构的大力支持以及我国老一辈土壤科学家自始至终的关心和鼓励。在整个项目实施期间，有9位院士和7位长期从事土壤科学、农业资源环境研究的专家给予了直接和全程的指导。近20年间，项目组研究人员一方面要承担艰难而繁重的科研任务，另一方面要顶着多年没有科研产出的压力，没有他们的坚持和付出，就没有本数据集的面世。在此，谨向所有参加数据集编制的科研人员及对本项工作给予支持的部门和人员一并表示衷心的感谢！

由于本数据集包含的数据量庞大，且不限于土壤学本身，尽管我们在编撰过程中极尽斟酌，仍难免存在不足之处，敬请读者批评指正，以便今后修订完善。

中国农业科学院研究员 张维理

2021年12月

目 录

第一编　编制说明与序图

编制说明

编制目的	002
土壤数据基础知识	002
数据集内容	005
土壤数据来源	005
编制方法——土壤大数据方法	006
中国土壤图、中国土壤有机质含量图与中国地势图编制	007
分省土壤图、分省土壤有机质含量图与分省地势图编制	009
县域中心区气候特征图表编制	011
分县主要土壤类型与土壤剖面点分布图编制	012
分县土壤剖面理化性状表编制	012
土壤专题图与土壤剖面数据可靠性检验	017
参编单位	019

序　图

中国土壤图	020
中国土壤有机质含量图	022
中国地势图	024
黑龙江省土壤图	026
黑龙江省土壤有机质含量图	028
黑龙江省地势图	030

第二编　分县土壤图与土壤剖面数据

哈 尔 滨 市

市辖区	034	巴彦县	060
呼兰区	037	木兰县	067
阿城区	040	通河县	070
双城区	044	延寿县	073
依兰县	048	尚志市	077
方正县	052	五常市	083
宾县	056		

齐 齐 哈 尔 市

市辖区	087	富裕县	118
龙江县	092	克山县	124
依安县	100	克东县	128
泰来县	106	拜泉县	133
甘南县	112	讷河市	138

鸡 西 市

市辖区	145	虎林市	154
鸡东县	150	密山市	160

鹤 岗 市

萝北县	166	绥滨县	170

双 鸭 山 市

集贤县	174	饶河县	183
宝清县	179		

大 庆 市

肇州县	187	林甸县	197
肇源县	190	杜尔伯特蒙古族自治县	202

伊 春 市

市辖区	208	铁力市	211

佳 木 斯 市

桦南县	214	同江市	227
桦川县	218	富锦市	230
汤原县	223	抚远市	238

七 台 河 市

市辖区	241	勃利县	245

牡 丹 江 市

市辖区	250	宁安市	267
林口县	257	穆棱市	270
海林市	261	东宁市	275

黑 河 市

市辖区	280	北安市	296
逊克县	285	五大连池市	300
孙吴县	290	嫩江市	305

绥 化 市

市辖区	311	明水县	336
望奎县	316	绥棱县	341
兰西县	320	安达市	345
青冈县	324	肇东市	349
庆安县	331	海伦市	355

大 兴 安 岭 地 区

漠河市……359　　呼玛县……362

附　录

附录1　黑龙江省县级行政区及分县主要土壤类型与土壤剖面点分布图地域名对照表……366

附录2　专题图基础地理要素图例……369

附录3　土壤图土类图例……370

附录4　中国主要土壤类型简表……372

附录5　黑龙江省主要土壤类型表……377

附录6　分省土壤有机质含量图有机质含量分级图例……378

附录7　黑龙江省典型剖面0—20cm土层土壤理化性状中位数与平均数……379

附录8　黑龙江省主要土地利用类型0—30cm土层土壤有机质含量……380

附录9　黑龙江省耕地、园地、林地和草地中主要土壤类型占比……381

附录10　《中国土壤剖面数据集》参编单位……382

参考文献……384

中国土壤剖面数据集·黑龙江卷

第一编 | 编制说明与序图

编制说明

编制目的

土壤是农业的基础,也是维持地球碳、氮、硫、磷等重要生命元素正常循环的基础。肥沃的土壤促进了人类文明的诞生和繁荣。科学研究表明,地球上种类繁多、形态各异的土壤是在气候、生物、地形、时间、成土母质五大成土因素共同作用下形成的。北京社稷坛铺设的青、白、红、黑、黄五种不同颜色的土壤(五色土),分别代表我国东、西、南、北、中五大区域的典型土壤。不同类型的土壤性状差别很大。例如,南方红壤呈酸性,易缺乏钾离子、钙离子、镁离子等阳离子,农业生产上要注意调酸和补充富含钾、钙、镁的肥料;而西部土壤有机质含量低,施用有机肥料和秸秆还田对提高地力至关重要。我国人均土地资源紧缺,要实现粮食安全、环境安全和可持续发展,需要精准掌握各地土壤资源与质量状况,做到因土制宜,科学管理。

《中国土壤剖面数据集》是国家自然资源基本资料之一,其首次以分县土壤图和土壤剖面理化性状表的形式,提供了我国各地详尽的土壤资源与质量科学数据,为农业、林业、环境、气象、国土、水利等部门了解各地土壤质量状况,科学利用土壤资源,发展绿色农业、特色农业和节水农业,进行耕地保育、科学施肥、面源污染防治和基本农田保护提供了基础数据,也为农业科学、环境科学及地学、气象、测绘、水利多个学科领域的科研工作者研究陆地生态系统生产力及其演变、地球物质循环、气候与环境变化提供了科学依据。

本数据集编入的土壤质量数据亦是我国在全国范围内首次完成的土壤理化性状的科学记载,对了解我国土壤与环境质量时空演变具有起始点数据的意义。通过这些数据,科研工作者可以追溯我国全国范围土壤与环境相关过程至20世纪80年代,分析和了解导致土壤质量变化的环境和人为因素,并对土壤与环境质量演变趋势进行预报与预警。历史上的土壤调查结果不能被新的调查结果替代,这一不可替代性使得本数据集将成为我国农业与环境领域最具影响力的工具书和参考书之一。

土壤数据基础知识

本数据集收录的土壤数据源于土壤调查。为便于读者了解和应用这些数据,本节对土壤调查的目标、内容与主要方法,土壤数据的时空维度特征,土壤数据的应用领域与时效性做一简要介绍。

(一)土壤调查的目标、内容与主要方法

土壤调查的主要目标是查清一个区域内土壤资源与质量状况及其空间分布特征。19世纪末期至20世纪中后期,各国土壤调查的主要目标是查清土壤类型及分布特征[1-2]。由于不同土壤类型最典型的区别是成土过程中形成的土壤剖面特征,因而在传统的土壤调查中,需要在调查区域内进行多点采样,并在每个采样点对0—1—2m深土体的土壤剖面进行分层采样、观测、理化性状分析,记录剖面各分层土壤理化性状,据此进行土壤

分类、命名，并最终依据多点调查结果完成土壤图的绘制。

20世纪末期以来，全球人口及经济快速增长导致人均土地资源和水资源紧缺、环境污染、气候变化与粮食安全危机，不同行业及学科领域对土壤生产功能和环境功能的关注度不断提高，土壤调查的核心内容也逐步从查清土壤类型分布特征转为土壤功能调查。土壤功能调查的目标是了解土壤生产力、土壤环境质量和土壤健康质量等。例如，为了耕地保育和科学施肥，需要进行土壤有效养分含量状况、土壤障碍因素调查；为了了解环境质量，需要进行土壤污染状况、土壤环境容量调查；为了发展节水农业，需要进行土壤保水性状调查；为了控制水污染，需要进行流域农田土壤氮、磷流失特征与风险调查。土壤功能调查的内容主要为可量化的，或含义单一且明确、易于被其他学科和行业认知的土壤功能性指标，如土壤有机碳含量、土壤重金属含量、土壤质地类型、耕层厚度等。在土壤功能调查中，也需要在调查区进行多点采样，并根据调查目标的不同，选择适宜的采样深度。例如，当调查目标是了解土壤有效养分供应量或农田土壤污染物含量时，通常仅对耕层土壤进行采样；当调查目标是了解土壤保水性能、土壤水土流失与养分流失性状时，则需要对较深的土壤剖面进行分层采样和观测。

较早的土壤调查主要通过地面多点采样来了解一个区域土壤资源与质量性状的空间分布特征。近年来，随着遥感技术、地理信息系统（GIS）技术、模拟技术与大数据技术的发展，土壤质量相关数据（如数字高程、土地覆盖、植被数据等）产生量急剧增长，这使得在大区域尺度内通过多类型相关信息精确地捕捉和表达土壤质量性状以及相关过程成为可能。在国际上，地面采样调查与辅助信息结合的方法——数字土壤制图方法（digital soil mapping）已成为土壤调查的重要方法[3]。该方法能利用采样设计、辅助信息、推理模型与地统计检验，大幅度减少地面采样和土壤理化性状测试分析的工作量。与传统方法相比，采用数字土壤制图方法进行土壤调查，可缩短调查周期，降低调查成本，提高用土壤专题地图表征土壤资源与质量性状空间分布特征的可靠性和精度，从而提高土壤调查的效率与质量。

（二）土壤数据的时空维度特征

在现代社会，农业、环境等领域的专业工作者要了解最新的土壤调查结果，更需要掌握未来土壤质量变化趋势，以便根据变化趋势、自然与人为要素对土壤质量的影响，制定具有针对性的政策与技术措施，实现高产、稳产和环境安全。要精确进行土壤与环境质量预测和预警，就需要对重要的土壤质量性状进行周期性的采样、调查、记录，构建具有时空维度的土壤质量数据。这意味着历史上完成的土壤调查不能被新的调查所替代，所以其结果十分宝贵。

土壤数据最重要的特征之一是时空维度特征。通过历史上的土壤调查结果记录，构建具有时间序列的土壤质量科学数据，能将土壤质量现状与土壤质量演变过程相关联，并以此对土壤质量演变趋势和导致其变化的因素进行分析、预测。而土壤数据标有空间坐标，便于科研工作者将土壤调查结果与其他类别的要素和过程，如与气候、地形、土地利用情况有关的变化信息，以及随施肥投入农田的碳、氮、硫、磷数据等相关联，从而进一步提高分析的精度和预测、预报的可靠性。

土壤圈处于地球大气圈、水圈、生物圈和岩石圈的交会处。土壤层中的生物过程和物质循环过程既活跃，又具有一定的稳定性，能较好地反映地球水圈、土壤圈、大气圈、生物圈及岩石圈五大圈层动态交互作用的结果。具有时空维度的土壤科学数据对于阐明土壤与环境过程并弄清其驱动因素、预测未来土壤与环境质量变化具有不可替代的作用。

近年来，具有地理坐标的土壤剖面点数据受到科学界的广泛关注。剖面数据记载了土体构造、剖面分层土壤理化性状，是了解成土过程的基础，也是构建推理模型，量化表征区域尺度土壤过程、流域水土流失与氮磷流失特征、碳氮循环与环境质量演变的基础。在过去的半个世纪中，尽管完成了大量的土壤剖面调查，但由于在较早的土壤调查中尚未使用全球定位系统（GPS）设备，各国在构建地理坐标的土壤剖面点数据库上差别较大。目前，美国完成了约2万个有地理位点标识的土壤剖面数据[4]，澳大利亚已完成约16万个有地理坐标的土壤剖面数据[5]，欧盟各成员国共享使用的土壤剖面数据库含4000个剖面的分层土壤理化性状数据[6]。本数据集则汇集了我国总计6万多个有地理坐标的土壤剖面数据。

（三）土壤数据的应用领域与时效性

表1汇总了本数据集编入的土壤理化性状及其主要影响因素与过程、时间变化特征、所关联的土壤质量性状和应用领域。

表1　土壤理化性状及其主要影响因素与过程、时间变化特征、所关联的土壤质量性状和应用领域

土壤理化性状	主要影响因素与过程	时间变化特征	所关联的土壤质量性状	应用领域
土壤类型	成土过程	变化慢	土壤肥力与环境质量	农业、水利、环境、建筑、肥料工业等
剖面深度（指剖面各土层厚度的总和）	成土过程	变化慢	土壤肥力、土壤环境容量、土壤保水和保肥性能、土壤持水性能	农业、环境等
土体构造（指土壤剖面各发生层有规律的组合，是土壤剖面最重要的特征）	成土过程	变化慢	土壤肥力、土壤环境容量、土壤保水和保肥性能、土壤持水性能、土壤透水性能	农业、水利、环境等
母质	成土因素	变化慢	土壤肥力、土壤矿物组成、矿质养分含量、土壤质地	农业、水利、环境、肥料工业等
质地	成土过程、母质	变化慢	土壤肥力、土壤环境容量、土壤持水性能、土壤耕性、土壤有机碳与养分含量、土壤重金属吸附性能	农业、水利、环境、建筑等
颜色	土壤氧化还原、淋溶等成土过程，土壤有机质累积过程	变化较慢	土壤肥力、土壤有机碳与养分含量	农业
土壤结构	成土过程、耕作措施	耕层：变化快；深层：变化慢	土壤水分、通气与养分供应状况，土壤持水性能、土壤透水性能、土壤阳离子交换量、土壤孔隙度、土壤松紧度、土壤耕性等多个土壤肥力相关性状	农业
有机质含量	成土过程、质地、土地利用、施肥、轮作等	变化较慢	与多项土壤肥力与环境指标密切相关，是土壤肥力最重要的指标	农业、环境、肥料工业等
全氮含量	成土过程、土地利用、施肥、轮作等	变化较慢	土壤肥力、土壤供氮性能	农业、环境等
全磷含量	成土过程、母质等	变化较慢	土壤肥力、土壤供磷性能	农业、环境等
全钾含量	成土过程、母质等	变化较慢	土壤肥力、土壤供钾性能	农业、环境等
pH	成土过程、酸雨、土壤调理剂施用等	变化快	土壤肥力、土壤养分有效性、土壤结构及重金属吸附性能	农业、环境、肥料工业等
碱解氮含量	土地利用、施肥等	变化快	土壤供氮性能、土壤氮素流失特征	农业、环境、肥料工业等
有效磷含量	土地利用、施肥等	变化快	土壤供磷性能、土壤磷素流失特征	农业、环境、肥料工业等
速效钾含量	土地利用、施肥等	变化快	土壤供钾性能、土壤钾素流失特征	农业、环境、肥料工业等
阳离子交换量	成土过程、黏粒、有机质含量、盐分含量	变化较慢	土壤供肥和保肥性能、土壤重金属吸附性能	农业、环境等

在表1中，主要影响因素与过程指对某项理化性状起主要作用的过程和因素。例如，土壤类型、土壤剖面深度、土体构造、母质、土壤质地类型主要由成土过程或成土条件决定；土壤有机质含量和土壤全氮含量则受成土过程、施肥及轮作等农业技术措施的共同影响；在耕地土壤上，施肥等农业技术措施对土壤碱解氮、有效磷、速效钾等土壤有效养分含量的影响很大。

土壤理化性状的现势性主要取决于其影响因素与过程的时间尺度。自然条件下，成土过程通常需要数万年。受成土过程影响的土壤类型、土层厚度、土体构造、土壤质地类型、母质等土壤理化性状变化很慢，CRT值（土壤特性响应时间，characteristic response time）达上千年，可称为土壤稳定性要素或慢变化性状，其相关数据时效性很长，可长久使用。而农田土壤有效养分含量、酸碱度、耕层厚度等土壤质量性状受施肥和耕作等农业措施影响大，变化较快。例如，农田土壤有效磷、速效钾养分含量，在大量施用磷肥、钾肥条件下，10余年后可成倍提升。这些土壤理化性状亦可称为土壤变化性要素或快变化性状。

不同土壤理化性状的应用范围既取决于其现势性、时空维度特征，又取决于其所关联的土壤质量性状。土壤剖面深度、土体构造、质地、有机质含量等与土壤持水、保肥、通气和透水性能密切相关，可供农业、水利、环境、金融等行业用于农田稳产、高产性能，农田排灌设施规划与灌溉定额编制，农田水土流失风险分级，流域农田蓄水容量与降雨后流失水量分级，农田水、旱灾害风险分级，农田环境容量测算等各方面的地力评价。土壤有效养分含量、pH与土壤需肥性状和调酸性状密切相关，可供农业、肥料生产和销售部门用于科学施肥和土壤改良。土体构造和质地、土壤结构、土壤有效养分含量还影响流域农田土壤养分流失特征，农业和环境部门在进行农业面源污染防控时，可利用这些土壤性状与其他要素共同编制流域污染源解析与控制类型区分布图，以便对农业面源污染采取分类型、分区段的源头控制措施。土壤有机质含量变化也是了解气候变化和碳减排措施效果的基础，对于环境管控和环境外交具有重要意义。

数据集内容

本数据集全集共25卷，收录了我国2200多个县（市、区）的分县土壤图和6万多个土壤剖面的理化性状数据。根据各省级行政区土壤剖面数量的多寡和地域关联特征，既有一个省（自治区）的单卷，也有多个省（自治区、直辖市、特别行政区）的合订卷。

为便于读者了解各地土壤资源与质量分布概况及其主要特征，编者为各分卷编制了省级行政区的土壤图、土壤有机质含量图与地势图三图。读者可通过分省三图查询各省级行政区任何地区拥有的主要土壤类型，了解其土壤有机质含量及其地势、地貌特征。此外，编者还编制了全国土壤图、土壤有机质含量图与地势图三图附于各分卷，供读者比较和了解各省级行政区土壤资源及质量特征同全国其他地区的区别和关联。

各分卷的第二部分为分县土壤图与土壤剖面数据。在每个省级行政区内，各分县按四部分展示土壤及其相关信息，即分县主要土类说明、本区域中心区气候特征、主要土壤类型与土壤剖面点分布图以及土壤剖面理化性状表。在本卷目录中，分县按民政部于2022年3月发布的《2021年中华人民共和国行政区划代码》中的地级、县级行政区顺序排序。各分卷目录中仅收录了县域内有土壤剖面数据的县级行政区，无土壤剖面数据的县级行政区未纳入分卷目录中，并在附录1中对其进行了标注。

土壤数据来源

编入数据集的分县土壤图与土壤剖面理化性状数据主要源于全国第二次土壤普查（以下简称"二普"）。二普是我国现代规模最大的、以查清土壤类型和土壤肥力为主要目标的土壤资源综合调查。二普之前，我国土壤调查以观测性调查和定性评价为主，很少有采样化验。在总结之前国内外土壤调查经验的基础上，二普不仅完成了我国迄今为止最为详尽的土壤分类调查，也首次在全国范围进行了高密度土壤采样化验，开启了我国用土壤理化性状量化指标描述土壤资源与质量状况的时代。

二普地面采样调查实施于1979—1987年，调查区域基本覆盖我国全陆域。二普不仅地面采样密度高，科学性和系统性也比较突出。全国百余名长期从事土壤研究的科研工作者共同制定了全国土壤分类系统和统一的土壤调查技术规程[7]。在地面调查中，各地以1∶1万比例尺地形图作为工作底图，以乡为调查单元进行野外采样作业，全国共挖取土壤观察剖面550余万个，记录了1—2m深土体各发生层形态和特征，并根据土壤分类标准对土壤进行了分类和命名。对边远区、高寒区和无人区应用遥感解译方法，填补了之前土壤调查及成图中上述地区土壤数据的空白。在大量剖面土体观测和采样调查的基础上，完成了全国绝大部分分县1∶5万比例尺土壤图的绘制，牧区和边疆地区完成了1∶20万—1∶10万比例尺土壤图的绘制。二普还完成了10余万个典型剖面的分层采样，化验分析了剖面分层质地，有机质含量，大量、中量和微量元素含量，pH，阳离子交换量，土壤矿物组成等多项土壤理化性状，编制了分县土壤志。二普通过野外实地调查、采样和测试获取的土壤科学数据，至今仍是我国最详尽、最有实用价值的土壤资源基础数据，其精度与质量超过许多发达国家的土壤资源基础数据[8]。

如图 1 所示，收录于本数据集的土壤质量数据是对我国 40 多年前土壤质量状况的客观记录，亦是我国在全国范围内首次完成的土壤理化性状的科学记载，其中的土壤稳定性要素现势性较长，可在今后若干年间长期使用；而土壤变化性要素对了解我国土壤与环境过程的作用亦不可替代。这些数据使我们用现代科学手段研究各地土壤及相关过程的历史可上溯至 20 世纪 80 年代。

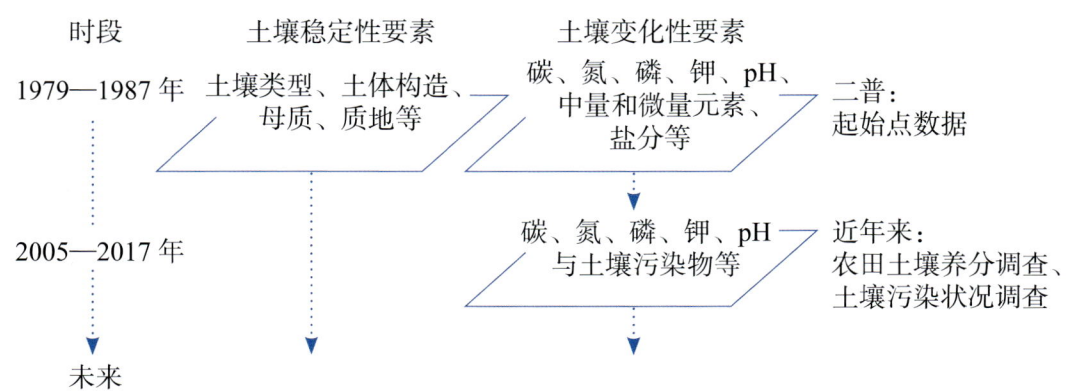

图 1　全国性土壤调查所覆盖的时段

受历史条件限制，二普完成的大比例尺土壤图和土壤剖面理化性状主要为手绘纸质图件、非正式出版的铅印或油印资料，份数少且由各地自行保存。二普结束后，随着各地机构调整与人员变动，土壤调查资料被损毁或丢失严重。2000 年以来，编者开始对各地分散存留的纸质分县土壤调查资料进行系统性收集、修复与整理，通过对宝贵的土壤科学数据的提取、整合和表达，我国科学研究与管理基础数据的水平得到了提升。本数据集收录的分县土壤图和剖面数据主要源于对全国分县土壤图、分县土种志和分省土种志的整理、提取、汇总与表达（表 2）。

表 2　数据集主要土壤资料与数据来源

资料类型	资料名称及数量
土壤图（纸质）	1∶5 万分县土壤图，总计约 1600 个县
	1∶100 万—1∶50 万省级土壤图，总计 570 个县
土壤剖面资料（纸质）	分县土种志：约 2200 册，计约 2200 个县；分省土种志：28 册
土壤有机质含量图（纸质）	全国、分省土壤有机质含量图
农区土壤耕层采样数据（电子）	2005—2017 年在全国农区采集的、含 GPS 坐标定位的 1000 万个采样点耕层有机质含量数据

为编制全国与分省土壤有机质含量分布图，本数据集还使用了我国于二普期间完成的全国、分省土壤有机质含量图纸质图件和于 2005—2017 年在全国采集的 1000 万个具有 GPS 坐标定位的采样点耕层有机质含量数据[9]。

编制方法——土壤大数据方法

我国幅员辽阔，不同地区土壤的土壤类型及其质量状况和分布特征差别较大，各地土壤调查技术条件和水平差别也较大，因此各地分县完成的图件和剖面资料在形式和内容上有较大差异。在用异源土壤数据生成新数据时，新数据的科学性既取决于各异源数据本身的科学性和可靠性，也取决于数据整合采用方法的科学性和可靠性。例如，对分县剖面资料进行整合时，对国标上未出现过的土壤类型名进行归并需要有土壤分类学上的依据；用新的土壤调查数据对原有土壤有机质含量图进行更新，也需要有进行合并表达的科学依据。编制本数据集需要对海量异源数据进行提取、分析、整合、缩编与表达，数据分析流程复杂。同时，在数据分析过程中，土壤专业问题，非标准化数据问题，计算机硬、软件平台系统问题和数据分析员、程序员疏漏问题等可能引致多类别数据分析错误。若既要准确无误地完成各项数据分析技术任务，又要在繁复的数据分析流程中有效贯彻科学原则、实现数据分析科学目标，这就需要一套科学的方法体系。为此，本数据集编者通过研究异源非标准土壤数据特征，融合应用土壤学、数据科学、人工智能、人机交互设计方法与地理信息系统技术，创建了土壤大数据方法[10-11]。

土壤大数据方法是专门供土壤科研工作者使用的一种设计方法，是对经典土壤学研究方法的补充，主要适用于对海量异源土壤数据信息的提取、筛选、分析与表达。通过土壤大数据方法的使用，科研工作者能够分析、认识和阐明土壤性状及相关过程和规律。土壤大数据方法的主要设计规则为以层级化的流程设计实现土壤科学层面的需求设计统领体系架构设计，界定各分段流程目标和关联，部署低层级分段流程、模型和功能模块；以独立于数据流程的监控设计实现土壤科学家对全流程的掌控和人工干预。土壤大数据方法的设计内容包括数据科学分析目标与科学基础界定、数据流程体系架构、流程及软件工具设计、数据流程监控设计。设计中，所有节点均采用双命名制命名，即对流程中各节点数据同时进行土壤科学内涵命名和函数代码命名。应用以上设计方法编制设计文档，能在庞杂的异源、异质、异形、异构大数据分析中，实现以科学目标引领数据分析流程，以自动化、人工智能、人机交互式的数据流程替代人工流程，提高大数据分析效率。

在本数据集编制过程中，编者需要完成图件与资料数字化、矢量化，元数据构建，信息提取、过滤、分类、赋码，土壤空间数据逻辑结构、存储结构归一化，统计检验，数据整合、缩编表达、输出等多项数据分析任务，分段流程达1500余个，需要存储的重要节点数据超过2000个，数据量超过20TB。采用土壤大数据方法，编者自主设计和完成了6个土壤大数据分析工具软件包，其中包含157个功能模块（表3），设计文档的科学和工程目标实现率超过99%，为准确、高效完成数据集编制提供了保障，也为土壤学研究提供了新的方法。

表3　系列化土壤大数据分析软件包及其主要功能与模块数

软件包	主要功能	模块数/个
IMAT2.0（intelligent mapping tools）智能化制图工具	异源土壤空间数据的要素提取、过滤、分类、赋码、坐标转换，空间库要素与字段的编辑，图幅与图层的编辑，土壤要素空间库外挂属性表编辑与管理等	35
IMAT-big（intelligent mapping tools for big data）智能化大数据制图工具	超大土壤及相关要素空间数据的要素筛选、图层拆分、数据整合、节点监控、逻辑结构重组等分析	37
IMAP（intelligent map presentation）智能化地图表达工具	土壤大数据地图制图表达与输出	30
ISPA（intelligent soil profile data analysis）智能化土壤剖面数据分析	异源土壤剖面数据的信息提取、过滤、赋码、坐标匹配、检验、整合与统计等	22
ISPP（intelligent soil profile presentation）智能化土壤剖面表达	土壤剖面图表及辅助信息的表达	12
IMAT-SOM（intelligent mapping tools-SOM）土壤有机质图制图工具	异源土壤有机质数据整合与表达	21

中国土壤图、中国土壤有机质含量图与中国地势图编制

编制全国三图的目的是便于读者在全国视角和尺度上了解我国各地区土壤资源与质量状况空间分布特征，土壤类型和土壤肥力与地势、地貌之间的相互关联。其中，土壤图用于展示土壤资源分布状况及与成土过程相关的土壤质量状况；土壤有机质含量图用于直观反映土壤肥力情况；地势图便于读者了解不同类型和肥力水平土壤的地势、地貌特征。全国三图的制图比例尺为1∶1300万。

全国三图中采用的境界、城市等基础地理信息要素源于中国地图出版社出版的《第一次全国地理国情普查地图集》[12]和《中国地图集》[13]。全国三图中，境界、水系、居民地、地级以上城市等基础地理信息要素的图示与图例表达见附录2。

（一）中国土壤图

由于制图比例尺小，中国土壤图是在二普完成的1∶400万比例尺全国土壤图的基础上进行矢量化和缩编表达获得的。在缩编表达过程中，土壤类型仅保留了我国土壤分类系统中的第三层级——土类。

在土壤图中，土类颜色主要根据不同土类在其成土因素、发育程度下形成的典型颜色进行设计（附录3）。红色系供土壤富铝化程度高的土壤选用，如红壤、砖红壤、赤红壤等；黄色系、棕色系供干旱区发育程度低的土壤选用，如黄绵土、灰漠土、灰棕漠土等。受灌水、耕作和地下水影响大的土壤采用绿色系，如水稻土、灌淤土、潮土、草甸土等，表示土壤肥力较高，绿色植物生长茂盛；黑土、黑钙土、栗钙土、棕壤、褐土、黄棕壤、紫色土等分别选用深棕色系、褐色系、紫色系；盐土、碱土、沼泽土等植物生长有障碍的土类采用暗色系，如暗紫色系、灰褐色系、青灰色系等，表示土壤生产力低下，植物生长较差。这一颜色设计与国标相关规定一致[14]。

在图例中，按照我国主要土壤类型从南到北、从东向西的地带性分布规律对土类进行排序，附录4所列中国主要土壤类型的排序也按此规则编排。

（二）中国土壤有机质含量图

土壤有机质含量是指土壤中各种含碳有机物质的总和。土壤有机质主要包括土壤腐殖质、半分解的动植物残体、与土壤黏粒和细粉粒紧密结合的有机物质、土壤微生物体所含的有机物质等。以动植物残体形式进入土壤的有机物质成为土壤生物的食物，供养土壤生物的生命活动；在土壤生物，特别是土壤微生物作用下生成的土壤腐殖质，能够促进土壤团聚体形成，提高土壤保水、保肥、供水、供肥性能，提高土壤肥力，并大幅度提高耕地土壤高产、稳产性能。因此，土壤有机质含量是最重要的土壤质量指标之一。土壤有机质碳量是大气总碳量的2倍，是地球植被总碳量的3倍，参与地球陆域碳循环总碳量中80%的碳以土壤有机质碳的形式存在。研究显示，土壤有机质含量实质上是土壤有机碳投入和分解之间动态平衡的表现，影响这一平衡的主要因素为气候、土壤质地与土地利用方式，施肥和耕作等农业技术措施对其影响则相对较小。当影响平衡的主要因素未发生变化时，土壤有机质含量也比较稳定[15]。

中国土壤有机质含量图由各分省土壤有机质含量图（0—30cm土层）合并编制生成。制图用源数据和编制方法在分省土壤有机质含量图编制说明中加以叙述。

为展示全国范围的土壤有机质含量空间分布特征，编者在中国土壤有机质含量图的图示和图例表达中采用了有机质含量范围的非等距划分分级方式，将我国土壤有机质含量分为7个等级（表4），各分级所占我国陆域面积的比例也列于表中。其中，占我国陆域面积29%的"很低"和"低"两个分级的土壤（有机质含量小于10g/kg）主要分布于西北干旱地区，而"较高""高""很高"三个分级的土壤（有机质含量大于25g/kg）主要分布于东北、西南地区，这些地区森林覆盖率较高，雨量充沛，温度适宜，有利于土壤有机质的累积。

表4 中国土壤有机质含量（0—30cm土层）分级

分级	分级释义	有机质含量/（g/kg）	换算系数	有机碳含量/（g/kg）	占陆域面积/%
1	很低	≤5	1.724	≤2.9	5
2	低	5—10（含）	1.724	2.9—5.8（含）	24
3	较低	10—15（含）	1.724	5.8—8.7（含）	18
4	中	15—25（含）	1.724	8.7—14.5（含）	19
5	较高	25—35（含）	1.724	14.5—20.3（含）	9
6	高	35—45（含）	1.724	20.3—26.1（含）	16
7	很高	>45	1.724	>26.1	6

（三）中国地势图

地势图是表示制图区域地貌特征的专题地图，强调表现地面的高低起伏、倾斜程度及其区域对比关系，以及与地形密切相关的河流、湖泊等水系要素分布特征，显示出制图区域山河分布的脉络体系、结构形式、各种地貌类型的形态特征。地势是影响土壤类型的重要因素，地势图也是编制土壤图、气候图、植被图等的基础。

中国地势图的地貌晕渲图采用SRTM3 DEM（shuttle radar topography mission，digital elevation model，2003）数据，考虑我国地势呈三级阶梯状分布的特点，按0—50—100—200—500—800—1000—1200—1500—2000—2500—3000—3500—5000m及以上设计高度表，以深绿色—黄绿色—棕色—紫色色调的象征色表示海拔由低向高过渡。其他矢量数据来源于中国地图出版社编制的1:400万《中国地形图》[16]。河流参照中国地图出版社编制的《中国河流、水运资料图》进行选取、表达，三级及以上河流全部选取，二级及以上河流标注名称，低级别河流适当选取以反映区域水系特点；成图面积4mm²以上湖泊和水库全部表示，但仅标注大型湖泊名称，小面积湖泊适当选取以反映区域特点，如青藏高原湖泊群分布；山脉、山峰参照中国地图出版社编制的《中国山脉资料图》选取，三级及以上山脉全部选取、表达，二级山脉主峰及知名山峰标注名称和高程，我国主要高原、平原、盆地和沙漠均选取、表达；自然地理要素分级参考中国地图出版社采用的地图编制分级系统；根据版面载负量情况选取省会、部分地级市和少量县级居民点（主要位于西部地区），居民地主要用于定位参照。

分省土壤图、分省土壤有机质含量图与分省地势图编制

编制分省土壤图、分省土壤有机质含量图与分省地势图三图的主要目的是使读者了解各省级行政区内不同地区土壤类型、土壤肥力与地貌的主要分布特征及其相互关联。其中，土壤图用于展示土壤资源分布状况及与成土过程相关的土壤质量状况；土壤有机质含量图用于直观反映土壤肥力情况；地势图便于读者了解不同类型和肥力水平土壤的地势、地貌特征。为便于比较，每个省级行政区的分省三图采用的比例尺相同，制图则采用幅面固定、各省级行政区制图比例尺自适应方法。

分省三图中采用的境界、城市等基础地理信息要素源于中国地图出版社出版的《第一次全国地理国情普查地图集》[12]和《中国地图集》[13]。分省三图中，境界、水系、居民地、地级以上城市等基础地理信息要素的图示与图例表达见附录2。

（一）分省土壤图

为编制数据集用分省土壤图，编者对二普完成的纸质分省土壤图（原图比例尺主要为1:50万）进行了地理校正、空间要素提取、图层与分级码标准化、土壤学专业校正、属性表制作、挂接和专题图缩编表达。在缩编表达过程中，制图比例尺一般在1:200万—1:100万之间。由于制图比例尺较小，土壤类型仅保留了我国土壤分类系统中的第三层级——土类。各土类颜色与中国土壤图中采用的土类颜色相同（附录3）。在分省土壤图中，按照我国主要土壤类型从南到北、自东向西的分布规律对图例中的土壤类型进行排序。附录4所列中国主要土壤类型的排序也按此规则编排。附录5列出了黑龙江省主要土壤类型及其占省级行政区域面积百分比。

（二）分省土壤有机质含量图

1. 数据源说明

本数据集中，土壤剖面理化性状表给出了有确切时间和空间坐标的剖面信息。分省土壤有机质含量图的主要作用是便于读者直观了解各省级行政区最重要的土壤肥力指标——土壤有机质含量的空间分布特征。

二普中，受当时技术条件限制，全国仅完成了比例尺为1∶400万的纸质土壤有机质含量分布图的绘制，19个省、自治区、直辖市完成了比例尺为1∶250万—1∶50万的纸质分省土壤有机质含量分布图的绘制。直接采用小比例尺纸质图矢量化生成的土壤有机质含量等级划线图作为分省土壤有机质含量图，存在有机质含量分级的级差大、信息均化、图斑大、制图精度不够等问题，难以精细表现一个省级行政区域内土壤有机质含量的空间分布特征。

2005—2017年，我国在农区进行了测土施肥，农田耕层采样点达到1000万个。这批数据的主要优点是采样密度大且有空间坐标，通过对这批数据进行空间插值分析，可较精细地展示各地农田土壤有机质含量分布特征；其缺点是采样点主要集中于占陆域面积不到20%的农田，仅采用这批数据难以绘制覆盖全域的土壤有机质含量分布图。考虑到土壤，尤其是林地、草地土壤的有机质含量变化较慢，在制图中采用了混合时段数据合并表达的方式。对无测土数据的林地、草地等，仍然采用从小比例尺土壤有机质含量等级划线图中提取的数据；对有测土数据的农田，则采用2005—2017年间耕层采样数据，对原有数据进行了更新。通过对两源数据的提取、土层转换、合并、插值，最终生成各省级行政区土壤有机质含量分布图（土层厚度0—30cm），这样既可较精细展示出各省级行政区土壤有机质含量的空间分布特征，也能保证所做专题图有很强的现势性。

三个数据源制图表达结果比较显示，采用异源数据合并表达的方式制图，各分省图展示的有机质含量空间分布特征与二普小比例尺图相近，但制图精度有较大改进，一个省级行政区域内土壤有机质含量的空间分布特征更为清晰（表5）。

表5 三个数据源制图表达结果比较

数据源	土壤有机质含量图制图表达效果	
	优点	存在问题
采用二普完成的手绘图	小比例尺手绘图中，土壤有机质含量地带性分布特征十分明显；基本无数据空区	局部地区图斑大，制图精度不够
采用新的测土数据插值生成	有数据的区域制图精度高	占陆域面积约80%的林地、草地和一些县域无新的测土数据，难以通过采样点插值生成覆盖全域的有机质含量图
异源数据合并表达	基本无数据空区；制图精度有较大改进；小比例尺图中土壤有机质含量的地带性分布特征被保留	用混合时段数据表达全陆域土壤有机质含量分布状况，其中林地、草地数据主要源于20世纪80年代采样数据，农田数据更新至2017年

表6汇总了分省土壤有机质含量图的主要制图信息。制图采用异源数据合并表达的方式，生成的分省土壤有机质含量图所代表的时间段为1979—2017年，图中核算土壤有机质含量的土层厚度为0—30cm。

表6 分省土壤有机质含量图制图信息

制图数据	异源数据合并表达
采样时间	草地、林地及其他非农田土壤采样时间段为1979—1987年，农田土壤采样时间段为2005—2017年
土层厚度	0—30cm（对采样深度不足0—30cm的耕层采样数据，用剖面数据进行了土层厚度转换，统一转换为0—30cm）
制图方法	普通克利金插值（ordinary Kriging）
网格尺寸	200m

2. 制图表达说明

我国地域辽阔，各地土壤有机质含量差异极大。西北部地区降水量少，土壤粗砂粒含量高，风沙土、漠土大量分布，占我国陆域总面积的12.6%，其0—30cm土层内有机质平均含量不到10g/kg；东北部地区雨量充沛，气候、植被有利于土壤有机碳累积，其0—30cm土层有机质平均含量在40g/kg以上。另外，一些省级行政区的土壤有机质含量变化范围很宽，如内蒙古土壤有机质含量主要为4—70g/kg；而北京、山东等地土壤有机质含量变化范围很窄，为7—17g/kg。

为使各省级行政区域内土壤有机质含量空间分布特征均能得到充分展示，编者在分省土壤有机质含量图的图示和图例表达中对有机质含量范围进行等距划分分级，根据各省级行政区土壤有机质含量分布特征，将有机质含量分为7—14个等级。各分级的颜色设计及其RGB与CMYK色码见附录6。

（三）分省地势图

根据各省级行政区的成图比例尺和地形特点，选取合适精度的数字高程模型（DEM）栅格数据，确定设色原则和色层表进行分层设色，编制彩色晕渲的分省地势图。图中的河流水系及山峰、山脉等地理要素基于中国地图出版社研制的多尺度中国地图数据库选取，按各省级行政区地图设定的投影参数和比例尺投影转换后进行数据融合处理，再进行图形化编辑和地图整饰，最后输出成图。各省级行政区的彩色地貌晕渲图，按0—50—200—500—1000—1500—2000—3000—4000—5000—6000m及以上设计统一的高度表，但对一些低海拔平原地区，如天津、山东、上海等省、直辖市，则增添了20m等距。确定统一的设色原则，建立色层表，以深绿色—黄绿色—棕色—紫色色调的象征色过渡方式表示海拔由低向高过渡，低海拔地区以绿色为主，中海拔地区以棕色为主，高海拔地区的高寒地带则用冷色调紫色。地势图中的其他地理要素，地级市及以上级别居民地全部选取，县级居民地根据图面载负量情况酌情选取；河流按等级选取以反映地域水系结构特点，主要河流加注名称；成图面积4mm²以上的湖泊和水库全部选取，大型湖泊、水库加注名称，适当选取小面积湖泊以反映区域分布特点；山脉按等级选取，仅标注主要山脉主峰和知名山峰。

县域中心区气候特征图表编制

气候是五大成土因素之一，也是土壤质量的重要影响因素。为便于读者了解各地土壤资源与质量状况及其与气候特征的关联，编者编制了各县域中心区（位于各县域中心点、代表面积约为400km²的区域）气候特征值表、月平均气温与月平均降水量分布图。各县域中心区气候特征值是通过对160个中国地面国际交换站的气象年值、月值以及日值数据的计算和空间分析获得的。气象数据的相关用语也采用中国地面国际交换站所用的表达方式。鉴于各地气候特征值需要依据多年气象观测数据分析和提取，而二普采样时段为1979—1987年，因此采用了1971—2000年共计30年的年值、月值和日值气象数据，气象数据时段覆盖二普采样时段。

在分县气候特征值编制过程中，先从相应的各数据源中提取出各站点年值、月值以及日值数据，再按照表7所示计算方法，计算160个站点的各项气候特征值并对其分别进行插值计算，获得覆盖我国全域、网格尺寸约为20km的网格化气候特征年值与月值数据，最后再与县域中心点图层叠加，提取出各县中心区气候特征值。各县所处气候带则是通过县域中心点图层与中国气候区划图叠加后提取获得的[17]。

表7 县域中心区气候特征值的计算方法与数据来源

县域中心区气候特征	计算方法	气象数据来源
年平均气温 /℃	30年的年值平均	中国地面国际交换站气候标准值年值数据集（160个站点，1971—2000年）
年平均最高气温 /℃		
年平均最低气温 /℃		
年降水量 /mm		
年平均相对湿度 /%		
年日照时数 /h		
月平均气温 /℃	30年的月值平均	中国地面国际交换站气候标准值月值数据集（160个站点，1971—2000年）
月平均降水量 /mm		
≥10℃的积温 /℃	一年中日平均气温≥10℃的温度值加和	中国地面国际交换站气候资料日值数据集（160个站点，1971—2000年）
干燥度	修正的谢良尼诺夫公式：$$干燥度 = 0.16 \times \frac{全年 \geq 10℃的积温}{全年 \geq 10℃期间的降水量}$$	
气候带	提取	1:3200万中国气候区划图

分县主要土壤类型与土壤剖面点分布图编制

编制分县主要土壤类型与土壤剖面点分布图的主要目的是使读者在一个较小的图幅上也能大致了解一个县域内主要土壤类型概况。编者通过对全国1∶5万土壤图的缩编表达，为有土壤剖面数据的县级行政区编制了分县主要土壤类型图。受地图幅面限制，在分县土壤图中，仅保留了我国土壤分类系统中的第三层级——土类，通过缩编滤掉了亚类、土属、土种信息。

各分县主要土壤类型与土壤剖面点分布图的制图采用幅面固定、制图比例尺自适应的方法，制图比例尺一般为1∶35万—1∶20万，自适应制图由编制者自行设计的软件模块自动完成。

在分县主要土壤类型与土壤剖面点分布图中，各土类颜色与中国土壤图中采用的土类颜色相同（附录3）。图中各土类在图例中的排序则按各土类占本县县域面积比例从大到小的顺序排列，便于读者了解本县内主要土壤类型的分布。

在分县主要土壤类型与土壤剖面点分布图中，为便于读者查找，剖面点按照其在图面的位置，先左后右、先上后下顺序编码，编码过程也由ISPP软件包（表3）中的模块自动完成。

分县主要土壤类型与土壤剖面点分布图中的基础地理底图来源于国家基础地理信息中心提供的1∶25万DLG（公众版）数据（使用许可协议编号：非2011-1011），基础地理信息要素的图示与图例表达主要参照相关国标（详见附录2）。为保证本数据集中主要土壤类型与土壤剖面点分布图的内容和土壤剖面数据表对应，分县主要土壤类型与土壤剖面点分布图中的市级界线、县级界线均采用二普时的普查界线，并以此作为分县主要土壤类型与土壤剖面点分布图的分幅标准。为兼顾地名位置定位准确性和图书实用性，地图中乡镇级及以上居民地分别根据新版《中华人民共和国行政区划简册》和各省级行政区地图册进行了更新，现势性截至2021年12月。为更好地表现全书的系统性与协调性，在地图下方加注说明县级行政区划变更情况，部分市辖区图幅的图名根据图上县级居民点进行了更新。

二普后，随着城市化的加快，城市周边土地利用情况变化很大，居民地面积大幅增加，导致一些分县土壤图中的土壤面积占县域面积比例和分县主要土类说明中的一些土类面积占县域面积比例较二普时均有下降。在一些大城市周边县（市、区），土地利用情况的变化使各类土壤总面积不到县域面积的60%。

二普时，分县完成了1∶5万比例尺土壤图编绘后，还通过省级汇总和缩编制图，完成了1∶50万比例尺省级土壤图。在省级汇总中，对一些分县土壤图中原有土壤类型名进行了修订。例如，浙江在进行省级汇总时，将分县土壤图中原命名为侵蚀型红壤亚类的大部分土属划归粗骨土类；安徽、湖北等省在省级汇总时将黏盘黄棕壤亚类改为黄褐土类。在对二普调查成果的数字整合中，编者仅收集到约1600个县的大比例尺土壤图（表2）。对大比例尺图数据缺失的县，则以省级土壤图裁切方式进行了补全。这种补全虽有利于完成覆盖我国全域的高、中精度土壤图，但也引起了在一个省级行政区里源于分县和分省的两类土壤图中土壤分类命名不统一的问题，编者在尽量保持调查资料原始记载的前提下，对这类问题进行了力所能及的修订。

分县土壤剖面理化性状表编制

分县土壤剖面理化性状表是本数据集的主体内容。前文已对各项土壤理化性状应用范围以及从分县纸质土种志中进行信息提取、表达和制作的方法做了说明，本节仅对土壤理化性状测试方法、剖面点坐标匹配方法与土壤剖面分类名的修订加以说明。

（一）土壤理化性状测定方法

本数据集所列土壤理化性状的测定方法见表8。其中，土壤有机质含量，土壤氮、磷、钾全量与有效态含量，pH，土壤阳离子交换量的测定方法以及土壤分类方法均为国标方法。剖面理化性状表中的土壤全氮、全磷、全钾、碱解氮、有效磷、速效钾含量均以N、P、K纯养分量计。

在二普中，我国大多数地区土壤质地分级采用了卡庆斯基制，仅极少数地区采用了国际制。其中，卡庆斯基制采用了简制，将土壤质地分为3组9种类型；国际制将土壤质地分为12种类型（表9）。由于两种分级制中的质地分级名并无重复，因此在分县土壤剖面理化性状表中未对两种分级制的分级名进行合并。

表8 土壤理化性状的测定方法

土壤理化性状	测定方法
有机质	湿灰化或干灰化消化后，重铬酸钾滴定法测定（丘林法）
全氮	凯氏定氮法测定
全磷	酸溶或碱熔消化后，钼锑抗比色法测定
全钾	碱熔或酸溶消化后，火焰光度法或四苯硼钠比浊法测定
pH	水浸提法，水土比为5∶1或2∶1
碱解氮	扩散吸收法（康惠法）测定
有效磷	中性及石灰性土壤：Olsen法测定；酸性土壤：Bray法测定
速效钾	醋酸铵浸提后，火焰光度法或四苯硼钠比浊法测定
阳离子交换量	醋酸铵法测定

表9 卡庆斯基制与国际制土壤质地分级名

等级序号	卡庆斯基制[1] 土壤质地分级名	等级序号	国际制[2] 土壤质地分级名
1	松砂土	1	砂土
2	紧砂土	2	壤质砂土
		3	砂质壤土
3	砂壤土	4	壤土
4	轻壤土	5	粉砂质壤土
		6	砂质黏壤土
5	中壤土	7	黏壤土
6	重壤土	8	粉砂质黏壤土
7	轻黏土	9	砂质黏土
8	中黏土	10	壤质黏土
		11	粉砂质黏土
9	重黏土	12	黏土

注：1）卡庆斯基制指按卡庆斯基粒径分级的质地分类。该分类制有简制和详制两种。简制有3组9种质地，其主要特点是将土粒分为物理性黏粒和物理性砂粒两级；按物理性黏粒或物理性砂粒的数量进行质地分类，而不是按照砂粒、粉粒、黏粒三个粒级的质量比分组。详制是在简制的基础上，把9种质地进一步细分为39种质地类别，把含量最多和次多的粒组作为冠词，顺序放在简制名称前面，主要用于土壤基层分类及大比例尺制图。卡庆斯基还提出根据石砾含量而定的附加分类，也可作为质地分类的冠词，主要应用于山地土壤的质地分类。
2）国际制土壤质地分类在第二届国际土壤学会上通过，根据砂粒（粒径0.02—2mm）、粉粒（粒径0.002—0.02mm）、黏粒（粒径小于0.002mm）三粒组含量的比例，通过国际制土壤质地分类三角图，以黏粒含量为主要标准，小于15%者为砂土质地组和壤土质地组，15%—25%者为黏壤组，黏粒含量大于25%者为黏土组，划定12种质地类别。

（二）土壤剖面点的坐标匹配

含地理坐标的剖面数据可直观展示该土壤剖面点所代表土壤的土层厚度、土体构造及理化性状等特征，也是构建推理模型，进行土壤及其理化性状数字制图的基础。

二普完成的分县土种志中虽无典型剖面地理坐标记载，却有关于剖面采样地点、景观和土壤剖面分类命名的详细记录，如乡镇名、村名、高程和土类、亚类、土属、土种名等。从1∶5万土壤类型图与1∶5万基础地理信息数据库中也能提取出上述信息。在1∶5万比例尺空间数据库中，空间对象分辨率可达到100m×100m精度，折合为1hm²。在全国性土壤调查中，对于选择、确定典型剖面采样点点位，通常要求其所代表的土壤类型在面积上能代表采样点周围100亩（1亩≈666.7m²）以上的土壤，通过这种匹配方法获得的点位对实际采样点点位有较高的代表性。

为了使分县土种志中记载的剖面数据获得坐标，编者构建了多要素土壤剖面点坐标匹配模型，无空间坐标的土壤剖面从1∶5万土壤类型图和基础地理信息数据库中获得空间坐标。坐标匹配模型工作机制如图2所示。首先，从分县土种志中提取出A源数据，即每个剖面隶属的土类、亚类、土属、土种名及剖面采样点地名、采样点高程等多要素信息；然后，用分县1∶5万土壤图与多要素基础地理信息数据库叠加，生成含土类、亚类、土属、土种名和村名、乡镇名、高程等要素信息的空间数据，即B源数据；最后，利用多要素匹配模型，逐县对A、B两源数据进行匹配。当A源数据中某剖面点土类、亚类、土属、土种名和采样点地名、高程与B源数据中某土壤要素空间对象的四个土壤分类名、地名、高程等多要素信息一致时，该剖面点获得B源数据中土壤要素空间对象中心点坐标。若一个县域内，某剖面点与B源数据中多个空间对象存在配对关系，则取其中面积最大的空间对象的中心点坐标。

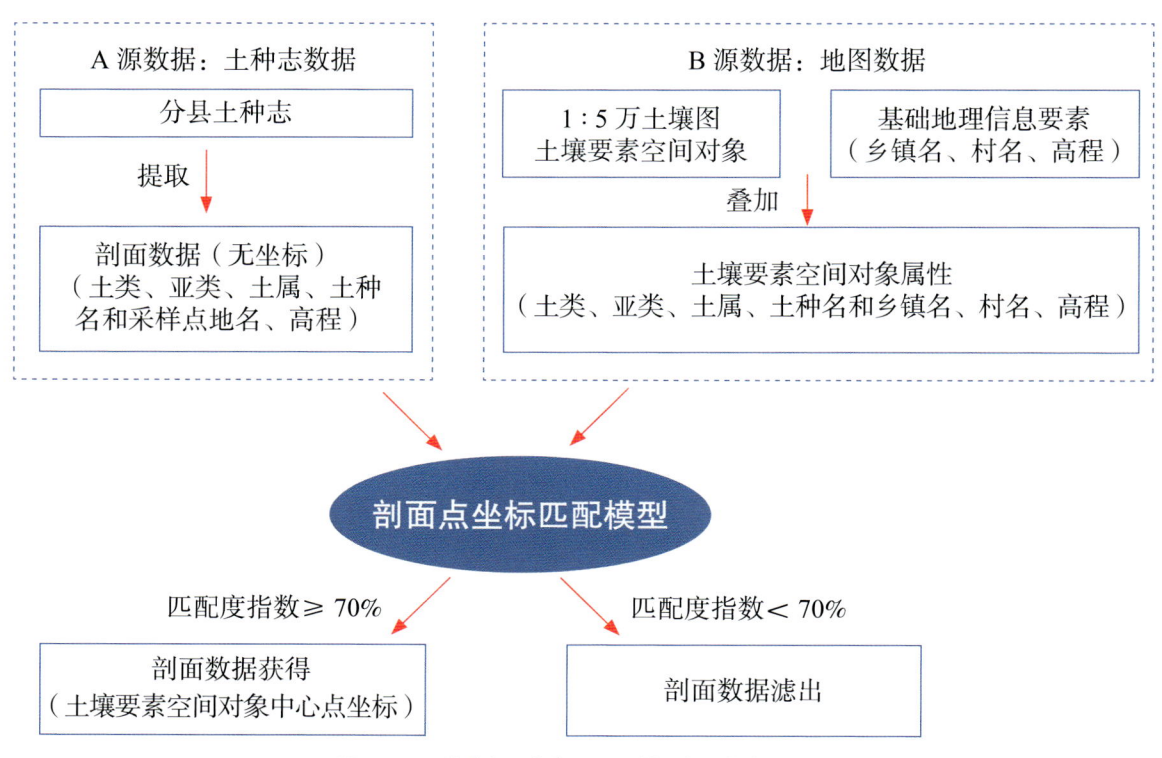

图2 土壤剖面坐标匹配模型工作机制图

为衡量每个土壤剖面坐标匹配的质量，在匹配模型中植入了匹配度评价模型，分析和提取每个土壤剖面点坐标匹配中多要素信息的吻合度。匹配度指数较高，代表两源数据中的土类、亚类、土属、土种名和地名、高程等多要素信息一致性高；匹配度指数较低，代表A、B两源多要素信息存在一些不一致性；匹配度指数小于70%的剖面数据会被滤出，该剖面也会从分县土壤剖面理化性状表中删除（表10）。利用坐标匹配模型，从分县土种志中提取出的10万余个剖面数据中，有6万多个获得了地理坐标并被收录于本数据集的分县土壤剖面理化性状表中，有约3万个由于匹配度指数较低被滤出。

表10 坐标匹配的匹配度指数及释义

匹配度指数/%	释义
90—100	匹配度高：A（分县土种志）、B（地图）两源数据中乡镇名、村名和三个以上土壤分类名（土类、亚类、土属、土种）、高程均一致
80—90	匹配度较高：A、B两源数据中乡镇名、村名和两个土壤分类名（土类、亚类）、高程一致
70—80	具有一定匹配度：A、B两源数据中乡镇名、村名、土类名、高程一致
<70	匹配度较低：A、B两源数据中地名和土类名不能全匹配

为检验通过匹配模型获得地理坐标的剖面对当地土壤类型是否具有代表性，编者自2008年以来，在河北、

表 11　土壤剖面土层代码和释义[1]

代码		释义
自然土壤与旱地土壤	Ao	位于土表的枯枝落叶层
	A	自然土壤指表土层，耕地土壤指耕作层
	B	心土层，受成土作用形成的淋溶淀积层
	C	底土层，受成土作用少的母质层，较紧实，通常不受耕作、施肥影响
	D	未风化的母岩层，岩石碎屑层
水田土壤	A	耕作层，亦称淹育层和作物栽培层
	P	犁底层，位于耕作层下，经机械耕作和黏粒淀积，结构较为紧实
	W[2]	潴育层，位于犁底层下，水田在干湿交替作用下，铁、锰淋溶淀积形成斑纹层，使水稻土有较好的通透性，渗水而不漏水，渍水而不滞水
	G	潜育层，存在于水稻土、沼泽土和泥炭土中。土体长期积水，通透性不良，在还原状态下形成青灰色土层又叫青泥层，作物受还原性物质危害。若在其他土层出现，可用 g 表示，如 Pg、Wg
	E	漂洗层，侧渗作用下黏粒、有机质被淋洗，铁质溶脱，形成灰白色或白色漂洗层

注：1）表中土层代码和释义主要根据全国各分县土种志中实际采用代码和释义进行综合与汇总。土体构造中，两个字母并列表示过渡层土壤，例如 AB 层、BC 层等。
　　2）一些地区将潴育层细分为 W_1（渗育层）和 W_2（淀积层）两层。渗育层指有明显水化铁层，多见黄色锈斑；淀积层指明显有铁锰淀斑或铁锰结核的土层。

（五）其他

分县土壤剖面理化性状表中，空格代表本项无数据。

若土壤剖面的土层码为数字，则表示调查中未对该剖面的各分层进行土层代码赋码。对这类剖面，编者按从地表至底土顺序赋土层序号 1、2、3……。土层序号不具有土壤发生学上的含义，仅表达每一土层的顺序。

分县土壤剖面理化性状表中土层厚度的上、下边界表示该土层采样范围。例如：土层厚度为 0—17cm，表示土层采自剖面 0—17cm 部位；土层厚度为 50—100cm 表示采自剖面 50—100cm 部位。一些剖面底土的土层厚度仅有上界而无下界。例如：85—，表示该土层采自剖面 85cm 至更深部位。

个别剖面上、下土层的上、下边界相互不衔接，例如：两个土层厚度分别为 0—10cm、30—35cm，表示该剖面的采样为不连贯采样，每个土层只选取了该土层的代表性层段。

一些剖面分层样本上、下土层的上、下边界相互不衔接，例如：按从地表至底土顺序，6 个土层采样范围分别为 0—13cm、13—18cm、18—40cm、18—32cm、32—100cm、50—100cm，其中第三个土层 18—40cm 为额外增加的采样层。在土壤调查中，当调查者认为需要对某些区域或土类的特定土层进行单独采样和分析时，往往会出现这一情形。为了最大限度保持第一手调查资料的完整性，编者将这类土层也编入了分县土壤剖面理化性状表中。

本卷收录的黑龙江省典型土壤剖面共计 1705 个。通过对剖面数据的土层厚度转换，附录 7 给出了这些典型剖面 0—20cm 土层土壤理化性状中位数与平均数。二普剖面采样为典型土类采样，而非网格化采样。0—20cm 土层土壤理化性状中位数与平均数不代表本省土壤理化性状平均状况。但二普是我国最早的大样本量调查，附录 7 所示的 0—20cm 土层土壤理化性状中位数与平均数对了解黑龙江省 20 世纪 80 年代土壤肥力性状具有一定参考价值。

附录 8 列出了黑龙江省耕地、园地、林地、草地和湿地 0—30cm 土层土壤有机质含量的平均值。该值由黑龙江省土壤有机质含量图和自然资源部土地科学数据中心编制的 2019 年 1∶100 万比例尺全国土地利用缩编图通过叠加、计算生成。其中，耕地包括水田、水浇地和旱地三种土地利用类型；园地包括果园、茶园和其他园地三种土地利用类型；林地包括有林地、灌木林地和其他林地三种土地利用类型；草地包括天然牧草地、人工牧草地和其他草地三种土地利用类型；湿地包括沼泽地、沿海滩涂和内陆滩涂三种土地利用类型。鉴于黑龙江省土壤有机质含量图源于大样本量地面采样，土壤有机质含量亦为变化较慢的土壤质量性状[15]，附录8对了解黑龙江省耕地、园地、林地、草地和湿地的土壤有机质含量状况及演变具有较高的参考价值。为便于读者了解黑龙江省耕地、园地、林地和草地四种土地利用类型中受成土过程影响而形成的各主要土壤类型及其在各土地利用类型中的占比情况，附录9给出了主要土壤类型在这四种土地利用类型中的占比。

土壤专题图与土壤剖面数据可靠性检验

该检验目的是对数据集中的土壤专题图和土壤剖面数据能否真实反映土壤资源与土壤理化性状及其空间分布特征给出科学、客观的评价。另外，数据集中的土壤专题图和土壤剖面数据主要源于1979—1987年的二普和2005—2017年在全国测土配方施肥项目中的土壤养分调查，因此，该检验也是对我国两次全国性土壤调查所获成果的质量评估。

对土壤专题图及含地理坐标的剖面数据的检验涉及地图制图学、测绘科学、土壤学、地统计学等多学科内容，而对于不同的学科，数据检验的目标和内容也不同。对于地图制图，精度检验十分重要；而在土壤学范畴，可靠性检验更为重要。精度检验方面，本数据集剖面坐标是通过1:5万比例尺地图数据匹配获得，匹配用地图精度直接影响剖面数据坐标精度。可靠性检验方面，土壤专题图和土壤剖面数据均属于土壤学范畴，还需要从土壤学角度给出科学评价。借助目前仍在发展中的地统计方法，编者最终给出了合理的可靠性检验方法。为便于读者理解，本节将重点说明两点：一是地图精度与土壤专题图制图的关联；二是土壤专题图和剖面数据的地统计检验结果。

在地图制图中，地图精度用于衡量某一地物点或地物轮廓点的平面位置和高程位置偏离其真实位置的平均误差。这里的地物点或地物轮廓点可以是测量控制点、水准点、道路交叉点、境界线方向变化点、山脚点、山顶等。地图精度与地图投影、比例尺、制作方法和工艺有关。地图比例尺不同，误差控制要求也不同。一般来说，地图比例尺越大，误差越小，精度越高。换言之，地图精度或比例尺主要反映对地图中基础地理信息要素，如测量控制点、河流、道路、等高线、境界的误差控制要求。

在土壤专题图制图中，需要用基础地理信息要素标识土壤要素空间位置。在较早的土壤调查中，没有GPS设备，通常用纸质地形图为底图标识采样点位置。地面土壤采样调查完成后，根据底图标记的采样点位置和实测获得的土壤要素值，由经验丰富的土壤科学家依据土壤及相关要素的空间分布、空间相关性和空间依赖性规律进行人工综合判图，在底图上手工完成土壤专题图的勾绘和制图。我国的二普与欧美各国在20世纪80年代之前进行的全国性土壤调查基本均采用这一方法进行土壤专题图编绘。二普为大样本量土壤调查，采样密度高，采用1:1万大比例尺地形图为工作底图，全国共挖取土壤观察剖面550余万个，采集0—20cm土壤表层样本200余万个，通过综合判图和人工勾绘，最终完成分县1:5万比例尺土壤图和各类土壤养分含量图的编制。土壤专题图比例尺不代表地图中对土壤要素的误差控制要求，客观上，地面采样中应用大比例尺的工作底图，采样密度高，土壤采样点均衡分布于调查区域中，以此为依据编制的土壤专题图能精细地表达调查区域内土壤要素的空间变化特征。采样密度低的土壤调查结果则不适合编制大比例尺土壤专题图。

近年来，随着GPS和GIS技术的发展，地统计方法已较多用于反映和研究土壤要素的空间变化规律。地统计方法不仅提供了利用含地理坐标的土壤采样点数据制作土壤专题图的地统计模型，还提供了对模拟结果进行不确定性检验的方法。地统计检验的主要目的是了解模拟结果对真实情况反演的客观性和可靠性，而不是评价地图中土壤要素的精度或误差控制。检验结果既受地面采样原则、采样量的影响，也受所选模型类型、建模过程中是否引入协变量等因素的影响。

由于二普完成的土壤图和养分含量图中没有采样点标注，难以对其进行地统计检验。为此，编者同时对我国在全国测土配方施肥项目中完成的有GPS定位坐标的农田耕层土壤有机质含量数据进行了地统计分析和检验。与二普相似，全国测土配方施肥项目也按网格化均匀分布原则进行大样本量、高密度土壤采样，全国总计完成1000万个农田土壤耕层样本的采集。

检验方法为：首先，在我国东、南、西、北、中不同地域选取7个代表性片区，每片区包含地域相连、域内无大面积剖面点缺失的多个行政县，且含土壤剖面点500个以上。其次，提取7个片区源于二普剖面0—20cm土层和源于2005—2017年0—20cm农田耕层采样的土壤有机质含量数据。二普剖面数据的采样特征为在优先选取典型土壤类型的前提下，尽量均衡分布；样本量较小，全国有6万多个具有匹配坐标的剖面。2005—2017年农田养分调查数据为网格化均衡分布的大样本量，全国完成了1000万个有GPS定位坐标的耕层样本。最后，用普通克利金插值（ordinary Kriging）方法进行地统计分析和检验。在每片区剖面点和耕层采样点的数据中分别随机选取80%作为训练样本集，20%作为验证样本集，同时进行建模；将验证样本预测值与实测值进行线性回归，计算R^2（决定系数）和RMSE（均方根误差），以此评价两组数据表达土壤要素空间分布特征的可靠性和误差。选择土壤有机质含量作为检验指标的原因为该指标是最重要的土壤质量性状之一，且可量化表达，便于进行地统计检验。

二普剖面数据的检验结果显示，在7个代表性片区，剖面点数据表达的有机质含量分布状况可靠性均达极显著水平（表12）。这表明，尽管二普典型剖面数据为非网格化采样，含地理坐标样本量较少，需采用匹配坐标替代原点坐标，但在一个由多县组成的片区内，当剖面样本量达到一定数量后，即使未引入可极大改进R^2的地形、土地利用类型等辅助变量，用普通克利金插值仍然能比较真实、可靠地反演土壤要素空间分布特征。2005—2017年耕层采样点数据的检验结果显示，与二普剖面点数据相比，大部分片区的有机质含量分布数据R^2更大（达到中等相关至强相关），RMSE更小，可靠性和预测精度明显更优，这说明就表征土壤要素空间分布特征而言，网格化均衡分布的大样本量采样得到的数据可靠性和精度相对较高。这为二普大比例尺土壤专题图数据（土壤图和土壤pH、有机质、氮、磷、钾养分含量图）的地统计检验特征提供了佐证。二普大比例尺土壤专题图数据均源于网格化均衡分布的大样本量地面调查，其可靠性和精度应优于二普剖面点数据。

两组数据地统计检验结果还显示，尽管相隔近30年，两时段调查的土壤有机质含量也有一定变化，但各片区土壤有机质含量的空间分布规律总体相近。图3展示了东北片区两组数据通过普通克利金插值获得的土壤有机质含量分布图。可以看出，尽管二普土壤剖面样本数（546）远少于农田耕层土壤样本数（45182），20%校验集所获R^2较低，预测值与实测值偏差较大，但两组数据展示的土壤有机质含量空间分布格局相近，均为东北角最高，西南角最低。另外，该片区2005—2017年的农田耕层有机质含量均值为36.41g/kg，低于1979—1987年的二普采样结果（40.53g/kg），这一结果与东北地区所做长期定位试验结论一致。这表明，本数据集剖面数据可为了解土壤质量时空演变规律提供可靠的数据支持[9]。

表12　二普典型土壤剖面数据和2005—2017年耕层采样点数据的地统计检验结果

编号	片区名	县数	面积/km²	二普剖面土壤有机质含量[1]			耕层土壤有机质含量[2]		
				样本量	R^2[3]	RMSE[3]	样本量	R^2[3]	RMSE[3]
1	东北片区	19	72353	546	0.329**	14.77	45182	0.689**	6.32
2	冀鲁豫片区	64	50071	881	0.363**	5.65	256341	0.429**	3.47
3	江浙片区	53	63003	1312	0.334**	8.83	51759	0.666**	4.05
4	湖北片区	10	21044	515	0.286**	20.21	60545	0.281**	11.09
5	四川片区	39	98052	1283	0.380**	9.20	206682	0.344**	7.08
6	粤闽赣片区	27	58745	801	0.223**	13.33	51759	0.285**	6.42
7	陕甘片区	47	109010	990	0.296**	7.20	256341	0.558**	2.48

注：1）数据源于二普土壤剖面（1979—1987年采样，0—20cm土层）数据库，土壤有机质含量单位为g/kg。
2）数据源于2005—2017年农田耕层（0—20cm）土壤养分调查数据库，土壤有机质含量单位为g/kg。
3）20%验证样本所获预测值与实测值的线性回归R^2（决定系数，其中**表示1%水平显著）和RMSE（均方根误差）。

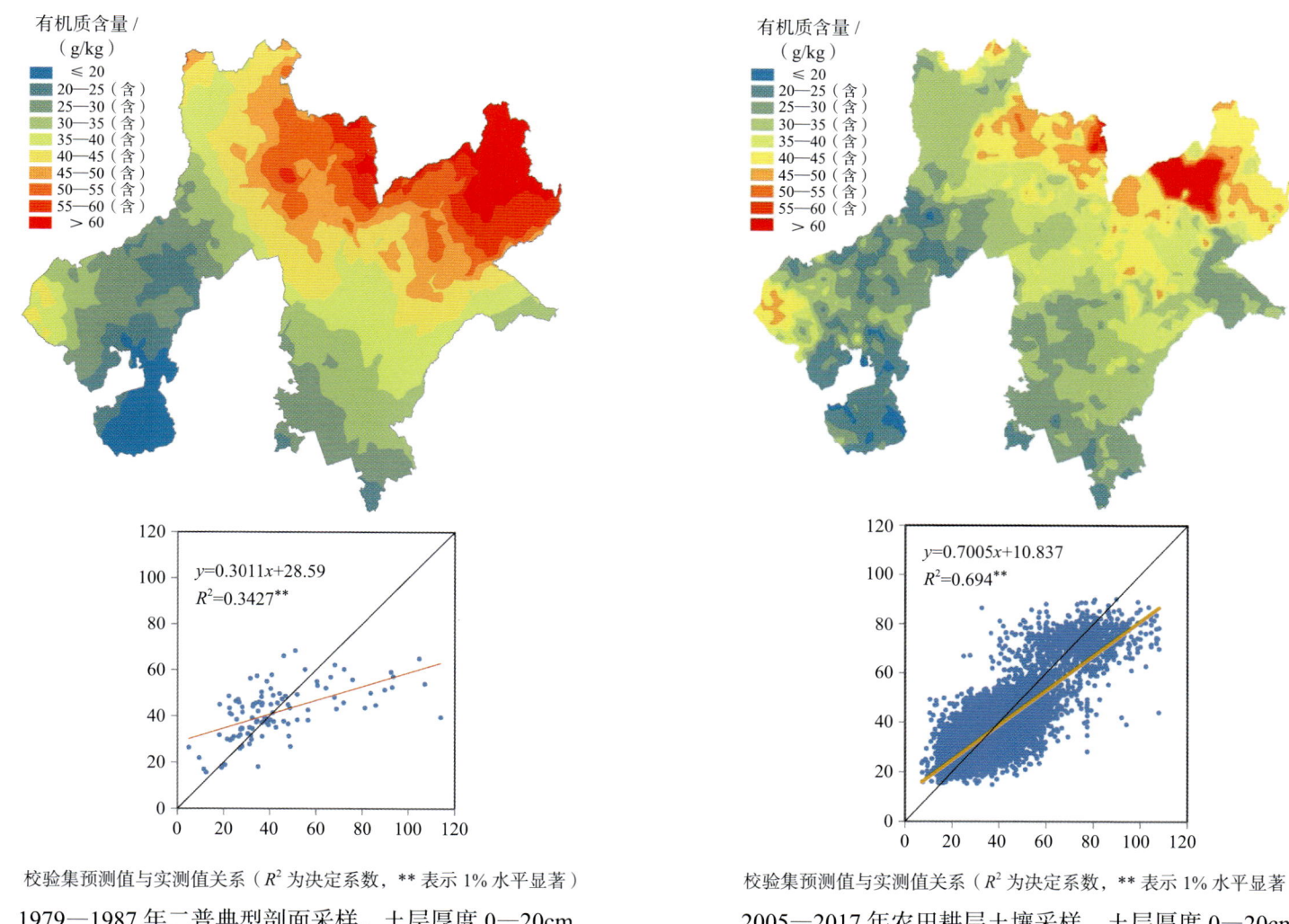

图3　东北片区土壤有机质含量分布图及地统计检验结果

参编单位

《中国土壤剖面数据集》的编制工作始于1998年。其编制过程主要分为以下两个阶段：

第一阶段为全国1∶5万土壤图编制和中国剖面数据库构建阶段。20世纪末，随着现代科学研究与管理对土壤时空信息的迫切需要和大数据技术的发展，利用土壤调查结果构建我国土壤资源与质量时空数据库日益显现出可行性和必要性。1998年，我国土壤科技工作者开始对二普分县土壤图件和资料进行系统收集和整理，这项工作曾得到国家社会公益性研究专项的资助。"十一五"期间，"我国1∶5万土壤图籍编撰及高精度数字土壤构建"被列为国家科技基础性工作专项重点项目。在全国各地农业、国土、档案等多家单位的大力配合和各地土壤科技工作者的支持下，项目组汇聚全国土壤科学、农业、测绘与环境领域多家专业科研院所的科研力量，深入31个省、自治区、直辖市以及数百个县的原始图件与资料存放部门，完成了2200多个县的分县大比例尺纸质土壤图与土种志的收集。同时，项目组还收集了31个省、自治区、直辖市的分省土壤图、土壤有机质含量图等多类别土壤专题图和分省土壤调查资料，并在此基础上，项目组研究人员通过融合多学科方法创建土壤大数据方法，以方法创新带动异源非标准海量土壤信息的时空整合与表达，至2017年，完成了我国1∶5万土壤图的整合表达和中国土壤剖面数据库的构建，为编制《中国土壤剖面数据集》奠定了科学基础、方法基础和数据基础。

第二阶段为《中国土壤剖面数据集》编制阶段。为满足我国农业、林业、环境、气象、国土、水利等各部门对公众版土壤资源与质量信息的迫切需求，项目组于2017年启动了数据集编制工作。在数据集编制过程中，项目组一方面利用土壤大数据方法进行数据的审核、土壤专题图的缩编与剖面数据表的表达等多项工作，另一方面组织了各省级土壤专业科研院所参与各分卷内容的审核和修订工作。数据集的编制还得到了中国农业科学院科技创新工程的资助。

本数据集的最终面世离不开多家科研单位在过去20多年时间里的共同付出。这些单位包括国家科技基础性工作专项重点项目"我国1∶5万土壤图籍编撰及高精度数字土壤构建""我国1∶5万土壤图籍编撰及高精度数字土壤构建二期工程"主持与参加单位、参加数据集各分卷审核和修订工作的土壤专业科研单位以及参与分县大比例尺纸质土壤图与土种志收集的各地相关管理与科研部门（附录10）。

（张维理、徐爱国、张认连、冀宏杰）

序图

中国土壤图
1:13 000 000

图例

砖红壤	黑钙土	火山灰土	碱土
赤红壤	栗钙土	紫色土	水稻土
红壤	栗褐土	石质土	灌淤土
黄壤	黑垆土	粗骨土	灌漠土
黄棕壤	棕钙土	草甸土	草毡土
黄褐土	灰钙土	潮土	黑毡土
棕壤	灰漠土	砂姜黑土	寒钙土
暗棕壤	灰棕漠土	林灌草甸土	冷钙土
白浆土	棕漠土	山地草甸土	冷棕钙土
棕色针叶林土	黄绵土	沼泽土	寒漠土
燥红土	红黏土	泥炭土	冷漠土
褐土	新积土	草甸盐土	寒冻土
灰褐土	龟裂土	滨海盐土	
黑土	风沙土	漠境盐土	
灰色森林土	石灰（岩）土	寒原盐土	

中国土壤剖面数据集·黑龙江卷

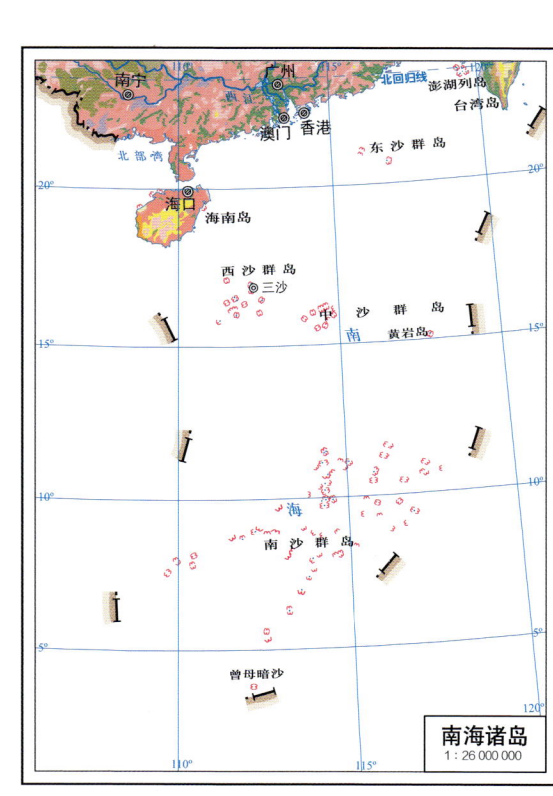

中国土壤有机质含量图
1 : 13 000 000

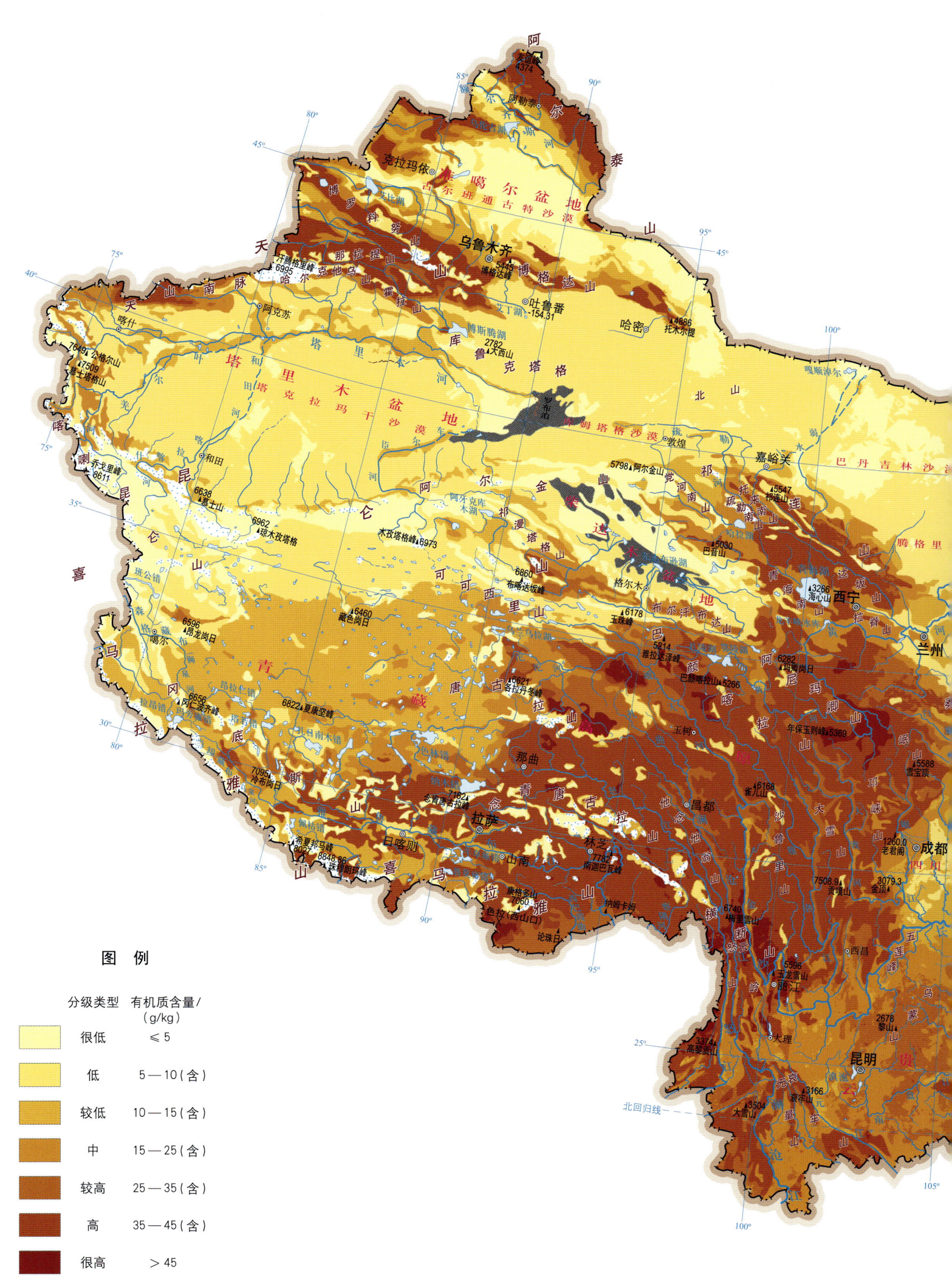

图 例

分级类型	有机质含量/（g/kg）
很低	≤ 5
低	5—10（含）
较低	10—15（含）
中	15—25（含）
较高	25—35（含）
高	35—45（含）
很高	> 45

注：土层厚度为 0—30cm。

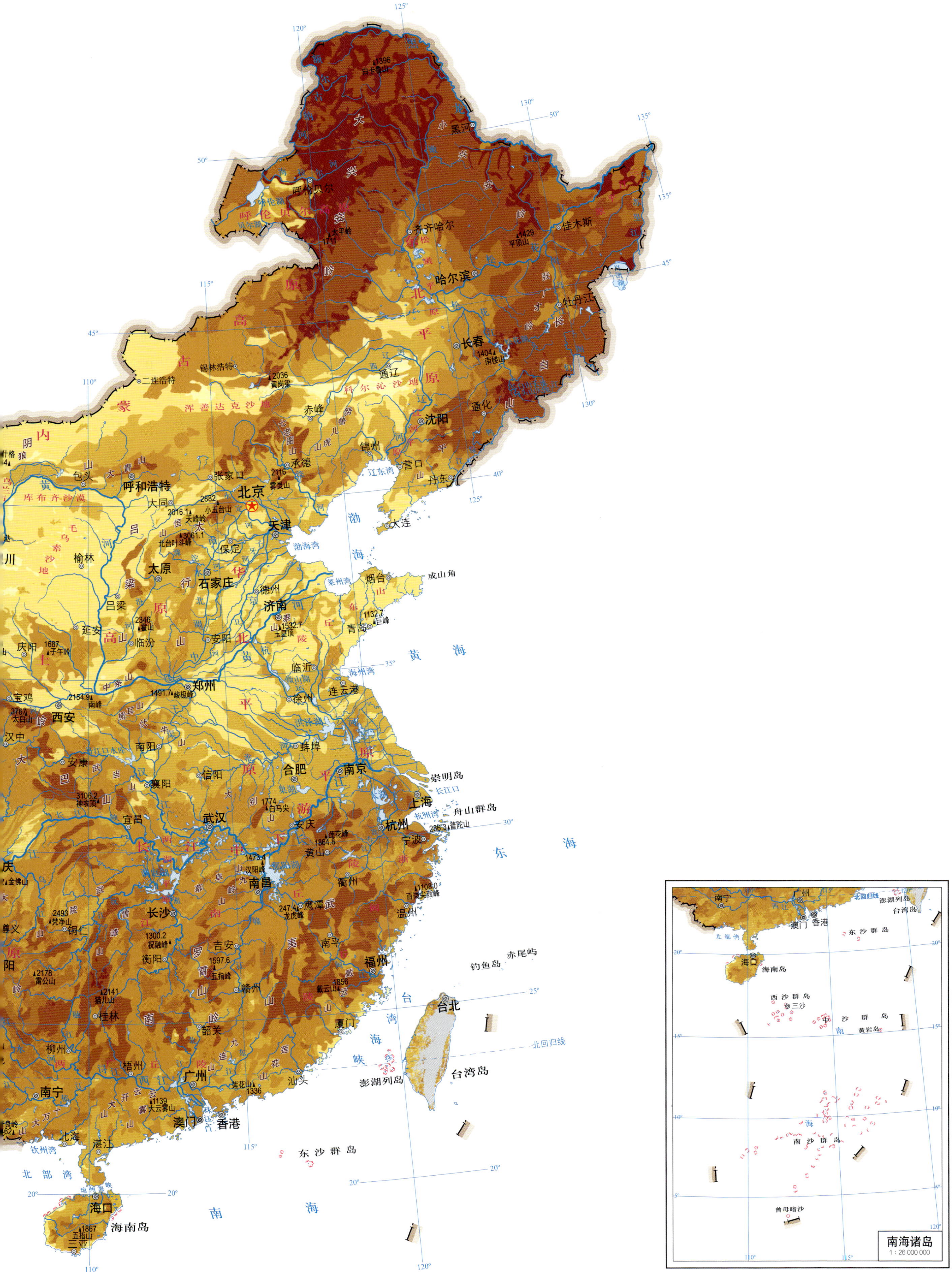

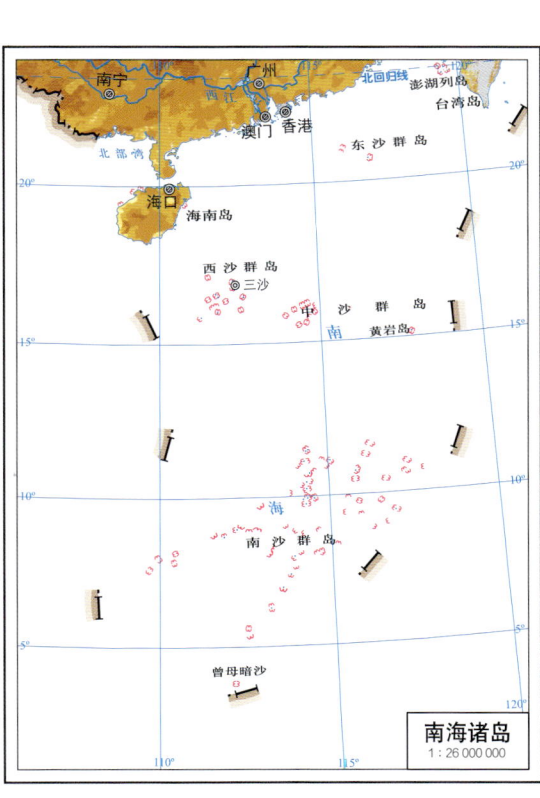

南海诸岛　1:26 000 000

中国地势图
1：13 000 000

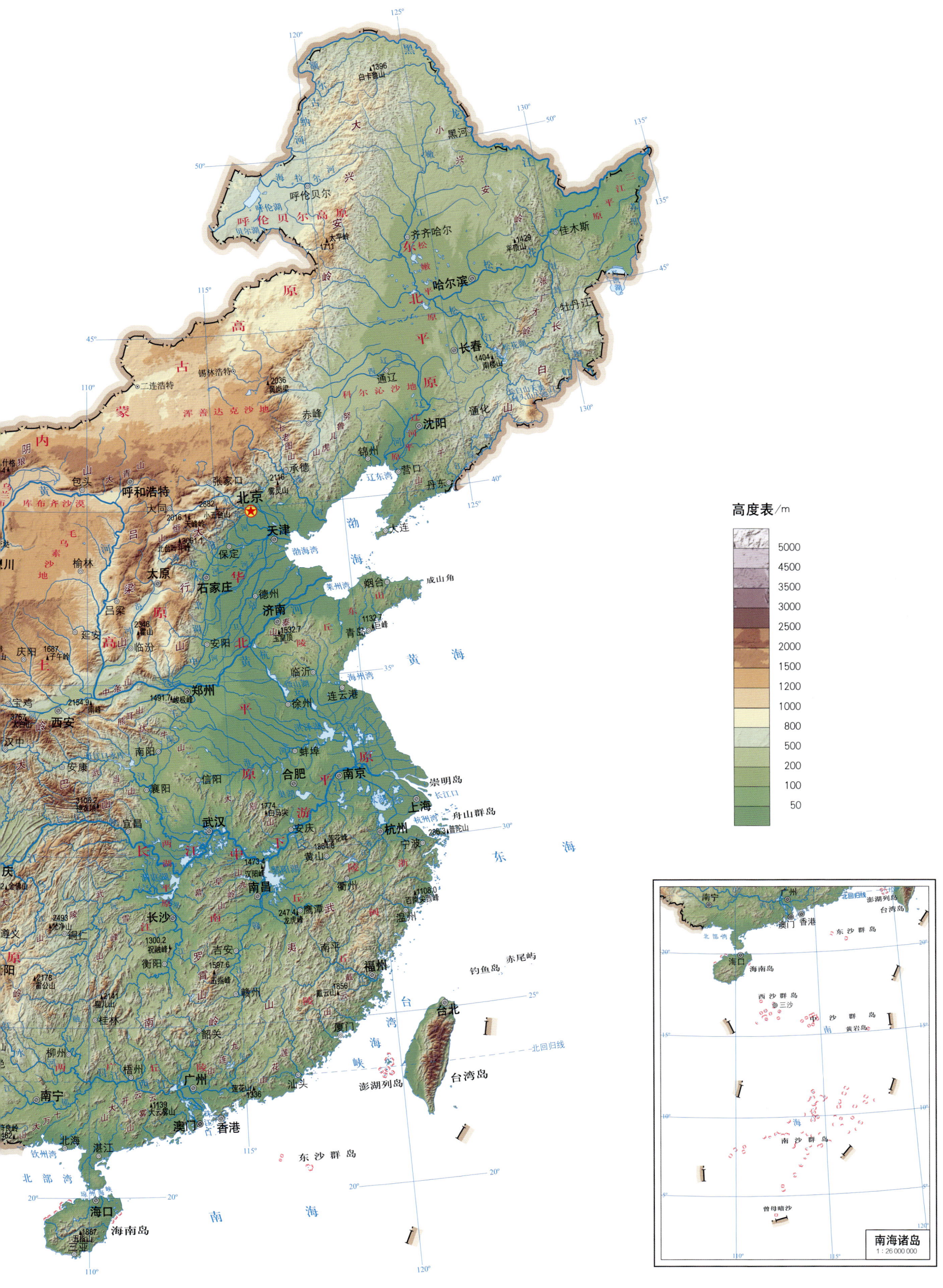

黑龙江省土壤图
1：3 000 000

图 例

火山灰土	暗棕壤
石质土	白浆土
草甸土	棕色针叶林土
山地草甸土	漂灰土
沼泽土	黑土
泥炭土	黑钙土
草甸盐土	栗钙土
碱土	新积土
水稻土	风沙土

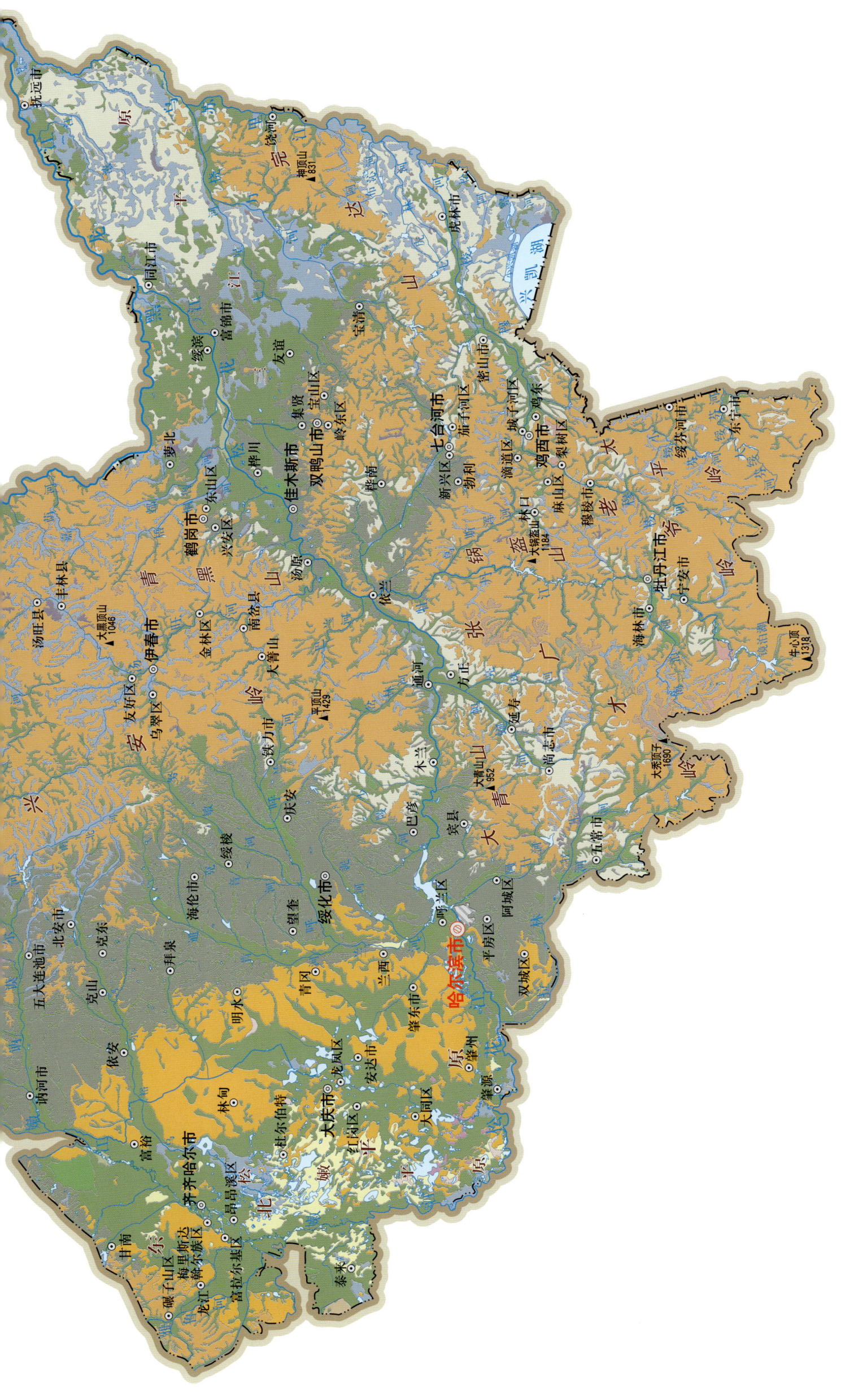

黑龙江省土壤有机质含量图

1 : 3 000 000

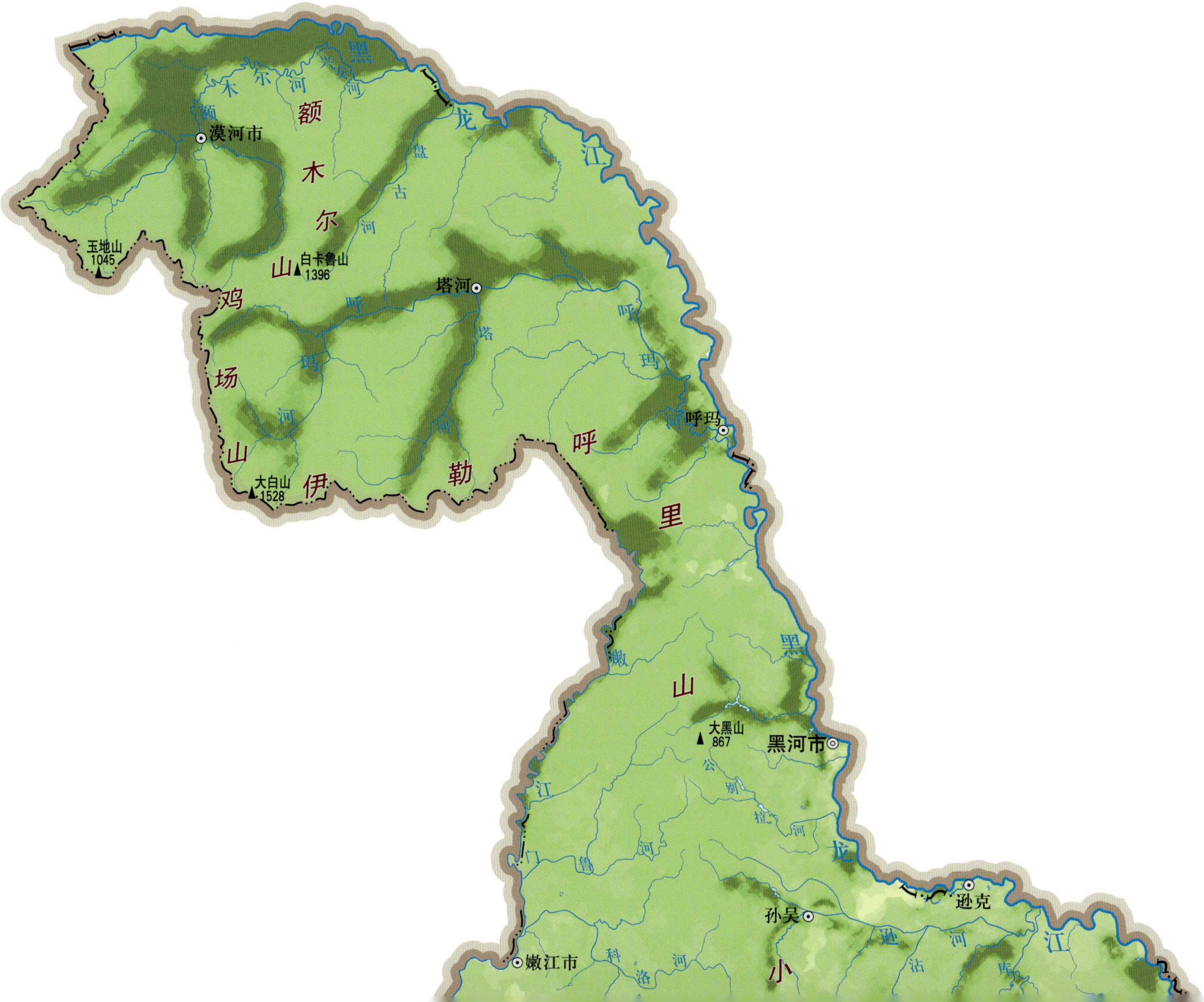

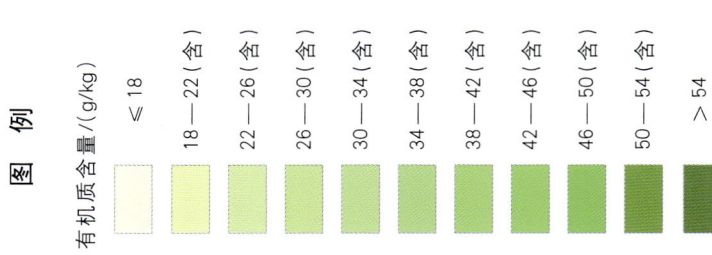

图 例

有机质含量/(g/kg)

- ≤18
- 18—22（含）
- 22—26（含）
- 26—30（含）
- 30—34（含）
- 34—38（含）
- 38—42（含）
- 42—46（含）
- 46—50（含）
- 50—54（含）
- ＞54

注：土层厚度为 0—30cm。

黑龙江省地势图
1∶3 000 000

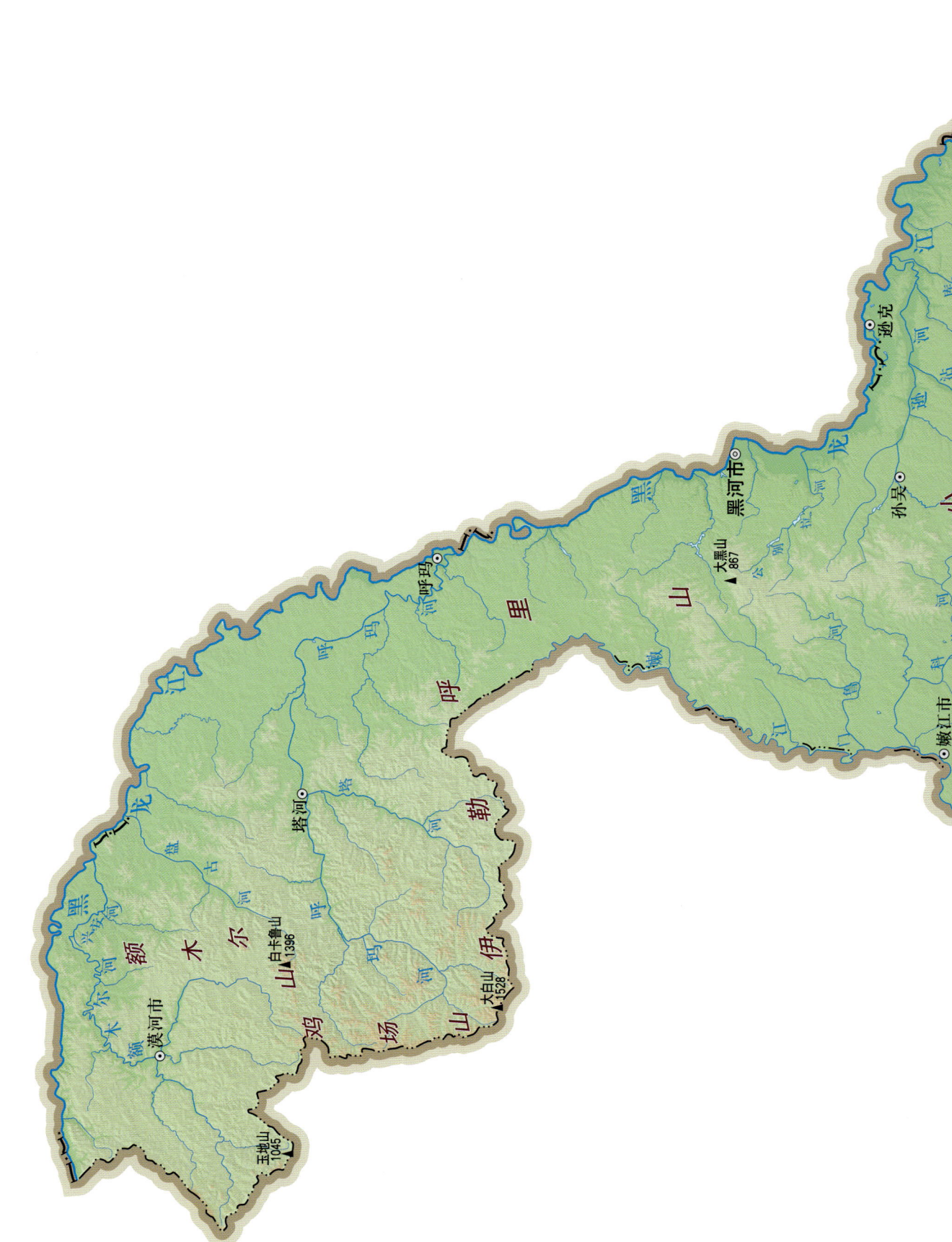

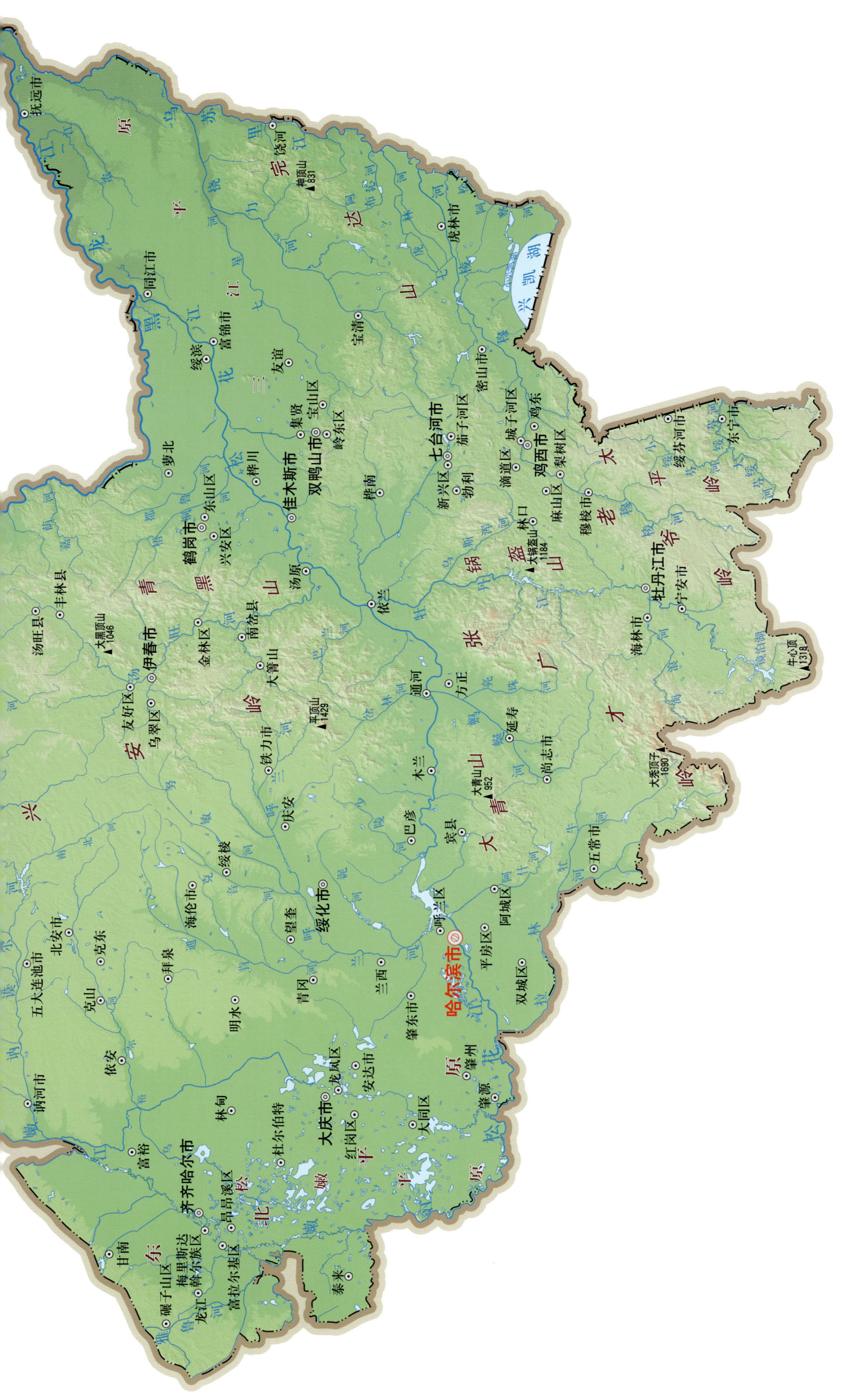

山东、黑龙江、宁夏、海南等地挖取了300余个校验剖面，进行了比对研究。比对研究结果显示，校验剖面与二普完成的剖面记载在土壤类型、土体构造、母质、质地等土壤质量慢变化性状上都有很好的一致性。

（三）土壤剖面分类名的修订

分县土壤剖面理化性状表列出了每个土壤剖面的分类名。土壤分类名是对某一类土壤资源的抽象概括和表达，表述了各类土壤的主要成土过程以及各类土壤综合性的典型特征。如黑土是指在温带半湿润地区草甸草原植被条件下形成的具有深厚均匀腐殖质层的土壤，呈黑色，富含有机质和各种养分；褐土是指在暖温带半湿润地区形成的具有弱腐殖质表层和黏化层的土壤，盐基饱和度较高，呈棕褐色。土壤分类名既具有典型性，又具有综合性，是土壤最基本的属性。

二普中，我国基于全国第一次土壤普查经验制定了六等级土壤分类系统，这也是目前的国标系统。该系统中的六等级分别为土纲、亚纲、土类、亚类、土属和土种，从高级到低级，不同层级之间为隶属关系。其中，土纲用于界定水、温等主要的土壤成土条件，亚纲用来进一步区分土纲内成土条件与过程的差异，土类反映成土条件引致的最典型土壤特征，亚类反映土类内成土条件引致剖面特征的进一步分异，土属反映母质等成土条件引致亚类剖面的分异，土种反映同一土属中土壤的分异或当地群众对该土壤的命名。

在对各地土壤调查数据进行全国汇总时，编者发现，从全国2200多个分县土壤剖面资料中提取出的土壤分类名与我国在1998—2009年发布的三版《中国土壤分类与代码》国标差异较大[18-20]。国标发布的土类、亚类、土属、土种名数量分别为60个、229个、663个和3246个，而从2200多个分县土壤图件与剖面资料中提取出的土类、亚类、土属、土种名数量分别为312个、1520个、12150个和43200个。对国标上从未出现的土壤类型名进行审核和归并需要有土壤分类学上的依据。通过对俄罗斯、美国、加拿大、澳大利亚、德国、英国等各国土壤分类研究及发展状况的研究，编者总结了我国和其他世界各国过去半个世纪中在土壤分类方面的经验，确定了土壤剖面分类名的修订原则[1]。

研究显示，我国国标分类系统中的第三层级——土类（附录4），能很好地反映我国主要土壤类型形态上的典型特征。通过土类及其隶属的12大土纲可清晰展现出我国60个土类受温度、海拔、降雨、土壤发育度、地下水盐运动、耕种垦殖等主要成土条件影响而形成的地带性分布特征。另外，土类本身属于高层级分类，数目有限，命名符合汉语语言特征，易于专业及非专业人员掌握。通过土类名，读者能够辨识各种土壤类型，了解其成土过程、土壤质量与肥力特征。因此，在土壤剖面分类名的修订中，应重视维护土类名的稳定性。根据这一原则，在对分县资料中土壤分类名的编审中，编者将国标发布的60个土类名进行了归并，对亚类及以下的中、低级分类名称则在尽量保留现场获取的一手土壤调查信息的前提下进行适度归并与整合。

为便于读者了解我国目前采用的土壤分类名与国际土壤学会推荐的土壤分类名（world reference base for soil resources，WRB）[21]之间的关联，附录4中还给出了由史学正研究员通过剖面比对建立的WRB土组名与我国60个土类名的关联及WRB土组名对我国土类名的最大可参比性[22]。

（四）剖面土层代码

在形成过程中，由于物质迁移和转化，土壤会分化成一系列组成、性质和形态各不相同的层次，称为发生层或土层。土壤剖面各土层的顺序和变化情况，反映了土壤形成过程及土壤性质。

目前各国尚无统一的土层命名。1967年国际土壤学会提出将土壤剖面划分成O层（有机层）、A层（腐殖质层）、E层（淋溶层）、B层（淀积层）、C层（母质层）和R层（基岩）等6个主要土层。全国土壤普查办公室编制出版的《中国土种志》（6卷）[23-28]、《中国土壤》[29]则将自然土壤剖面划分成O层（凋落物有机质层）、A层（表层）、B层（淀积层）、C层（母质层）、D层（岩石碎屑层）和R层（坚硬岩石层）等6个主要土层；将旱地农田土壤划分成A（耕层）、C_1（心土层）和C_2（底土层）等几个主要土层；将水田土壤划分成Aa（耕作层）、Ap（犁底层）、P（渗育层）、W（潴育层）和G（潜育层）等5个主要土层。

由于分县土种志中，土层代码和释义与以上文献给出的土层码不尽相同，因此在数据集编制中，编者主要保留了2200多个分县土种志中实际采用的土层代码和释义（表11）。为便于读者参考，编者在附录4中列出了引自《中国土壤》部分土类典型剖面的土体构造及其关联的土层代码[29]。

中国土壤剖面数据集·黑龙江卷

第二编 | 分县土壤图与土壤剖面数据

哈 尔 滨 市

市 辖 区

主要土类说明

黑土是哈尔滨市主要土壤类型，占本市地域面积的42%。黑土是在温带半湿润草甸草原下形成的具深厚均腐殖质层的无石灰性黑色土壤。该土壤均腐殖质层厚30—60cm，有机质含量一般为30—60g/kg，底层具轻度滞水还原淋溶特征。由于淋溶作用，土体内可溶性盐类及碳酸盐受到淋溶，故黑土无石灰反应。二氧化硅被水分离，向下移动，土壤上层黏粒受重力作用聚积于下层，故黑土质地一般下层比上层黏重，有明显的淀积层。

草甸土是哈尔滨市第二大土壤类型，占本市地域面积的14%，主要分布在岗坡下部开阔的低平地。因所处地带地下水位较高，潜水参与土壤形成过程，成土母质一般为河湖沉积物。该土壤草甸植被生长繁茂，根系密布，但主要集中在土壤上层，为腐殖质大量积累创造了有利条件，故腐殖质层厚，腐殖质含量高。

新积土是哈尔滨市第三大土壤类型，占本市地域面积的11%，主要分布在松花江两岸洪水泛滥地和沿岸漫滩地。离河床较远的漫滩地，因多年不受洪水影响，地下水位较高，草甸植物生长繁茂，土壤具有草甸化特征。

黑钙土占本市地域面积的7%。黑钙土是在温带半湿润草甸草原下形成的具深厚均腐殖质层和碳酸钙淋溶淀积层的土壤。该土壤均腐殖质层厚50cm左右，有机质含量为50—80g/kg。其下，钙积层明显。土壤表层pH约为7.0，逐渐往下pH为8.0—8.5。冬季冻层厚1.3—1.5m。

水稻土占本市地域面积的6%，主要分布在近江河两岸易于灌溉的低平地。本市种植水稻历史较短，水稻土剖面分化不太明显，按其前身土壤分为黑土型、草甸土型等亚类。

小于本市地域面积3%的土壤类型有碱土、风沙土、沼泽土、白浆土。

本区域中心区气候特征

本区域中心区气候特征值
Regional climate characteristics in central area of the region

气候带：中温带亚湿润气候 Climate region: Mid temperate subhumid climate	
年平均气温 /℃ Annual average temperature /℃	4.2
年平均最高气温 /℃ Annual average maximum temperature /℃	10.1
年平均最低气温 /℃ Annual average minimum temperature /℃	-1.4
年降水量 /mm Annual precipitation /mm	513
≥10℃的积温 /℃ Daily temperature accumulated in a year（≥10℃）/℃	1515
年日照时数 /h Annual sunshine /h	2590
年平均相对湿度 /% Annual average relative humidity /%	66
干燥度 Dryness	0.51

本区域中心区月平均气温与月平均降水量
Monthly temperature and precipitation in central area of the region

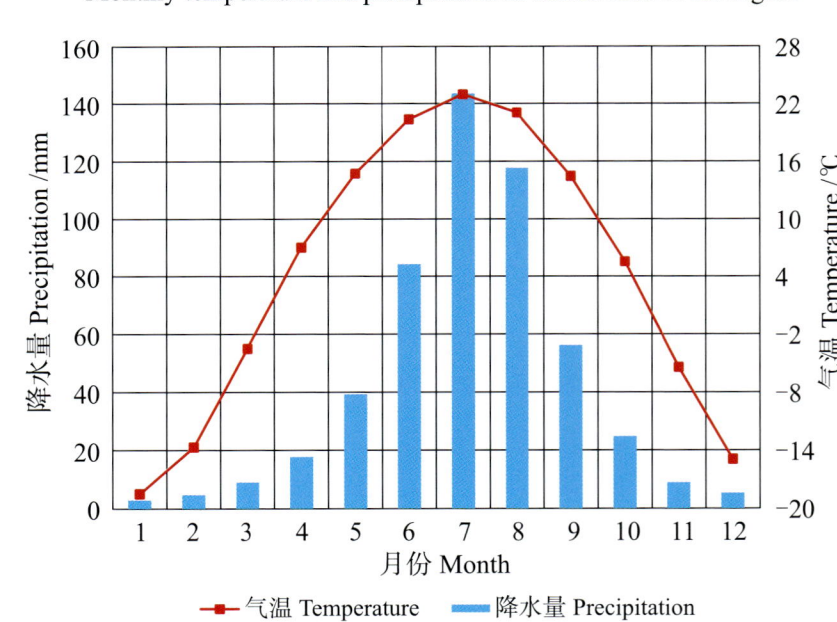

哈尔滨市市辖区（部分）主要土壤类型与土壤剖面点分布图

1∶230 000

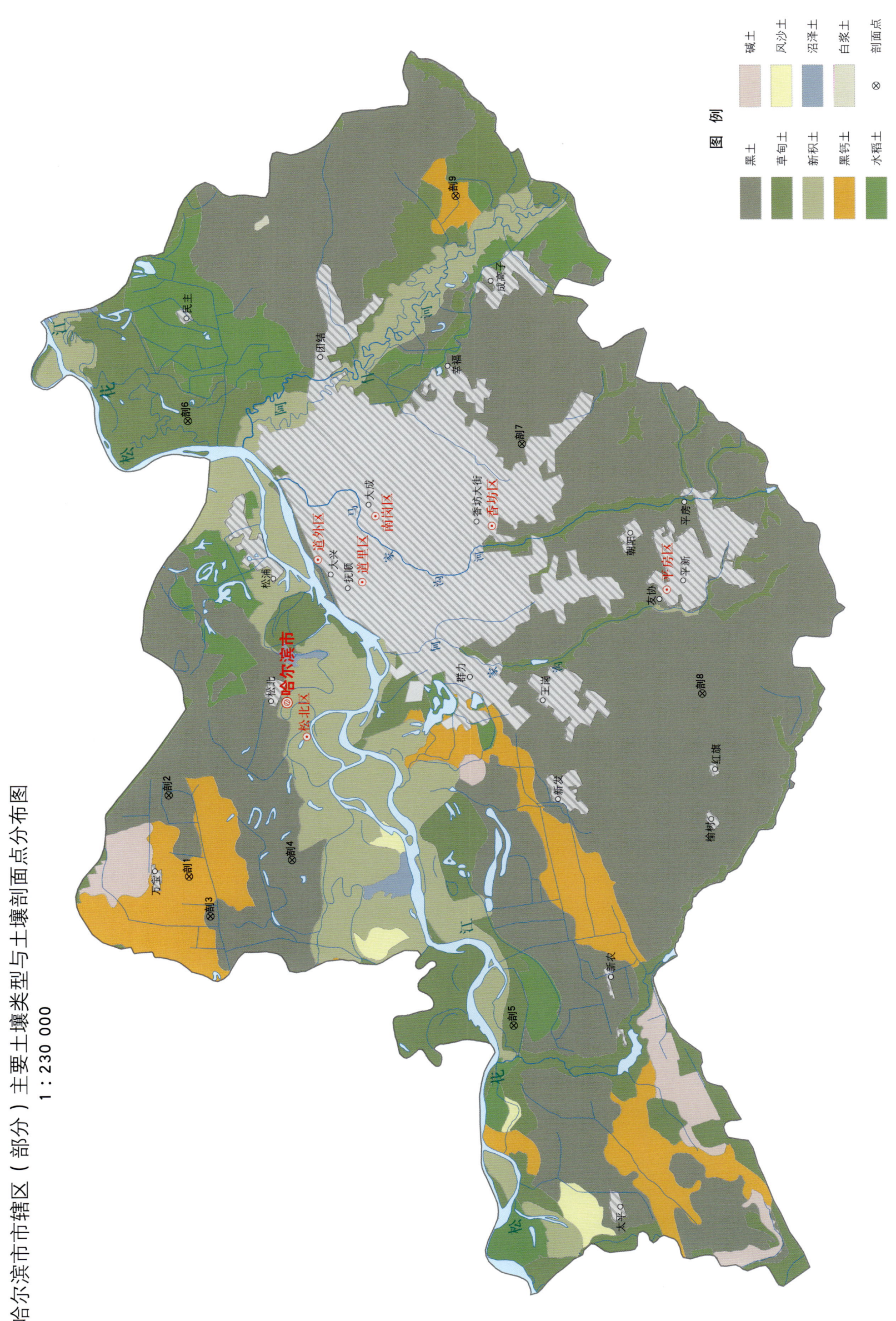

哈尔滨市土壤剖面理化性状表

剖面号 Soil profile	土纲 Soil order	土类 Soil great group	亚类 Soil subgroup	土属 Soil genus	土种 Soil species	土层码 Layer code	土层厚度 Depth/cm	颜色 Soil color	质地 Soil texture	土壤结构 Soil structure	pH	有机质 OM/(g/kg)	全氮 TN/(g/kg)	全磷 TP/(g/kg)	全钾 TK/(g/kg)	碱解氮 AN/(mg/kg)	有效磷 AP/(mg/kg)	速效钾 AK/(mg/kg)	土壤母质 Parent material	剖面点坐标 Profile coordinate	匹配指数 Matching index/%
剖1	钙层土	黑钙土	黑钙土	黑钙土	厚层黑钙土	A	0—60	黑棕色	壤土	粒状	7.0	37.5	1.00	1.16	39.0	139	18.4	104	黄土	E 126°24′25.6″ N 45°50′48.1″	74
						AB	60—180	暗棕色	黏壤土	核块状	6.9	24.0									
						B	180—	灰色	黏壤土	核块状	6.6	16.2									
剖2	半淋溶土	黑土	黑土	黏底黑土	薄层黏底黑土	1	0—20				7.0	23.3	0.95	0.80	16.1	108	26.2	192	黄土状黏壤土	E 126°27′51.5″ N 45°51′28.4″	75
						2	20—29				7.0	23.7	0.99	0.82	16.0	101	29.4	192			
						3	40—60					13.5									
						4	70—80					6.7									
剖3	半淋溶土	黑土	黑土	黏底黑土	中层黏底黑土	1	0—20				7.1	37.0	1.72	1.40	>40.0	215	12.5	312	黄土状黏壤土	E 126°22′45.8″ N 45°50′07.8″	75
						2	20—29				7.4	28.8	1.22	0.92	>40.0	171		176			
						3	70—80				7.2	13.3									
						4	135—145				7.0	7.3									
剖4	半淋溶土	黑土	草甸黑土	砂底草甸黑土	中层砂底草甸黑土	A	0—20	黑棕色	砂壤土	粒状	7.1	21.4	1.45	1.02	>40.0		74.4	135	黄土状黏壤土	E 126°25′16.0″ N 45°47′46.0″	95
						B	20—30	暗黄色	壤土	核粒状	7.1	17.6	1.17	0.88	>40.0		33.4	173			
						C	30—50	灰黄色	砂壤土	核状	7.1	9.9	0.51	0.74	>40.0		22.0	130			
						4	50—	黑黄色	砂壤土			2.0									
剖5	半水成土	草甸土	石灰性草甸土	平地石灰性草甸土	中层平地石灰性草甸土	A	0—30	暗棕色	砂壤土	团粒状	8.0	31.3	1.46	1.25	>40.0		41.8	313	河湖沉积物	E 126°18′36.4″ N 45°41′03.8″	95
						AB	30—80	浅灰色	轻壤土	团粒状	7.5	13.0	0.43	2.15	>40.0		40.0	130			
						B	80—124	黑棕色	轻壤土	小粒状	7.3	35.4									
						C	124—	浅灰黑色	壤土	块状	7.3	33.1									
剖6	半水成土	草甸土	草甸土	平地草甸土	厚层平地草甸土	Ap	0—20	暗黄色	壤土	粒状	7.3	37.5	1.79	1.05	28.0	95	90.4	200	河湖沉积物	E 126°43′40.4″ N 45°51′12.6″	95
						A₃	20—50	黑色	黏壤土	粒状	7.3	34.7	1.53	1.06	27.0	95	41.0	173			
						AB	50—70	暗棕色	粉砂质壤土	小块状	7.3	10.6									
						B	70—150	灰黄棕色	黏壤土	小块状	7.3	7.2									
剖7	半淋溶土	黑土	黑土	黏底黑土	薄层黏底黑土	Ap	0—24	暗棕色	黏壤土	团粒状	6.9	23.8	0.79	0.66	>40.0	108	9.5	120	黄土状母质	E 126°43′05.9″ N 45°35′18.2″	95
						App	24—30	暗棕色	黏壤土	片状	6.9	23.2	0.84	0.64	>40.0	32	7.0	120			
						AB	30—80	浅黄棕色	黏壤土	粒状	6.9	20.1									
						B	80—150	灰黄棕色	黏壤土	块状	6.9	13.2									
剖8	半淋溶土	黑土	黑土	黏底黑土	厚层黏底黑土	Ap	0—30	黑灰色	壤土	核块状	7.0	20.4	0.94	0.78	>40.0	108	16.6	104	黄土状黏壤土	E 126°32′49.2″ N 45°43′46.7″	95
						App	30—39	暗黑色	壤土	片状	7.0	13.5	0.93	0.60	>40.0	32	13.0	88			
						AB₁	39—55	浅灰黑色	黏壤土	核块状		13.4									
						AB₂	55—99	棕色	黏壤土	核粒状		9.8									
						B	99—140	棕色	壤土	团粒状		7.7									
						C	140—	灰黑色	壤土	片状		7.5									
剖9	钙层土	黑钙土	草甸黑钙土	石灰性草甸黑钙土	厚层石灰性草甸黑钙土	Ap	0—16	暗黄黑色		核块状									黄土	E 126°53′28.7″ N 45°43′26.4″	95
						A₃	16—25	浅灰黑色	黏壤土	核粒状											
						AB	25—60	黑黄相间		片状											
						B	60—115		重壤土	核粒状											
						B	115—150	棕黄色	重壤土	核块状											

呼 兰 区

主要土类说明

黑土是呼兰区主要土壤类型，占本区地域面积的46%，主要分布在呼兰河以东地区，是本区的主要农业土壤。黑土是地带性草原土壤，经腐殖质积累过程和物质的淋溶淀积过程发育形成。从地形上看，本区黑土主要分布在海拔120—182m的坡状平原地区，成土母质主要为冲积物、洪积物和黄土状亚黏土。在坡岗的底部或边缘，地下水位较高，发育着黑土与草甸土之间的过渡类型，即草甸黑土，呈带状或环状分布在黑土周围。由于坡岗平原微地形发生变化，土壤侵蚀程度存在差异，坡岗顶部为轻度侵蚀的中层黑土，坡中部为中度侵蚀的薄层黑土或破皮黄黑土，坡下部为厚层黑土，坡底部为埋藏型黑土。根据地形、水热状况的差异以及植被更替和地域附加成土过程的不同，本区黑土分为黑土、草甸黑土等亚类。前者主要分布在漫川、漫岗，原始植被为灌丛草甸群落，成土母质为黄土状黏壤土；后者分布在地形低平、地下水位稍高的地方，其形成过程除腐殖质积累和淋溶过程外，草甸化过程明显。

草甸土是呼兰区第二大土壤类型，占本区地域面积的45%，俗称黑糠土、二洼地黑土等，本区各地均有分布。其成土特点有：一是草甸植被生长繁茂，根系密布，为腐殖质大量积累创造了条件，加之地势低平，土壤水分充足，通气性差，有机质进行嫌气分解，故草甸土黑土层腐殖质含量较高；二是由于地下水位高，潜水参与土壤形成过程，土体出现大量的铁锰结核及铁纹、锈斑、胶膜。另外，地下水矿化度也会影响草甸土成土过程。如果地下水矿化度高，草甸土的成土过程就会附加盐化和碱化过程，形成不同程度的盐渍化草甸土。根据附加成土过程的不同，本区草甸土分为草甸土、潜育草甸土、石灰性草甸土、盐化草甸土、碱化草甸土等亚类。

黑钙土是呼兰区第三大土壤类型，占本区地域面积的4%。黑钙土是在温带半湿润草甸草原下形成的具深厚均腐殖质层和碳酸钙淋溶淀积层的土壤。根据地形、植被及附加成土过程的不同，本区黑钙土分为黑钙土、淋溶黑钙土、石灰性黑钙土、草甸黑钙土等亚类。黑钙土亚类大多分布在平岗地顶部，原始植被为草原植物，成土母质为黄土。淋溶黑钙土亚类土壤质地较粗，淋溶作用较强，利于渗水，碳酸盐被淋溶后在1m以下的土层中聚积。石灰性黑钙土亚类分布在平岗地中上部，排水良好，气候干旱，淋溶作用难以进行，自表层就有碳酸钙存在，向下石灰积累更为明显，多为假菌丝体，通体有石灰反应。

小于本区地域面积3%的土壤类型有沼泽土、风沙土。

本区域中心区气候特征

本区域中心区气候特征值
Regional climate characteristics in central area of the region

气候带：中温带亚湿润气候 Climate region: Mid temperate subhumid climate	
年平均气温 /℃ Annual average temperature /℃	3.8
年平均最高气温 /℃ Annual average maximum temperature /℃	9.7
年平均最低气温 /℃ Annual average minimum temperature /℃	-1.8
年降水量 /mm Annual precipitation /mm	516
≥10℃的积温 /℃ Daily temperature accumulated in a year (≥10℃) /℃	1385
年日照时数 /h Annual sunshine /h	2600
年平均相对湿度 /% Annual average relative humidity /%	66
干燥度 Dryness	0.46

本区域中心区月平均气温与月平均降水量
Monthly temperature and precipitation in central area of the region

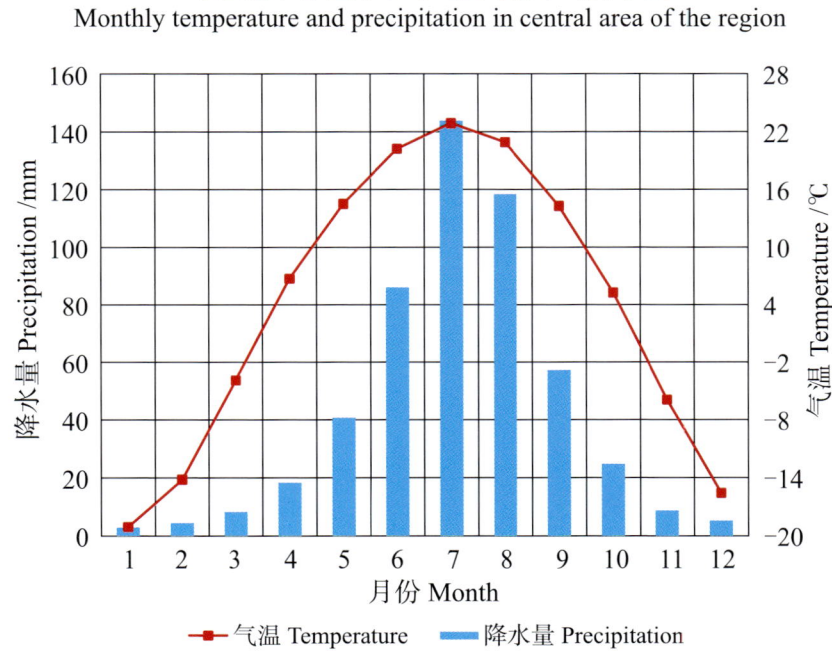

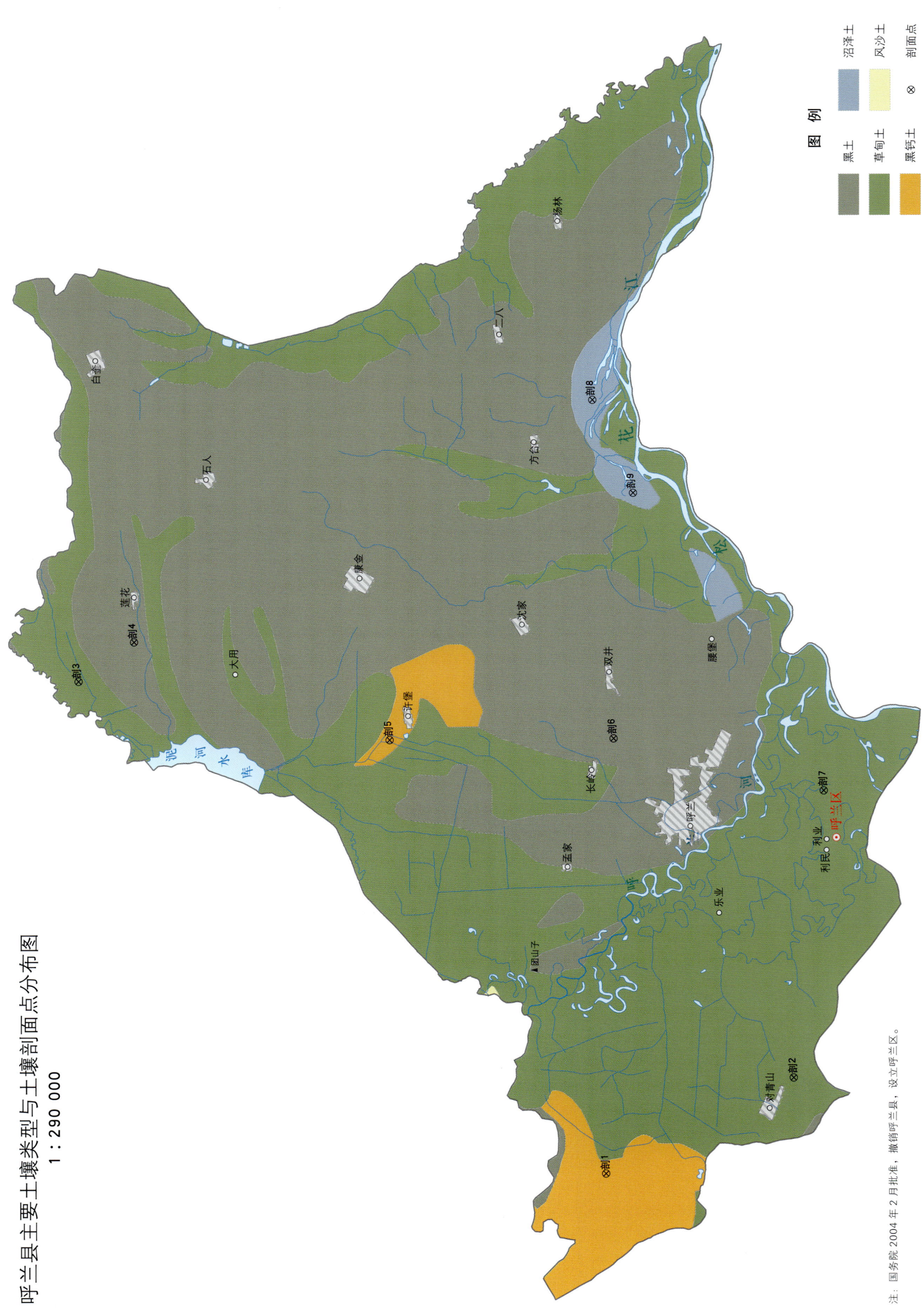

呼兰区土壤剖面理化性状表

剖面号 Soil profile	土纲 Soil order	土类 Soil great group	亚类 Soil subgroup	土属 Soil genus	土种 Soil species	土层码 Layer code	土层厚度 Depth/cm	颜色 Soil color	质地 Soil texture	土壤结构 Soil structure	pH	有机质 OM/(g/kg)	全氮 TN/(g/kg)	全磷 TP/(g/kg)	全钾 TK/(g/kg)	碱解氮 AN/(mg/kg)	有效磷 AP/(mg/kg)	速效钾 AK/(mg/kg)	阳离子交换量CEC/(cmol/kg)	土壤母质 Parent material	剖面点坐标 Profile coordinate	匹配指数 Matching index/%
剖1	钙层土	黑钙土	草甸黑钙土	石灰性草甸黑钙土	厚层石灰性草甸黑钙土	A₁	0—50	暗灰色	重壤土	粒状										黄土状母质	E 126°16′28.6″ N 46°01′50.2″	95
						AB	56—105	浅灰色	重壤土	块状												
						Cca₁	135—165	灰棕色	重壤土	块状												
						Cca₂	165—															
剖2	半水成土	草甸土	石灰性草甸土			Ap	0—20	暗灰色	重壤土	粒状										冲积物、湖积物	E 126°21′58.0″ N 45°54′52.2″	95
						A₁	20—50	暗灰色	重壤土	块状												
						AB	50—75	黑灰色	重壤土	块状												
						Bg	75—125	黄褐色	重壤土	块状												
						C	125—150	黄褐色	轻黏土	核块状												
剖3	半水成土	草甸土	潜育草甸土	黏底潜育草甸土	厚层黏底潜育草甸土	Ap	0—20	暗黑色	重壤土	粒状										冲积物、湖积物	E 126°42′16.9″ N 46°22′19.9″	75
						A₁	20—50	暗灰色	重壤土	粒状												
						ABg	50—80	浅灰色	重壤土	粒状												
						Bg	80—150	灰蓝色	中壤土	块状												
剖4	半淋溶土	黑土	黑土	黏底黑土		1	0—15	灰黑色	中壤土	粒状	6.4	31.3	2.21	1.02	26.5	165	18.0	215	29.0	洪积物、冲积物	E 126°44′31.2″ N 46°20′16.4″	75
						2	15—30	灰黄色	中壤土	块状	6.7	33.2	2.17	1.21	26.3				29.3			
剖5	钙层土	黑钙土	淋溶黑钙土	淋溶黑钙土		A₁	0—45	灰黄色	重壤土	块状										黄土状母质	E 126°39′33.5″ N 46°10′31.4″	75
						AB	45—65	棕黄色	重壤土	块状												
						Cca	100—140															
剖6	半淋溶土	黑土	黑土	黏底黑土		1	0—15	暗灰色	重壤土	团粒状	6.9	24.4	1.51	0.99	25.6	154	20.0	232	25.3	洪积物、冲积物	E 126°39′59.0″ N 46°02′04.2″	95
						2	15—30		重壤土	块状	6.7	22.6	1.46	0.86	27.5				23.0			
剖7	半水成土	草甸土	草甸土			A₁	0—60	暗灰色	重壤土	团粒状										冲积物、湖积物	E 126°37′30.0″ N 45°54′04.3″	95
						AB	60—90	灰黄色	中黏土	块状												
						BC	90—150	棕黄色	重壤土	块状												
剖8	水成土	沼泽土	草甸沼泽土	河谷草甸沼泽土		A₁	0—25	蓝黑色	轻壤土	无结构										第四纪沉积物	E 126°58′18.5″ N 46°03′12.6″	75
						BC	25—40	蓝灰色	轻壤土	无结构												
						C	40—90	灰黑色	重壤土	片状												
剖9	水成土	沼泽土	泥炭沼泽土	河岸泥炭沼泽土	中层河岸泥炭沼泽土	At	0—35	青黑色	中黏土	块状										第四纪沉积物	E 126°53′17.5″ N 46°01′35.4″	75
						G	35—60	灰色	中壤土													
						G₁	60—80															

阿 城 区

主要土类说明

黑土是阿城区主要土壤类型，占本区地域面积的39%，主要分布在本区西部和西北部，大多位于波状起伏的漫岗区。黑土主要发育于洪积平原的黄土状母质，该母质上部为黏土层，下部为砾黏相间层，底部为砂砾层。其主要形成特点是腐殖质积累过程和物质的淋溶淀积过程，腐殖质积累过程受分布地区植被类型及水热条件的影响。该土壤草甸草原植物生长繁茂，生育期长，秋末初冬枯死，大量植物残体遗留在地下及地表，待来年春季化冻后，土温逐渐增高，微生物开始活动，但由于土壤冻结，造成上层滞水，土壤过湿，通气不良，有机质进行嫌气分解，有利于腐殖质积累。在自然成土过程中，腐殖质的合成作用超过分解作用，使腐殖质积累起来，形成暗灰色或灰黑色的黑土层。该土壤均腐殖质层厚30—60cm，有机质含量一般为30—60g/kg，土体底层具轻度滞水还原淋溶特征，见硅粉。土壤呈中性或微酸性，通体无石灰反应，盐基饱和度在80%以上。黑土具有良好的土壤结构，水热状况适中，保肥和供肥能力较强，耕性良好。

暗棕壤是阿城区第二大土壤类型，占本区地域面积的38%，主要分布在海拔210—826m的地区。暗棕壤是在温带湿润地区针阔叶混交林下发育形成的具有明显有机质富集和弱酸性淋溶特征的土壤，具O–A–B–C剖面构型。成土母质以岩石风化残积物为主。全剖面由棕灰色向浅棕色逐渐过渡，通体无石灰反应。A层有机质含量可达100g/kg，弱酸性淋溶使铁铝轻微下移；B层呈棕色，结构面见铁锰胶膜。土壤呈弱酸性，盐基饱和度为70%—80%。

草甸土是阿城区第三大土壤类型，占本区地域面积的13%，主要分布在阿什河及其支流两岸河滩地、低地及山间谷地。因所处地带地下水位较高，潜水参与土壤形成过程，受地下水升降与浸润作用，成土过程具有明显腐殖质积累和铁锰氧化还原作用特点，土体出现锈色斑纹层。

新积土占本区地域面积的3%，主要分布在阿什河、松花江两岸。受河流泛滥影响，在洪水季节，河水向沿岸低地泛滥，泥砂淤积，从而形成新积土。其形成过程主要是一种沉积过程，在河水泛滥时，由于河水挟带的泥砂大小不同，砂粒先沉积，黏粒后沉积，周而复始，不断淤积，使沉积物具有明显的层次性。

小于本区地域面积3%的土壤类型有白浆土、沼泽土、水稻土、泥炭土、风沙土。

本区域中心区气候特征

本区域中心区气候特征值
Regional climate characteristics in central area of the region

气候带：中温带亚湿润气候 Climate region: Mid temperate subhumid climate	
年平均气温 /℃ Annual average temperature /℃	3.8
年平均最高气温 /℃ Annual average maximum temperature /℃	10.0
年平均最低气温 /℃ Annual average minimum temperature /℃	-2.0
年降水量 /mm Annual precipitation /mm	572
≥10℃的积温 /℃ Daily temperature accumulated in a year (≥10℃) /℃	1404
年日照时数 /h Annual sunshine /h	2527
年平均相对湿度 /% Annual average relative humidity /%	68
干燥度 Dryness	0.42

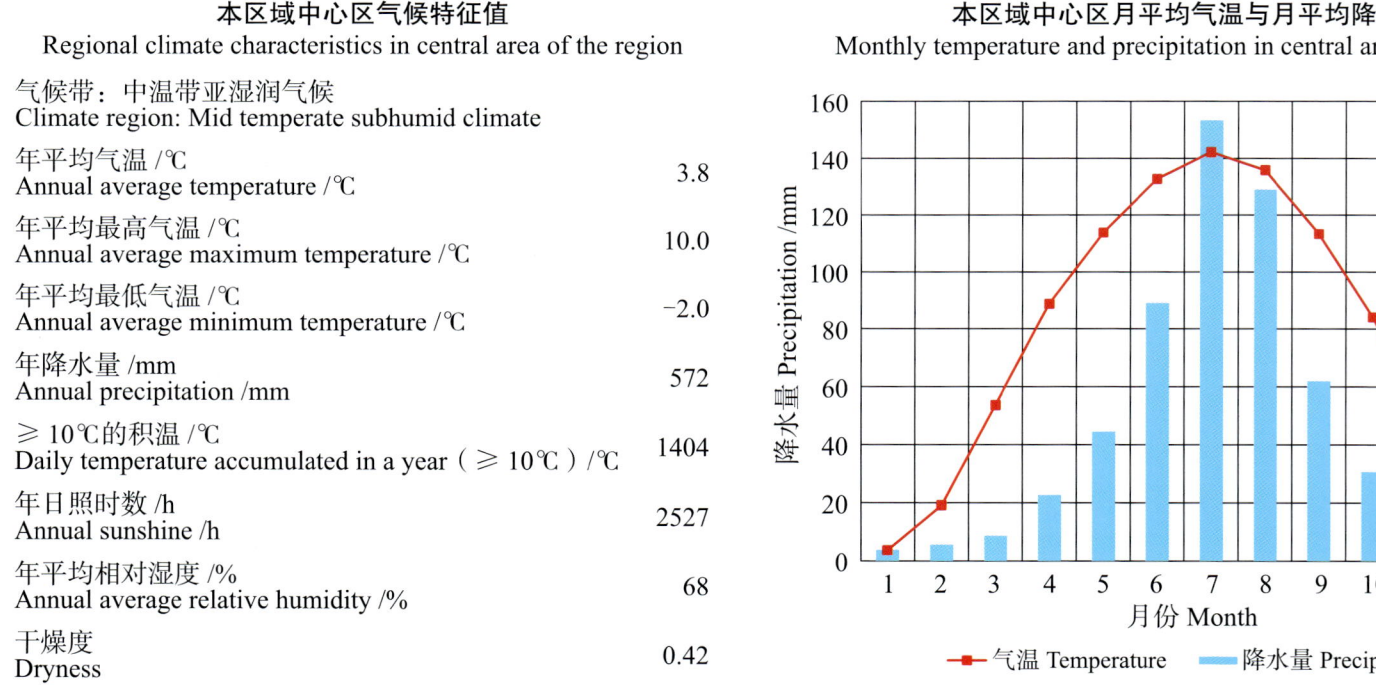

本区域中心区月平均气温与月平均降水量
Monthly temperature and precipitation in central area of the region

阿城市主要土壤类型与土壤剖面点分布图
1：340 000

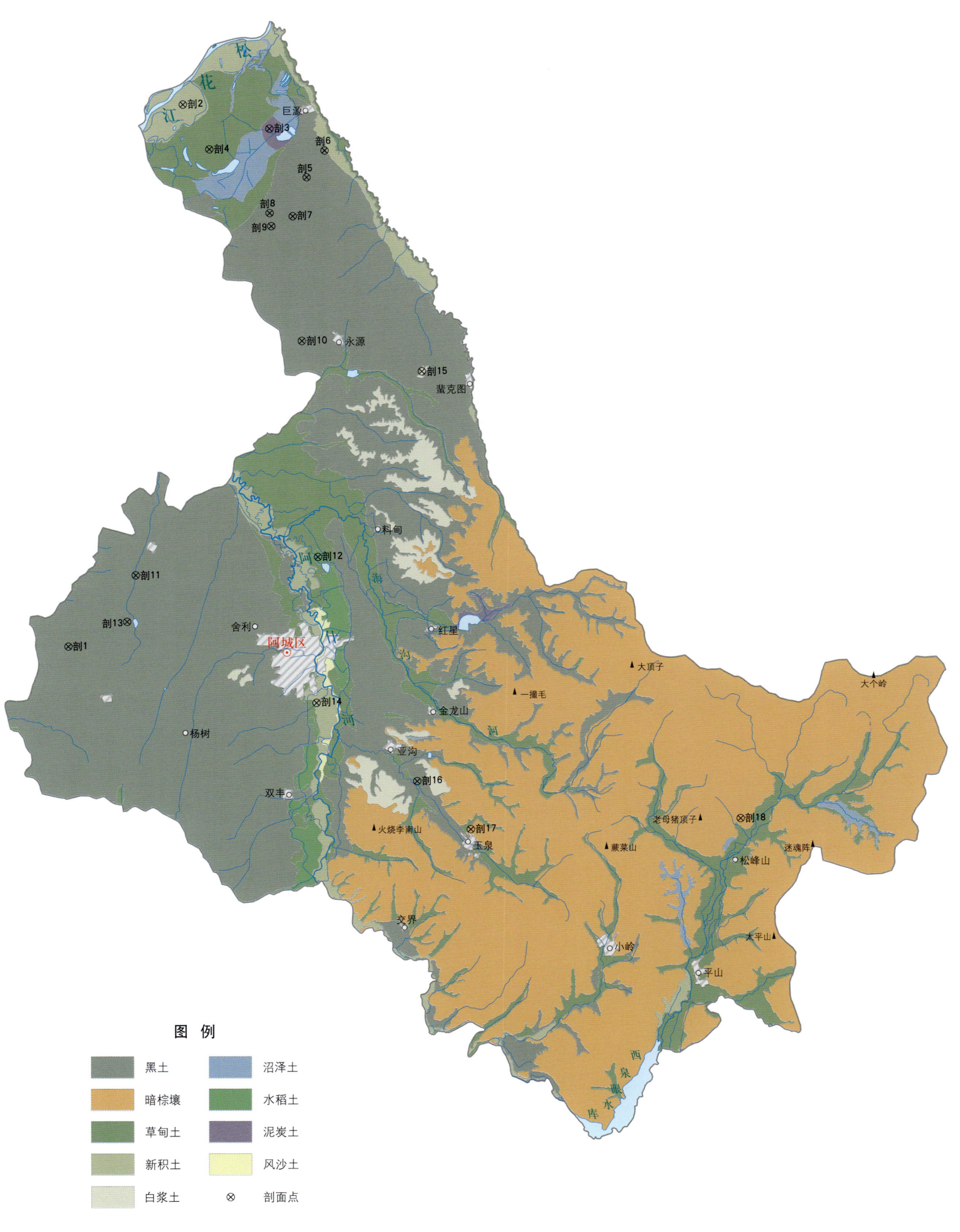

注：国务院 2006 年 8 月批准，撤销阿城市，设立阿城区。

阿城区土壤剖面理化性状表

剖面号 Soil profile	土纲 Soil order	土类 Soil great group	亚类 Soil subgroup	土属 Soil genus	土种 Soil species	土层码 Layer code	土层厚度 Depth/cm	颜色 Soil color	质地 Soil texture	土壤结构 Soil structure	pH	有机质 OM/(g/kg)	全氮 TN/(g/kg)	全磷 TP/(g/kg)	全钾 TK/(g/kg)	碱解氮 AN/(mg/kg)	有效磷 AP/(mg/kg)	速效钾 AK/(mg/kg)	阳离子交换量CEC/(cmol/kg)	土壤母质 Parent material	剖面点坐标 Profile coordinate	匹配指数 Matching index/%
剖1	半淋溶土	黑土	黑土	岗地黑土	厚层黑土	1	0—85	暗灰色	黏壤土	粒状										黄土状母质	E 126°44′10.0″ N 45°32′45.2″	95
						2	130—150	棕黄色	壤质黏土	核块状												
剖2	初育土	新积土	冲积土	河淤黑土	厚层河淤土	1	0—10				7.6	40.0	1.88	2.06				295		河流冲积物、沉积物		75
						2	10—20				7.1	31.0										
						3	50—60				7.0	8.6										
						4	140—150															
剖3	水成土	泥炭土	草本泥炭土	埋藏型泥炭土		1	0—50	暗灰色	壤土	团粒状											E 126°55′58.8″ N 45°55′36.8″	75
						2	50—120	暗棕色		片状												
						3	120—150	灰棕色	壤质砂土	粒状												
剖4	半水成土	草甸土	潜育草甸土	潜育草甸土	潜育草甸土	1	0—30	灰褐色	壤土	粒状	6.9	57.1	3.10	1.97						黄土状母质	E 126°52′13.8″ N 45°54′38.5″	95
						2	30—90	黑色	黏土	粒状	7.0	65.6	3.40	1.77								
						3	90—105	灰黄色	黏壤土	无结构	6.8	13.3	0.70	0.85								
						4	105—150	灰黄色	黏壤土	无结构	6.7	4.1	0.30	0.78								
剖5	半淋溶土	黑土	白浆化黑土	岗地白浆化黑土		1	0—15				6.7	30.3	1.83	1.04					21.9	黄土状母质		75
						2	15—80				6.6	14.8	0.76	1.03					18.5			
						3	80—90				6.4	9.9										
剖6	半淋溶土	黑土	黑土	岗地黑土	中层黑土	1	0—10				6.5	21.9	1.03	0.87		136	48.0	310	26.0	黄土状母质	E 126°59′28.7″ N 45°54′42.8″	75
						2	30—90				6.8	9.4	0.25	0.46					25.5			
剖7	半淋溶土	黑土	黑土	岗地黑土	厚层黑土	1	0—40				6.7	34.0	1.21	1.16	26.2	116	21.0	368		黄土状母质	E 126°57′33.5″ N 45°51′48.2″	75
						2	30—40				6.7	31.9	1.04	1.05	28.0							
						3	70—80				6.6	18.5										
						4	130—140				6.7	8.5										
剖8	半淋溶土	黑土	岗谷坡积黑土	岗谷坡积黑土	厚层岗谷坡积黑土	1	0—10				7.9	19.8	0.78	0.97						黄土状母质	E 126°56′06.4″ N 45°51′55.1″	75
						2	30—40				7.5	19.5	0.91	0.86								
						3	60—70				7.6	49.0										
剖9	半淋溶土	黑土	黑土	岗地黑土	薄层黑土	1	0—10				6.7	18.2	0.80	0.95	28.8	173	25.0	315	18.6	黄土状母质	E 126°56′13.9″ N 45°51′20.5″	75
						2	10—25				6.1	9.2	0.48	0.78	26.5				17.1			
						3	70—80				6.3	7.1										
剖10	半淋溶土	黑土	黑土	岗地黑土	薄层黑土	1	0—30	暗黑色	壤土	粒状										黄土状母质	E 126°58′18.1″ N 45°46′22.1″	95
						2	30—50	灰棕色	黏壤土	块状												
						3	50—150	黄棕色	壤质黏土	块状												
剖11	半淋溶土	黑土	黑土	岗地黑土	中层黑土	1	0—35	暗棕色	壤土	粒状										黄土状母质	E 126°48′15.1″ N 45°35′56.4″	95
						2	35—65	暗棕色	黏质黏土	核块状												
						3	65—105	黄棕色	壤质黏土	块状												
						4	105—150	棕黄色	壤质黏土	团粒状												
剖12	人为土	水稻土	草甸土型水稻土			A₁	0—50	暗灰色	壤土	团粒状											E 126°59′37.0″ N 45°36′56.9″	75
						A₂	50—70	浅灰色	壤土	团粒状												
						B	70—150	黄灰色	黏壤土	粒状												
剖13	半淋溶土	黑土	岗谷坡积黑土	岗谷坡积黑土	厚层岗谷坡积黑土	1	0—35	黑色	壤土	粒状										黄土状母质	E 126°47′47.0″ N 45°33′54.7″	93
						2	35—130	黄棕色	黏壤土	核块状												
						3	130—150															

续表 Continued

剖面号 Soil profile	土纲 Soil order	亚类 Soil subgroup	土属 Soil genus	土种 Soil species	土层码 Layer code	土层厚度 Depth/cm	颜色 Soil color	质地 Soil texture	土壤结构 Soil structure	pH	有机质 OM/(g/kg)	全氮 TN/(g/kg)	全磷 TP/(g/kg)	全钾 TK/(g/kg)	碱解氮 AN/(mg/kg)	有效磷 AP/(mg/kg)	速效钾 AK/(mg/kg)	阳离子交换量 CEC/(cmol/kg)	土壤母质 Parent material	剖面点坐标 Profile coordinate	匹配指数 Matching index/%
剖14	初育土	冲积土	河淤黑土	厚层河淤土	1	0—55	暗灰色	壤土	粒状										河流冲积物、沉积物	E 126°59′43.1″ N 45°30′34.2″	95
					2	55—100	灰黄色	壤土	粒状												
					3	100—150	灰黄色	砂壤土	粒状												
剖15	淋溶土	白浆土	岗地白浆土		1	0—29	暗灰色	壤土	粒状											E 127°05′51.7″ N 45°45′10.1″	75
					2	29—35	灰白色		片状												
					3	35—150	黄棕色	黏壤土	块状												
剖16	半淋溶土	草甸黑土	平地黑土		1	0—10				7.2	23.6	1.51	1.34						黄土状母质	E 127°06′05.0″ N 45°27′14.8″	95
					2	50—60				5.9	41.6										
					3	95—105				6.1	41.6										
					4	125—135				6.2	4.0										
					5	150—160				6.3	2.9										
剖17	淋溶土	暗棕壤	亚暗矿质暗棕壤	阿城暗棕土	Aoo	0—5													残积砾石	E 127°09′29.2″ N 45°25′11.6″	95
					Ao	5—9	暗棕色														
					A	9—30	暗灰色	砂壤土	团块状		79.9	3.82	0.78								
					B	30—80	浅棕色	砂质黏壤土	块状		61.3	3.29	1.39								
					C	80—150	棕色														
剖18	淋溶土	灰化暗棕壤	砂岗灰化暗棕壤		Ao	0—5									≥400	45.0	297		花岗岩半风化物和冲积物	E 127°26′15.0″ N 45°25′54.5″	95
					2	5—15	暗灰色	壤土	团粒状	6.6	71.8	3.89	2.18								
					3	15—45	灰黄色	砂壤土	粒状	6.6	67.1	1.77	0.90								

双 城 区

主要土类说明

黑土是双城区主要土壤类型，占本区地域面积的 57%，主要分布在海拔 140—210m 的丘陵地和平岗地。黑土是在温带半湿润草甸草原下形成的具深厚均腐殖质层的无石灰性黑色土壤。由于地形部位高，地下水位为 50—70m，因而地下水很少参与黑土的成土过程和土壤水分的循环，其水分来源主要为大气降水。成土母质主要为第四纪冲积物、沉积物、黄土状黏土，在河流附近的低阶地上也有部分冲积物。该土壤均腐殖质层厚 30—60cm，有机质含量一般为 30—60g/kg，底层具轻度滞水还原淋溶特征，见硅粉。土壤呈中性或微酸性，盐基饱和度在 80% 以上。

黑钙土是双城区第二大土壤类型，占本区地域面积的 19%，主要分布在黑土和草甸土之间的过渡地形部位，呈带状（宽度为 500—1500m）延伸，在农业利用上仅次于黑土。黑钙土是在温带半湿润草甸草原下形成的具深厚均腐殖质层和碳酸钙淋溶淀积层的土壤。成土母质多为黄土状黏土。该土壤均腐殖质层厚 50cm 左右，有机质含量为 50—80g/kg。成土过程主要表现为腐殖质积累过程、钙的淋溶与淀积过程和附加草甸化过程。由于地下水位较低，一般为 5—10m，土体中钙积层明显。土壤表层 pH 约为 7.0，逐渐往下 pH 为 8.0—8.5。黑钙土土体剖面有石灰反应。

草甸土是双城区第三大土壤类型，占本区地域面积的 16%，主要分布在较低平的地形部位，属于半水成型隐域性土壤。成土过程主要为草甸化过程。成土母质多为淤积物，母质质地为黏土状物质或砂土。因所处地带地下水位较高，潜水参与土壤形成过程，受地下水升降与浸润作用，成土过程具有明显腐殖质积累和铁锰氧化还原作用特点，土体出现锈色斑纹层，土壤营养元素较为丰富。

小于本区地域面积 3% 的土壤类型有风沙土、新积土、沼泽土。

本区域中心区气候特征

本区域中心区气候特征值
Regional climate characteristics in central area of the region

气候带：中温带亚湿润气候 Climate region: Mid temperate subhumid climate	
年平均气温 /℃ Annual average temperature /℃	4.6
年平均最高气温 /℃ Annual average maximum temperature /℃	10.5
年平均最低气温 /℃ Annual average minimum temperature /℃	-0.9
年降水量 /mm Annual precipitation /mm	496
≥ 10℃的积温 /℃ Daily temperature accumulated in a year（≥ 10℃）/℃	1637
年日照时数 /h Annual sunshine /h	2624
年平均相对湿度 /% Annual average relative humidity /%	65
干燥度 Dryness	0.58

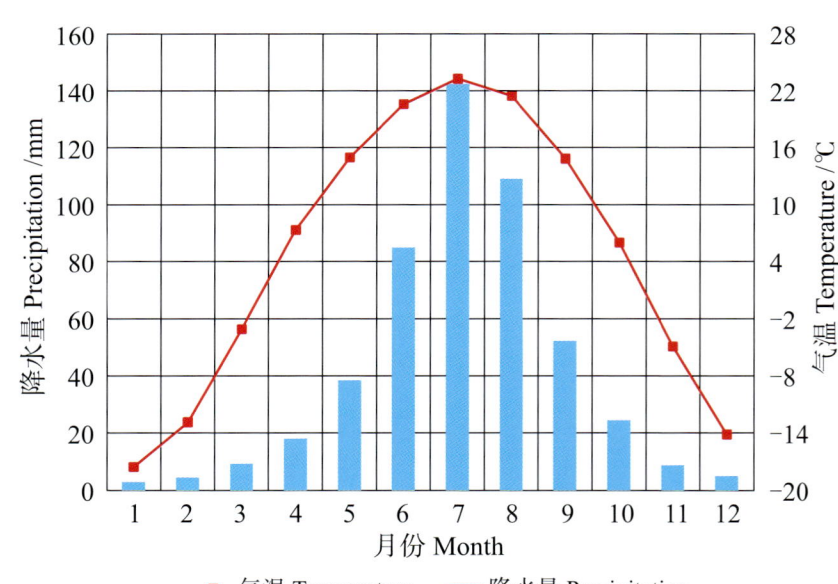

本区域中心区月平均气温与月平均降水量
Monthly temperature and precipitation in central area of the region

双城市主要土壤类型与土壤剖面点分布图

1∶290 000

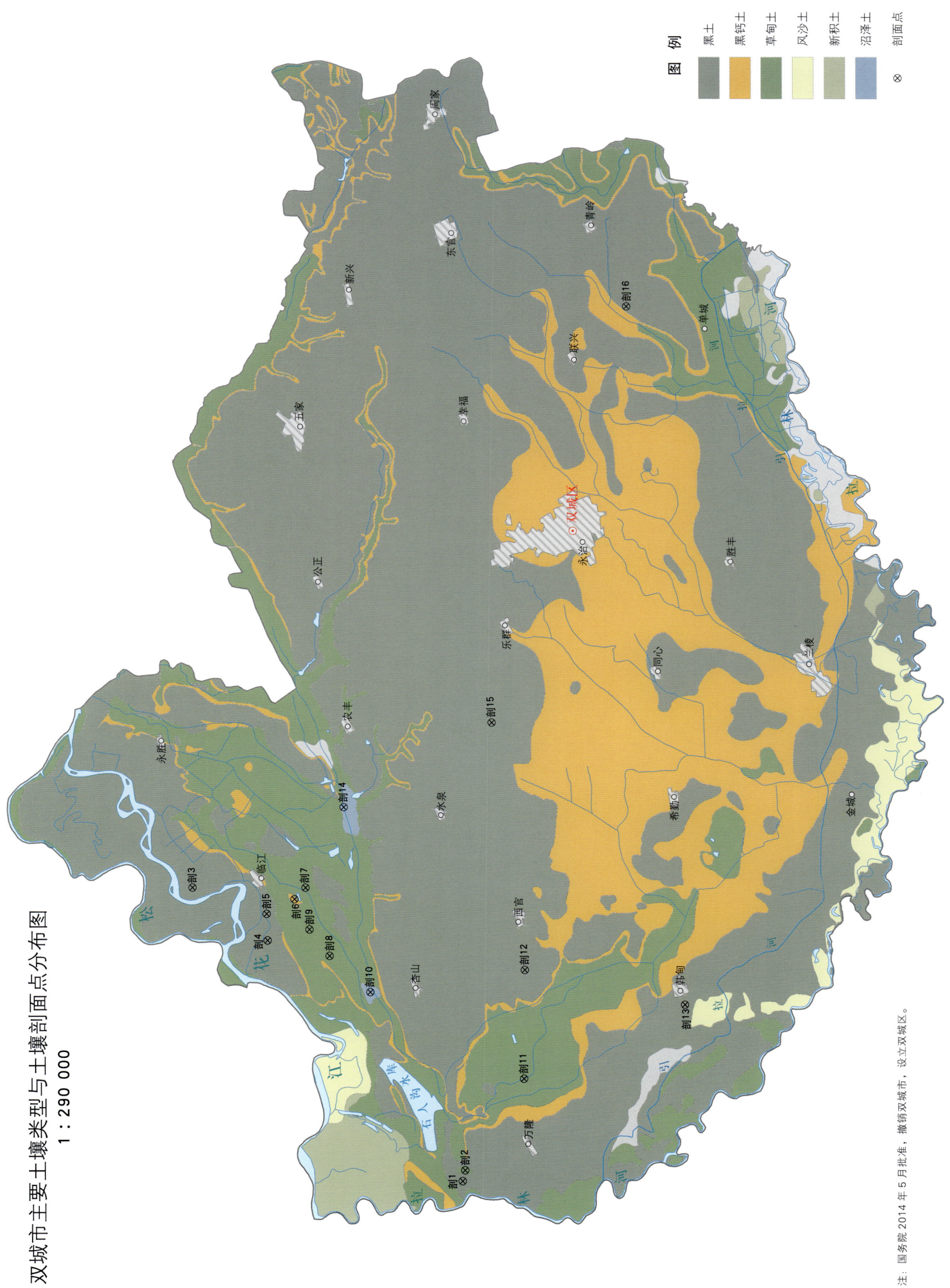

注：国务院2014年5月批准，撤销双城市，设立双城区。

第二编　分县土壤图与土壤剖面数据

双城区土壤剖面理化性状表

剖面号	土纲	土类	亚类	土属	土种	土层码	土层厚度/cm	颜色	质地	土壤结构	pH	有机质/(g/kg)	全氮/(g/kg)	全磷/(g/kg)	全钾/(g/kg)	阳离子交换量CEC/(cmol/kg)	土壤母质	剖面点坐标	匹配指数/%
剖1	半淋溶土	黑土	草甸黑土	平地砂底草甸黑土	薄层平地砂底草甸黑土	1	0—20		砂壤土									E 125°43′39.0″ N 45°25′14.2″	75
						2	35—45		砂壤土										
剖2	半水成土	草甸土	泛滥地草甸土	砂底泛滥地草甸土	中层砂底泛滥地草甸土	1	0—10		中壤土									E 125°43′52.7″ N 45°25′08.4″	75
						2	10—20		轻壤土										
						3	40—50		砂壤土										
剖3	半淋溶土	黑土	黑土	岗地黏底黑土	中层岗地黏底黑土	1	0—50					24.9					黄土状母质	E 125°58′07.0″ N 45°35′41.6″	75
						2	50—100					19.6							
						3	100—160					7.8							
剖4	半淋溶土	黑土	黑土	岗地黏底黑土	薄层岗地黏底黑土	1	0—50					19.3					黄土状母质	E 125°55′28.6″ N 45°32′49.2″	75
						2	50—100					6.2							
						3	100—160					4.1							
剖5	半淋溶土	黑土	黑土	平地砂底草甸黑土	厚层平地砂底草甸黑土	1	0—50					22.1						E 125°56′52.1″ N 45°32′53.2″	75
						2	50—100					10.1							
						3	100—160					4.2							
剖6	钙层土	黑钙土	石灰性草甸黑钙土	石灰性草甸钙土	厚层石灰性草甸黑钙土	1	20—30		轻壤土									E 125°57′42.5″ N 45°31′52.0″	75
						2	70—80		中壤土										
						3	120—130		中壤土										
						4	150—160		中壤土										
剖7	半水成土	草甸土	草甸土	黏底草甸土	厚层黏底草甸土	1	0—40		中壤土			28.2						E 125°58′20.6″ N 45°31′28.2″	75
						2	40—100		中壤土			16.8							
						3	100—160		中壤土			4.4							
剖8	半水成土	草甸土	石灰性草甸土	黏底石灰性草甸土	中层黏底石灰性草甸土	1	0—40		中壤土			12.2						E 125°54′48.2″ N 45°30′28.8″	75
						2	40—100		中壤土			7.3							
						3	100—160		中壤土			10.5							
剖9	半水成土	草甸土	石灰性草甸土	黏底石灰性草甸土	中层黏底石灰性草甸土	1	0—20		中壤土									E 125°56′08.2″ N 45°31′16.0″	75
						2	60—70		中壤土										
						3	120—130		中壤土										
剖10	水成土	沼泽土	泥炭腐殖质沼泽土	沟谷泥炭腐殖质沼泽土		1	0—10											E 125°52′58.4″ N 45°28′54.5″	75
						2	10—20												
剖11	半水成土	草甸土	石灰性草甸土	火性甸黄土	火性甸黑糕土	A₁₁	0—18	棕灰色	壤质黏土	团粒状	8.1	45.8	2.57	1.11	25.2	27.6	河流冲积物	E 125°48′45.0″ N 45°23′02.8″	95
						Ah	18—48	棕灰色	壤质黏土	粒状	8.2	45.6	2.62	1.14	23.4	26.6			
						Cu₁	48—96	油黄棕色	壤质黏土	块状	8.1	28.6	1.74	1.04	20.5	25.7			
						Cu₂	96—120	棕色	粉砂质黏土	块状									
剖12	半淋溶土	黑土	草甸黑土	砂底草甸黑土	万隆潮黑土	A	0—21	暗黄色	砂质黏土	团块状	6.9	18.6	1.07	1.35	19.6		冲积砂	E 125°54′28.1″ N 45°23′10.3″	81
						AB	21—48	暗黄棕色	砂壤土	小块状		6.3	0.81	0.68	19.1				
						B	48—75	灰黄棕色	砂壤土	块状		3.4	0.74	0.74	17.4				
						C	75—88	暗黄棕色	砂土	无结构									
剖13	半淋溶土	黑土	草甸黑土	锈纹砂黑土	黑油砂土	Ah	0—21	棕灰色	砂质黏壤土	团块状	6.6	18.6	1.07	1.35	19.6	26.7	河流冲积物	E 125°52′58.1″ N 45°17′08.9″	95
						AhC	21—48	油黄棕色	砂质黏壤土	小块状	6.3	6.3	0.81	0.68	19.1	23.0			
						Cu	48—75	油黄橙色	壤质黏土	棱块状		3.4	0.24	0.74	17.4	25.3			
剖14	水成土	沼泽土	泥炭腐殖质沼泽土	沟谷泥炭腐殖质沼泽土		1	0—10					31.4						E 126°02′40.6″ N 45°30′09.4″	75
						2	10—20					31.3							
						3	20—160					28.7							

续表 Continued

剖面号 Soil profile	土纲 Soil order	土类 Soil great group	亚类 Soil subgroup	土属 Soil genus	土种 Soil species	土层码 Layer code	土层厚度 Depth/cm	颜色 Soil color	质地 Soil texture	土壤结构 Soil structure	pH	有机质 OM/(g/kg)	全氮 TN/(g/kg)	全磷 TP/(g/kg)	全钾 TK/(g/kg)	阳离子交换量CEC/(cmol/kg)	土壤母质 Parent material	剖面点坐标 Profile coordinate	匹配指数 Matching index/%
剖15	半淋溶土	黑土	草甸黑土	黄土质草甸黑土	青岭潮黄黑土	A	0—65	暗灰色	黏壤土	团块状		39.7	1.58	0.96	24.2		黄土状沉积物	E 126°07′30.0″ N 45°24′44.6″	81
						AB	65—105	暗黄棕色	黏壤土	核状		17.7	1.37	0.93	22.8				
						B	105—165	黄棕色	黏壤土	块状		16.8	0.69	1.04	20.3				
						C	165—												
剖16	半淋溶土	黑土	草甸黑土	锈黄黑土	黏锈黄黑土	Ah	0—25	棕灰色	壤质黏土	团块状	6.9	31.1	1.43	0.64	22.4	40.5	黄土状沉积物	E 126°29′46.0″ N 45°20′13.6″	95
						AhC	25—86	灰黄棕色	壤质黏土	块状	6.9	10.5	1.22	0.59	22.8	37.4			
						Cu	86—150	棕色	壤质黏土	棱块状	7.3	7.9	1.00	0.79	20.1	23.5			

依 兰 县

主要土类说明

暗棕壤是依兰县主要土壤类型，占本县地域面积的 42%，俗称黄土、石砬子地，主要分布在丘陵、岗地陡坡和河岸孤丘等地。暗棕壤是在温带湿润地区针阔叶混交林下发育形成的具有明显有机质富集和弱酸性淋溶特征的土壤，一般具 O–A–B–C 剖面构型。全剖面由棕灰色向浅棕色逐渐过渡，在枯枝落叶层下有一个腐殖质含量较高的腐殖质层，向下一般有一个过渡层，再往下为淀积层。A 层有机质含量可达 100g/kg，弱酸性淋溶使铁铝轻微下移；B 层呈棕色，结构面见铁锰胶膜。土壤呈弱酸性，盐基饱和度为 70%—80%。本县暗棕壤分为暗棕壤性土、暗棕壤、白浆化暗棕壤、草甸暗棕壤等亚类。

黑土是依兰县第二大土壤类型，占本县地域面积的 28%，是本县的主要农业土壤。黑土是在温带半湿润草甸草原下形成的具深厚均腐殖质层的无石灰性黑色土壤。由于土壤母质黏重和季节性冻层的存在，土壤发生明显的潴育淋洗作用，土壤剖面常出现黑褐色铁锰结核及锈斑、锈纹。根据附加成土过程及成土条件的不同，本县黑土分为黑土、棕壤型黑土、草甸黑土、白浆化黑土等亚类。黑土亚类主要分布在低丘、漫岗、山前倾斜平原和低阶地。棕壤型黑土亚类分布在低山坡脚。在倾斜平原的下梢和近低平地的地方，地势较低，地下水位较高，发育着黑土与草甸土之间的过渡类型，即草甸黑土亚类。白浆化黑土亚类多见于接近低山丘陵边缘坡岗地一带的顶部，以及坡岗地中下部和坡地。

草甸土是依兰县第三大土壤类型，占本县地域面积的 15%，俗称黑油土、黑朽土，分布在江河沿岸、沟谷低地和山间谷地等低平地。草甸土是在冷湿条件下，受地下水浸润并在草甸植被下发育形成的非地带性半水成型土壤。因水分充足，草甸植被生长繁茂，有机质在剖面中大量积累，由于水分干湿交替，土层潴育化作用明显，剖面中可见铁子、锈斑及灰蓝色潜育斑。草甸土有机质含量高，土质较肥沃，水分条件好，是本县的主要农业土壤，仅次于黑土。

新积土占本县地域面积的 7%，主要分布在河流沿岸和洪泛边缘地带。新积土受地下水或河流泛滥影响较大，发育于新近河流淤积物，是河流淤积过程和成土过程共同作用的产物。

白浆土占本县地域面积的 5%，多分布在丘陵缓坡地带、缓坡漫岗及平坦地区的较高处，有的呈长条状或孤岛状分布在暗棕壤带的边缘。白浆土成土过程主要受白浆化作用影响，在较薄的黑土层下有 15—17cm 厚的片状白浆层，呈灰白色或浅灰色，其下是较厚的核块状淀积层，呈褐棕色或棕色，深浅不一，结构体较大，各层均有数量不等的铁锰结核。本县白浆土分为白浆土、草甸白浆土、潜育白浆土等亚类。

小于本县地域面积 3% 的土壤类型有水稻土、沼泽土、泥炭土。

本区域中心区气候特征

本区域中心区气候特征值
Regional climate characteristics in central area of the region

气候带：中温带亚干旱气候 Climate region: Mid temperate subarid climate	
年平均气温 /℃ Annual average temperature /℃	2.8
年平均最高气温 /℃ Annual average maximum temperature /℃	8.9
年平均最低气温 /℃ Annual average minimum temperature /℃	-2.9
年降水量 /mm Annual precipitation /mm	575
≥ 10℃的积温 /℃ Daily temperature accumulated in a year（≥ 10℃）/℃	1070
年日照时数 /h Annual sunshine /h	2459
年平均相对湿度 /% Annual average relative humidity /%	70
干燥度 Dryness	0.31

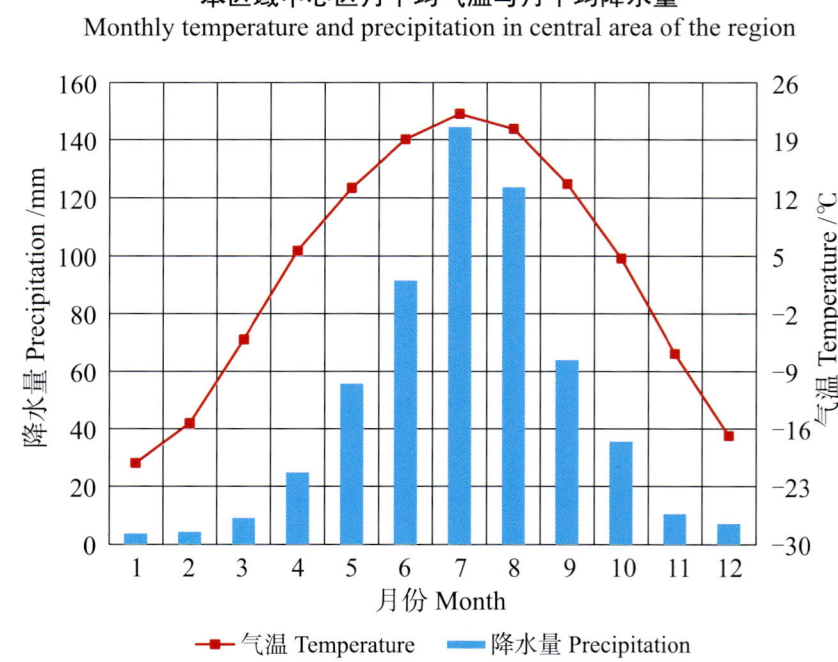

本区域中心区月平均气温与月平均降水量
Monthly temperature and precipitation in central area of the region

依兰县主要土壤类型与土壤剖面点分布图
1∶360 000

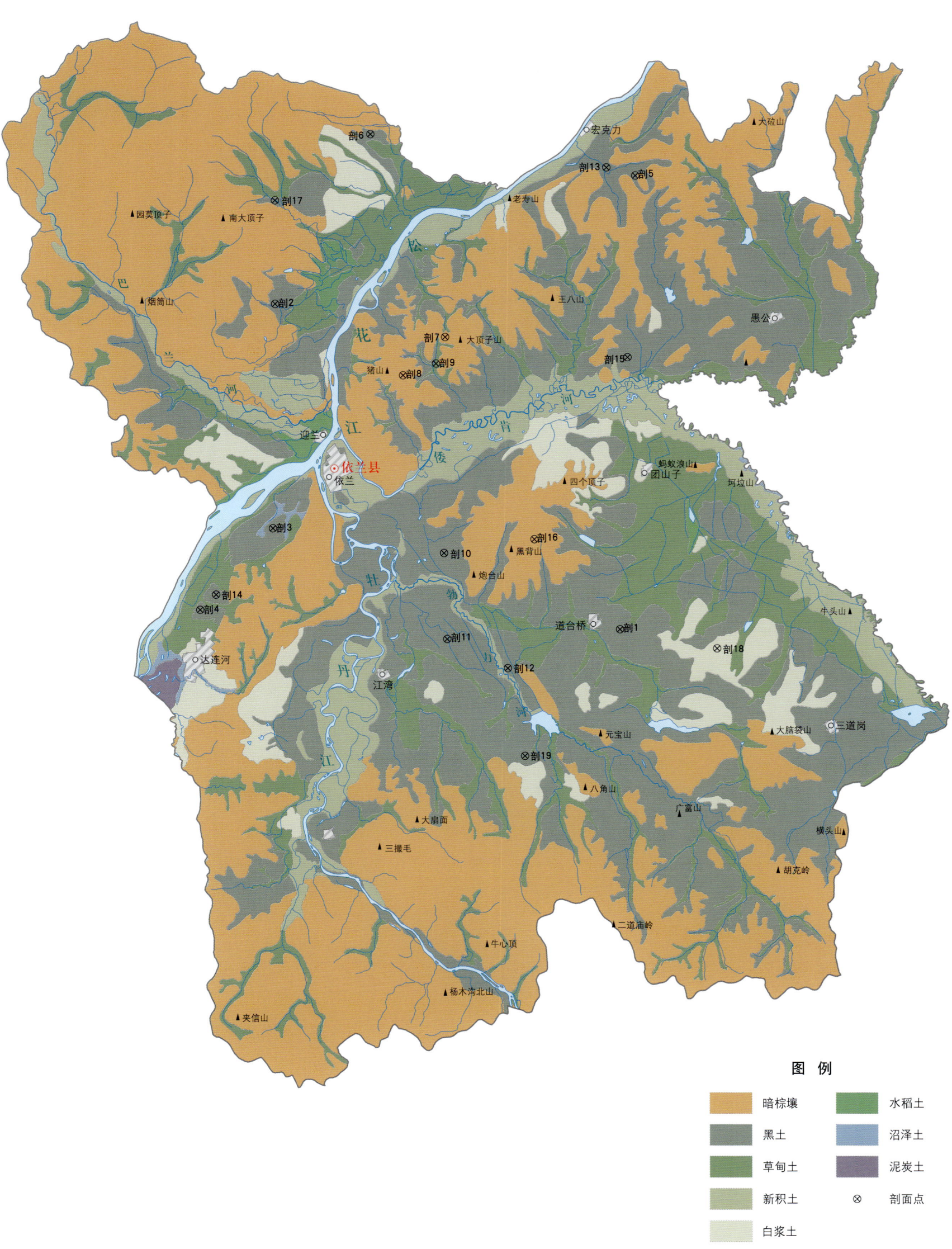

图例

- 暗棕壤
- 黑土
- 草甸土
- 新积土
- 白浆土
- 水稻土
- 沼泽土
- 泥炭土
- ⊗ 剖面点

依兰县土壤剖面理化性状表

剖面号 Soil profile	土纲 Soil order	土类 Soil great group	亚类 Soil subgroup	土属 Soil genus	土种 Soil species	土层码 Layer code	土层厚度 Depth/cm	颜色 Soil color	质地 Soil texture	土壤结构 Soil structure	pH	有机质 OM/(g/kg)	全氮 TN/(g/kg)	全磷 TP/(g/kg)	全钾 TK/(g/kg)	土壤母质 Parent material	剖面点坐标 Profile coordinate	匹配指数 Matching index/%
剖1	半淋溶土	黑土	草甸黑土	草甸黏底土	厚层黏底草甸黑土	1	0—55				6.0	44.9	3.49	2.06	27.0		E 129° 52′ 14.5″ N 46° 11′ 30.8″	75
						2	55—77				6.3	13.7	0.80	1.09	27.4			
						3	77—135				6.3	13.6	0.50	1.39				
剖2	半淋溶土	黑土	白浆化黑土	黏底白浆化黑土	中层黏底白浆化黑土	A₁	0—29	浅黑色	重壤土	粒状	6.3	31.0	1.47	1.13	33.2		E 129° 29′ 31.9″ N 46° 26′ 35.9″	95
						AB	29—44	灰白色	重壤土	片状	6.4	10.5	0.83	0.84	31.8			
						B	44—85	棕黄色	轻黏土	小块状	6.3	1.8						
						C	85—125	黄褐色	轻黏土	块状								
剖3	半淋溶土	黑土	黑土	黏底黑土	厚层黏底黑土	A₁	0—20	暗黑色		团粒状						黄土状母质	E 129° 29′ 16.8″ N 46° 16′ 16.7″	95
						Ap	20—37		中壤土	片状								
						AB	37—85			粒状								
						B	85—107			小块状								
						C	107—135			大块状								
剖4	半淋溶土	黑土	草甸黑土	草甸黏底土	薄层黏底草甸黑土	A₁	0—28	灰黑色	重壤土	团粒状							E 129° 24′ 24.8″ N 46° 12′ 33.1″	95
						AB	28—64	暗棕色	重壤土	核粒状								
						B	64—105	黄棕色	中黏土	块状								
						C	105—148	黄褐色		大块状								
剖5	半淋溶土	黑土	草甸黑土	草甸黏底土	中层黏底草甸黑土	1	0—36		重壤土		6.2	32.0	1.66	1.34	30.8		E 129° 53′ 38.0″ N 46° 32′ 21.1″	95
						2	36—68		重壤土		6.2	15.6	1.18	>4.00	27.4			
						3	68—105		轻黏土									
剖6	半淋溶土	黑土	黑土	黏底黑土	薄层黏底黑土	A₁	0—15	灰黑色	中壤土	团粒状						黄土状母质	E 129° 35′ 59.6″ N 46° 34′ 22.1″	75
						A,B	15—35	灰У色	中壤土	粒状								
						B	35—60	黄棕色	中黏土	核状								
						C	60—101	黄褐色	中黏土	大块状								
剖7	淋溶土	暗棕壤	白浆化暗棕壤	砾石底白浆化暗棕壤		A₁	0—18	暗灰色		团粒状						洪积物	E 129° 40′ 50.2″ N 46° 25′ 01.6″	95
						Aw	18—33	灰白色		片状								
						B	33—87	褐棕色		块状								
						C	87—135	褐色		大块状								
剖8	淋溶土	暗棕壤				1	0—7		中壤土								E 129° 38′ 01.3″ N 46° 23′ 16.4″	95
						2	7—19		中壤土									
						3	19—40		中壤土									
剖9	半水成土	草甸土	草甸土	平地草甸土	中层平地草甸土	A	0—60	暗黑色	中壤土	团粒状						洪积物、沉积物	E 129° 40′ 13.1″ N 46° 23′ 48.1″	95
						AB	60—90	暗灰色	重壤土	粒状								
						B	90—120	浅灰黄色	中黏土	核状								
						C	120—150	灰黄色	轻黏土	大块状								
剖10	半淋溶土	黑土	棕壤型黑土	石底棕壤型黑土	薄层棕壤型黑土	1	0—15					36.0	1.70				E 129° 40′ 37.2″ N 46° 15′ 06.1″	93
						2	15—34					21.0	1.10					
剖11	半淋溶土	黑土	黑土	黏底黑土	中层黏底黑土	1	0—20				6.2	32.8	1.56	1.02	31.9	黄土状母质	E 129° 40′ 46.6″ N 46° 11′ 07.8″	95
						2	40—60				6.6	15.7	0.62	0.90	31.7			
						3	85—100				6.3	7.0						
剖12	半淋溶土	黑土	草甸黑土	草甸黏底土	厚层黏底草甸黑土	A₁	0—65	暗黑色	轻壤土	团粒状							E 129° 44′ 46.0″ N 46° 09′ 45.7″	95
						AB	65—105	暗灰色	重黏土	粒状								
						B	105—132	黄棕色	轻黏土	核块状								
						C	132—155	棕黄色		大块状								

续表 Continued

剖面号 Soil profile	土纲 Soil order	土类 Soil great group	亚类 Soil subgroup	土属 Soil genus	土种 Soil species	土层码 Layer code	土层厚度 Depth/cm	颜色 Soil color	质地 Soil texture	土壤结构 Soil structure	pH	有机质 OM/(g/kg)	全氮 TN/(g/kg)	全磷 TP/(g/kg)	全钾 TK/(g/kg)	土壤母质 Parent material	剖面点坐标 Profile coordinate	匹配指数 Matching index/%
剖13	半淋溶土	黑土	黑土	砂底黑土	薄层砂底黑土	A₁	0—17	暗灰色	轻壤土	粒状						黄土状母质	E 129°51′42.5″ N 46°32′44.2″	95
						AB	17—38	浅灰色	砂土	粒状								
						B	38—75	黄棕色	轻黏土	块状								
						C	75—125	浅黄色	砂土	粒状								
剖14	半淋溶土	黑土	黑土	黏底黑土	中层黏底黑土	1	0—30		重壤土							黄土状母质	E 129°25′28.6″ N 46°13′14.5″	93
						2	30—50		轻黏土									
						3	50—84		轻黏土									
剖15	半淋溶土	黑土	黑土	黏底黑土	薄层黏底黑土	1	0—15		重黏土		6.7	17.5		0.66	31.9	黄土状母质	E 129°52′58.1″ N 46°24′01.1″	95
						2	15—35		重黏土		6.3	11.6		0.56	29.4			
						3	35—60		轻壤土		6.5	6.0		0.76				
剖16	淋溶土	暗棕壤	暗棕壤			Ao	0—4			团粒状						花岗岩风化残积物	E 129°46′37.9″ N 46°15′42.1″	95
						A₁	4—14	灰黑色		粒状								
						AB	14—21	暗灰色		粒状								
						B	21—64	黄棕色										
						C	64—	灰棕色										
剖17	半淋溶土	黑土	黑土	石质底黑土	中层石底黑土	1	0—24		中壤土	粒状、团块状		32.7	1.97			黄土状母质	E 129°29′34.8″ N 46°31′20.3″	93
						2	24—45		重壤土	片状		24.5	0.15					
剖18	淋溶土	白浆土	白浆土	岗地白浆土		Aw	0—18	暗灰色	重壤土	小核状						第四纪洪积黏土	E 129°58′39.7″ N 46°10′34.7″	95
						AB	18—33	灰白色	轻黏土	核状								
						B	33—54	灰棕色										
						C	54—85	暗棕褐色		大块状								
							85—125											
剖19	半淋溶土	黑土	黑土	黏底黑土	厚层黏底黑土	1	0—30		重黏土		6.3	31.1	1.74	1.53	29.4	黄土状母质	E 129°45′50.0″ N 46°05′43.8″	95
						2	30—50		轻黏土		6.5	12.7	0.80	0.79	36.4			
						3	50—88		重壤土		6.2	7.9						

方 正 县

主要土类说明

白浆土是方正县主要土壤类型，占本县地域面积的47%，集中分布在低山丘陵的坡岗地。植被以喜温植物为主，包括多种乔木、灌木和草本植物。成土母质为残积物和坡积物。白浆土的形成是白浆化作用的结果，土壤水分的季节性变化产生干湿交替，导致三氧化物、二氧化物不断被漂洗，最终使土层脱色，形成一个具有特征性的白浆层。白浆土剖面有四个层次，即 A-E-B-C：A 层为腐殖质层，是有机质和养分积累较丰富、物理性状较好的层次；E 层为白浆层，这一层由于水分漂洗作用，有机质及黏粒发生移动，养分贫瘠，保肥和保水能力降低，结构性差；B 层为由铁锰氧化物染色的淀积层，具核状或小核柱状结构，结构面有褐色胶膜和二氧化硅粉末；C 层为母质层。白浆土质地黏重，透水性差。因成土地形部位及植被不同，本县白浆土分为白浆土、草甸白浆土等亚类。

暗棕壤是方正县第二大土壤类型，占本县地域面积的21%，主要分布在山区丘陵地带，以山地分布面积最大，在向丘陵的过渡中逐渐减少。植被主要为针阔叶混交林、阔叶林和灌木林。在暗棕壤化过程中，由于森林植被的作用，其表层土壤腐殖质积累明显，养分含量较高。受各种因素的作用及白浆化、草甸化过程的影响，本县暗棕壤分为暗棕壤、白浆化暗棕壤、草甸暗棕壤等亚类。

草甸土是方正县第三大土壤类型，占本县地域面积的20%。本县中部的平原地带，覆盖的土壤多为冲积母质，气候温暖，植被繁茂，地下水位较高，为1—3m，是本县草甸土的集中分布区，也是本县的主要粮食产区。因所处地带地下水位较高，潜水参与土壤形成过程，受地下水升降与浸润作用，成土过程具有明显腐殖质积累和铁锰氧化还原作用特点，土体出现锈色斑纹层。草甸土有机质积累多，土壤肥力较高，速效养分中氮的供应较充足，速效磷供应强度较差。本县草甸土分为草甸土和白浆化草甸土两个亚类。

新积土占本县地域面积的8%。新积土主要分布在江河两岸及距河较远的河漫滩或低阶地，因距河床较远，已基本不受河水泛滥影响，地下水位较高，具有草甸化特征。新积土是由河水挟带的泥砂淤积形成的幼年土壤，是草甸化过程和沉积过程共同作用的产物，具 A-C 或（A）-C 剖面构型。土壤淤积层理明显，地形平坦，土质肥沃。

小于本县地域面积3%的土壤类型有黑土、水稻土、泥炭土、沼泽土。

本区域中心区气候特征

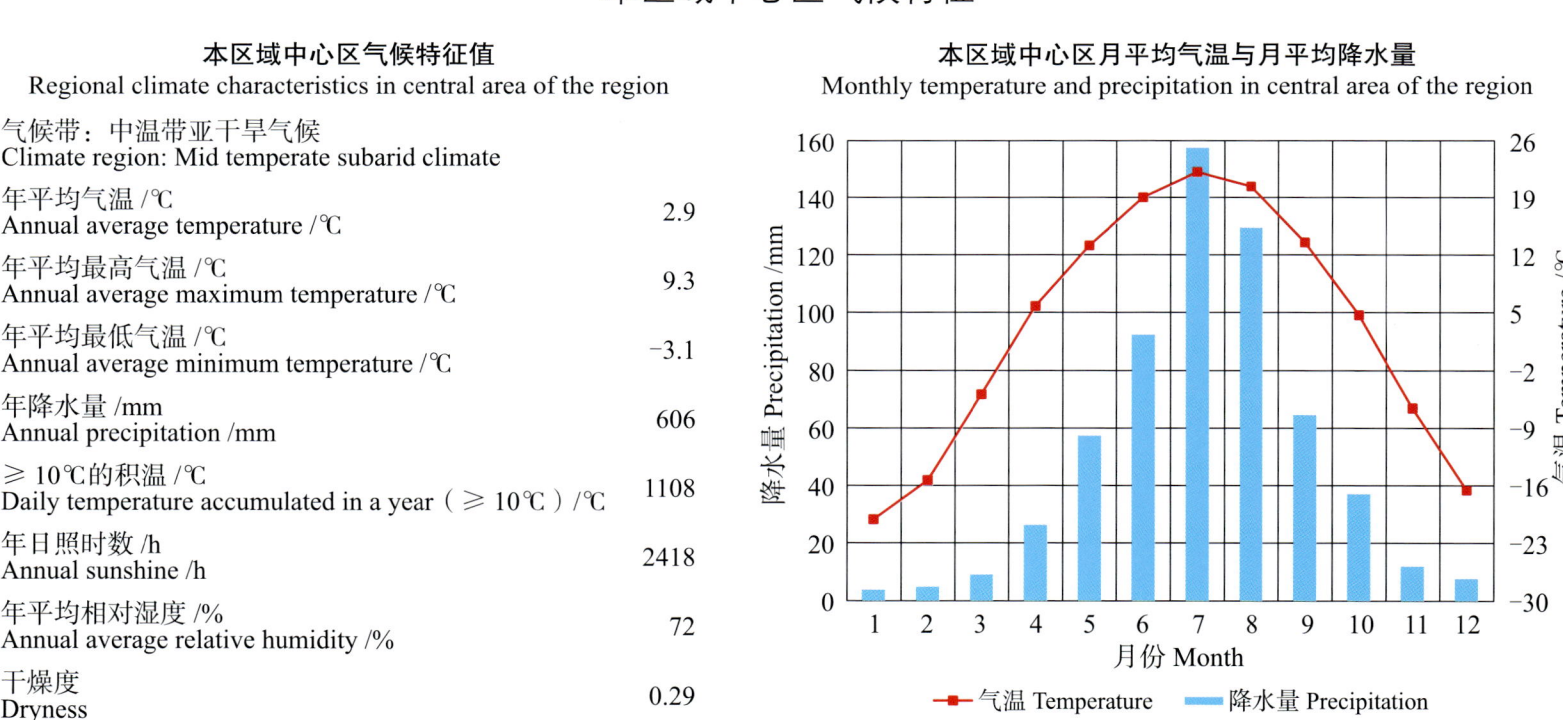

本区域中心区气候特征值
Regional climate characteristics in central area of the region

气候带：中温带亚干旱气候 Climate region: Mid temperate subarid climate	
年平均气温 /℃ Annual average temperature /℃	2.9
年平均最高气温 /℃ Annual average maximum temperature /℃	9.3
年平均最低气温 /℃ Annual average minimum temperature /℃	-3.1
年降水量 /mm Annual precipitation /mm	606
≥10℃的积温 /℃ Daily temperature accumulated in a year（≥10℃）/℃	1108
年日照时数 /h Annual sunshine /h	2418
年平均相对湿度 /% Annual average relative humidity /%	72
干燥度 Dryness	0.29

本区域中心区月平均气温与月平均降水量
Monthly temperature and precipitation in central area of the region

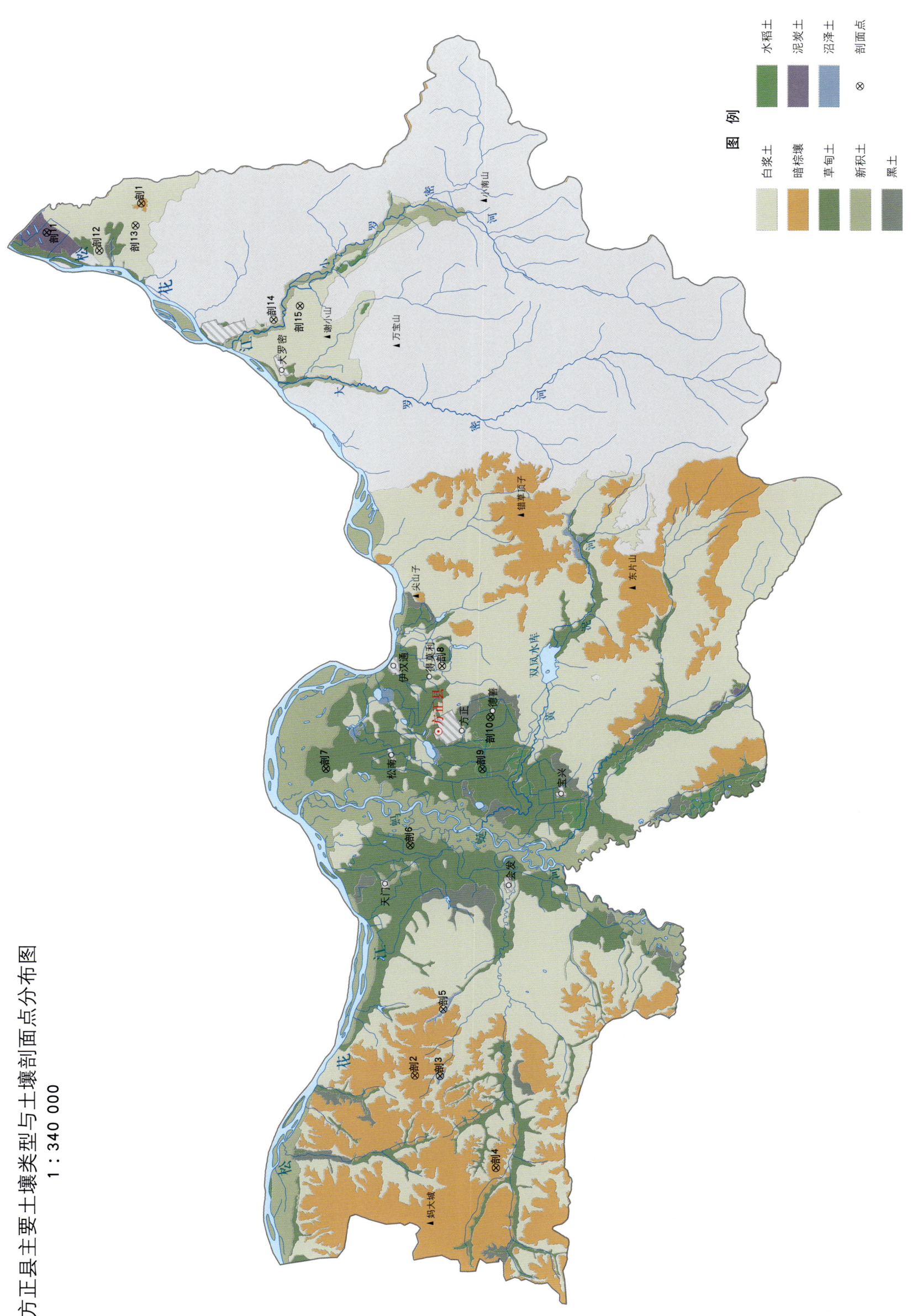

方正县主要土壤类型与土壤剖面点分布图
1∶340 000

方正县土壤剖面理化性状表

剖面号 Soil profile	土纲 Soil order	土类 Soil great group	亚类 Soil subgroup	土属 Soil genus	土种 Soil species	土层码 Layer code	土层厚度 Depth/cm	颜色 Soil color	质地 Soil texture	土壤结构 Soil structure	pH	有机质 OM/(g/kg)	全氮 TN/(g/kg)	全磷 TP/(g/kg)	全钾 TK/(g/kg)	阳离子交换量 CEC/(cmol/kg)	土壤母质 Parent material	剖面点坐标 Profile coordinate	匹配指数 Matching index/%
剖1	淋溶土	暗棕壤	暗棕壤	砾石底暗棕壤	砾石底暗棕壤	A₁	0—20	棕灰色	中壤土	粒状	6.5	90.9	2.55	1.25			残积物	E 129°22′41.2″ N 46°03′38.2″	75
						B	20—35	棕色	中壤土			6.4							
						C₁	35—120	黄棕色	砂壤土										
						C₂	120—150	红棕色	砂壤土										
剖2	淋溶土	暗棕壤	暗棕壤	黏石底暗棕壤	黏石底暗棕壤	A₁	0—30	灰褐色	中壤土	粒状	6.3	90.6	4.97	1.55			坡积物	E 128°27′52.6″ N 45°51′36.0″	75
						B	30—70	棕色	中壤土	团粒状	5.8	17.2							
						C	70—150	棕黄色	中壤土	块状	5.8	10.8							
剖3	水成土	沼泽土	泥炭沼泽土	沟谷泥炭沼泽土	中层沟谷泥炭沼泽土	Ao	0—46	褐色	中黏土	片状	4.9	384.5	18.79	>4.00			第四纪松散沉积物	E 128°27′51.5″ N 45°50′29.4″	75
						A₁	46—54	黄灰色	中壤土	片状	5.2	188.0							
						B	54—94	暗灰色	重壤土	片状	4.9	30.6							
						C₁	94—150	灰色	中壤土	片状	<4.5	5.0							
						C₂	150—160				4.6	2.4							
剖4	淋溶土	暗棕壤	暗棕壤	砾石底暗棕壤	砾石底暗棕壤	A₁	0—23	棕灰色	中壤土	粒状	6.4	52.2	3.40	0.63			坡积物	E 128°22′09.1″ N 45°48′00.7″	95
						B	23—41	黄灰色		片状	5.7	9.7		0.19					
						C₁	41—61	红棕色		片状	5.8	4.8							
						C₂	61—150	红棕色		块状	5.6	3.8							
剖5	水成土	沼泽土	泥炭沼泽土	埋藏泥炭腐殖质沼泽土	中层沟谷草地泥炭腐殖质沼泽土	Ao	0—48	暗棕色	轻壤土	片状	5.6	411.7	17.98	1.19			第四纪松散沉积物	E 128°32′01.0″ N 45°50′21.5″	75
						A₁	48—68	暗灰色	重黏土	团粒状	5.6	234.4							
						A₂	68—84	暗灰色	中壤土	柱状	5.9	119.1							
						Bg	84—104	浅灰色	轻壤土	无结构	6.0	3.2							
						C₁	104—126	灰黄色	中壤土	粒状	6.5	5.4							
						C₂	126—160	浅黄色	轻壤土	粒状	6.3	4.1							
剖6	半水成土	草甸土	草甸土	黏底草甸土	中层黏底草甸土	A₁	0—26	暗棕色	轻壤土	粒状	6.2	30.2	1.90	1.48	37.4	>50.0	第四纪松散沉积物	E 128°42′17.6″ N 45°51′50.4″	95
						AB	26—59	黄灰色	重壤土	团块状	5.8	11.1	0.82	1.06	35.4	>50.0			
						B	59—110	灰棕色	重壤土	团块状	5.9	6.3							
						C	110—150	棕色	中壤土	粒状	6.8	4.2							
						5	150—160		重壤土		6.6	4.8							
剖7	半水成土	草甸土	草甸土	砂底草甸土	薄层砂底草甸土	A₁	0—24	暗灰色	重壤土	粒状	5.7	36.3	1.88	2.27			第四纪松散沉积物	E 128°47′06.7″ N 45°55′33.2″	95
						AB	24—50	黄灰色	重壤土	粒状	6.2	9.7	0.94	0.74					
						B	50—110	褐黄色	中壤土	核状	6.0	5.5							
						C	110—150	灰黄色	中壤土	块状	5.3	2.6							
						5	150—160				6.4	4.1							
剖8	淋溶土	白浆土	白浆土	岗地白浆土	中层岗地白浆土	A₁	0—20	暗灰色	重壤土	粒状	5.9	28.1	1.25	1.69	>40.0	>50.0	第四纪松散沉积物	E 128°53′34.1″ N 45°50′26.9″	95
						Aw	20—40	浅灰色	中壤土	片状	5.6	5.8	0.66	0.63	30.0	24.6			
						AwB	40—75	棕色	中壤土	块状	5.9	3.5							
						C	75—150	黄棕色	重壤土	块状	6.1	3.4							
						5	150—160			无结构	6.2	2.7							
剖9	人为土	水稻土	草甸土型水稻土	草甸土型水稻土		A	0—21	暗灰色	轻黏土	粒状	6.4	40.2	1.93	1.31			第四纪松散沉积物	E 128°47′07.4″ N 45°48′40.3″	95
						AB₂	21—83	黄灰色	轻黏土	块状	6.3	9.6	0.49	1.32					
						B	83—110	黄棕色	轻黏土	块状	6.1	6.8							
						BC	110—150	棕色	轻黏土	粒状	6.1	3.1							

续表 Continued

剖面号 Soil profile	土纲 Soil order	土类 Soil great group	亚类 Soil subgroup	土属 Soil genus	土种 Soil species	土层码 Layer code	土层厚度 Depth/cm	颜色 Soil color	质地 Soil texture	土壤结构 Soil structure	pH	有机质 OM/(g/kg)	全氮 TN/(g/kg)	全磷 TP/(g/kg)	全钾 TK/(g/kg)	阳离子交换量 CEC/(cmol/kg)	土壤母质 Parent material	剖面点坐标 Profile coordinate	匹配指数 Matching index/%
剖10	半水成土	草甸土	草甸土	黏底草甸土	中层黏底草甸土	A₁	0—38	暗灰色	轻黏土	粒状	6.2	32.3	1.70	1.87			第四纪松散沉积物	E 128° 50′ 21.8″ N 45° 48′ 19.1″	95
						AB	38—98	灰棕色	重黏土	块状	6.4	8.0							
						B	98—150	黄棕色	重壤土	块状	6.3	4.4							
						4	150—160				6.5	7.3							
剖11	水成土	泥炭土	草类泥炭土	沟谷草类泥炭土	薄层沟谷草类泥炭土	Ae₁	0—78	暗灰色	重壤土	粒状	5.4	217.0	9.12	3.47	25.3	>50.0	第四纪松散沉积物	E 129° 20′ 51.7″ N 46° 07′ 48.4″	75
						Ae₂	78—130	棕黄色	中壤土	块状	6.2	4.9							
						Bg	130—150	棕黄色	中壤土	块状	5.7	4.9							
剖12	淋溶土	白浆土	草甸白浆土	平地草甸白浆土	中层平地草甸白浆土	A₁	0—14	暗灰色	重壤土	粒状	5.9	27.1	1.74	1.17			第四纪松散沉积物	E 129° 19′ 43.3″ N 46° 05′ 29.8″	75
						Aw	14—35	灰黄色	中壤土	片状	6.1	3.8	0.34	0.12					
						B	35—94	黄棕色	中壤土	块状	5.9	4.4							
						C	94—150	棕色	中壤土	块状	6.0	3.5							
						5	150—160				6.9	5.6							
剖13	淋溶土	白浆土	白浆土	岗地白浆土	中层岗地白浆土	A₁	0—19	暗黄色	重壤土	粒状	6.0	33.9	1.95	1.58			第四纪松散沉积物	E 129° 21′ 17.3″ N 46° 03′ 54.0″	95
						Aw	19—40	灰黄色	重壤土	片状	6.0	5.6	0.50	0.83		47.3			
						B	40—113	黄棕色	重壤土	块状	5.5	7.0				36.3			
						C	113—150	棕色	中壤土	块状	5.4	10.5							
						5	150—160				5.4	6.5							
剖14	淋溶土	白浆土	草甸白浆土	平地草甸白浆土	中层平地草甸白浆土	A₁	0—20	暗灰色	重壤土	粒状	6.2	32.8	1.55	2.12	33.1	>50.0	第四纪松散沉积物	E 129° 15′ 21.6″ N 45° 57′ 50.4″	95
						Aw	20—57	灰白色	重壤土	无结构	6.5	6.8	0.62	0.92	26.1	36.7			
						B	57—95	暗褐色	重壤土	块状	6.1	6.8							
						BC	95—130	褐色	重壤土	块状	6.5	3.8							
						C	130—150	黄褐色	重壤土	块状	6.5	6.4							
						6	150—160				6.6	3.0							
剖15	淋溶土	白浆土	白浆土	岗地白浆土	中层岗地白浆土	A	0—18	暗灰色	重壤土	粒状	6.1	36.3	1.99	1.64	32.8	>50.0	第四纪松散沉积物	E 129° 16′ 13.4″ N 45° 56′ 40.2″	95
						Aw	18—40	灰白色	重壤土	片状	6.0	5.7	0.51	1.07	32.5	36.7			
						B	40—120	棕色	重壤土	块状	5.9	4.7							
						C	120—150	黄棕色	重壤土	块状	5.6	6.3							
						5	150—160				5.5	7.2							

宾 县

主要土类说明

暗棕壤是宾县主要土壤类型，占本县地域面积的37%。本县暗棕壤分布在南部山区和坡度较大的岗坡地，由高向低土层逐渐加厚，质地变细，其类型由最高部位的原始暗棕壤逐渐向较低处的暗棕壤、白浆化暗棕壤、草甸暗棕壤过渡。此外，丘陵区的低山也有少量暗棕壤分布。暗棕壤是在温带湿润地区针阔叶混交林下发育形成的具有明显有机质富集和弱酸性淋溶特征的土壤，具O-A-B-C剖面构型。A层有机质含量可达100g/kg，弱酸性淋溶使铁铝轻微下移；B层呈棕色，结构面见铁锰胶膜。土壤呈弱酸性，盐基饱和度为70%—80%。本县暗棕壤分为暗棕壤、白浆化暗棕壤、暗棕壤性土、草甸暗棕壤等亚类。

黑土是宾县第二大土壤类型，占本县地域面积的29%，是本县的主要耕地土壤。黑土主要分布在鸟河、经建、满井、糖坊、民和、居仁等地，分布地形为丘陵漫岗区。原始植被是被称为"五花草塘"的草甸植物或杂木，植被生长繁茂。成土母质均为洪积黏土或坡积物。土壤有机质积累较多，黑土层较厚，保肥和供肥能力强，土质疏松，结构好，耕性良好。剖面具有过渡层，心土层有不明显的锈斑和二氧化硅粉末。本县黑土分为黑土、草甸黑土、白浆化黑土等亚类。

草甸土是宾县第三大土壤类型，占本县地域面积的21%。草甸土主要分布在松花江冲积平原、枷板河冲积平原和蜚克图河流域，水分充足，草甸植被生长繁茂，有机质积累较多。由于水分干湿交替，土壤潴育化作用明显，剖面可见大量锈斑，底层出现灰蓝色潜育斑。本县草甸土分为草甸土、潜育草甸土、白浆化草甸土、泛滥地草甸土等亚类。

新积土占本县地域面积的6%，主要分布在河流下游及河床较高、河岸较低的高河漫滩处，历史上常受河流泛滥影响。自然植被为喜湿性杂草群落，成土母质为冲积沉积物，具有草甸化过程。

白浆土占本县地域面积的4%，除常安、鸟河、宾州没有白浆土分布外，其他地区均有面积不等的白浆土分布，分布较多的有宾西、胜利、宁远、平坊等地。本县白浆土分为白浆土、草甸白浆土、潜育白浆土等亚类。

小于本县地域面积3%的土壤类型有沼泽土、水稻土、泥炭土。

本区域中心区气候特征

本区域中心区气候特征值
Regional climate characteristics in central area of the region

气候带：中温带亚湿润气候 Climate region: Mid temperate subhumid climate	
年平均气温 /℃ Annual average temperature /℃	3.2
年平均最高气温 /℃ Annual average maximum temperature /℃	9.5
年平均最低气温 /℃ Annual average minimum temperature /℃	-2.8
年降水量 /mm Annual precipitation /mm	596
≥10℃的积温 /℃ Daily temperature accumulated in a year (≥10℃) /℃	1213
年日照时数 /h Annual sunshine /h	2492
年平均相对湿度 /% Annual average relative humidity /%	70
干燥度 Dryness	0.34

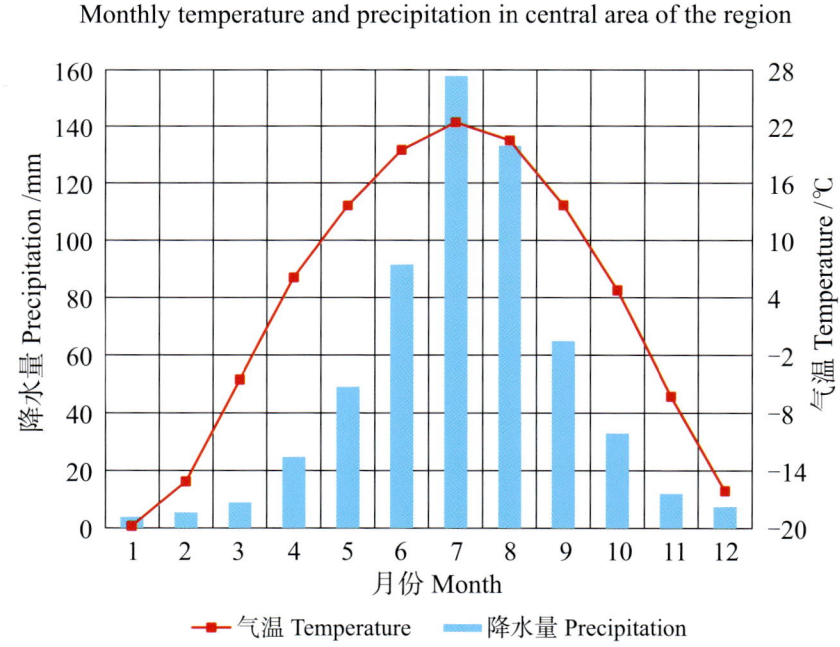

本区域中心区月平均气温与月平均降水量
Monthly temperature and precipitation in central area of the region

宾县主要土壤类型与土壤剖面点分布图

1∶360 000

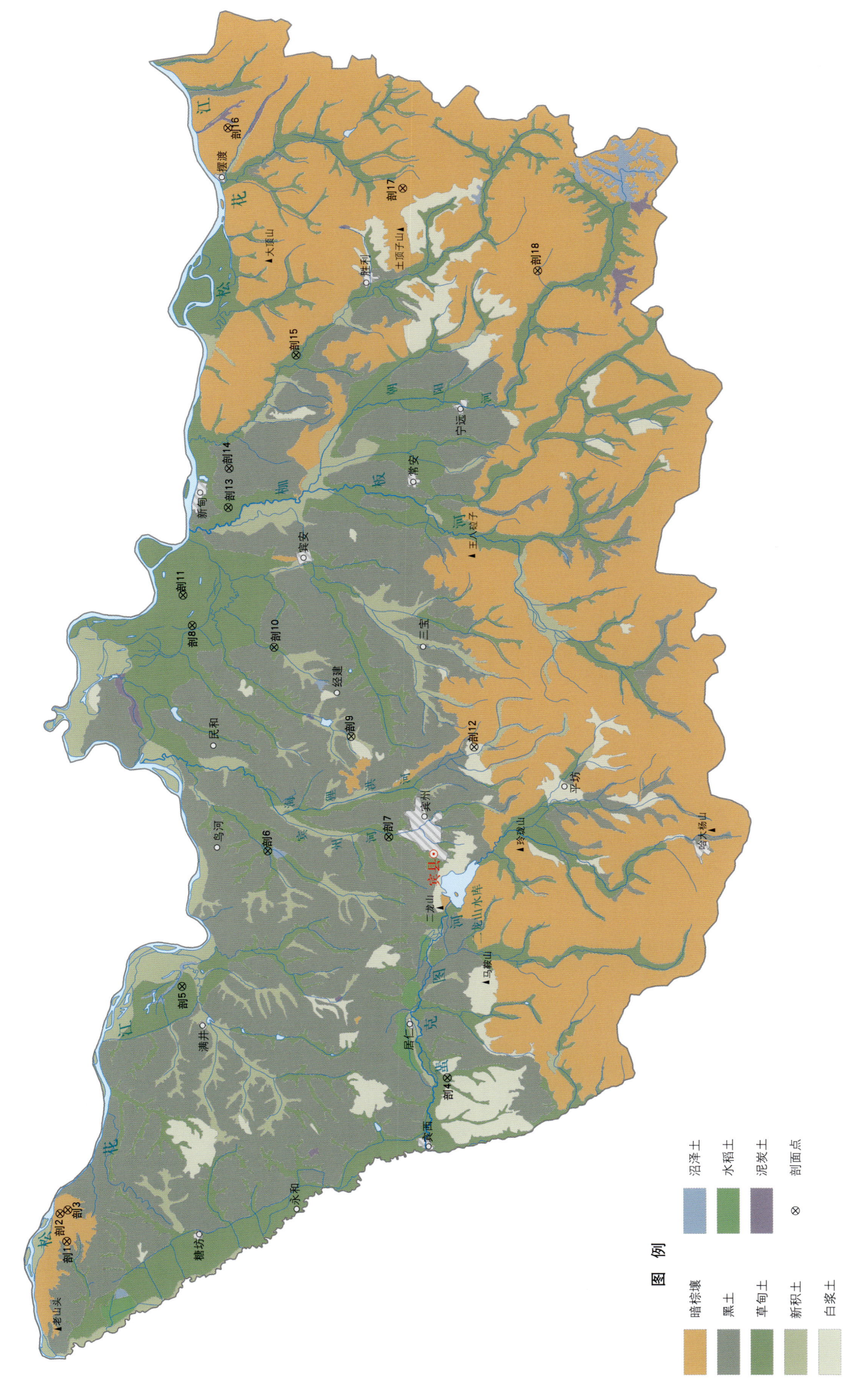

图 例

- 暗棕壤
- 黑土
- 草甸土
- 新积土
- 白浆土
- 沼泽土
- 水稻土
- 泥炭土
- ⊗ 剖面点

宾县土壤剖面理化性状表

剖面号 Soil profile	土纲 Soil order	土类 Soil great group	亚类 Soil subgroup	土属 Soil genus	土种 Soil species	土层码 Layer code	土层厚度 Depth/cm	颜色 Soil color	质地 Soil texture	土壤结构 Soil structure	pH	有机质 OM/(g/kg)	全氮 TN/(g/kg)	全磷 TP/(g/kg)	全钾 TK/(g/kg)	阳离子交换量CEC/(cmol/kg)	土壤母质 Parent material	剖面点坐标 Profile coordinate	匹配指数 Matching index/%
剖1	淋溶土	暗棕壤	暗棕壤			A	0—20		轻壤土		7.0	48.3						E 127°02′57.0″ N 46°00′20.8″	75
						B	20—40		轻壤土		7.1	28.7							
						C	40—150					9.8							
剖2	淋溶土	暗棕壤	白浆化暗棕壤			Ao	0—3		砂壤土		6.7							E 127°04′37.8″ N 46°00′39.8″	75
						A₁	3—15		中壤土		6.8								
						Aw	15—40		重壤土		7.0								
						AC	40—50		重壤土		6.7								
						C	50—150		重壤土		7.0								
剖3	淋溶土	暗棕壤	暗棕壤	暗麻砂土	细麻砂草	O	0—4	完棕色									花岗岩风化残积物、坡积物	E 127°04′52.2″ N 46°00′19.7″	95
						Ah	4—20	棕色	壤质黏土	屑粒状	6.5	109.0	5.44	0.99	22.6	26.9			
						B	20—70	棕色	黏土	块状	6.6	89.1	3.09	0.84	20.6	19.5			
						C	70—												
剖4	半水成土	草甸土	白浆化草甸土	黏壤质白浆化草甸土	三宝白浆草甸土	A	0—36	暗灰色	粉砂质黏壤土	团块状	6.5	42.8	1.74	0.58	18.9		河湖相沉积物、近代淀积物	E 127°13′29.9″ N 45°44′00.5″	81
						AAw	36—73	灰白色	粉砂质黏壤土	不明显片状	6.6	7.3	0.93	0.53	19.6				
						B	73—106	黄棕色	粉砂质黏壤土	块状		10.3							
						BC	106—140	暗黄棕色	粉砂质黏壤土	块状									
剖5	半水成土	草甸土	草甸土	黏底草甸土			O	0—20	黑灰色		粒状							河湖相沉积物、近代淀积物	E 127°18′44.9″ N 45°55′34.5″	95
						Ah	0—20	黑黑色	中壤土	团粒状									
						AB	60—110	暗黑色	轻壤土	粒状									
						B	110—140	灰黄色	重壤土	块状									
						C	140—160	棕色	重壤土	块状									
剖6	半水成土	草甸土	泛滥地温草甸土	黏底泛滥地草甸土			A	0—35	灰黑色	中壤土	团块状	6.5	42.8	1.74	0.58	18.9		河湖相沉积物、近代淀积物	E 127°27′18.1″ N 45°51′57.7″	95
						A₁	35—65	暗黑色	壤质黏土	团块状	6.9	7.3	0.93	0.53	19.6				
						A₂	65—80	黄黑色	壤质黏土	不明显鳞片状	6.9	10.3							
						A₃	80—95	灰黑色	壤质黏土	块状									
						B	95—110	棕色	中壤土	块状									
						C	110—150	棕灰色	轻壤土	团块状									
剖7	半水成土	草甸土	白浆化草甸土	白浆甸灰黄土	白馅甸灰黄土	A	0—36	棕灰色	壤质黏土	团块状							河流冲积物	E 127°28′18.0″ N 45°46′44.0″	81
						Ce	36—73	浅灰色	壤质黏土	块状									
						Cu₁	73—106	黄黄色	壤质黏土	块状									
						Cu₂	106—140	浊黄棕色	壤质黏土										
剖8	半水成土	草甸土	草甸土	砂壤质草甸土	英杰草甸土	A	0—24	暗棕色	粉砂质黏壤土	团块状		55.6	3.06	1.05	18.6		洪积物砂	E 127°41′10.4″ N 45°55′23.0″	95
						AB	24—60	暗黄棕色	粉砂质黏壤土	块状		12.0	0.65	0.63	21.3				
						BC	60—90	灰黄棕色	粉砂质黏壤土	块状		13.2							
						C	90—120	黄棕色	粉砂质黏壤土	团块状									
剖9	初育土	新积土	冲积土			1	0—20	浅黄色	轻壤土	粒状	6.0							E 127°34′26.5″ N 45°48′26.0″	95
						2	20—35	灰黄色	轻壤土	无明显结构	6.3								
						3	35—100	浅黄色	砂壤土	无结构									
						4	100—120	黄棕色	中壤土	无结构									
剖10	半水成土	草甸土	潜育草甸土	黏底潜育草甸土			A	0—25	灰灰色		团块状							河湖相沉积物、近代淀积物	E 127°39′53.7″ N 45°51′49.6″	95
						Ag	25—35	黑灰色		粒状									
						Bg	35—130	浅蓝灰色		粒状									
						Cg	130—150	灰黄色		块状									

续表 Continued

剖面号 Soil profile	土纲 Soil order	土类 Soil great group	亚类 Soil subgroup	土属 Soil genus	土种 Soil species	土层码 Layer code	土层厚度 Depth/cm	颜色 Soil color	质地 Soil texture	土壤结构 Soil structure	pH	有机质 OM/(g/kg)	全氮 TN/(g/kg)	全磷 TP/(g/kg)	全钾 TK/(g/kg)	阳离子交换量CEC/(cmol/kg)	土壤母质 Parent material	剖面点坐标 Profile coordinate	匹配指数 Matching index,%
剖11	半水成土	草甸土	泛滥地草甸土	砂底泛滥地草甸土		A	0—20		重壤土								河湖相沉积物、近代淤积物	E 127°43′02.0″ N 45°55′48.6″	95
						Ag	30—45		中壤土										
						AB	45—55		中壤土										
						B	90—110		紧砂土										
						Bg	110—130		轻砂土										
						C	140—150		紧砂土										
剖12	淋溶土	白浆土	草甸白浆土	平地草甸白浆土		1	0—20	灰黑色		粒状								E 127°33′55.8″ N 45°43′06.3″	95
						2	20—30	棕色		块状									
						3	30—80			块状									
						4	80—150			块状									
剖13	半水成土	草甸土	潜育草甸土	砂底潜育草甸土		A	0—25	暗黑色		粒状								河湖相沉积物、近代淤积物	E 127°48′29.0″ N 45°53′53.6″	95
						Ag	25—60	暗黑色		粒状									
						ABg	60—85	蓝灰色		粒状									
						Cg	85—150	棕黄色		块状									
剖14	半淋溶土	黑土	黑土	砂底黑土		A₁	0—20		重壤土								洪积黏土、坡积物	E 127°50′53.8″ N 45°53′52.9″	95
						A₂	20—35		重壤土									
						AB	35—55		重壤土									
						B	55—120		松砂土									
						C	120—150												
剖15	半水成土	草甸土	泛滥地草甸土	砂底泛滥地草甸土		Ao	0—65	暗灰黑色	砂壤土	团粒状							河湖相沉积物、近代淤积物	E 127°57′60.0″ N 45°51′02.2″	95
						AB	65—85	黑灰色	轻壤土	团块状									
						Bg	85—95	黄褐色	砂壤土										
						C	95—150	棕黄色	轻壤土			6.5	159.0							
剖16	淋溶土	暗棕壤	暗棕壤			Ao	0—4					6.8						花岗岩风化残积物、堆积物	E 128°11′59.2″ N 45°54′04.1″	95
						A₁	4—10		轻壤土										
						B	10—20		轻壤土										
						C	20—70		砂壤土										
剖17	淋溶土	暗棕壤	暗棕壤	砾砂质暗棕壤	通江暗棕土	Ao	0—4	棕色	壤质黏土	粒状			109.0	5.44	0.99	22.6		花岗岩风化残积碎石	E 128°08′20.9″ N 45°46′28.9″	81
						A	4—20	棕色	黏土	块状			89.1	3.09	0.84	20.6				
						AB	20—70	棕色												
						C	70—	浅棕色												
剖18	淋溶土	暗棕壤	暗棕壤			A	0—20		轻壤土			6.9	117.6						E 128°03′21.7″ N 45°40′36.4″	95
						B	20—60		轻壤土			6.7	25.3							
						C	60—70		砂壤土											

巴 彦 县

主要土类说明

黑土是巴彦县主要土壤类型，占本县地域面积的53%。黑土是在温带半湿润草甸草原下形成的具深厚均腐殖质层的无石灰性黑色土壤。黑土是本县的主要农业土壤，主要分布在北部、西部和南部平原地区，所处地区是本县重要的粮豆产区。地貌对黑土的分布有很大影响。松花江平原及阶地，地形平坦，有利于黑土的发育，黑土层较厚，土壤肥力较高，发育成平地黑土，水肥条件好，但排水困难，易内涝；西部丰乐一带的缓坡漫岗平原，由于地形起伏，自然生态条件较差，水土流失严重，黑土层较薄，水肥条件较差，发育成岗地黑土。岗顶一般是中层黑土，岗坡是薄层黑土，而地势较低缓部位一般分布着厚层黑土。该土壤均腐殖质层厚30—60cm，有机质含量一般为30—60g/kg，底层具轻度滞水还原淋溶特征，见硅粉。土壤盐基饱和度在80%以上，pH为6.5—7.0。根据附加成土过程、成土条件、形态特征及肥力状况的不同，本县黑土分为白浆化黑土、黑土、草甸黑土等亚类。

草甸土是巴彦县第二大土壤类型，占本县地域面积的23%。草甸土是在冷湿条件下，受地下水浸润并在草甸植被下发育形成的非地带性半水成型土壤。本县草甸土主要分布在江河沿岸、沟谷低地和山间谷地等低平地，草甸植被繁茂，地下水位一般为1—3m。因所处地带地下水位较高，潜水参与土壤形成过程，受地下水升降与浸润作用，成土过程具有明显腐殖质积累和铁锰氧化还原作用特点，土体出现锈色斑纹层。本县地形起伏较大，江河、沟谷比较分散，因此草甸土分布也不集中。在漂河、泥河的中下游低平地分布着石灰性草甸土亚类，在东部山间沟谷分布着草甸土亚类，在沟谷、河套低平地的较低洼处零星分布着潜育草甸土亚类。

暗棕壤是巴彦县第三大土壤类型，占本县地域面积的10%。小兴安岭余脉从本县东部向西延伸，西南部零星分布着几座残山，构成了本县的低山丘陵地貌类型，地势较高，气候温凉湿润，森林植被较茂密，是本县的暗棕壤分布区。暗棕壤是在温带湿润地区针阔叶混交林下发育形成的具有明显有机质富集和弱酸性淋溶特征的土壤，具O-A-B-C剖面构型。A层有机质含量可达100g/kg，弱酸性淋溶使铁铝轻微下移；B层呈棕色，结构面见铁锰胶膜。土壤呈弱酸性，盐基饱和度为70%—80%。

白浆土占本县地域面积的8%，主要分布在山前台地。自然植被是以榛柴、柞木林为主的杂木林。成土母质多为黏土沉积物。白浆土属半水成型土壤，仅受土壤上层暂时性滞水影响，虽属非地带性土壤，但仍有地带性的特征。剖面构型为A-E-B-C。土壤质地具有"二层性"层次特点：上轻下黏，A、E层质地为粉砂质，B层质地黏重。

小于本县地域面积3%的土壤类型有新积土、沼泽土、山地草甸土、泥炭土、水稻土。

本区域中心区气候特征

本区域中心区气候特征值
Regional climate characteristics in central area of the region

气候带：中温带亚湿润气候 Climate region: Mid temperate subhumid climate	
年平均气温 /℃ Annual average temperature /℃	3.1
年平均最高气温 /℃ Annual average maximum temperature /℃	9.1
年平均最低气温 /℃ Annual average minimum temperature /℃	-2.7
年降水量 /mm Annual precipitation /mm	558
≥10℃的积温 /℃ Daily temperature accumulated in a year (≥10℃) /℃	1154
年日照时数 /h Annual sunshine /h	2550
年平均相对湿度 /% Annual average relative humidity /%	69
干燥度 Dryness	0.35

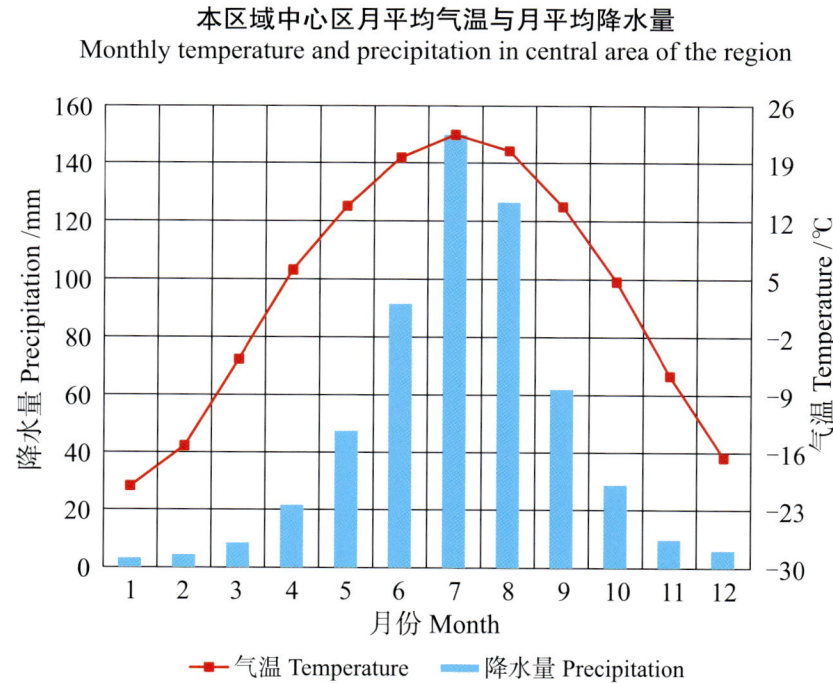

本区域中心区月平均气温与月平均降水量
Monthly temperature and precipitation in central area of the region

巴彦县主要土壤类型与土壤剖面点分布图
1:320 000

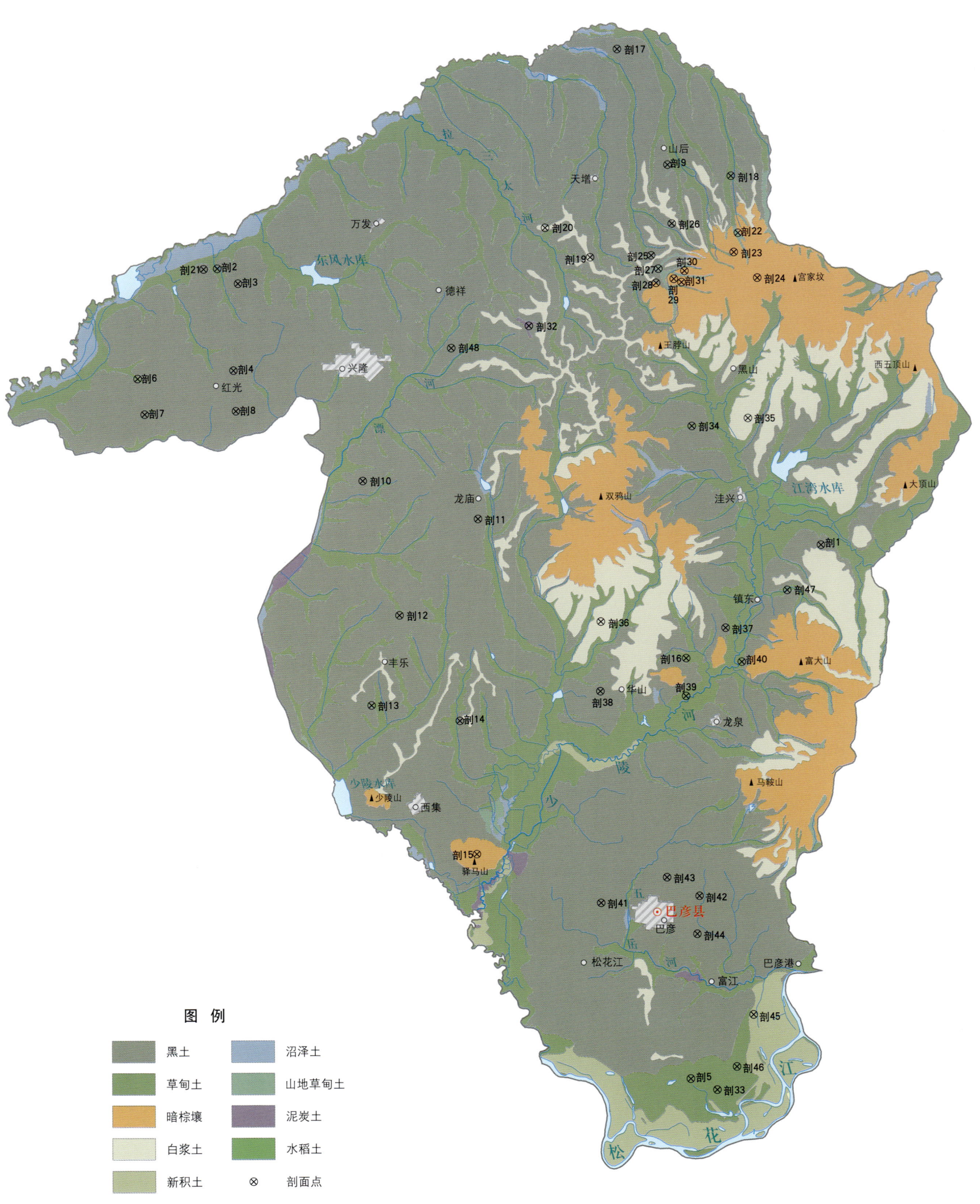

巴彦县土壤剖面理化性状表

剖面号 Soil profile	土纲 Soil order	土类 Soil great group	亚类 Soil subgroup	土属 Soil genus	土种 Soil species	土层码 Layer code	土层厚度 Depth/cm	颜色 Soil color	质地 Soil texture	土壤结构 Soil structure	pH	有机质 OM/(g/kg)	全氮 TN/(g/kg)	全磷 TP/(g/kg)	全钾 TK/(g/kg)	碱解氮 AN/(mg/kg)	有效磷 AP/(mg/kg)	阳离子交换量 CEC/(cmol/kg)	土壤母质 Parent material	剖面点坐标 Profile coordinate	匹配指数 Matching index/%
剖1	半淋溶土	黑土	草甸黑土	草甸黑土	薄层草甸黑土	A₁	0—27	灰黑色	重壤土	粒状	6.1	53.7	2.37	1.89				32.9	黄土状母质	E 127°33′19.4″ N 46°19′38.3″	95
						AB	27—70	暗棕色	重壤土	核粒状	5.2	10.8	0.50	0.97							
						B	70—135	黄棕色	重壤土	块状		6.3									
						C	135—150	棕黄色	重壤土	棱柱状		4.3									
剖2	半水成土	草甸土	草甸土	埋藏型草甸土	浅埋草甸土	1	0—20		重壤土		6.6		1.65	1.37				29.1	冲积物	E 126°57′58.0″ N 46°30′11.9″	75
						2	45—55		轻黏土		6.3		1.22	1.96				35.0			
						3	80—90		重壤土												
						4	140—150		重壤土												
剖3	半淋溶土	黑土	黑土	平地黏底黑土	中层平地黏底黑土	A₁	0—38	暗灰色	重壤土	团粒状	6.4	45.8	2.35	>4.00				34.6	黄土状母质	E 126°59′11.8″ N 46°29′37.7″	95
						AB	38—99	灰棕色	重壤土	粒状		18.2	0.98	2.03							
						B	99—140	黄棕色	轻黏土	核块状		7.2									
						C	140—170	棕黄色	重壤土	棱柱状		4.3									
剖4	半淋溶土	黑土	白浆化黑土	黄土质白浆化黑土	复兴白浆黑土	A	0—35	暗灰色	黏壤土	团块状		43.9	2.02	1.28	23.1				黄土状沉积物	E 126°59′02.4″ N 46°26′08.5″	82
						AAw	35—75	灰白色	黏壤土	核块状		8.9	0.78	0.63	22.5						
						B	75—104	黄棕色	黏壤土	棱柱状		7.7	0.65	0.78	19.8						
						BC	104—150	棕色	黏壤土	块状											
						C	150—		黏土												
剖5	半水成土	草甸土	潜育草甸土	黏壤质潜育草甸土	巴彦湿甸土	ABg	0—20	暗灰色	粉砂质黏壤土	团块状		46.3	2.53	1.73	21.5			26.0	洪积黏土	E 127°26′14.3″ N 45°58′09.8″	95
						Bg	20—70	灰黄色	粉砂质黏壤土	块状		15.8	0.89	1.15	21.2			24.7			
						G	70—110	灰黄棕色	砂质黏壤土	无结构		7.0									
						A₁ca	110—150	青灰色			7.5	4.4									
剖6	半水成土	草甸土	石灰性草甸土	平地石灰性草甸土	厚层平地石灰性草甸土	Bgca	0—40	暗灰色	重壤土	核块状		72.1	3.57	2.89	21.0			42.1	冲积物	E 126°53′28.7″ N 46°25′43.0″	95
						G₁ca	40—65	灰白色	重壤土	小块状		42.1	1.99	2.59							
						G₂ca	65—90	青灰色	中壤土	无结构		21.8									
							90—110	灰黄色	重壤土	无结构		22.3									
剖7	半淋溶土	黑土	草甸黑土	草甸黑土	厚层草甸黑土	A₁	0—80	暗紫黑色	重壤土	团粒状	5.8	34.5	1.73	1.40				33.4	黄土状母质	E 126°53′56.4″ N 46°24′17.3″	95
						AB	80—120	暗黑色	重壤土	核粒状		9.0									
						B	120—140	黄棕色	重壤土	棱柱状		14.6									
						C	140—150	黄棕色	重壤土	粒状		5.4									
剖8	半淋溶土	黑土	黑土	岗地黏底黑土	薄层岗地黏底黑土	Ap	0—15	灰黑色	重壤土	片状								35.8	黄土状母质	E 126°59′13.9″ N 46°24′31.0″	95
						AB	15—25	浅灰色	重壤土	小核粒状								3.7			
						B	25—80	黄棕色	重壤土	核块状											
						BC	80—120	棕黄色	重壤土	核块状											
							120—150	黄棕色	重壤土	棱柱状											
剖9	半淋溶土	黑土	白浆化黑土	岗地黏底白浆化黑土	薄层岗地黏底白浆化黑土	A₁	0—20	暗灰色	重壤土	粒状	5.5	64.6	2.70	1.42					黄土状母质	E 127°24′04.3″ N 46°34′46.6″	81
						Aw	20—44	灰褐色	重壤土	核粒状	5.6	19.6	0.90	2.23							
						B₁	44—55	棕褐色	重壤土	块状											
						B₂	55—105	黄褐色	重壤土	核柱状											
						C	105—150	黄棕色	重壤土	柱状											
剖10	半淋溶土	黑土	白浆化黑土	岗地黏底白浆化黑土	破皮黄岗地黏底白浆化黑土	A	0—7	灰色	重壤土	粒状									黄土状母质	E 127°06′40.7″ N 46°21′49.7″	95
						Aw	7—45	浅灰色	重壤土	核粒状											
						B	45—115	棕黑色	重壤土	核块状											
						C	115—150	黄棕色	重壤土	棱柱状											

续表 Continued

剖面号 Soil profile	土纲 Soil order	土类 Soil great group	亚类 Soil subgroup	土属 Soil genus	土种 Soil species	土层码 Layer code	土层厚度 Depth/cm	颜色 Soil color	质地 Soil texture	土壤结构 Soil structure	pH	有机质 OM/(g/kg)	全氮 TN/(g/kg)	全磷 TP/(g/kg)	全钾 TK/(g/kg)	碱解氮 AN/(mg/kg)	有效磷 AP/(mg/kg)	阳离子交换量CEC/(cmol/kg)	土壤母质 Parent material	剖面点坐标 Profile coordinate	匹配指数 Matching index/%
剖11	半淋溶土	黑土	白浆化黑土	岗地黏底白浆化黑土	破皮黄岗地黏底黏化黑土	1	0—15		中壤土		5.1	30.4	1.37	1.11				23.7	黄土状母质	E 127°13′24.6″ N 46°20′24.4″	95
						2	25—35		中壤土		6.7	11.2	0.80	>4.00							
						3	80—90		中壤土		6.1	4.7									
						4	135—145		中壤土		6.5	4.7									
剖12	半淋溶土	黑土	白浆化黑土	白浆黄黑土	黏ібайна黄黑土	Ah	0—18	棕灰色	壤质黏土	屑粒状	6.7	35.2	1.68	1.30	23.4			19.4	黄土状沉积物	E 127°08′58.2″ N 46°16′29.3″	93
						Ae	18—40	浅灰色	壤质黏土	不明显片状	6.3	13.3	0.50	0.66	31.2			17.9			
						C₁	40—100	黄棕色	壤质黏土	棱块状	6.1	8.2	0.42	0.71	30.0			16.9			
						C₂	100—150	亮黄棕色	壤质黏土	块状	6.5	5.6	0.51	1.07	30.0			19.2			
剖13	半水成土	草甸土	潜育草甸土	沟谷潜育草甸土	厚层沟谷潜育草甸土	A₁	0—45	灰黑色	轻黏土	团粒结构	6.5	49.2	2.40	2.17				37.3	冲积物	E 127°07′27.1″ N 46°12′50.4″	95
						ABg	45—79	灰色	中壤土	无明显结构		12.3	0.38	1.34				23.7			
						Cg	79—120	黄黄色	中壤土	无明显结构											
剖14	半淋溶土	黑土	白浆化黑土	黄土质白浆化黑土	丰乐白浆黑土	A	0—18	暗灰色	壤质黏土	粒状		35.2	1.68	1.30	23.4			19.4	黄土状沉积物	E 127°12′34.2″ N 46°12′17.3″	95
						AAw	18—40	灰白色	壤质黏土	不明显片状		13.3	0.50	0.66	31.2			17.9			
						B	40—100	黄棕色	壤质黏土	核块状		8.2	0.42	0.71	30.0			16.9			
						BC	100—150	棕黄色	壤质黏土	团块		5.6	0.51	1.07	30.0			19.2			
剖15	淋溶土	暗棕壤	暗棕壤	原始暗棕壤		C	150—		黏土										半风化岩石残积物	E 127°13′41.5″ N 46°06′57.2″	95
						Aoo	0—2														
						Ao	2—7	灰棕色		粒状											
						A₁	7—15	暗棕色		块状											
						B	15—45	褐棕色													
						C	45—														
剖16	半水成土	草甸土	潜育草甸土	平েদ潜育草甸土	中层平ёд潜育草甸土	A₁	0—40	灰黑	重壤土	团块状	4.8	29.9	1.51	1.78	25.2			28.6	冲积物	E 127°25′36.5″ N 46°14′59.3″	75
						Bg	40—60	棕黄色	轻黏土	无明显块状		18.3	0.96	3.03							
						Cg	60—120	黄棕色	轻黏土	无明显块状		20.0									
剖17	半淋溶土	黑土	黑土	黄土质黑土	薄黄黑土	A	0—30	棕灰色	重壤土	粒状		41.1	2.01	1.68	28.8				黄土状沉积物	E 127°21′00.7″ N 46°39′21.6″	81
						AB	30—50	暗棕色	黏土	团块状		21.1	0.95	1.09	27.6						
						B	50—90	暗棕色	黏土	小核块状		3.0	0.56	0.69	27.0						
						BC	90—150	暗黄棕色	壤质黏土	核块状		5.7	0.31	0.83							
						C	150—														
剖18	半水成土	草甸土	山地草甸土	沟谷山地草甸土	中层沟谷山地草甸土	A₁	0—38	暗灰色	中壤土	团粒状	6.4	52.9	2.95	2.52	30.6			30.8	冲积物	E 127°27′46.1″ N 46°34′22.1″	76
						B	38—63	灰黄色	中壤土	粒状	6.4	20.0									
						C	63—80	棕色	砂壤土	块状	6.4	14.5									
剖19	淋溶土	白浆土	白浆土	岗地白浆土	厚层岗地白浆土	1	6—23		中壤土		5.6	106.7	5.07	2.87				47.0	黏土沉积物	E 127°19′38.6″ N 46°30′59.4″	75
						2	30—40		中壤土		6.9	11.6	0.50	0.69							
						3	70—80		重壤土			7.3									
						4	120—130		轻黏土			5.5									
剖20	淋溶土	白浆土	白浆土	岗地白浆土	厚层岗地白浆土	A₁	0—30	暗黑色	中壤土	粒状	5.9	38.3	2.06	1.82		207	16.4	31.9	黏土沉积物	E 127°16′59.5″ N 46°32′08.2″	75
						Aw	30—45	灰白色	重壤土	片状	5.5	4.1	0.65	0.68		65	67.9				
						B	45—130	棕色	重壤土	棱柱状		6.5									
						C	130—150	灰色	轻黏土	无结构		2.7									
剖21	半淋溶土	黑土	黑土	埋藏型黑土		1	0—15				6.5	54.4	1.90						黄土状母质	E 126°57′10.4″ N 46°30′09.7″	95
						2	40—50				6.4	30.2	1.91								
						3	60—70				6.4	19.9	2.27								
						4	110—120				6.6	12.0	1.21								
						5	140—150				6.2	27.4	1.65								
						6	160—170				6.1	10.5	1.05								

续表 Continued

剖面号 Soil profile	土纲 Soil order	土类 Soil great group	亚类 Soil subgroup	土属 Soil genus	土种 Soil species	土层码 Layer code	土层厚度 Depth/cm	颜色 Soil color	质地 Soil texture	土壤结构 Soil structure	pH	有机质 OM/(g/kg)	全氮 TN/(g/kg)	全磷 TP/(g/kg)	全钾 TK/(g/kg)	碱解氮 AN/(mg/kg)	有效磷 AP/(mg/kg)	阳离子交换量CEC/(cmol/kg)	土壤母质 Parent material	剖面点坐标 Profile coordinate	匹配指数 Matching index/%
剖22	半水成土	山地草甸土	山地草甸土	沟谷山地草甸土	薄层沟谷山地草甸土	A₁	0—24	暗灰色	中壤土	粒状	5.8	70.4	3.90	2.27				35.9	冲积物	E 127°28′13.4″ N 46°32′04.9″	95
						AB	24—45	棕灰色	中壤土	核粒状	<4.5	20.9	1.17	1.59				21.6			
						B	45—103	灰棕色	轻壤土	粒状											
						C	103—150	棕色	砂壤土												
剖23	淋溶土	暗棕壤	暗棕壤	侵蚀暗棕壤		A₁	0—14	暗灰色	中壤土	粒状										残积物	E 127°28′00.5″ N 46°31′18.5″	75
						Ap	14—18	暗棕色	中壤土	核块状											
						B	18—24	棕灰色	中壤土	核粒状	6.6	19.1	1.17	0.76				27.0			
						BC	24—33	灰棕色	轻壤土	核块状		9.4									
							33—58	浅棕色	轻黏土	块状		10.6									
剖24	淋溶土	暗棕壤	暗棕壤	侵蚀暗棕壤		1	0—9		重黏土		5.9	49.4	2.48	1.13				35.8	残积物	E 127°29′23.3″ N 46°30′17.6″	75
						2	30—40		轻黏土		6.6	19.1	1.17	0.76				27.0			
						3	60—70		轻黏土			9.4									
						4	90—100		重壤土			6.7									
剖25	半淋溶土	黑土	白浆化黑土	岗地黏底白浆黑土		1	0—20					44.7	2.62							黄土状母质	E 127°23′11.8″ N 46°31′06.6″	95
						2	20—40														
剖26	半淋溶土	黑土	白浆化黑土	白浆黑土	油白皙黄黑土	Ah	0—35	棕灰色	黏壤土	团块状	6.5	43.9	2.02	1.28	23.1			28.4	黄土状沉积物	E 127°24′22.3″ N 46°32′24.7″	95
						Ae	35—75	浅灰色	黏壤土	不明显片状	6.7	8.9	0.78	0.63	22.5			16.9			
						Cu	75—104	黄棕色	黏壤土	核块状	6.3	7.7	0.65	0.78	19.8			18.8			
剖27	半水成土	山地草甸土	山地草甸土	沟谷山地草甸土	厚层沟谷山地草甸土	A₁	0—10	暗灰色	重壤土	粒状	6.6	29.5	1.67	1.02	25.0			19.9	冲积物	E 127°23′37.7″ N 46°30′35.3″	95
						A₂	10—80	暗黑色	重壤土	粒状	6.2	36.6									
						ABg	80—120	灰色	重壤土	核状	6.0	31.4									
						Bg	120—150	青灰色	轻黏土	无明显结构	5.8	20.7									
剖28	淋溶土	暗棕壤	暗棕壤	暗棕壤		1	0—12		中壤土		5.4	33.7	1.55	1.18				24.0	残积物	E 127°23′30.5″ N 46°30′01.1″	75
						2	12—23		中壤土		5.7	20.6	0.92	1.06				20.6			
						3	23—35		中壤土		5.9	11.1	0.47	0.73							
						4	40—50		中壤土												
剖29	淋溶土	暗棕壤	暗棕壤	暗棕壤		Ao	0—3	灰黑色	中壤土										残积物	E 127°24′33.5″ N 46°30′11.9″	75
						A₁	3—15	暗黑色	中壤土	团粒状	5.8	78.7	3.78	1.26	22.9			37.5			
						AB	15—30	暗棕色	中壤土	粒状	4.9	30.5	1.30	>4.00							
						B	30—60	棕色	砂壤土	核块状		8.4									
						C	60—85	灰棕色				6.3									
剖30	淋溶土	暗棕壤	暗棕壤	暗棕壤		1	0—7		中壤土	粒状	6.6	69.6	3.09	1.16				29.5	残积物	E 127°25′08.8″ N 46°30′31.0″	75
						2	15—25		中壤土	片状	5.3	26.3	0.63	1.50				21.4			
						3	33—43		轻壤土			9.3	0.56	0.95							
剖31	淋溶土	暗棕壤	原始暗棕壤	侵蚀原始暗棕壤		A₁	0—11	棕灰色	中壤土	粒状	6.0	25.0	3.93	0.80	27.0			20.7	半风化岩石残积物	E 127°24′58.7″ N 46°30′04.0″	75
						Ap	11—15	灰棕色	中壤土	片状											
						B	15—34	棕色	中壤土	粒状	6.6	10.1	0.71	0.66	35.0			19.5			
						BC	34—66	棕色	中壤土	核块状	6.0	7.0									
						C	66—100	棕色	轻壤土												
剖32	水成土	泥炭土	草类泥炭土	淤积草类泥炭土	中层淤积草类泥炭土	At₁	0—50	灰棕色		片状	6.2	3.4							沉积物	E 127°16′09.1″ N 46°28′12.0″	75
						At₂	50—150	深灰色		片状											

续表 Continued

剖面号 Soil profile	土纲 Soil order	土类 Soil great group	亚类 Soil subgroup	土属 Soil genus	土种 Soil species	土层码 Layer code	土层厚度 Depth/cm	颜色 Soil color	质地 Soil texture	土壤结构 Soil structure	pH	有机质 OM/(g/kg)	全氮 TN/(g/kg)	全磷 TP/(g/kg)	全钾 TK/(g/kg)	碱解氮 AN/(mg/kg)	有效磷 AP/(mg/kg)	阳离子交换量 CEC/(cmol/kg)	土壤母质 Parent material	剖面点坐标 Profile coordinate	匹配指数 Matching index/%
剖33	半水成土	草甸土	泛滥地草甸土	平地泛滥地草甸土	中层平地泛滥地草甸土	A₁	0–30	灰棕色	中壤土	粒状	4.8	30.5	1.64	1.41	24.6			19.7	冲积物	E 127°27′47.2″ N 45°57′44.6″	85
						A₂	30–50	暗灰色	重壤土	片状	4.9	60.9	3.05	2.46							
						AB	50–70	棕灰色	中壤土	核粒状		27.2									
						B	70–90	黄灰色	中壤土	核块状		5.5									
						C₁	90–110	棕黄色	砂壤土	无明显结构		1.1									
						C₂	110–150	黄棕色	重壤土	核块状		5.6									
剖34	半水成土	草甸土	潜育草甸土	沟谷潜育草甸土	中层沟谷潜育草甸土	A₁	0–33	暗灰色	重壤土	粒状	5.9	52.3	2.42	2.20				34.5	冲积物	E 127°25′43.0″ N 46°24′19.1″	95
						ABg	33–70	灰色	重壤土	粒状	6.8	7.4	0.32	1.03				25.9			
						BCg	70–120	灰黄色	重壤土	无明显结构		7.5									
						Cg	120–150	棕黄色	中壤土	无明显结构											
剖35	淋溶土	白浆土	白浆土	岗地白浆土	薄层岗地白浆土	1	0–20		中壤土	粒状	5.8	62.5	2.07	2.08				39.5	黏土沉积物	E 127°28′58.1″ N 46°24′40.7″	95
						2	35–45		重壤土	粒状	5.9	9.4	0.56	0.68							
						3	85–95		重壤土												
						4	120–130		中壤土			7.1									
剖36	淋溶土	白浆土	白浆土	岗地白浆土	薄层岗地白浆土	1	0–11		中壤土		6.1	51.5	1.49	2.06	23.8			30.0	黏土沉积物	E 127°20′37.7″ N 46°16′24.2″	95
						2	30–40		重壤土		5.3	12.5	0.47	0.71				17.2			
						3	50–60		重壤土												
剖37	半淋溶土	黑土	黑土	平地黏底黑土	厚层平地黏底黑土	A₁	0–65	暗黑色	重壤土	粒状	5.8	33.0	1.73	1.23				28.9	黄土状母质	E 127°27′51.8″ N 46°16′14.9″	95
						AB	65–120	灰灰色	重壤土	小核状											
						B	120–150	棕灰色	重壤土												
剖38	半淋溶土	黑土	黏底黑土	岗地黏底黑土	薄层岗地黏底黑土	1	0–20		重壤土	核块状	6.2	38.5	1.73	1.37				30.3	黄土状母质	E 127°20′40.2″ N 46°13′35.8″	95
						2	70–80		重壤土		6.2										
						3	140–150		重壤土												
剖39	半水成土	草甸土	草甸土	岗地草甸土	中层平地草甸土	1	0–20		重壤土	粒状	5.7	45.0	1.94	2.01				24.9	冲积物	E 127°25′38.3″ N 46°13′28.2″	96
						2	70–80		轻黏土	粒状	5.6	24.0	0.85	1.95				30.9			
						3	140–150		轻黏土												
剖40	半水成土	草甸土	埋藏型草甸土	深埋草甸土		A₁	0–50	暗黑色	重壤土	粒状	6.5	24.9	1.25	1.25				31.6	冲积物	E 127°28′50.2″ N 46°14′53.5″	95
						AB	50–85	暗黑色	重壤土	粒状	6.5	45.1						28.2			
						B	85–135	黑色	重壤土	粒状	5.9	80.1									
							135–150	浅灰色	中黏土	核块状	5.8	20.1									
剖41	淋溶土	黑土	白浆化黑土	岗地黏底白浆化黑土		Ab₁	0–20					43.9	2.10						冲积物	E 127°20′55.0″ N 46°05′04.9″	93
						Ab₂	20–40														
剖42	半淋溶土	黑土	黑土	岗地黏底黑土	薄层岗地黏底黑土	1	0–10			粒状	6.5	35.4	1.75	0.94		156	3.6		黄土状母质	E 127°26′35.5″ N 46°05′26.2″	95
						2	20–30			粒状	6.5	23.0	1.09	0.94		99	6.0				
						3	90–100				5.9	5.5	0.38	0.70							
						4	140–150				5.8	4.5	0.34	0.95							
剖43	半淋溶土	黑土	黑土	岗地黏底黑土	破皮黄岗地黏底黑土	1	0–20			粒状	6.5	29.9	1.43	0.75		152	2.9		黄土状母质	E 127°24′42.1″ N 46°06′10.1″	95
						2	45–55			核粒状	5.8	13.6	0.70	0.45		87	16.3				
						3	105–115				5.9	4.9	0.38	1.28							
						4	145–150				5.9	3.1	0.31	0.74							
剖44	半淋溶土	黑土	黑土	平地黏底黑土	厚层平地黏底黑土	1	10–20			粒状	6.2	35.9	1.91	>4.00		184	9.6		黄土状母质	E 127°26′30.1″ N 46°03′54.0″	95
						2	70–80				6.1	13.5	0.67	0.82		76	38.1				
						3	120–130				5.6	8.2	0.50	0.80							
						4	140–150				5.7	6.2	0.47	0.83							

续表 Continued

剖面号 Soil profile	土纲 Soil order	土类 Soil great group	亚类 Soil subgroup	土属 Soil genus	土种 Soil species	土层码 Layer code	土层厚度 Depth/cm	颜色 Soil color	质地 Soil texture	土壤结构 Soil structure	pH	有机质 OM/(g/kg)	全氮 TN/(g/kg)	全磷 TP/(g/kg)	全钾 TK/(g/kg)	碱解氮 AN/(mg/kg)	有效磷 AP/(mg/kg)	阳离子交换量CEC/(cmol/kg)	土壤母质 Parent material	剖面点坐标 Profile coordinate	匹配指数 Matching index/%
剖45	初育土	新积土	冲积土	层状冲积土	砂质层状冲积土	A₁	0—20	浅灰色	轻壤土	粒状	6.0	15.1	0.95	0.99	28.1			16.0	冲积物	E 127°29′48.5″ N 46°00′44.3″	75
						Ao	20—60	灰黄色	轻壤土	无明显结构	6.3	8.2									
						C₁	60—90	浅黄色	砂壤土	无结构											
						C₂	90—150	黄棕色	中壤土	无结构											
剖46	半水成土	草甸土	草甸土	黏壤质草甸土	康庄草甸土	A	0—39	暗灰色	砂质黏壤土	团块状	6.5	32.0	1.25	1.63	20.1				洪积黏土	E 127°28′53.4″ N 45°58′40.4″	95
						AB	39—65	棕灰色	砂质黏壤土	团块状		5.8	0.25	0.79							
						BC	65—120	暗棕灰色	砂质黏壤土	核块状		7.6									
						C	120—150	黄棕色	砂质黏壤土	块状											
剖47	半水成土	草甸土	潜育草甸土	潜甸黄土	潜甸黄土	A	0—20	棕灰色	壤质黏土	屑粒状	6.5	46.3	2.53	1.73	21.5			26.0	河流冲积物	E 127°31′24.6″ N 46°17′48.8″	95
						Cu₁	20—70	浊黄橙色	壤质黏土	块状	6.5	15.8	0.89	1.15	21.2			24.7			
						Cu₂	70—110	浊黄橙色	壤质黏土	块状	6.7	7.0									
						G	110—150	暗蓝灰色	壤质黏土												
剖48	半淋溶土	黑土	黑土	平地黏底黑土	中层平地黏底黑土	1	0—10				6.0	34.5	1.79	1.13		79	27.9		黄土状母质	E 127°11′40.2″ N 46°27′14.8″	93
						2	45—55				5.8	17.6	0.75	1.03							
						3	100—110				5.9	4.3	0.41	1.15							
						4	140—150				6.1	3.3	3.80								

木兰县

主要土类说明

草甸土是木兰县主要土壤类型，占本县地域面积的 60%，主要分布在松花江、木兰达河、白杨木河等沿江、沿河平原低阶地和山间谷地，生长的植被多为喜湿性草甸植被。草甸土是非地带性土壤，所处地带通常地势低平、地下水位高且有季节性积水，成土母质为冲积性母质，草甸植被繁茂、根系密集，在腐殖质积累、地下水升降与浸润的共同作用下，发生草甸化过程。草甸土腐殖质层厚，有机质含量高。根据附加成土过程的不同，本县草甸土分为草甸土、白浆化草甸土、潜育草甸土等亚类。

白浆土是木兰县第二大土壤类型，占本县地域面积的 29%，主要分布在丘陵岗地和缓坡漫岗地，本县各地均有面积不等的白浆土分布。白浆土是在温带湿润地区平缓岗地森林草原下发育的土壤，剖面构型为 A–E–B–C。土壤质地具有"二层性"层次特点：上轻下黏，A、E 层质地为粉砂质，B 层质地黏重。A 层有大量有机质积累；E 层为灰黄色至灰白色白浆土层，质地较轻；下部 B 层具有明显淀积黏土膜，呈暗棕色。

暗棕壤是木兰县第三大土壤类型，占本县地域面积的 5%，属地带性土壤，主要分布在本县西部、北部、东部山区的山顶、山腰、山脚和山前陡坡地带，包括大青山、小青山、蒙古山等。成土过程主要表现为腐殖质积累和弱酸性淋溶过程。该土壤剖面层次明显，淀积层有明显的黏化和铁锰淀积，呈棕色至红棕色，质地较粗，水热条件较好，肥力较高。根据附加成土过程及成土条件的不同，本县暗棕壤分为暗棕壤、白浆化暗棕壤等亚类。

新积土占本县地域面积的 4%，主要分布在松花江、木兰达河沿江低阶地和高河漫滩。新积土受周期性江河泛滥影响，是草甸化过程与冲积物沉积过程的共同产物。本县新积土剖面特征主要为黑土层薄，腐殖质层以下砂黏相间，层次明显；通体有锈斑，母质层有潜育条纹。

水稻土占本县地域面积的 3%，多分布在香磨山灌区和白杨木灌区一带。本县种植水稻历史较短，每年淹水时间只有 2 个多月，土壤撤水期和冻结期长，因而水稻土发育程度低，剖面分化不明显，土壤属性和肥力特征明显受其前身土壤的影响。本县水稻土剖面特征为表层呈暗灰色，其下为犁底层，再下呈灰棕色（潜育–潴育层），缺少水稻土所特有的潴育层。

小于本县地域面积 3% 的土壤类型有黑土。

本区域中心区气候特征

本区域中心区气候特征值
Regional climate characteristics in central area of the region

气候带：中温带亚湿润气候 Climate region: Mid temperate subhumid climate	
年平均气温 /℃ Annual average temperature /℃	2.8
年平均最高气温 /℃ Annual average maximum temperature /℃	8.9
年平均最低气温 /℃ Annual average minimum temperature /℃	-3.0
年降水量 /mm Annual precipitation /mm	577
≥10℃的积温 /℃ Daily temperature accumulated in a year (≥10℃) /℃	1069
年日照时数 /h Annual sunshine /h	2515
年平均相对湿度 /% Annual average relative humidity /%	70
干燥度 Dryness	0.30

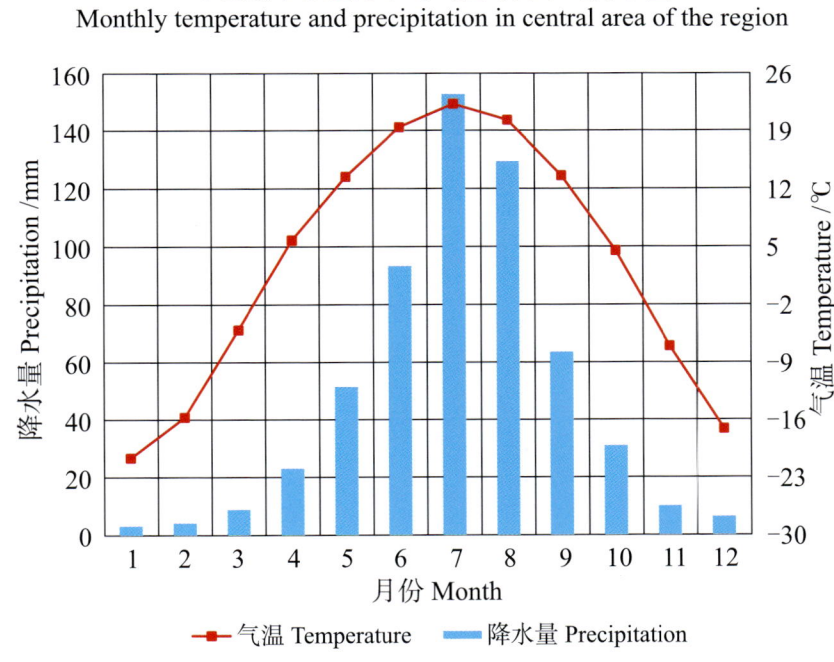

本区域中心区月平均气温与月平均降水量
Monthly temperature and precipitation in central area of the region

木兰县主要土壤类型与土壤剖面点分布图
1 : 270 000

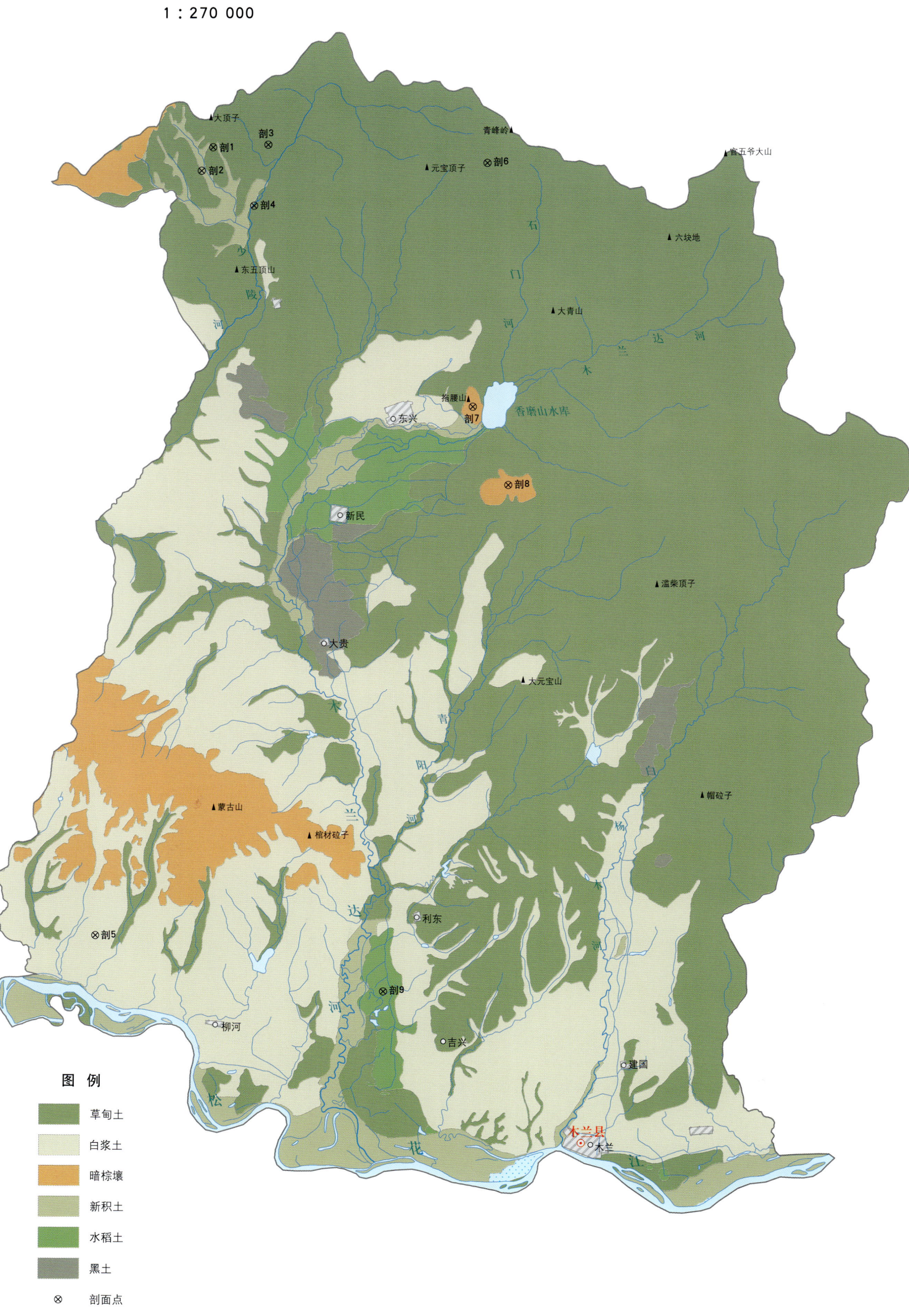

图 例
- 草甸土
- 白浆土
- 暗棕壤
- 新积土
- 水稻土
- 黑土
- ⊗ 剖面点

木兰县土壤剖面理化性状表

剖面号 Soil profile	土纲 Soil order	土类 Soil great group	亚类 Soil subgroup	土属 Soil genus	土种 Soil species	土层码 Layer code	土层厚度 Depth/cm	颜色 Soil color	质地 Soil texture	土壤结构 Soil structure	pH	有机质 OM/(g/kg)	全氮 TN/(g/kg)	全磷 TP/(g/kg)	全钾 TK/(g/kg)	阳离子交换量CEC/(cmol/kg)	土壤母质 Parent material	剖面点坐标 Profile coordinate	匹配指数 Matching index/%
剖1	半水成土	草甸土	潜育草甸土	黏壤质潜育草甸土	木兰堤甸土	A	0—54	暗灰色	粉砂质黏壤土	团块状		56.6	3.37	2.23	14.5		洪积黏土	E 127°42′01.1″ N 46°32′10.3″	75
						ABg	54—121	灰黄色	粉砂质黏壤土	块状		15.8	0.81	1.30	21.1				
						G	121—150	青灰色	砂质黏土	无结构		3.9							
剖2	初育土	新积土	冲积土	泛温冲积土	厚层砂底冲积土	1	0—20				5.6	27.7	1.45	0.91	18.7		淤积物	E 127°41′26.9″ N 46°31′20.3″	75
						2	25—35				5.7	14.4	0.88	1.01	18.6				
						3	50—60				5.0	15.5							
						4	120—130				5.6	14.4							
						5	140—150				5.6	4.8							
剖3	半水成土	草甸土	潜育草甸土	黏底潜育草甸土	中层黏底潜育草甸土	1	0—20				5.9	51.8	2.14	1.89	14.6		冲积物	E 127°44′52.4″ N 46°32′17.9″	75
						2	35—45				6.0	30.4	1.43	1.12	12.9				
						3	70—80				6.0	9.8							
						4	95—105				5.8	11.4							
						5	120—130				5.8	12.1							
剖4	半水成土	草甸土	白浆化草甸土	黏底白浆化草甸土	厚层黏底白浆化草甸土	1	0—20				5.9	32.8	1.58	1.17	18.0		冲积物	E 127°44′11.8″ N 46°30′07.6″	75
						2	60—70				5.8	16.0							
						3	104—114				6.1	4.8							
						4	130—140				6.1	2.0							
剖5	淋溶土	白浆土	草甸白浆土	黏质草甸白浆土	木兰潮白浆土	Ap	0—19	黑棕色	粉砂质黏壤土	团块状		31.3	2.53	1.41	16.0		冲积黏土、沉积黏土	E 127°36′44.6″ N 46°03′57.2″	95
						Aw	19—44	浅黄色	壤质黏壤土	片状		4.2	0.50	0.52	12.5				
						B	44—103	黄棕色	黏土	核状		2.0							
						C	103—150	棕黄色	砂质黏土	块状		1.2							
剖6	半水成土	草甸土	潜育草甸土	黏底潜育草甸土	厚层黏底潜育草甸土	1	0—25				6.5	56.6	3.37	2.23	14.5		冲积物	E 127°56′15.0″ N 46°31′46.9″	75
						2	75—85				6.8	15.8							
						3	90—115				6.8	3.9							
						4	140—150				6.9	11.8							
剖7	淋溶土	暗棕壤	暗棕壤	砾石底暗棕壤	中层砾石底暗棕壤	1	10—20		砂质黏壤土		5.8	138.6	8.52	>4.00	20.0		岩石风化残积物	E 127°55′41.9″ N 46°23′05.3″	75
						2	25—35		粉砂质黏壤土		5.8	89.1	5.07	1.83	23.0				
剖8	淋溶土	暗棕壤	暗棕壤	砾石底暗棕壤	厚层砾石底暗棕壤	1	7—20		粉砂质黏壤土		6.5	48.7	4.55	1.23	14.5		岩石风化残积物	E 127°57′35.3″ N 46°20′19.0″	75
						2	25—35		粉砂质黏壤土		6.1	25.9	1.36	0.79	20.0				
剖9	人为土	水稻土	淹育水稻土	浅黑泥田	油黑土田	Aa	0—15	棕灰色	粉砂质壤土	块状	5.9	55.1	2.36	1.24	16.0	25.2	黄土状沉积物	E 127°51′35.6″ N 46°02′08.2″	95
						Ap	15—27	棕灰色	粉砂质壤土	片状	6.6	37.8	1.04	1.08	16.0	21.1			
						C_1	27—60	棕灰色	粉砂质壤土	块状	5.8	6.5	0.98	1.02	15.3	21.1			
						C_2	60—120	浊黄橙色	黏壤土	块状						21.4			

通 河 县

主要土类说明

　　暗棕壤是通河县主要土壤类型，占本县地域面积的54%，主要分布在小兴安岭南麓山区和浅山区。暗棕壤是在温带湿润地区针阔叶混交林下发育形成的具有明显有机质富集和弱酸性淋溶特征的土壤。暗棕壤地处山区，冬季冻结期长，成土母质主要为残积物和堆积物。剖面构型为 $Ao-A_1-AB-B-C$。其中，Ao 层为枯枝落叶层；A_1 层为暗棕色腐殖质层，根系密集；AB 层过渡不明显，呈弱酸性；B 层厚 30—50cm，有的厚 10—20cm，呈棕色，黏质；C 层多为棕色半风化物，有时出现不明显的铁锰结核和胶膜。黑土层较薄，一般为 0—30cm。本县暗棕壤分为暗棕壤、白浆化暗棕壤、暗棕壤性土、草甸暗棕壤等亚类。

　　草甸土是通河县第二大土壤类型，占本县地域面积的28%，主要分布在松花江冲积平原阶地、山前台地、坡下的平地、低平地以及沿江河的低阶地，集中分布在哈萝公路的南侧平原一带，多生长喜湿性杂草类和喜湿性小灌木丛。因所处地带地下水位较高，潜水参与土壤形成过程，受地下水升降与浸润作用，成土过程具有明显腐殖质积累和铁锰氧化还原作用特点，土体出现锈色斑纹层。本县大部分草甸土已被开垦为农田，但必须采用排水等措施。本县草甸土分为草甸土、白浆化草甸土、潜育草甸土等亚类。

　　沼泽土是通河县第三大土壤类型，占本县地域面积的8%，分布在低洼过湿、有季节性积水的山间峡谷地带、江河低阶地、湖泊洼地，属地域性土壤，与草甸土呈复区分布。沼泽土所处地势低洼，长期地表积水，喜湿植被生长繁茂。地表有机质积累明显，甚至可见泥炭层或腐泥层，还原作用强烈，形成潜育层，剖面构型为 H–G。

　　白浆土占本县地域面积的5%，主要分布在浓河、富林、三站、祥顺、清河等地的丘陵岗地和岗地下部的平地。白浆土是在温带湿润地区平缓岗地森林草原下发育的土壤，成土母质为第四纪河湖黏土沉积物，剖面构型为 A–E–B–C。土壤质地具有"二层性"层次特点：上轻下黏，A、E 层质地为粉砂质，B 层质地黏重。A 层有大量有机质积累；E 层为灰黄色至灰白色白浆土层，质地较轻；下部 B 层具有明显淀积黏土膜，呈暗棕色。本县白浆土分为岗地白浆土、草甸白浆土等亚类。

　　黑土占本县地域面积的3%，分布于波状起伏的漫岗坡地，发育于湖泊淤积物和江河冲积物。成土过程主要表现为腐殖质积累和淋溶过程及侵蚀堆积过程，不受地下水影响。土壤层次明显，有黑土层、黑黄土层、黄土层，通体无石灰反应，有明显淋溶作用造成的腐殖质舌状下伸。淀积层出现二氧化硅粉末、铁锰结核及胶膜。本县黑土分为白浆化黑土、黑土、草甸黑土等亚类。

　　小于本县地域面积3%的土壤类型有棕色针叶林土。

本区域中心区气候特征

本区域中心区气候特征值
Regional climate characteristics in central area of the region

气候带：中温带亚湿润气候 Climate region: Mid temperate subhumid climate	
年平均气温 /℃ Annual average temperature /℃	2.6
年平均最高气温 /℃ Annual average maximum temperature /℃	8.9
年平均最低气温 /℃ Annual average minimum temperature /℃	-3.4
年降水量 /mm Annual precipitation /mm	593
≥10℃的积温 /℃ Daily temperature accumulated in a year（≥10℃）/℃	1009
年日照时数 /h Annual sunshine /h	2443
年平均相对湿度 /% Annual average relative humidity /%	72
干燥度 Dryness	0.27

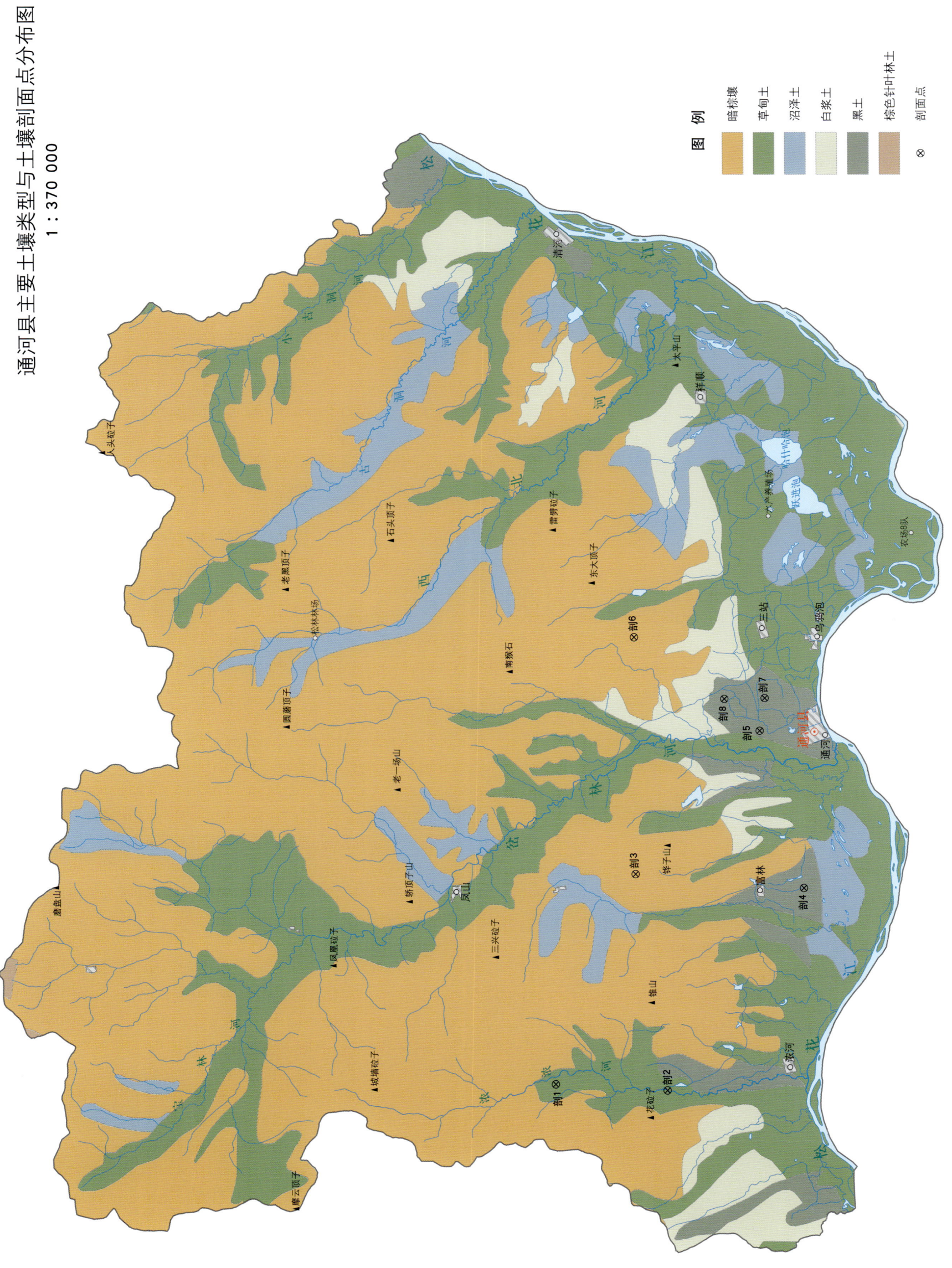

通河县土壤剖面理化性状表

剖面号 Soil profile	土纲 Soil order	土类 Soil great group	亚类 Soil subgroup	土属 Soil genus	土种 Soil species	土层码 Layer code	土层厚度 Depth/cm	颜色 Soil color	质地 Soil texture	土壤结构 Soil structure	pH	有机质 OM/(g/kg)	全氮 TN/(g/kg)	全磷 TP/(g/kg)	全钾 TK/(g/kg)	阳离子交换量 CEC/(cmol/kg)	土壤母质 Parent material	剖面点坐标 Profile coordinate	匹配指数 Matching index/%
剖1	半水成土	草甸土	草甸土	甸泥砂土	油甸泥砂土	A_{11}	0—28	棕灰色	壤质黏土	屑粒状	6.0	45.3	2.62	1.15	17.7	42.7	河流冲积物	E 128°20′13.6″ N 46°10′53.0″	95
						Ah	28—60	棕灰色	壤质黏土	碎块状	6.0	37.9	1.95	0.98	16.2	39.9			
						Cu_1	60—78	灰黄棕色	壤质黏土	块状	6.0	9.9	0.35	0.64	18.8	38.4			
						Cu_2	78—100	黄棕色	砂壤土	块状									
剖2	半水成土	草甸土	草甸土	砂壤质草甸土	新胜草甸土	A	0—60	暗灰色	粉砂质壤土	团块状		45.3	2.62	1.15	17.7		冲积砂、洪积砂	E 128°19′51.6″ N 46°05′32.6″	81
						AB	60—78	棕灰色	粉砂质壤土	团块状		31.1	0.95	0.98	12.6				
						BC	78—100	黄棕色	砂土			1.9	0.35	0.64	8.8				
						C	100—												
剖3	淋溶土	暗棕壤	暗棕壤	砾石底暗棕壤		A	0—10		轻壤土		6.5	76.7	4.30	1.51	15.1		花岗岩风化残积物	E 128°34′36.8″ N 46°07′07.0″	95
						B	10—25		重壤土		6.1	14.0	0.88	0.70	26.7				
剖4	半淋溶土	黑土	白浆化黑土	黏底白浆化黑土		A	0—10		中壤土									E 128°33′43.2″ N 45°59′04.9″	95
						AB	28—38		轻壤土										
						B	49—69		中壤土										
						C	72—82		轻壤土										
剖5	半淋溶土	黑土	黑土	泥砂黑土	棕泥砂土	Ah	0—28	棕灰色	黏壤土	团块状	5.9	50.0	2.48	0.71	21.4	23.0	河流冲积物	E 128°44′30.5″ N 46°01′12.7″	93
						AhC	28—40	灰黄棕色	黏壤土	块状	6.3	13.7	0.75	0.40	24.8	14.0			
						C	40—61	棕色	砂壤土	块状	6.0	7.9				9.8			
剖6	淋溶土	暗棕壤	暗棕壤	砾石底暗棕壤		A	0—10		壤土		5.5	145.8	>6.00	2.07	14.7		花岗岩风化残积物	E 128°50′53.2″ N 46°07′12.7″	95
						B	10—20		重壤土		5.9	20.3	0.25	0.91	14.1				
剖7	半淋溶土	黑土	白浆化黑土	黏底白浆化黑土		A	0—10		中壤土									E 128°46′45.5″ N 46°00′58.7″	81
						AB	17—20		中壤土										
						B	24—30		轻壤土										
剖8	半淋溶土	黑土	黑土	砂底黑土	通河黑土	A	0—28	灰色	黏壤土	团块状		50.0	2.48	1.71	21.4		冲积砂	E 128°46′40.8″ N 46°02′54.2″	81
						AB	28—40	浅灰色	黏壤土	核块状		13.7	0.75	1.40	24.8				
						B	40—61	棕色	砂壤土	核块状		7.9							
						C	61—129	棕色	砂壤土										

延 寿 县

主要土类说明

暗棕壤是延寿县主要土壤类型，占本县地域面积的41%，属地带性土壤，主要分布在本县南部、北部及东部山区。根据地形、植被及附加成土过程的不同，本县暗棕壤分为暗棕壤、白浆化暗棕壤、原始暗棕壤等亚类。

白浆土是延寿县第二大土壤类型，占本县地域面积的34%，多分布在低山前缘的丘陵及漫岗地带，呈岛状断续分布。该土壤上层因周期性滞水，下层顶托，还原铁、锰漂洗，部分侧向移出土体，形成灰黄色至灰白色白浆土层（E层），从而形成其特有的A–E–B–C剖面构型。根据地形条件及附加成土过程的不同，本县白浆土分为白浆土、草甸白浆土、潜育白浆土等亚类。

草甸土是延寿县第三大土壤类型，占本县地域面积的14%，属非地带性土壤，主要分布在蚂蜒河流域的冲积平原及较开阔的山间谷地。其形成过程主要是草甸化过程。土壤形态特征主要有两个基本层次：第一个层次为较深厚的黑土层，厚度一般为20—60cm，个别厚度在1m以上，具团粒结构，质地较黏，有锈斑和铁子，腐殖质层呈水平向下过渡；第二个层次为锈色斑纹层，颜色较浅，有明显的锈纹、锈斑和铁锰结核。根据发生特征、地形、水文条件及附加成土过程的不同，本县草甸土分为草甸土、潜育草甸土等亚类。

新积土占本县地域面积的5%，主要分布在蚂蜒河及其支流两岸河滩地带，由河水泛滥时挟带的砂粒及淤泥淤积而成，多与草甸土呈复区分布。土壤性质受沉积物质的影响较深，所以表层以下均有沉积层，层次明显，每一层次的颜色、质地较均一，不同层次的颜色和质地均有差异。土壤质地一般是上细下粗，最下层有粗砂和卵石，可见锈斑和潜育层。本县新积土仅有冲积土一个亚类。

小于本县地域面积3%的土壤类型有沼泽土、黑土、水稻土、泥炭土。

本区域中心区气候特征

本区域中心区气候特征值
Regional climate characteristics in central area of the region

气候带：中温带亚干旱气候 Climate region: Mid temperate subarid climate	
年平均气温 /℃ Annual average temperature /℃	3.0
年平均最高气温 /℃ Annual average maximum temperature /℃	9.6
年平均最低气温 /℃ Annual average minimum temperature /℃	-3.2
年降水量 /mm Annual precipitation /mm	635
≥10℃的积温 /℃ Daily temperature accumulated in a year (≥10℃) /℃	1171
年日照时数 /h Annual sunshine /h	2431
年平均相对湿度 /% Annual average relative humidity /%	72
干燥度 Dryness	0.29

本区域中心区月平均气温与月平均降水量
Monthly temperature and precipitation in central area of the region

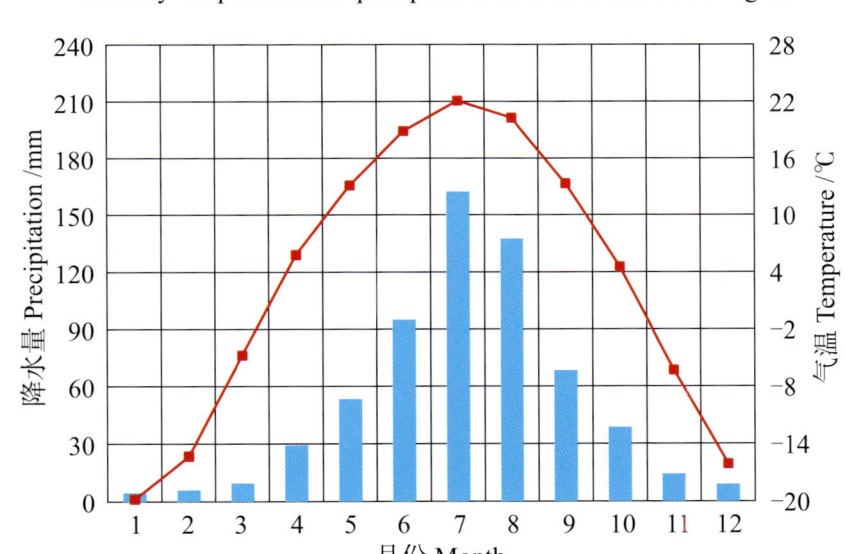

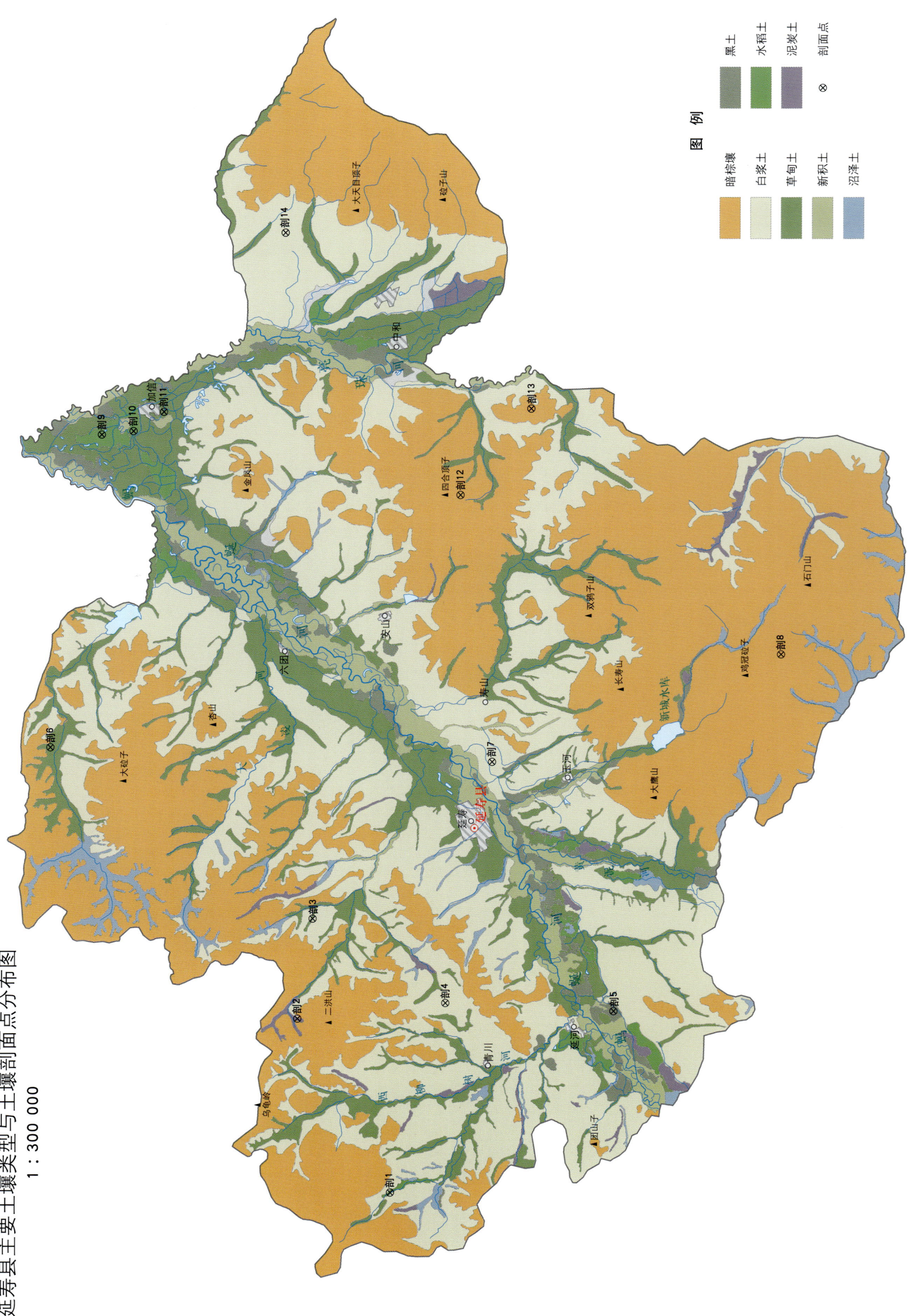

延寿县主要土壤类型与土壤剖面点分布图
1:300 000

延寿县土壤剖面理化性状表

剖面号 Soil profile	土纲 Soil order	土类 Soil great group	亚类 Soil subgroup	土属 Soil genus	土种 Soil species	土层码 Layer code	土层厚度 Depth/cm	颜色 Soil color	质地 Soil texture	土壤结构 Soil structure	pH	有机质 OM/(g/kg)	全氮 TN/(g/kg)	全磷 TP/(g/kg)	全钾 TK/(g/kg)	土壤母质 Parent material	剖面点坐标 Profile coordinate	匹配指数 Matching index/%
剖1	人为土	水稻土	白浆土型水稻土			1	0~25				6.5	38.0	1.66	1.44	24.3		E 127°59′01.7″ N 45°30′23.6″	75
						2	25~40				6.0	14.4	0.84	0.84	25.3			
						3	40~80				5.6	7.6						
						4	80~150				5.8	9.9						
						5	150—				6.1	12.2						
剖2	水成土	泥炭土	草类泥炭土			1	0~35				6.5	>250.0	2.51	2.57	24.7	河相沉积物	E 128°08′35.7″ N 45°34′06.6″	75
						2	35~60				5.6	>250.0	0.93	3.58	24.4			
						3	60~70				5.0	185.5						
						4	70~100				6.2	48.6						
						5	100~150				5.2	50.4						
剖3	半水成土	草甸土	草甸土	甸泥砂土	底砾甸泥砂土	A	0~21	灰黄棕色	黏壤土	粒状	6.8	33.6	1.96	0.71	27.1	河流冲积物	E 128°14′10.3″ N 45°33′33.4″	95
						Cu	21~50	浊黄橙色	壤质黏土	块状	6.8	11.1	0.48	0.35	28.9			
						C	50~125	黄棕色	壤质砂土	粒状								
剖4	淋溶土	白浆土	潜育白浆土			1	0~22	暗灰色	中壤土	团粒状						第四纪黄土状黏土	E 128°09′33.6″ N 45°28′18.5″	95
						2	22~45	灰白色	重壤土	粒状	5.2	3.4						
						3	45~80	棕黄色	重壤土	核状	5.8	5.2						
						4	80~140	棕褐色	重黏土	核块状	5.9	6.5						
						5	140~150		中壤土	块状								
						6	150—			-								
剖5	半淋溶土	黑土	白浆化黑土			1	0~25	暗灰色	轻黏土	团粒状	6.6	50.9	2.11	1.72	24.9	黄土状母质	E 128°09′11.7″ N 45°21′42.2″	95
						2	25~65	灰白色	重壤土	粒状	6.8	22.3	0.55	1.12				
						3	65~80	黄棕色	重黏土	块状	6.8	11.0						
						4	80~100	蓝灰色	黏土	块状	6.8	9.1						
						5	100~150	棕灰色	中壤土	棱块状	7.2	6.7						
						6	150—	棕褐色	黏土	块状	7.1	6.5						
剖6	半水成土	草甸土	潜育草甸土			1	0~25	暗灰色	轻黏土	团粒状	6.5	71.3	3.35	2.29	23.8	河相沉积物	E 128°23′40.0″ N 45°43′54.5″	75
						2	25~50	棕灰色	重壤土	粒状	7.2	17.2						
						3	50~70											
剖7	淋溶土	白浆土	草甸白浆土			1	0~20	暗灰色	轻黏土	团粒状	6.1	32.1	2.09	1.81	24.2	河相沉积物	E 128°23′02.5″ N 45°26′34.1″	95
						2	20~50	灰白色	黏土	无明显结构	5.8	4.8	0.44	0.78				
						3	50~120	暗棕色	中黏土	棱块状	6.3	5.0						
						4	120~150	黄棕色	轻黏土	块状	6.2							
剖8	淋溶土	暗棕壤	暗棕壤			1	0~15	黑色	壤土	团粒状	6.9	39.8	1.99	2.02	26.8	花岗岩风化残积物	E 128°29′06.5″ N 45°15′14.8″	95
						2	15~	棕黄色			6.2	29.8	1.18	1.63	27.5			
剖9	人为土	水稻土	黑土型水稻土			1	0~25										E 128°41′10.2″ N 45°41′57.9″	75
						2	25~61											
						3	61~96				7.1	7.3						
						4	96~150				6.8	8.0						

续表 Continued

剖面号 Soil profile	土纲 Soil order	土类 Soil great group	亚类 Soil subgroup	土属 Soil genus	土种 Soil species	土层码 Layer code	土层厚度 Depth/cm	颜色 Soil color	质地 Soil texture	土壤结构 Soil structure	pH	有机质 OM/(g/kg)	全氮 TN/(g/kg)	全磷 TP/(g/kg)	全钾 TK/(g/kg)	土壤母质 Parent material	剖面点坐标 Profile coordinate	匹配指数 Matching index/%
剖10	人为土	水稻土	草甸土型水稻土			1	0—25				5.8	68.2	2.66	1.82	27.3	河相沉积物	E 128°41′21.6″ N 45°40′43.3″	75
						2	25—45				6.0	18.8	1.00	1.33	26.2			
						3	45—75				6.1	19.2						
						4	75—150				6.6	5.2						
						5	150—				7.1	5.4						
剖11	半水成土	草甸土	草甸土	砾底草甸土	安山草甸土	A	0—32	暗灰色	壤质黏土	粒状、团块状		35.6	2.04	1.28	21.1	洪积砂砾	E 128°42′27.2″ N 45°39′32.2″	95
						AB	32—67	黄棕色	砂壤土	块状		9.8	0.56	1.24	22.5			
						C	67—		壤质砂土									
剖12	淋溶土	暗棕壤	白浆化暗棕壤			1	0—30	黑色	轻黏土	团粒状	5.6	47.6	2.92	1.86	21.4	花岗岩风化残积物	E 128°37′53.1″ N 45°27′52.6″	95
						2	30—50	灰白色	轻黏土	无结构	5.2	7.1	0.44	0.63	22.3			
						3	50—70	棕色	轻黏土	颗粒状	5.3	3.3						
						4	70—	棕色			5.4	3.6						
剖13	淋溶土	暗棕壤	暗棕壤			1	0—11	黑色	中壤土	团粒状	6.6	126.5	>6.00	1.91	18.1	花岗岩风化残积物	E 128°42′42.1″ N 45°25′06.8″	95
						2	11—60	棕褐色	中壤土	粒状	6.1	25.5	1.25	0.88	19.3			
						3	60—90	棕黄色	轻壤土	粒状	5.6	8.6						
						4	90—	红棕色										
剖14	淋溶土	白浆土	白浆土			1	0—15	暗灰色	轻壤土	团粒状	5.9	43.9	2.13	1.33	24.0	第四纪黄土状黏土	E 128°52′27.2″ N 45°34′47.2″	95
						2	15—40	浅黄色	轻壤土	片状	5.0	5.4	0.34	0.50	28.2			
						3	40—70	棕色	中壤土	棱块状	5.5	6.3						
						4	70—105	暗棕色	中黏土	棱块状	5.3	6.0						
						5	105—150		轻黏土	棱柱状	5.6	5.7						

尚 志 市

主要土类说明

暗棕壤是尚志市主要土壤类型，占本市地域面积的 67%。本市暗棕壤是在寒冷湿润的季节性气候条件下发育形成的，植被主要为针阔叶混交林、阔叶林、灌木林和杂木林。由于枯枝落叶归还和林木根系的作用，表层是一个物质交换和积累作用活跃的层次。经过漫长的成土过程，表层有机质逐年积累，自然肥力很高。成土母质多为岩石风化残积物或坡积物，一般质地较粗。因地形坡度大，排水良好，土体经常处于氧化状态，氧化铁在剖面中相对积累，使土壤呈棕色。本市暗棕壤分为暗棕壤、白浆化暗棕壤、原始暗棕壤等亚类。

白浆土是尚志市第二大土壤类型，占本市地域面积的 21%。白浆土的形成是白浆化作用的结果。由于土壤水分的季节性变化，产生干湿交替，导致三氧化物、二氧化物不断被漂洗并最终使土层脱色，形成一个具有明显特征的白浆层。白浆土剖面主要有三个基本层次：①黑土层，即腐殖质层，一般厚度为 10—20cm，有机质和养分积累较丰富，物理性状好，80%—90% 的植物根系集中在此层；②白浆层，在黑土层之下有一个灰白色的亚表层，一般厚度在 20cm 左右，是白浆土的特征层次，养分贫瘠，呈片状结构；③淀积层，一般厚度在 40cm 左右，呈暗棕色或棕褐色，黏重紧实，具核块状或棱块状结构，结构面有暗棕色胶膜及二氧化硅白色粉末，并有少量铁锰结核或锈斑。本市白浆土分为白浆土、草甸白浆土、潜育白浆土等亚类。

新积土是尚志市第三大土壤类型，占本市地域面积的 6%，主要分布在蚂蜒河和其他河流沿岸的高河漫滩、低阶地及泛滥地。受河水泛滥影响，土壤的草甸化过程与河流冲积物的沉积过程交替进行，形成多层次的剖面。新积土具有明显的腐殖质积累过程，由于地下水升降与浸润作用，形成具有锈色斑纹的土壤，一般 60—100cm 以下为砂质母质。

沼泽土占本市地域面积的 4%，主要分布在沿河的局部封闭低洼地、泡沼周围及山间河谷。植被以莎草、苔草等草本沼泽植物为主，杂有喜湿性小灌木。地表由于长期处于积水或半积水状态，形成了以沼泽化为主导的成土过程。由于有机质积累明显及还原作用强烈，土壤形成潜育层，具 H–G 剖面构型。地表有机质积累明显，甚至可见泥炭层或腐泥层。土体上部有深厚的草根层或泥炭层。

小于本市地域面积 3% 的土壤类型有草甸土、泥炭土、水稻土。

本区域中心区气候特征

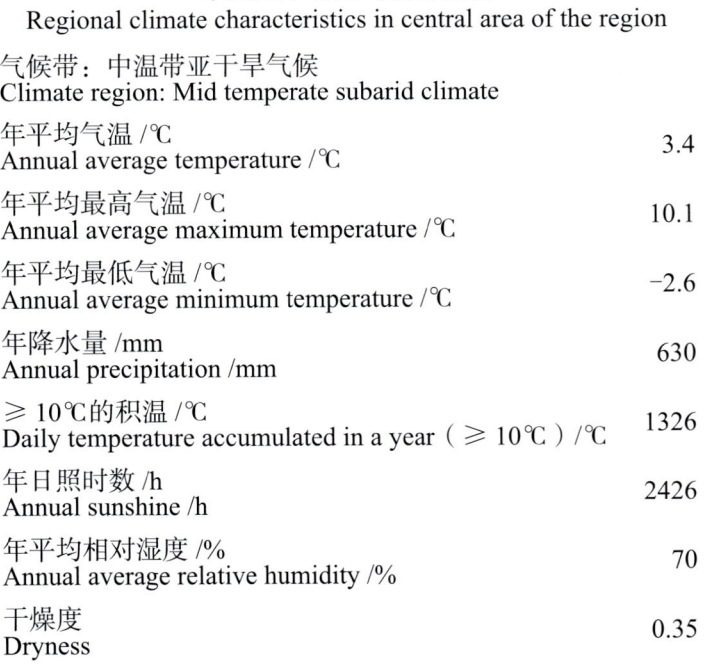

本区域中心区气候特征值
Regional climate characteristics in central area of the region

气候带：中温带亚干旱气候 Climate region: Mid temperate subarid climate	
年平均气温 /℃ Annual average temperature /℃	3.4
年平均最高气温 /℃ Annual average maximum temperature /℃	10.1
年平均最低气温 /℃ Annual average minimum temperature /℃	−2.6
年降水量 /mm Annual precipitation /mm	630
≥10℃的积温 /℃ Daily temperature accumulated in a year（≥10℃）/℃	1326
年日照时数 /h Annual sunshine /h	2426
年平均相对湿度 /% Annual average relative humidity /%	70
干燥度 Dryness	0.35

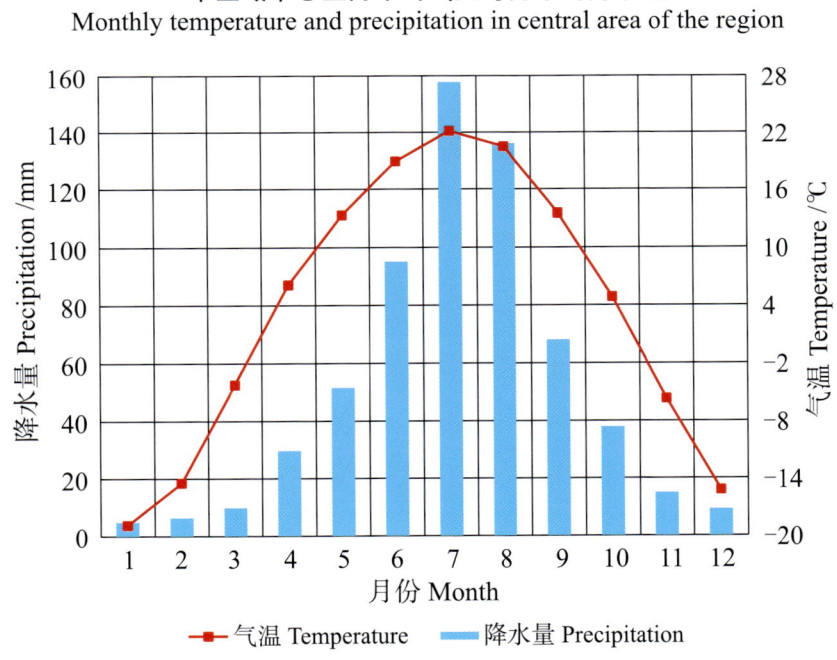

本区域中心区月平均气温与月平均降水量
Monthly temperature and precipitation in central area of the region

尚志市主要土壤类型与土壤剖面点分布图

1:550 000

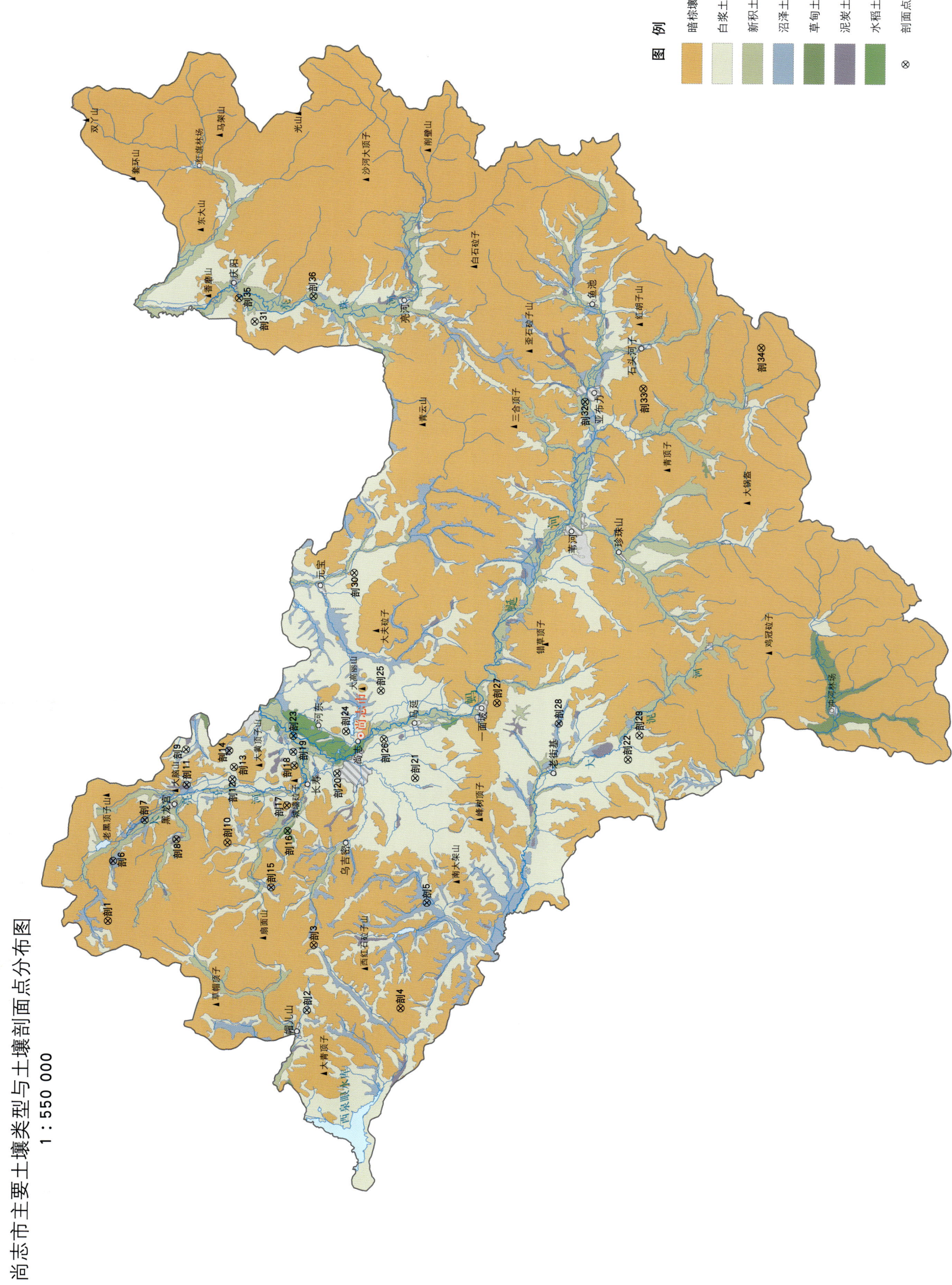

尚志市土壤剖面理化性状表

剖面号 Soil profile	土纲 Soil order	土类 Soil great group	亚类 Soil subgroup	土属 Soil genus	土种 Soil species	土层码 Layer code	土层厚度 Depth/cm	颜色 Soil color	质地 Soil texture	土壤结构 Soil structure	pH	有机质 OM/(g/kg)	全氮 TN/(g/kg)	全磷 TP/(g/kg)	全钾 TK/(g/kg)	碱解氮 AN/(mg/kg)	有效磷 AP/(mg/kg)	阳离子交换量CEC/(cmol/kg)	土壤母质 Parent material	剖面点坐标 Profile coordinate	匹配指数 Matching index/%
剖1	淋溶土	暗棕壤	原始暗棕壤	山地原始暗棕壤		A	0—13	黑色	中壤土	团粒状										E 127°41′23.3″ N 45°30′34.6″	75
						C	13—24	棕黄色													
						D	24—														
剖2	淋溶土	白浆土	潜育白浆土	低地潜育白浆土		A	0—16	灰黑色											第四纪河湖相沉积物	E 127°32′34.1″ N 45°15′55.4″	95
						Aw	16—32	灰白色		团粒状											
						B	32—58	黄棕色	黏土	片状											
						BC	58—131	棕色		块状											
						C	131—150			棱块状											
剖3	淋溶土	暗棕壤	白浆化暗棕壤	白浆化暗麻砂土	白浆暗麻黏土	Ah	0—23	灰棕色	壤质黏土	无明显结构	6.3	52.8	2.94	1.20	31.2			21.5	花岗岩风化残积物	E 127°39′21.6″ N 45°15′32.0″	95
						Ae	23—48	棕灰色	粉砂质黏土	团块状	5.7	9.9	0.56	0.48	31.2			14.7			
						Bt	48—85	棕色	壤质黏土	不明显片状	6.1	6.6	0.27	0.48	32.4			13.8			
						C	85—120			棱块状											
剖4	淋溶土	暗棕壤	白浆化暗棕壤	山地白浆化暗棕壤		1	0—10	灰棕色	黏土	团块状	7.3	78.6	3.66	1.14					残积物、坡积物	E 127°32′59.6″ N 45°09′06.5″	95
						2	10—25				6.3	30.2	1.45	0.69							
						3	25—35				5.5										
						4	65—72				5.8										
剖5	水成土	沼泽土	草甸沼泽土	泥炭腐殖质草甸沼泽土		1	0—20	棕灰色	壤质黏土	团块状	5.9	197.0	9.00	3.23					河湖沉积物	E 127°43′59.2″ N 45°07′23.5″	95
						2	20—30	棕灰色	片状		5.6	53.0		2.40							
剖6	水成土	泥炭土	草类泥炭土	淤积草类泥炭土	中层淤积草类泥炭土	1	17—32	灰黄棕色	壤质黏土		5.6	670.5	27.13						河湖沉积物	E 127°47′38.8″ N 45°30′17.6″	75
						2	44—100	棕色			4.7	191.1	7.49								
						3	124—150				4.8	10.7	0.79								
剖7	水成土	泥炭土	草类泥炭土	淤积草类泥炭土	薄层淤积草类泥炭土	1	0—24				5.8	120.4	5.10	2.85		51	>100.0		河湖沉积物	E 127°51′54.0″ N 45°28′03.0″	75
						2	34—37				5.9	99.9	2.90	2.10							
						3	37—55				5.3	99.3									
剖8	水成土	泥炭土	草类泥炭土	淤积草类泥炭土	厚层淤积草类泥炭土	1	0—20					656.7	26.50						河湖沉积物	E 127°49′59.2″ N 45°25′42.6″	75
剖9	淋溶土	白浆土	潜育白浆土	尚志潜白土		A	0—14	棕灰色	壤质黏土	团块状	6.2	50.5	2.46	1.88	27.0			26.9	洪积物	E 127°59′16.4″ N 45°25′09.1″	95
						E	14—36	棕灰色	粉砂质黏土	片状	5.5	13.5	0.82	1.44	27.0			22.3			
						Bg	36—90	灰黄棕色	壤质黏土	块状	5.5	4.7	0.28	0.96	25.8			13.5			
						Cg	90—	棕色													
剖10	淋溶土	暗棕壤	白浆化暗棕壤	山地白浆化暗棕壤		1	0—10				5.8	84.4	4.00	2.70		55	37.0		残积物、坡积物	E 127°49′46.9″ N 45°21′59.0″	95
						2	10—52				5.9	68.8	3.10	2.48							
剖11	水成土	泥炭土	草类泥炭土			As₁	0—16												河湖沉积物	E 127°55′40.1″ N 45°24′58.3″	95
						He₂	16—77														
						G	77—150														
剖12	淋溶土	白浆土	潜育白浆土	黏质潜白浆土	尚志湿白浆土	Ap	0—14	棕灰色	壤质黏土	团块状	6.2	50.5	2.46	1.88	27.0	74	26.0	26.9	洪积黏土、沉积黏土	E 127°56′15.0″ N 45°21′43.9″	81
						Aw	14—36	浅灰色	粉砂质黏土	片状	5.5	13.5	0.82	1.44	27.0	40	12.0	22.3			
						Bg	36—90	棕灰色	壤质黏土	块状	5.5	4.7	0.28	0.96	25.8		7.0	13.5			
剖13	淋溶土	白浆土	白浆土	岗地白浆土	中层岗白浆土	1	0—15				6.6	57.3	2.70	2.00					火成岩风化残积物、坡积物	E 127°57′32.4″ N 45°21′37.8″	95
						2	15—25				6.8	22.9	1.20	1.40							
						3	25—45				6.6	14.7	0.60	0.80							
						4	45—55				6.7										

续表 Continued

剖面号 Soil profile	土纲 Soil order	土类 Soil great group	亚类 Soil subgroup	土属 Soil genus	土种 Soil species	土层码 Layer code	土层厚度 Depth/cm	颜色 Soil color	质地 Soil texture	土壤结构 Soil structure	pH	有机质 OM/(g/kg)	全氮 TN/(g/kg)	全磷 TP/(g/kg)	全钾 TK/(g/kg)	碱解氮 AN/(mg/kg)	有效磷 AP/(mg/kg)	阳离子交换量CEC/(cmol/kg)	土壤母质 Parent material	剖面点坐标 Profile coordinate	匹配指数 Matching index/%
剖14	水成土	泥炭土	草类泥炭土	埋藏草类泥炭土	中层埋藏草类泥炭土	1	0—20				5.5	82.1	3.88	2.04					河湖沉积物	E 127°59′14.3″ N 45°21′59.8″	95
						2	30—130				5.0	250.8	10.05								
						3	140—150				5.2	12.6	0.71								
剖15	水成土	沼泽土	草甸沼泽土	泥炭腐殖质草甸沼泽土		1	10—20					486.9	15.12	1.41	>40.0				河湖沉积物	E 127°45′14.0″ N 45°18′45.0″	95
						2	20—28					358.8	11.42	1.29	10.0						
						3	32—45					296.8	5.88	1.25	13.1						
						4	49—					46.0	1.68	0.50	17.7						
剖16	人为土	水稻土	泛滥土型水稻土	漏水泛滥土型水稻土	薄层漏水温土型水稻土	1	0—10					192.4	7.58	2.48	28.6				花岗岩风化、半风化残积物或坡积物	E 127°51′04.7″ N 45°17′38.0″	75
						2	10—20					69.1	2.34	1.54	29.9						
						3	27—40					16.2	1.77	1.86	33.1						
						4	40—50					19.5	0.93		36.2						
						5	80—90					4.0	0.45								
剖17	淋溶土	暗棕壤	暗棕壤	山地暗棕壤		A	0—13	黑色	中壤土	团粒状		89.7	4.88	>4.00						E 127°53′41.6″ N 45°17′43.1″	95
						B	13—32	浅黄色		粒状		21.1	1.00	>4.00							
						BC	32—46	浅黄棕色		粒状											
						C	46—	红棕色													
剖18	淋溶土	白浆土	草甸白浆土	平地草甸白浆土		A	0—19	灰白色	中壤土	团粒状片状									第四纪河湖相沉积物	E 127°57′48.6″ N 45°17′13.9″	95
						Aw	19—38	棕色		不明显片状											
						B	38—120	黄棕色		棱块状											
						C	120—150			小块状											
剖19	淋溶土	白浆土	草甸白浆土	平地草甸白浆土	中层平地草甸白浆土	1	0—16		壤质黏土	粒状	6.6	39.3	1.60	1.27	15.2	29	27.0	18.6	第四纪河湖相沉积物	E 127°59′12.8″ N 45°17′19.7″	95
						2	16—26		壤质黏土	片状	6.9	34.4	1.30	1.22	16.2	28	18.0	10.5			
						3	40—50		壤质黏土	棱块状	7.1	15.0						12.8			
						4	108—120		黏土	棱块状	6.8							18.6			
						5	130—150				6.9										
剖20	淋溶土	白浆土	白浆土	黏台白浆土		A	0—28	灰黄棕色	中壤土	粒状	6.3	42.3	2.08	0.70	36.6				黄土状沉积物	E 127°57′04.3″ N 45°14′07.1″	95
						E	28—52	浊黄橙色	轻壤土	片状	5.6	11.5	0.61		34.9						
						B	52—138	黄棕色	重壤土	棱块状	5.7	12.4	0.46		37.0						
						BC	138—152	棕色	黏土	棱块状	5.9	9.5	0.56		35.8						
						C	152—								33.7						
剖21	淋溶土	白浆土	白浆土	岗地白浆土	中层岗地白浆土	1	0—15		中壤土		5.7	51.1	3.13	2.17	36.6				火成岩风化残积物、坡积物	E 127°56′43.8″ N 45°08′26.2″	81
						2	25—40		轻壤土		5.1	8.0	0.59	0.98	34.9						
						3	70—90		重壤土		5.4	4.5	0.46		37.0						
						4	148—160		中壤土		6.0	5.2	0.56		35.8						
剖22	淋溶土	白浆土	草甸白浆土	平地草甸白浆土	中层平地草甸白浆土	1	5—15		重壤土			51.1	3.10	2.11	33.7				第四纪河湖相沉积物	E 127°59′02.0″ N 44°52′57.4″	95
						2	30—40		轻壤土			6.2	0.55	0.64	36.0						
						3	110—125		轻黏土			36.9	0.55		36.8						
						4	140—150		轻黏土			2.7	0.42		38.2						
剖23	初育土	新积土	冲积土			A	0—38	灰黑色		团粒状									河湖沉积物	E 128°00′52.2″ N 45°17′20.4″	95
						AB	38—67	浅灰色		无明显结构											
						3	67—														
剖24	淋溶土	白浆土	潜育白浆土	低地潜育白浆土	中层低地潜育白浆土	1	4—14					112.4	4.99						第四纪河湖相沉积物	E 128°01′26.4″ N 45°13′31.8″	95
						2	26—36					39.7	1.22								
						3	85—95					9.7	0.56								
						4	145—150					8.2	0.42								

续表 Continued

剖面号 Soil profile	土纲 Soil order	土类 Soil great group	亚类 Soil subgroup	土属 Soil genus	土种 Soil species	土层码 Layer code	土层厚度 Depth/cm	颜色 Soil color	质地 Soil texture	土壤结构 Soil structure	pH	有机质 OM/(g/kg)	全氮 TN/(g/kg)	全磷 TP/(g/kg)	全钾 TK/(g/kg)	碱解氮 AN/(mg/kg)	有效磷 AP/(mg/kg)	阳离子交换量CEC/(cmol/kg)	土壤母质 Parent material	剖面点坐标 Profile coordinate	匹配指数 Matching index/%
剖25	淋溶土	白浆土	白浆土	岗地白浆土	中层岗地白浆土	1	0—10				6.3	68.4	3.20	1.95		74	41.0		火成岩风化残积物、坡积物	E 128°05′43.1″ N 45°11′02.0″	95
						2	10—20				5.5	25.3	1.20	1.15		62	17.0				
						3	20—30				5.0	5.5	0.40	0.62		21	6.0				
						4	45—55				5.3		0.30	0.96		23	19.0				
剖26	淋溶土	白浆土	草甸白浆土	平地草甸白浆土	中层平地草甸白浆土	1	0—18				5.8	51.3	2.17	2.03	32.9				第四纪河湖相沉积物	E 128°00′41.8″ N 45°10′45.5″	95
						2	22—40				5.7	7.8	0.61	0.79	36.9						
						3	46—56				5.7	5.8	0.55		36.7						
						4	72—86				5.9	3.6	0.74		37.0						
						5	134—148				6.2	3.0	0.52		36.6						
剖27	淋溶土	暗棕壤	白浆化暗棕壤	山地白浆化暗棕壤		1	0—10				6.6	83.5	3.30	1.37		69	10.0		残积物、坡积物	E 128°04′38.3″ N 45°02′34.8″	95
						2	20—30				6.1	16.7	1.00	0.68							
						3	50—60				6.5						20.0				
						4	80—90				6.3										
剖28	水成土	沼泽土	草甸沼泽土	泥炭腐殖质草甸沼泽土		At	0—18	棕黑色		无结构											E 128°02′37.7″ N 44°58′02.6″	95
						A	18—49	暗灰色		团粒状											
						G	49—150	青灰色	黏土	无明显结构											
剖29	淋溶土	白浆土	草甸白浆土	平地草甸白浆土	厚层平地草甸白浆土	1	0—10				6.2	151.4	6.10	2.96		142	40.0		第四纪河湖相沉积物	E 128°01′32.5″ N 44°52′09.8″	95
						2	10—20				5.6	60.8	5.92	1.04							
						3	20—30				6.0		0.77								
剖30	淋溶土	白浆土	草甸白浆土	平地草甸白浆土		1	0—19				5.5	117.6	0.45	1.01					第四纪河湖相沉积物	E 128°17′44.2″ N 45°13′07.3″	95
						2	19—35				5.3	12.4	0.38	0.99							
						3	40—50				5.4	9.0	0.54								
						4	60—80				5.4	6.7									
						5	100—150				5.7	4.8									
剖31	淋溶土	白浆土	潜育白浆土	低地潜育白浆土	中层低地潜育白浆土	1	0—14				5.7	62.4	3.16	2.00	34.2				第四纪河湖相沉积物	E 128°43′29.6″ N 45°20′35.9″	95
						2	20—30				5.7	9.4	0.74	1.19	38.2						
						3	50—62				5.5	5.0	0.56		36.5						
						4	140—150				5.3	5.6	0.56		36.5						
剖32	初育土	新积土	冲积土	砾石底冲积土	中层砾石冲积土	1	0—8		中壤土			32.8	2.12	2.25	31.6				河流沉积物	E 128°35′35.2″ N 44°56′28.3″	95
						2	10—25		中壤土			6.8	0.52								
						3	45—60		重壤土			4.6	0.46								
						4	70—85		松砂土			8.4	5.32								
						5	130—150		中壤土			6.0	0.44								
剖33	淋溶土	暗棕壤	白浆化暗棕壤	山地白浆化暗棕壤		1	0—20					33.5	1.70	1.71	31.6				残积物、坡积物	E 128°36′59.4″ N 44°52′15.2″	95
						2	15—20					15.9	0.20	0.83	33.8						
						3	25—40					11.1	0.51	0.69	35.4						
						4	100—130					3.2	0.30		32.4						
剖34	淋溶土	暗棕壤	白浆化暗棕壤	山地白浆化暗棕壤		Aw	0—14	灰黑色		团粒状									残积物、坡积物	E 128°41′15.0″ N 44°43′41.5″	95
						B	14—48	灰白色		无结构											
						C	48—62	棕色		粒状											
						D	62—136	棕色													
							136—														

续表 Continued

剖面号 Soil profile	土纲 Soil order	土类 Soil great group	亚类 Soil subgroup	土属 Soil genus	土种 Soil species	土层码 Layer code	土层厚度 Depth/cm	颜色 Soil color	质地 Soil texture	土壤结构 Soil structure	pH	有机质 OM/(g/kg)	全氮 TN/(g/kg)	全磷 TP/(g/kg)	全钾 TK/(g/kg)	碱解氮 AN/(mg/kg)	有效磷 AP/(mg/kg)	阳离子交换量CEC/(cmol/kg)	土壤母质 Parent material	剖面点坐标 Profile coordinate	匹配指数 Matching index/%
剖35	淋溶土	暗棕壤	白浆化暗棕壤	山地白浆化暗棕壤		1	0—13				7.1	225.3	12.30	3.36		134	68.0		残积物、坡积物	E 128°45′53.6″ N 45°21′45.4″	95
						2	15—25				6.2	72.9	4.10	2.97							
						3	35—45				6.0										
						4	50—60				6.5										
						5	85—100				5.7										
剖36	初育土	新积土	冲积土	砂底冲积土		1	0—20					71.7	4.71	3.12	32.7				河流沉积物	E 128°46′09.5″ N 45°16′19.9″	95
						2	40—68					4.3	0.11		35.5						

五 常 市

主要土类说明

暗棕壤是五常市主要土壤类型，占本市地域面积的39%，主要分布在中山、低山和丘陵地带。该地区气候湿润，土壤有明显的淋溶过程。植被为针阔叶混交林，土壤表层有腐殖质积累过程。暗棕壤成土过程具有明显有机质富集和弱酸性淋溶特征，具O–A–B–C剖面构型。A层有机质含量可达100g/kg，弱酸性淋溶使铁铝轻微下移；B层呈棕色，结构面见铁锰胶膜。土壤呈弱酸性，盐基饱和度为70%—80%。本市暗棕壤分为原始暗棕壤、暗棕壤、白浆化暗棕壤、草甸暗棕壤、潜育暗棕壤等亚类。

草甸土是五常市第二大土壤类型，占本市地域面积的18%，主要分布在地形平坦、地下水和地表水汇集的地区。该地区水分充足，草甸植被生长繁茂，有机质在剖面中大量积累，黑土层较厚。由于地下水升降频繁，土壤中氧化还原过程交替发生，从而使铁、锰发生移动或局部淀积，土壤剖面出现铁锰结核、锈斑和灰蓝色潜育斑等。本市草甸土分为草甸土、白浆化草甸土、潜育草甸土、石灰性草甸土等亚类。

白浆土是五常市第三大土壤类型，占本市地域面积的16%。其主要特征是在腐殖质层之下出现一个白色土层，即白浆层。在温带湿润地区平缓岗地森林草原下，土壤表层周期性滞水，在有机质参与的还原条件下，亚表层土壤中以胶膜状态包被于土粒表面的铁、锰被还原，形成低价铁、锰，并沿缓坡随侧向或垂直水流不断淋失，土层逐渐脱色变浅。失去胶膜胶结的土粒或结构体呈悬浮液，黏粒随水下移，并在下部土层淀积，导致白浆层黏粒渐少，粉砂比例增加，土色变浅变白，同时下层因黏粒移入淀积而黏化，形成上轻下黏的土体构型。白浆土表层为有机质层；其下为灰黄色至灰白色白浆土层（E层），质地较轻；下部B层质地黏重，具有明显淀积黏土膜，呈暗棕色。本市白浆土分为白浆土、草甸白浆土、潜育白浆土等亚类。

黑土占本市地域面积的11%，主要分布在平岗地。黑土是在温带半湿润草甸草原下形成的具深厚均腐殖质层的无石灰性黑色土壤。该土壤均腐殖质层厚30—60cm，有机质含量一般为30—60g/kg。本市黑土分为黑土、草甸黑土、白浆化黑土等亚类。

水稻土占本市地域面积的6%，主要分布在拉林河和牤牛河两岸的低阶地和高河漫滩。本市水稻土分为黑土型、草甸土型、白浆土型、沼泽土型、泥炭土型、泛滥土型等亚类。

新积土占本市地域面积的4%，主要分布在冲河、小山子等地的高河漫滩和低平地。由于受河流泛滥影响的时间较长，土体发育较好。本市新积土主要剖面特征是有较厚的黑土层，一般为20—30cm，土壤砂黏相间。

小于本市地域面积3%的土壤类型有棕色针叶林土、沼泽土、泥炭土、山地草甸土。

本区域中心区气候特征

本区域中心区气候特征值
Regional climate characteristics in central area of the region

气候带：中温带亚干旱气候 Climate region: Mid temperate subarid climate	
年平均气温 /℃ Annual average temperature /℃	3.8
年平均最高气温 /℃ Annual average maximum temperature /℃	10.3
年平均最低气温 /℃ Annual average minimum temperature /℃	-2.0
年降水量 /mm Annual precipitation /mm	606
≥10℃的积温 /℃ Daily temperature accumulated in a year（≥10℃）/℃	1471
年日照时数 /h Annual sunshine /h	2484
年平均相对湿度 /% Annual average relative humidity /%	69
干燥度 Dryness	0.41

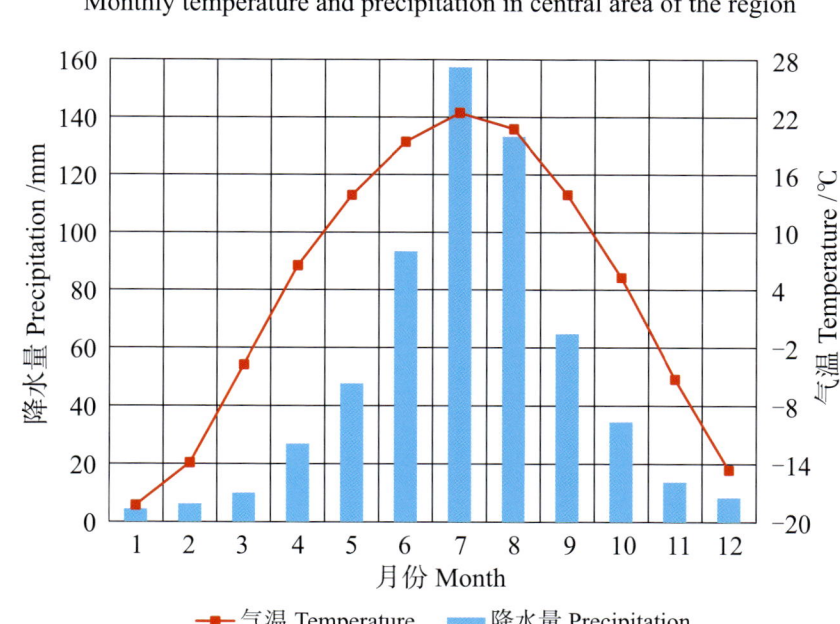

本区域中心区月平均气温与月平均降水量
Monthly temperature and precipitation in central area of the region

五常市主要土壤类型与土壤剖面点分布图
1 : 600 000

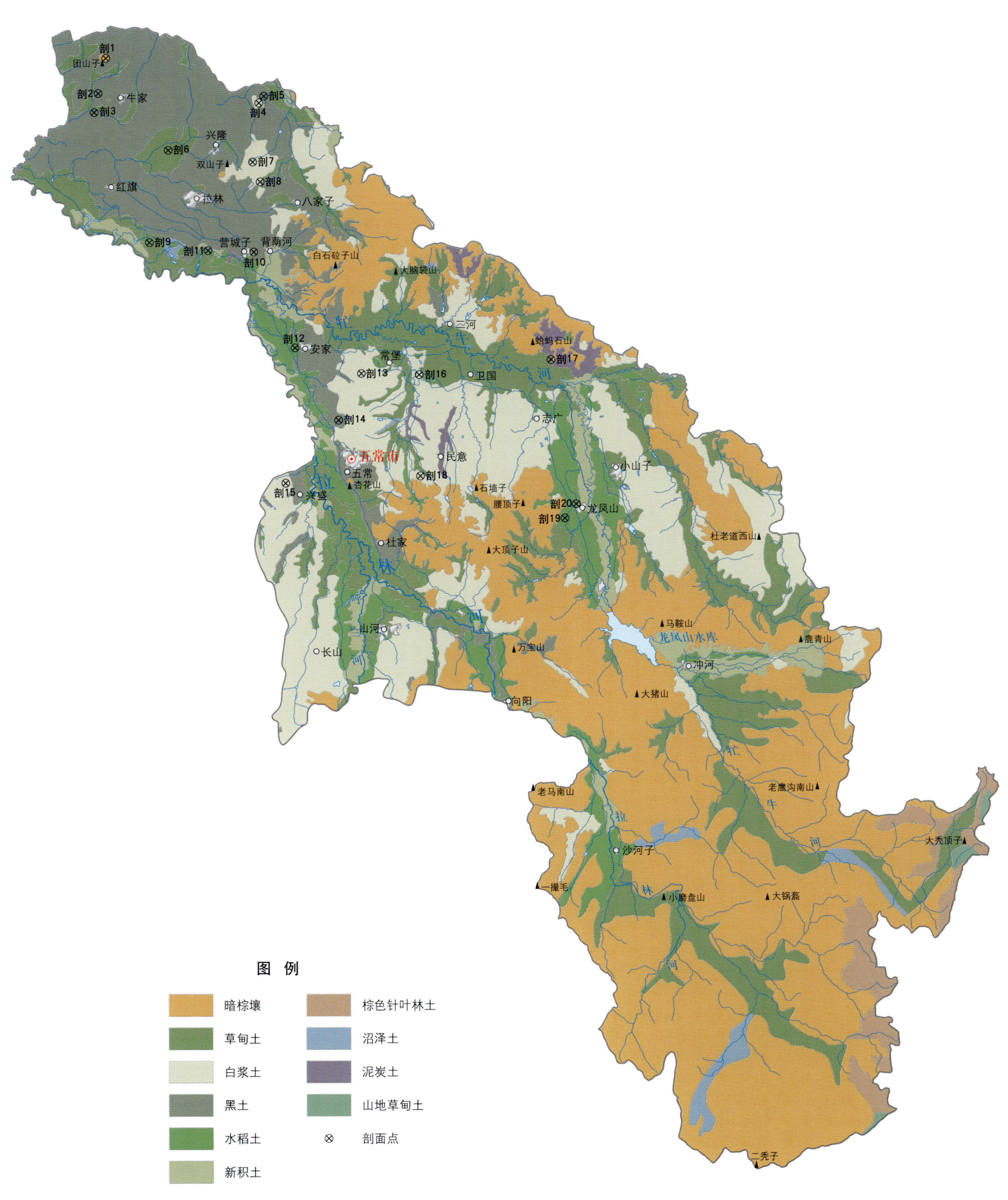

图 例

- 暗棕壤
- 草甸土
- 白浆土
- 黑土
- 水稻土
- 新积土
- 棕色针叶林土
- 沼泽土
- 泥炭土
- 山地草甸土
- ⊗ 剖面点

五常市土壤剖面理化性状表

剖面号 Soil profile	土纲 Soil order	土类 Soil great group	亚类 Soil subgroup	土属 Soil genus	土种 Soil species	土层码 Layer code	土层厚度 Depth/cm	颜色 Soil color	质地 Soil texture	土壤结构 Soil structure	pH	有机质 OM/(g/kg)	全氮 TN/(g/kg)	全磷 TP/(g/kg)	全钾 TK/(g/kg)	阳离子交换量 CEC/(cmol/kg)	土壤母质 Parent material	剖面点坐标 Profile coordinate	匹配指数 Matching index/%
剖1	淋溶土	暗棕壤	暗棕壤			1	0—10				6.2	100.5	>6.00	2.20	19.5		残积物	E 126°42′11.2″ N 45°24′05.4″	74
						2	20—30				5.9	37.4	1.80	0.60	21.3				
						3	50—60				5.7	4.3							
						4	110—120				5.8	4.2							
						5	130—140				5.8	3.5							
剖2	半淋溶土	黑土	黑土	黏底黑土		A₁	0—21	暗灰色	重壤土	团粒状							黄土状沉积物	E 126°41′28.7″ N 45°21′29.9″	95
						Apa	21—30	暗灰色	重壤土	片状									
						A₂	30—70	暗灰色	重壤土	团粒状									
						AB	70—105	暗棕色	重壤土	团块状									
						B	105—130	棕黄色	重壤土										
剖3	半淋溶土	黑土	黑土			Ap	0—10		重壤土								黄土状沉积物	E 126°41′07.4″ N 45°20′06.0″	75
						Apa	17—27		轻黏土										
						B₁	38—48		轻黏土										
						C	140—150												
剖4	淋溶土	白浆土	草甸白浆土			A₁	0—10				6.4	>250.0	1.80	0.80	21.4		河湖相沉积物	E 126°58′13.8″ N 45°21′04.3″	75
						Aw	20—30				6.3	4.1	0.70	0.40	23.1				
						B₁	60—70				7.1	3.9							
						B₂	100—110				7.1	6.7							
						C	120—130				7.8	8.4							
剖5	半淋溶土	黑土	草甸黑土	黏土底草甸黑土		Ap	0—15	暗灰色	重壤土	团块状							黄土状沉积物	E 126°58′34.0″ N 45°21′27.7″	93
						A₁	15—65	暗灰色	重壤土	团粒状									
						B	65—90	暗棕色	重壤土	核块状									
						C	90—140	黄棕色	轻黏土	团块状									
剖6	半水成土	草甸土	石灰性草甸土			1	0—55	暗灰色	重壤土	团粒状							淤积物	E 126°48′54.7″ N 45°17′26.2″	95
						2	55—	棕色	轻黏土	片状									
剖7	淋溶土	白浆土	草甸白浆土			A₁	0—25	浅灰白色	轻黏土	核块状							河湖相沉积物	E 126°57′43.9″ N 45°16′42.6″	95
						Aw	25—45	灰白色	轻黏土	核块状									
						B	45—90	黄棕色	中黏土	核块状									
						C	90—150	棕色											
剖8	淋溶土	白浆土	潜育白浆土			Ap	0—10				6.2	42.5	3.00	1.80	20.7		河湖相沉积物	E 126°58′33.2″ N 45°15′16.2″	75
						Aw	20—30				6.5	6.5	1.00	0.70	20.7				
						B₁	40—50				5.8	7.7							
						B₂	80—90				6.7	4.4							
						C	140—150				6.9	5.0							
剖9	人为土	水稻土	黑土型水稻土			1	0—10				5.6	50.8	2.60	1.50	22.8		黄土状沉积物	E 126°47′11.8″ N 45°10′40.1″	75
						2	20—30				5.2	9.8	0.90	1.00	20.7				
						3	60—70				5.8	6.3							
						4	130—140				5.7	6.5							
剖10	人为土	水稻土	黑土型水稻土	黏褐黑土型水稻土	薄层黑土型水稻土	A	0—10	浅灰色	中黏土								黄土状沉积物	E 126°58′02.6″ N 45°10′08.4″	75
						Ap	10—20	暗灰色		棱柱状									
						Bw	20—70	灰棕色		棱柱状									
						G	70—140	灰蓝色		块状									

续表 Continued

剖面号 Soil profile	土纲 Soil order	土类 Soil great group	亚类 Soil subgroup	土属 Soil genus	土种 Soil species	土层码 Layer code	土层厚度/cm Depth/cm	颜色 Soil color	质地 Soil texture	土壤结构 Soil structure	pH	有机质 OM/(g/kg)	全氮 TN/(g/kg)	全磷 TP/(g/kg)	全钾 TK/(g/kg)	阳离子交换量CEC/(cmol/kg)	土壤母质 Parent material	剖面点坐标 Profile coordinate	匹配指数 Matching index/%
剖11	人为土	水稻土	白浆土型水稻土	黏粳白浆土型水稻土		1	0–10				6.8	26.5	2.40	1.00	18.8		河湖相沉积物	E 126° 53′ 18.6″ N 45° 10′ 11.3″	75
						2	10–20				7.5	18.7	1.90	1.30	20.5				
						3	45–55				6.4	3.5							
						4	70–80				6.5	2.8							
						5	140–150				6.8	3.7							
剖12	人为土	水稻土	草甸土型水稻土			A	0–18	灰色	中壤土	无明显结构							黄土状沉积物	E 127° 02′ 32.6″ N 45° 03′ 10.8″	95
						Ap	18–25	暗灰棕色	中壤土	片状									
						P	25–65	灰棕色	重壤土	棱柱状									
						4	65–95	灰棕色	砂土										
						C	95–150	黄灰色	细砂土										
剖13	淋溶土	白浆土	白浆土			A_1	0–15	暗灰色	重壤土	团块状							河湖相沉积物	E 127° 09′ 27.4″ N 45° 01′ 22.8″	95
						Aw	15–35	浅黄色		片状									
						B	35–70	暗棕色		棱块状									
剖14	半淋溶土	黑土	草甸黑土			A_1	0–10				7.1	46.8	2.60	2.10	21.4		黄土状母质	E 127° 07′ 11.3″ N 44° 57′ 54.7″	93
						2	10–20				7.6	35.4	2.10	2.00	21.1				
						3	25–35				7.2	46.7	2.60	2.20	20.5				
						B	50–60				7.5	5.7							
						C	140–150				7.2	8.0							
剖15	淋溶土	白浆土	潜育白浆土			Ap	0–18	暗灰色	重壤土	团块状							河湖相沉积物	E 127° 01′ 51.2″ N 44° 53′ 15.0″	95
						Aw	18–38	黄灰色	轻黏土	片状									
						B_1	38–70	黄灰色	轻壤土	棱块状									
						Bg	70–150	青灰色	中黏土	棱块状									
剖16	淋溶土	白浆土	白浆土			1	0–10		重壤土		6.4	45.3	2.80	1.80	23.6		河湖相沉积物	E 127° 15′ 25.9″ N 45° 01′ 22.8″	95
						2	25–35		轻壤土		5.9	25.7	1.90	1.20	23.8				
						3	35–45		轻壤土		6.5	24.6							
						4	60–70		轻壤土		6.6	11.8							
						5	140–150		中黏土		6.7	6.3							
剖17	半水成土	草甸土	泛温地草甸土			Ap	0–10				6.4	14.4	1.20	0.60	23.6		黄土状母质	E 127° 29′ 03.8″ N 45° 02′ 38.4″	95
						2	10–20				6.2	14.2	1.10	0.70	23.3				
						3	30–40				5.8	14.1	1.10	0.90	21.1				
						4	50–60				5.6	17.9							
						5	90–100				5.9	1.7							
剖18	淋溶土	白浆土	白浆土			1	0–10	黑棕色	砂质黏土	无结构							河湖相沉积物	E 127° 15′ 44.6″ N 44° 53′ 58.2″	95
						2	20–30	暗黄色	粉砂质壤土	片状									
						3	50–60	暗棕色	粉砂质壤土	块状									
						4	110–120	暗棕色	砂质黏土	核块状									
						5	130–140	暗棕色	中壤土	块状									
剖19	人为土	水稻土	淹育水稻土		薄黑田	Ap	0–7	灰黄棕色	砂质黏壤土	碎块状	6.1	39.2	2.30	1.30	19.7	16.6	第四纪黄土状沉积物	E 127° 30′ 44.6″ N 44° 51′ 05.0″	81
						App	7–19	浊黄棕色	粉砂质黏壤土	片状	6.6	36.0	2.10	1.40	19.0	17.9			
						A	19–24	棕色	粉砂质黏壤土		6.3	10.3				10.8			
						Bg	24–65		黏土							13.5			
						BCg	65–130												
剖20	人为土	水稻土	淹育水稻土	浅黑泥田土	甸黑土田	Aa	0–19	灰黄棕色	砂质黏壤土	碎块状	6.1	39.2	2.30	1.30	19.7	16.6	黄土状沉积物	E 127° 31′ 53.4″ N 44° 52′ 07.7″	95
						Ap	19–24	浊黄棕色	粉砂质黏壤土	片状	6.6	36.0	2.10	1.40	19.0	17.9			
						C_1	24–65	棕色	粉砂质黏壤土	块状	6.3	10.3				10.8			
						C_2	65–130	暗棕色	黏土	状块						13.5			

齐齐哈尔市

市辖区

主要土类说明

草甸土是齐齐哈尔市主要土壤类型，占本市地域面积的58%，分布在江河两岸低漫滩和冲积低平原。因所处地带地下水位较高，潜水参与土壤形成过程，受地下水升降与浸润作用，成土过程具有明显腐殖质积累和铁锰氧化还原作用特点，土体出现锈色斑纹层。本市草甸土分为草甸土、潜育草甸土、石灰性草甸土等亚类。

黑钙土是齐齐哈尔市第二大土壤类型，占本市地域面积的18%。黑钙土是在温带半湿润草甸草原下形成的具深厚均腐殖质层和碳酸钙淋溶淀积层的土壤。该土壤均腐殖质层厚50cm左右，有机质含量为50—80g/kg。其下，钙积层明显。土壤表层pH约为7.0，逐渐往下pH为8.0—8.5。冬季冻层厚1.3—1.5m。

沼泽土是齐齐哈尔市第三大土壤类型，占本市地域面积的7%。沼泽土所处地势低洼，长期地表积水，喜湿植被生长繁茂。成土母质主要为冲积物或湖相沉积物，土壤质地较黏，有的埋藏着冲积砂层。地表有机质积累明显，甚至可见泥炭层或腐泥层，还原作用强烈，形成潜育层，剖面构型为H-G。

风沙土占本市地域面积的5%，主要分布在嫩江两岸的高低河漫滩地和一级阶地，由江河泛滥或江河改道遗留下来的老河滩沙地经风力搬运堆积而成，除乌裕尔河冲积扇和阿伦河冲积平原区较少外，其他地区均有分布。成土母质流动性很大，虽能生长耐沙耐旱植物，但生物积累作用微弱，土壤腐殖质含量很低。

小于本市地域面积5%的土壤类型有暗棕壤、水稻土。

本区域中心区气候特征

本区域中心区气候特征值
Regional climate characteristics in central area of the region

气候带：中温带亚干旱气候 Climate region: Mid temperate subaird climate	
年平均气温/℃ Annual average temperature /℃	3.8
年平均最高气温/℃ Annual average maximum temperature /℃	9.9
年平均最低气温/℃ Annual average minimum temperature /℃	-1.6
年降水量/mm Annual precipitation /mm	415
≥10℃的积温/℃ Daily temperature accumulated in a year (≥10℃) /℃	1449
年日照时数/h Annual sunshine /h	2835
年平均相对湿度/% Annual average relative humidity /%	60
干燥度 Dryness	0.58

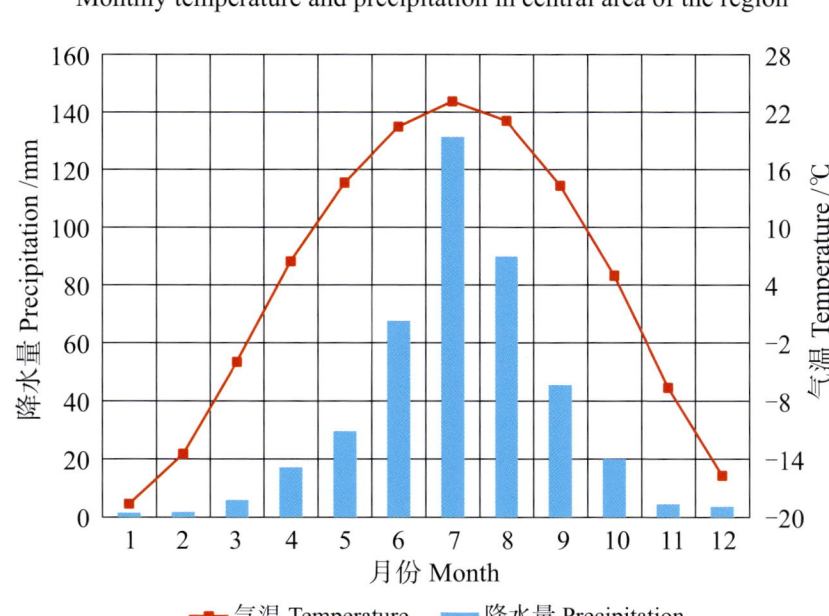

本区域中心区月平均气温与月平均降水量
Monthly temperature and precipitation in central area of the region

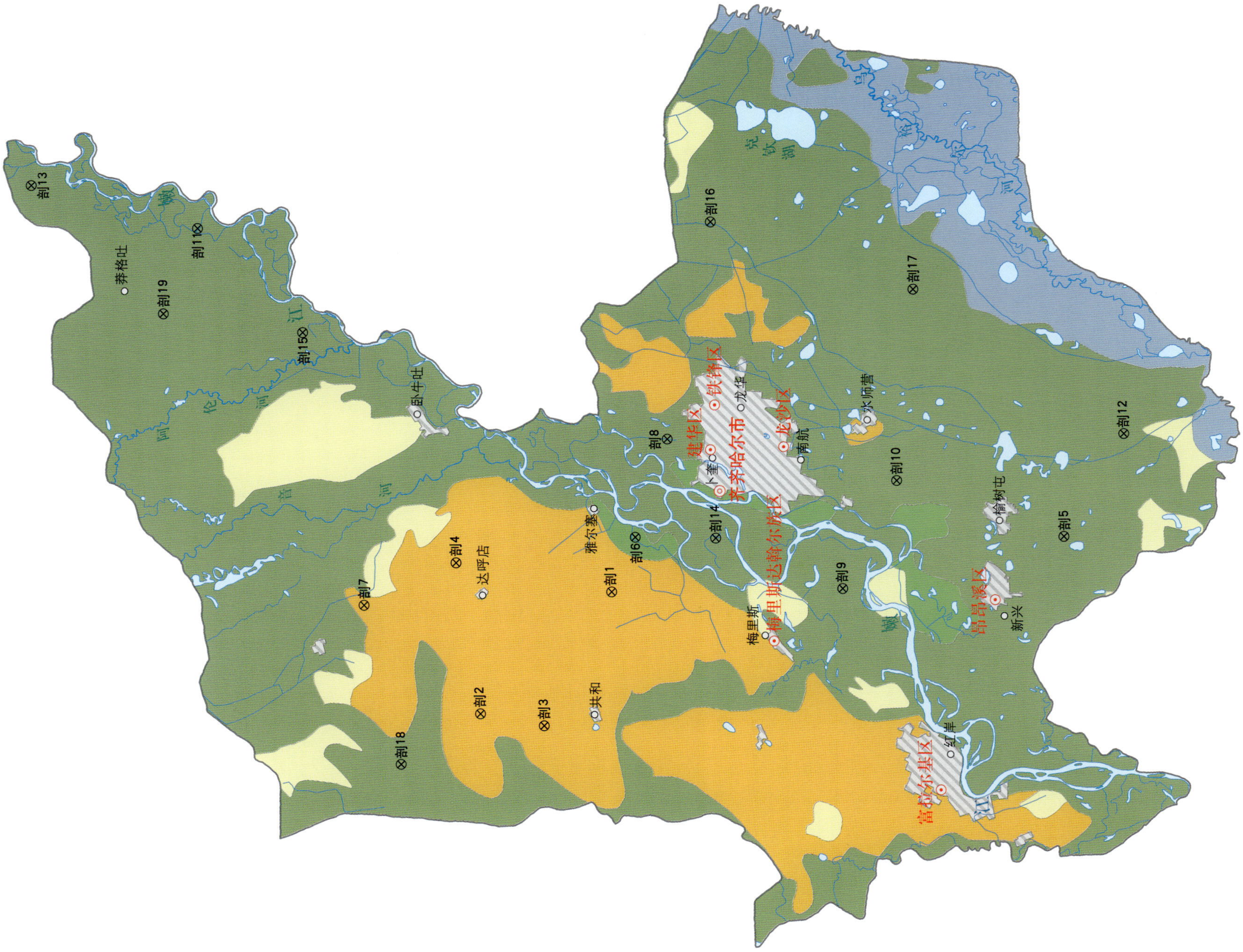

齐齐哈尔市市辖区主要土壤类型与土壤剖面点分布图

1∶440 000

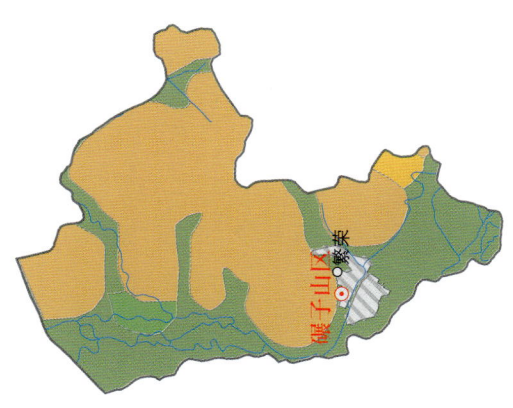

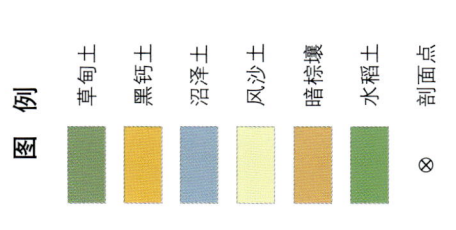

图例：草甸土、黑钙土、沼泽土、风沙土、暗棕壤、水稻土、剖面点

齐齐哈尔市土壤剖面理化性状表

剖面号 Soil profile	土纲 Soil order	土类 Soil great group	亚类 Soil subgroup	土属 Soil genus	土种 Soil species	土层码 Layer code	土层厚度 Depth/cm	颜色 Soil color	质地 Soil texture	土壤结构 Soil structure	pH	有机质 OM/(g/kg)	全氮 TN/(g/kg)	全磷 TP/(g/kg)	全钾 TK/(g/kg)	阳离子交换量 CEC/(cmol/kg)	土壤母质 Parent material	剖面点坐标 Profile coordinate	匹配指数 Matching index/%
剖1	钙层土	黑钙土	黑钙土	砂岗黑钙土		A₁	0—13	棕灰色	砂壤土		7.7	27.0	1.46	0.86		19.1	冲积物、堆积物	E 123°48′33.8″ N 47°26′06.0″	75
						Ap	13—18	棕灰色	轻壤土	片状	7.6	25.5	1.33	0.79		34.4			
						B₁	18—72	灰色	轻壤土	核状	7.4	24.4	1.13	0.74		35.4			
						B₂	72—152	灰色	轻壤土	团块状	8.0	23.4							
						BC	152—170	暗灰色	轻壤土		8.1	24.7							
剖2	钙层土	黑钙土	草甸黑钙土	石灰性草甸黑钙土		1	10—20		中壤土		7.5	34.3					冲积物、堆积物	E 123°40′54.5″ N 47°31′48.4″	95
						2	30—40		中壤土		7.5	24.9							
						3	70—80		中壤土		7.5								
						4	150—160		轻壤土		7.5								
						5	190—				7.5								
剖3	钙层土	黑钙土	石灰性黑钙土	砂丘石灰性黑钙土		A	0—40	灰棕色	砂壤土	屑粒状							冲积物、堆积物	E 123°40′07.0″ N 47°29′04.2″	71
						B	40—110	棕黄色	砂壤土	粒状									
						BC	110—140	棕黄色	轻壤土	粒状									
剖4	钙层土	黑钙土	草甸黑钙土	石灰性草甸黑钙土	薄层石灰性草甸黑钙土	A₁	0—18	灰棕色	轻壤土	片状							冲积物、堆积物	E 123°50′29.8″ N 47°32′48.1″	95
						Ap	18—27	灰棕色	中壤土	粒状									
						AB	27—58	棕白相间	中壤土	核块状									
						Ba	58—80		中壤土	核块状									
						B₂	80—130	褐色	中壤土	核块状									
						BC	130—155												
剖5	半水成土	草甸土	石灰性草甸土	黏底石灰性草甸土	中层黏底石灰草甸土	1	5—15				8.2	30.5	1.78	0.99	25.4	7.0	沉积砂	E 123°51′43.6″ N 47°06′31.0″	95
						2	20—28				8.5	22.9	1.56	0.82	25.2	8.0			
						3	40—50				8.5	2.0	0.32	0.48		24.7			
						4	70—80				8.0	3.6							
						5	110—130				8.0	1.3							
剖6	人为土	水稻土	淹育水稻土	石灰性草甸土型水稻土	灰甸田	Ap	0—17	灰色	砂质黏土	不明显块状		27.7	1.43	0.31	25.3	22.0	第四纪洪积黏土、沉积黏土	E 123°51′59.8″ N 47°25′03.4″	95
						App	17—23	灰色	砂质黏土	片状		17.9	1.11	0.36	24.4	27.0			
						A	23—30	灰色	壤质黏土	块状		13.9	0.88	0.36	24.4	28.0			
						ABg	30—58	棕灰色	壤质黏土	块状		9.7	0.72	0.33		24.0			
剖7	钙层土	黑钙土	草甸黑钙土	石灰性草甸黑钙土	中层石灰性草甸黑钙土	A₁	0—18	棕灰色	轻壤土	屑粒状							冲积物、堆积物	E 123°47′52.4″ N 47°36′47.2″	95
						Ap	18—28	棕灰色	中壤土	片块状									
						B₁	28—65	棕黄色	中壤土	棱块状									
						Bca	65—97	黄褐色	中壤土	块状									
						BC	97—160	棕灰色	轻壤土	棱块状									
剖8	半水成土	草甸土	草甸土	卵石底草甸土		A₁	0—15	棕褐色	轻壤土	团粒状	9.2	39.2	2.30	1.16	30.2		沉积砂	E 123°58′13.8″ N 47°23′37.0″	95
						Ap	15—25	棕褐色	轻壤土	片状	9.3	24.0	1.35	0.94	29.5				
						C	105—	灰棕色			9.4	8.8	0.40	0.71	28.7				
剖9	半水成土	草甸土	碱化草甸土	苏打碱化草甸土		1	0—17										冲积砂、砾石、湖相沉积黄黏土	E 123°48′35.6″ N 47°16′06.6″	95
						2	17—40												
						3	40—50												

续表 Continued

剖面号 Soil profile	土纲 Soil order	土类 Soil great group	亚类 Soil subgroup	土属 Soil genus	土种 Soil species	土层码 Layer code	土层厚度 Depth/cm	颜色 Soil color	质地 Soil texture	土壤结构 Soil structure	pH	有机质 OM/(g/kg)	全氮 TN/(g/kg)	全磷 TP/(g/kg)	全钾 TK/(g/kg)	阳离子交换量 CEC/(cmol/kg)	土壤母质 Parent material	剖面点坐标 Profile coordinate	匹配指数 Matching index/%
剖10	半水成土	草甸土	泛滥地草甸土	泛滥地砂底草甸土		1	0—19				6.1	49.0	2.63	1.02	30.9	35.4	冲积物、堆积物	E 123°55′23.2″ N 47°13′43.7″	95
						2	25—35				6.8	26.8	1.46	0.94	26.7	32.1			
						3	40—50				7.1	5.3							
						4	60—70				7.0	3.1							
						5	80—90				7.1	3.3							
						6	105—125				7.2	2.7							
剖11	半水成土	草甸土	泛滥地草甸土	泛滥地砂底草甸土		A₁	0—19	暗灰色	黏壤土	团块状							沉积砂	E 124°12′01.4″ N 47°43′46.9″	95
						AB	19—36	灰色	黏壤土	棱块状									
						B₁	36—50	灰棕色	黏壤土	棱块状									
						B₂	50—74	棕黄色	砂壤土	粒状									
						BC₁	74—93	灰棕色	砂壤土	块状									
						C	93—140	棕紫色	细砂土										
剖12	半水成土	草甸土	碱化草甸土	苏打碱化草甸土		A	0—10	棕灰色	轻黏土	团粒状	7.0						冲积物、堆积物	E 123°58′11.6″ N 47°03′53.3″	95
						AB	10—25	灰棕色	轻黏土	粒状	8.8								
						B₁	25—55	棕色	中黏土	大棱块状	8.8								
						B₂	55—100	棕色	轻壤土	大棱块状	8.3								
						BC	100—130	棕色	黏壤土	小棱块状	8.2								
剖13	半水成土	草甸土	泛滥地草甸土	泛滥地冲积层状草甸土		A₁	0—30	暗灰色	中壤土	团粒状	7.3	24.4	1.26	0.89	29.7	28.9	沉积砂	E 124°14′57.5″ N 47°50′56.4″	95
						Ap	30—70	灰色	黏壤土	团粒状	8.0	3.6	0.25	0.42		33.9			
						B₁	70—90	深黄棕色	砂壤相间	状块	8.6	14.2				25.3			
						B₂	90—110	灰色	砂壤土	粒状	8.6	14.2				25.3			
						BC	110—150	灰黄色	砂壤土										
						C	150—												
剖14	半水成土	草甸土	草甸土	卵石底草甸土		1	0—15				7.7	29.4	1.21	0.96	33.4	15.6	冲积砂、砾石、湖相沉积黄黏土	E 123°51′52.6″ N 47°21′34.9″	95
						2	15—25	棕色	轻壤土	粒状	7.7	26.5	1.27	0.85	>40.0	15.1			
						3	25—105	棕黄色	轻壤土	片状	6.4	14.9	0.53	0.65	30.3	2.2			
剖15	半水成土	草甸土	石灰性草甸土	砂底石灰性草甸土		A	0—15	棕色	轻壤土								冲积物、堆积物	E 124°05′19.7″ N 47°39′18.7″	95
						Ap	15—25	棕黄色	砂壤土										
						B	25—40	棕色	砂壤土										
						BC	40—100	黄棕色	砂壤土										
剖16	半水成土	草甸土	石灰性草甸土	黏底石灰性草甸土		1	5—15				7.7	22.7	1.63	0.68			冲积物、堆积物	E 124°11′56.0″ N 47°21′38.2″	95
						2	30—40				8.1	11.1	0.93	0.52					
						3	75—85				8.4	1.6	0.32	0.32					
						4	110—120				8.1	<1.0	0.22						
剖17	半水成土	草甸土	石灰性草甸土	厚层黏底石灰性草甸土		1	0—20				7.3						冲积物、堆积物	E 124°07′30.0″ N 47°12′55.8″	95
						2	20—75				7.5								
						3	90—150				7.2								
						4	160—180				7.8								
剖18	半水成土	草甸土	草甸土	黏底草甸土		A₁	0—15	暗灰色	中壤土	团块状							冲积物、堆积物	E 123°37′43.3″ N 47°35′15.0″	75
						B₁	15—35	黄棕色	黏壤土	棱块状									
						B₂	35—50	黄黄灰色	黏壤土	棱块状									
						BC	50—100	棕黄色	黏壤土										

续表 Continued

剖面号 Soil profile	土纲 Soil order	土类 Soil great group	亚类 Soil subgroup	土属 Soil genus	土种 Soil species	土层码 Layer code	土层厚度 Depth/cm	颜色 Soil color	质地 Soil texture	土壤结构 Soil structure	pH	有机质 OM/(g/kg)	全氮 TN/(g/kg)	全磷 TP/(g/kg)	全钾 TK/(g/kg)	阳离子交换量CEC/(cmol/kg)	土壤母质 Parent material	剖面点坐标 Profile coordinate	匹配指数 Matching index/%
剖19	半水成土	草甸土	草甸土	砂底草甸土		A₁	0—15	棕灰色	砂壤土								冲积物、堆积物	E 124°06′38.5″ N 47°45′18.4″	75
						Ap	15—25	棕灰色	轻壤土	粒状									
						AB	25—50	灰棕色	轻壤土	块状									
						B₁	50—85	棕黄色	砂壤土										
						B₂	85—110	棕黄色	砂壤土										
						BC	110—150	棕黄色	细砂土										

龙 江 县

主要土类说明

　　草甸土是龙江县主要土壤类型，占本县地域面积的49%。本县草甸土的区域性分布主要在雅鲁河流域东部冲积大平原，隐域性分布主要在西部低山丘陵的谷地以及中部漫岗的平谷地带。草甸土的形成过程主要是草甸化过程，其形态特征有两个基本层次：第一个层次为较深厚的黑土层，厚度一般为20—60cm，个别厚度在1m以上，具团粒结构，质地较黏，有锈斑和铁子，腐殖质层呈水平向下过渡；第二个层次为锈色斑纹层，颜色较浅，有明显的锈纹、锈斑和铁锰结核。本县草甸土分为草甸土、石灰性草甸土、潜育草甸土、苏打盐化草甸土、碱化草甸土等亚类。

　　暗棕壤是龙江县第二大土壤类型，占本县地域面积的24%，俗称石硌子地，主要分布在本县西部海拔300—600m的低山丘陵和残丘。暗棕壤的成土过程具有明显有机质富集和弱酸性淋溶特征，具O–A–B–C剖面构型。本县暗棕壤分为原始暗棕壤、暗棕壤、草甸暗棕壤等亚类。

　　黑钙土是龙江县第三大土壤类型，占本县地域面积的22%，分布在本县中部，贯穿南北。黑钙土是在温带半湿润草甸草原下形成的具深厚均腐殖质层和碳酸钙淋溶淀积层的土壤，地处漫岗丘陵半干旱草甸草原生物气候带，海拔为174—300m，成土母质以基性岩风化物为主。该土壤均腐殖质层厚50cm左右，有机质含量为50—80g/kg。其下，钙积层明显。土壤表层pH约为7.0，逐渐往下pH为8.0—8.5。冬季冻层厚1.3—1.5m。本县黑钙土分为黑钙土、石灰性黑钙土、草甸黑钙土等亚类。

　　小于本县地域面积3%的土壤类型有草甸盐土、风沙土、新积土、水稻土。

本区域中心区气候特征

本区域中心区气候特征值
Regional climate characteristics in central area of the region

气候带：中温带亚干旱气候 Climate region: Mid temperate subarid climate	
年平均气温 /℃ Annual average temperature /℃	3.1
年平均最高气温 /℃ Annual average maximum temperature /℃	9.2
年平均最低气温 /℃ Annual average minimum temperature /℃	−2.5
年降水量 /mm Annual precipitation /mm	423
≥10℃的积温 /℃ Daily temperature accumulated in a year（≥10℃）/℃	1552
年日照时数 /h Annual sunshine /h	2800
年平均相对湿度 /% Annual average relative humidity /%	61
干燥度 Dryness	0.55

本区域中心区月平均气温与月平均降水量
Monthly temperature and precipitation in central area of the region

龙江县主要土壤类型与土壤剖面点分布图
1:400 000

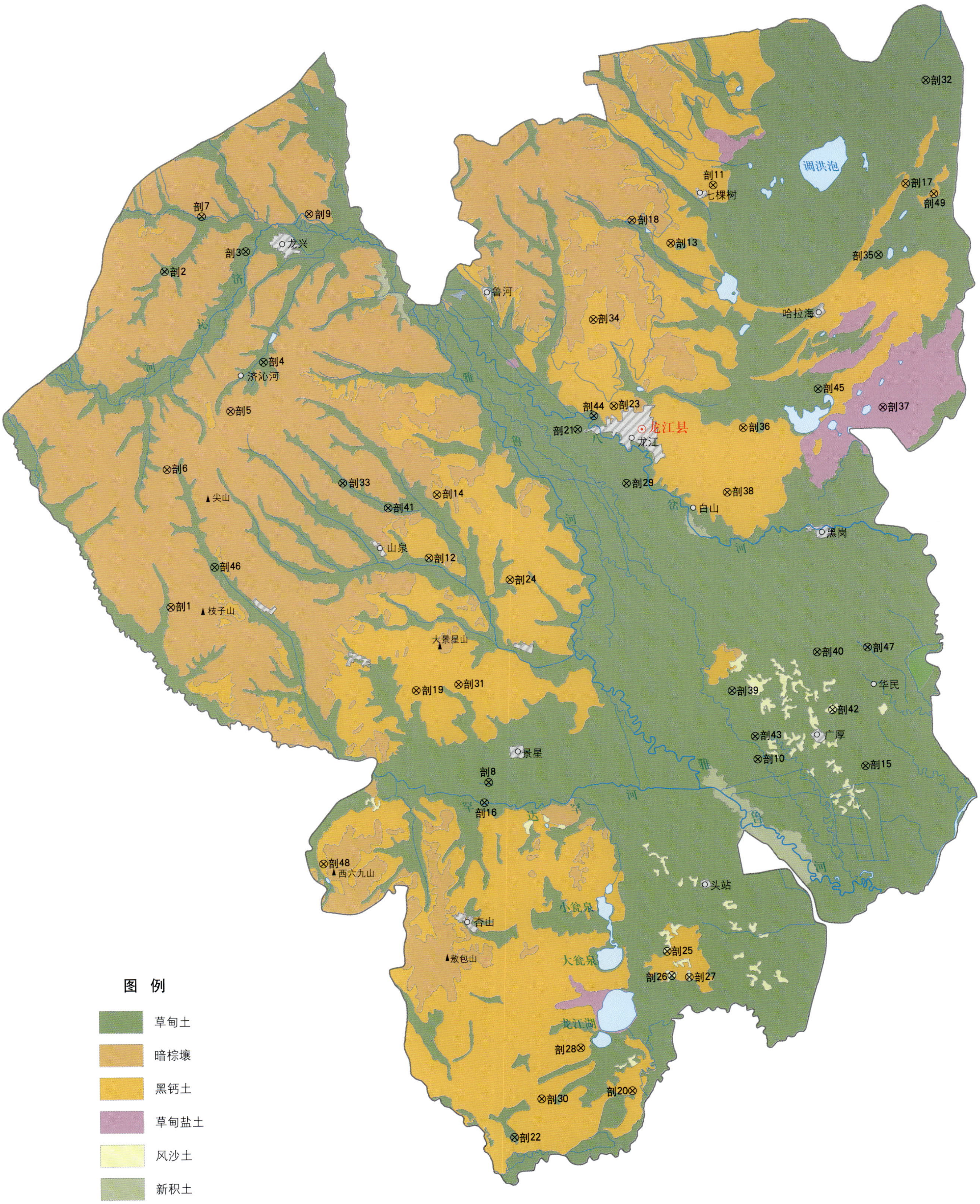

图例
- 草甸土
- 暗棕壤
- 黑钙土
- 草甸盐土
- 风沙土
- 新积土
- 水稻土
- ⊗ 剖面点

龙江县土壤剖面理化性状表

剖面号 Soil profile	土纲 Soil order	土类 Soil great group	亚类 Soil subgroup	土属 Soil genus	土种 Soil species	土层码 Layer code	土层厚度 Depth/cm	颜色 Soil color	质地 Soil texture	土壤结构 Soil structure	pH	有机质 OM/(g/kg)	全氮 TN/(g/kg)	全磷 TP/(g/kg)	碱解氮 AN/(mg/kg)	有效磷 AP/(mg/kg)	速效钾 AK/(mg/kg)	土壤母质 Parent material	剖面点坐标 Profile coordinate	匹配指数 Matching index/%
剖1	淋溶土	暗棕壤	暗棕壤	石质原始暗棕壤	石质原始暗棕壤	As	0—5	灰黄色	中砾质轻壤土	粒块状	7.0	77.6	3.32	2.01				坡积物、堆积物	E 122°36′39.2″ N 47°11′30.5″	75
						C	5—	浅灰色	重砾质中壤土		7.2	63.9	3.38	2.21						
剖2	半水成土	草甸土	草甸土	沟谷砂砾底草甸土	中层沟谷砂砾底草甸土	As	0—10	暗棕灰色	轻壤土	小粒状								沉积黄黏土	E 122°36′16.6″ N 47°27′58.3″	95
						A₁	10—35	暗棕灰色	轻壤土	小粒状										
						AB	35—75	灰棕色	中壤土	小块状										
						B	75—115	灰黄色	中壤土	小粒块状										
						BC	115—140	棕黄色	重壤土	核块状										
						C	140—150	灰黄色												
剖3	半水成土	草甸土	草甸土	中位砂砾底草甸土	厚层中位砂砾底草甸土	Ap	0—20	灰黑色	轻砾质轻壤土	块状	7.7	16.8	1.09	0.81	67	9.5		冲积物、坡积物	E 122°42′11.5″ N 47°28′57.4″	95
						App	20—30	灰黑色	轻砾质轻壤土	状状	7.5	13.8	0.85	0.73	50	<1.0	77			
						A₁	30—50	灰黑色	轻砾质轻壤土	块状	7.4	10.1	0.71	0.75	39		64			
						AB	50—80	灰黄色	轻砾质紧砂土	块状	7.4	1.8		0.55	22					
						C	80—150	浅灰色												
剖4	半水成土	草甸土	草甸土	沟谷黏底草甸土	厚层沟谷黏底草甸土	Ap	0—25	灰棕色	轻砾质轻壤土	粒状	7.9	28.5	1.44	1.11	90	13.9	245	沉积黄黏土	E 122°43′26.4″ N 47°23′31.6″	95
						App	25—35	棕黄色	轻砾质重壤土	粒块状	7.6	16.0	0.94	0.78	61	37.5	163			
						AB	35—65	暗棕色	轻砾质重壤土	小块状	7.4	12.4	0.75	0.72	42					
						B	65—90	棕黄色	轻壤土	块状	7.4	13.1	0.57	0.79	33					
						C	90—150	棕黄色	中壤土		7.7	11.4	0.55	0.86	38					
剖5	淋溶土	暗棕壤	暗棕壤	石质原始暗棕壤	石质原始暗棕壤	As	0—5	栗色	重壤土	小粒状	7.2	82.2	4.71	2.03				花岗岩、流纹岩 风化残积物或坡积物	E 122°41′03.1″ N 47°21′07.9″	96
						A	5—12	暗栗色		粒状	7.1	76.1	3.37	1.98						
						AC	12—20	灰褐紫色												
						C	20—													
剖6	淋溶土	暗棕壤	暗棕壤	石质暗棕壤	石质暗棕壤	Ap	0—20	灰棕色	轻砾质中壤土	小粒块状	7.6	98.3	1.93	1.40	12	2.3	88	风化的砂砾，以坡积物、残积物为主	E 122°36′24.8″ N 47°18′15.5″	95
						App	20—30	灰棕色	轻砾质中壤土	块状	7.7	18.5	1.17	0.83	60	6.5	97			
						B	30—60	棕黄色	中砾质中壤土		7.4	9.0	0.70	0.77	29					
						C₁	60—120	重棕色	重砾质重壤土		7.6	3.0	0.43	2.34	12					
						C₂	120—150	灰色	重砾质重壤土		7.4	10.6	1.24	1.63	14			99		
剖7	淋溶土	暗棕壤	草甸暗棕壤	草甸暗棕壤	草甸暗棕壤	1	5—15	棕ához色	砂壤土	粒状	7.8	38.7	1.39	0.89	135	8.9	70	花岗岩、流纹岩 风化残积物或坡积物	E 122°38′58.6″ N 47°30′41.0″	95
						2	25—35	浅灰黄	砂壤土	粒状	7.7	25.1	0.93	0.86	86	6.1	40			
						3	35—45	灰黄色	重壤土	小块状	7.7	15.3	0.59	0.48	49	4.8				
						4	60—70	灰棕色	重壤土	核块状	7.8	8.9	0.30	1.08	25					
						5	100—110				7.9	6.2	0.32		28					
剖8	半水成土	草甸土	潜育草甸土	厚层黏底潜育草甸土	厚层黏底潜育草甸土	Ap	0—20	深灰棕色	中砾质中壤土	粒状	7.1	47.6	2.24	1.24	175	20.6	181	花岗岩、流纹岩 风化残积物或坡积物	E 122°59′31.6″ N 47°02′47.4″	95
						A₁	20—55	浅灰色	中砾质轻壤土	粒状	7.0	10.7	0.58	0.57	35	9.0	179			
						AB	55—80	灰棕色	中砾质轻壤土	小块状	7.2	9.8	0.53	0.78	51					
						Bg	80—150	棕褐色	重砾质重壤土	核块状	7.2	7.0	0.36	0.50	16					
剖9	淋溶土	暗棕壤	暗棕壤	砾质暗棕壤	砾质暗棕壤	As	0—20	灰黑棕色	中砾质中壤土	粒状								花岗岩、流纹岩 风化残积物或坡积物	E 122°46′48.0″ N 47°30′48.6″	95
						A₁														
						C														

续表 Continued

剖面号 Soil profile	土纲 Soil order	土类 Soil great group	亚类 Soil subgroup	土属 Soil genus	土种 Soil species	土层码 Layer code	土层厚度 Depth/cm	颜色 Soil color	质地 Soil texture	土壤结构 Soil structure	pH	有机质 OM/(g/kg)	全氮 TN/(g/kg)	全磷 TP/(g/kg)	碱解氮 AN/(mg/kg)	有效磷 AP/(mg/kg)	速效钾 AK/(mg/kg)	土壤母质 Parent material	剖面点坐标 Profile coordinate	匹配指数 Matching index/%
剖10	半水成土	草甸土	草甸土	深位砂砾底草甸土	中层深位砂砾底草甸土	Ap	0—20	暗灰色	轻壤土	块状	7.9	21.9	1.19	0.85	126	23.6	94	冲积物	E 123°18′58.3″ N 47°03′49.7″	95
						A_1	20—35	暗灰色	轻壤土	核块状	7.9	21.9	1.19	0.85	126	23.6	94			
						AB	35—50	暗灰色	轻壤土	核块状	7.4	10.6	0.60	0.59	69	3.0	96			
						B	50—90	浅黄色	轻壤土	核状	7.4	3.0	0.18	0.46	33	3.6				
						C	90—150	浅黄色	砂砾土		7.7	<1.0	0.15	0.40	29	3.6	116			
剖11	钙层土	黑钙土	黑钙土	砂砾质黑钙土	中层砂砾质黑钙土	As	0—8	棕灰色	重壤土	粒状	7.6	46.8	2.92	1.03	260	3.9			E 123°16′14.9″ N 47°32′07.8″	95
						A_1	8—28	暗灰色	轻壤土	粒状	7.4	47.1	2.06	0.96	187	2.2	72			
						AB	28—65	暗棕色	重壤土	核块状	8.1	20.9	0.86	0.57	127					
						Bca	65—95	浅黄棕色	中粘土	块状	9.0	3.6	0.23		43					
						BC	85—150		轻粘土	小块状	8.8	3.0	<0.10		43					
						C	125—150	棕色	重壤土		8.6	2.2	0.31		44					
剖12	钙层土	黑钙土	石灰性黑钙土	黏底石灰性黑钙土	厚层石质黑钙土	Ap	0—10	暗褐色	中壤土	粒块状								黄土状母质	E 122°55′21.0″ N 47°13′52.0″	95
						App	10—15	暗灰色	中壤土	核块状										
						A_1	15—65	灰棕色	重壤土	块状										
						Bca	65—85	浅棕色	轻壤土	无结构										
						BcaC	85—150			小粒状										
剖13	钙层土	黑钙土	石灰性黑钙土	黏底石灰性黑钙土	厚层黏底石灰性黑钙土	Ap	0—18	暗灰色	中壤土	小粒状								残积物	E 123°13′06.2″ N 47°29′16.1″	95
						App	18—25	暗灰色	中壤土	核块状	8.1	64.1	0.30	2.24	88	9.3	267			
						A_1	25—45	灰白色	中砾质轻壤土	核块状	8.7	23.5	1.32	1.70	92	3.4	82			
						AB	45—75	浅棕黄色	重砾质砂壤土	核块状	8.8	12.8	0.54	2.11	55	1.3	60			
						Bca	75—95	棕黄色	松砂土	粒状	9.0	1.0	<0.10	0.69	133	1.3	27			
						C	95—150	黄棕色	重粘土	块状	7.9	13.7	0.75	0.62	62	17.7	111			
剖14	钙层土	黑钙土	石灰性黑钙土	石质石灰性黑钙土	中层中位石质石灰性黑钙土	Ap	0—30	暗栗色	轻壤土	粒块状	7.5	6.5	0.34	0.48	30	11.8	59	残积物	E 122°55′58.1″ N 47°16′59.2″	95
						AB	30—60	暗灰色	轻壤土	核块状	7.7	4.7	0.54	0.46	23					
						Bca	60—90	棕灰色	重壤土	块状	7.6	5.5	0.23	0.52	18					
						C	90—150	灰棕色	中壤土	块状	7.7	2.8	0.26	0.38	12					
剖15	半水成土	草甸土	草甸土	中位砂砾底草甸土	中层中位砂砾底草甸土	Ap	0—20	黄色	中砾质轻壤土	小块状								冲积物	E 123°26′45.2″ N 47°03′26.3″	95
						App	20—30	浅黄色	轻砾质砂壤土	粒状	7.6	32.2	1.55	1.15	145	3.4	80			
						B	30—45	暗灰色	重砾质砂壤土	块状										
						C_1	45—110	棕灰色	中砾质中壤土	块状										
						C_2	110—150	灰棕色	重砾质紧壤土											
剖16	半水成土	草甸土	草甸土	黏底黑钙土	厚层黏底黑钙土	Ap	0—30	暗棕色	重壤土	团粒状	8.1	28.9	1.24	1.12	111	2.3	89	冲积物	E 123°59′13.6″ N 47°01′47.6″	95
						App	30—40	棕色	轻壤土	块状	8.6	25.9	1.22	1.19	103		56			
						AB	40—55	浅灰棕色	重壤土	块状	7.7	22.2	0.98	1.19	70					
						Bca	55—100	灰棕色	中粘土	棱块状	8.4						81			
						C	100—150	暗棕色	重壤土	粒状							49				
剖17	钙层土	黑钙土	石灰性黑钙土	石质黑钙土	中层石质黑钙土	Ap	0—15		轻砾质重壤土		8.1	15.1	0.17	0.53	150	1.6		残积物	E 123°30′16.2″ N 47°32′06.4″	95
						App	25—40	棕色	重砾质重壤土	核状	8.7	3.8	0.80	0.30	≥400	4.9				
						AB	40—55	浅灰棕色	重砾质重壤土	粒状	8.6	5.3	0.35	>4.00	356					
剖18						Bca	55—115	黄棕色	重壤土	粒状	8.4	6.0	0.32	3.16	382				E 123°10′18.1″ N 47°30′25.6″	
						C	115—150	棕黄色	重砾质中壤土		8.4	2.3	0.13	1.92	283					

续表 Continued

剖面号 Soil profile	土纲 Soil order	土类 Soil great group	亚类 Soil subgroup	土属 Soil genus	土种 Soil species	土层码 Layer code	土层厚度 Depth/cm	颜色 Soil color	质地 Soil texture	土壤结构 Soil structure	pH	有机质 OM/(g/kg)	全氮 TN/(g/kg)	全磷 TP/(g/kg)	碱解氮 AN/(mg/kg)	有效磷 AP/(mg/kg)	速效钾 AK/(mg/kg)	土壤母质 Parent material	剖面点坐标 Profile coordinate	匹配指数 Matching index/%
剖19	钙层土	黑钙土	黑钙土	砾底黑钙土	中层砾底黑钙土	Ap	0—22	灰黑色	中砾质轻壤土	团粒状	8.4	49.3	2.50	1.44	262	2.6	174	残积物	E 122° 54′ 22.7″ N 47° 07′ 22.1″	95
剖20	钙层土	黑钙土	黑钙土	砂砾质黑钙土	厚层砂砾质黑钙土	Ap	22—30	灰黑色	轻砾质中壤土	块状	8.4	19.4	0.99	0.76	87	4.9	115	基性岩风化物	E 123° 09′ 39.2″ N 46° 47′ 39.8″	95
						App	30—50	浅黄色	中砾质重壤土	核块状、粒状	8.7	9.5	0.52	0.46	39	15.0				
						A₁	50—67	灰黑色	重砾质中壤土	粒状	8.6	7.5	0.36	0.81	31	2.9				
						AB	67—90	浅黄色	粒块状		8.7	3.5								
						B			重黏土	小块状			2.03	1.08	25	5.1				
						Bca	90—150	灰黄色												
剖21	半水成土	草甸土	草甸土	深位砂砾底草甸土	厚层深位砂砾底草甸土	Ap	0—20	棕灰色	重黏土	粒状状	7.9	25.5	1.27	0.90	132	1.9	86	冲积物、坡积物	E 123° 06′ 13.0″ N 47° 20′ 10.3″	95
						App	20—25	棕灰色	中黏土	核状	7.3	17.5	0.85	>4.00	81	<1.0	75			
						At	25—45	灰黑色	中黏土	块状	7.1	12.4	0.66		61		74			
						AB	45—75	灰黄色	重壤土	核块状	8.6	8.9	0.66		32	7.9	81			
						B	75—120	黄黄色	轻壤土	核块状	7.0	15.9	0.83	0.82	100	13.1	102			
						Bca	120—150	棕灰色	砂壤土	小块状	7.3	11.9	0.57	0.64	70	4.4	51			
剖22	半水成土	草甸土	石灰性草甸土	沟谷砂砾底石灰性草甸土	厚层沟谷砂砾底石灰性草甸土	Ap	0—25	棕灰色	砂壤土	粒状	7.4	5.0	0.29		45	7.6	30	黄土状黏土	E 123° 01′ 09.1″ N 46° 45′ 27.7″	95
						A₁	25—50	棕灰色		不明显块状	7.8	2.3	0.15		9	6.5	35			
						B	50—110		砂壤土	块状										
						C	110—150													
						Ap	0—25	棕灰色	中砾质中壤土	粒状	8.2	60.9	3.19	1.66	195	30.9	268			
						App	25—35	黄棕色	中砾质中壤土	粒状	8.3	20.5	1.12	0.92	67	9.1	159			
						AB	35—50	浅黄灰色	重砾质中壤土	小块状	8.5	15.3	0.82	0.69	47	3.0	165			
						C	50—150	黄黄色	重砾质紧砂土		7.0	4.3	0.24	0.68	26		31			
剖23	钙层土	黑钙土	黑钙土	砾底黑钙土	厚层砾底黑钙土	Ap	0—22	暗栗色	轻壤土	小粒状								洪积砂砾	E 123° 08′ 51.0″ N 47° 21′ 47.2″	95
						App	22—33	浅栗色	轻黏土	粒状状										
						A₁	33—43	暗棕色	轻黏土	粒状										
						Bca	43—73	暗黄色	轻黏土	核块状										
						B₁	73—93	暗黄色	砂壤土	核块状										
						B₂	93—113	暗黄色	砂壤土	小块状										
						C	113—150	暗黄色	砂壤土	小粒状										
剖24	钙层土	黑钙土	石灰性黑钙土	龙兴石灰性黑钙土	龙兴石灰性黑钙土	Ap	0—25	棕黑色	砂质黏壤土	团块状		47.4	2.79	0.72	62			洪积砂砾	E 123° 12′ 15.8″ N 46° 54′ 25.6″	81
						Aca	25—50	黑棕色	砂质黏壤土	粒状、团块状		49.6	2.64	0.73	27					
						ABca	50—75	暗黄棕色	黏质黏壤土	块状		37.7	1.98	0.58						
						Bca	75—110	暗黄棕色	黏质紧砂土	块状		5.8	0.33	0.33						
						Cca	110—150	暗黄棕色	砂质黏紧砂土	小块状										
剖25	初育土	风沙土	生草风沙土	岗地生草风沙土	棕沙岗地生草风沙土	As	0—10	灰灰色	砂壤土	粒状	7.4	10.5	0.64	0.54	62	3.2	41	风积沙	E 123° 12′ 12.4″ N 47° 12′ 47.2″	95
						C₁	10—37	浅灰色	砂壤土	小粒状	7.4	7.3	0.48	0.53	27	5.5	70			
						C₂	37—80	黄棕色	砂壤土	粒状	7.3	7.0			33	4.0				
						C₃	80—150	棕黄色	砂壤土	小块状										
剖26	初育土	风沙土	生草风沙土	岗地生草风沙土	黄沙岗地生草风沙土	As	0—19	灰黄色	砂壤土	小块状	6.4	5.2			27	8.7		风积沙	E 123° 12′ 34.6″ N 46° 53′ 13.9″	75
						AB	19—55	浅黄色	细砂土			1.1								
						C	55—150	灰黄色	砂壤土			1.9								
剖27	初育土	风沙土	生草风沙土	岗地生草风沙土	灰沙岗地生草风沙土	As	0—15	浅灰色	砂壤土	粒状	7.8	6.0			31	12.4		风积沙	E 123° 13′ 50.2″ N 46° 53′ 08.9″	75
						A₁	15—45	黄灰色	砂壤土	块状	7.4	2.7			26	16.7				
						AC₁	45—75	黄黄色	砂壤土	小块状										
						AC₂	75—105	灰黄色	砂壤土	块状										
						AC₃	105—140	灰黄色	砂壤土	小块状										
						C	140—150	灰黄色	砂壤土											

续表 Continued

剖面号 Soil profile	土纲 Soil order	土类 Soil great group	亚类 Soil subgroup	土属 Soil genus	土种 Soil species	土层码 Layer code	土层厚度 Depth/cm	颜色 Soil color	质地 Soil texture	土壤结构 Soil structure	pH	有机质 OM/(g/kg)	全氮 TN/(g/kg)	全磷 TP/(g/kg)	碱解氮 AN/(mg/kg)	有效磷 AP/(mg/kg)	速效钾 AK/(mg/kg)	土壤母质 Parent material	剖面点坐标 Profile coordinate	匹配指数 Matching index/%
剖28	钙层土	黑钙土	草甸黑钙土	草甸黑钙土	中层草甸黑钙土	Ap	0—10	浅栗色	重砾质轻壤土	粒状	8.6	44.3	2.33	1.41	123	11.3	145	基性岩风化物	E 123°05′58.2″ N 46°49′45.8″	95
						App	10—15	浅栗色	中砾质中壤土	粒块状	8.8	28.6	1.26	1.08	124	7.5	73			
						AB	15—20	浅黄色	中砾质中壤土	核块状	8.8	28.6	0.64	1.08	124	7.5	73			
						B₁	20—40	浅黄色	轻砾质重壤土	核块状	8.9	13.6	0.36	0.77	42	3.4	78			
						Bca	40—60	浅黄色	重砾质重壤土	核块状	9.0	8.6	0.36	0.74	33	2.3	81			
						BC	60—150	浅棕色	重砾质重壤土	核块状	8.9	5.6	0.33	0.55	17	2.3	105			
剖29	半水成土	草甸土	石灰性草甸土	砂砾底石灰性草甸土	中层砂砾底石灰性草甸土	Ap	0—25	棕黑色	轻壤土	小粒状								冲积物、坡积物	E 123°09′43.6″ N 47°17′28.7″	95
						AB	25—50	黄黑色	中壤土	块状										
						Bca	50—80	浅黄色	中壤土	核状										
						BC	80—110	灰黄色	松砂土	粒状										
剖30	钙层土	黑钙土	草甸黑钙土	砾底草甸黑钙土	龙江潮钙草甸土	Ap	0—10	灰色	壤土	团块状	8.4	44.3	2.33	1.41		3.5	175	洪积砂砾	E 123°03′07.9″ N 46°47′19.0″	95
						A	10—20	棕黑色	砂质黏壤土	团块状	8.4	28.0	1.26	1.08		<1.0	133			
						Bca	20—60	暗棕色	砂质黏壤土	小核状	8.6	8.6	0.36	0.74			128			
						BC	60—120	暗棕色	砂质黏壤土	核块状	8.7	5.6	0.33	0.55			134			
剖31	钙层土	黑钙土	黑钙土	黏底黑钙土	厚层黏底黑钙土	As	0—20	浅灰色	中壤土	粒状	8.4	42.8	2.19	1.09	≥400			冲积物、坡积物	E 122°57′25.9″ N 47°07′39.4″	95
						A₁	20—70	暗黑色	重黏土	核块状	8.4	21.8	1.01	0.84	246					
						B₁	70—90	浅黄色	重黏土	块状	8.6	7.4	0.90	0.86	246					
						Bca	90—150	深黑色	中壤土	粒状		10.1	0.53	0.98	368					
剖32	半水成土	草甸土	苏打盐化草甸土	黏壤质苏打盐化草甸土	中层轻黏壤质苏打盐化草甸土	Ap	0—20	暗黄色	轻黏土	片状								冲积物、坡积物	E 123°31′50.2″ N 47°37′10.2″	75
						AB	20—35	灰黄色	中壤土	粒状										
						B	35—50	棕黄色	中壤土	粒状										
						BC	50—85	褐黄色	中壤土	粒状										
							85—150	深黑色	重壤土	小块状	8.5	40.2	2.87	1.34	263	11.0	11			
剖33	半水成土	草甸土	石灰性草甸土	黏底石灰性草甸土	中层黏底石灰性草甸土	Ap	0—21	灰色	轻黏土	小粒状	8.5	32.1	2.19	1.08	292	15.0	15		E 122°49′08.8″ N 47°17′34.4″	75
						App	21—30	浅灰色	重黏土	小核块状	8.6	27.2	1.44	0.94	189					
						A₁	30—39	浅灰色	重黏土	核块状	8.6	27.4	1.44	0.94	189					
						AB	39—56	灰黄色	重黏土	块状	8.6	8.1	0.40		97					
						Bca	56—105	褐黄色	轻黏土	核块状	8.9	4.2	0.34		53					
						C	105—150	深黑色	重黏土	片状	7.5	52.5	2.52	1.25	102					
剖34	钙层土	黑钙土	石灰性黑钙土	砂砾质石灰性黑钙土	中层砂砾质石灰性黑钙土	Ap	0—25	暗黄色	重砾质中壤土	团粒状	8.5	47.4	2.79	1.64	135	3.2	167	残积物、坡积物	E 123°07′25.0″ N 47°25′32.5″	95
						App	25—30	灰黄色	重砾质中壤土	片状	7.6	49.6	2.64	1.68	182	1.8	126			
						A₁	30—50	浅黄色	中壤土	小粒状	8.2	27.5	1.98	1.32	128		104			
						AB	50—75	棕色	中壤土	块状	8.4	37.7	0.33	0.74	32		67			
						B	75—110	浅黄色	轻壤土	粒状	8.9	5.8	<0.10	0.79	11		93			
						BC	110—150	褐黄色	重黏土	片状		2.2								
剖35	半水成土	草甸土	苏打盐化草甸土	黏壤质苏打盐化草甸土	厚层中度黏壤质苏打盐化草甸土	As	0—10	浅灰色	轻壤土	粒状						7.1	270		E 123°28′12.7″ N 47°28′36.1″	95
						A₁	10—20	灰黄色	中壤土	小粒状										
剖36	钙层土	黑钙土	石灰性黑钙土	砾质石灰性黑钙土	中层砾质石灰性黑钙土	AB	20—45	棕黄色	中壤土	小粒状		1.84	0.74		146				E 123°18′13.7″ N 47°20′11.4″	95
						B	45—65	棕黄色	轻壤土	粒状		14.8	0.60	0.84	73					
						Bca	65—90	棕黄色	轻壤土	小粒状	8.2	11.2		0.79	56					
						C	90—115	黄棕色	轻壤土	粒状	8.5	<1.0	0.32	0.78	49					

续表 Continued

剖面号 Soil profile	土纲 Soil order	土类 Soil great group	亚类 Soil subgroup	土属 Soil genus	土种 Soil species	土层码 Layer code	土层厚度 Depth/cm	颜色 Soil color	质地 Soil texture	土壤结构 Soil structure	pH	有机质 OM/(g/kg)	全氮 TN/(g/kg)	全磷 TP/(g/kg)	碱解氮 AN/(mg/kg)	有效磷 AP/(mg/kg)	速效钾 AK/(mg/kg)	土壤母质 Parent material	剖面点坐标 Profile coordinate	匹配指数 Matching index/%
剖37	盐碱土	草甸盐土	碱化盐土	苏打碱化盐土	浅位苏打碱化盐土	A	0—3	浅灰色	轻壤土	屑粒状	>9.5	11.2	0.72	0.85	96	15.3	177		E 123°28′22.4″ N 47°21′06.1″	75
						Ana	3—20	暗灰色	中壤土	核块状	9.3	6.5	0.36	0.92	49	14.5	230			
						B₁	20—40	浅黄色	轻黏土	核块状	9.3	4.4	0.22	0.69	18		210			
						B₂	40—60	浅黄色	轻黏土	核块状	9.1	3.5	0.22	0.62	21		200			
						BC	60—90	黄色	重黏土	大块状	8.8	3.1	0.18	0.64	64		174			
						C	90—150	棕黄色	重黏土	核块状				0.50						
剖38	钙层土	黑钙土	石灰性黑钙土	砾底石灰性黑钙土	白山石灰型黑钙土	Aca	0—24	棕黑色	壤质黏土	粒状		40.3	2.37					洪积砂砾	E 123°17′01.0″ N 47°16′59.5″	82
						ABca	24—50	暗黄棕色	壤质黏土	核块状		13.9	0.81	0.32						
						Bca	50—142	暗黄棕色	壤质黏土	块状		4.8								
						Cca	142—180	黄棕色												
剖39	半水成土	草甸土	潜育草甸土	砂砾底潜育草甸土	厚层砂砾底潜育草甸土	Ap	0—18	浅灰色	轻壤土	粒状								冲积物	E 123°17′11.8″ N 47°07′13.8″	95
						App	18—28	中壤土	粒状											
剖40	半水成土	草甸土	潜育草甸土	浅位砂砾底潜育草甸土	中层浅位砂砾底潜育草甸土	A	28—55	浅黄色	中壤土	粒状								冲积物、坡积物	E 123°23′22.6″ N 47°09′05.8″	95
						AB	55—80	灰黄色	中壤土	粒状										
						Bg	80—140	浅黄色	轻黏土	粒状										
						C	140—150	黄黄色	砂黏土	小块状										
剖41	半水成土	草甸土	潜育草甸土	砂砾底潜育草甸土	薄层砂砾底潜育草甸土	Ap	0—25	暗棕色	轻砾质中壤土	小核块状	7.7	12.1	0.63	0.57	37	3.7	81	冲积物、坡积物	E 123°23′22.6″ N 47°09′05.8″	95
						AB	25—35	棕色	轻砾质中壤土	核块状	7.6	6.0	0.36	0.56	35	5.1	59			
						Bca	35—110	棕灰色	中壤土			2.6	0.15	0.56	22					
						BC	110—150	灰白色	重砾质中壤土			2.2	0.22	0.68	22					
剖42	初育土	风沙土	黑钙土型风沙土	岗地黑钙土型风沙土	岗地黑钙土型风沙土	As	0—10	灰黑色	中壤土	粒状	7.8	58.4	3.18	1.02	185	19.7	286	风积沙	E 122°52′26.0″ N 47°16′19.9″	95
						A₁	10—20	黑黑色	中壤土	粒状	>9.5	15.2	0.59	0.55	200	7.4	93			
						AB	20—55	灰棕色	中壤土	粒状	>9.5	4.6	0.33	0.46	57					
						BC	55—105	浅灰色	轻壤土	粒状	8.8	2.6	0.22		≥400					
						C	105—150	黄黄色	砂壤土	小块状	8.5	2.4	0.17		212					
剖43	半水成土	草甸土	潜育草甸土	浅位砂砾底潜育草甸土	薄层浅位砂砾底潜育草甸土	Ap	0—13	暗棕色	砂壤土	粒状								冲积物、坡积物	E 123°24′25.2″ N 47°06′13.7″	93
						Bg	13—17	灰黄色	砂壤土	核块状										
						C	17—150	灰白色	紧砂土	无结构										
剖44	半水成土	草甸土	潜育草甸土	砂砾底潜育草甸土	中层砂砾底潜育草甸土	As	0—10	灰黄色	砂砾土	粒状								风积沙	E 123°18′48.2″ N 47°04′57.7″	95
						A₁	10—37	暗棕色	细砂土	核块状										
						AB	37—60	棕黄色	砂砾土	小块状										
						B₁	60—87	浅灰色	轻壤土	小块状										
						B₂	87—120	灰黄色	砂壤土	小核块状										
剖45	半水成土	草甸土	碱化草甸土	苏打碱化草甸土	高位苏打碱化草甸土	As	0—15	深灰色	中壤土	大核块状	8.5	26.7	1.68	1.21	155	13.0	328		E 123°07′23.5″ N 47°20′49.9″	95
						Ak	15—30	黄黄色	轻壤土	核块状	8.5	11.6	0.82	1.13	82	8.7	292			
						AB	30—50	灰黄色	中壤土	核块状	8.6	10.5	0.75	0.87	88		339		E 123°23′41.6″ N 47°22′03.0″	75
						B	50—90	灰黄色	中黏土	核块状	8.8	11.1	0.56	0.97	48		>500			
						BC	90—150	灰黄色	重黏土	粒状	8.8	7.3	0.22	0.84	42		286			

续表 Continued

剖面号 Soil profile	土纲 Soil order	土类 Soil great group	亚类 Soil subgroup	土属 Soil genus	土种 Soil species	土层码 Layer code	土层厚度 Depth/cm	颜色 Soil color	质地 Soil texture	土壤结构 Soil structure	pH	有机质 OM/(g/kg)	全氮 TN/(g/kg)	全磷 TP/(g/kg)	碱解氮 AN/(mg/kg)	有效磷 AP/(mg/kg)	速效钾 AK/(mg/kg)	土壤母质 Parent material	剖面点坐标 Profile coordinate	匹配指数 Matching index/%
剖46	半水成土	草甸土	石灰性草甸土	沟谷黏底石灰性草甸土	厚层沟谷黏底石灰性草甸土	As	0—10	暗灰色	轻壤土	团粒状	8.7	33.5	2.28	2.29	113	13.1	155		E 122°39′50.0″ N 47°13′27.5″	75
						A₁	10—40	灰色	中壤土	团粒状	9.4	18.5	1.31	2.02	93	7.8				
						AB	40—66	灰黄色	轻黏土	小核块状	9.2	6.4	0.44	2.14	20					
						B	66—120	灰黄色	轻黏土	核状	9.1	3.7	0.43	2.10	40					
						C	120—150	棕黄色	轻黏土	核块状										
剖47	半水成土	草甸土	碱化草甸土	苏打碱化草甸土	深位苏打碱化草甸土	As	0—19	灰色	重壤土	核块状	8.5	39.8	2.36	1.46	248	7.8	208		E 123°27′02.2″ N 47°09′18.4″	75
						A₁	19—35	灰黄色	轻黏土	粒状	8.8	19.7	0.98	1.20	260					
						Ak	35—62	灰黑色	中黏土	棱块状	>9.5	11.2	0.48		58					
						BC	62—110	浅灰色	中黏土	块状	>9.5	8.0	0.44		43					
						C	110—150	暗灰色	轻黏土	小核块状										
剖48	钙层土	黑钙土	石灰性黑钙土	石质石灰性黑钙土	厚层石质石灰性黑钙土	Ap	0—22	栗色	中壤土	粒块状								黄黏土、黄土状母质	E 122°47′35.5″ N 46°58′50.5″	95
						AB	22—90	灰色	重壤土	小块状							111			
						Bca	90—130	浅黄色	轻黏土	小块状							95			
						C	130—150	棕黄色		无结构							64			
剖49	钙层土	黑钙土	石灰性黑钙土	石质石灰性黑钙土	中层石质石灰性黑钙土	As	0—15	暗栗色	中砾质砂壤土	粒状	8.3	41.5	2.11	1.11	135	1.3			E 123°32′17.9″ N 47°31′35.4″	95
						A₁	15—35	暗栗色	中砾质中壤土	粒状	8.3	40.8	2.09	1.23	141	11.8				
						AB	35—75	浅棕色	重砾质轻壤土		8.2	18.7	1.05	0.48	138	2.5				
						Bca	75—150	灰白色	重砾质中壤土		8.5	2.1	0.12	0.31	140	13.2				

依 安 县

主要土类说明

　　黑钙土是依安县主要土壤类型，占本县地域面积的54%，主要分布在乌裕尔河北部的红星、先锋、新屯和乌裕尔河南部的新发、阳春、解放、双阳以西各地。乌裕尔河北部为温冷湿润少雨区，乌裕尔河南部为温凉半湿润区的温和半干旱少雨区。分布区春季风较大，可达6—8级，常有春旱。自然植被为草甸草原植物，一般植株比较矮小，具有耐旱耐盐特性，主要可分为两类：一类为针茅、兔毛蒿草原，盖度为45%—70%；另一类为碱草草原，盖度为40%—60%。黑钙土分布区的气候由亚湿润向亚干旱过渡，植被盖度较低，母质及地表水、地下潜水为富钙型，构成了黑钙土的成土条件。其成土过程主要表现为腐殖化过程和钙的聚积过程，有的还伴有一些附加成土过程，如草甸化、淋溶等过程。根据成土条件、钙的聚积部位、附加成土过程、形态特征及肥力状况的不同，本县黑钙土分为黑钙土、淋溶黑钙土、石灰性黑钙土、草甸黑钙土等亚类。

　　草甸土是依安县第二大土壤类型，占本县地域面积的28%，主要分布在乌裕尔河、双阳河两岸的河漫滩。草甸土是在冷湿条件下，受地下水浸润并在草甸植被下发育形成的非地带性半水成型土壤。其成土过程主要为草甸化过程，即表层的腐殖化和剖面的潴育化过程。腐殖质的积累程度完全取决于生草过程的强弱和时间的长短。根据发生特征及成土过程的不同，本县草甸土分为草甸土、潜育草甸土、石灰性草甸土、盐化草甸土、碱化草甸土等亚类。

　　黑土是依安县第三大土壤类型，占本县地域面积的17%，主要分布在上游、太东、红星等地的大部分地区，以及先锋、新屯、新发、阳春、解放、双阳等地的东北部和东部。受地质抬升作用的影响，黑土分布区均为台地（漫岗）与阶地地貌，地势较缓，波状起伏。成土母质以第四纪黄色黏土为主，土层深厚（数米至十几米），上下均一，地下水位较低，矿化度较低（0.3—0.5g/L）。根据成土条件、附加成土过程、形态特征及肥力状况的不同，本县黑土分为黑土、草甸黑土等亚类。

　　小于本县地域面积3%的土壤类型有碱土。

本区域中心区气候特征

本区域中心区气候特征值
Regional climate characteristics in central area of the region

气候带：中温带亚湿润气候 Climate region: Mid temperate subhumid climate	
年平均气温 /℃ Annual average temperature /℃	2.6
年平均最高气温 /℃ Annual average maximum temperature /℃	8.5
年平均最低气温 /℃ Annual average minimum temperature /℃	-2.9
年降水量 /mm Annual precipitation /mm	476
≥10℃的积温 /℃ Daily temperature accumulated in a year（≥10℃）/℃	947
年日照时数 /h Annual sunshine /h	2757
年平均相对湿度 /% Annual average relative humidity /%	63
干燥度 Dryness	0.35

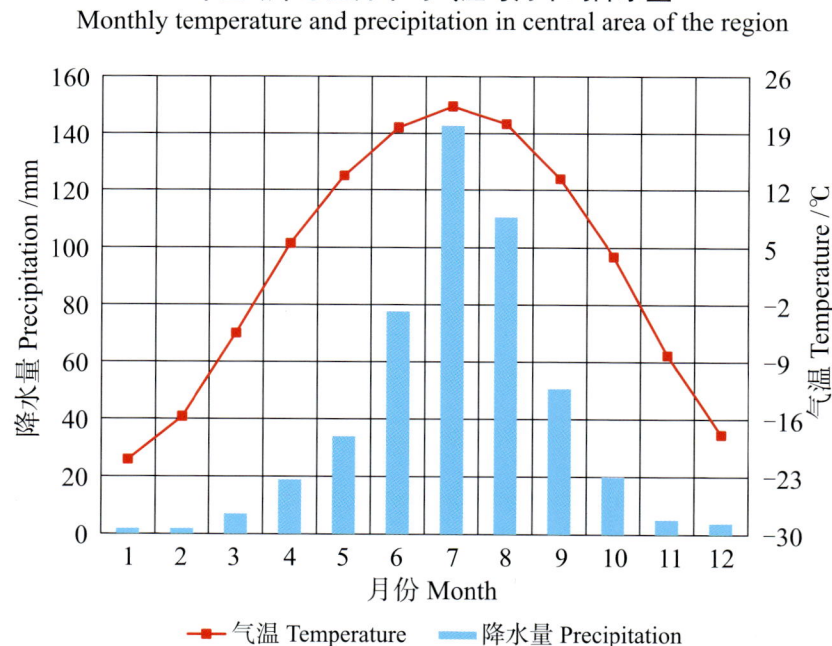

本区域中心区月平均气温与月平均降水量
Monthly temperature and precipitation in central area of the region

依安县主要土壤类型与土壤剖面点分布图
1:300 000

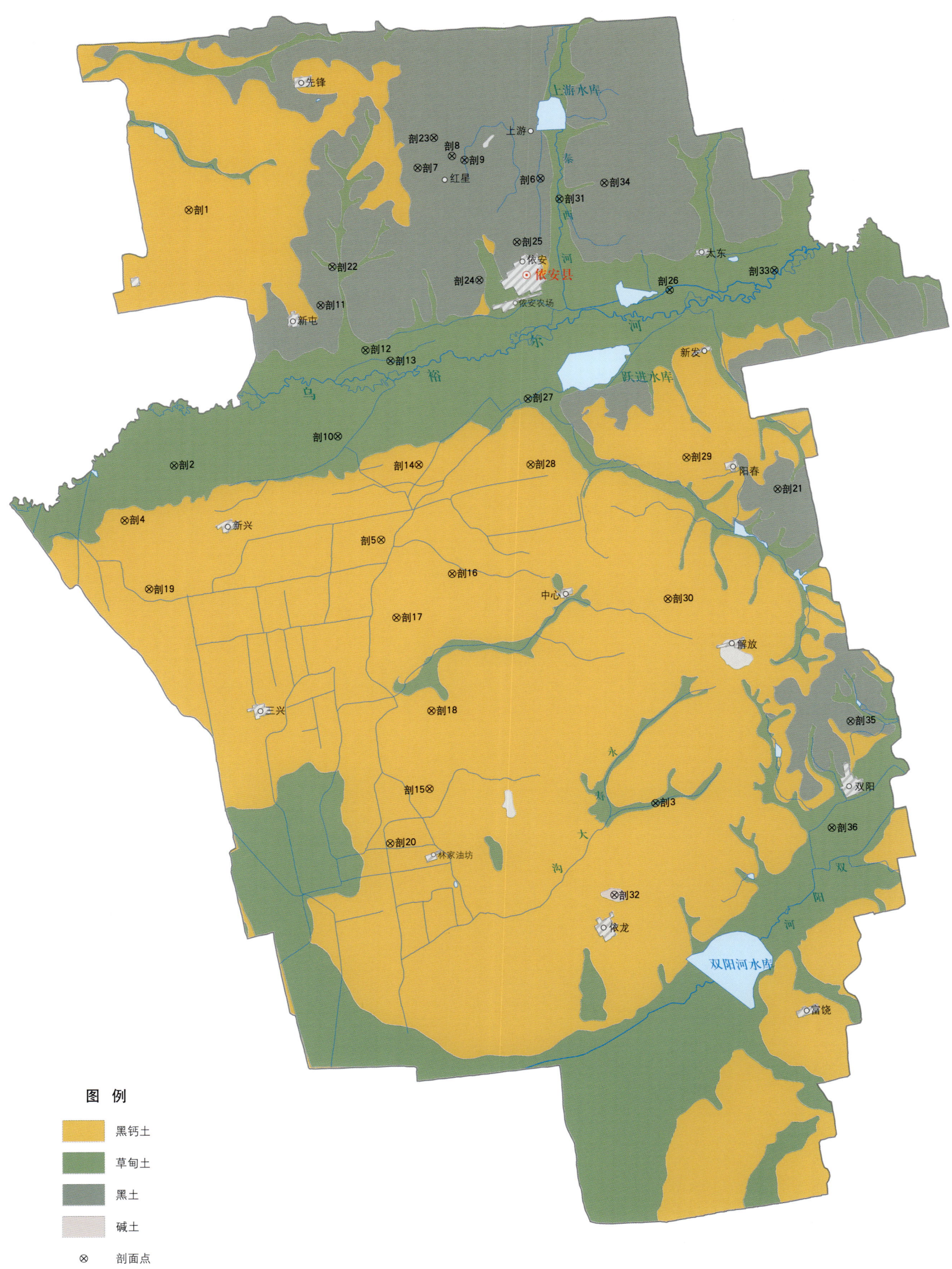

图 例
- 黑钙土
- 草甸土
- 黑土
- 碱土
- ⊗ 剖面点

依安县土壤剖面理化性状表

剖面号 Soil profile	土纲 Soil order	土类 Soil great group	亚类 Soil subgroup	土属 Soil genus	土种 Soil species	土层码 Layer code	土层厚度 Depth/cm	颜色 Soil color	质地 Soil texture	土壤结构 Soil structure	pH	有机质 OM/(g/kg)	全氮 TN/(g/kg)	全磷 TP/(g/kg)	碱解氮 AN/(mg/kg)	有效磷 AP/(mg/kg)	土壤母质 Parent material	剖面点坐标 Profile coordinate	匹配指数 Matching index/%
剖1	钙层土	黑钙土	淋溶黑钙土	老黑黄化土	老黑黄土	A₁₁	0—30	灰黄棕色	黏土	屑粒状	7.5	40.7	2.22	0.53			黄土状沉积物	E 124°58′53.8″ N 47°56′15.0″	75
						Ah	30—105	浊黄棕色	黏土	块状	7.3	30.7	1.22	0.46					
						Bk	105—160	浊黄棕色	壤质黏土	块状	7.6	12.0							
剖2	半水成土	草甸土	碱化草甸土	苏打碱化草甸土	弱碱甸土	A	0—5	暗棕色	壤质黏土	团块状		53.7	3.51	0.56				E 124°57′38.9″ N 47°46′28.9″	81
						B	5—35	暗棕色	粉砂质黏土	不明显柱状		50.7	3.42	0.47					
						BC	35—100	暗黄棕色	黏土	核块状		21.1	1.42	0.26					
						C	100—150	浅黄棕色	黏土	核块状		8.7							
剖3	半水成土	草甸土	潜育草甸土	黏底潜育草甸土	薄层黏底潜育草甸土	1	0—8	暗黄棕色	重壤土	粒状	5.9	75.2	4.11	1.38	356	15.0	黄土状沉积物	E 125°24′27.4″ N 47°32′59.6″	95
						2	8—18	暗黄棕色	重壤土	核粒状	6.5	28.0	1.76	0.69	171	8.0			
						3	18—45	浅黄棕色	重壤土	核状	6.9	8.8	1.68	0.73		5.0			
						4	45—113	黄棕色	重壤土	核块状	8.1	7.0							
						5	113—150	黄棕色	重壤土	核块状	7.6	12.4							
剖4	钙层土	黑钙土	淋溶黑钙土	黄土质淋溶黑钙土	先锋黑钙土	Ap	0—30	黑棕色	黏土	粒状、团块状		40.7	2.22	0.53				E 124°54′44.3″ N 47°44′25.8″	95
						AB	30—105	暗黄棕色	壤质黏土	核状		30.7	1.22	0.46					
						Bca	105—160					12.0							
剖5	钙层土	黑钙土		黏底黑钙土	薄层黏底黑钙土	1	0—8	棕灰色	重壤土	小粒状	8.4	33.1	2.31	1.20	214	17.0		E 125°09′19.4″ N 47°43′25.3″	95
						2	8—10	暗灰色	重壤土	小粒状	8.5	32.7	1.83	1.11	205	8.0			
						3	10—22	灰棕色	重壤土	小核块状	8.5	22.0	1.40	0.93					
						4	22—120	黄棕色	轻黏土	核块状	8.5	9.0	0.88	0.79					
						5	120—150	黄棕色	轻黏土	核块状	7.6	5.7							
剖6	半淋溶土	黑土	黑土	黏底黑土	中层黏底黑土	1	0—27	暗棕色	轻黏土	粒状	6.6	46.4	2.45	1.53	270	33.0	黄土状母质	E 125°19′03.7″ N 47°57′04.3″	96
						2	27—40	暗棕色	轻黏土	小核粒状	6.6	38.5	2.13	1.22	223	16.0			
						3	40—52	棕灰色	轻黏土	核块状	6.4	24.5							
						4	52—118	棕灰色	轻黏土	核块状	5.7	18.5							
						5	118—150	棕灰色	重壤土	核块状	6.1	11.3							
剖7	半淋溶土	黑土	黑土	砂底黑土	厚层砂底黑土	1	0—13	暗棕色	轻黏土	粒状	6.2	48.8	2.79	1.41	342	12.0	黄土状母质	E 125°12′04.3″ N 47°57′36.7″	95
						2	13—60	暗棕色	重壤土	小核块状	6.3	57.7	3.16	1.60	370	15.0			
						3	60—95	棕灰色	重壤土	核块状	6.3	35.7							
						4	95—125	黄棕色	重壤土	核块状	6.8	10.8							
						5	125—150	浅黄棕色	细砂土	粒块状	6.9	14.5							
剖8	半淋溶土	黑土	黑土	黏底黑土	薄层黏底黑土	1	0—8	暗棕色	轻黏土	小粒状	6.6	37.2	1.69	1.02	172	22.0	黄土状母质	E 125°14′03.1″ N 47°58′01.6″	95
						2	8—15	暗棕色	轻黏土	粒状	6.7	31.3	1.62	0.93	200	14.0			
						3	15—50	灰棕色	轻黏土	大粒状	6.8	19.4	1.17	1.61	158	15.0			
						4	50—125	暗棕色	轻黏土	核状	6.5	16.0							
						5	125—150	黄棕色	重壤土	核块状	6.7	7.3							
剖9	半淋溶土	黑土	黑土	黏底黑土	厚层黏底黑土	1	0—6	暗棕色	重壤土	粒状	7.5	45.3	2.61	1.36	242	42.0	黄土状母质	E 125°14′45.2″ N 47°57′51.5″	95
						2	6—55	暗灰棕色	重壤土	核块状	7.4	38.5	2.13	1.20	194	42.0			
						3	55—100	暗灰棕色	轻黏土	核块状	6.3	22.5							
						4	100—125	暗灰棕色	轻黏土	核块状	6.7	25.7							
						5	125—160	浅黄棕色	轻黏土	核块状	6.6	15.6							

续表 Continued

剖面号 Soil profile	土纲 Soil order	土类 Soil great group	亚类 Soil subgroup	土属 Soil genus	土种 Soil species	土层码 Layer code	土层厚度 Depth/cm	颜色 Soil color	质地 Soil texture	土壤结构 Soil structure	pH	有机质 OM/(g/kg)	全氮 TN/(g/kg)	全磷 TP/(g/kg)	碱解氮 AN/(mg/kg)	有效磷 AP/(mg/kg)	土壤母质 Parent material	剖面点坐标 Profile coordinate	匹配指数 Matching index/%
剖10	半水成土	草甸土	草甸土	黏底草甸土	中层黏底草甸土	1	0—12	浅灰色	中壤土	粒状	5.9	102.6	>6.00	2.03	≥400	20.0		E 125°07′02.3″ N 47°47′25.4″	95
						2	12—32	暗棕色	重壤土	粒状	7.5	18.3	0.99	1.08	106	11.0			
						3	32—100	棕灰色	重壤土	核状	7.5	9.4							
						4	100—150	黄棕色	重壤土	核状	7.6	3.4							
剖11	半淋溶土	黑土	黑土	黏底黑土	碳皮黄黏底黑土	1	0—10	浅灰色	轻黏土	粒状	6.5	34.2	1.87	0.86	252	10.0	黄土状母质	E 125°06′15.8″ N 47°52′27.8″	95
						2	10—33	暗棕色	轻黏土	核状	6.4	18.5	1.32	0.69	206	7.0			
						3	33—112	棕黄色	重壤土	核状	6.4	10.9	0.97	>4.00					
						4	112—150	黄棕色	重壤土	块状	7.9	7.5							
剖12	半水成土	草甸土	草甸土	砂砾底草甸土	中层砂砾底草甸土	1	0—12	暗灰色	中壤土	小粒状	7.8	67.2	3.68	1.45	293	32.0		E 125°08′46.0″ N 47°50′41.6″	95
						2	12—35	暗棕色	中壤土	粒状	8.3	21.4	1.46	0.99	122	3.0			
						3	35—90	浅灰色	中壤土	核粒状	8.8	6.8	0.59	0.76					
						4	90—115	浅棕色	重壤土	核粒状	8.8	4.9							
剖13	半水成土	草甸土	草甸土	砂砾底草甸土	厚层砂砾底草甸土	1	0—15	黄棕色	重壤土	核状	8.4	3.3						E 125°10′10.2″ N 47°50′15.4″	95
						2	15—55	暗灰色	轻黏土	小粒状	6.8	45.8	2.38	1.24	326	18.0			
						3	55—120	暗灰色	轻黏土	核状	6.8	39.1	2.12	1.12	245	13.0			
							120—170	黄棕色	重壤土	块状	7.1	16.7							
剖14	钙层土	黑钙土	淋溶黑钙土	黄土质淋溶黑钙土	解放黑钙土	A	0—45	黑褐色	壤质黏土	粒状、团块状	7.1	41.2	2.57	0.57			黄土状沉积物	E 125°11′36.6″ N 47°46′15.6″	95
						AB	45—75	黑棕色	壤质黏土	核块状		10.0	0.23	0.52	248	16.0			
						Bca	75—135	暗棕色	壤质黏土	核块状		8.1							
						Cca	135—150	暗黄棕色	壤质黏土	核块状									
剖15	钙层土	黑钙土	石灰性黑钙土	黏底石灰性黑钙土	中层黏底石灰性黑钙土	1	0—10	棕灰色	重壤土	小粒状	8.5	43.0	2.89	1.32		10.0		E 125°11′38.8″ N 47°33′49.3″	95
						2	10—22	棕灰色	重壤土	粒状	8.5	30.4	2.50	1.20					
						3	22—60	灰棕色	重壤土	小核状	8.6	20.9	0.73	0.69	20				
						4	60—103	黄棕色	重壤土	核块状	8.7	10.6							
						5	103—160	黄棕色	重壤土	核块状		5.0							
剖16	钙层土	黑钙土	淋溶黑钙土	黄土淋溶黑钙土	春光黑钙土	Ap	0—20	黑棕色	壤质黏土	小团块状	7.4	36.9	2.21	0.55		12.0	碳酸盐沉积物	E 125°13′18.5″ N 47°42′02.2″	95
						Aca	20—60	黑棕色	壤质黏土	块状	7.1	17.7	0.93	0.33	233				
						Bca	60—140	暗棕色	壤质黏土	小核状	7.4	8.0	0.38	0.36					
						Cca	140—160	黄棕色	壤质黏土	核块状	8.4	6.4							
剖17	钙层土	黑钙土	草甸黑钙土	薄层黏底石灰性黑钙土		1	0—10	灰棕色	壤质黏土	粒状	8.3	36.5	2.29	1.03		16.0		E 125°10′04.4″ N 47°40′25.0″	95
						2	10—75	暗棕色	轻黏土	小粒块状	8.4	13.3	1.22	0.70		10.0			
						3	75—150	黄棕色	轻黏土	核块状	8.8	15.7							
						4	150—160	暗黄棕色	轻黏土	核块状	8.1	16.0							
剖18	钙层土	黑钙土	草甸黑钙土	黏底石灰性草甸黑钙土	中层黏底灰性草甸黑钙土	A	0—22	灰色	壤质黏土	块状		43.2	2.65	0.50			碳酸盐洪积物、沉积物	E 125°11′53.9″ N 47°36′49.0″	81
						AB	22—47	暗棕色	黏土	核状	8.3	19.8	1.12	0.40					
						Bca	47—101	暗棕色	黏土	块状	8.4	10.2			248	16.0			
						BC	101—160	灰黄棕色	黏土	核块状	8.8	6.8			206	10.0			
剖19	钙层土	黑钙土	草甸黑钙土	黏底石灰性草甸黑钙土	中层黏底石灰性草甸黑钙土	1	0—22	暗棕色	重壤土	小粒状	8.1	43.2	2.65	1.14				E 124°56′01.0″ N 47°41′46.0″	95
						2	22—47	暗棕色	重壤土	核状	8.4	19.8	1.12	0.91					
						3	47—101	暗黄棕色	重壤土	核状	8.8	10.2							
						4	101—160	黄棕色	重壤土	核状	8.1	6.8							
剖20	钙层土	黑钙土	石灰性黑钙土	黏底石灰性黑钙土	薄层黏底石灰性黑钙土	1	0—11	暗棕色	重壤土	小粒状	8.4	37.5	2.71	1.29	256	31.0		E 125°09′19.4″ N 47°31′45.1″	95
						2	11—18	棕色	重壤土	核状	8.4	40.2	2.86	1.24	245	12.0			
						3	18—77	灰棕色	重壤土	核状	8.7	11.1	0.88	0.75					
						4	77—150	黄棕色	重壤土	核状	8.5	8.7							

续表 Continued

剖面号 Soil profile	土纲 Soil order	土类 Soil great group	亚类 Soil subgroup	土属 Soil genus	土种 Soil species	土层码 Layer code	土层厚度 Depth/cm	颜色 Soil color	质地 Soil texture	土壤结构 Soil structure	pH	有机质 OM/(g/kg)	全氮 TN/(g/kg)	全磷 TP/(g/kg)	碱解氮 AN/(mg/kg)	有效磷 AP/(mg/kg)	土壤母质 Parent material	剖面点坐标 Profile coordinate	匹配指数 Matching index/%
剖21	半淋溶土	黑土	草甸黑土	黏底草甸黑土	中层黏底草甸黑土	1	0—15	暗灰色	重壤土	小粒状	6.8	39.2	2.44	1.47	319	10.2		E 125° 32′ 00.6″ N 47° 44′ 53.9″	96
						2	15—31	暗灰色	重壤土	粒状	6.7	34.7	1.91	0.96	229	10.0			
						3	31—80	灰棕色	重壤土	核块状	6.4	14.8	1.08	0.70					
						4	80—150	棕灰色	轻黏土	核块状	6.7	4.6							
剖22	半水成土	草甸土	草甸土	黏底草甸土	厚层黏底草甸土	1	0—18	暗灰色	重壤土	小粒状	6.5	46.2	2.81	1.38	367	18.0		E 125° 07′ 00.8″ N 47° 53′ 56.0″	95
						2	18—32	暗灰色	重壤土	粒状	6.5	46.9	2.59	1.18	235	11.0			
						3	32—55	浅灰棕色	重壤土	粒状	6.1	27.8		0.59	299				
						4	55—112	黄棕色	重壤土	核状	5.9	21.5							
						5	112—150	黄棕色	中壤土	核状	6.4	7.0							
剖23	半淋溶土	黑土	草甸黑土	黏底草甸黑土	厚层黏底草甸黑土	1	0—18	暗棕色	重壤土	小粒状	6.6	47.5	2.58	1.39	345	16.0		E 125° 13′ 03.0″ N 47° 58′ 44.8″	95
						2	18—50	暗棕色	重壤土	粒状	6.7	43.9	1.02	1.02	346				
						3	50—82	灰棕色	重壤土	核状	6.6	15.3							
						4	82—115	黄棕色	重壤土	核状	7.1	6.7							
						5	115—150	浅黄棕色	重壤土	核状	6.8	5.6							
剖24	半淋溶土	黑土	黑土	黏底黑土	薄层黏底黑土	1	0—13			小粒状	6.5	36.6	2.03	1.19	208	10.0	黄土状母质	E 125° 15′ 23.0″ N 47° 53′ 15.4″	95
						2	35—45			核状	6.1	13.9	0.85	0.63	94	7.0			
						3	80—90				6.0	7.2							
						4	124—134				6.4	6.9							
剖25	半淋溶土	黑土	黑土	砂底黑土	红星黑土	Ap	0—13	灰黑色	粉砂质黏土	粒状		48.8	2.79	1.41			沉积砂	E 125° 17′ 37.0″ N 47° 54′ 40.7″	82
						A	13—60	灰黑黑色	黏质黏土	粒状		57.7	3.16	1.60					
						AB	60—95	黑棕色	壤质黏土	核块状		35.7				5.2			
						C	125—150	黑棕色	黏质黏土			14.8				1.2			
剖26	半水成土	草甸土	草甸土	黏底潜育草甸土	薄层黏底草甸土	1	0—15	暗灰色	轻黏土	粒状	6.7	40.2	2.35	1.31	266	31.0		E 125° 26′ 15.0″ N 47° 52′ 39.7″	95
						2	15—25	暗灰色	重黏土	小核状	6.6	34.6	2.04	1.04	224	14.0			
						3	25—90	灰棕色	轻黏土	核块状	6.4	24.3	1.52	0.85					
						4	90—150	棕色	重黏土	核块状	6.5	6.0							
剖27	半水成土	草甸土	潜育草甸土	黏底潜育草甸土	厚层黏底草甸土	1	0—8	暗灰色	重黏土	粒状	6.6	57.5	3.19	1.49	395	29.3		E 125° 17′ 56.8″ N 47° 48′ 38.9″	95
						2	8—42	暗灰色	重黏土	核状	6.8	49.1	3.21	1.41	377	12.0			
						3	42—80	浅灰棕色	重黏土	无明显结构	6.8								
						4	80—110	灰棕色	轻黏土	无明显结构	6.7								
						5	110—150	灰蓝色	重黏土	无明显结构	7.0								
剖28	钙层土	黑钙土	黑钙土	黏底黑钙土	中层黏底黑钙土	1	0—9	棕灰色	重黏土	粒状	8.5	41.1	2.51	1.23	242	20.3		E 125° 17′ 58.9″ N 47° 46′ 08.0″	95
						2	9—42	棕灰色	重黏土	核块状	8.3	44.2	2.45	1.13	225	10.4			
						3	42—65	灰棕色	轻黏土	核块状	8.4	20.7	1.42	0.90					
						4	65—125	暗棕色	重黏土	核块状	8.4	19.3							
						5	125—160	黄棕色	重黏土	核块状	8.8	6.9							
剖29	钙层土	黑钙土	黑钙土	黏底黑钙土	厚层黏底黑钙土	1	0—17	暗灰色	重黏土	小粒状	8.5	46.2	2.61	1.34	250			E 125° 26′ 53.2″ N 47° 46′ 13.4″	95
						2	17—36	棕灰色	重黏土	粒状	8.4	37.2	1.89	0.98	206				
						3	36—80	灰棕色	中壤土	核状	7.7	15.7	1.04	0.70					
						4	80—140	黄棕色	轻黏土	粒状	7.5	9.0							
剖30	钙层土	淋溶黑钙土	淋溶黑钙土	黏底淋溶黑钙土	厚层黏底淋溶黑钙土	1	0—18	暗黑色	重黏土	小粒状	7.6	48.7	2.51	1.31	268	14.0		E 125° 25′ 32.9″ N 47° 40′ 49.1″	95
						2	18—45	棕灰色	轻黏土	粒状	7.6	41.2	2.30	1.20					
						3	45—75	浅灰色	轻黏土	核状	7.6	8.1							
						4	75—135	黄黄棕色	重黏土	核块状	7.6	10.0							
						5	135—150	浅黄棕色	重黏土	核块状	7.9	7.7							

续表 Continued

剖面号 Soil profile	土纲 Soil order	土类 Soil great group	亚类 Soil subgroup	土属 Soil genus	土种 Soil species	土层码 Layer code	土层厚度 Depth/cm	颜色 Soil color	质地 Soil texture	土壤结构 Soil structure	pH	有机质 OM/(g/kg)	全氮 TN/(g/kg)	全磷 TP/(g/kg)	碱解氮 AN/(mg/kg)	有效磷 AP/(mg/kg)	土壤母质 Parent material	剖面点坐标 Profile coordinate	匹配指数 Matching index/%
剖31	半水成土	草甸土	潜育草甸土	砂砾底潜育草甸土	厚层砂砾底潜育草甸土	1	0—12	暗灰色	重壤土	粒状	6.5	51.8	2.80	1.59	299	13.0		E 125°20′07.1″ N 47°56′16.1″	95
						2	12—42	暗灰色	重壤土	粒状	6.6	48.6	2.65	1.52	271	35.0			
						3	42—94	黄棕色	重壤土	核状	6.9	22.4							
						4	94—125	棕黄色	重黏土	核块状	6.8	9.6							
						5	125—150		散砂状		6.8								
剖32	盐碱土	碱土	草甸碱土	苏打盐化草甸碱土	结皮苏打盐化草甸碱土	1	0—3	浅灰色		粒状	>9.5	24.7	1.52	1.04	105	18.0		E 125°21′56.9″ N 47°29′30.1″	75
						2	3—18	暗灰色	重黏土	柱状	>9.5	19.6	1.11	1.19	45	5.1			
						3	18—90	浅灰棕色	重黏土	块状	>9.5	8.6	0.55	0.32					
						4	90—150	灰黄棕色	重黏土	核块状	>9.5	7.3							
剖33	半水成土	草甸土	潜育草甸土	黏底潜育草甸土	中层黏底潜育草甸土	1	0—11	暗灰色	中壤土	粒状	6.0	51.5	3.01	1.69	266	26.0		E 125°32′15.7″ N 47°53′17.2″	95
						2	11—30	暗灰色	重壤土	核状	6.5	49.3	3.56	1.58	258	13.0			
						3	30—65	灰棕色	重壤土	核状	6.8	21.4							
						4	65—130	黄棕色	重壤土	核块状	7.0	7.8							
剖34	半淋溶土	黑土	黑土	砂底黑土	薄层砂底黑土	1	0—12	暗灰色	重壤土	核块状	6.5	36.6	2.03	1.19	208	10.0	黄土状母质	E 125°22′43.3″ N 47°56′49.6″	95
						2	12—50	灰黑棕色	轻黏土	块状	6.1	13.9	0.85	0.63	94	7.0			
						3	50—90	棕黑色	中壤土	块状	6.0	7.2							
						4	90—150	棕红色	重壤土	小粒状	6.4	6.9							
剖35	半淋溶土	黑土	黑土	砂底黑土	中层砂底黑土	1	0—18	暗灰色	重壤土	粒状	6.8	45.7	2.38	1.24	212	12.0	黄土状母质	E 125°35′41.3″ N 47°35′53.9″	95
						2	18—40	暗灰色	轻黏土	粒状	6.8	38.9	2.10	1.12	163	10.0			
						3	60—115	黄棕色	细砂土		7.7	17.7							
						4	115—150	黄色			7.5	12.5							
剖36	半水成土	草甸土	石灰性草甸土	黏底石灰性草甸土	厚层黏底石灰性草甸土	1	0—16	暗灰色	轻黏土	小粒状	8.1	49.3	3.51	1.95	258	13.0		E 125°34′24.6″ N 47°31′48.4″	95
						2	16—45	暗灰色	轻黏土	核粒状	8.3	40.1	2.50	1.08	215	10.6			
						3	45—130	棕灰色	轻黏土	核粒状	8.5	21.4							
						4	130—150	灰棕色		状	8.0	7.8							

泰来县

主要土类说明

草甸土是泰来县主要土壤类型，占本县地域面积的58%，主要分布在江、河、湖漫滩和低阶地。因所处地带地下水位较高，潜水参与土壤形成过程，受地下水升降与浸润作用，成土过程具有明显腐殖质积累和铁锰氧化还原作用特点，土体出现锈色斑纹层。剖面构型为A-Cu或A-C-Cu。成土母质多为河湖冲积物、洪积物、沉积物，地域性差异明显，西北部以洪积物为主，中南部的半封闭地区受外来物质的影响，在母质中聚积了较多碳酸盐，江河两岸的母质质地变化较大。因水流分选作用，各地草甸土肥力差异也较大。

风沙土是泰来县第二大土壤类型，占本县地域面积的19%，分布在海拔140—150m的地区。受地带性气候影响，分布在较高平地段且固定较久的风沙土，土体内有线条状的碳酸盐新生体聚积，开始具有地带性黑钙土的特征，已发育成黑钙土型风沙土；分布在沙丘中间洼地的风沙土，受地下水影响，已有草甸化、沼泽化及盐化过程现象，土体下部有锈斑等草甸化特征和石灰反应等盐化特征，已发育成草甸风沙土和石灰性生草风沙土。本县风沙土完全是在风积沙母质上，经生草等作用发育而成的幼年土壤，通体含沙量在85%以上。

新积土是泰来县第三大土壤类型，占本县地域面积的8%。本县新积土分为两种：一种是经生草过程和草甸化作用形成的土壤，曾被称为生草草甸土，主要分布在汤池、大兴、江桥等地的低河漫滩，受嫩江水泛滥影响，是由近期淤积物发育而成的幼年土壤，其表土层有丰富的草本植物的根茎分支网，尚未分解，通体有氢氧化铁的红棕色沉淀，均无石灰反应，层次分化不明显；另一种是经生草过程和地质沉积形成的土壤，曾被称为层状草甸土，主要分布在大兴、江桥、宁姜、胜利等地的泛滥地中间部位，其沉积层次明显，中间的砂黏交替层比一般草甸土多，土体中有较多锈纹、锈斑，质地、养分变化大，有机质含量为3—30g/kg，下层埋藏的老的表土有机质含量为4—20g/kg；生物积累过程比较弱，全剖面均无石灰反应，土壤呈中性。

栗钙土占本县地域面积的3%，俗称白干土，属地带性土壤，分布在塔子城镇、和平乡的西部大青山麓冲积扇平原。栗钙土是经腐殖质积累过程和钙化作用，并伴随草甸化作用形成的土壤，具有栗色腐殖质层和灰色钙积层。

小于本县地域面积3%的土壤类型有黑钙土、沼泽土、水稻土、草甸盐土、碱土。

本区域中心区气候特征

本区域中心区气候特征值
Regional climate characteristics in central area of the region

气候带：中温带亚干旱气候 Climate region: Mid temperate subarid climate	
年平均气温 /℃ Annual average temperature /℃	4.0
年平均最高气温 /℃ Annual average maximum temperature /℃	10.2
年平均最低气温 /℃ Annual average minimum temperature /℃	-1.6
年降水量 /mm Annual precipitation /mm	402
≥10℃的积温 /℃ Daily temperature accumulated in a year (≥10℃) /℃	2127
年日照时数 /h Annual sunshine /h	2796
年平均相对湿度 /% Annual average relative humidity /%	60
干燥度 Dryness	0.70

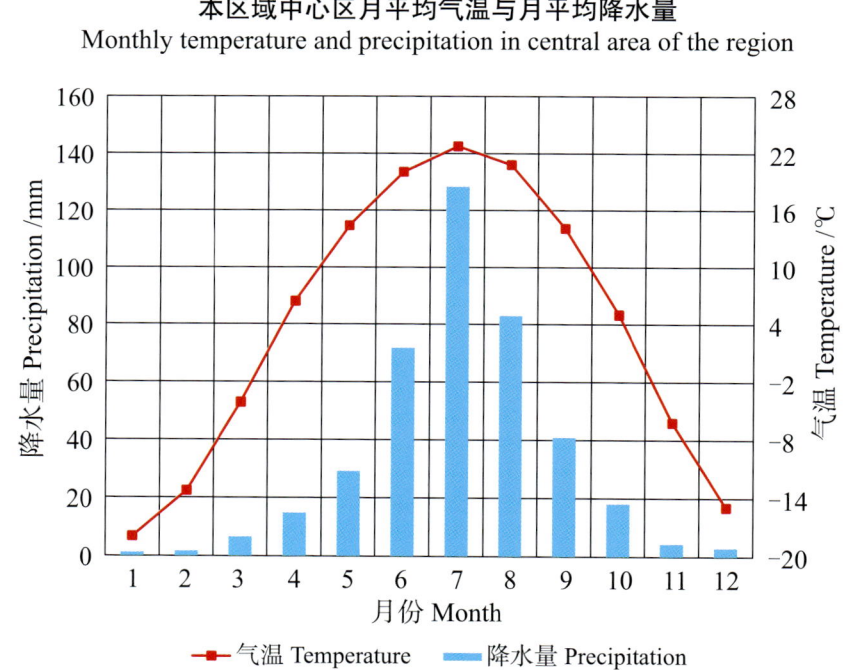

本区域中心区月平均气温与月平均降水量
Monthly temperature and precipitation in central area of the region

泰来县主要土壤类型与土壤剖面点分布图
1：360 000

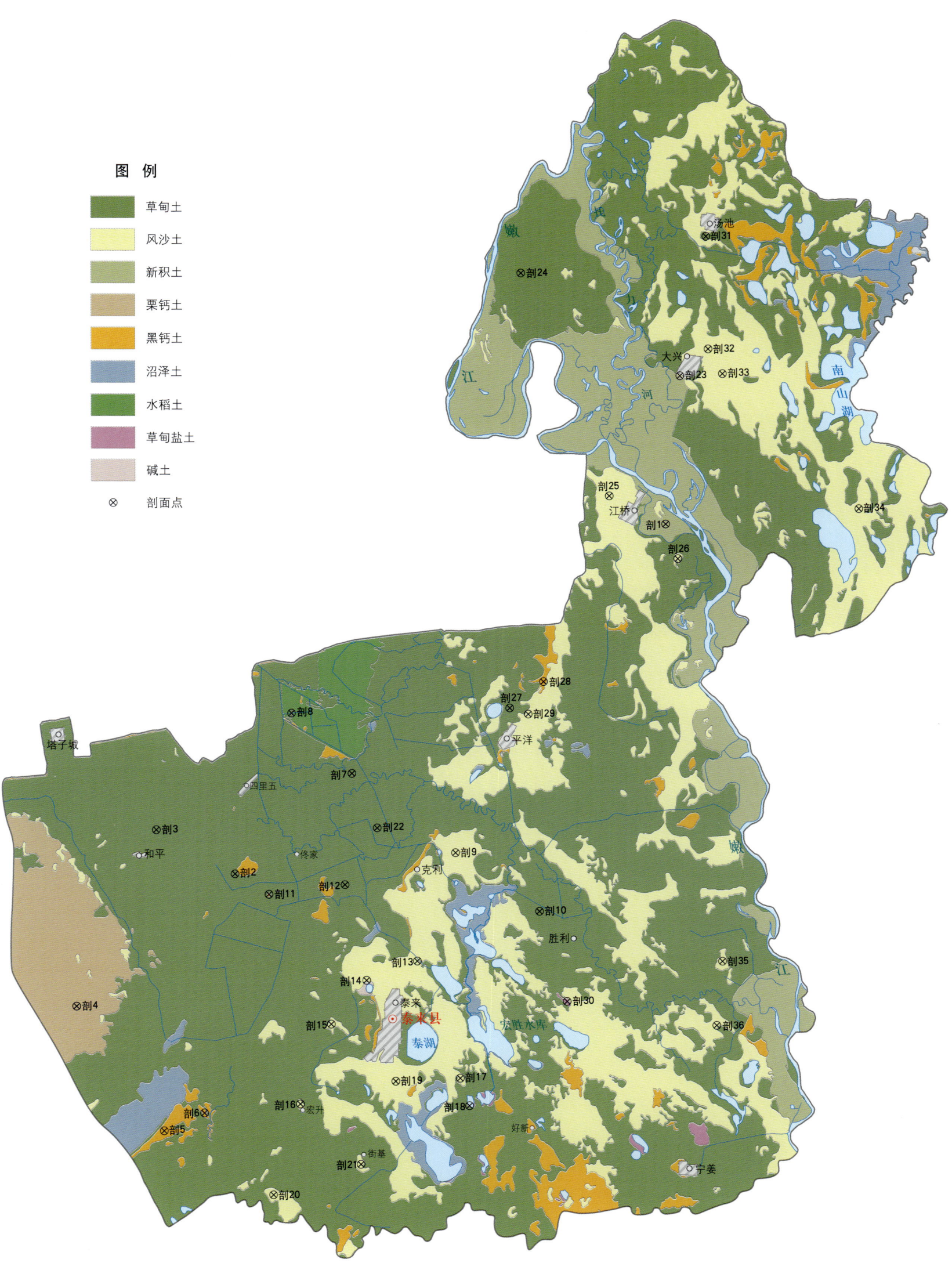

泰来县土壤剖面理化性状表

剖面号 Soil profile	土纲 Soil order	土类 Soil great group	亚类 Soil subgroup	土属 Soil genus	土种 Soil species	土层码 Layer code	土层厚度 Depth/cm	颜色 Soil color	质地 Soil texture	土壤结构 Soil structure	pH	有机质 OM/(g/kg)	全氮 TN/(g/kg)	全磷 TP/(g/kg)	全钾 TK/(g/kg)	碱解氮 AN/(mg/kg)	有效磷 AP/(mg/kg)	速效钾 AK/(mg/kg)	阳离子交换量CEC/(cmol/kg)	土壤母质 Parent material	剖面点坐标 Profile coordinate	匹配指数 Matching index/%
剖1	初育土	新积土	冲积土	黏底冲积土		Ap	0—10	灰棕色	中壤土	粒块状	6.4	40.6	2.46	0.70		203	9.2	108			E 123°42′38.2″ N 46°45′38.9″	95
						A₁	10—34	暗棕灰色	中壤土	小块状	6.6	35.9	1.93	0.50		139	1.6					
						AB	34—55	浅棕灰色	中黏土	粒块状	8.1	12.9	0.68	0.50		45	1.8					
						B	55—140	浅棕黄色	中黏土	块状	8.1	4.2										
						BC	140—150	棕黄色	中黏土	粒状状	8.0	3.4										
剖2	半水成土	草甸土	石灰性草甸土	砂砾底石灰性草甸土	泰来石灰性草甸土	As	0—5		壤质黏土												E 123°14′43.1″ N 46°30′18.7″	95
						A	5—67	棕灰色	壤质黏土	粒状										洪积砂砾		
						AB	67—110	浅棕灰色	壤质黏土	小核状												
						Bca	110—150	暗黄棕色	中黏土	核状												
						Cca	150—	黄棕色	壤质砂土													
剖3	半水成土	草甸土	盐化草甸土	苏打草甸土	轻卤甸黄土	A	0—9	灰棕褐色	壤质黏土	团块状	8.7	29.9	1.58	0.25	23.9					冲积物	E 123°09′40.7″ N 46°32′16.1″	95
						ACz	9—25	浅黄灰色	壤质黏土	块状	8.7	27.8	1.41	0.30	17.6							
						Cu₁	25—60	灰黄棕色	壤质黏土	小块状	8.6	21.5	1.15	0.28	20.4							
						Cu₂	60—105	浊黄橙色	壤质黏土	块状	8.2	13.9										
						Cu₃	105—160	浊黄棕色	黏质土													
剖4	钙层土	栗钙土	草甸栗钙土	砂砾底草甸栗钙土		Ap	0—17	暗棕色	轻壤土	小粒块状	8.0	36.2	2.18	0.72	26.7	197	4.6	192	20.6			95
						AB	17—27	棕灰色	中壤土	块状	8.1	28.8	1.67	0.56	25.3	142	6.9		18.3			
						Bca	27—67	灰白色	重黏土	块状	8.1	8.5	0.46	0.19	22.4	20	4.6		16.7			
						BC	67—86	黄棕红色	轻壤土	核状	8.3	3.6										
						C	86—150		砂砾土		8.3	2.0										
剖5	黑钙土	黑钙土	黑钙土	黑泥砂土	暗黑黑砂土	A₁₁	0—10	黄棕色	砂质黏壤土	屑粒状	7.1	24.8	1.58	0.33		152	16.3	110		冲积物	E 123°04′31.1″ N 46°24′29.2″	95
						A₁₂	10—20	灰棕灰色	砂质黏壤土	团块状	7.2	20.6	1.14	0.31							E 123°10′05.2″ N 46°19′48.4″	
						AB	20—47	浅棕灰色	砂质黏壤土	块状	6.8	10.8	0.65	0.27								
						Bk	47—115	灰棕灰色	砂壤土	小块状	8.0	10.5										
						BC	115—140	浊黄棕色	壤质黏土		6.8	8.8										
						C	140—150	黄棕色		不明显块状	8.2											
剖6	钙层土	黑钙土		砂壤质黑草甸土		Ap	0—7	浅灰色	轻壤土	小块状	8.3	24.0	1.52	0.73		128	6.9					95
						A₁	7—23	暗灰色	中黏土	团粒状	8.3	22.9	1.63	0.74		115	4.6					
						AB	23—72	浅灰色	中壤土	小核块状	8.2	12.4	0.85	0.53		41	8.3					
						B	72—118	黄棕相间	重黏土	块状	8.3	5.1										
						BC	118—150	棕黄色	重黏土	块状	8.4	1.6										
剖7	半水成土	草甸土	盐化草甸土	苏打盐化草甸土		A₁	0—12	灰棕色	中壤土	小粒状	8.5	36.6	1.92	0.89		140	4.6			河湖相沉积物	E 123°22′16.0″ N 46°34′43.7″	95
						AB	12—22	浅灰黄色	中黏土	粒块状	8.2	17.9	0.79	0.72		70	2.3					
						BC	22—60	灰棕黄色	中黏土	块状	8.3	10.3	0.45	0.68		28	1.8					
剖8	半水成土	草甸土	石灰性草甸土	黏底石灰性草甸土		BC	60—100	黄棕色	轻壤土	不明显块状	8.1	4.5								冲积砂砾、洪积砂砾和卵石	E 123°18′25.2″ N 46°37′25.3″	95

续表 Continued

剖面号 Soil profile	土纲 Soil order	土类 Soil great group	亚类 Soil subgroup	土属 Soil genus	土种 Soil species	土层码 Layer code	土层厚度 Depth/cm	颜色 Soil color	质地 Soil texture	土壤结构 Soil structure	pH	有机质 OM/(g/kg)	全氮 TN/(g/kg)	全磷 TP/(g/kg)	全钾 TK/(g/kg)	碱解氮 AN/(mg/kg)	有效磷 AP/(mg/kg)	速效钾 AK/(mg/kg)	阳离子交换量 CEC/(cmol/kg)	土壤母质 Parent material	剖面点坐标 Profile coordinate	匹配指数 Matching index/%
剖9	初育土	风沙土	生草性风沙土	石灰性生草风沙土		As	0—4		轻壤土		7.2	20.5	1.17	0.27		52	10.2	60		风积沙	E 123°28′53.8″ N 46°31′10.6″	85
						A₁	15—25		轻壤土		7.2	15.5	0.90	0.43								
						AB	80—90		轻壤土		7.2	14.0										
						BC	135—145		轻壤土		7.5	7.5										
						C	225—235		紧砂土													
剖10	半水成土	草甸土	碱化草甸土	苏打碱化草甸土	薄潮苏打碱化草甸土	Ap	0—6	浅灰棕色	轻壤土	小核块状	9.3	13.2	0.78	0.60		39	11.5	165		碳酸盐岩质母质	E 123°34′15.2″ N 46°28′33.2″	95
						A₁	6—11	灰灰棕色	重壤土	核块状	>9.5	12.5	0.84	0.49		124	4.6					
						Ak	11—31	暗灰棕色	重壤土	棱柱状	>9.5	8.2	0.40	0.45		72	4.6					
						B	31—77	黄棕色	轻黏土	核状	>9.5	4.5	0.20	0.44		39	6.8					
						BC	77—119	浅棕黄色	中壤土	小块状	>9.5	2.0										
						Db	119—150	灰棕色	中壤土	核状	>9.5	5.4										
剖11	钙层土	黑钙土	石灰性草甸土	砂质覆石灰性黑钙土		Ap	0—9	棕色	轻壤土	粒块状	8.6	24.0	1.50	0.45		117	16.0	162				
						AB	9—21	棕灰色	中壤土	粒块状	8.4	23.0	1.56	0.37		115	2.3					
						Bca	21—45	浅棕灰色	中壤土	核块状	8.3	12.9	0.80	0.35		49	2.3					
						B	45—77	暗黄棕色	重壤土	小块状	8.4	5.1										
						BC	77—130	浅黄棕色	中壤土	小粒状	8.7	1.9										
						C	130—150	浅黄棕色	砂壤土	核状	8.7	1.6										
剖12	半水成土	草甸土	石灰性草甸土	汤池石灰性草甸土		As	0—7	浅灰棕色	砂质黏壤土	团块状		24.3	1.63	0.10						洪积砂	E 123°16′53.0″ N 46°29′23.3″	81
						A	7—25	暗黄棕色	壤质黏土	粒状		18.7	0.89	<0.10								
						Bca	25—90		壤质黏土	小核状		2.0										
						Cca	90—150															
剖13	初育土	风沙土	草甸性风沙土	半固定草甸风沙土	棕沙土	As	0—5	暗棕色	壤质砂土	不明显粒状	8.5	10.5	0.63	0.43		67	6.9			风积沙	E 123°26′22.2″ N 46°26′22.9″	95
						2	5—15	棕色	砂壤土	无明显结构	8.3	9.0	0.50	0.45		81	4.6					
						3	15—50	黄棕色	砂壤土	无结构	8.1	3.2	0.17	0.32		49	<1.0					
						4	50—150	暗棕色	砂质砂土		8.4	<1.0				12	2.3					
剖14	初育土	风沙土	草甸性风沙土	固定草甸风沙土	厚潮沙土	As	0—9	暗黄棕色	砂壤土	团块状	8.7	18.2	0.97	0.97		9	1.8			风积沙	E 123°23′07.1″ N 46°25′33.2″	95
						A	9—24	暗棕色	砂质黏壤土	小块状	8.8	20.0	1.11	0.55		63	2.3					
						AB	24—64	黄棕色	砂质黏壤土	小块状	8.2	8.4	0.47	0.83		44	1.8					
						C	64—108	黄棕色	砂质砂壤土	无明显结块		6.4				6						
							108—150															
剖15	初育土	风沙土	生草性风沙土	生草风沙土	棕色生草风沙土	As	0—5		紧砂土	小粒状	8.5	11.1	0.52	0.35						风积沙	E 123°20′49.6″ N 46°23′38.4″	92
						A₁	17—27		砂壤土	小粒块状	8.3	13.9	0.96	0.47								
						AC	30—40		砂壤土		8.1	7.1	0.51	0.34								
						C₁	90—100		紧砂土		8.4	2.7	0.80	0.28								
						C₂	140—150		松砂土		8.4	<1.0	<0.10	0.21								
剖16	初育土	风沙土	生草性风沙土	生草风沙土	棕色生草风沙土	As	0—5	暗棕色	砂壤土	小粒状	8.7	10.6	0.63	0.43						风积沙	E 123°18′49.0″ N 46°20′10.3″	92
						A₁	5—15	棕色	砂壤土	团块状	8.8	9.0	0.50	0.45								
						AC	15—50	黄棕色	紧砂土	小块状	8.2	3.2	0.17	0.32								
						C	50—150	浅黄棕色	松砂土	无结构	8.2	<1.0										
剖17	初育土	风沙土	石灰性半固定风沙土	石灰性半固定风沙土	石灰暗沙土	1	0—11	暗黄棕色	砂壤土	小块状		13.2	0.76	0.46						风积沙	E 123°29′04.2″ N 46°21′14.4″	95
						2	11—30	暗黄棕色	壤土	团块状		12.8	0.61	0.41								
						3	30—65	黄棕色	砂壤土	小块状		4.6	0.29	0.31								
						4	65—114	棕黄色	砂壤土	小块状		2.1	0.15	0.24								
						5	114—160	浅黄棕色	壤质砂土	不明显块状												

续表 Continued

剖面号 Soil profile	土纲 Soil order	土类 Soil great group	亚类 Soil subgroup	土属 Soil genus	土种 Soil species	土层码 Layer code	土层厚度 Depth/cm	颜色 Soil color	质地 Soil texture	土壤结构 Soil structure	pH	有机质 OM/(g/kg)	全氮 TN/(g/kg)	全磷 TP/(g/kg)	全钾 TK/(g/kg)	碱解氮 AN/(mg/kg)	有效磷 AP/(mg/kg)	速效钾 AK/(mg/kg)	阳离子交换量 CEC/(cmol/kg)	土壤母质 Parent material	剖面点坐标 Profile coordinate	匹配指数 Matching index/%
剖18	盐碱土	草甸盐土	草甸盐土	苏打草甸盐土	硫酸盐苏打草甸盐土	K	0—1		重壤土		>9.5	18.1	0.87	0.45							E 123°29′37.3″ N 46°20′02.0″	74
						Ak	1—4		轻黏土		>9.5	13.7	0.72	0.74								
						AB	15—25		轻黏土		>9.5	7.9	0.30	0.71								
						B	60—70		轻黏土		9.4	7.5	0.28	0.76								
						BC	110—120		重壤土		9.0	5.0	0.17	0.18								
						C	130—140		中壤土		9.2	3.4	0.20	0.84								
剖19	初育土	风沙土	草甸风沙土	石灰性半固定草甸风沙土	石灰性草甸沙土	1	0—6	暗黄棕色	壤质砂土	无明显结构		6.2	0.57	0.18						风积沙	E 123°24′55.8″ N 46°21′07.9″	95
						2	6—12	灰棕色	壤质砂土	无结构		5.0	0.26	0.12								
						3	12—	浅棕黄色				1.4	<0.10	0.10								
剖20	初育土	风沙土	生草风沙土	生草风沙土	黄色生草风沙土	As	0—8		松砂土		8.0	3.8	0.25	0.36		22	2.3			风积沙	E 123°17′03.1″ N 46°16′12.4″	78
						A₁	30—40		紧砂土		7.8	5.6	0.34	0.37		26	4.6					
						C	70—80		松砂土		8.1	2.0										
剖21	初育土	风沙土	生草风沙土	生草风沙土	棕色生草风沙土	Ap	0—10		砂壤土		8.3	10.9	0.49	0.30		60	11.5			风积沙	E 123°22′40.4″ N 46°17′31.2″	92
						A₁	10—20		砂壤土		8.2	10.3	0.55	0.34		54	25.2					
						AC	25—35		紧砂土		8.2	7.1	0.40	0.29		47	11.5					
						C	60—70		松砂土		8.2	3.3	0.18	0.22		31	6.9					
剖22	半水成土	草甸土	生草草甸土	生草草甸土		As	0—9	暗棕色	中壤土	小粒块状	7.3	39.8	2.15	0.38		151	31.5	112		河湖相沉积物	E 123°23′52.4″ N 46°32′17.9″	95
						A₁	9—15	灰棕色	中壤土	粒状	7.4	18.2	1.06	0.27								
						AB	19—46	棕色	中壤土	块状	7.4	10.9	0.54	0.21								
						BC	46—92	浅棕黄色	轻壤土	无明显结构	6.8	2.9										
						C	92—150		紧壤土		6.7	1.3										
剖23	初育土	风沙土	生草风沙土	生草风沙土	灰色生草风沙土	As	0—5	浅棕灰色	轻壤土	小粒块状	7.4	20.6	1.28	0.45		139	16.0	120		风积沙	E 123°43′39.4″ N 46°52′12.7″	74
						A₁	5—59	棕色	砂壤土	粒状块状	7.3	15.9	0.68	0.40		90	9.2					
						AC	59—101	黄棕色	砂壤土	小粒状	8.0	8.3	0.43	0.36		49	6.9					
						C	101—150	浅棕黄色	紧砂土	无明显结构	7.9	1.4	<0.10	0.27		13	1.8					
剖24	半水成土	草甸土	层状草甸土	层状草甸土		As	0—10		中壤土		7.3	31.6	1.72	0.22		304	61.9			河流冲积物	E 123°33′25.9″ N 46°56′48.1″	95
						A	25—35		砂壤土		7.3	3.9	0.26	0.25								
						B	45—55		重壤土		7.4	21.5	0.97									
						C	80—90		紧壤土		7.3	4.0										
剖25	初育土	风沙土	草甸风沙土	草甸半固沙土		As	0—6		砂壤土		7.5	11.0	0.58	0.43		79	20.7	96		风积沙	E 123°39′00.4″ N 46°46′55.6″	85
						A₁	10—26		砂壤土		7.5	12.8	0.62	0.43								
						AB	26—35		砂壤土		7.3	10.6	0.68	0.42								
						C	45—55		松砂土		7.5	<1.0	<0.10	0.28								
剖26	初育土	风沙土	草甸风沙土	草甸半固沙土	灰半溜土	Ap	0—9	亮黄棕色	壤质砂土	粒状	6.0	10.7	0.56	<0.10	28.2				8.3	风积沙	E 123°43′23.2″ N 46°44′06.7″	95
						A	9—50	亮黄棕色	砂壤土	粒状	6.6	2.8	0.16	0.14	28.7				5.2			
						C₁	50—76	亮黄棕色	砂壤土	粒状	6.7	1.0	<0.10	<0.10								
						C₂	76—93	浊黄棕色	砂壤土	粒状	6.8											
						C₃	93—150	黄棕色	砂壤土	粒状												
剖27	半水成土	草甸土	草甸土	砾底草甸土	和平草甸土	Ap	0—9	棕灰色	砂质黏壤土	粒状		20.8	1.26	0.17						洪积砂砾	E 123°32′28.0″ N 46°37′35.0″	95
						A	9—43	黑灰色	壤质黏壤土	粒状		11.0	0.54	0.14								
						AB	43—90	黄灰色	砂质黏壤土	核块状												
						BC	90—132	灰灰棕色	砂质砂土	无明显结构												
						C	132—	灰灰棕色	壤质砂土													

续表 Continued

剖面号 Soil profile	土纲 Soil order	土类 Soil great group	亚类 Soil subgroup	土属 Soil genus	土种 Soil species	土层码 Layer code	土层厚度 Depth/cm	颜色 Soil color	质地 Soil texture	土壤结构 Soil structure	pH	有机质 OM/(g/kg)	全氮 TN/(g/kg)	全磷 TP/(g/kg)	全钾 TK/(g/kg)	碱解氮 AN/(mg/kg)	有效磷 AP/(mg/kg)	速效钾 AK/(mg/kg)	阳离子交换量CEC/(cmol/kg)	土壤母质 Parent material	剖面点坐标 Profile coordinate	匹配指数 Matching index/%
剖28	钙层土	黑钙土	黑钙土	砂底黑钙土		Ap	0—11	暗棕色	砂壤土	团粒状	7.9	21.7	1.14	0.22		142	17.2	171		风积物	E 123°34′39.4″ N 46°38′44.5″	95
						A₁	11—42	黑棕色	轻壤土	小块粒状	7.5	20.2	1.04	0.20								
						AB	42—65	灰棕色	中壤土	粒块状	7.1	12.0										
						Bca	65—96	浅棕黄色	轻壤土	块状	8.0	6.3										
						BC	96—150	浅棕黄色	砂壤土	小粒状	8.1	2.4										
						C	150—190	浅黄色	松砂土	无结构	8.1	1.2										
剖29	初育土	风沙土	生草风沙土	生草风沙土	黄色生草风沙土	As	0—20	浅棕色	松砂土	无结构	6.8	5.5	0.39	0.43		71	17.3			风积沙	E 123°33′39.2″ N 46°37′18.5″	92
						C	20—130	浅棕黄色	松砂土	无结构	7.0	<1.0	0.17	0.40		38	11.1					
						Da	130—150	浅灰黄色		小粒块状												
剖30	盐碱土	草甸盐土	沼泽盐土	苏打沼泽化盐土	苏打沼泽化盐土	K	0—1	黑棕色	中壤土	片状	>9.5	24.0	0.89	1.05		98	20.0				E 123°35′57.5″ N 46°24′33.5″	75
						Ak	1—28	浅棕灰色	轻壤土	糊状	>9.5	24.8	1.18	0.99		49	11.0					
						AB	28—80	浅棕灰色	中黏土	粒块状	9.3	17.9	0.73	0.59		108	6.0					
						Bg	80—110	灰棕色	中黏土	核块状	9.2	6.7	0.21	0.54		39	2.0					
						BC	110—125	浅棕色	中黏土	无明显结构	9.1	7.5	0.27	0.62		66	4.0					
						C	125—	浅黄色	紧砂土	无明显结构	9.4	7.0	0.41	0.61		41	<1.0					
剖31	半水成土	草甸土	石灰性草甸土	表砂石灰性草甸土		Ac	0—15	暗灰棕色		粒状块状										碳酸盐砂质母质	E 123°45′27.0″ N 46°58′21.4″	95
						At	15—35	浅灰棕色	轻壤土	小粒状												
						AB	35—105	浅棕灰色	中壤土	粒块状												
						Bg	105—130	浅棕灰色	重壤土	块状												
						Bcg	130—150															
剖32	初育土	风沙土	草甸风沙土	石灰性半固定风沙土	石灰性棕沙土	1	0—11	浅棕灰色	砂壤土	不明显粒状	8.3	12.2	0.62	<0.10						风积沙	E 123°45′30.6″ N 46°53′22.2″	95
						2	11—30	暗棕灰色	砂壤土	无明显结构	8.3	6.1	0.49	<0.10								
						3	30—150	黄棕色	砂壤土	无明显结构	8.0	<1.0	<0.10	<0.10								
剖33	初育土	风沙土	草甸风沙土	石灰性固定风沙土	薄石灰性潮沙土	A	0—7	棕灰色	砂壤土	无明显结构		12.5	0.88	0.24						风积沙	E 123°46′24.6″ N 46°52′17.0″	95
						AB	7—20	棕灰色	砂壤土	不明显粒状		11.4	0.76	0.22								
						Bca	20—37	暗黄棕色				4.4										
						C	37—50	灰黄棕色				3.9										
剖34	初育土	风沙土	生草风沙土	石灰性生草风沙土		As	0—7		砂壤土			12.2	0.62	0.50		72	13.5			风积沙	E 123°55′06.2″ N 46°46′14.2″	76
						AC	10—20		紧砂土			6.1	0.49	<0.10								
						C	45—50		松砂土			<1.0	<0.10	<0.10								
剖35	初育土	风沙土	草甸风沙土	石灰性固定风沙土	中石灰性潮沙土	A	0—20	棕灰色	砂壤土	无明显结构		10.5	0.60	<0.10						风积沙	E 123°45′57.2″ N 46°26′15.0″	95
						AB	20—41	暗黄棕色	砂壤土			5.0	0.41	<0.10								
						Bca	41—135	灰黄棕色	砂壤土			2.6										
						C	135—150	棕黄色														
剖36	初育土	风沙土	生草风沙土	生草风沙土	黄色生草风沙土	As	0—8		紧砂土		7.3	2.9	0.18	<0.10						风积沙	E 123°45′31.7″ N 46°23′25.4″	92
						A₁	8—14		松砂土		7.7	18.1	0.95	0.12								
						AC	30—40		松砂土		8.1	2.8	0.17	<0.10								
						C	100—110		松砂土		7.8	<1.0										

甘 南 县

主要土类说明

草甸土是甘南县主要土壤类型，占本县地域面积的54%，从本县东部到西部，从平原到山间均有草甸土分布。自然植被为较繁茂的草甸草原植物，为土壤积累了大量腐殖质。草甸草原地势低平，地下水位较高，水分条件良好，土壤中的可溶物质进行着频繁交替的氧化还原过程，铁锰氧化物发生移动和淀积，形成铁锰结核、锈斑或潜育斑，是草甸土的典型特征。根据附加成土过程的不同，本县草甸土分为草甸土、潜育草甸土、石灰性草甸土、盐化草甸土、碱化草甸土等亚类。

黑土是甘南县第二大土壤类型，占本县地域面积的17%，是本县的主要农业土壤。黑土呈带状分布在缓坡低丘陵的下部边缘和剥蚀高平原，因水系与沟谷的分割而存在断续，其上部边缘与暗棕壤或石质土相间分布，下部常与黑钙土或草甸土相间分布。土壤质地多为重壤土，黏粒含量高于暗棕壤。根据附加成土过程、剖面形态特征的不同，本县黑土分为黑土、草甸黑土、暗棕壤型黑土等亚类。

暗棕壤是甘南县第三大土壤类型，占本县地域面积的10%，又称山地土。本县暗棕壤以中兴乡分布面积最大，其次是宝山、查哈阳、长山和甘南，分布在海拔250—330m的垂直地带内；局部地形如长山乡的四方山，海拔仅为190m，也有暗棕壤发育。其形成过程主要是暗棕壤化过程。在其分布区内，仅陡坡丘陵的顶部土壤质地粗，淋溶作用强，原始成土过程明显，发育成原始暗棕壤，分布面积较小。

黑钙土占本县地域面积的8%。在海拔164—227m的区间内，黑钙土垂直变化幅度不大，但分布很不集中，呈零星分布。除平阳镇分布的黑钙土面积较大且呈连片分布外，其他地区分布的黑钙土均比较零散，并与黑土或草甸土呈插花分布。其形成过程主要是石灰的淋溶淀积过程和腐殖质积累过程。本县黑钙土成土母质以黄土状母质较为普遍，剖面层次比较清晰，由腐殖质层、腐殖质舌状淋溶层、钙积层和母质层组成。根据钙积层出现的部位、碳酸钙淋溶程度和剖面特征的不同，本县黑钙土分为淋溶黑钙土、黑钙土、石灰性黑钙土、草甸黑钙土等亚类。

水稻土占本县地域面积的8%。水稻土是在长期的季节性淹灌、水下翻耕、季节性脱水、氧化还原交替影响下，原来的成土母质或母土的特性发生重大改变，形成的新的土壤类型。由于干湿交替，水稻土形成糊状的淹育层、较坚实板结的犁底层、渗育层、潴育层与潜育层等多种发生层。这些不同的发生层是在人为耕作、水浆管理下形成的。

小于本县地域面积3%的土壤类型有沼泽土、新积土、风沙土、石质土。

本区域中心区气候特征

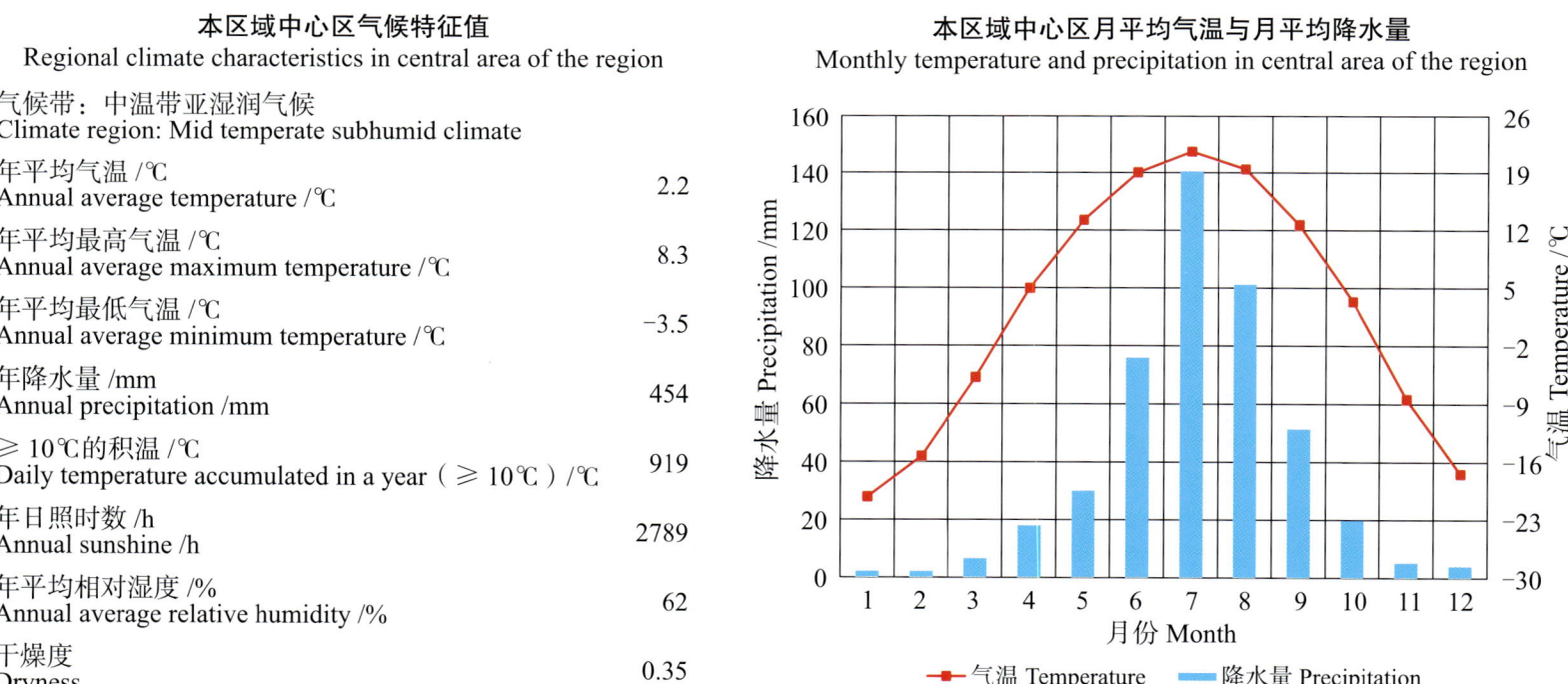

本区域中心区气候特征值
Regional climate characteristics in central area of the region

气候带：中温带亚湿润气候 Climate region: Mid temperate subhumid climate	
年平均气温 /℃ Annual average temperature /℃	2.2
年平均最高气温 /℃ Annual average maximum temperature /℃	8.3
年平均最低气温 /℃ Annual average minimum temperature /℃	-3.5
年降水量 /mm Annual precipitation /mm	454
≥10℃的积温 /℃ Daily temperature accumulated in a year (≥10℃) /℃	919
年日照时数 /h Annual sunshine /h	2789
年平均相对湿度 /% Annual average relative humidity /%	62
干燥度 Dryness	0.35

本区域中心区月平均气温与月平均降水量
Monthly temperature and precipitation in central area of the region

甘南县主要土壤类型与土壤剖面点分布图
1∶470 000

图 例

草甸土　黑土　暗棕壤　黑钙土　水稻土　沼泽土　新积土　风沙土　石质土　剖面点

第二编　分县土壤图与土壤剖面数据 | 113

甘南县土壤剖面理化性状表

剖面号 Soil profile	土纲 Soil order	土类 Soil great group	亚类 Soil subgroup	土属 Soil genus	土种 Soil species	土层码 Layer code	土层厚度 Depth/cm	颜色 Soil color	质地 Soil texture	土壤结构 Soil structure	pH	有机质 OM/(g/kg)	全氮 TN/(g/kg)	全磷 TP/(g/kg)	全钾 TK/(g/kg)	阳离子交换量 CEC/(cmol/kg)	土壤母质 Parent material	剖面点坐标 Profile coordinate	匹配指数 Matching index/%
剖1	半水成土	草甸土	石灰性草甸土	火性甸泥砂土	火性甸泥砂黏土	A	0–10	灰黄棕色	壤质黏土	屑粒状	6.7	36.3	1.99	0.49		12.5	洪积砂砾	E 123°29′31.6″ N 47°56′45.2″	75
						AC	10–30	灰黄棕色	黏土	块状	6.5	34.7	1.89	0.45		14.1			
						Cu₁	30–70	浊黄橙色	黏土	块状	7.9	15.4	0.94	0.30					
						Cu₂	70–125	浊黄橙色	砂质黏壤土	粒状	8.1	2.4							
剖2	半水成土	草甸土	石灰性草甸土	沟谷砂砾底石灰性草甸土	薄层沟谷砂砾底石灰性草甸土	A	0–24	浅黄灰色	重壤土	核粒状	8.1	56.0	1.82	0.94			河流冲积物	E 123°32′21.5″ N 47°50′20.8″	75
						AB	24–62	浅黄灰色	重壤土	核粒状	8.1	36.6	0.74	0.59					
						B	62–90	浅黄灰色	中壤土	核状、粒状	8.2	16.9							
						C	90–150	浅黄灰色	中壤土	块状、核块状	8.1	8.2							
剖3	半水成土	草甸土	层状草甸土	平地砂砾底层状草甸土	薄早平地砂砾底层状草甸土	A	0–22	浅棕灰色	重壤土	核状、核块状	5.8	48.5	2.35	1.15			冲积物、洪积物	E 123°28′43.7″ N 47°53′59.3″	75
						AB	22–34	灰棕色	中壤土	块状	6.1	30.0	1.60						
						B₁	34–55	浅黄灰色	轻壤土	块状	6.4	21.3							
						C₁	55–92												
						B₂	92–132												
						C₂	132–150												
剖4	半水成土	草甸土	潜育草甸土	沟谷黏底潜育草甸土	中层沟谷黏底潜育草甸土	A	0–30	灰色	重壤土	粒状	7.0	47.2	2.03	0.51			冲积物、洪积物	E 123°28′15.2″ N 47°57′55.8″	75
						ABg	30–55	浅灰黄色	重壤土	粒状	8.1	47.8	2.30	0.44					
						Bg	55–90	灰黄色	中壤土	核状	8.2	33.1							
						Ap	120–153	灰色	壤质黏土	团块状	8.3	17.1							
剖5	半水成土	草甸土	石灰性草甸土	砂砾底石灰性草甸土	巨宝石灰性草甸土	A	0–15	暗灰色	黏质黏土	粒状、团块状		39.5	2.09	0.88			冲积物、洪积物	E 123°29′19.7″ N 47°57′47.2″	95
						AB	15–30	暗黄灰色	壤质黏土	核状		31.5	1.91	0.84					
						Bca	30–60	暗黄棕色	壤质黏土	小核状		29.5	1.80	0.84					
						Cca	60–90	黄灰棕色				11.0							
							90–150												
剖6	钙层土	黑钙土	黑钙土	砂砾底黑钙土	砾底破皮玉	A	0–23	灰色	中壤土	块状、核粒状	8.5	45.8	2.98	1.09			黄土状母质	E 123°29′56.0″ N 47°58′14.4″	75
						AB	23–61	浅灰黄色	重壤土	核状、粒状	8.8	14.9	1.10	0.63					
						Bca	61–120	浅黄灰色	中壤土	块状、粒状	8.9	6.5							
						C	120–153	棕黄色	中壤土	块状	8.9	4.7							
剖7	半淋溶土	黑土	黑土	砾底黑土	砾底破皮黄玉	A	0–9	棕灰色	黏壤土	团块状	6.2	30.6	1.82	1.48			洪积砂砾	E 123°28′22.8″ N 47°57′10.4″	95
						Ak	29–59	灰白色	轻壤土	核状、粒状	6.2	24.0	0.95	0.88					
						BC	59–91	浅黄灰色	轻壤土	核状	6.1		2.2						
						C	91–110	棕灰色	中壤土	粒状			<1.0						
剖8	半水成土	草甸土	盐化草甸土	苏打盐化草甸土	厚层苏打盐化草甸土	As	0–8	灰色	中壤土	粒状	6.2	8.5	1.89	1.24			冲积物、洪积物	E 123°41′16.8″ N 47°59′58.6″	75
						A	8–37	黄灰色	轻壤土	粒状	6.1	14.1	1.24	1.03					
						C₁	37–44	灰色	轻壤土	粒状	6.2	6.4	0.52						
						Da	44–66	棕灰色	轻壤土	粒状	6.2	<1.0							
剖9	半水成土	草甸土	草甸土	沟谷砂砾底草甸土	中层沟谷砾底草甸土	BC	66–98	灰色		粒状							冲积物、洪积物	E 123°31′21.1″ N 47°56′30.4″	75
						C₂	98–150	棕黄色	轻壤土	粒状	6.2			1.02					

续表 Continued

剖面号 Soil profile	土纲 Soil order	土类 Soil great group	亚类 Soil subgroup	土属 Soil genus	土种 Soil species	土层码 Layer code	土层厚度 Depth/cm	颜色 Soil color	质地 Soil texture	土壤结构 Soil structure	pH	有机质 OM/(g/kg)	全氮 TN/(g/kg)	全磷 TP/(g/kg)	全钾 TK/(g/kg)	阳离子交换量CEC/(cmol/kg)	土壤母质 Parent material	剖面点坐标 Profile coordinate	匹配指数 Matching index/%
剖10	半水成土	草甸土	草甸土	平地砂底草甸土	中层平地砂底草甸灰色土	A	0—27	浅棕灰色	轻壤土	块状、粒状							冲积物、洪积物	E 123°29′15.2″ N 47°54′19.3″	75
						AB	27—47	棕灰色	砂壤土	块状、粒状									
						BC	47—65	黄棕色	砂壤土	粒状、块状									
						C	65—95	棕黄色		块状									
剖11	淋溶土	暗棕壤	草甸暗棕壤	砾砂质草甸暗棕壤	甘南潮暗棕土	A	0—19	棕灰色	砂质黏壤土	团块状		55.5	2.57	0.99	21.6	34.0	砂壤质残积物、坡积物	E 123°18′31.0″ N 47°53′10.3″	95
						AB	19—56	黄棕灰色	砂质黏壤土	核块状		40.3	2.09	0.66	23.2	35.0			
						BC	56—115	黄棕色	黏壤土	块状		38.9							
						C	115—150	黄棕色	砂壤土	块状									
剖12	半水成土	草甸土	石灰性草甸土	平地砂砾石灰性草甸土	中层平地砂砾底石灰性草甸土	Ap	0—15	浅灰色	中壤土	团块状、核状	7.8	77.2	3.03	1.18			冲积物、洪积物	E 123°19′24.6″ N 47°50′19.7″	75
						AB	15—30	灰色	中壤土	核粒状	8.2	47.8	2.30	1.00					
						B	30—60	黄棕色	重壤土	核粒状	8.1	33.1							
						C	60—90	棕黄色	重壤土	无结构	8.2	17.1							
							90—160	黄棕色	砂壤土										
剖13	半水成土	草甸土	潜草甸土	沟谷黏底潜育草甸土	薄层沟谷黏底潜育草甸土	A	0—19	暗棕色	重壤土	粒状	6.9	48.2	2.46	1.00			冲积物、洪积物	E 123°16′01.6″ N 47°50′16.4″	75
						AB	19—41	灰色	重壤土	核块状	6.8	46.1	2.35	0.99					
						Bg	41—105	黄灰色	重壤土	粒状	6.8	41.4							
						Cg	105—150	浅灰黄色	重壤土	核粒状	6.2	28.8							
剖14	半淋溶土	暗棕壤	草甸暗棕壤	壤质草甸暗棕壤	中层壤质草甸暗棕壤	Ap	0—13	浅灰棕色	轻壤土	块状、核状	5.9	33.6	2.10	1.25			花岗岩风化残积物	E 123°15′18.5″ N 47°49′51.0″	95
						A	13—20	黄灰黄色	轻壤土	块状、粒状	6.1	28.7	1.72	1.07					
						AB	20—45	暗黄棕色	重壤土	块状、核状	6.7	8.8	0.57	0.89					
						B	45—95	暗黄棕色	重壤土	块状		2.7							
						BC	95—128	黄色	壤质黏土	块状		2.5							
						C	128—150	灰棕色		块状		<1.0							
剖15	淋溶土	黑土	黑土	砾底黑土	甘南黑土	Ap	0—10	灰色	壤质黏土	团块状		32.9	2.42	0.80			洪积砂砾	E 123°26′59.3″ N 47°54′33.8″	95
						AB	10—39	黑黑色	黏土	小核状		25.6	1.37	0.47					
						B	39—58	棕色	黏土	核状		16.0	0.84	0.40					
						BC	58—91	暗黄棕色	黏土	核块状		13.8							
						C	91—117	暗黄棕色	壤质黏土	团块状									
							117—150	暗黄棕色		块状									
剖16	半水成土	草甸土	碱化草甸土	苏打碱化草甸土	高位苏打碱化草甸土	A	0—9	灰色	轻壤土	团块状	5.7	50.4	2.77	1.67			冲积物、洪积物	E 123°30′50.6″ N 47°52′40.3″	75
						Ak	9—47	灰白色	重壤土	核粒状	6.0	15.8	0.98	1.22					
						Bk	47—87	棕灰色	中黏土	核状									
						BC	87—116	灰黄色	中黏土	团块状									
						C	116—150	浅灰黄色	中壤土	块状									
剖17	半水成土	草甸土	层状草甸土	平地砂砾底层状草甸土	中层壤质砂砾底层状草甸土	As	0—6	浅灰黄色	中壤土	块状、粒状	8.9	42.4	2.51	1.43			冲积物、洪积物	E 123°32′30.8″ N 47°55′24.0″	75
						C_1	6—35		砂壤土	核粒状	9.0	19.7	1.25	1.08					
						B	35—65	棕灰色	砂壤土	核粒状	9.0	18.3							
						C_2	65—106			核粒状	8.8	11.7							
						C_3	106—135												
							135—150												
剖18	半水成土	草甸土	盐化草甸土	苏打盐化草甸土	中层苏打盐化草甸土	Ap	0—18	灰色	轻壤土	块状、核状							冲积物、洪积物	E 123°30′23.8″ N 47°57′03.6″	75
						AB	18—46	浅灰白色	砂壤土	核粒状									
						B	46—78	黄色	砂壤土	核粒状									
						C	78—100	灰白色	轻壤土	核粒状									

续表 Continued

剖面号 Soil profile	土纲 Soil order	土类 Soil great group	亚类 Soil subgroup	土属 Soil genus	土种 Soil species	土层码 Layer code	土层厚度 Depth/cm	颜色 Soil color	质地 Soil texture	土壤结构 Soil structure	pH	有机质 OM/(g/kg)	全氮 TN/(g/kg)	全磷 TP/(g/kg)	全钾 TK/(g/kg)	阳离子交换量CEC/(cmol/kg)	土壤母质 Parent material	剖面点坐标 Profile coordinate	匹配指数 Matching index/%
剖19	半水成土	草甸土	盐化草甸土	苏打盐化草甸土	薄层苏打盐化草甸土	A	0—10	浅灰色	中壤土	小块状、块状							冲积物、洪积物	E 123°31′40.1″ N 47°51′06.5″	75
						Ak	10—120	灰白色	重壤土	块状、核状									
						BC	120—160	灰色	中壤土	粒状									
剖20	钙层土	黑钙土	黑钙土	砂砾底黑钙土	薄层砂砾底黑钙土	A	0—12	灰色	轻壤土	块状、粒状	6.4	39.5	2.16	1.11			黄土状母质	E 123°27′18.0″ N 47°52′17.8″	75
						AB	12—52	黄黄棕色	轻壤土	核状	6.5	39.1	2.16	1.08					
						B	52—82	灰黄色	轻黏土	块状、核状	6.7	12.3							
						Bca	82—111	浅黄色	轻黏土	棱状、核状	7.6	12.3							
						C	111—150	浅黄色	轻壤土	块状、粒状	7.7	3.1							
剖21	钙层土	黑钙土	草甸黑钙土	砾底草甸黑钙土	中层砾底草甸黑钙土	A	0—22	浅灰色		核块状、粒状	6.5	34.8	2.34	1.01			黄土状母质	E 123°28′44.8″ N 47°51′47.9″	75
						AB	22—40	浅棕灰色		块状	6.7	30.9	1.98	0.95					
						B	40—70	棕黄色		核粒状	7.9	29.0							
						C	70—105	棕黄色			8.1	23.4							
剖22	钙层土	黑钙土	草甸黑钙土	砾石底黑钙土	中砾底黑钙土	A	0—23	暗灰色	壤质黏土	粒状、团块状		26.9	1.82	0.38			洪积砂砾	E 124°06′43.2″ N 47°54′07.6″	75
						AB	23—61	黑棕色	壤质黏土	核块状		14.6	0.95	0.27					
						Bca	61—120	暗棕色	砂质黏壤土	核块状		2.2							
						C	120—150	暗黄棕色				<1.0							
剖23	钙层土	黑钙土	草甸黑钙土	砾底草甸黑钙土	甘南潮黑钙土	A	0—19	暗灰色	壤质黏土	团块状		28.5	1.99	0.44			洪积砂砾	E 123°25′14.2″ N 47°47′10.3″	75
						AB	19—69	灰黄棕色	壤质黏土	核状		14.8	1.61	0.29					
						Bca	69—93	浅黄色	砂质黏壤土	块状		5.2							
						BC	93—150	灰黄棕色	壤质砂土			3.5							
剖24	半水成土	草甸土	石灰性草甸土	沟谷黏底石灰性草甸土	薄层沟谷黏底石灰性草甸土	A	0—21	暗黄色	重壤土	核粒状	6.9	38.5	2.17	0.70			冲积物、洪积物	E 123°29′44.9″ N 47°50′34.4″	75
						AB	21—52	灰黄色	重壤土	核状	7.0	12.7	0.73	1.20					
						B	52—90	浅黄色	重壤土	核状	7.1	9.8							
						BC	90—160	黄色	重壤土	棱状	7.1	7.3							
剖25	钙层土	黑钙土	石灰性黑钙土	砂砾石灰草甸黑钙土	中层砾底石灰性黑钙土	A	0—22	灰色	重壤土	块状	7.6	39.7	2.05	1.04			黄土状母质	E 123°32′56.8″ N 47°59′15.0″	95
						AB	22—33	黄灰色	轻黏土	块状	7.5	30.4	1.28	0.85					
						Bca	33—51	浅黄色	轻黏土	核状、棱状	8.0	5.8	0.39	0.47					
						C	51—130	浅棕黄色	轻黏土	核状、棱状	8.1	6.8							
							130—150				8.7	3.3							
剖26	钙层土	黑钙土	草甸黑钙土	石灰性草甸钙土	薄层石灰性草甸钙土	A	0—17	浅灰色	轻壤土	块状	6.3	38.5	2.51	0.88			黄土状母质	E 123°27′21.6″ N 47°50′15.4″	75
						AB	17—45	黄黄色	轻黏土	块状、核状	6.6	14.0	2.49	0.74					
						B	45—100	灰棕色	轻黏土	块状、核状	6.5	11.5							
						C	100—150	黄色	轻黏土	块状	6.5	5.0							
剖27	半水成土	草甸土	碱化草甸土	苏打碱化草甸土	中位苏打碱化草甸土	As	0—22	浅棕灰色	轻黏土	块状、核状							冲积物、洪积物	E 123°33′48.2″ N 47°59′26.2″	75
						Ak	22—48	灰灰色	轻黏土	块状、棱状									
						Bk	48—100	灰灰色	轻黏土	棱状、棱块状									
剖28	半水成土	草甸土	石灰性草甸土	平地黏底石灰性草甸土	厚层平地黏底石灰性草甸土	Ap	0—24	浅棕灰色	中壤土	块状	8.8	37.3	2.23	0.92			冲积物、洪积物	E 123°30′37.5″ N 47°53′42.1″	75
						A	24—60	灰色	重壤土	核状	8.8	15.2	0.92	0.68					
						AB	60—80	浅黄灰色	重壤土	核状、粒状	8.6	9.9							
						B	80—105	棕黄色	重壤土	核状、粒状	8.5	7.6							
						Bca	105—145	黄色	重壤土	块状、核状									
						C	145—160	浅黄色	重壤土		8.5	7.0							

续表 Continued

剖面号 Soil profile	土纲 Soil order	土类 Soil great group	亚类 Soil subgroup	土属 Soil genus	土种 Soil species	土层码 Layer code	土层厚度 Depth/cm	颜色 Soil color	质地 Soil texture	土壤结构 Soil structure	pH	有机质 OM/(g/kg)	全氮 TN/(g/kg)	全磷 TP/(g/kg)	全钾 TK/(g/kg)	阳离子交换量CEC/(cmol/kg)	土壤母质 Parent material	剖面点坐标 Profile coordinate	匹配指数 Matching index/%
剖29	半淋溶土	黑土	草甸黑土	砾底草甸黑钙土	潮黑土	Ap	0—12	浅灰色	壤质黏土	团块状	7.9	30.8	1.90	0.49	29.2		洪积砂砾	E 123°32′09.2″ N 47°57′13.0″	95
						A	12—28	灰色	壤质黏土	团块状	8.1	27.9	1.63	0.43	27.9				
						B	28—105	浅棕灰色	壤质黏土	核块状	8.0	18.2							
						BC	105—140	暗绿灰色	壤质黏土	块状	7.2								
						C	140—150	浅绿灰色	壤质黏土	块状	7.3								
剖30	半水成土	草甸土	石灰性草甸土	平地黏底石灰性草甸土	薄层平地砂砾底石灰性草甸土	A	0—15	暗灰色	重壤土	块状、核状	6.7	68.1	4.10	1.67			冲积物、洪积物	E 123°28′19.1″ N 47°56′29.8″	75
						AB	15—35	灰色	重壤土	块状	6.5	39.5	2.49	1.27					
						B	35—58	浅黄灰色	轻黏土	块状、核粒状	8.0	12.2							
						BC	58—128	浅灰黄色	重壤土	核状、粒状	7.2	8.1							
						C	128—150	黄色	重壤土	块状、核状	7.3	4.8							
剖31	半水成土	草甸土	石灰性草甸土	平地砂砾底石灰性草甸土	薄层平地砂砾底石灰性草甸土	A	0—10	浅棕灰色	轻黏土	核状、粒状	6.7	36.3	1.99	1.10			冲积物、洪积物	E 123°30′42.5″ N 47°53′15.1″	75
						AB	10—30	灰色	轻黏土	核状、粒状	6.5	34.7	1.89	1.03					
						B	30—70	浅黄色	轻壤土	核状、粒状	7.9	15.4	0.94	0.69					
						C₁	70—125	浅棕黄色	砂壤土	核状	8.1	2.4							
						C₂	125—150	棕黄色			8.2	1.2							
剖32	半水成土	草甸土		平地砂砾底草甸土	薄层平地砂砾底草甸土	A	0—20	浅灰色	轻壤土	团块状	6.5	12.9	0.95	0.58			冲积物、洪积物	E 123°29′38.3″ N 47°53′46.6″	75
						AC	20—65	黄色	砂壤土	核状	6.5	4.1	0.37	0.40					
						C₁	65—95	浅黄色	砂壤土	核状	6.8	3.0							
						C₂	95—160	浅棕黄色	砂壤土	粒状	6.9	2.1							
剖33	钙层土	黑钙土	石灰性黑钙土	砾底石灰性黑钙土	平阳石灰性黑钙土	Aca	0—17	棕黑色	壤质黏土	团块状、核状	7.1	36.1	2.03	0.41			洪积砂砾	E 124°20′50.3″ N 48°13′10.2″	95
						ABca	17—50	黑棕色	重壤土	核状	7.4	8.9	0.66	0.25					
						Bca	50—78	暗黄棕灰色	砂质黏壤土	核状	8.3	8.0							
						BCca	78—125	暗黄棕灰色	砂壤土	核状		<1.0							
剖34	钙层土	黑钙土	黑钙土	黏底黑钙土	中层黏底黑钙土	A	0—21	浅黄灰色	重壤土	团块状、核状	7.4	31.7	1.92	0.90			黄土状母质	E 123°28′12.7″ N 47°50′59.6″	95
						AB	21—53	灰黄灰色	重黏土	团块状、核状	7.4	16.4	1.14	0.73					
						B	53—87	浅黄色	重黏土	团块状	8.3	8.5							
						Bca	87—147	黄色	中壤土	团块状、核状	8.4	5.1							
						C	147—160	棕灰色	壤质黏土	团粒状	8.4	1.1							
剖35	钙层土	黑钙土	草甸黑钙土	锈腐黑钙土	油锈黑黄土	A₁₁	0—15	棕灰色	壤质黏土	块状	7.5	31.8	1.98	0.52	23.8	38.6	黄土状沉积物	E 124°17′53.5″ N 48°15′34.2″	95
						Ah	15—55	棕灰色	壤质黏土	块状	7.7	27.3	1.76	0.51	23.6	32.7			
						Bk	55—100	灰黄棕色	壤质黏土	块状	8.0	14.7				35.4			
						Cu	100—130	黄黄棕色	壤质黏土	块状									

富 裕 县

主要土类说明

黑钙土是富裕县主要土壤类型，占本县地域面积的43%。本县阶地平原的耕作土壤几乎均为黑钙土。其成土过程主要是腐殖质积累和钙积过程，由于钙的淋溶和淀积作用，土体中的石灰发生聚积，形成明显的钙积层，出现碳酸盐新生体，如假菌丝体、石灰状斑、石灰结核等。同时，土壤黏粒也随钙的淋溶向下移动，在土体中出现黏粒的淀积。除上述主要成土过程外，在本县的个别微小区域内，因降水量、地下水位的不同以及受特殊条件的影响等，还存在一些附加成土过程，如草甸化、碱化等过程。根据主要成土过程和附加成土过程的不同，本县黑钙土分为黑钙土、石灰性黑钙土、草甸黑钙土等亚类。

草甸土是富裕县第二大土壤类型，占本县地域面积的42%。草甸土分布区地势低平，地下水位高，地表植被以草甸植物为主，伴生草甸草原植物。成土母质一般为近代河流沉积物。其成土过程主要是明显的腐殖质积累、草甸化和潜育化过程。由于草甸草本植物生长繁茂，每年给土壤留下较多的有机残体，在土壤湿度较大的条件下，这些有机残体进行嫌气分解，有利于腐殖质的积累。由于根系多集中于表层，因此土壤表层腐殖质多，结构好，下层腐殖质锐减。因所处地带地下水位较高，潜水参与土壤形成过程，受地下水升降与浸润作用，铁锰氧化物出现迁移和聚积，土体出现锈色斑纹层。除上述主要成土过程外，还有钙化、盐化、碱化、潜育化等附加成土过程。根据生物、气候、地形、水文等不同条件所引起的草甸土性状的差异，本县草甸土分为草甸土、石灰性草甸土、盐化草甸土、碱化草甸土、潜育草甸土等亚类。

沼泽土是富裕县第三大土壤类型，占本县地域面积的7%。沼泽土是一种受地表水和地下水浸润的土壤，其成土过程主要是泥炭化和潜育化两个基本过程。根据有机质的积累状况和潜育程度，本县沼泽土分为草甸沼泽土、泥炭腐殖质沼泽土等亚类。其中，草甸沼泽土占本土类面积的62%，主要分布在乌裕尔河中下游低河漫滩的低湿处，自然植被以小叶樟植物群落为主，成土母质以近代河流冲积物和沉积物为主，成土过程主要是草甸化和沼泽化过程。草甸沼泽土是草甸土向沼泽土过渡的土壤类型，有机质含量较高，在250g/kg以上，剖面构型为A-Bg-G。土壤表层为草根层，具粒状结构；亚表层出现较多的锈斑；心土层颜色较浅，有锈斑；底土层为灰蓝色至浅灰色的潜育层。

小于本县地域面积3%的土壤类型有风沙土、新积土、黑土。

本区域中心区气候特征

本区域中心区气候特征值
Regional climate characteristics in central area of the region

气候带：中温带亚湿润气候 Climate region: Mid temperate subhumid climate	
年平均气温 /℃ Annual average temperature /℃	3.3
年平均最高气温 /℃ Annual average maximum temperature /℃	9.3
年平均最低气温 /℃ Annual average minimum temperature /℃	-2.1
年降水量 /mm Annual precipitation /mm	442
≥10℃的积温 /℃ Daily temperature accumulated in a year（≥10℃）/℃	1173
年日照时数 /h Annual sunshine /h	2804
年平均相对湿度 /% Annual average relative humidity /%	61
干燥度 Dryness	0.46

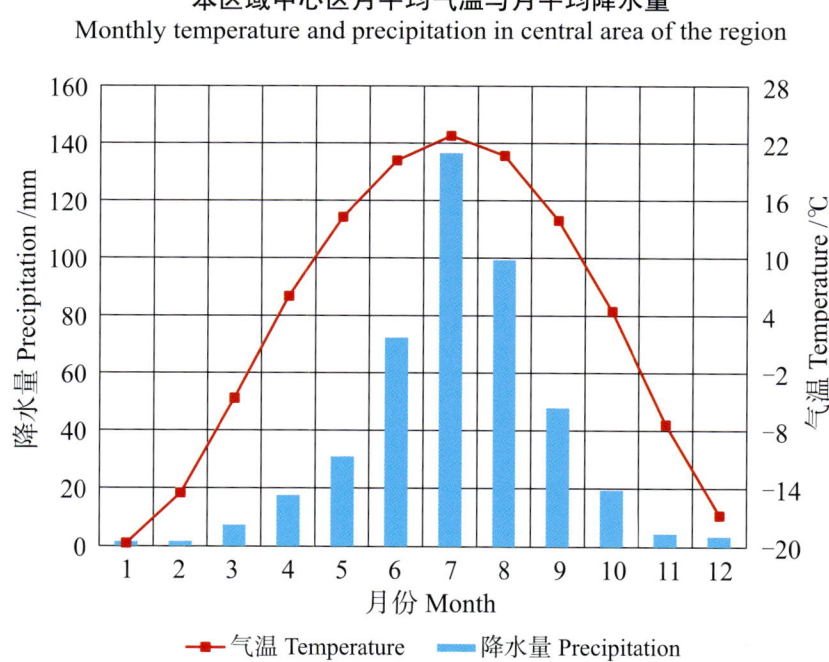

本区域中心区月平均气温与月平均降水量
Monthly temperature and precipitation in central area of the region

富裕县主要土壤类型与土壤剖面点分布图
1∶350 000

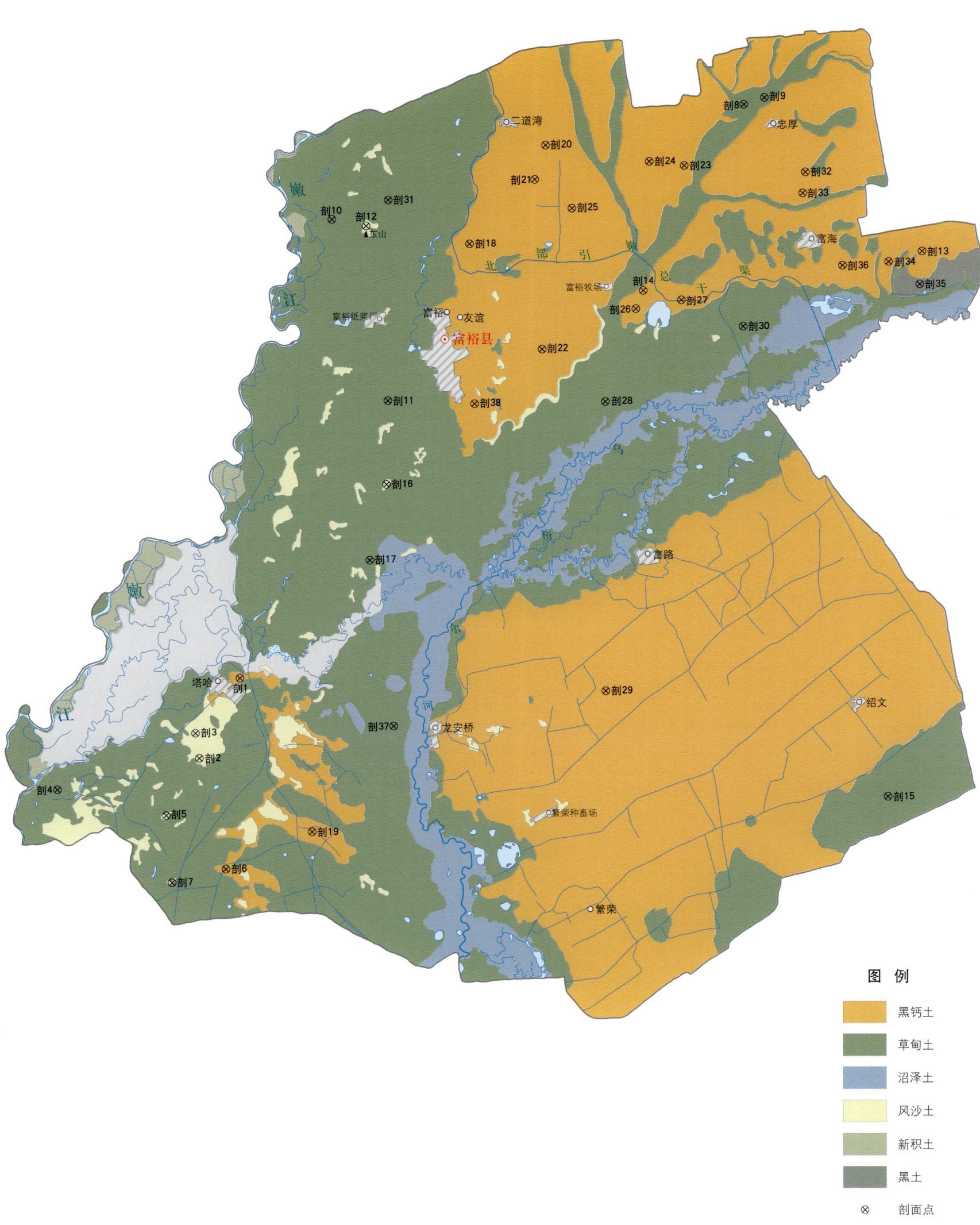

富裕县土壤剖面理化性状表

剖面号 Soil profile	土纲 Soil order	土类 Soil great group	亚类 Soil subgroup	土属 Soil genus	土种 Soil species	土层码 Layer code	土层厚度 Depth/cm	颜色 Soil color	质地 Soil texture	土壤结构 Soil structure	pH	有机质 OM/(g/kg)	全氮 TN/(g/kg)	全磷 TP/(g/kg)	全钾 TK/(g/kg)	阳离子交换量 CEC/(cmol/kg)	土壤母质 Parent material	剖面点坐标 Profile coordinate	匹配指数 Matching index/%
剖1	钙层土	黑钙土	草甸黑钙土	石灰性草甸黑钙土	薄石灰性潮黑钙土	A	0—19	暗灰色	壤质黏土	粒状、团块状		46.9	2.63	0.57	21.7		碳酸盐洪积物、沉积物	E 124°13′59.5″ N 47°33′42.8″	82
						AB	19—45	黑棕色	壤质黏土	小团块状		22.3	1.33	0.40					
						Bca	45—120	暗棕色	壤质黏土	小核块状		11.7							
						BC	120—150	浅黄棕色	黏土	核状状		8.1							
剖2	初育土	风沙土	生草风沙土	岗地生草风沙土	棕色岗地生草风沙土	A	0—5	浅棕色	砂壤土	粒状	7.9	8.1	0.45	0.45	33.7		风积沙	E 124°11′18.2″ N 47°30′13.7″	93
						AC	5—40	棕色	砂壤土	粒状	7.7	6.4	0.33	0.38					
						C₁	40—87	浅棕色	砂壤土	粒状	7.6	5.8							
						C₂	87—200	浅棕色	砂壤土	不均匀小块状	7.7	7.8							
剖3	初育土	风沙土	生草风沙土	平地生草风沙土	棕色平地生草风沙土	A	0—15	灰棕色	砂壤土	核块状	7.3	9.2	0.55	0.66	33.3		风积沙	E 124°11′04.6″ N 47°31′19.6″	92
						AC	15—60	棕色	紧砂土	无结构	7.3	1.4	0.11	0.65					
						C	60—150	暗灰色	紧砂土	粒状	7.5	1.4							
剖4	半水成土	草甸土	草甸土	黏底草甸土	薄层黏底草甸土	A	0—7	浅棕色	轻壤土	粒状	6.6	35.0	1.79	0.71	30.2		近代河流沉积物	E 124°02′08.9″ N 47°28′57.0″	95
						AB	7—49	棕灰色	中壤土	无结构	8.2	4.5	0.36	0.63					
						BC	49—83	黄棕色	轻壤土	核块状	8.7	2.7							
						C	83—150	黄棕色	轻黏土	粒状	8.2	6.1							
剖5	初育土	风沙土	生草风沙土	岗地石灰性风沙土	灰色岗地石灰性风沙土	A	0—40	暗灰棕色	轻壤土	粒状	7.3	8.9	0.47	0.67	33.5		风积沙	E 124°09′07.6″ N 47°27′45.7″	92
						AC	40—80	灰棕色	轻壤土	粒状	7.3	8.5							
						C₁	80—130	暗棕色	轻壤土	粒状	7.4	11.9							
						C₂	130—150	暗棕色	轻壤土	粒状	8.0	8.5							
剖6	钙层土	黑钙土	草甸黑钙土	碱化草甸黑钙土	轻碱潮黑钙土	A	0—13	黑褐色	壤质黏土	粒状、团块状		35.2	2.17	0.42	23.4		洪积物、沉积物	E 124°12′52.2″ N 47°25′24.6″	81
						AB	13—40	暗棕色	壤质黏土	大核块状		11.4	0.70	0.25					
						Bca	40—85	灰棕色	壤质黏土	核块状		7.2							
						C	85—120	暗黄棕色	壤质黏土	核块状		7.0							
						C	120—150	暗黄棕色	砂质黏土	核块状									
剖7	初育土	风沙土	石灰性风沙土	岗地石灰性风沙土	灰色岗地石灰性风沙土	A	0—13	暗棕灰色	轻壤土	粒状	8.7	17.4	1.09	0.81	30.8		风积风积交互母质	E 124°09′25.2″ N 47°24′51.8″	93
						AC	13—65	浅棕灰色	轻壤土	粒状	8.7	14.6	0.83	0.76					
						C₁	65—150	暗棕色	轻壤土	粒状	8.9	15.7							
						C₂	150—160	暗棕色	轻壤土	粒状	8.8	14.0							
剖8	半水成土	草甸土	碱化草甸土	苏打碱化草甸土	深位苏打碱化草甸土	A	0—15	灰色	中黏土	粒状	8.4	56.8	3.06	1.34	24.7		冲积风积交互母质	E 124°12′16.1″ N 47°58′11.6″	75
						AB	15—25	浅棕灰色	重黏土	核块状	9.0	47.0	2.56	1.19					
						B	25—90	暗棕色	重黏土	大核块状	>9.5	18.6							
						BC	90—140	黄棕色	中黏土	核块状	>9.5	6.8							
						C	140—160	黄棕色	重黏土	粒状	>9.5	4.2							
剖9	半水成土	草甸土	碱化草甸土	苏打碱化草甸土	高位苏打碱化草甸土	A	0—20	浅棕灰色	中黏土	核块状	8.2	40.4	2.17	1.18	23.7		黄土状黏土、河流沉积物	E 124°48′35.6″ N 47°58′28.2″	75
						AB	20—50	浅灰棕色	重黏土	核块状	8.9	16.0	0.75	0.74					
						B	50—88	浅黄棕色	重黏土	核块状	9.0	18.3							
						BC	88—140	浅黄棕色	重黏土	核块状	9.3	8.0							
剖10	半水成土	草甸土	石灰性草甸土	砂底石灰性草甸土	友谊石灰性草甸土	A	0—15	棕灰色	砂质黏壤土	团块状		45.6	1.99	0.33	25.9	21.1	江河冲积物	E 124°20′25.4″ N 47°53′31.9″	95
						AB	15—35	浅灰棕色	壤质黏土	核状		10.3	0.62	0.29		10.4			
						BCca	35—65	浅灰色	壤质黏土	核状		3.5							
						Cca	65—110	黄灰色	粉砂质壤土	核状									
							110—150	黄灰棕色	砂壤土			2.2							

续表 Continued

剖面号 Soil profile	土纲 Soil order	土类 Soil great group	亚类 Soil subgroup	土属 Soil genus	土种 Soil species	土层码 Layer code	土层厚度 Depth/cm	颜色 Soil color	质地 Soil texture	土壤结构 Soil structure	pH	有机质 OM/(g/kg)	全氮 TN/(g/kg)	全磷 TP/(g/kg)	全钾 TK/(g/kg)	阳离子交换量 CEC/(cmol/kg)	土壤母质 Parent material	剖面点坐标 Profile coordinate	匹配指数 Matching index/%
剖11	半水成土	草甸土	草甸土	砂壤质草甸土	薄层砂壤质草甸土	A	0—23	浅棕灰色	轻壤土	粒状	7.0	55.6	1.99	0.77	31.3		黄土状黏土、河流沉积物	E 124°23′50.6″ N 47°45′38.5″	95
						AB	23—55	暗棕灰色	轻壤土	粒状	7.2	10.3	0.62	0.66					
						BC	55—85	黄棕色	中壤土	小团块状	6.9	3.5							
						C_1	85—135	浅黄棕色	紧砂土		6.7	3.5							
						C_2	135—150	浅黄色	紧砂土		6.7	2.2							
剖12	初育土	风沙土	生草风沙土	岗地生草风沙土	棕色岗地风沙土	A	0—15				6.8	11.7	0.59	0.62	24.5		风积沙	E 124°22′38.6″ N 47°53′13.9″	74
						AC	15—42				6.7	22.7							
						C_1	42—53				6.9	<1.0							
						C_2	110—120				7.2	2.1							
剖13	钙层土	黑钙土	石灰性黑钙土	黏底石灰性黑钙土	中层黏底石灰性黑钙土	AB	0—25	暗灰色	重壤土	团粒状	8.0	36.9	2.21	1.27	25.1		黄土状黏土、亚黏土	E 124°58′33.6″ N 47°51′38.9″	95
						Bca	25—52	灰棕色	重壤土	团块状	8.1	17.7		0.76					
						BC	52—105	暗棕色	中壤土	小核块状	8.1	8.0							
						C	105—135	棕色	重壤土	核块状	8.2	6.4							
							135—160	棕黄色	中壤土	核块状	8.6	6.0							
剖14	钙层土	黑钙土	黑钙土	砂壤质黑钙土	中层砂壤质黑钙土	A	0—23	浅灰棕色	砂壤土	小粒状	8.3	14.9	0.81	0.40	34.1		冲积风积交互母质	E 124°40′28.2″ N 47°50′12.1″	95
						AB	23—52	灰棕色	轻壤土	小粒状	8.2	11.1	0.56	0.39					
						B_1	52—83	黄棕色	中壤土	小核块状	7.7	11.8							
						Bca	83—161	棕黄色	重壤土	核块状	8.6	5.4							
						BC	161—180	棕黄色	中壤土	粒状	8.6	2.9							
剖15	半水成土	草甸土	碱化草甸土	苏打碱化草甸土	中位苏打碱化草甸土	A	0—10	浅灰黑色	重壤土	粒状	7.5	46.8	2.53	1.05	27.5		黄土状黏土、河流沉积物	E 124°55′27.1″ N 47°27′58.3″	95
						AB	10—39	暗灰棕色	轻黏土	核块状	9.4	34.9	1.94	1.04					
						B_1	39—87	暗灰色	重黏土	小核块状	>9.5	14.7							
						BC	87—112	浅灰棕色	重黏土	小核块状	>9.5	12.9							
						C	112—140	灰棕色	重黏土	小核块状	>9.5	7.6							
剖16	初育土	风沙土	黑钙土型风沙土	砂黏底黑钙土型风沙土	薄层砂黏质黑钙土型风沙土	A	0—15	浅灰黑色	轻壤土	核块状	8.5	22.9	1.36	0.64	29.6		风积沙	E 124°23′39.1″ N 47°42′00.0″	95
						AC	15—50	暗灰色	轻黏土	小核块状	8.8	3.6	0.18	0.28					
						C_1	60—70	暗灰色	轻黏土	小核块状	8.8	2.4							
						C_2	110—120	黄灰色	中壤土		8.9	2.8							
剖17	半水成土	草甸土	盐化草甸土	苏打盐化草甸土	薄层苏打盐化草甸土	As	0—11	灰黑色	重黏土	核块状	>9.5	38.7	2.23	1.25	22.6		黄土状黏土、河流沉积物	E 124°22′30.0″ N 47°38′43.4″	95
						A_1	11—24	灰黑色	轻黏土	小核块状	>9.5	15.1	0.83	0.53					
						AB	24—55	浅灰白色	轻黏土	小核块状	>9.5	5.5	0.33	0.83					
						B_1	55—90	暗灰黑色	中黏土	核块状	9.1	5.5							
						BC	90—120	黄棕色	中壤土	核块状	8.5	3.5							
						C	120—150	灰棕色	重黏土	粒状	8.5	2.5							
剖18	钙层土	黑钙土	草甸黑钙土	碱化草甸黑钙土	薄层碱化草甸黑钙土	A	0—13	棕灰色	轻壤土	大核块状	8.4	35.2	2.17	0.97	28.2		近代河流沉积物	E 124°29′19.0″ N 47°52′22.1″	85
						AB	13—40	浅灰黄色	重壤土	核块状	9.1	11.4	0.70	0.57					
						Bca	40—85	黄灰色	重黏土	核块状	>9.5	7.2							
						BC	85—120	棕灰色	轻黏土	核块状	>9.5	7.0							
						C	120—150	灰黄色	轻壤土	核块状	>9.5	3.5							
剖19	钙层土	黑钙土	草甸黑钙土	草甸黑钙土	薄层草甸黑钙土	Ap	0—16	灰色	轻壤土	粒状	8.6	15.9	0.96	0.70	33.1		黄土状黏土	E 124°18′27.4″ N 47°26′57.5″	95
						AB	16—32	棕灰色	中壤土	粒状	8.7	11.0	0.74	0.60					
						Bca	32—62	灰棕色	中壤土	核块状	8.6	6.4							
						BC	62—110	浅棕色	轻壤土	核块状	8.8	2.1							
						C	110—150	浅棕黄色	砂壤土	无结构	9.0	<1.0							

续表 Continued

剖面号 Soil profile	土纲 Soil order	土类 Soil great group	亚类 Soil subgroup	土属 Soil genus	土种 Soil species	土层码 Layer code	土层厚度 Depth/cm	颜色 Soil color	质地 Soil texture	土壤结构 Soil structure	pH	有机质 OM/(g/kg)	全氮 TN/(g/kg)	全磷 TP/(g/kg)	全钾 TK/(g/kg)	阳离子交换量CEC/(cmol/kg)	土壤母质 Parent material	剖面点坐标 Profile coordinate	匹配指数 Matching index/%
剖20	钙层土	黑钙土	草甸黑钙土	草甸黑钙土	中层草甸黑钙土	Ap	0—18	棕灰色	中壤土	块状	8.7	33.4	0.88	0.56	33.9		黄土状黏土	E 124°34′21.4″ N 47°56′36.2″	95
						A₁	18—28	浅棕灰色	重壤土	小块状	9.0	15.9	0.62	0.55					
剖21	钙层土	黑钙土	黑钙土	黑钙土	黑黄土	AB	28—48	中棕灰色	中壤土	小核块状	9.3	10.3					黄土状沉积物	E 124°33′37.1″ N 47°55′07.7″	95
						Bca	48—95	棕色	重壤土	核块状	9.3	9.9							
						BC	95—110	暗棕色	重壤土	块块状	9.1	12.5							
						C	110—170	浅黄色	重壤土	块块状	>9.5	9.0							
剖22	钙层土	黑钙土	石灰性黑钙土	黏底石灰性黑钙土	薄层黏底石灰性黑钙土	A₁₁	0—18	棕灰棕色	砂质黏壤土	团粒状	7.5	22.7	1.28	0.22	25.8		黄土状沉积物	E 124°33′52.2″ N 47°47′44.9″	75
						AB	15—45	灰黄棕色	壤质黏土	碎块状	8.3	14.1	0.88	0.23	26.2				
						Bca	45—110	油黄橙色	壤质黏土	块状	8.3	4.9			24.2				
						C	110—150	油黄橙色	壤质黏土	块状	8.5	4.7							
剖23	钙层土	黑钙土	草甸黑钙土	锈黑黄土	暗锈黑黄土	A	0—15	浅灰色	中壤土	粒状							黄土状沉积物	E 124°43′18.5″ N 47°55′36.1″	81
						A₁₁	0—25	棕灰色	壤质黏土	团粒状	8.2	47.0	2.50	0.52	20.4	34.6			
						AhB	25—58	灰黄棕色	重质黏土	碎块状	8.2	22.0	1.24	0.40		35.7			
						Bk	58—100	油黄棕色	壤质黏土	块状	8.3	13.5				31.2			
						BC	100—120	灰棕色	壤质黏土	块状	8.2	13.0							
						Cu	120—145	油黄橙色	壤质黏土	块状									
剖24	钙层土	黑钙土	草甸黑钙土	黄土质草甸黑钙土	荣生潮黑钙土	A	0—25	暗黑色	黏质黏土	粒状、团块状	8.2	47.0	2.50	0.52	20.4		黄土状沉积物	E 124°41′03.1″ N 47°55′49.1″	95
						AB	25—58	黑棕色	砂质黏土	核块状		22.0	1.24	0.40					
						Bca	58—100	暗棕色	砂质黏土	核块状		13.5							
						BC	100—120	暗棕色	砂质黏土	块状		13.0							
剖25	钙层土	黑钙土	石灰性黑钙土	黄土质石灰性黑钙土	富铬石灰性黑钙土	Aca	0—25	灰棕色	壤质黏土	团块状	8.6	36.9	2.21	0.55	20.6	20.1	碳酸盐沉积物	E 124°35′58.9″ N 47°53′50.3″	81
						ABca	25—52	黑棕色	砂质黏土	团块状	8.7	17.7	0.93	0.33	21.3	20.3			
						BCca	52—105	暗棕色	砂质黏土	小核块状	8.8	8.0	0.38	0.36	22.1	18.6			
						BCca	105—135	暗棕色	砂质黏土	核块状	8.8	6.4							
						Cca	135—160	暗黄棕色	壤质黏土	块状									
剖26	钙层土	黑钙土	草甸黑钙土	锈黑黄土	锈黑黄土	A₁₁	0—18	黑黑色	砂质黏壤土	粒状、团块状	8.2	33.4	1.88	0.35	28.1	21.1	黄土状沉积物	E 124°39′58.3″ N 47°49′25.0″	81
						AhB	18—48	油黄黑棕色	砂质黏土	屑粒状	8.3	13.0	0.62	0.24	21.3	14.4			
						Bk	48—110	暗棕色	黏壤土	小块状	8.7	11.2							
						BC	110—170	油黄棕色	黏壤土	块状	8.1	9.0							
剖27	钙层土	黑钙土	草甸黑钙土	黄土质草甸黑钙土	二道湾潮黑钙土	A	0—15	黑黑色	砂质黏壤土	团块状		33.4	1.88	0.35	28.1		黄土状沉积物	E 124°42′55.4″ N 47°49′45.5″	81
						AB	18—48	暗棕色	砂质黏土	团块状	8.2	13.0	0.62	0.24					
						Bca	48—110	暗棕色	黏壤土	块状	8.3	11.2							
						C	110—170	暗棕色	黏壤土	块状	8.7	9.0							
剖28	半水成土	草甸土	石灰性草甸土	火性甸泥砂土	火性河滩土	A	0—15	灰黄棕色	砂质黏壤土	块状	8.2	45.6	1.99	0.33	25.9		河流冲积物	E 124°37′52.7″ N 47°45′25.9″	81
						Cu₁	15—35	灰黄棕色	砂壤土	块状	8.3	10.3	0.62	0.29	24.3				
						Cu₂	35—65	油黄橙色	壤质黏壤土	块状	8.7	3.5							
						Cu₃	65—110	油黄橙色	粉砂质黏土	块状	8.1	2.2			27.4				
剖29	钙层土	黑钙土	石灰性黑钙土	黏底石灰性黑钙土	薄层黏底石灰性黑钙土	A	0—17	灰棕色	中壤土	粒状	8.0	33.1	2.02	0.83			黄土状黏土、亚黏土	E 124°37′30.0″ N 47°32′52.4″	95
						AB	17—35	灰棕棕色	重壤土	团块状	8.2	11.2	0.67	0.65					
						Bca	35—85	棕黄色	重壤土	小核状	8.2	4.9							
						BC	85—125	棕黄色	重壤土	核状	8.2	2.4							
						C	125—150	棕黄色	重壤土	核状	8.2	2.3							

续表 Continued

剖面号 Soil profile	土纲 Soil order	土类 Soil great group	亚类 Soil subgroup	土属 Soil genus	土种 Soil species	土层码 Layer code	土层厚度 Depth/cm	颜色 Soil color	质地 Soil texture	土壤结构 Soil structure	pH	有机质 OM/(g/kg)	全氮 TN/(g/kg)	全磷 TP/(g/kg)	全钾 TK/(g/kg)	阳离子交换量CEC/(cmol/kg)	土壤母质 Parent material	剖面点坐标 Profile coordinate	匹配指数 Matching index/%
剖30	半水成土	草甸土	盐化草甸土	苏打盐化草甸土	中层苏打盐化草甸土	A	0–25	黑灰色	轻黏土	小核块状	8.6	28.2	1.62	1.62	16.8		黄土状黏土、河流沉积物	E 124°46′53.4″ N 47°48′33.1″	95
						AB	25–50	暗灰色	重壤土	核块状	8.3	15.3	0.83	1.43					
						BC	50–100	灰白色	轻黏土	核块状	8.1	3.8							
						C	100–150	棕白色	中壤土	核块状	8.3	3.8							
剖31	半水成土	草甸土	石灰性草甸土	砂底石灰性草甸土	薄砂砂底石灰性草甸土	A	0–20	暗灰色	轻壤土	粒状	9.1	55.8	3.41	1.20	28.7		近代河流沉积物	E 124°24′06.1″ N 47°54′20.5″	95
						AB	20–30	浅灰色	轻壤土	粒状	>9.5	5.4	0.34	0.71					
						BC	30–75	浅棕灰色	轻壤土	无明显结构	9.2	2.9							
						C₁	75–110	灰棕色	砾石土	无结构	8.6	1.9							
						C₂	110–150		砾石土	无结构	8.4	2.4							
剖32	钙层土	黑钙土	黑钙土	黑泥砂土	富铬黑泥砂土	A₁₁	0–19	棕灰色	砂质黏壤土	屑粒状	8.6	25.3	1.22	0.39	29.8	21.3	冲积物	E 124°51′08.3″ N 47°55′12.7″	95
						AB	19–43	灰黄棕色	砂质黏壤土	块状	8.6	4.8	0.26	0.23		22.9			
						Bk	43–88	浊黄橙色	砂质黏壤土	块状	8.8	1.2				17.8			
						C	88–150	浊黄橙色	砂质黏壤土	块状	8.8	1.2							
剖33	钙层土	黑钙土	黑钙土	黏底黑钙土	中层黏底黑钙土	A	0–20	暗灰色	轻黏土	粒状	7.6	38.0	2.00	0.96	25.9		洪积物、冲积物或以冲积物为主的黄土状堆积物	E 124°50′55.7″ N 47°54′18.0″	95
						AB	20–40	暗棕色	轻壤土	小块状	7.6	26.6	1.37	0.84					
						Bca	40–140	棕黄色	轻壤土	核块状	8.7	10.1							
						BC	140–160	棕色	轻壤土	核块状									
剖34	钙层土	黑钙土	黑钙土	砂质黑钙土	薄砂黑钙土	Ap	0–19	浅灰色	砂质黏壤土	粒状、团粒状	7.1	25.3	1.22	0.39	29.8		冲积砂、沉积砂	E 124°56′22.2″ N 47°51′13.3″	81
						AB	19–43	棕灰色	砂质黏壤土	核块状	7.0	4.8	0.26	0.23					
						Bca	43–88	灰黄棕色	砂质黏壤土	核状	8.3	1.2							
						C	88–150	灰黄棕色	砂质黏壤土	核状	8.3	1.2							
剖35	钙层土	黑钙土	黑钙土	黏底黑钙土	中层黏底黑钙土	Ap	0–16	暗灰色	轻黏土	团粒状	7.1	41.9	2.03	1.10	34.9		黄土状黏土堆积物	E 124°58′21.4″ N 47°50′12.8″	95
						A₁	16–45	暗棕色	轻黏土	小团块状	7.0	36.4	1.69	0.84					
						B	45–72	暗棕灰色	轻壤土	小核块状	7.0	27.3							
						BC	72–120	棕色	轻壤土	小核块状	7.2	22.5							
						C	120–160	棕色	轻壤土	核状	7.2	19.8							
剖36	钙层土	黑钙土	草甸黑钙土	石灰性草甸黑钙土	薄砂石灰性草甸黑钙土	A	0–19	暗黄色	重壤土	小团块状	8.0	46.9	2.63	1.33	26.1		黄土状黏土	E 124°53′23.6″ N 47°51′06.5″	95
						AB	19–45	浅棕色	重壤土	小团块状	8.3	22.3	1.33	0.93					
						Bca	45–85	浅黄色	轻壤土	小核块状	8.3	11.7							
						C	85–120	黄棕色	轻壤土	核块状	8.3	8.1							
							120–150	棕灰色	轻壤土		8.3	8.4							
剖37	半水成土	草甸土	盐化草甸土	苏打盐化草甸土	厚层苏打盐化草甸土	A	0–35		中壤土		9.4	14.4	0.90	0.97	21.5		黄土状黏土、河流沉积物	E 124°23′49.2″ N 47°31′30.7″	95
						AB	35–58	浅棕黄色	中壤土	小核块状	9.3	5.5							
						BC	58–80	浅棕黄色	轻壤土	小核块状	>9.5	4.5							
						C	100–110	浅棕黄色	轻壤土		>9.5	1.9							
剖38	钙层土	黑钙土	石灰性黑钙土	砂壤质石灰性黑钙土	中层砂壤质石灰性黑钙土	A	0–20	浅灰色	轻壤土	粒状	8.6	22.0	1.17	0.57			黄土状黏土、河流沉积物	E 124°29′26.2″ N 47°45′26.6″	81
						AB	20–64	浅棕黄色	中壤土	小团块状	8.6	3.7							
						Bca	64–130	浅棕黄色	中壤土	小团块状	8.7	3.0							
						C	130–150	棕黄色	中壤土		8.7	2.1							

克 山 县

主要土类说明

黑土是克山县主要土壤类型，占本县地域面积的72%。本县位于我国黑土区北部，其黑土虽然开垦很晚，但成土年代久远，由第四纪黄土沉积物发育而成。黑土成土过程主要为腐殖质积累和淋溶过程。本县夏季高温多雨，植物生长繁茂。秋末冬初，温度迅速下降，植物枯死，大量植物残体遗留在地表与地下，温度继续下降后，微生物停止活动，因此，植物残体当年不能腐烂分解。来年春季，土温逐渐升高，微生物开始活动，但由于早春土壤过湿，通气不良，故有利于嫌气性微生物的活动，有机质进行嫌气分解，分解速度慢，形成腐殖质。黑土在自然成土过程中，腐殖质积累大于分解作用，促使腐殖质逐渐积累起来，形成暗灰色的腐殖质层，即黑土层。夏季雨水充沛，土壤上层滞水，在下渗水流的作用下，土体内可溶性盐类及磷酸盐受到淋溶，故黑土通体无石灰反应。在中性淋溶和季节性过湿条件下，二氧化硅被水化而分离，呈白色粉末状分布在下部淀积层的结构体表面。在淋溶过程中，黑土层上层的黏粒受重力作用向下移动，聚积在下层，故黑土质地下层较上层黏重，有明显的淀积层，淀积层中的盐基成分、黏粒、铁锰胶膜和硅酸均有积累。

草甸土是克山县第二大土壤类型，占本县地域面积的16%，主要分布在乌裕尔河、润津河、鳌龙沟子等河流两岸的泛滥地及低阶地，岗间低平地及沟谷水线两侧亦有分布。其成土过程主要为草甸化过程。草甸化过程包括两个方面：一是草甸类植被生长繁茂，草根密集，土壤有机质积累较多；二是地下水位较高，土壤上层下部直接受地下水的浸润，有季节性氧化还原交替的过程。河湖泛滥地和低阶地经过河湖沉积物的沉积后，因地势低洼，地下水（或潜水）仅离地表1—3m，直接参与土壤形成过程，地下水位在降雨季节升高，又在干旱季节下降，在干湿交替的影响下，土壤中铁锰化合物发生移动或局部淀积，土壤剖面出现锈色胶膜和铁锰结核，常有白色二氧化硅粉末聚积。

新积土是克山县第三大土壤类型，占本县地域面积的6%，主要分布在河流沿岸的河漫滩。由于土层沉积的时期不同，土体各层次的机械组成亦不同。新积土各土层养分含量差异大，不符合养分含量从上层向下层逐渐减少的规律，其土壤剖面下层养分含量常高于上层，且养分含量变化不是逐渐过渡的，而是跳跃式的。新积土分布地区地势平坦，地下水位高，排水性较差。土壤质地较轻，耕层多为壤土，耕性较好。黑土层深厚，有机质含量丰富。

暗棕壤占本县地域面积的6%。暗棕壤是在温带湿润地区针阔叶混交林下发育形成的具有明显有机质富集和弱酸性淋溶特征的土壤，具O–A–B–C剖面构型。成土母质以岩石风化残积物为主。

小于本县地域面积3%的土壤类型有黑钙土、沼泽土、火山灰土。

本区域中心区气候特征

本区域中心区气候特征值
Regional climate characteristics in central area of the region

气候带：中温带亚湿润气候 Climate region: Mid temperate subhumid climate	
年平均气温 /℃ Annual average temperature /℃	1.9
年平均最高气温 /℃ Annual average maximum temperature /℃	7.8
年平均最低气温 /℃ Annual average minimum temperature /℃	-3.7
年降水量 /mm Annual precipitation /mm	500
≥10℃的积温 /℃ Daily temperature accumulated in a year (≥10℃) /℃	719
年日照时数 /h Annual sunshine /h	2725
年平均相对湿度 /% Annual average relative humidity /%	65
干燥度 Dryness	0.24

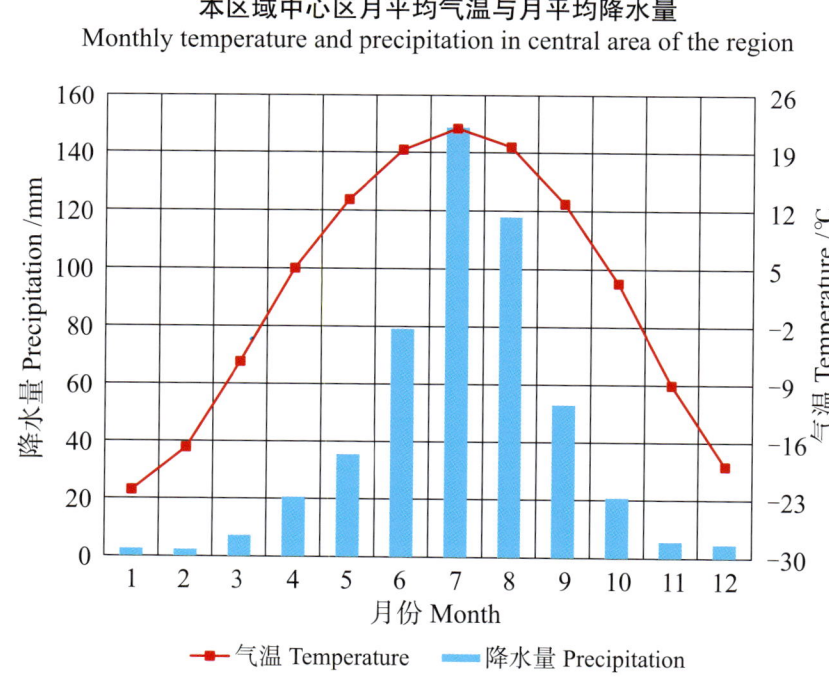

本区域中心区月平均气温与月平均降水量
Monthly temperature and precipitation in central area of the region

克山县主要土壤类型与土壤剖面点分布图
1:320 000

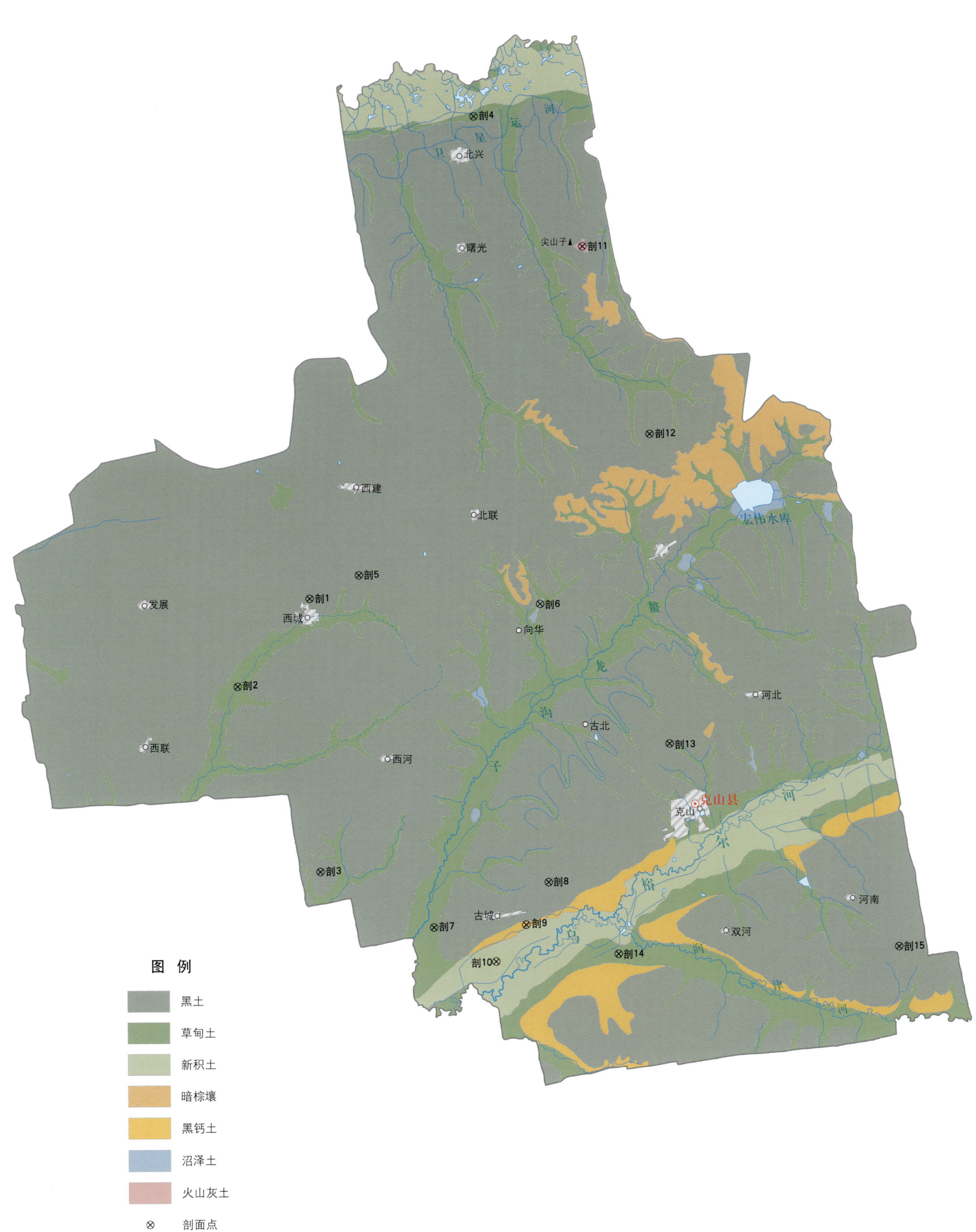

克山县土壤剖面理化性状表

剖面号 Soil profile	土纲 Soil order	土类 Soil great group	亚类 Soil subgroup	土属 Soil genus	土种 Soil species	土层码 Layer code	土层厚度 Depth/ cm	颜色 Soil color	质地 Soil texture	土壤结构 Soil structure	pH	有机质 OM/ (g/kg)	全氮 TN/ (g/kg)	全磷 TP/ (g/kg)	土壤母质 Parent material	剖面点坐标 Profile coordinate	匹配指数 Matching index/%
剖1	半淋溶土	黑土	黑土	杯泥底黑土		A	10—20				6.8	77.4	3.78	2.01	黄土状母质	E 125°28′54.5″ N 48°11′04.6″	95
						AB	30—40				6.5	28.7	1.45	0.92			
						B	50—60				6.0	16.8					
						BC	70—80				5.4	10.7					
						C	120—130				5.8	8.1					
剖2	半水成土	草甸土	草甸土	砂砾底草甸土	厚层砂砾底草甸土	A₁	0—29		重壤土		6.2	60.4	3.16	2.01		E 125°24′18.0″ N 48°07′35.0″	95
						A₂	30—40		重壤土		6.0	48.1	1.83	1.73			
						AB	50—70		中壤土		6.2	22.0					
						BC	80—110		轻壤土		6.2	12.4					
						C	140—150		砂壤土		6.2	12.5					
剖3	半淋溶土	黑土	黑土	砾石底黑土		A	0—22	棕灰色		团粒状					黄土状母质	E 125°28′55.9″ N 47°59′52.8″	75
						AB	22—39	浅灰棕色		粒状							
						C	39—159	红棕色	砾石土								
剖4	半水成土	草甸土	层状草甸土	层状草甸土	中层状草甸土	A	20—30				6.5	123.3	>6.00	0.16	黄土状母质	E 125°40′06.6″ N 48°30′31.3″	95
						AB₁	60—70				6.5	8.4					
						AB₂	90—110				6.9	4.1					
						BC	120—130				6.2	13.2					
						Cg	140—150				6.5	<1.0					
剖5	半淋溶土	黑土	黑土			A	0—18				6.5	42.2	2.23	1.67		E 125°31′58.8″ N 48°11′57.8″	95
						AB	18—55				6.1	19.0	0.62	1.00			
						B	55—72				5.9	17.0					
						BC	72—90				6.3	13.2					
						C	90—150				5.7	11.5					
剖6	水成土	沼泽土	泥炭沼泽土	泥炭沼泽土	厚层泥炭沼泽土	At	35—45				7.0			1.41		E 125°42′59.4″ N 48°10′30.4″	75
						Ag	65—75				6.6	60.2					
						Cg	90—100				6.5	59.5					
剖7	半水成土	草甸土	草甸土	黏底草甸土	厚层黏底草甸土	A	10—20				6.9	92.6	5.02	2.24		E 125°35′43.4″ N 47°57′27.4″	95
						AB	40—50				6.7	35.5	1.51	1.03			
						B	70—80				6.3	10.9					
						Cg	120—130				6.5	8.8					
剖8	半淋溶土	黑土	黑土			A	10—15				6.4	57.9	3.10	1.49		E 125°42′49.3″ N 47°59′05.6″	95
						AB	20—25				6.3	20.5					
						B	40—45				6.3	13.5					
						C	90—100				5.9	8.2					
剖9	钙层土	黑钙土	石灰性黑钙土	黏底石灰性黑钙土		A	0—20	暗灰色	中壤土	团粒状	8.2	75.8	4.24	2.25	黄土状母质	E 125°41′20.4″ N 47°57′24.8″	75
						AB	20—80	浅灰色	中壤土	粒状	8.2	43.6	2.36	2.09			
						Bca	80—110	灰黄色	中黏土	粒块状	7.4	11.0					
						C	110—150	黄棕色	中黏土	核块状	7.2	8.8					
剖10	初育土	新积土	冲积土			1	0—22	灰棕色	中壤土	粒块状	6.4					E 125°39′24.8″ N 47°55′59.2″	95
						2	22—38	暗棕灰色	中黏土	小块状	6.6						
						3	38—55	浅棕灰色	中黏土	粒块状	8.1						
						4	55—100	浅棕黄色	中黏土	块状	8.1						
						5	100—150	浅棕黄色	中黏土	块状	8.1						

续表 Continued

剖面号 Soil profile	土纲 Soil order	土类 Soil great group	亚类 Soil subgroup	土属 Soil genus	土种 Soil species	土层码 Layer code	土层厚度 Depth/cm	颜色 Soil color	质地 Soil texture	土壤结构 Soil structure	pH	有机质 OM/(g/kg)	全氮 TN/(g/kg)	全磷 TP/(g/kg)	土壤母质 Parent material	剖面点坐标 Profile coordinate	匹配指数 Matching index/%
剖11	初育土	火山灰土	火山灰土	腐殖质火山灰土	中层腐殖质火山灰土	A	0—26	灰棕色	轻壤土	小粒状	7.2	56.9	3.43	3.92	基性火山岩	E 125°46′28.6″ N 48°25′03.0″	75
						AB	50—60	浅灰色	重壤土	块状	6.8	5.6					
						CD	110—130	蓝黑色	松砂土								
剖12	半淋溶土	黑土	暗棕壤型黑土			A	0—30				6.1	60.4	3.56	1.96		E 125°50′07.8″ N 48°17′16.1″	95
						AB	40—80				5.8	23.6					
						B	105—120				5.7	11.2					
						BC	100—140				5.6	9.8					
						C	141—150				5.7						
剖13	半淋溶土	黑土	草甸黑土	黏底草甸黑土		A	20—30				6.6	51.4	2.48	1.85		E 125°50′33.0″ N 48°04′34.7″	93
						AB	60—70				6.5	23.5					
						B	90—100				6.3	16.5					
						C	120—130				6.1	14.1					
剖14	半水成土	草甸土	石灰性草甸土	黏底石灰性草甸土	厚层黏底石灰性草甸土	A	5—15		重壤土		7.0	83.8	4.62	1.88		E 125°46′53.4″ N 47°56′05.3″	95
						Aca	30—50		重壤土		7.6	27.3	1.91	1.26			
						ABca	80—100		重壤土		7.8	14.3					
						Cg	110—130		重壤土		7.0	7.9					
剖15	半淋溶土	黑土	草甸黑土	黏底草甸黑土		A	0—20				6.2	42.6	2.10	1.24		E 126°03′59.0″ N 47°55′53.4″	93
						AB	40—50				6.6	20.3	<0.10	1.05			
						B	70—80				6.3	17.7					
						BC	80—100				6.0	14.7					
						C	110—120				6.1	8.6					

克 东 县

主要土类说明

黑土是克东县主要土壤类型，占本县地域面积的70%。成土母质大部分为黄土状母质，表层团粒结构好，较均匀，质地为中壤土至重壤土；下部多为轻黏土，质地重，渗透性差。土壤容重自表层往下逐渐增大，耕层容重一般为0.09—1.15g/cm³，平均为1.06g/cm³，淀积层最高容重达1.61g/cm³。土壤孔隙度自耕层往下逐渐变小，耕层孔隙度一般为55%—60%，耕层以下为45%—50%。本县西南部开发较早的乾丰、润津、昌盛等地，土壤有机质含量多为20—40g/kg，而东北部的宝泉、玉岗等地，有机质含量多大于40g/kg。根据成土过程的不同，本县黑土分为黑土、草甸黑土、暗棕壤型黑土等亚类。其中，前两种亚类的成土过程均为腐殖质积累和淋溶过程，暗棕壤型黑土亚类的成土过程则为腐殖质积累附加暗棕壤化过程。土体剖面构型均为A–AB–B–BC–C。剖面主要特征：黑土亚类腐殖质层较为深厚，大部分呈团粒结构，通体无石灰反应，剖面中多田鼠洞穴，可见铁锰结核、白色二氧化硅粉末及锈纹、锈斑等新生体，潜育化部位低，水分干湿交替。草甸黑土亚类与黑土亚类剖面特征相似，潜育化部位居中，因湿润时间较长，为黑土向草甸土过渡的土壤类型。暗棕壤型黑土亚类土体上部呈灰色或浅灰色，下部呈棕色。

草甸土是克东县第二大土壤类型，占本县地域面积的26%。草甸土主要分布在乌裕尔河、润津河两岸泛滥地及连接两河的各沟系中，地势低，地下水位高，土质比较肥沃，适宜农牧业的发展。草甸土是在冷湿条件下，受地下水浸润并在草甸植被下发育形成的土壤。因所处地带地下水位较高，潜水参与土壤形成过程，受地下水升降与浸润作用，成土过程具有明显腐殖质积累和铁锰氧化还原作用特点，土体出现锈色斑纹层。根据主要成土过程和附加成土过程的不同，本县草甸土分为草甸土、潜育草甸土、石灰性草甸土等亚类。草甸土亚类层次比较明显，呈暗灰色至灰棕色，具团粒状及小粒状结构，有少量铁锰结核，成土母质主要为无石灰性河流淤积物。潜育草甸土亚类剖面可见明显潜育斑，其他特征与草甸土亚类相似。石灰性草甸土亚类通体或某一层有碳酸盐聚积。

暗棕壤是克东县第三大土壤类型，占本县地域面积的3%。暗棕壤是在温带湿润地区针阔叶混交林下发育形成的具有明显有机质富集和弱酸性淋溶特征的土壤，具O–A–B–C剖面构型。成土母质以岩石风化残积物为主。全剖面由棕灰色向浅棕色逐渐过渡，通体无石灰反应。A层有机质含量可达100g/kg，弱酸性淋溶使铁铝轻微下移；B层呈棕色，结构面见铁锰胶膜。土壤呈弱酸性，盐基饱和度为70%—80%。

小于本县地域面积3%的土壤类型有沼泽土、黑钙土、石质土。

本区域中心区气候特征

本区域中心区气候特征值
Regional climate characteristics in central area of the region

气候带：中温带亚湿润气候 Climate region: Mid temperate subhumid climate	
年平均气温 /℃ Annual average temperature /℃	1.6
年平均最高气温 /℃ Annual average maximum temperature /℃	7.5
年平均最低气温 /℃ Annual average minimum temperature /℃	-3.9
年降水量 /mm Annual precipitation /mm	526
≥10℃的积温 /℃ Daily temperature accumulated in a year（≥10℃）/℃	667
年日照时数 /h Annual sunshine /h	2686
年平均相对湿度 /% Annual average relative humidity /%	67
干燥度 Dryness	0.20

本区域中心区月平均气温与月平均降水量
Monthly temperature and precipitation in central area of the region

克东县主要土壤类型与土壤剖面点分布图
1 : 220 000

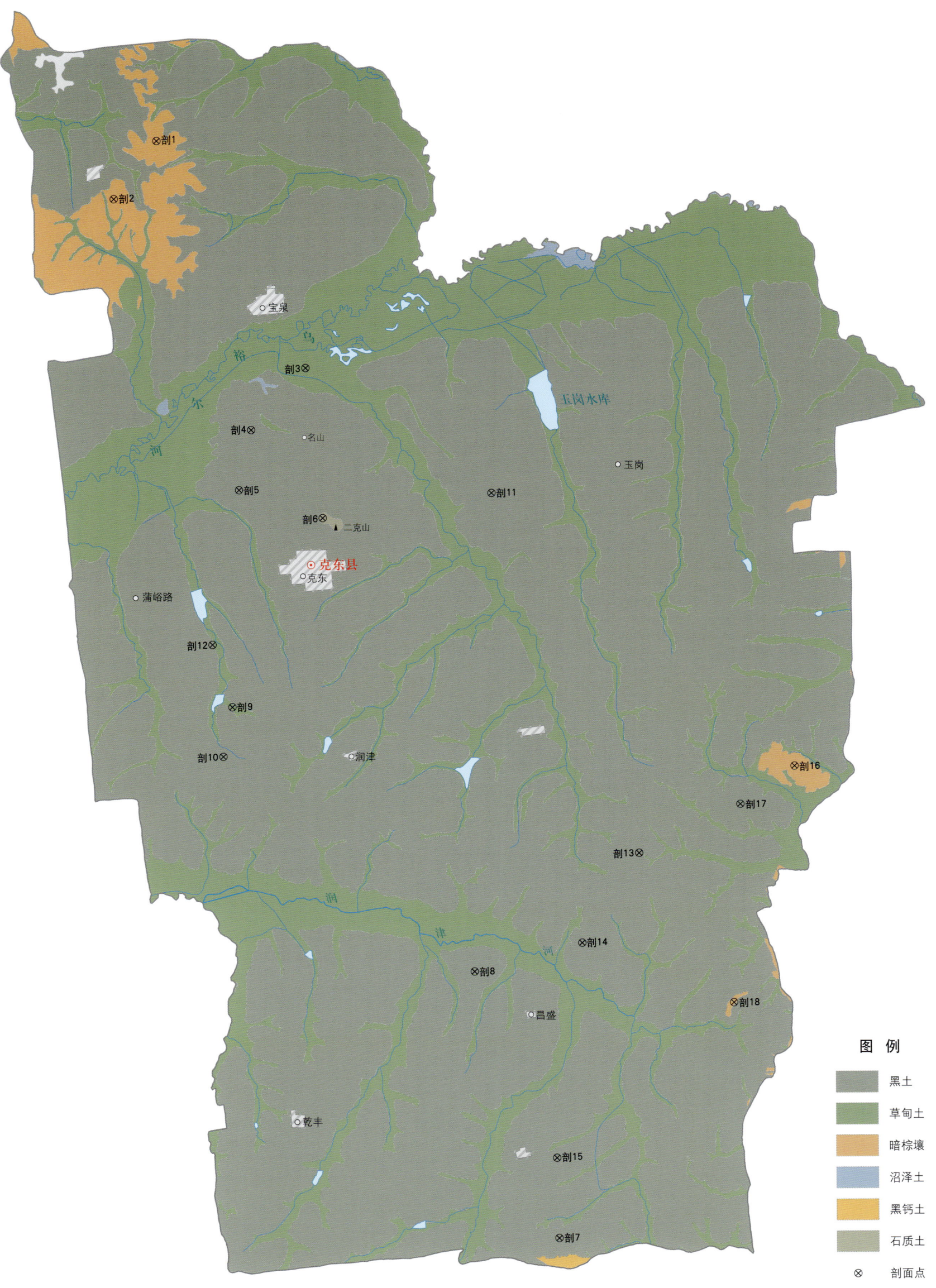

图例
- 黑土
- 草甸土
- 暗棕壤
- 沼泽土
- 黑钙土
- 石质土
- ⊗ 剖面点

克东县土壤剖面理化性状表

剖面号 Soil profile	土纲 Soil order	土类 Soil great_group	亚类 Soil subgroup	土属 Soil genus	土种 Soil species	土层码 Layer code	土层厚度 Depth/cm	颜色 Soil color	质地 Soil texture	土壤结构 Soil structure	pH	有机质 OM/(g/kg)	全氮 TN/(g/kg)	全磷 TP/(g/kg)	阳离子交换量 CEC/(cmol/kg)	土壤母质 Parent material	剖面点坐标 Profile coordinate	匹配指数 Matching index/%
剖1	淋溶土	暗棕壤	暗棕壤	壤质暗棕壤	克东暗棕砂土	Ao	0—6	棕灰色	中壤土	团粒状							E 126°07′24.2″ N 48°14′02.0″	95
						A₁	6—20	灰棕色	重壤土	核状								
						AB	20—70	棕色	轻黏土	块状								
						B	70—140	暗棕色	轻黏土	块状								
						BC	140—150	暗棕色	轻黏土	大块状								
剖2	淋溶土	暗棕壤	暗棕壤	暗棕砂土		0	0—3									花岗岩风化残积物	E 126°05′41.3″ N 48°12′22.0″	95
						Ah	3—9	灰棕色	砂质壤土	团块状	5.6	112.5	4.24	2.41	37.9			
						AB	9—20	棕色	砂质黏壤土	块状	6.2	32.5	1.56	1.56	33.4			
						B	20—60	亮棕色	砂黏土	块状	6.3	3.5			24.9			
						C	60—70	橙色										
剖3	半水成土	草甸土	潜育草甸土	黏底潜育草甸土	薄层黏底潜育草甸土	As	0—11	棕灰色	重壤土	小粒状							E 126°13′58.1″ N 48°07′48.4″	95
						A₁	11—24	暗棕灰色	重壤土	小粒状								
						ABg	24—44	浅棕灰色	轻黏土	不明显结构								
						Bg	44—67	灰蓝色	轻黏土	无明显结构								
						Cg	67—110	蓝棕色	重壤土	无明显结构								
剖4	半淋溶土	黑土	草甸黑土	黏底草甸黑土	中层黏底草甸黑土	Ap	0—12	暗棕灰色	重壤土	粒状	5.2	69.7	4.16	2.60			E 126°11′46.3″ N 48°06′01.4″	95
						A₁	12—32	暗棕灰色	重壤土	粒状、团粒状	5.5	67.0	4.04	2.27				
						AB	32—44	棕灰色	重壤土	团粒状	5.9	23.8	3.38	2.17				
						B	44—76	浅棕灰色	重壤土	核状、块状	6.2	17.4						
						BC	76—140	黄棕色	重壤土	核块状	6.8	4.4						
剖5	半淋溶土	黑土	黑土	黏底黑土	薄层黏底黑土	Ap	0—14	暗棕灰色	重壤土	团粒状							E 126°11′20.4″ N 48°04′19.2″	95
						A₁	14—29	棕灰色	轻黏土	团粒状至核状								
						AB	29—46	棕灰色	轻黏土	核状								
						B	46—93	棕灰色	重壤土	核块状								
						BC	93—140	黄棕色	重壤土	核块状								
剖6	初育土	石质土	火山石质土	火山石质土		A₁	0—9	浅棕灰色	中壤土	粒状	6.6	52.2	2.54	2.88		基性火山岩	E 126°14′53.5″ N 48°03′36.7″	75
						AB	9—20	红棕色	砂壤土	粒状	6.7	31.8	1.43	2.83				
						B	20—50	红棕色	重壤土		7.9	5.8	0.21	>4.00				
						C	50—60				8.0	2.8						
剖7	半淋溶土	黑土	黑土	砾底黑土	薄层砾底黑土	Ap	0—12	灰色	重壤土	团粒状						黄土状母质	E 126°25′37.9″ N 47°43′39.7″	75
						AB	12—35	棕色	中壤土	无明显结构								
						B	35—83	深棕色	重壤土	无明显显结构								
						C	83—115	浅棕混杂	砂砾混杂									
						As	115—150		砾石土									
剖8	半淋溶土	黑土	草甸黑土	黏底草甸黑土	厚层黏底草甸黑土	A	0—12	灰色	中壤土	粒状	6.3	85.0	4.34	2.17		黄土状母质	E 126°21′47.5″ N 47°51′00.7″	75
						AB	12—52	暗棕色	重壤土	粒状、团粒状	7.0	68.1	3.45	2.09				
						B	52—72	棕灰色	重壤土	核粒状	7.1	29.9						
						BC	72—94	浅灰棕色	重壤土	核状	7.0	23.2						
							94—125	棕色	重壤土	核块状	6.9	19.1						

续表 Continued

剖面号 Soil profile	土纲 Soil order	土类 Soil great group	亚类 Soil subgroup	土属 Soil genus	土种 Soil species	土层码 Layer code	土层厚度 Depth/cm	颜色 Soil color	质地 Soil texture	土壤结构 Soil structure	pH	有机质 OM/(g/kg)	全氮 TN/(g/kg)	全磷 TP/(g/kg)	阳离子交换量CEC/(cmol/kg)	土壤母质 Parent material	剖面点坐标 Profile coordinate	匹配指数 Matching index/%
剖9	半水成土	草甸土	潜育草甸土	砂底潜育草甸土	薄层砂黏底潜育草甸土	As	0—6	灰色	重壤土	粒状							E 126°11′20.8″ N 47°58′13.8″	75
						A₁	6—30	深灰色	重壤土	粒状								
						ABg	30—45	蓝灰棕色	轻黏土	无明显结构								
						B	45—81	灰棕色	重壤土									
						BC	81—135		砂壤土									
						C	135—150		砂土									
剖10	半淋溶土	黑土	黑土	黏底黑土	厚层黏底黑土	Ap	0—16	深灰色	重壤土	团粒状	5.8	112.9	5.96	3.14		黄土状母质	E 126°11′02.0″ N 47°56′49.2″	95
						A	16—75	灰色	重壤土	核块状	5.3	74.7	3.41	2.63				
						AB	75—105	棕灰色	重壤土	核粒状	5.7	33.5	1.80					
						B	105—150	灰棕色	重壤土	核块状		29.6						
剖11	半淋溶土	黑土	黑土	黏底黑土	薄层黏底黑土	1	0—12				6.3	40.8	2.26	1.39		黄土状母质	E 126°21′55.8″ N 48°04′28.2″	95
						2	12—17				6.4	37.5	2.20	1.34				
						3	20—30				6.5	11.7	0.63	0.77				
						4	100—110				6.3	7.8						
						5	125—135				6.2	3.2						
剖12	半淋溶土	黑土	暗棕壤型黑土	黏底暗棕壤型黑土	破皮黄黏底黑土	A	0—8	浅灰色	重壤土	粒状						黄土状母质	E 126°10′26.0″ N 47°59′57.8″	93
						AB	8—21	棕灰色	重壤土	核粒状								
						BC	21—65	棕色	重壤土	核块								
						BC	65—110	灰棕色	轻黏土	核块状								
						C	110—150	黄棕色	重壤土	核块状								
剖13	半淋溶土	黑土	黑土	黏底暗棕壤型黑土	薄层黏底暗棕壤型黑土	Ao	0—7	灰色	中壤土	无明显结构	6.2	109.5	5.37	1.98		黄土状母质	E 126°28′31.8″ N 47°54′28.4″	95
						A₁	7—20	棕灰色	中壤土	团粒状	6.1	59.0	3.45	1.45				
						AB	20—48	浅灰棕色	重壤土	核块状	5.9	12.2	1.00	0.58				
						B	48—98	棕色	轻黏土	核粒状	6.4	5.9						
						C	98—150		砂黏相间		6.3							
剖14	半淋溶土	黑土	黑土	砂底黑土	薄层砂底黑土	As	0—9	浅灰色	中壤土	粒状	6.3	30.0	2.17	1.17		黄土状母质	E 126°26′15.0″ N 47°51′54.0″	95
						A₁	9—24	灰色	中壤土	团粒状	6.3	14.0	1.31	0.72				
						AB	24—35	棕灰色	重壤土	核块状	6.4	10.5	1.06	0.66				
						B	35—56	灰棕色	重壤土	核块状	6.4	5.8	0.72	0.49				
						BC	56—90	黄棕色	重壤土	无明显结构	6.4	1.1						
						C	90—150	棕黄色	砂土		6.4	<1.0						
剖15	半淋溶土	黑土	黑土	砂质暗棕壤	中层砂底黑土	Ap	0—18	灰色	中壤土	粒状	6.0	94.1	4.41	1.50		黄土状母质	E 126°25′26.8″ N 47°45′54.7″	95
						A₁	18—35	深灰色	中壤土	团粒状	5.9	42.2	2.16	1.07				
						AB	35—71	灰棕色	重壤土	核块状	5.6	11.0	0.89	0.32				
						B	71—99	灰棕色	重壤土	核块状								
						C	99—139		轻壤土									
剖16	淋溶土	暗棕壤	暗棕壤	页岩底暗棕壤型黑土	中层砂质页岩底暗棕壤型黑土	Ao	0—5	棕黄色									E 126°34′56.3″ N 47°57′02.9″	75
						A₁	10—20	灰色	中壤土	团粒状	6.5	96.8	5.45	2.81				
剖17	半淋溶土	黑土	暗棕壤型黑土	页岩底暗棕壤型黑土	薄层页岩底暗棕壤型黑土	As	0—10	深灰色	中壤土	粒状	5.9	79.2	4.53	2.95			E 126°32′42.7″ N 47°55′55.6″	95
						A₁	10—30	灰棕色	重壤土	粒状	4.6	38.3	2.19	2.41				
						B	30—60	棕色	重壤土	核块状	4.7							
						BC	60—97	灰棕色	轻壤土		4.7							
							97—150											

续表 Continued

剖面号 Soil profile	土纲 Soil order	土类 Soil great group	亚类 Soil subgroup	土属 Soil genus	土种 Soil species	土层码 Layer code	土层厚度 Depth/ cm	颜色 Soil color	质地 Soil texture	土壤结构 Soil structure	pH	有机质 OM/ (g/kg)	全氮 TN/ (g/kg)	全磷 TP/ (g/kg)	阳离子 交换量CEC/ (cmol/kg)	土壤母质 Parent material	剖面点坐标 Profile coordinate	匹配指数 Matching index/%
剖18	淋溶土	暗棕壤	暗棕壤	砂质原始暗棕壤	薄层砂质原始暗棕壤	A_1	0—10	灰棕色		团粒状							E 126°32′39.8″ N 47°50′21.1″	75
						C_1	10—65	棕色	砂砾混杂									
						C_2	65—150	黄棕色	砾质砂土									

拜 泉 县

主要土类说明

黑土是拜泉县主要土壤类型，占本县地域面积的66%。黑土主要分布在本县东部、东北部和中部地区，其分布规律与地势趋于一致，即分布面积由东部、东北部的低丘陵地区，向西部、西南部的低平原地区依次递减。在自然成土过程中，腐殖质的积累作用超过分解作用，腐殖质逐渐积累起来，形成暗灰色或灰黑色的黑土层，即腐殖质层。由于腐殖质浸透土壤，胶结土粒，碳酸盐淋溶缓慢，腐殖质的胶粒被钙所聚积，在植物根系的挤压和分割作用及土壤的干湿冻融交替作用下，土壤形成良好的团粒结构。腐殖质的增加和团粒结构的形成为本县黑土形成过程的基本特点。夏季雨水充沛，土壤上层滞水，在下渗水流的作用下，土体内可溶性盐类及碳酸盐受到淋溶，故黑土通体无石灰反应，呈中性或微酸性。在中性淋溶和季节性过湿条件下，土壤中的二氧化硅被水化而分离，呈白色粉末状分散在土层下部淀积层的结构体表面。在土壤水分较为丰富的情况下，低价铁、锰离子随水移动，在土层中逐渐氧化形成铁锰结核或锈斑。土壤上层的黏粒受重力作用聚积在土壤下层，故黑土质地一般下层比上层黏重。本县黑土仅有黑土一个亚类。

草甸土是拜泉县第二大土壤类型，占本县地域面积的18%，主要分布在低洼地。草甸土是在冷湿条件下，受地下水浸润并在草甸植被下发育形成的非地带性半水成型土壤。草甸土基本可分为两个发生层次：上层为腐殖质层，呈暗灰色，有机质含量高，平均在40g/kg以上，高者达80g/kg，荒地表层多草根，一般有10cm左右厚的草根层，腐殖质层湿时油亮，干时稍带灰棕色，土壤质地较黏重，有铁锰结核；下层为锈色斑纹层，颜色较上层浅，呈棕色或黄棕色，有明显的锈色斑纹及铁锰结核，干时可见白色二氧化硅粉末，铁锰结核较大，有的土壤底部有铁盘层。根据附加成土过程的不同，本县草甸土分为草甸土、石灰性草甸土、盐化草甸土、潜育草甸土等亚类。

黑钙土是拜泉县第三大土壤类型，占本县地域面积的15%，主要分布在本县西南部及西部低平原地区的平岗地。由于降水分布不同，黑钙土中钙的淋溶程度亦不同。黑钙土区降水较少，只能淋洗少量易溶的钙、镁等盐类，有的碳酸盐淋洗至土层下部，聚积起来形成黑钙土的钙积层，明显的钙积层中又出现了不同的碳酸盐新生体，如假菌丝体、石灰斑纹或石灰结核等。随着气候干旱程度的变化，钙积层的深度也有差异，降水越少，淋溶作用越弱，钙积层的部位就越高，如本县爱农乡的黑钙土表层就有石灰聚积，形成石灰性黑钙土。有的钙积层淋溶作用较强，整个土体直到100cm以下才有石灰反应，如本县长春镇的淋溶黑钙土。此外，在本县西南部的低平地区，地下水位高，矿化度大，草甸草原植物生长茂盛，成土过程还伴有草甸化过程，形成草甸黑钙土。

小于本县地域面积3%的土壤类型有沼泽土、草甸盐土。

本区域中心区气候特征

本区域中心区气候特征值
Regional climate characteristics in central area of the region

气候带：中温带亚湿润气候 Climate region: Mid temperate subhumid climate	
年平均气温 /℃ Annual average temperature /℃	2.3
年平均最高气温 /℃ Annual average maximum temperature /℃	8.0
年平均最低气温 /℃ Annual average minimum temperature /℃	-3.1
年降水量 /mm Annual precipitation /mm	508
≥10℃的积温 /℃ Daily temperature accumulated in a year (≥10℃) /℃	858
年日照时数 /h Annual sunshine /h	2714
年平均相对湿度 /% Annual average relative humidity /%	65
干燥度 Dryness	0.28

本区域中心区月平均气温与月平均降水量
Monthly temperature and precipitation in central area of the region

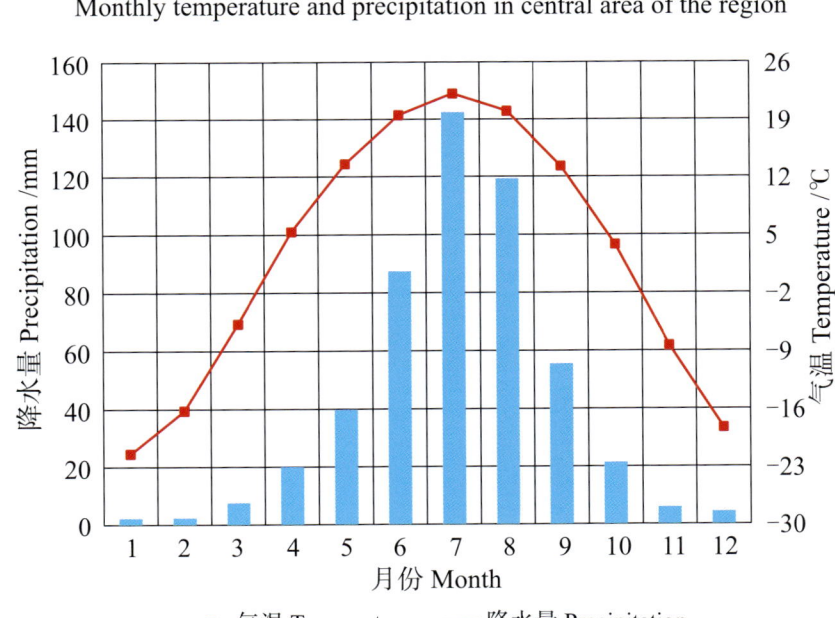

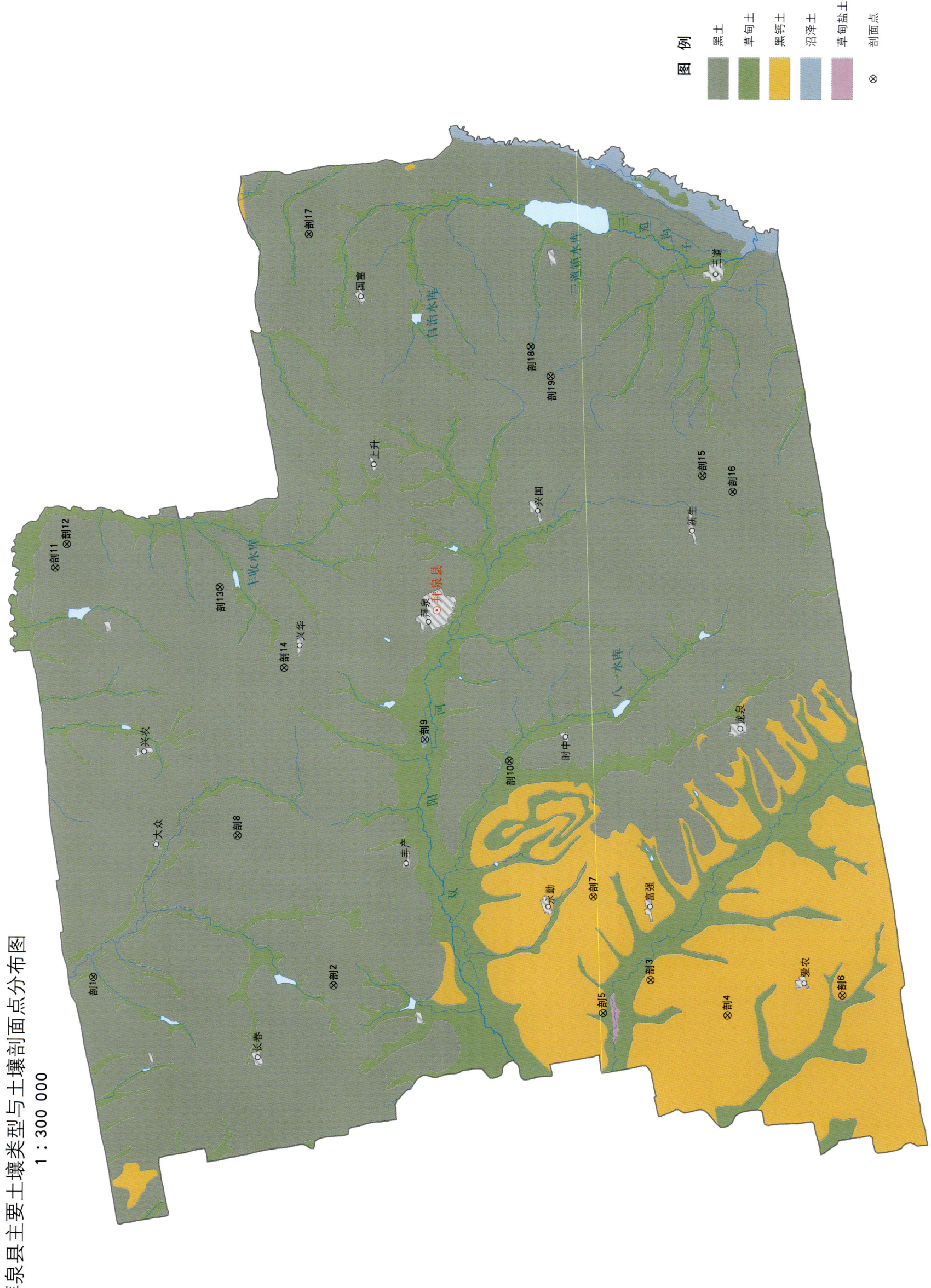

拜泉县主要土壤类型与土壤剖面点分布图
1:300 000

拜泉县土壤剖面理化性状表

剖面号 Soil profile	土纲 Soil order	土类 Soil great group	亚类 Soil subgroup	土属 Soil genus	土种 Soil species	土层码 Layer code	土层厚度 Depth/cm	颜色 Soil color	质地 Soil texture	土壤结构 Soil structure	pH	有机质 OM/(g/kg)	全氮 TN/(g/kg)	全磷 TP/(g/kg)	全钾 TK/(g/kg)	阳离子交换量CEC/(cmol/kg)	土壤母质 Parent material	剖面点坐标 Profile coordinate	匹配指数 Matching index/%
剖1	半水成土	草甸土	石灰性草甸土	平地黏底石灰性草甸土	中层平地黏底石灰性草甸土	1	0—31				8.4	63.2	3.48	1.79		43.1	冲积物、淤积物	E 125° 44′ 26.9″ N 47° 50′ 17.5″	75
						2	47—57					26.4							
						3	85—95					16.7							
						4	120—130					8.2							
剖2	半淋溶土	黑土	黑土	砂底黑土	破皮黄砂底黑土	A	0—8	浅棕色	重壤土	核块状	7.6	41.1	2.18	1.30		44.7	黄土状母质	E 125° 43′ 33.2″ N 47° 40′ 54.8″	95
						B₁	8—25	暗棕色	重壤土	核块状	7.4	40.5	2.17	1.18		44.6			
						B₂	25—45	暗棕色	重壤土	核块状		27.0							
						BC₁	45—80	黄褐色	轻黏土	核块状		11.3							
						BC₂	80—115	黄褐色	轻黏土	核块状		6.4							
						C	115—150	浅灰黄色											
剖3	钙层土	黑钙土	黑钙土	黏底黑钙土	薄层黏底黑钙土	A	0—24	暗灰色	重壤土	团粒状	7.4	36.6	1.92	2.00		42.0	黄土状黏土	E 125° 43′ 19.6″ N 47° 28′ 31.1″	95
						ABc	24—56	棕灰色	重壤土	核粒状	7.4	34.4	1.87	1.13		40.0			
						Bca	56—90	暗棕色	轻黏土	核块状		12.5							
						BC	90—121	棕黄色	轻黏土	核块状		10.1							
						C	121—150	棕黄色	轻黏土	块状									
剖4	钙层土	黑钙土	石灰性黑钙土	黏底石灰性黑钙土	中层黏底石灰性黑钙土	Ap	0—15	暗灰色	重壤土	团粒状	7.4	41.4	2.12	1.25		46.3	黄土状黏土	E 125° 41′ 09.6″ N 47° 25′ 32.5″	95
						AB	15—39	暗灰棕色	重壤土	粒状	7.2	42.2	1.93	1.24		47.8			
						B	39—58	浅灰棕色	轻黏土	核块状		22.6							
						C₁	58—91	暗黄色	轻黏土	块状		12.6							
						C₂	91—125	黄棕色	轻黏土	块状		10.4							
							125—150	黄棕色		块状		7.9							
剖5	半水成土	草甸土	盐碱化草甸土	苏打盐碱化草甸土	厚层苏打盐碱化草甸土	Ap₁	0—9	棕灰色	重壤土	小粒状	8.0	45.7	2.73	1.47		37.6	冲积物、淤积物	E 125° 41′ 29.8″ N 47° 30′ 25.2″	95
						Ap₂	9—18	棕灰色	重壤土	小粒状	8.3	42.5	2.26	1.37		31.4			
						A₁	18—29	暗棕灰色	重壤土	小核状	8.7	46.4	2.48	1.46		35.4			
						A₂	29—55	暗棕灰色	轻黏土	核块状		34.5	1.95	1.38					
						AB	55—80	浅灰棕色	轻黏土	核块状		32.5							
						B	80—115	暗棕色	轻黏土	块状		30.7							
						C	115—150	浅灰棕色	轻黏土	块状		30.1							
剖6	钙层土	黑钙土	黑钙土	黏底黑钙土	厚层黏底黑钙土	Ap	0—16	暗棕灰色	轻黏质重壤土	团粒状	8.2	57.8	3.55	1.60		45.8	黄土状黏土	E 125° 42′ 06.8″ N 47° 21′ 02.2″	95
						A	16—52	暗棕灰色	重壤土	核粒状	8.1	54.4	3.65	1.51		43.7			
						AB	52—72	浅灰棕色	轻黏土	核粒状	7.5	40.9	3.16	1.39		33.2			
						B	72—113	黄棕灰色	轻黏土	块状		37.3							
						C	113—150	黄棕色	轻黏土	核块状									
剖7	钙层土	黑钙土	黑钙土	黏底黑钙土	中层黏底黑钙土	Ap	0—14	暗棕灰色	重壤土	团粒状	7.4	46.2	2.20	1.19		44.0	黄土状黏土	E 125° 48′ 13.0″ N 47° 30′ 39.6″	95
						Ac	14—38	暗灰色	重壤土	核块状		45.7	2.18	1.29		45.4			
						ABc	38—70	浅灰棕色	轻黏土	核块状		25.1							
						BC	70—115	浅黄棕色	轻黏土	核块状		15.0							
						C	115—150		轻黏土	块状		11.0							
剖8	半淋溶土	黑土	黑土	黏底黑土	薄层黏底黑土	1	0—20	棕黄色			6.5	49.2	1.30	2.21		40.5	黄土状母质	E 125° 52′ 26.0″ N 47° 44′ 30.1″	95
						2	30—40				6.5	23.0	0.92	1.30		>50.0			
						3	85—95					10.7							
						4	135—145					9.4							

续表 Continued

剖面号 Soil profile	土纲 Soil order	土类 Soil great group	亚类 Soil subgroup	土属 Soil genus	土种 Soil species	土层码 Layer code	土层厚度 Depth/cm	颜色 Soil color	质地 Soil texture	土壤结构 Soil structure	pH	有机质 OM/(g/kg)	全氮 TN/(g/kg)	全磷 TP/(g/kg)	全钾 TK/(g/kg)	阳离子交换量CEC/(cmol/kg)	土壤母质 Parent material	剖面点坐标 Profile coordinate	匹配指数 Matching index/%
剖9	水成土	沼泽土	泥炭沼泽土	平地泥炭腐殖质沼泽土	薄层平地泥炭腐殖质沼泽土	As	0—10	暗灰色	重壤土	团粒状	6.3	131.1	5.27	1.42		44.6	沉积物	E 125°57′37.4″ N 47°37′03.4″	75
						At	10—35	棕灰色	砂壤土	粒状	5.5	152.5	5.40	1.08		>50.0			
						Cg	35—	灰蓝色			5.8	14.4	0.78	0.32		16.7			
剖10	半水成土	草甸土	石灰性草甸土	平地黏底石灰性草甸土	中层平地黏底石灰性草甸土	A	0—35	暗灰色	重壤土	团粒状							冲积物、淤积物	E 125°56′15.0″ N 47°33′46.4″	95
						AB	35—57	浅棕灰色	重壤土	核粒状									
						Bg	57—100	灰蓝色	重壤土	核块状									
						C	100—150	灰蓝色		块状									
剖11	半淋溶土	黑土	黑土	砂底黑土	薄层砂底黑土	A	0—13	暗灰色	重黏土	小粒状	6.7	36.1	1.69	1.38		39.3	黄土状母质	E 126°08′19.3″ N 47°51′15.8″	95
						AB	13—45	棕灰色	重黏土	小核块状	6.4	22.9	1.28	1.00		37.9			
						B	45—95	黄棕色	中黏土	块状		11.5							
						C	95—150	灰白色	砂壤土			1.9							
剖12	半淋溶土	黑土	黑土	黏底黑土	薄层黏底黑土	A	0—27	暗灰色	重壤土	小团粒状							黄土状母质	E 126°09′40.0″ N 47°50′47.0″	95
						AB	27—54	暗灰色	轻黏土	小粒状									
						B	54—80	暗灰色	轻黏土	块状									
						C	80—150	灰棕色	轻黏土	块状									
剖13	半淋溶土	黑土	黑土	黏底黑土	中层黏底黑土	1	0—26				6.4	51.9	2.62	1.37		41.0	黄土状母质	E 126°06′51.5″ N 47°44′52.4″	95
						2	26—39				6.3	37.8	1.93	1.29		40.3			
						3	50—60					21.8							
						4	82—125					11.2							
						5	125—160					7.6							
剖14	半淋溶土	黑土	黑土	砂底黑土	少砾质破皮黄砂土	A	0—6	暗黄棕色	黏壤土	团块状	7.1	26.6	1.27	0.33	22.1	18.9	冲积砂、坡积物	E 126°02′02.4″ N 47°42′27.7″	95
						AB	6—18	暗黄棕色	黏壤土	粒状	6.8	21.2	1.07	0.30	23.0	18.5			
						B	18—74	黄棕色	壤土	核状	6.4	11.7							
						BC	74—100	浅黄棕色	砂壤土	核块状	7.2	9.2							
						C	100—150												
剖15	半淋溶土	黑土	黑土	砾质黑土	少砾质破皮黄砂土	A	0—6	暗棕色	砂壤土	小团粒状	6.5	26.6	1.27	0.76	26.7	18.9	砂砾质残积物	E 126°12′14.4″ N 47°25′50.9″	95
						AB	6—18	暗棕色	砂壤土	粒状	6.5	21.2	1.07	0.69	27.8	18.5			
						B₁	18—74	黄棕色	轻壤土	无结构	6.4	11.7	0.70						
						B₂	74—100	暗黄棕色	砂壤土	无结构		9.2							
						C	100—150	棕黄色		无结构		3.9							
剖16	半淋溶土	黑土	黑土	砂底黑土	薄层砂底黑土	1	0—10	棕灰色	重黏土	小粒块状		35.1	1.63	1.27		36.8	黄土状母质	E 126°11′15.0″ N 47°24′41.4″	95
						2	10—20	灰色	轻黏土	小粒块状		31.3	1.54	1.16		38.6			
						3	60—70	暗黄棕色	中黏土	块状		28.3							
						4	90—100	黄黄棕色	砂壤土	块状		19.2							
						5	110—120					18.3							
剖17	半淋溶土	黑土	黏底黑土	黏底黑土	破皮黄黏底黑土												黄土状母质	E 126°27′01.1″ N 47°40′52.0″	95
剖18	半淋溶土	黑土	黏底黑土	黏底黑土	薄层黏底黑土	1	0—10	棕灰色	轻黏土	粒状	6.5	30.8	0.99	1.37		32.7	黄土状母质	E 126°20′03.5″ N 47°32′22.6″	95
						2	10—18	灰色	轻黏土	块状	6.7	32.6	1.09	1.36		34.8			
						3	25—35	暗黄棕色	轻黏土	块状	6.2	19.8	0.81	0.92		32.9			
						4	60—70					11.3							
						5	100—120					5.2							

续表 Continued

剖面号 Soil profile	土纲 Soil order	土类 Soil great group	亚类 Soil subgroup	土属 Soil genus	土种 Soil species	土层码 Layer code	土层厚度/cm Depth/cm	颜色 Soil color	质地 Soil texture	土壤结构 Soil structure	pH	有机质 OM/(g/kg)	全氮 TN/(g/kg)	全磷 TP/(g/kg)	全钾 TK/(g/kg)	阳离子交换量CEC/(cmol/kg)	土壤母质 Parent material	剖面点坐标 Profile coordinate	匹配指数 Matching index/%
剖19	半淋溶土	黑土	黑土	黏底黑土	中层黏底黑土	A	0—33	暗灰色	重壤土	团粒状							黄土状母质	E 126°18′17.3″ N 47°31′38.6″	95
						AB	33—63	棕灰色	重壤土	核粒状									
						B	63—92	黄棕色	轻黏土	核块状									
						BC	92—120	深黄棕色	轻黏土	块状									
						C	120—150	棕黄色	中黏土	块状									

讷河市

主要土类说明

黑土是讷河市主要土壤类型，占本市地域面积的53%，广泛分布在本市中部、东部以及讷谟尔河南北两侧的漫岗。本市黑土分为黑土、草甸黑土、表潜黑土、暗棕壤型黑土等亚类。以面积最大的黑土亚类中的黏底黑土土属为例，土体主要由A层、B层和C层三个发生层次组成。黑土层厚度多为25—45cm，小于10cm或大于50cm的较少。表层土壤呈黑色或黑棕色，质地多为重壤土，具粒状、团粒状至团块状结构，土壤容重为1.02—1.57g/cm³，平均为1.25g/cm³，总孔隙度为40.75%—61.51%。表层土壤有机质含量为42—50g/kg，pH为6.2—7.3，平均为6.6，呈中性至微酸性。

草甸土是讷河市第二大土壤类型，占本市地域面积的20%，分布在江河两岸的滩地或漫岗间沟谷地。其中，耕地占本土类面积的49%。草甸土属半水成型土壤，分布区地下水位较高，经常受地下水影响，土壤处于还原状态，土壤中高价铁、锰被还原成低价铁、锰，又因草甸植被生长繁茂，积累了大量有机质，草甸土一般均具有较深厚的腐殖质层和良好的表土结构。本市草甸土分为草甸土、潜育草甸土、石灰性草甸土、盐化草甸土等亚类。

黑钙土是讷河市第三大土壤类型，占本市地域面积的9%。其中，耕地占本土类面积的85%。黑钙土主要分布在兴旺、和盛、同义、同心、通南等地。本市降水相对偏少，干燥度大，自然植被为草甸草原植物，成土母质为黄土状沉积物。黑钙土是在腐殖质积累和钙的淋溶淀积过程共同作用下形成的。其剖面层次十分清楚，通常由腐殖质层、腐殖质舌状淋溶层、钙积层和母质层组成。根据钙积层出现的部位和碳酸钙淋溶程度的不同，本市黑钙土分为淋溶黑钙土、黑钙土、石灰性黑钙土、草甸黑钙土、盐化黑钙土等亚类。

暗棕壤占本市地域面积的7%，是本市的山林地土壤，主要分布在本市北部，尤以东北部和西北部最为集中。其所处地形起伏较大，海拔多在280m以上，降雨偏多，气候冷凉，底层砾、石、粗砂不一或者黏砾相间，地下水位低，水质软。本市暗棕壤分为暗棕壤、草甸暗棕壤等亚类。

新积土占本市地域面积的6%。本市新积土分为两种：一种曾被称为生草草甸土，集中分布在江河两岸的河漫滩，发育于河流冲积物，距离河床较近，土层薄，一般只有十几厘米至几十厘米厚的生草层，其下便是砂子和砾石。另一种曾被称为层状草甸土，分布在江河两岸的低河滩，发育于洪水冲积物和沉积物，除草甸化过程外还有冲积沉积的附加过程，表现出层状排列的特殊土体层次。

小于本市地域面积3%的土壤类型有沼泽土、风沙土、碱土、石质土。

本区域中心区气候特征

本区域中心区气候特征值
Regional climate characteristics in central area of the region

气候带：中温带亚湿润气候 Climate region: Mid temperate subhumid climate	
年平均气温 /℃ Annual average temperature /℃	1.7
年平均最高气温 /℃ Annual average maximum temperature /℃	7.8
年平均最低气温 /℃ Annual average minimum temperature /℃	-4.1
年降水量 /mm Annual precipitation /mm	483
≥10℃的积温 /℃ Daily temperature accumulated in a year (≥10℃) /℃	686
年日照时数 /h Annual sunshine /h	2749
年平均相对湿度 /% Annual average relative humidity /%	64
干燥度 Dryness	0.24

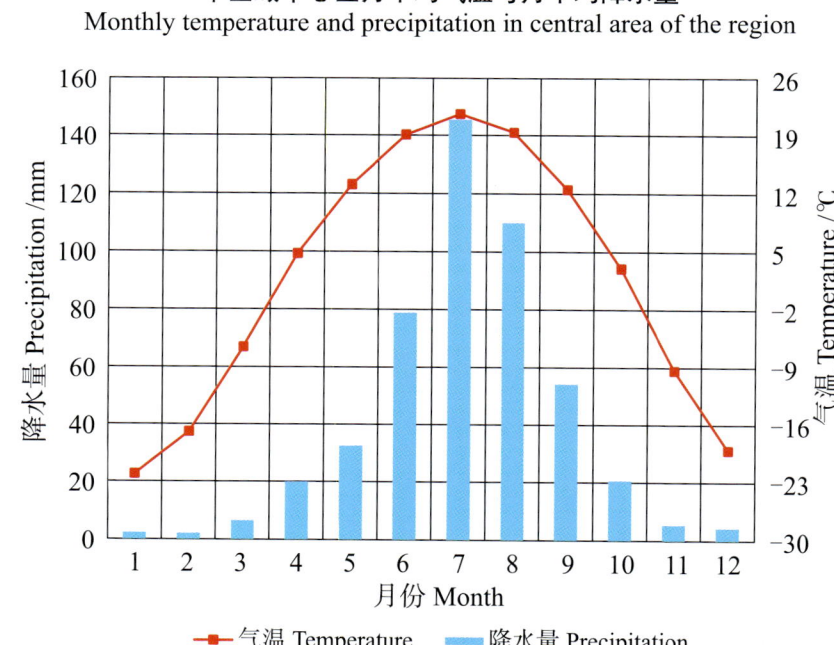

本区域中心区月平均气温与月平均降水量
Monthly temperature and precipitation in central area of the region

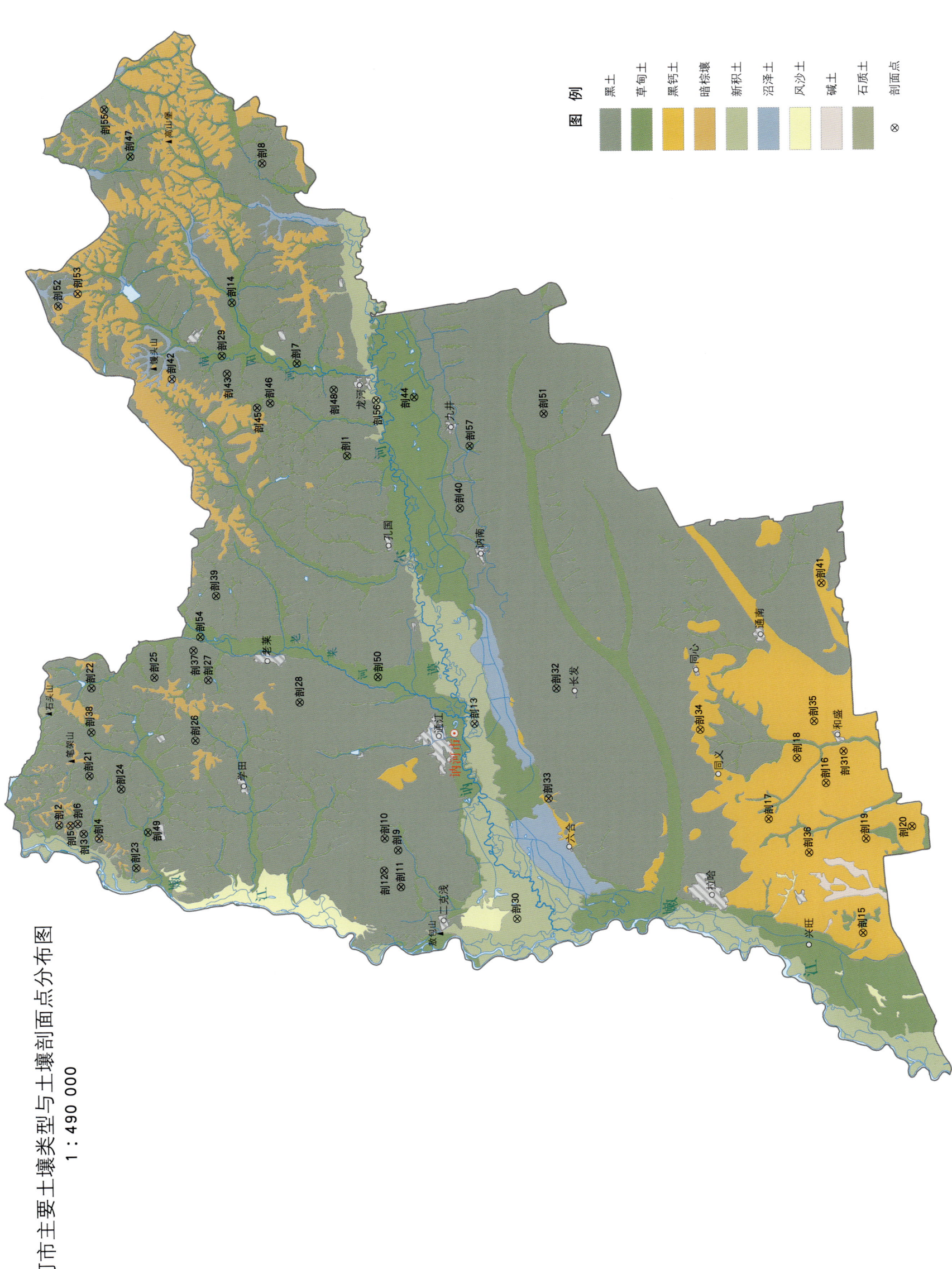

讷河市主要土壤类型与土壤剖面点分布图
1:490 000

讷河市土壤剖面理化性状表

剖面号 Soil profile	土纲 Soil order	土类 Soil great group	亚类 Soil subgroup	土属 Soil genus	土种 Soil species	土层码 Layer code	土层厚度 Depth/cm	颜色 Soil color	质地 Soil texture	土壤结构 Soil structure	pH	有机质 OM/(g/kg)	全氮 TN/(g/kg)	全磷 TP/(g/kg)	全钾 TK/(g/kg)	阳离子交换量CEC/(cmol/kg)	土壤母质 Parent material	剖面点坐标 Profile coordinate	匹配指数 Matching index/%
剖1	半水成土	草甸土	潜育草甸土	砂黏底潜育草甸土	薄层砂黏底潜育草甸土	1	0–8		重壤土		6.0	37.1	2.40	1.81	26.9			E 125°18′43.9″ N 48°33′48.2″	95
						2	30–40		重壤土		5.9	22.1	1.34	>4.00	28.8				
						3	80–90		轻壤土		6.5	12.5							
						4	120–140		中壤土		6.3	14.1							
剖2	淋溶土	暗棕壤	暗棕壤	石质暗棕壤		1	0–7		中壤土		7.1	65.3	3.40	>4.00	18.2		岩石风化残积物	E 124°44′47.4″ N 48°52′40.4″	75
						2	20–30	黑棕色	中壤土	小粒状	7.4	9.5	0.51	>4.00	11.2				
剖3	半淋溶土	黑土	黑土	黏底暗棕壤		1	0–30	暗棕色	重壤土	核块状							风化或半风化物	E 124°43′53.0″ N 48°51′08.6″	75
						2	30–80	棕色	重壤土	核块状									
						3	80–130	暗黄棕色	中壤土	块状									
						4	130–												
剖4	淋溶土	暗棕壤	草甸暗棕壤	草甸暗棕壤		1	15–25		重壤土		5.2	61.0	2.62	2.19	25.2	>50.0	岩石风化残积物	E 124°43′23.5″ N 48°50′11.4″	75
						2	60–70		轻黏土		5.0	33.0							
						3	100–110		重壤土		5.0								
剖5	淋溶土	暗棕壤	暗棕壤	砂石质暗棕壤		1	0–5		中壤土		6.8	117.6	4.91	1.56	29.8		岩石风化残积物	E 124°44′41.6″ N 48°51′57.2″	75
						2	5–15		中壤土		6.7	49.1	2.22	1.18					
						3	15–45		轻壤土		6.7	20.9	0.96	0.67					
						4	45–85		中壤土		6.5	4.5	0.37						
						5	85–125		砂壤土		6.4	2.2							
剖6	淋溶土	暗棕壤	草甸暗棕壤	草甸暗棕壤		1	10–20		重黏土		5.0	54.1	3.17	2.21	12.0	48.0	岩石风化残积物	E 124°44′51.0″ N 48°51′28.8″	75
						2	45–70		轻壤土		4.9	14.2	0.84	1.28					
						3	70–110		重壤土		4.8	4.2							
剖7	半水成土	草甸土	草甸土	黏底草甸土	厚层黏底草甸土	1	0–20	黑色	重壤土	团块状	6.4	79.4	3.84	2.04	24.3	46.6	冲积物、淤积物	E 125°27′37.8″ N 48°36′43.9″	95
						2	20–75	暗黄色	重壤土	粒状	5.7	30.7	0.86	1.57					
						3	75–100	棕灰色	重壤土	粒状	5.6	28.1							
						4	100–150	暗黄棕色	重壤土	粒状至小核状	5.7	15.8							
剖8	半水成土	草甸土	生草草甸土	生草草甸土	厚层生草草甸土	1	15–25		中壤土		5.2	50.3	2.72	1.49	28.6		黄土状沉积物	E 125°46′36.8″ N 48°38′22.6″	95
						2	50–60		中壤土		5.0	21.6	1.33	1.34	31.5				
						3	75–85		中壤土		5.1	15.9							
剖9	半淋溶土	黑土	黑土	砂黏底黑土		1	5–15		重黏土		6.5	30.5	1.63	0.86	31.3	28.5	风化或半风化物	E 124°41′24.7″ N 48°31′28.6″	95
						2	30–40		重壤土		6.4	11.4	0.60	0.43	31.5	27.1			
						3	70–80		重壤土		6.3	6.7							
						4	120–130		重壤土		6.5	5.4							
剖10	半淋溶土	黑土	黑土	黄黑土	讷河破皮黄土	A_{11}	0–10	棕灰色	壤质黏土	团块状	6.7	31.1	1.39	1.18	26.7	33.2	黄土状沉积物	E 124°42′33.1″ N 48°32′17.5″	95
						AhC	10–50	灰黄棕色	黏土	碎块状	6.5	14.5	0.97	0.94	26.7				
						C	50–80	浊黄橙色	重壤土	核块状	6.5	8.6	0.65	0.83					
剖11	半淋溶土	黑土	黑土	砂黏底草甸黑土	厚层砂黏底草甸黑土	1	20–30		重壤土		6.8	24.2	>6.00	1.92	29.4	27.9	风化或半风化物	E 124°37′55.6″ N 48°31′22.4″	95
						2	70–80		中壤土		6.9	10.0							
						3	120–130		中壤土		8.5	5.9							
剖12	半淋溶土	黑土	表潜黑土	砂黏底表潜黑土	薄层砂黏底表潜黑土	1	0–25		重壤土		6.8	42.9	2.34	0.97	33.3	23.7	河相沉积物	E 124°39′31.3″ N 48°32′23.6″	95
						2	30–35		中壤土		6.6	16.7	1.10	0.90	33.4				
						3	50–60		中壤土		6.0	5.9							
						4	80–95		中壤土		5.4	3.1							

续表 Continued

剖面号 Soil profile	土纲 Soil order	土类 Soil great group	亚类 Soil subgroup	土属 Soil genus	土种 Soil species	土层码 Layer code	土层厚度 Depth/cm	颜色 Soil color	质地 Soil texture	土壤结构 Soil structure	pH	有机质 OM/(g/kg)	全氮 TN/(g/kg)	全磷 TP/(g/kg)	全钾 TK/(g/kg)	阳离子交换量CEC/(cmol/kg)	土壤母质 Parent material	剖面点坐标 Profile coordinate	匹配指数 Matching index/%
剖13	初育土	新积土	冲积土				1	0–15		中壤土		6.1							E 124° 53′ 05.3″ N 48° 26′ 25.8″	95
							2	20–30		中壤土		5.4								
							3	35–45		中壤土		5.4								
							4	55–65		砂壤土		5.6								
							5	90–100		中壤土		6.1								
剖14	半水成土	草甸土	草甸土	砂黏底草甸土	中层砂黏底草甸土		1	10–20		重壤土		6.5	42.5	2.54	1.28	29.9	34.1		E 125° 33′ 33.8″ N 48° 40′ 39.4″	93
							2	40–50		重壤土		6.7	27.3	1.41	0.97					
							3	80–90		重壤土		6.3	23.7							
							4	120–130		中壤土		6.3	5.2							
剖15	钙层土	黑钙土	淋溶黑钙土	坡积砂黏底淋溶黑钙土	中层坡积黏底淋溶黑钙土		1	7–12				7.0	24.4	1.55	0.60	37.1	19.3	黄土状沉积物	E 124° 32′ 19.3″ N 48° 02′ 30.5″	95
							2	20–30		中壤土		7.2	27.3	1.24	0.69	32.4				
							3	80–90		中壤土		7.0	14.6							
							4	140–150		中壤土		6.8	11.1							
剖16	钙层土	黑钙土	石灰性黑钙土	砂黏底石灰性黑钙土	薄层黏底石灰性黑钙土		1	0–15		中壤土		7.8	33.0	1.95	0.87	33.2		黄土状沉积物	E 124° 46′ 28.2″ N 48° 04′ 32.5″	95
							2	30–40		重壤土	团块状	8.2	17.1	1.09	0.66	26.4				
							3	75–85		中壤土	核块状	8.1	4.8							
							4	130–140		中壤土	核块状	7.8	4.3							
剖17	钙层土	黑钙土	黑钙土	黏底黑钙土	中层黏底黑钙土		1	0–35		重壤土		7.3	41.3	2.32	1.20	28.8	44.4	黄土状沉积物	E 124° 43′ 16.0″ N 48° 08′ 12.8″	95
							2	35–55		重壤土	核块状	7.4	21.3	1.11	0.89					
							3	55–115		黏土	核块状	8.0	10.8							
							4	115–160		重壤土	核块状	8.0	9.3							
剖18	钙层土	黑钙土	石灰性黑钙土	黏底石灰性黑钙土	薄层黏底石灰性黑钙土		1	0–16		重壤土		8.1	44.1	2.34	1.13	27.5	39.8	黄土状沉积物	E 124° 48′ 53.6″ N 48° 06′ 18.4″	95
							2	25–35	暗灰色	重壤土	粒状、团块状	8.2	18.9	0.73	0.78	23.8				
							3	70–80	暗灰色	重壤土	核块状	8.3	7.3							
							4	130–140	黑棕色	重壤土	核块状	8.2	8.2							
剖19	钙层土	黑钙土	草甸黑钙土	石灰性草甸黑钙土	薄层石灰性草甸黑钙土		1	15–20	灰黄棕色	重壤土		7.8	48.1	2.72	1.32	29.0	19.3	坡积砂砾	E 124° 42′ 10.1″ N 47° 59′ 14.6″	75
							2	25–35	暗灰色	砂壤土	粒状、团块状	8.3	45.8	2.71	1.21	28.0	20.8			
							3	65–75	浅灰色	砂质黏土	团块状	8.7	8.0	0.89	0.70	25.0				
							4	125–135	暗灰黄色	壤质黏土	核状、团块状	8.6	7.9							
							5	150–160	浅灰黄色	重壤土		8.5	7.7							
剖20	半淋溶土	黑土	黑土	石底黑土	建国黑钙土		Ap	0–15	暗灰色	重壤土	粒状、团块状	6.2	52.4	2.75	1.55	37.1		风化或半风化物	E 124° 41′ 09.2″ N 48° 02′ 08.5″	95
							A	15–55	浅灰黑色	轻黏土	团块状	5.6	28.3	1.48	1.26	26.3	30.9			
							AB	55–115	暗灰黄色	重壤土	核状	5.0	13.1		1.25	25.0				
							B	115–160	浅灰黄色	重壤土	核状	5.2	14.1							
剖21	半淋溶土	黑土	表潜黑土	黏底表潜黑土	中层黏底表潜黑土		1	15–25	黑色	重壤土	粒状	7.1	81.2	3.76	1.94	23.9	45.8	冲积物、淤积物	E 124° 49′ 21.4″ N 48° 50′ 39.8″	95
							2	35–45	黑色	重壤土	大粒状	6.4	40.6	1.62	0.88	24.7	39.5			
							3	65–75	黑灰棕色	重壤土	中粒状	6.6	22.1							
							4	90–100	暗灰棕色	重壤土	核块状	6.8	16.5							
							5	130–140	棕灰色	中壤土		7.7	10.5							
剖22	半水成土	草甸土	潜育草甸土	黏底潜育草甸土	中层黏底潜育草甸土		1	15–25		中壤土		5.3	27.5	4.07	2.46	23.3			E 124° 57′ 39.6″ N 48° 50′ 21.1″	95
							2	50–60		中壤土		5.7	27.4	1.13	1.48					
剖23							3	100–120		中壤土		5.6	18.9						E 124° 40′ 28.6″ N 48° 47′ 55.3″	95

续表 Continued

剖面号 Soil profile	土纲 Soil order	土类 Soil great group	亚类 Soil subgroup	土属 Soil genus	土种 Soil species	土层码 Layer code	土层厚度 Depth/cm	颜色 Soil color	质地 Soil texture	土壤结构 Soil structure	pH	有机质 OM/(g/kg)	全氮 TN/(g/kg)	全磷 TP/(g/kg)	全钾 TK/(g/kg)	阳离子交换量 CEC/(cmol/kg)	土壤母质 Parent material	剖面点坐标 Profile coordinate	匹配指数 Matching index/%
剖24	半淋溶土	黑土	表潜黑土	黄土质表潜黑土	中水岗黑土	Ap	0—40	暗灰色	壤质黏土	团块状	6.5	43.4	1.85	0.98	26.4		黄土状黏土	E 124°48′00.7″ N 48°48′42.1″	95
						Ag	40—105	暗棕色	壤质黏土	小核块状	6.5	34.6	1.38	0.84	26.4				
						B	105—135	暗灰色	壤质黏土	核状	6.5	26.9	0.94	0.76	27.6				
剖25	半淋溶土	黑土	草甸黑土	黏底草甸黑土	中层黏底草甸黑土	C	135—150	暗棕色	壤质黏土	核块状		23.3							
						1	20—30		重黏土		6.5	21.5	1.01	0.95	26.5	35.7	风化或半风化物	E 124°58′28.2″ N 48°46′22.8″	95
						2	70—80		重黏土		6.5	12.5		1.03	30.1	38.1			
						3	115—145		轻黏土		6.4	10.1							
剖26	半淋溶土	黑土	暗棕壤型黑土	砾石底暗棕壤型黑土	破皮黄黏土	1	0—30	暗灰色	中壤土	粒状	6.1	45.1	2.48	1.19	30.1	38.1	河相沉积物	E 124°52′21.4″ N 48°43′57.7″	95
						2	30—65	暗灰棕色	中壤土	粒状	5.7	23.1	1.46	0.78	28.9	36.6			
						3	65—95	灰棕色		棱块状	5.9	8.2							
						4	95—150	红棕色	砾石间粗砂			3.7							
剖27	半淋溶土	黑土	黑土	黏底黑土	薄层黏底草甸黑土	1	5—10		重壤土		6.7	16.4	0.72	0.54	32.2	27.8	风化或半风化物	E 124°58′03.7″ N 48°43′01.2″	95
						2	35—45		重壤土		6.5	8.7	0.37	0.48		27.8			
						3	100—110				6.5	3.4							
剖28	半淋溶土	黑土	黑土	黏底黑土	厚层砂砾底草甸黑土	1	5—10		重壤土		6.2	37.5	1.75	1.07	26.5	34.5	冲积物、淤积物	E 124°55′39.0″ N 48°37′20.3″	95
						2	35—40		轻壤土		5.1	11.4	0.47	0.53		31.4			
						3	85—90				5.3	8.6							
						4	130—135				5.9								
剖29	半水成土	草甸土	草甸土	砂砾底草甸土	中层泛滥冲积土	1	0—40		中壤土		6.4	34.4	1.82	0.99	27.7	37.9	黄土状沉积物	E 125°28′36.5″ N 48°41′25.1″	95
						2	65—75		中壤土		5.9	17.4							
						3	90—110				7.4	2.5							
剖30	初育土	新积土	冲积土	泛滥冲积土	中层泛滥冲积土	1	5—15		紧砂土		6.1	37.6	2.02	1.33	31.1		冲积物、淤积物	E 124°34′35.0″ N 48°24′09.7″	95
						2	45—70				7.0	<1.0							
剖31	钙层土	黑钙土	草甸黑钙土	草甸黑钙土	薄层草甸黑钙土	1	0—15		重壤土		7.6	31.9	1.51	0.91	32.0	41.6	黄土状沉积物	E 124°49′24.6″ N 48°03′22.7″	95
						2	30—40		重壤土		7.6	21.0	1.05	0.80	32.3	38.5			
						3	60—75		轻壤土		7.7	12.1							
						4	115—125				7.8	14.5							
剖32	半淋溶土	黑土	黑土	黏底黑土	中层黏底草甸黑土	1	0—20		重壤土		6.5	46.5	2.38	1.15	28.1	42.9	冲积物、淤积物	E 124°56′10.7″ N 48°21′13.7″	95
						2	30—40		重壤土		6.2	22.7	1.11	0.73	28.0	38.7			
						3	100—110		重壤土		5.7	11.6							
						4	135—145		中壤土		5.9	5.2							
剖33	钙层土	黑钙土	淋溶黑钙土	黏壤淋溶黑钙土	厚层黏底淋溶黑钙土	1	0—50	暗灰色	砂质黏壤土	粒状、团块状	6.5	33.0	1.46	1.08	29.7	41.9	黄土状沉积物	E 124°45′51.5″ N 48°21′57.2″	95
						2	60—70	黑棕色	砂质黏壤土	小核状	6.3	23.2							
						3	100—110	暗棕色	砂质黏壤土	核块状	5.9	16.6							
						4	130—140				5.6	10.2							
剖34	半淋溶土	黑土	淋溶黑钙土	黏底淋溶黑钙土	中层黏底淋溶黑钙土	1	0—20		中壤土		6.7	43.9	2.32	1.02	24.3	41.8	黄土状沉积物	E 124°49′50.0″ N 48°12′18.7″	95
						2	20—105				6.4	24.0	1.25	0.89	26.3	40.0			
						3	105—135				7.0	10.5							
						4	135—160				7.0	14.3							
剖35	钙层土	黑钙土	淋溶黑钙土	砂壤质淋溶黑钙土	团结黑钙土	A	0—25					34.1	2.44	0.37	25.8	23.1	坡积物和酸性岩风化残积物	E 124°52′18.8″ N 48°05′09.2″	81
						AB	25—55					14.1	1.17	0.39	26.7	23.5			
						B	55—150					14.3				23.1			
剖36	钙层土	黑钙土	淋溶黑钙土	坡积砂黏淋溶黑钙土	厚层坡积淋黏底淋溶黑钙土	1	0—25				7.5	34.1	2.44	0.86	31.2	23.5	黄土状沉积物	E 124°40′01.2″ N 48°05′44.2″	95
						2	35—45				7.0	14.1	1.17	0.89	31.9				
						3	110—120				7.0	14.3							

续表 Continued

剖面号 Soil profile	土纲 Soil order	土类 Soil great group	亚类 Soil subgroup	土属 Soil genus	土种 Soil species	土层码 Layer code	土层厚度 Depth/cm	颜色 Soil color	质地 Soil texture	土壤结构 Soil structure	pH	有机质 OM/(g/kg)	全氮 TN/(g/kg)	全磷 TP/(g/kg)	全钾 TK/(g/kg)	阳离子交换量CEC/(cmol/kg)	土壤母质 Parent material	剖面点坐标 Profile coordinate	匹配指数 Matching index/%
剖37	半淋溶土	黑土	表潜黑土	砂黏底表潜黑土	中层砂黏底表潜黑土	1	15—25		中黏土		7.1	23.4	2.09	1.11	28.1	38.9	风化或半风化物	E 125°00′55.1″ N 48°43′53.0″	93
						2	45—55		重壤土		6.7	18.1							
						3	70—80		重壤土		6.5	12.1							
						4	125—135		中壤土		6.5	6.4							
剖38	半水成土	草甸土	草甸土	砂砾底草甸土	中层砂砾底草甸土	1	0—10		轻壤土		6.3	24.7	0.39	1.84	28.1			E 124°53′27.2″ N 48°50′27.2″	95
						2	30—40		砂壤土		6.6	28.7	1.43	1.37	28.0				
						3	100—120				7.3	5.1							
剖39	半淋溶土	黑土	表潜黑土	黄土质表潜黑土	厚水岗黑土	Ap	0—25	暗灰色	壤质黏土	粒状	6.3	44.8	3.21	0.70	21.9		黄土状物质	E 125°05′60.0″ N 48°42′21.2″	95
						A	25—55	暗灰色	壤质黏土	粒状	6.6	25.6	1.16	0.45	23.2				
						Ag	55—100	暗棕色	粉砂质黏壤土	无明显结构		13.3							
						B	100—130	黄棕色	粉砂质黏壤土	核块状		11.7							
剖40	半淋溶土	黑土	草甸土	黏地草甸黑土	厚水岗草甸土	1	5—10		重壤土		7.1	43.2	2.30	1.36	28.3	38.7	河相沉积物	E 125°13′22.8″ N 48°26′53.2″	95
						2	35—50		轻黏土		6.8	36.9	1.85	1.08	25.8				
						3	84—94		重壤土		6.5	37.0							
						4	115—125		重壤土		6.8	27.7							
						5	150—160					8.1							
剖41	钙层土	黑钙土	草甸黑钙土	石灰性草甸黑钙土	薄层石灰性草甸黑钙土	1	0—10		重壤土		8.1	35.5	2.21	0.92	26.7		黄土状沉积物	E 125°05′12.8″ N 48°04′24.2″	95
						2	20—25		轻壤土		8.2	12.9	1.09	0.68	24.8				
						3	50—60		重壤土		8.3	7.5							
						4	90—110		重壤土		9.0	1.5							
						5	125—135		重壤土		9.0	1.3							
剖42	水成土	沼泽土	泥炭沼泽土	泥炭沼泽土		1	0—30		中壤土		7.7	48.2	2.18	1.32	27.9		冲积物、淤积物	E 125°26′37.7″ N 48°44′35.2″	75
						2	30—50		中壤土		7.2	56.4	2.21	0.70	28.6				
						3	50—70		中壤土		6.4	85.5							
						4	70—120		砂壤土		7.5	60.4							
剖43	半淋溶土	黑土	表潜黑土	砂底黑土	薄层砂底黑土	1	10—20		轻壤土		6.5	22.6	1.15	0.78	27.5	18.7	黄土状沉积物	E 125°26′55.0″ N 48°41′08.5″	95
						2	40—50		轻壤土		6.4	3.2	3.62	0.48					
						3	80—90		紫质土		6.0	<1.0							
剖44	草甸土	草甸土	潜育草甸土	砂垫黏潜育草甸土	厚层砂底潜育草甸土	1	25—30		中壤土		7.1	64.8	3.07	1.66	28.8			E 125°24′02.9″ N 48°29′28.0″	95
						2	70—90		中壤土		6.5	6.1							
						3	120—140				6.5	4.0							
剖45	半淋溶土	黑土	草甸黑土	黏底草甸黑土	厚层黏底草甸黑土	1	10—20				6.5	44.2	2.32	2.17	23.4	35.3	风化或半风化物	E 125°23′35.9″ N 48°39′19.8″	95
						2	40—50				6.1	27.2	1.49	0.69	21.6	34.2			
						3	90—100				6.0	13.2							
						4	145—150				6.3	9.9							
剖46	半淋溶土	黑土	表潜黑土	黄土质表潜黑土	薄水岗黑土	A	0—24	暗棕色	壤质黏土	团块状	6.1	40.6	2.35	0.54	28.5		黄土状黏土	E 125°23′58.9″ N 48°38′29.4″	81
						Ag	24—70	棕色	壤质黏土	小核块状	5.4	14.8	0.96	0.36	28.4				
						B	70—115	暗棕色	黏土	核状	5.4	6.7							
						C	115—160	棕黄色	粉砂质黏壤土		5.6								
剖47	半水成土	草甸土	潜育草甸土	砾底潜育草甸土	中层砾底潜育草甸土	1	0—30		中壤土		6.1	72.0	3.73	1.88				E 125°47′46.7″ N 48°46′36.8″	95
						2	35—45		中壤土		5.4	31.2	1.74	1.51					
						3	60—70		中壤土		5.4	13.2							
						4	95—105		中壤土		5.6	21.4							
						5	120—130		砂壤土		6.1	1.4							

续表 Continued

剖面号 Soil profile	土纲 Soil order	土类 Soil great group	亚类 Soil subgroup	土属 Soil genus	土种 Soil species	土层码 Layer code	土层厚度 Depth/cm	颜色 Soil color	质地 Soil texture	土壤结构 Soil structure	pH	有机质 OM/(g/kg)	全氮 TN/(g/kg)	全磷 TP/(g/kg)	全钾 TK/(g/kg)	阳离子交换量CEC/(cmol/kg)	土壤母质 Parent material	剖面点坐标 Profile coordinate	匹配指数 Matching index/%
剖48	半淋溶土	黑土	草甸黑土	砾底草甸黑土		1	10—20		重壤土		6.0	47.9	2.56	1.36	29.8	39.0	风化或半风化物	E 125°25′01.2″ N 48°34′28.9″	95
						2	50—60		中壤土		6.3	20.1	0.93	0.80					
						3	100—110		中壤土		6.4	11.2			26.3				
						4	130—140				7.3	5.3							
剖49	半水成土	草甸土	生草草甸土	生草草甸土	薄层生草草甸土	1	8—15		重壤土		5.7	26.7	1.60	1.90				E 124°43′50.5″ N 48°47′07.1″	95
						2	45—65		重壤土		5.7	24.5		1.38	31.6				
						3	100—120		轻壤土		6.0	10.5			33.6				
剖50	半水成土	草甸土	草甸土	砂砾底草甸土	薄层砂砾底草甸土	1	0—15		轻壤土		6.4	41.6	2.20	1.50			风化或半风化物	E 124°57′48.2″ N 48°32′22.9″	95
						2	35—45		中壤土		5.9	16.8	1.04	0.71	26.3	38.7			
						3	65—75		紧砂土		6.1	7.4							
						4	100—125				7.0	5.1							
剖51	半淋溶土	黑土	表潜黑土	黏底表潜黑土	厚层黏底表潜黑土	1	20—40		重壤土		6.7	36.9	1.78	1.06	26.9	43.4		E 125°22′00.5″ N 48°21′24.1″	95
						2	55—65		重壤土		5.8	19.7							
						3	120—130		重壤土		6.0	12.4							
剖52	半淋溶土	黑土	草甸黑土	黏底草甸黑土	中层黏底草甸黑土	1	15—25		中壤土		6.2	43.4	2.12	1.47			黄土状沉积黏土	E 125°33′54.4″ N 48°51′31.7″	95
						2	50—70		中壤土		6.4	28.4	1.49	1.02					
						3	80—100		中壤土		7.6	10.4							
						4	120—145		重壤土			7.8							
剖53	淋溶土	暗棕壤	草甸暗棕壤	黄土质草甸暗棕壤	讷河潮暗棕土	Ap	0—13	棕灰色	壤质黏土	团块状	6.2	33.6	2.10	0.55	29.0	37.0		E 125°35′00.6″ N 48°50′16.8″	81
						A	13—20	灰色	壤质黏土	团块状	6.1	28.7	1.72	0.47	29.0				
						AB	20—45	浅棕色	壤质黏土	核块状	6.1	8.8	0.57	0.39					
						BC	45—128	浅棕色	黏壤土	核块状	5.4								
						C	128—150	红棕色	黏壤土	核块状									
剖54	半水成土	草甸土	潜育草甸土	砾底潜育草甸土	厚层砾底潜育草甸土	1	5—15		重壤土		6.2	43.6	1.98	1.33			河相沉积物	E 125°02′09.6″ N 48°43′25.0″	95
						2	15—20		中壤土		6.1	31.4	1.48	1.19					
						3	50—70		中壤土		6.1	39.3	1.37	1.10					
						4	110—114		重壤土		5.4	32.0							
剖55	半淋溶土	黑土	表潜黑土	砂黏底表潜黑土	厚层砂黏底表潜黑土	1	15—25		中壤土		6.5							E 125°52′18.5″ N 48°48′06.8″	95
						2	15—20		中壤土		6.5								
						3	120—135		中壤土		6.4								
剖56	初育土	新积土	冲积土			1	0—10		重壤土		6.4	80.8	4.31	1.90	28.9	44.2		E 125°23′51.7″ N 48°31′51.6″	95
						2	25—30		重壤土		7.0	7.9							
						3	70—80		中壤土		6.9	11.5							
剖57	半水成土	草甸土	潜育草甸土	砂底潜育草甸土	厚层砂底潜育草甸土	1	0—50		中壤土								河相沉积物	E 125°19′13.8″ N 48°26′06.7″	95
						2	50—80		中壤土										
						3	80—100		中壤土										
						4	100—150		砂壤土		7.3								

鸡 西 市

市 辖 区

主要土类说明

暗棕壤是鸡西市主要土壤类型，占本市地域面积的71%。暗棕壤是在丘陵山地次生阔叶混交林下发育形成的土壤，其成土过程包括森林腐殖化、黏化和棕化三个过程。土壤腐殖质层厚10—20cm。由于本市低山丘陵地带母质较粗，加上森林植被的生物排水作用较强，内外排水状况良好，因此心土层以下常处于氧化状态，随水下移的铁、锰氧化淀积下来，形成棕色或红色的胶膜并包被于土粒表面，使土体呈棕红色。

草甸土是鸡西市第二大土壤类型，占本市地域面积的9%，集中分布在穆棱河及其支流两岸的河漫滩和低阶地，呈狭窄的带状分布。草甸化过程主要发生在低阶地和河漫滩，在地下水浸润和草甸植被影响下，土壤因干湿交替产生氧化还原过程和腐殖质积累过程。随着季节干湿变化，铁锰化合物产生淋溶和局部淀积，在土壤中形成铁锰胶膜和结核。同时，在干湿交替和冻融作用下，加上植物根系的影响，新鲜腐殖质和土壤黏粒互相胶结形成水稳性团粒结构。

白浆土是鸡西市第三大土壤类型，占本市地域面积的7%，集中分布在本市东部的漫岗低平地。其成土过程主要为白浆化过程。由于白浆土位于岗坡地，开垦后若不注意水土保持，水土流失将非常严重。

新积土占本市地域面积的4%，在本市各大小河流沿岸均有分布，特别是穆棱河及其支流中下游分布面积较大。新积土形成时间短，其成土过程主要为生草化作用过程。由于新淤积的土层中具有植物生长所需要的养分和水分，植物开始生长，形成生草层，但层次分化不明显。

小于本市地域面积3%的土壤类型有石质土、水稻土、沼泽土、火山灰土。

本区域中心区气候特征

本区域中心区气候特征值
Regional climate characteristics in central area of the region

气候带：中温带亚干旱气候 Climate region: Mid temperate subarid climate	
年平均气温 /℃ Annual average temperature /℃	4.1
年平均最高气温 /℃ Annual average maximum temperature /℃	10.0
年平均最低气温 /℃ Annual average minimum temperature /℃	-1.3
年降水量 /mm Annual precipitation /mm	544
≥10℃的积温 /℃ Daily temperature accumulated in a year（≥10℃）/℃	1459
年日照时数 /h Annual sunshine /h	2544
年平均相对湿度 /% Annual average relative humidity /%	64
干燥度 Dryness	0.47

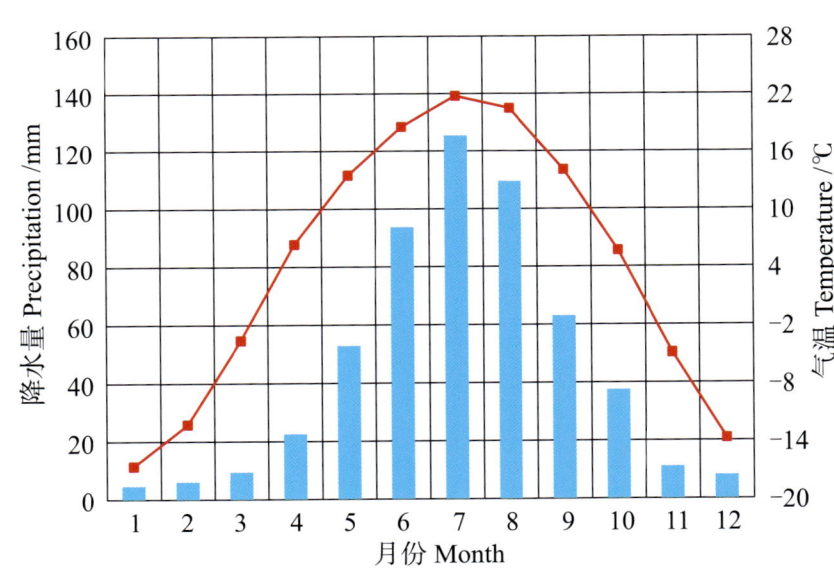

本区域中心区月平均气温与月平均降水量
Monthly temperature and precipitation in central area of the region

鸡西市市辖区主要土壤类型与土壤剖面点分布图
1∶250 000

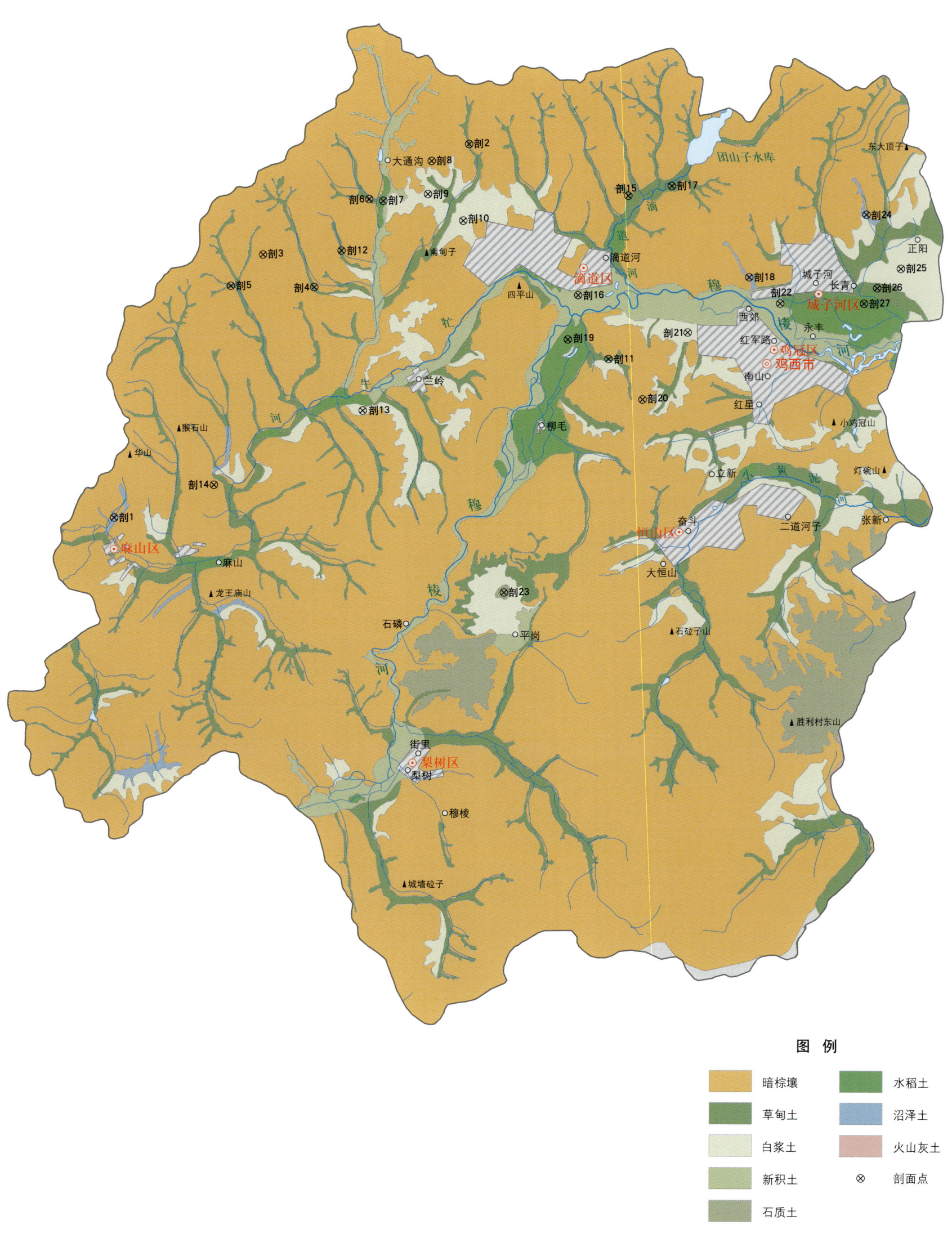

鸡西市土壤剖面理化性状表

剖面号 Soil profile	土纲 Soil order	土类 Soil great group	亚类 Soil subgroup	土属 Soil genus	土种 Soil species	土层码 Layer code	土层厚度 Depth/cm	颜色 Soil color	质地 Soil texture	土壤结构 Soil structure	pH	有机质 OM/(g/kg)	全氮 TN/(g/kg)	全磷 TP/(g/kg)	碱解氮 AN/(mg/kg)	有效磷 AP/(mg/kg)	速效钾 AK/(mg/kg)	阳离子交换量 CEC/(cmol/kg)	土壤母质 Parent material	剖面点坐标 Profile coordinate	匹配指数 Matching index/%
剖1	水成土	沼泽土	泥炭沼泽土	埋藏型泥炭沼泽土		Ap	0—12	暗灰色	重壤土	团块状	6.5	276.7	13.62	1.21	351	4.0	215	>50.0	河湖相沉积物	E 130°28′18.8″ N 45°13′23.5″	75
						At₁	12—20	暗棕色			5.4	197.8	7.90	1.07				47.5			
						At₂	20—48	暗灰色	砾质中壤土		5.3	191.2	6.84	0.72							
						AD	48—80				5.7	49.5									
剖2	半水成土	草甸土	草甸土	平地草甸土		Ap	0—28		轻壤土		6.2	49.2	1.69	0.06	228	19.0	330		河流冲积物	E 130°44′33.0″ N 45°25′00.5″	75
						B	45—65		轻黏土		6.6	11.7	0.46								
						BC	80—95		中壤土		6.4	9.6									
剖3	淋溶土	暗棕壤	暗棕壤	砂质暗棕壤		Ap	0—20	灰棕色	中壤土	团块状	5.4	26.8	1.21	0.33	104	3.0	110		岩石风化残积物	E 130°35′11.8″ N 45°21′38.5″	95
						B	20—70	棕黄色	砂质壤土	团块状	6.6	5.0	0.37	0.07							
						C	70—89	棕色	紧砂土		6.0	4.3	0.11								
剖4	半水成土	草甸土	草甸土	平地草甸土		Ap	0—16	暗灰色	重壤土	粒状	6.7	163.4	16.59	1.72	225	19.0	173		河流冲积物	E 130°37′28.2″ N 45°20′34.8″	95
						App	16—26	暗灰色	轻黏土	团粒状	6.9	281.0	14.39	0.95							
						A₁	26—85	灰棕色	重壤土	团块状	7.0	115.7									
						BC	85—145	浅棕色	重壤土	团块状	6.9	68.3									
						C	145—200	黄灰色	中壤土		6.7	31.1									
剖5	半水成土	草甸土	潜育草甸土	低平地潜育草甸土		Ap	0—20		重壤土	团块状	5.7	171.3	6.57	1.35	309	14.0	265		河流冲积物	E 130°33′43.6″ N 45°20′40.2″	75
						AB	25—45		重壤土	核块状	6.5	29.5	1.04	0.82							
						B	70—90		轻壤土		6.5	25.0									
						Cg	105—130		砾石土		6.4	19.4									
剖6	半水成土	草甸土	草甸土	缓坡迤地草甸土		Ao	0—3	灰色	重壤土		5.6	74.1	3.61	1.20	165	9.0	88	27.7	河流冲积物	E 130°40′00.5″ N 45°23′19.7″	75
						A₁	3—45	暗灰色	重壤土	团粒状	6.5	77.5		0.71				16.9			
						AB	45—57	暗灰色	中壤土	核块状	6.4	36.6	1.08	0.92							
						C	57—		砾石土			16.7		0.75							
剖7	人为土	水稻土	河淤土型水稻土			Ap	0—17		重壤土	核块状	5.8	33.8	1.11	0.60	146	5.0	107		河流冲积物	E 130°40′39.0″ N 45°23′15.7″	75
						App	17—35		重壤土	核块状	6.5	74.1		0.50							
						B	35—60	暗棕色	中壤土	粒状	6.2	21.4									
						C	60—67				6.8										
剖8	淋溶土	暗棕壤	暗棕壤	石质暗棕壤		A	0—9	暗棕色	轻壤土	团块状	6.6	67.9	2.79	0.49	200	7.0	237	8.1	岩石风化残积物、坡积物	E 130°42′51.5″ N 45°24′29.9″	95
						B	9—15	棕色	砂壤土	团块状	6.2	17.1	0.89	0.39				7.0			
						BC	15—32	棕色	砂壤土		6.5	39.1									
剖9	淋溶土	白浆土	白浆土	岗地白浆土		Ap	0—10		重壤土		6.5	32.5	1.63	0.49	95	1.0	116		第四纪河湖黏土沉积物	E 130°42′40.0″ N 45°23′27.2″	75
						Aw₁	15—25		中壤土		6.2	9.3	1.29	0.39							
						Aw₂	26—80		中壤土		6.2	8.3									
						B	84—105		轻黏土		5.9	134.4	5.24	1.48							
剖10	淋溶土	白浆土	白浆土	岗地白浆土		Aw	0—23		中黏土		6.4	26.5	0.94	0.55	205	5.0	152	5.9	第四纪河湖黏土沉积物	E 130°44′13.9″ N 45°22′35.8″	75
						B₁	23—48		中黏土		6.3	17.4						16.1			
						B₂	95—125		重壤土		6.4	9.3									
						C	125—145		重壤土		6.7	<1.0									
剖11	半水成土	草甸土	潜育草甸土	低平地潜育草甸土		Ap	0—20		中黏土		6.6	48.9	1.83	0.81	≥400	9.0	273		黏土沉积物	E 130°50′39.1″ N 45°18′06.8″	73
						ABg	40—60		中黏土		6.6	22.1	1.12	0.40							
						Bg	90—110		中黏土		7.0	21.0									
						Cg	120—140		中黏土		6.8	15.1									

续表 Continued

剖面号 Soil profile	土纲 Soil order	土类 Soil great group	亚类 Soil subgroup	土属 Soil genus	土种 Soil species	土层码 Layer code	土层厚度 Depth/cm	颜色 Soil color	质地 Soil texture	土壤结构 Soil structure	pH	有机质 OM/(g/kg)	全氮 TN/(g/kg)	全磷 TP/(g/kg)	碱解氮 AN/(mg/kg)	有效磷 AP/(mg/kg)	速效钾 AK/(mg/kg)	阳离子交换量CEC/(cmol/kg)	土壤母质 Parent material	剖面点坐标 Profile coordinate	匹配指数 Matching index/%
剖12	半水成土	草甸土	潜育草甸土	低平地潜育草甸土		A	0—35		中黏土		6.8	36.7	1.86	0.75	183	9.0	184		河流冲积物	E 130° 38′ 43.8″ N 45° 21′ 43.2″	75
						Ag	35—47		中黏土		6.8	35.5	1.61	0.49							
						Bg	52—62		中黏土		6.8										
						Cg	82—92		中黏土		6.8	24.1									
剖13	淋溶土	白浆土	白浆土	岗地白浆土		Ap	0—19		中壤土		5.2	29.2	1.41	0.47					第四纪河湖黏土沉积物	E 130° 39′ 33.5″ N 45° 16′ 37.9″	95
						Aw	19—25		重壤土		5.4	8.8	0.50	0.27							
						B₁	60—70		轻黏土		6.2	5.0									
						B₂	95—110		轻砂土		5.4										
						C	150—160														
剖14	淋溶土	暗棕壤	暗棕壤	砂石质暗棕壤		A	0—15	灰棕色	砂壤土	团块状	6.0	48.0	2.01	0.43	167	6.0	159			E 130° 32′ 49.2″ N 45° 14′ 22.6″	95
						AB	15—31	灰棕色	砂壤土	无明显结构	6.6	16.6	0.67	0.37							
						B	31—46	暗棕色	松砂土	不明显块状	6.2	6.0	0.28								
						C	46—130	棕色	松砂土	无结构	6.2	1.2	0.10								
剖15	半水成土	草甸土	草甸土	沟谷草甸土		A	0—14				7.0	53.8	2.68	0.04					河流冲积物	E 130° 51′ 40.7″ N 45° 23′ 16.4″	95
						AB	14—25				5.8	38.8	1.89	1.08							
						B₁	28—40				6.8	25.3	1.67	0.09							
						B₂C	70—80				6.4	20.8									
							105—115				6.4	19.0									
剖16	初育土	新积土	冲积土	生草河谷土	砂质生草河谷淤土	Ap	0—16	黄棕色	紧砂土		5.4	25.6	1.12	0.72	229	8.0	266		冲积砂	E 130° 49′ 20.3″ N 45° 20′ 09.6″	73
						AC	16—43	棕色	紧砂土		5.2	10.4	0.68	0.72							
						C	43—	锈棕色	砂砾		5.4	4.0									
剖17	半水成土	草甸土	草甸土	平地草甸土		Ap	0—24		重壤土		6.0	23.9	1.18	0.53	105	13.0	88		黏土沉积物	E 130° 53′ 38.8″ N 45° 23′ 33.0″	95
						B₁	30—45		轻黏土		6.0	5.5	0.11	0.4							
						B₂	70—90		轻壤土		5.2	3.9									
						C	115—127				6.2	3.6									
剖18	水成土	沼泽土	泥炭沼泽土			At₁	0—17	棕色	中壤土			319.5	11.50	3.15	287	28.0	124	>50.0	河湖相沉积物	E 130° 57′ 02.9″ N 45° 20′ 36.6″	75
						A₁	17—37	黑色	中壤土			154.4	6.85	1.31				24.8			
						A₂	37—56	灰黑色	轻黏土	片状		25.7									
						AB	56—98	锈棕色	轻黏土	块状		18.6									
剖19	人为土	水稻土	淹育水稻土	砂质冲积型水稻土	淤土田	Ap	0—17	棕灰色	黏壤土		6.0	74.1	3.61	0.72			88		砂砾	E 130° 48′ 50.0″ N 45° 18′ 45.4″	95
						App	17—35	暗棕色	壤质黏土		6.0	33.8	1.11	0.75							
						B	35—60	棕质色	砂质黏土		5.2	21.4									
						C	60—67														
剖20	淋溶土	暗棕壤	白浆化暗棕壤			Ap	0—14	暗棕色	中壤土	团粒状	6.4	61.1	3.06	0.44	140	3.0			砂岩风化物	E 130° 52′ 08.4″ N 45° 16′ 48.4″	95
						Aw	20—33	棕灰色	轻黏土	不明显片状	6.4	8.4	0.58	0.33							
						B	33—66	棕褐色	轻黏土	核状块状	6.2	7.5									
						C	66—105		中壤土		6.2	5.8									
剖21	淋溶土	白浆土	白浆土	岗地白浆土		Ap	0—16		中壤土		5.4	34.8	1.54	0.38					第四纪河湖黏土沉积物	E 130° 54′ 14.0″ N 45° 18′ 54.0″	95
						Aw	20—30		中壤土		5.6	6.7	0.44								
						B	70—80		重壤土		5.4	3.0									
						C	90—108				6.2	2.7									
剖22	初育土	新积土	冲积土	草甸河谷淤土	砂质草甸河淤土	Ap	0—15		中壤土		6.6	64.1	2.64	1.05					冲积砂	E 130° 58′ 25.0″ N 45° 19′ 45.1″	76
						App	15—25		紧砂土		6.4	49.1	1.90	0.54							
						AB	27—35		中壤土		6.4	26.4	1.21	0.66							
						B	50—60		中壤土		6.0	8.0									
						C	80—90		砂壤土			<1.0									

续表 Continued

剖面号 Soil profile	土纲 Soil order	土类 Soil great group	亚类 Soil subgroup	土属 Soil genus	土种 Soil species	土层码 Layer code	土层厚度 Depth/cm	颜色 Soil color	质地 Soil texture	土壤结构 Soil structure	pH	有机质 OM/(g/kg)	全氮 TN/(g/kg)	全磷 TP/(g/kg)	碱解氮 AN/(mg/kg)	有效磷 AP/(mg/kg)	速效钾 AK/(mg/kg)	阳离子交换量CEC/(cmol/kg)	土壤母质 Parent material	剖面点坐标 Profile coordinate	匹配指数 Matching index/%
剖23	初育土	石质土	火山石质土	腐殖质火山石质土		Ap	0—18		中壤土		6.6	71.5	3.58	0.91	140	20.0	221		基性火山岩	E 130°45′45.0″ N 45°10′47.3″	75
						B	25—35		重壤土		6.2	28.6	1.41	0.88							
						C	60—70		中砾质土		6.4	12.7									
剖24	水成土	沼泽土	泥炭沼泽土	泥炭沼泽土		At	0—45	黑棕色			7.1	256.1	7.31	0.92	255	6.0	165	38.6	河湖相沉积物	E 131°02′22.9″ N 45°22′30.4″	75
						G	45—125	灰蓝色	重壤土		6.9	158.7	5.19	0.56				33.7			
剖25	淋溶土	白浆土	白浆土	岗地白浆土		Ap	0—11		重壤土		6.6	44.3	1.63	0.47	135	3.0	103		第四纪河湖黏土沉积物	E 131°03′52.9″ N 45°20′46.3″	95
						App	11—26		中壤土		6.4	46.2	1.62	0.54							
						Aw	26—40		轻黏土		6.0	12.4		0.34							
						B	50—60		中壤土		6.0	11.0									
剖26	半水成土	草甸土	草甸土	沟谷草甸土		Ap	0—27		中壤土		6.2	45.1	2.17	0.38	207	16.0	142		黏土沉积物	E 131°02′47.4″ N 45°20′10.0″	95
						A₁	34—45		中壤土		6.4	30.0	1.51	0.04							
						B	70—80		重壤土		6.2	27.0									
						C	140—150		轻黏土		5.6	21.3									
剖27	人为土	水稻土	草甸土型水稻土			Ap	0—16	暗灰色	重壤土	碎块状	5.6	107.7	5.28	0.67	189	6.0	133			E 131°02′10.7″ N 45°19′41.2″	95
						A₁	16—91		重壤土	团粒状	5.8	89.1	4.15	0.31							
						B	91—110	黄灰色	重壤土	团块状	6.0	16.5									
						BC	110—	灰白色	轻黏土	核块状	6.0	15.5									

鸡 东 县

主要土类说明

暗棕壤是鸡东县主要土壤类型，占本县地域面积的 58%。暗棕壤是在温带湿润地区针阔叶混交林下发育形成的土壤，剖面构造的基本特点是剖面层次呈逐渐过渡状态，无明显的淀积层。剖面上部受腐殖质影响，颜色较深，呈暗棕色；下部颜色较浅，一般呈棕色。全剖面无石灰反应。暗棕壤的成土过程主要表现为弱酸性腐殖质积累和轻度淋溶黏化过程，在附加成土过程的草甸化作用和白浆化作用参与下，分别形成草甸暗棕壤和白浆化暗棕壤。

白浆土是鸡东县第二大土壤类型，占本县地域面积的 19%。白浆土剖面最上层为腐殖质层，是有机质和养分积累较丰富、物理性状较好的层次；其下为白浆层，物理性状差，自然肥力低；再往下为淀积层，具核状结构，结构面有褐色胶膜和二氧化硅粉末。本县白浆土分为白浆土、草甸白浆土、潜育白浆土等亚类。

草甸土是鸡东县第三大土壤类型，占本县地域面积的 7%。成土母质多为近代淤积物，极少数为洪积物。草甸土有机质含量高，分布地区地下水位较高，一般为 1—2m。地下水升降往复，干湿交替，潴育现象明显。本县草甸土分为草甸土、白浆化草甸土、潜育草甸土等亚类。

沼泽土占本县地域面积的 6%。沼泽土母质黏重，多为第四纪河湖相沉积物。沼泽土剖面有两个基本发生层次：一个是土体上部的泥炭层或泥炭腐殖质层，另一个是土体下部的潜育层。粗有机质和半腐有机质积累于地表，逐渐形成较厚的泥炭层或泥炭腐殖质层。土体下部受积水的影响，土壤中的铁、锰等处于还原状态，进行潜育化过程。本县沼泽土分为草甸沼泽土、泥炭腐殖质沼泽土、泥炭沼泽土等亚类。

水稻土占本县地域面积的 4%。本县水稻土与我国南方水稻土的不同之处在于：①水稻土开发较晚；②一年只种一季稻，淹水时间较短，大约为 4 个月；③水稻土的形成具有冻融过程，冻结期长达 5 个多月；④水稻土发育程度低，剖面形态变化不太明显，仍保持原土壤特征。本县水稻土分为白浆土型、草甸土型、沼泽土型、泥炭土型、河淤土型等亚类。

新积土占本县地域面积的 4%，主要分布在东海、永安、明德、鸡东等地的河流沿岸。新积土发育于河流泛滥地淤积物，俗称冲积土，是淤积物的沉积过程和生草过程共同作用的产物。

小于本县地域面积 3% 的土壤类型有泥炭土、火山灰土。

本区域中心区气候特征

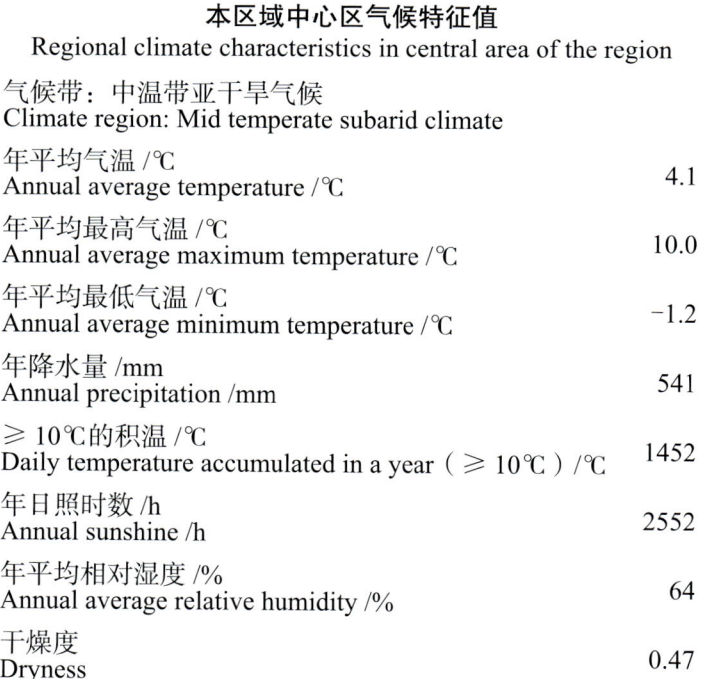

本区域中心区气候特征值
Regional climate characteristics in central area of the region

气候带：中温带亚干旱气候 Climate region: Mid temperate subarid climate	
年平均气温 /℃ Annual average temperature /℃	4.1
年平均最高气温 /℃ Annual average maximum temperature /℃	10.0
年平均最低气温 /℃ Annual average minimum temperature /℃	-1.2
年降水量 /mm Annual precipitation /mm	541
≥ 10℃的积温 /℃ Daily temperature accumulated in a year（≥ 10℃）/℃	1452
年日照时数 /h Annual sunshine /h	2552
年平均相对湿度 /% Annual average relative humidity /%	64
干燥度 Dryness	0.47

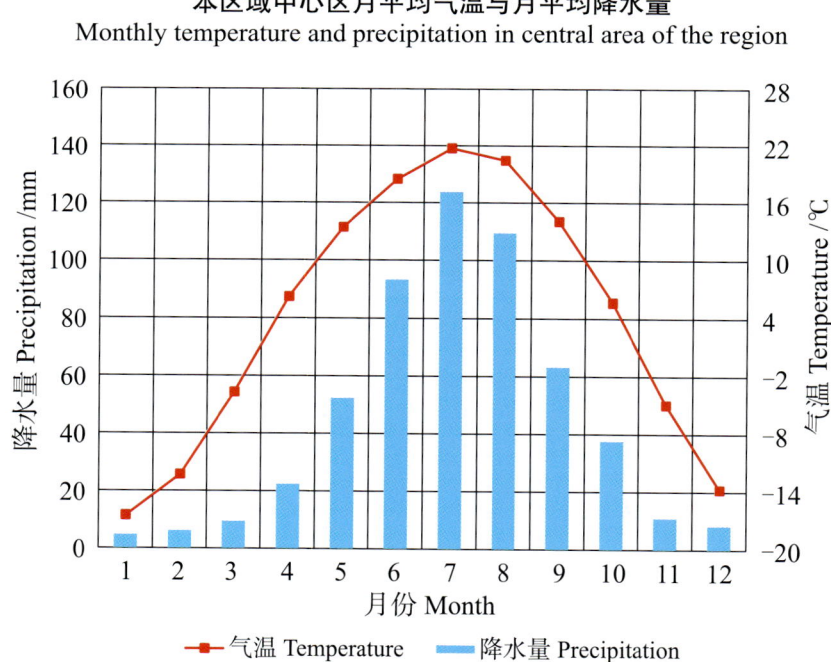

本区域中心区月平均气温与月平均降水量
Monthly temperature and precipitation in central area of the region

鸡东县主要土壤类型与土壤剖面点分布图
1∶360 000

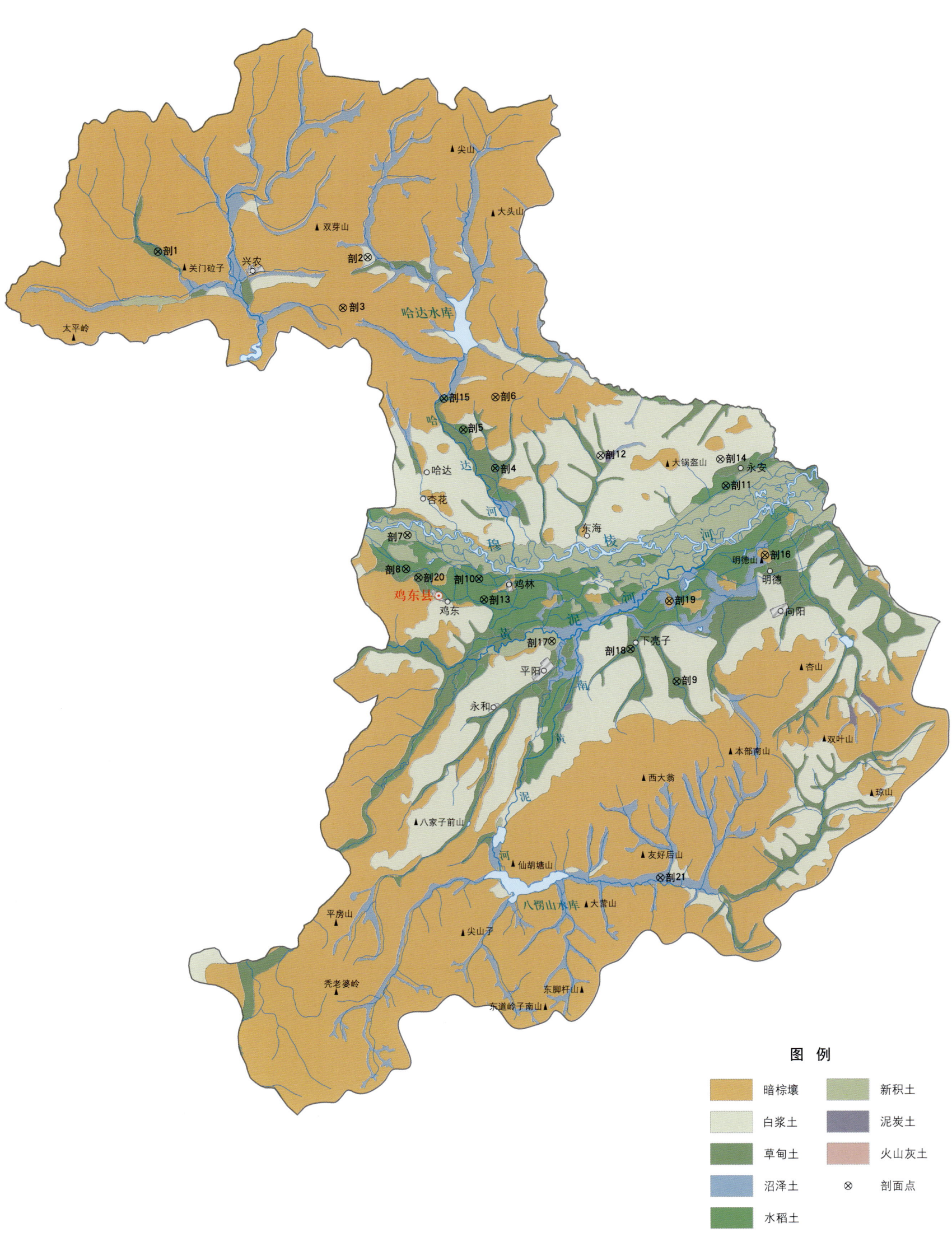

鸡东县土壤剖面理化性状表

剖面号 Soil profile	土纲 Soil order	土类 Soil great group	亚类 Soil subgroup	土属 Soil genus	土种 Soil species	土层码 Layer code	土层厚度 Depth/cm	颜色 Soil color	质地 Soil texture	土壤结构 Soil structure	pH	有机质 OM/(g/kg)	全氮 TN/(g/kg)	全磷 TP/(g/kg)	全钾 TK/(g/kg)	阳离子交换量 CEC/(cmol/kg)	土壤母质 Parent material	剖面点坐标 Profile coordinate	匹配指数 Matching index/%
剖1	半水成土	草甸土	潜育草甸土	沟谷潜育草甸土	中层沟谷潜育草甸土	1	0–15	暗棕色	中黏土								近代淤积物	E 130°50′37.7″ N 45°31′04.4″	75
						2	20–30		中黏土										
						3	50–60		中黏土										
剖2	淋溶土	白浆土	潜育白浆土			Ap	0–12	暗棕色	轻黏土	团块状							冲积物、洪积物	E 131°04′19.9″ N 45°30′34.9″	95
						Aw	12–34	浅灰色	中黏土	不明显片状									
						Bg	34–98	暗灰色	中黏土	小核状									
						BCg	98–120	浅灰蓝色		核状									
剖3	淋溶土	暗棕壤	暗棕壤	石质暗棕壤		Ao	0–2	灰棕色									花岗岩风化残积物	E 131°02′37.0″ N 45°28′17.4″	95
						A₁	2–20	浅灰色		团块状									
						D	20–80												
剖4	人为土	水稻土	泥炭土型水稻土			Ap	0–26	灰色	轻黏土	不明显团块状							花岗岩风化残积物	E 131°12′15.5″ N 45°20′46.7″	75
						At	26–53	棕色	轻壤土	无结构									
						G	53–85	蓝灰色	轻壤土	无明显结构									
剖5	人为土	水稻土	草甸土型水稻土			1	0–17		轻黏土									E 131°10′14.9″ N 45°22′35.0″	75
						2	25–35		中黏土										
						3	65–75		重壤土										
剖6	淋溶土	暗棕壤	白浆化暗棕壤			Ap	0–19	浅灰色		团块状							花岗岩风化残积物	E 131°12′24.1″ N 45°24′01.8″	95
						A,Aw	19–28	浅灰白色		不明显片状									
						B₁	28–38	浅灰棕色		无明显结构									
						B₂	38–92	暗棕色		核结构									
						C	92–150	棕色		无结构									
剖7	初育土	新积土	冲积土	砂砾底草甸河淤土	壤质砂砾底草甸河淤土	1	0–7	灰色	重壤土								现代河流淤积物	E 131°06′25.2″ N 45°17′48.5″	95
						2	16–26		重质黏土										
剖8	人为土	水稻土	潜育水稻土	泥炭土型水稻土	草炭田	Ap	0–26	灰色	砂黏土			193.8	>6.00	3.45	24.8	>50.0		E 131°06′15.8″ N 45°16′16.0″	95
						At	26–53	棕色	轻黏土			427.6	15.16	2.08	17.2	>50.0			
						G	53–85	青灰色	中黏土	无结构		8.9							
剖9	半水成土	草甸土	潜育草甸土	沟谷潜育草甸土	中层沟谷潜育草甸土	1	0–16		重黏土								近代淤积物	E 131°23′37.0″ N 45°10′46.2″	95
						2	25–35		重黏土										
						3	55–65		重黏土										
						4	79–89		重壤土										
剖10	人为土	水稻土	草甸土型水稻土			A	0–19	棕灰色	重黏土	团块状							现代河流淤积物	E 131°10′58.8″ N 45°15′43.6″	95
						P	19–72	深灰色	重黏土	小核状									
						W	72–100	黄棕色	中黏土	粒状									
剖11	人为土	水稻土	河淤土型水稻土	砂砾底草甸河淤土型水稻土	壤质砂砾底草甸河淤土型水稻土	Ap	0–18	浅灰色	轻黏土	团块状							现代河流淤积物	E 131°27′13.7″ N 45°19′39.7″	95
						AC	18–35	浅棕色	轻黏土	团块状									
						C	35–65	黄棕色	重壤土	无明显结构									
剖12	淋溶土	白浆土	草甸白浆土	平地草甸白浆土		A₁	0–11	灰色	轻黏土	团块状							冲积物、洪积物	E 131°19′08.0″ N 45°21′13.7″	95
						Aw	11–41	灰白色	中黏土	片状									
						B₁	41–75	暗灰色	中黏土	小核状									
						B₂	75–100	棕色	中黏土	核状									
						BC	100–125	棕色		核状									

续表 Continued

剖面号 Soil profile	土纲 Soil order	土类 Soil great group	亚类 Soil subgroup	土属 Soil genus	土种 Soil species	土层码 Layer code	土层厚度 Depth/cm	颜色 Soil color	质地 Soil texture	土壤结构 Soil structure	pH	有机质 OM/(g/kg)	全氮 TN/(g/kg)	全磷 TP/(g/kg)	全钾 TK/(g/kg)	阳离子交换量 CEC/(cmol/kg)	土壤母质 Parent material	剖面点坐标 Profile coordinate	匹配指数 Matching index/%
剖面13	人为土	水稻土	沼泽土型水稻土	草甸沼泽土型水稻土		Ap	0—20	灰色	中黏土	团块状							冲积物、洪积物	E 131°11′15.7″ N 45°14′46.0″	75
						A$_1$	20—30	灰色	中壤土	粒状									
						AB	30—60	暗灰色	中壤土	粒状									
						B	60—102	黄棕色	中壤土	粒状									
剖面14	淋溶土	白浆土	白浆土	岗地白浆土		Ap	0—19	浅灰色	轻黏土	团块状	6.6	26.7	1.18	0.99	23.8			E 131°26′55.3″ N 45°20′53.2″	95
						Aw	19—35	灰白色	轻黏土	片状	6.0	14.2	0.75	0.65	26.0	18.6			
						B$_1$	35—58	棕色	重黏土	不明显核状	6.1	12.5				18.7			
						B$_2$	58—110	浅棕色		核状									
						BC	110—135	棕色		核状									
剖面15	人为土	水稻土	白浆土型水稻土			A	0—21	浅灰白色	轻黏土	团块状							残积物、坡积物	E 131°09′02.2″ N 45°21′01.8″	95
						P	21—30	灰白色	轻黏土	片状									
						B$_1$	30—71	棕灰色	轻黏土	小核状									
						B$_2$	71—95	浅棕色	轻壤土	核状									
剖面16	淋溶土	暗棕壤	暗棕壤	砂砾质暗棕壤		Ap	0—20	灰色	砂壤土	不明显团块状							现代河流淤积物	E 131°29′36.6″ N 45°16′25.0″	95
						AC	20—95	棕褐色	轻壤土	无明显结构									
剖面17	初育土	新积土	冲积土	砂砾底草甸河淤土	壤质砂砾底草甸河淤土	Ap	0—21	灰色	轻壤土	团块状							近代淤积物	E 131°15′36.4″ N 45°12′46.8″	95
						B	21—43	棕褐色	轻壤土	核状									
						BC	43—105	浅棕色	中壤土	粒状									
						C	105—125	浅棕色	中壤土	粒状									
剖面18	半水成土	草甸土	草甸土			1	0—36		轻壤土								近代淤积物	E 131°20′41.6″ N 45°12′18.7″	96
						2	45—55	灰色	中壤土	团块状									
						3	85—95	暗棕色	轻壤土	无明显结构									
剖面19	淋溶土	暗棕壤	草甸暗棕壤	砂质草甸暗棕壤		Ap	0—25	灰色	中壤土	团块状							冲积物、洪积物	E 131°23′18.6″ N 45°14′27.6″	95
						B	25—46	暗棕色	中壤土	无明显结构									
						BC	46—80	黄棕色	中壤土	无明显结构									
						C	80—100		轻壤土										
剖面20	半水成土	草甸土	草甸土			Ap	0—20	浅灰色	中壤土	团块状			2.36	2.61	18.4		近代淤积物	E 131°07′03.4″ N 45°15′51.5″	95
						A$_1$	20—42	灰色	轻黏土	粒状			2.32	2.80	18.3				
						AB	42—55	深灰色	团粒结构										
						Bg	55—145	浅棕色	粒状										
							145—160												
剖面21	水成土	沼泽土	草甸沼泽土			1	0—27	浅黄色	轻黏土	无明显结构							第四纪河湖相沉积物	E 131°22′09.1″ N 45°01′45.8″	95
						2	36—46		轻黏土	粒状									
						3	62—72		中黏土										

虎 林 市

主要土类说明

白浆土是虎林市主要土壤类型，占本市地域面积的 40%，主要分布在平原、低平原及低山丘陵与沼泽草甸过渡地带的山前漫岗，分布面积较大的有迎春、伟光、新乐、阿北等地。其主要特征是在腐殖质层下面有一个灰白色片状结构或无结构的土层。白浆化过程是白浆土的主要成土过程，即在特定的母质上，铁、锰的还原淋溶和黏粒的机械淋溶淀积相结合的过程。在本市广阔的平原、低平原及山前漫岗上覆盖着第四纪河湖相沉积物，其质地黏重，透水性极差，土壤表层经常周期性滞水，在有机质参与的还原条件下，亚表层土壤中以胶膜状态包被于土粒表面的铁、锰被还原，形成低价铁、锰，并沿缓坡随侧向水流或垂直水流不断淋失，使土层逐渐脱色。由于胶膜的淋失，土粒或结构体分散于水中，呈悬浮状，黏粒随水下移，在下层淀积。最后导致亚表层中黏粒减少，粉砂的比例增加，土色变白，并由于干湿交替而呈片状结构。土壤下层因黏粒的移入而黏化，形成有棕褐色胶膜包被的淀积层。

暗棕壤是虎林市第二大土壤类型，占本市地域面积的 25%，主要分布在本市西北部低山丘陵和中部丘陵漫岗区。暗棕壤化过程是在排水较好、坡度较大的山地丘陵的森林植被下进行的一种成土过程。在本市气候条件的影响下，土壤产生有机质富集与黏化淋溶两种过程。由于地形和母质等条件限制，水分不能在土壤中长期停留，铁、锰在还原条件下由高价变成低价而溶于水，伴随黏粒下渗，到下层开始氧化，形成棕红色的胶膜并沉积于土粒表面。土壤表面积累较多的腐殖质，含量一般在 100g/kg 左右，腐殖质组成中胡敏酸含量高，盐基饱和度较高，土壤呈弱酸性。其剖面主要特征是在腐殖质含量较高的黑土层下面有一个棕色土层。

沼泽土是虎林市第三大土壤类型，占本市地域面积的 21%，主要分布在乌苏里江、穆棱河、七虎林河、阿布沁河下游低平原中的牛轭湖、碟形洼地、线形洼地。由于成土母质黏重，透水性差，地势低平，排水不畅，地表经常滞水，秋末冬初地表冻结，大量水分被冻结在地表和土壤中，春季冻融后，为沼泽土的形成提供了主要水分条件。沼泽土的形成过程主要表现为泥炭化和潜育化两个过程。

新积土占本市地域面积的 5%，又称泛滥地土壤或冲积土。新积土是发育于河流泛滥地淤积物的非地带性幼年土壤，主要分布在穆棱河、乌苏里江沿岸的杨岗、宝东、虎头等地。成土母质为近代淤积物，含砂量高，质地轻，经常受河流泛滥的影响。

草甸土占本市地域面积的 5%。因所处地带地下水位较高，潜水参与土壤形成过程，受地下水升降与浸润作用，成土过程具有明显腐殖质积累和铁锰氧化还原作用特点，土体出现锈色斑纹层。

小于本市地域面积 3% 的土壤类型有泥炭土、水稻土。

本区域中心区气候特征

本区域中心区气候特征值
Regional climate characteristics in central area of the region

气候带：中温带亚干旱气候 Climate region: Mid temperate subarid climate	
年平均气温 /℃ Annual average temperature /℃	3.4
年平均最高气温 /℃ Annual average maximum temperature /℃	9.0
年平均最低气温 /℃ Annual average minimum temperature /℃	-1.7
年降水量 /mm Annual precipitation /mm	528
≥10℃的积温 /℃ Daily temperature accumulated in a year（≥10℃）/℃	1276
年日照时数 /h Annual sunshine /h	2447
年平均相对湿度 /% Annual average relative humidity /%	66
干燥度 Dryness	0.40

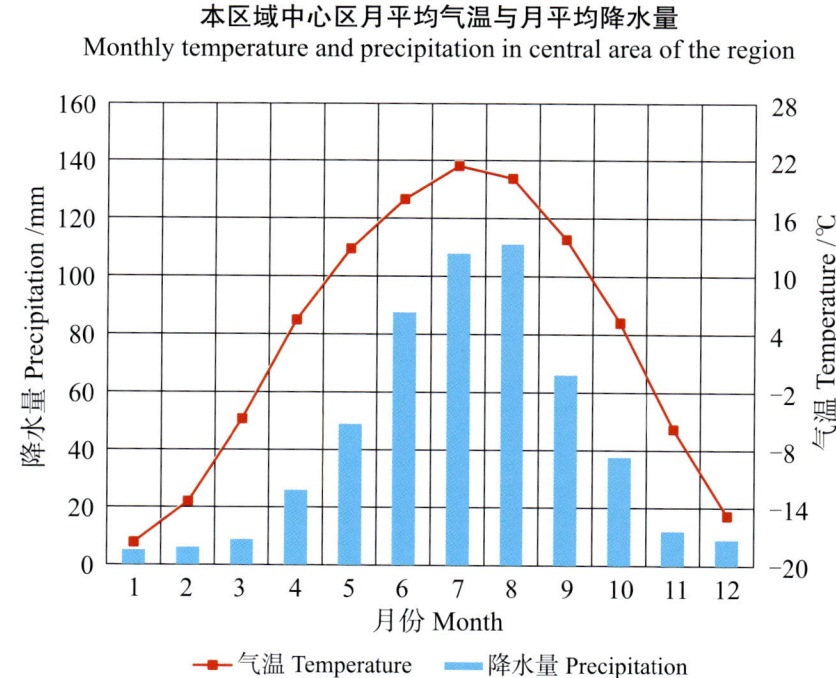

本区域中心区月平均气温与月平均降水量
Monthly temperature and precipitation in central area of the region

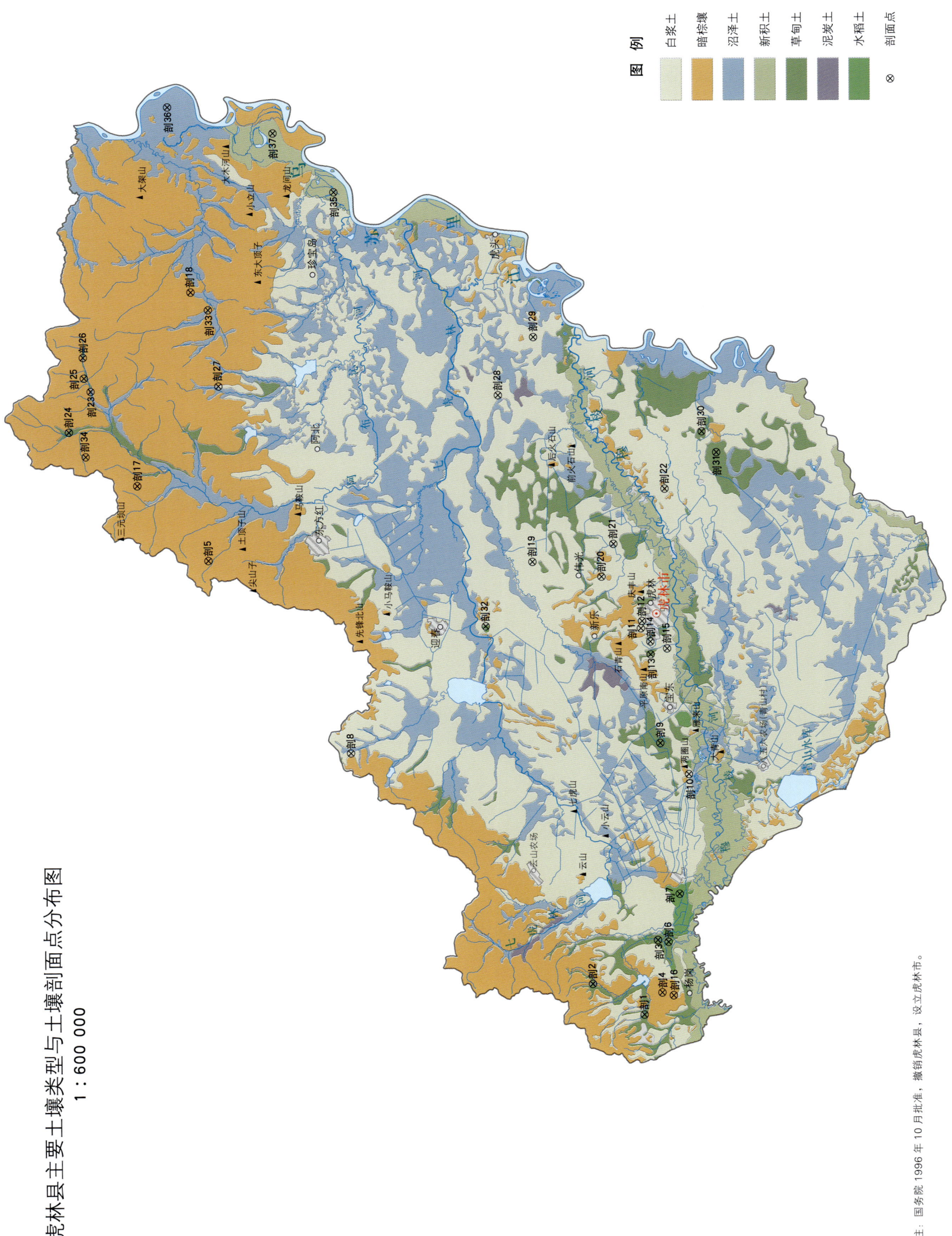

虎林市土壤剖面理化性状表

剖面号 Soil profile	土纲 Soil order	土类 Soil great group	亚类 Soil subgroup	土属 Soil genus	土种 Soil species	土层码 Layer code	土层厚度 Depth/cm	颜色 Soil color	质地 Soil texture	土壤结构 Soil structure	pH	有机质 OM/(g/kg)	全氮 TN/(g/kg)	全磷 TP/(g/kg)	全钾 TK/(g/kg)	阳离子交换量 CEC/(cmol/kg)	土壤母质 Parent material	剖面点坐标 Profile coordinate	匹配指数 Matching index/%
剖1	半水成土	草甸土	白浆化草甸土			Ap	0—20	暗灰色		粒状、块状							第四纪黏土沉积物	E 132°14′03.8″ N 45°46′09.8″	95
						A₁	20—36	暗灰色		粒状									
						A,Aw	36—53	灰棕色		无结构									
						B	53—105	黑灰色	轻黏土	小粒状									
						BC	105—	浅灰色	中黏土	粒状									
剖2	半水成土	草甸土	白浆化草甸土			Ap	0—27		中黏土								第四纪黏土沉积物	E 132°17′14.3″ N 45°50′13.2″	95
						A,Aw	45—55		中黏土										
						B	75—85												
						BC	125—135												
剖3	半水成土	草甸土	白浆化潜育草甸土			Ap	0—18	暗灰色	轻黏土	粒状、块状							第四纪黏土沉积物	E 132°22′12.0″ N 45°45′16.9″	93
						A,Aw	18—29	浅灰棕色	中黏土	无结构									
						AB	29—44	黑灰色	中黏土	粒状									
						B₂	44—90	蓝灰色	重黏土	小粒状									
						BCg	90—150	蓝灰色	中黏土	小粒状									
剖4	淋溶土	暗棕壤	暗棕壤	石质暗棕壤		A₁	0—9		重壤土		6.3	52.9	2.22	1.72	23.0	21.6	岩石风化残积物	E 132°16′30.7″ N 45°44′50.3″	95
						B	10—20		轻壤土		6.2	27.9	1.31	1.62	24.6	19.5			
						BD	22—30				6.0	13.4							
剖5	淋溶土	暗棕壤	白浆化暗棕壤	白浆化暗棕壤		A₁	0—17		中壤土								沉积物	E 133°03′05.4″ N 46°20′41.3″	95
						Aw	20—30		重壤土										
						B	35—45		重壤土										
						BC	65—75		轻壤土										
剖6	人为土	水稻土	草甸土型水稻土			A	0—26	暗黑色	中壤土	块状								E 132°22′01.2″ N 45°44′27.2″	95
						P	26—65	深黑色	重黏土	粒状、块状									
						B₁	65—95	深黑色	重黏土	小核状									
						B₂	95—	灰黑色	重黏土	核状									
剖7	人为土	水稻土	河淤土型水稻土			A	0—11	浅灰黑色	重黏土	块状	5.7	74.1	3.47	1.48	20.0	25.3	现代河流淤积物	E 132°27′17.3″ N 45°43′41.9″	95
						P	11—19	棕灰色	重黏土	块状	6.0	38.8	2.00	0.71	22.2	23.6			
						B₁	19—56	浅灰色	轻黏土	块状、小核状	6.2	11.2							
						B₂	56—75	棕灰色	中壤土	核状	6.3	9.0							
						BC	75—		重黏土	无结构	6.3	5.8							
剖8	白浆土	白浆土	草甸白浆土	草甸白浆土		Ap	0—15		轻黏土		6.3	283.8	12.59	>4.00	14.5	>50.0	第四纪河湖相沉积物	E 132°41′59.6″ N 46°09′21.2″	95
						Aw	20—30		中黏土		6.5	40.6	11.79	0.80	24.9	31.0			
						B₁	50—60		重黏土		6.6	22.4							
						B₂	85—95				6.6	9.7							
						BC	130—140				6.5	5.8							
剖9	半水成土	草甸土	白浆化潜育草甸土			A₁,Aw	0—17		轻黏土		6.3							E 132°43′57.4″ N 45°45′27.7″	95
						AB	17—27		中黏土		6.6								
						B₁	30—40		重黏土		6.6								
						B₂	75—85		中黏土		6.6								
							117—127				6.5								
						BC	127—137				6.6	3.9							

续表 Continued

剖面号 Soil profile	土纲 Soil order	土类 Soil great group	亚类 Soil subgroup	土属 Soil genus	土种 Soil species	土层码 Layer code	土层厚度 Depth/cm	颜色 Soil color	质地 Soil texture	土壤结构 Soil structure	pH	有机质 OM/(g/kg)	全氮 TN/(g/kg)	全磷 TP/(g/kg)	全钾 TK/(g/kg)	阳离子交换量CEC/(cmol/kg)	土壤母质 Parent material	剖面点坐标 Profile coordinate	匹配指数 Matching index/%
剖10	淋溶土	白浆土	白浆土			Ap	0—22		轻黏土								第四纪河湖相沉积物	E 132°40′34.0″ N 45°43′11.6″	95
						Aw	25—35		重壤土										
						B₁	55—65		重黏土										
						B₂	105—115		中黏土										
						BC	130—140		中黏土										
剖11	淋溶土	白浆土	草甸白浆土	砂底草甸白浆土	潮白浆土	A	0—16	棕灰色	粉砂质壤黏土	粒状	6.3	45.7	2.55	0.80	15.9	18.5	冲积砂、沉积砂	E 132°56′35.2″ N 45°47′08.5″	81
						Aw	16—35	浅黄色	粉砂质黏壤土	片状	6.3	9.0	0.88	0.45	17.7	17.0			
						B₁	35—80	浅棕灰色	粉砂质黏土	核块状	6.4	8.4	0.43	0.46	16.7	27.5			
						B₂	80—115	暗黄棕色	黏壤土	核状	6.4	4.4				22.5			
						BC	115—160				6.6	11.4							
剖12	淋溶土	白浆土	潜育白浆土	底黑潜育白浆土		Ap	0—25				5.9	44.3	2.07	1.78	24.8	30.1	第四纪河湖相沉积物	E 132°57′23.8″ N 45°47′03.5″	95
						Aw	25—35				6.3	17.3	1.10	1.06	28.5	24.7			
						AwB	50—60				6.4	16.9							
						B	80—90				6.4	10.7							
						BC	140—150				6.6	11.4							
剖13	半水成土	草甸土	白浆化草甸土			A,Aw	0—15	灰黑色		粒状、团块状		93.5	4.80	2.68	18.1	>50.0		E 132°53′43.1″ N 45°46′20.6″	95
						B	20—30	浅黄色		片状、核状	6.0	24.8	1.16	1.82	28.0	30.3			
						BC	40—50	褐色		核状									
						C	80—90	棕褐色		核状									
							130—140												
剖14	淋溶土	白浆土	白浆土			Ap	0—17	浅灰色	轻黏土	块状	6.5	55.3	2.55	1.98	>40.0	22.0	第四纪河湖相沉积物	E 132°55′08.4″ N 45°46′22.8″	95
						Aw	17—36	浅黄色	中黏土	片状	6.3	10.7	0.56	1.51	>40.0	14.0			
						B₁	36—47	棕灰色	中黏土	小核状	6.4	1.4							
						B₂	47—95		中黏土	核状	6.2	2.5							
						BC	95—100			无结构									
剖15	淋溶土	暗棕壤	草甸暗棕壤	砂石质暗棕壤		Ap	0—14	暗棕色		粒状、小块状	6.2	87.6	4.06	1.83	22.0	32.6	岩石残化上覆盖第四纪沉积物	E 132°54′24.5″ N 45°45′05.0″	75
						Aw	14—35	棕色		粒状	6.2	17.3	0.71	1.10	29.0	12.9			
						B₁	35—105	黄棕色		核状	6.1	13.1							
						B₂	105—140	棕灰色		核状									
						BC	140—												
剖16	淋溶土	暗棕壤	暗棕壤	砂石质暗棕壤		Ah	0—8	棕灰色	粉砂质黏土	粒状	5.4	42.6	2.56	2.06	14.8	48.0	岩石残化残积物	E 133°11′14.6″ N 46°26′17.5″	95
						AB	8—69	浅棕色	粉砂质黏土	团块状	5.8	19.9	1.47	2.52	18.5	34.4			
						BD	69—97	黄棕色	粉砂质黏土	块状	6.2	10.8				25.5			
						D	97—		壤质黏土		5.1								
剖17	淋溶土	暗棕壤	暗棕壤	锈暗山泥土	粉锈暗山泥土	A₁	0—14	棕灰色			5.4	45.7	2.55	1.82	19.3	18.5	安山岩风化坡积物	E 133°32′55.3″ N 46°22′23.5″	95
						AB	25—35	泛棕色			5.3	9.0	0.88	1.02	21.4	17.0			
						Bu	44—70	泛棕色			5.3	8.4							
						Cu	70—90	橙色			6.1	4.4							
剖19	淋溶土	白浆土	草甸白浆土	砂底草甸白浆土		Ap	0—16										第四纪沉积物	E 133°03′42.1″ N 45°55′37.9″	95
						Aw	20—30												
						B	50—60												
						C	100—110												

续表 Continued

剖面号 Soil profile	土纲 Soil order	土类 Soil great group	亚类 Soil subgroup	土属 Soil genus	土种 Soil species	土层码 Layer code	土层厚度 Depth/cm	颜色 Soil color	质地 Soil texture	土壤结构 Soil structure	pH	有机质 OM/(g/kg)	全氮 TN/(g/kg)	全磷 TP/(g/kg)	全钾 TK/(g/kg)	阳离子交换量CEC/(cmol/kg)	土壤母质 Parent material	剖面点坐标 Profile coordinate	匹配指数 Matching index/%
剖20	淋溶土	白浆土	草甸白浆土	砂底草甸白浆土	迎春潮白浆土	A	0—24	黑棕色	壤质黏土	粒状		39.4	1.75	0.98	19.1	20.2	冲积砂、沉积砂	E 133°02′12.5″ N 45°50′16.4″	95
						Aw	24—46	灰黄色	黏壤土	片状		7.0	0.53	0.38	20.4				
						B₁	46—57	灰黄棕色	砂质黏壤土	小核状		5.8							
						B₂	57—87	黄棕色	砂壤土			5.7							
						C	87—115												
剖21	淋溶土	白浆土	潜育白浆土	黏质黑底潜育白浆土	东风湿白浆土	A	0—23	棕黑色	粉砂质黏土	粒状		44.3	2.07	0.78	20.6	40.0	洪冲积黏土、沉积黏土	E 133°05′51.7″ N 45°49′23.5″	81
						Aw	23—40	浅棕灰色	粉砂质黏土	片状		17.3	1.10	0.47	23.7	35.0			
						AB	40—74	棕黑色	黏土	粒状		16.9							
						Bg	74—110	灰黄色	黏土			10.7							
						BCg	110—160	棕黄色											
剖22	淋溶土	暗棕壤	白浆化暗棕壤	砂质白浆化暗棕壤		Ao	0—5										岩石风化物上覆盖第四纪沉积物	E 133°12′01.1″ N 45°45′30.2″	95
						A₁, Aw	5—11	暗灰色	中壤土	粒状									
						BC	11—21	浅黄色	轻壤土	不明显片状									
						C	21—100	棕色	砂壤土	无结构									
							100—	棕灰色	砂土										
剖23	水成土	沼泽土	泥炭沼泽土	漂筏沼泽土		As₁	0—10	棕褐色			5.6						第四纪黏土沉积物	E 133°21′38.2″ N 46°30′00.7″	75
						As₂	10—35	褐色			5.6								
						At₁	35—60	深褐色	轻黏土	无结构	5.7	510.7	11.95	>4.00	13.7	>50.0			
						At₂	60—80	黑灰色	重黏土	无结构		62.0	1.96	1.85	28.5	32.2			
						Bg	80—100	蓝灰色				7.8							
						G	100—												
剖24	半水成土	草甸土				Ap	0—30		中黏土								第四纪黏土沉积物	E 133°17′02.0″ N 46°31′38.6″	75
						AB	35—45		中黏土										
						B₁	65—75		中黏土										
						B₂	75—85		中黏土										
						BC	100—110		重黏土										
						C	120—160												
剖25	淋溶土	暗棕壤	暗棕壤	石质暗棕壤		Aoo	0—1										岩石风化残积物或坡积物	E 133°23′07.4″ N 46°30′33.5″	95
						A₁	1—3	棕褐色	重黏土	团粒状	6.6	112.8	4.58	1.46	19.6	35.5			
						B	3—11	棕灰色	轻壤土	粒状、团块状	6.1	14.9	1.07	0.50	23.6	15.6			
						BD	11—52	棕黄色	中黏土		6.7	10.3							
							52—	深棕黄色											
剖26	半水成土	草甸土	潜育草甸土	草甸土		Ap	0—37		中黏土								第四纪黏土沉积物	E 133°25′25.7″ N 46°30′39.6″	75
						AB	40—50		重黏土										
						B₁	50—60		中黏土										
						B₂	85—95		中黏土										
						BC	120—130		重黏土										
剖27	淋溶土	白浆土	潜育白浆土	底黑潜育白浆土		Ap	0—18	暗灰色	轻黏土	粒状	6.5	64.0	2.26	2.00	19.3	35.5	第四纪河湖相沉积物	E 133°22′28.2″ N 46°20′09.2″	75
						Aw	18—34	灰色	中黏土	片状	6.6	23.6	1.08	0.81	24.8	28.5			
						AwB	34—65	深灰色	重黏土	小粒状	6.8	18.6							
						Bg	65—84	深棕黄色	中黏土	小粒状									
						BCg	84—	蓝灰色	轻壤土	核状	6.9	9.5							
剖28	淋溶土	白浆土	潜育白浆土	黏质黑底潜育白浆土	伟光湿白浆土	Ap	0—19	黑灰色	黏土	粒状、团块状		80.6	4.42	1.16	14.7	44.0	冲洪积黏土、沉积黏土	E 133°22′00.1″ N 45°58′30.4″	95
						Aw	19—35	浅灰色	黏土	片状		22.2	0.94	0.49	17.5	42.0			
						AB	35—55	棕黑色	黏土	小核状		11.4							
						Bg	55—140	黑棕色	粉砂质黏土			9.1							

续表 Continued

剖面号 Soil profile	土纲 Soil order	土类 Soil great group	亚类 Soil subgroup	土属 Soil genus	土种 Soil species	土层码 Layer code	土层厚度 Depth/cm	颜色 Soil color	质地 Soil texture	土壤结构 Soil structure	pH	有机质 OM/(g/kg)	全氮 TN/(g/kg)	全磷 TP/(g/kg)	全钾 TK/(g/kg)	阳离子交换量CEC/(cmol/kg)	土壤母质 Parent material	剖面点坐标 Profile coordinate	匹配指数 Matching index/%
剖29	淋溶土	白浆土	草甸白浆土	砂底草甸白浆土		Ap	0—24	灰色	重壤土	粒状	5.7	39.4	1.75	2.23	23.0	20.2	第四纪沉积物	E 133°28′31.8″ N 45°55′50.9″	95
						Aw	24—46	浅黄色	重壤土	片状	5.5	7.1	0.53	0.86	24.6	13.5			
						AwB	46—57	浅黄色	中壤土	核状、片状	5.7	5.9							
						B	57—87	黄棕色	砂壤土	无结构	5.8	5.7							
						C	87—	黄色			5.7	3.2							
剖30	半水成土	草甸土	草甸土	砂底草甸土		A,Ap	0—26	暗灰色	轻黏土	粒状、块状								E 133°18′23.8″ N 45°42′42.8″	95
						AB	26—38	暗灰色	轻黏土	粒状									
						B	38—80	浅灰色	轻黏土	核状									
						BC	80—117	浅褐色	重壤土	无结构									
						C	117—	棕黄色											
剖31	半水成土	草甸土	潜育草甸土			Ap	0—23	暗灰色		粒状、块状							第四纪黏土沉积物	E 133°16′07.3″ N 45°41′33.4″	95
						AB	23—28	棕深色	黏土	粒状									
						B	28—65	灰色	黏土	核状									
						Bg	65—115	蓝灰色	黏土	粒状									
						BCg	115—	棕灰色											
剖32	人为土	水稻土	草甸土型水稻土			Ap	0—25		轻黏土		5.7	130.8	5.10	3.11	19.3	>50.0	沉积物	E 132°56′26.5″ N 45°59′07.8″	75
						P	30—40		中黏土		5.9	34.3	1.35	1.76	22.9	35.4			
						B	70—80		重黏土		6.1	21.3							
						Bg	100—110		重黏土		6.2	16.8							
剖33	暗棕壤	暗棕壤	草甸暗棕壤			Ap	0—19	灰黄色	轻黏土	粒状、小块状	5.5	112.6	6.56	3.06	14.8	48.0		E 133°30′58.3″ N 46°21′02.5″	82
						AB	19—44	棕黄色	中黏土	小团块状	5.8	19.9	1.47	2.52	18.5	34.4			
						B	44—70	棕黄色	轻黏土	核状	6.2	10.8				39.7			
						BC	70—150	棕黄色	砂壤土	粒状	5.1	14.8				25.5			
剖34	淋溶土	暗棕壤	白浆化暗棕壤	砂质白浆化暗棕壤		A₁	0—16		轻黏土		6.2	46.7	2.00	1.40	30.1	20.6	岩石风化残积物或坡积物	E 133°14′21.1″ N 46°30′18.7″	95
						A,Aw	30—40		重壤土		5.7	11.4	0.60	0.64	29.3	21.4			
						B	70—80		重壤土		5.7	6.7							
						BC	100—110		紧砂土		5.7	3.1							
剖35	新积土	新积土	冲积土	沼泽河淤土		Ap	0—11										现代河流淤积物	E 133°44′12.1″ N 46°11′25.1″	75
						Ag	20—30												
						Bg	60—70												
						G₁	100—110												
						G₂	120—130												
剖36	水成土	沼泽土	泥炭沼泽土	洼炭土	漂筏洼炭土	He	0—80	灰黄棕色	砂质黏土	糊状	5.6	510.7	11.95	1.89	11.4	>50.0	冲积物	E 133°53′28.3″ N 46°24′21.6″	95
						G	80—130	蓝灰色	中粘土	粒状	5.6	62.0	1.96	0.81	23.7	32.2			
剖37	初育土	新积土	冲积土	沼泽河淤土		Ap	0—10	棕色	重壤土	无结构							现代河流淤积物	E 133°50′41.3″ N 46°16′10.9″	75
						As	10—47	蓝灰色	重壤土	无结构									
						Bg	47—118	蓝灰色	砂黏相间										
						G	118—	浅棕色											

密 山 市

主要土类说明

白浆土是密山市主要土壤类型，占本市地域面积的29%。白浆土在本市分布很广，除了风化残积的山地和长期积水的沼泽地外，其他地区均有分布。根据本市地形，白浆土大致可分为岗地白浆土、平地白浆土、低地白浆土。这三种白浆土在分布上是逐渐过渡的，没有明显的界线，呈连片分布。白浆土是本市的主要耕地土壤，分布面积较大的有杨木、白鱼湾、富源、二人班、裴德等地。本市白浆土分为白浆土、草甸白浆土、潜育白浆土等亚类。

暗棕壤是密山市第二大土壤类型，占本市地域面积的24%。其中，耕地占本土类面积的6%，约占全市总耕地面积的7%。暗棕壤在本市主要分布在低山丘陵区，集中分布在富源、太平、知一、裴德、黑台等地。从本市最高部位的岩石裸露处向下，暗棕壤土层逐渐加厚，质地变细，其成土过程在棕壤化过程的基础上逐步增加草甸化过程，土壤由石质暗棕壤过渡为草甸暗棕壤，再进一步过渡为白浆土。除此之外，在平原地区局部突起的老的砂质冲积物上生长着次生阔叶林，也零星分布着砂质草甸暗棕壤，现已被开垦为农田，有极个别被开垦为水田。

沼泽土是密山市第三大土壤类型，占本市地域面积的16%。其中，耕地占本土类面积的28%，占全市总耕地面积的5%。沼泽土大多分布在平原地区，如和平、白鱼湾、兴凯湖等地。本市沼泽土分为草甸沼泽土、泥炭腐殖质沼泽土、泥炭沼泽土等亚类。

草甸土占本市地域面积的11%，俗称黑土、黑油沙、黑朽土。其中，耕地占本土类面积的52%。本市除密山、连珠山外，其他地区均有面积不等的草甸土分布。本市草甸土分为草甸土、潜育草甸土、白浆化草甸土等亚类。其共性是均分布在平坦的地形部位，所处地区水分充足，草甸植被生长繁茂，有机质在剖面中大量积累。由于水分的干湿交替，土壤潴育化作用明显，剖面中可见铁子、锈斑及灰蓝色潜育斑。

水稻土占本市地域面积的3%，主要分布在穆棱河、裴德河流域的黑台、和平、兴凯等地。由于本市水稻土开发较晚，种植水稻历史较短，加上淹水时间短，撤水期和冻结期长，因而水稻土发育程度不高，剖面分化不甚明显，仍保留着前身土壤的某些形态特征。本市水稻土分为白浆土型、草甸土型、河淤土型、沼泽土型等亚类。

小于本市地域面积3%的土壤类型有新积土、泥炭土、风沙土。

本区域中心区气候特征

本区域中心区气候特征值
Regional climate characteristics in central area of the region

气候带：中温带亚干旱气候 Climate region: Mid temperate subarid climate	
年平均气温 /℃ Annual average temperature /℃	3.6
年平均最高气温 /℃ Annual average maximum temperature /℃	9.3
年平均最低气温 /℃ Annual average minimum temperature /℃	-1.7
年降水量 /mm Annual precipitation /mm	536
≥10℃的积温 /℃ Daily temperature accumulated in a year (≥10℃) /℃	1327
年日照时数 /h Annual sunshine /h	2484
年平均相对湿度 /% Annual average relative humidity /%	65
干燥度 Dryness	0.42

本区域中心区月平均气温与月平均降水量
Monthly temperature and precipitation in central area of the region

密山市土壤剖面理化性状表

剖面号 Soil profile	土纲 Soil order	土类 Soil great group	亚类 Soil subgroup	土属 Soil genus	土种 Soil species	土层码 Layer code	土层厚度 Depth/cm	颜色 Soil color	质地 Soil texture	土壤结构 Soil structure	pH	有机质 OM/(g/kg)	全氮 TN/(g/kg)	全磷 TP/(g/kg)	全钾 TK/(g/kg)	有效磷 AP/(mg/kg)	阳离子交换量CEC/(cmol/kg)	土壤母质 Parent material	剖面点坐标 Profile coordinate	匹配指数 Matching index/%
剖1	淋溶土	暗棕壤	暗棕壤	石质暗棕壤		A	0—10		中壤土	粒状、团块状	6.8	34.4	2.07	3.35	27.1		21.6	老河流沉淀积物	E 131°39′51.8″ N 45°23′57.8″	75
						BC	10—20	灰色	轻壤土	不明显片状	6.8	16.8	0.97	3.40	30.2		20.0			
剖2	淋溶土	白浆土	草甸白浆土			Ap	0—18	浅灰色	中黏土									第四纪古内海沉积物和冲积物	E 131°25′28.6″ N 45°41′27.6″	95
						Aw	18—34	棕褐色	中黏土	小核状										
						B₁	34—73	棕褐色	中黏土	小核状										
						B₂	73—150													
剖3	水成土	泥炭土	泥炭土			1	25—100					700.0	22.20	3.00		<1.0		第四纪古内海沉积物和冲积物	E 131°18′31.3″ N 45°32′39.8″	75
						2	100—130					370.0	11.80	1.70		1.9				
剖4	水成土	泥炭土	泥炭土			1	25—100					700.0	23.90	2.50		<1.0		第四纪古内海沉积物和冲积物	E 131°29′06.0″ N 45°31′14.9″	75
						2	100—130					130.0	6.60	1.60		1.2				
剖5	半水成土	草甸土	白浆化潜育草甸土			A,Aw	0—18	暗灰色	中壤土	粒状、团块状								第四纪古内海沉积物和冲积物	E 131°33′38.2″ N 45°51′49.3″	75
						A,B	18—36	浅灰色	中黏土	不明显粒状										
						BC	36—70	黑灰色	中黏土	粒状										
						C	70—100	棕灰色	中黏土	不明显小粒状										
							100—160	浅灰棕色												
剖6	半水成土	草甸土	潜育草甸土			Ap	0—20		轻壤土									第四纪古内海沉积物和冲积物	E 131°39′34.2″ N 45°51′59.4″	75
						A₁	40—50		中黏土											
						AB	65—75		中黏土											
						BC	90—100		中黏土											
						C	135—145		中黏土											
剖7	淋溶土	暗棕壤	暗棕壤	石质暗棕壤		A	0—7		中壤土		6.8	72.5	3.00	1.31	39.2	4.3	24.4	岩石风化残积物	E 131°33′23.0″ N 45°40′45.8″	95
						BC	15—25		中壤土		5.6	17.4	0.94	0.66	>40.0	3.2	11.5			
剖8	水成土	泥炭土	泥炭土			1	0—5					570.0	17.50	2.80		<1.0		第四纪古内海沉积物和冲积物	E 131°44′51.0″ N 45°43′06.6″	75
						2	25—70					750.0	22.90	2.80						
						3	70—80					130.0	6.30	1.60						
剖9	水成土	泥炭土	泥炭土			1	30—70					850.0	23.60	1.90		<1.0		第四纪古内海沉积物和冲积物	E 131°30′00.0″ N 45°32′00.2″	75
						2	70—85					210.0		1.10		4.3				
剖10	人为土	水稻土	潜育水稻土	沼泽土型水稻土	洼甸田	Ap	0—18	暗棕色	砂质黏壤土	无结构		59.3	3.55	0.58	24.2		19.0	第四纪古内海沉积物和冲积物	E 131°38′45.6″ N 45°30′39.2″	75
						Ag	18—30	灰色	砂质黏壤土	无结构		78.2	3.57	0.65	24.6		19.0			
						G	30—70	青灰色	粉砂质黏壤土	无结构		10.6								
剖11	人为土	水稻土	草甸土型水稻土			A	0—17	深灰色	轻黏土	无结构								第四纪古内海沉积物和冲积物	E 131°38′00.6″ N 45°25′06.2″	95
						Ap	17—33	深灰色	轻黏土	块状										
						B	33—55	黑蓝色	轻壤土	粒状										
						W₁	55—90	灰蓝色												
						W₂	90—120	锈褐色												
剖12	淋溶土	白浆土	草甸白浆土	黏质草甸白浆土	密山潮白浆土	Ap	0—26	黑棕色	砂质黏土	团块状		43.8	2.29	0.45	23.3		27.1	洪积黏土，沉积黏土	E 131°30′47.5″ N 45°23′40.2″	81
						Aw	26—48	浅黄色	砂质黏土	片状		17.1	0.74	0.28	21.7		21.3			
						B₁	48—110	棕色	砂质黏土	核状		18.2								
						B₂	110—120	棕色	砂质黏土	核状		9.7								
剖13	人为土	水稻土	潜育水稻土	洼甸田土	密山洼甸田	Aa	0—18	油黄棕色	砂质黏壤土	粒状	6.1	78.2	3.57	0.58	24.2			洪积物	E 131°44′01.0″ N 45°18′57.6″	95
						Ag	18—30	棕灰色	砂质黏壤土	块状	6.3	59.3	3.55	0.65	24.6					
						G	30—70	暗蓝灰色	砂质黏壤土	块状	5.8	10.6								

续表 Continued

剖面号 Soil profile	土纲 Soil order	土类 Soil great group	亚类 Soil subgroup	土属 Soil genus	土种 Soil species	土层代号 Layer code	土层厚度 Depth/cm	颜色 Soil color	质地 Soil texture	土壤结构 Soil structure	pH	有机质 OM/(g/kg)	全氮 TN/(g/kg)	全磷 TP/(g/kg)	全钾 TK/(g/kg)	有效磷 AP/(mg/kg)	阳离子交换量 CEC/(cmol/kg)	土壤母质 Parent material	剖面点坐标 Profile coordinate	匹配指数 Matching index/%
剖14	淋溶土	白浆土	白浆土	白浆土	浅位白浆土	A	0–10	灰黄棕色	粉砂质黏土	粒状	6.4	26.2	1.40	0.37	25.2		19.2	黄土状沉积物	E 131°54′18.0″ N 45°48′31.0″	95
						E	10–26	浅灰色	粉砂质黏土	片状	6.2	7.9	0.66	0.25	25.3		21.5			
						B	26–92	黄棕色	黏土	棱块状										
						C	92–110	亮黄棕色	黏土											
剖15	淋溶土	暗棕壤	草甸暗棕壤	锈暗山砂土	锈暗山砂土	A	0–17	棕灰色	砂质黏壤土	屑粒状	6.0	27.6	1.54	0.50	28.1		18.1	洪积物	E 131°54′00.7″ N 45°47′14.6″	95
						AB	17–37	亮灰棕色	砂质黏壤土	团块状	6.2	12.9	1.03	0.41	14.6		16.1			
						Bu	37–80	黄棕色	砂质黏壤土	块状	6.2	7.4								
						C	80–	橙色	黏土											
剖16	水成土	泥炭土	泥炭土			1	0–30					650.0	23.90	3.90		2.5		第四纪古内海沉积物和冲积物	E 131°45′33.1″ N 45°44′04.2″	75
						2	30–60					620.0	20.90	3.30		1.0				
						3	60–90					400.0	13.30	1.70		<1.0				
剖17	淋溶土	白浆土	潜育白浆土	白浆土	中位白浆土	Ap	0–18		轻黏土									第四纪古内海沉积物和冲积物	E 131°46′55.2″ N 45°43′31.4″	95
						Aw	28–38		中黏土											
						AB	58–68		中黏土											
						BC	70–80		中黏土											
						C	100–110		中黏土											
剖18	淋溶土	白浆土	草甸白浆土	锈白浆土		Ap	0–17		轻黏土									第四纪古内海沉积物和冲积物	E 131°50′44.2″ N 45°38′32.3″	95
						Aw	20–30		中黏土											
						B₁	45–55		中黏土											
						B₂	85–95		中黏土											
						BC	120–130		中黏土											
剖19	淋溶土	白浆土	白浆土	白浆土		A	0–17	灰黄棕色	粉砂质黏壤土	粒状	6.8	30.7	2.23	0.47	25.7		20.4	黄土状沉积物	E 131°48′40.3″ N 45°36′38.5″	95
						E	17–31	棕灰色	粉砂质黏壤土	片状	6.7	13.7	1.08	0.32	25.5		19.1			
						B₁	31–58	浊黄棕色	黏土	小棱块状	6.0	8.1								
						B₂	58–110	黄棕色	黏土	块状	6.6	8.8								
						BC	110–150	亮黄棕色	黏土	棱块状										
						C	150–													
剖20	半水成土	草甸土	草甸土	甸黄土	稳黄黄土	A	0–50	棕灰色	壤质黏土	屑粒状	6.2	53.5	2.68	0.83	21.0		44.2	洪积物	E 131°47′06.4″ N 45°33′06.8″	95
						Cu₁	50–100	灰黄棕色	黏土	块状	6.3	24.2	1.03	0.66	21.8		42.3			
						Cu₂	100–150	灰黄棕色	壤质黏土	块状	6.2	16.4	1.06	0.61	20.7					
						Cu₃	150–170	棕色	壤质黏土	块状	6.4	16.0								
剖21	淋溶土	白浆土	草甸白浆土	锈白浆土	太平锈白浆土	A	0–26	灰黄棕色	壤质黏土	团块状	6.3	43.8	2.29	0.45	23.3		27.1	洪积物	E 131°50′54.2″ N 45°34′31.1″	95
						E	26–48	浊黄橙色	壤质黏土	片状	5.9	17.1	0.74	0.28	21.7		21.3			
						Bu	48–110	灰棕色	壤质黏土	棱块状	6.5	18.2								
						C	110–120	棕色	壤质黏土	棱块状	7.0	9.7								
剖22	淋溶土	白浆土	白浆土			Ap	120–	灰白色	轻黏土	粒状、团块状								第四纪古内海沉积物和冲积物	E 131°50′05.6″ N 45°31′22.1″	81
						Aw	0–17	灰白色	轻黏土	片状										
						B₁	17–31	暗灰棕色	重黏土	小棱状										
						B₂	31–58	暗灰棕褐色	中黏土	棱状										
						BC	58–110	褐棕色	中黏土	棱状										
剖23	淋溶土	白浆土	白浆土	黄土质白浆土	黄白浆土	Ap	110–150	黑棕色	粉砂质黏土	粒状		25.2	1.40	0.37	25.2		19.2	黄土状沉积物	E 131°48′29.9″ N 45°30′40.0″	82
						Aw	0–10	灰白色	粉砂质黏土	片状		7.0	0.66	0.25	25.3		21.5			
						B	10–26	黄棕色	黏土	棱状		1.0								
						C	26–92	棕黄色	黏土											
							92–													

第二编 分县土壤图与土壤剖面数据 | 163

续表 Continued

剖面号 Soil profile	土纲 Soil order	土类 Soil great group	亚类 Soil subgroup	土属 Soil genus	土种 Soil species	土层码 Layer code	土层厚度 Depth/cm	颜色 Soil color	质地 Soil texture	土壤结构 Soil structure	pH	有机质 OM/(g/kg)	全氮 TN/(g/kg)	全磷 TP/(g/kg)	全钾 TK/(g/kg)	有效磷 AP/(mg/kg)	阳离子交换量CEC/(cmol/kg)	土壤母质 Parent material	剖面点坐标 Profile coordinate	匹配指数 Matching index/%
剖24	人为土	水稻土	河漫土型水稻土			A	0—19	锈灰色	重壤土	无结构								第四纪古内海沉积物和冲积物	E 131°55′21.7″ N 45°32′55.3″	95
						P	19—33	棕灰色	中壤土	无结构										
						B	33—43	黄灰相间	中壤土											
						Cg	43—70	锈棕色	砂壤土											
剖25	水成土	沼泽土	泥炭沼泽土	洼浆土	塔头洼炭土	He	0—24	棕	黏壤土	糊状	6.1	550.7	16.60	0.61	14.7		>50.0	湖积物	E 131°58′01.6″ N 45°31′14.2″	95
						G	24—65	蓝灰色	壤土	碎块状	6.6	31.7	1.82	0.22	26.1		30.3			
剖26	人为土	水稻土	淹育水稻土	浅白浆田	白浆田	Aa	0—22	淡棕色	黏壤土	块状	6.0	38.9	2.29	0.45	26.3			第四纪洪冲积物	E 131°56′40.6″ N 45°30′16.6″	95
						Ap	22—36	灰黄棕色	壤砂质黏土	块状	6.2	8.9	0.42	0.29	22.4					
						C₁	36—68	灰黄棕色	粉砂质黏土	块状	6.6	8.9	0.41	0.29	22.1					
						C₂	68—100	棕灰色	壤质黏土	屑状	6.0	3.3	0.12	0.31	22.1					
剖27	半水成土	草甸土	潜育草甸土	白砂潜育草黄土	白砂潜育草黄土	A	0—18	棕灰色	黏土	不明显片片状	6.1	67.7	3.61	0.66	26.3		38.7	洪积物	E 131°45′20.2″ N 45°29′21.1″	95
						Ce	18—36	浅灰色	黏土	块状	6.0	36.8	1.32	0.50	28.3		31.4			
						Cu₁	36—70	棕灰色	黏土	小块状	6.0	23.8								
						Cu₂	70—100	灰黄棕色	黏土	块状										
						G	100—130	蓝灰色	黏土	块状										
剖28	淋溶土	暗棕壤	草甸暗棕壤	锈暗山泥土	锈暗山泥土	Ah	0—15	棕灰色	黏质黏土	团粒状	6.0	71.4	4.04	0.54	25.9		37.4	安山岩风化坡积物	E 131°57′05.4″ N 45°28′41.5″	95
						AB	15—46	棕灰色	壤质黏土	团块状	6.5	19.1	0.98	0.51	25.9		26.6			
						Btu	46—94	灰棕色	粉砂质黏壤土	块状	6.4	13.3								
						C	94—135	橙色	壤质黏土	不明显块状	6.5	7.6								
剖29	人为土	水稻土	白浆土型水稻土			A	0—17	灰色	轻壤土	无结构								第四纪古内海沉积物和冲积物	E 131°46′39.7″ N 45°21′34.2″	95
						Aw	17—36	灰白色	轻壤土	粒状										
						B₁	36—84	深灰色	中壤土	小核状										
						B₂	84—150	灰蓝色	中壤土	无结构										
剖30	人为土	水稻土	沼泽土型水稻土			A	0—20	浅灰色	壤黏土	无结构								第四纪古内海沉积物和冲积物	E 132°03′15.1″ N 45°37′46.2″	95
						G₁	25—35	灰蓝色	重壤土	无结构										
						G₂	50—60	青灰色	重壤土	无结构										
剖31	人为土	水稻土	淹育水稻土	白浆田	白浆田	Ap	0—22	暗灰色	壤土	团块状		38.9	2.29	0.45	26.3		17.0	第四纪古内海沉积物和冲积物	E 132°06′45.4″ N 45°39′33.1″	82
						Aw	22—36	灰白色	黏壤土	无结构							12.0			
						B	36—68	棕灰色	壤质黏土	核块状		8.9	0.42	0.29	23.6		12.0			
						BCg	68—100	浅褐色	粉砂质黏土	核块状		3.3	0.41	0.29	22.4		11.0			
						G	100—130	浅灰棕色	壤质黏土	团块状			0.12	0.31	22.1					
剖32	淋溶土	白浆土	潜育白浆土			Ap	0—21	灰色	轻壤土	片状								第四纪古内海沉积物和冲积物	E 132°11′12.5″ N 45°22′53.8″	95
						A₁	30—40	浅灰白色	中壤土	粒状、小核状										
						AB	45—55	暗褐棕色	中壤土											
						BC	80—90	青灰色	轻壤土	小核状										
剖33	半水成土	草甸土				Ap	0—20		轻壤土									第四纪古内海沉积物和冲积物	E 132°11′26.9″ N 45°22′05.5″	95
剖34	半水成土	草甸土	白浆化潜育草甸土			A₁Aw	20—30		轻壤土									第四纪古内海沉积物和冲积物	E 132°09′05.8″ N 45°21′25.6″	93
						AB	40—50		轻壤土											
						BC	60—70		轻壤土											
						C	80—90		中壤土											

续表 Continued

剖面号 Soil profile	土纲 Soil order	土类 Soil great group	亚类 Soil subgroup	土属 Soil genus	土种 Soil species	土层码 Layer code	土层厚度 Depth/cm	颜色 Soil color	质地 Soil texture	土壤结构 Soil structure	pH	有机质 OM/(g/kg)	全氮 TN/(g/kg)	全磷 TP/(g/kg)	全钾 TK/(g/kg)	有效磷 AP/(mg/kg)	阳离子交换量CEC/(cmol/kg)	土壤母质 Parent material	剖面点坐标 Profile coordinate	匹配指数 Matching index/%
剖35	淋溶土	暗棕壤	草甸暗棕壤	亚暗矿质草甸暗棕壤	太平潮暗棕土	Ap	0—15	灰色	黏壤土	粒状		71.4	4.04	0.54	25.9		37.4	坡积黏土	E 132°15′46.1″ N 45°28′54.8″	81
						AB	15—46	浅灰色	壤质黏土	团块状		19.1	0.98	0.51	25.9		26.6			
						BC	46—94	暗棕灰色	粉砂质黏壤土	块状		13.3								
						C	94—135	橙色	壤质黏土	核块状		7.6								
剖36	水成土	沼泽土	泥炭沼泽土	泥炭沼泽土	垦子洼甸土	At	0—24	暗棕色	壤质黏土			550.7	16.60	0.61	14.7		>50.0	沉积黏土	E 132°16′57.7″ N 45°23′22.6″	81
						G	24—65	青灰色				31.7	1.82	0.22	26.1		30.3			
剖37	水成土	沼泽土	草甸沼泽土	洼甸土	兴凯洼甸土	Ah	0—46	棕灰色	砂质黏土	团块状	5.8	70.3	3.24	1.42	21.2			湖积物	E 132°17′47.0″ N 45°20′59.6″	95
						G₁	46—95	蓝灰色	黏质黏土	糊状	6.0	11.5								
						G₂	95—135	蓝灰色	砂质黏土	糊状	6.1									
剖38	水成土	沼泽土	草甸沼泽土	黏质草甸沼泽土	兴凯洼甸土	Ap	0—19	灰色	砂质黏土	团块状		70.3	3.24	1.42	21.2		42.0	第四纪古内海沉积物和冲积物	E 132°43′43.0″ N 45°15′41.4″	82
						A	19—46	暗灰色	砂质黏土	团块状		11.5								
						As	46—95	暗青灰色	黏壤土	无明显结构										
						G	95—135	青灰色	砂壤土	无结构										

鹤 岗 市

萝 北 县

主要土类说明

暗棕壤是萝北县主要土壤类型，占本县地域面积的53%，主要分布在本县北部低山丘陵的山顶、山坡及山前漫岗。其主要成土过程为腐殖质积累、弱酸淋溶及氧化还原作用过程。典型的暗棕壤剖面基本分为三层：第一层为暗灰色或暗黑色的腐殖质层；第二层为暗棕色或棕色的淀积层；第三层为岩石半风化物，夹有大量石块。本县暗棕壤分为暗棕壤、白浆化暗棕壤、草甸暗棕壤、原始暗棕壤等亚类。

草甸土是萝北县第二大土壤类型，占本县地域面积的22%。草甸土是在地下水位较高的草甸植被下发育形成的半水成型土壤，在本县的平原、低平原、河流沿岸、山间沟谷、局部洼地等均有分布。典型的草甸土成土过程为腐殖化过程和草甸化过程，剖面由腐殖质层及锈色斑纹层组成，无明显淀积层，在剖面中下部有时会出现铁锰结核。本县草甸土分为草甸土、白浆化草甸土、潜育草甸土、泛滥地草甸土等亚类。

沼泽土是萝北县第三大土壤类型，占本县地域面积的16%。沼泽土是在地表常年积水、土壤母质质地黏重、喜湿性植被生长茂盛的条件下发育形成的一种非地带性水成型土壤，主要分布在本县南部低平原和北部山谷靠近河流的地区。本县沼泽土分为草甸沼泽土、泥炭沼泽土等亚类。

黑土占本县地域面积的3%。黑土是在草甸草原植被下发育形成的一种结构较好、肥力较高的土壤，主要分布在地势较高的漫岗和高平地。典型的黑土成土过程为腐殖化过程和潴育淋溶过程，土体中有二氧化硅粉末、铁锰结核及胶膜，剖面从上到下有呈条状的腐殖质淋溶痕迹。本县黑土分为黑土、草甸黑土等亚类。

小于本县地域面积3%的土壤类型有白浆土、泥炭土、新积土、水稻土。

本区域中心区气候特征

本区域中心区气候特征值
Regional climate characteristics in central area of the region

气候带：中温带亚干旱气候 Climate region: Mid temperate subarid climate	
年平均气温 /℃ Annual average temperature /℃	2.2
年平均最高气温 /℃ Annual average maximum temperature /℃	8.1
年平均最低气温 /℃ Annual average minimum temperature /℃	-3.2
年降水量 /mm Annual precipitation /mm	540
≥10℃的积温 /℃ Daily temperature accumulated in a year（≥10℃）/℃	915
年日照时数 /h Annual sunshine /h	2463
年平均相对湿度 /% Annual average relative humidity /%	69
干燥度 Dryness	0.28

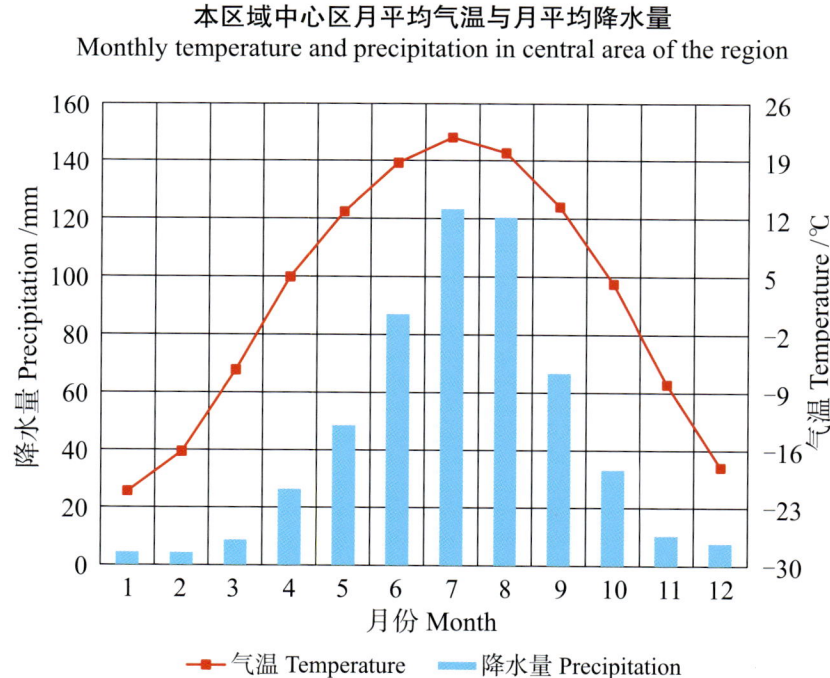

本区域中心区月平均气温与月平均降水量
Monthly temperature and precipitation in central area of the region

萝北县主要土壤类型与土壤剖面点分布图
1∶490 000

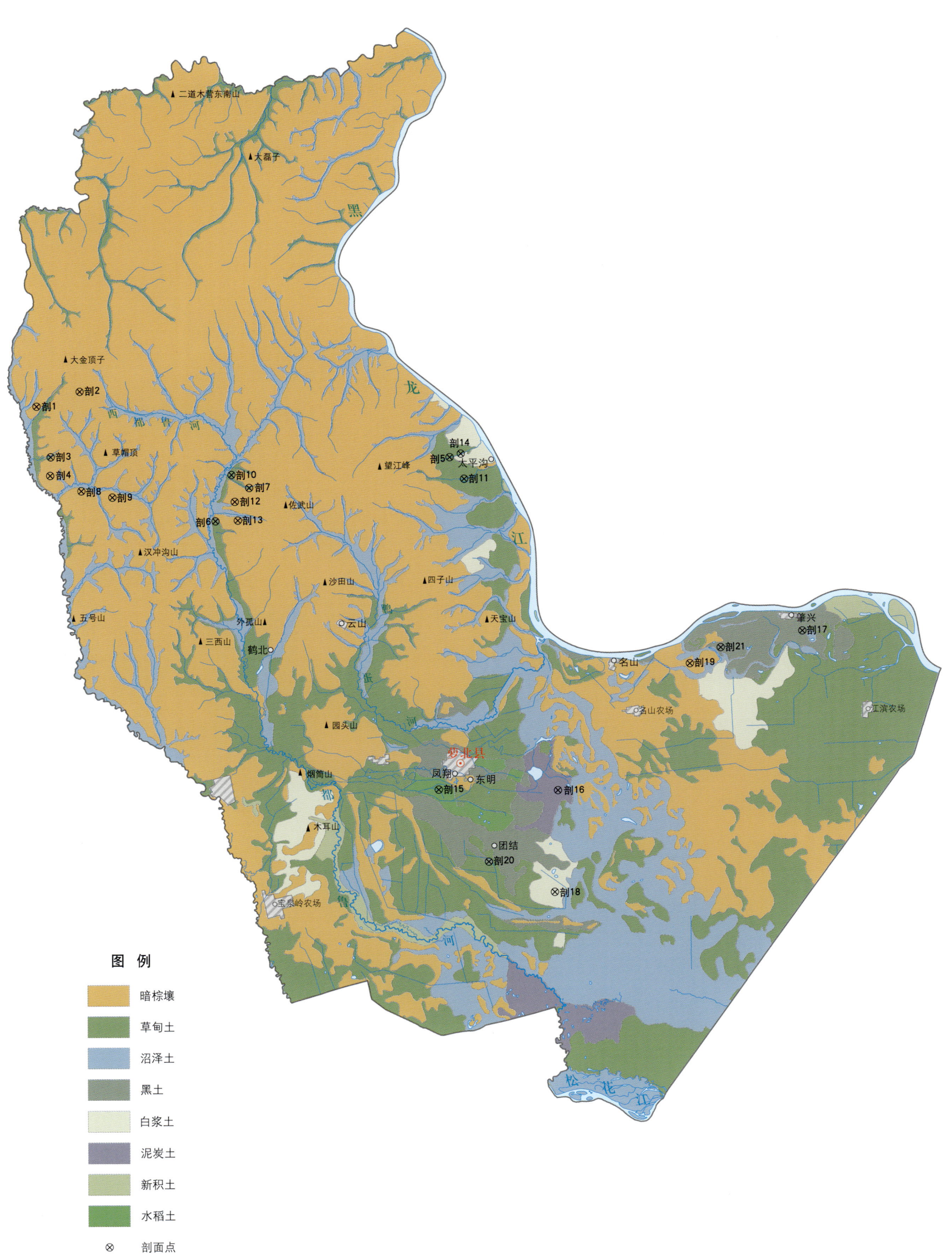

萝北县土壤剖面理化性状表

剖面号 Soil profile	土纲 Soil order	土类 Soil great group	亚类 Soil subgroup	土属 Soil genus	土种 Soil species	土层码 Layer code	土层厚度 Depth/cm	颜色 Soil color	质地 Soil texture	土壤结构 Soil structure	pH	有机质 OM/(g/kg)	全氮 TN/(g/kg)	全磷 TP/(g/kg)	全钾 TK/(g/kg)	土壤母质 Parent material	剖面点坐标 Profile coordinate	匹配指数 Matching index/%
剖1	淋溶土	暗棕壤	白浆化暗棕壤			1	0—15		重壤土		6.0	51.3	3.71	2.38	21.6	坡积物	E 130°10′15.2″ N 47°57′40.0″	75
						2	30—40		轻黏土		5.9	16.5	1.41	1.51	22.6			
						3	55—65		轻黏土		5.9	3.0	0.96	1.22	22.0			
剖2	淋溶土	暗棕壤	白浆化暗棕壤			1	0—15		重壤土		5.8	26.7	1.74	1.75	21.7	岩石风化残积物	E 130°14′21.1″ N 47°58′34.0″	75
						2	25—35	灰黑色	重壤土	团粒状	5.9	35.1	2.29	1.98	21.7			
						3	60—70	棕黄色	重壤土	粒状	6.1	9.7	0.82	1.28	21.3			
剖3	半水成土	草甸土	泛滥地草甸土			A_1	0—30	暗灰色	轻黏土	粒状							E 130°11′29.8″ N 47°54′26.3″	75
						AC	30—70	浅黄色	黏壤土	片状								
						C	70—	棕黄色		核块状								
剖4	淋溶土	暗棕壤	白浆化暗棕壤			A_1	0—20	棕灰色	中壤土							残积物	E 130°11′24.7″ N 47°53′15.7″	75
						AwB	20—30	暗黑色	中壤土	粒状								
						B	30—55	棕灰色										
						As	0—7	灰黑色										
剖5	半水成土	草甸土	潜育草甸土	平地潜育草甸土		A_1 ABg	7—30 30—90	暗黑色	中壤土 中壤土		6.3 6.3	30.0 8.7	1.61 0.17	1.23 0.87	21.0 19.7		E 130°49′13.1″ N 47°53′53.2″	75
剖6	半水成土	草甸土	潜育草甸土	沟谷潜育草甸土		A_1 ABg	0—40 40—59	灰棕色	重壤土	粒状	5.4 5.8	68.3 10.6	4.10 0.80	1.84 0.75	22.6 25.3	坡积物	E 130°26′56.4″ N 47°50′11.4″	75
剖7	半水成土	草甸土	潜育草甸土	沟谷潜育草甸土		1 2	0—15 15—90		重壤土 重壤土								E 130°30′13.3″ N 47°52′14.9″	75
剖8	淋溶土	暗棕壤	草甸暗棕壤	砂砾底草甸暗棕壤		1 2 3	0—15 25—35		重壤土 轻黏土							坡积物	E 130°14′20.0″ N 47°52′15.2″	75
剖9	淋溶土	暗棕壤	暗棕壤			1 2 3	0—17 17—30 30—42		重黏土 松砂土		6.0 6.2 6.5	27.1 7.1	3.21 1.25 0.19	1.46 1.15 0.79	20.2 19.8 24.9	坡积物	E 130°17′14.3″ N 47°51′49.3″	75
剖10	半水成土	草甸土	草甸土	沟谷草甸土		A_1 Bg C	0—26 26—83 83—	灰黑色 灰棕色	重壤土 松砂土	团粒状 粒状	5.6 6.3 6.6	141.3 45.0 1.9	>6.00 2.80 <0.10	>4.00 3.09 0.75	17.3 23.9 >40.0		E 130°28′33.6″ N 47°53′04.9″	95
剖11	半水成土	草甸土	草甸土	平地潜育草甸土		1 2 3	0—26 26—67 67—102		中壤土 中壤土 重壤土		6.3 6.7 7.1	46.4 11.8 8.7	2.84 1.08 0.63	1.39 0.81 0.76	19.3 22.5 21.3	坡积物	E 130°50′33.0″ N 47°52′30.0″	75
剖12	淋溶土	暗棕壤	暗棕壤			0 A_1 B C	0—1 1—20 20—60 60—	灰棕色 暗灰色 暗棕色 棕色	中壤土 中壤土	粒状 块状						坡积物	E 130°28′49.4″ N 47°51′23.8″	75
剖13	淋溶土	暗棕壤	潜育草甸土	平地潜育草甸土		1 2	0—20 20—80		重壤土 重壤土		5.8 5.7	93.8 1.9	5.58 1.30	2.17 0.97	19.9 24.2	坡积物	E 130°29′04.2″ N 47°50′12.1″	75
剖14	半水成土	草甸土				1 2 3	0—19 19—35 35—45		中壤土 轻壤土 砂壤土		5.7 6.0 6.2	43.8 6.5 6.9	2.83 <0.10 2.36	2.07 0.77 1.07	23.9 27.4 29.4		E 130°50′17.5″ N 47°54′05.8″	75
剖15	人为土	水稻土	草甸土型水稻土	平地草甸土型水稻土	中层平地草甸土型水稻土	Ap P W	0—30 30—72 72—	青灰色 灰红色 红棕色	轻黏土 中壤土 中壤土	粒状 块状							E 130°47′21.1″ N 47°32′49.2″	95

续表 Continued

剖面号 Soil profile	土纲 Soil order	土类 Soil great group	亚类 Soil subgroup	土属 Soil genus	土种 Soil species	土层码 Layer code	土层厚度 Depth/cm	颜色 Soil color	质地 Soil texture	土壤结构 Soil structure	pH	有机质 OM/(g/kg)	全氮 TN/(g/kg)	全磷 TP/(g/kg)	全钾 TK/(g/kg)	土壤母质 Parent material	剖面点坐标 Profile coordinate	匹配指数 Matching index/%
剖16	水成土	泥炭土	草类泥炭土			As	0—20	棕黄色									E 130°58′32.9″ N 47°32′34.8″	75
						At	20—80	暗棕色										
						Ag	80—110	棕黑色										
						G	110—	灰蓝色	砂黏相间									
剖17	半淋溶土	黑土	草甸黑土	砂底草甸暗黑土	薄层砂底草甸黑土	A₁	0—23	暗灰色	轻壤土	粒状						沉积物	E 131°22′00.8″ N 47°42′15.8″	93
						AB	23—45	棕灰色	中壤土	粒状								
						B	45—100	灰黄色	松砂土									
剖18	淋溶土	白浆土	草甸白浆土	平地草甸白浆土		A₁	0—20	黑灰色	重壤土	粒状						河湖相黏土沉积物	E 130°57′59.0″ N 47°26′05.6″	95
						Aw	20—40	灰白色	重黏土	片状								
						B	40—83	棕黑色	轻黏土	核状								
剖19	淋溶土	暗棕壤	草甸暗棕壤	砂质草甸暗棕壤	中层砂质草甸暗棕壤	A₁	0—13	棕灰色	砂壤土	团粒状	6.7	20.6	1.28	>4.00	24.9	坡积物	E 131°11′20.0″ N 47°40′23.9″	95
						AB	13—84	灰棕色	砂壤土	粒状	6.8	1.8	0.39	0.41	25.7			
						C	84—											
剖20	半淋溶土	黑土	暗棕壤型黑土	砾石底暗棕壤型黑土		A₁	0—20	暗黑色	轻壤土	粒状							E 130°51′53.3″ N 47°28′08.0″	75
						AB	20—50	暗棕色	重黏土	粒状								
						B	50—105	棕黄色	重黏土	块状								
剖21	半淋溶土	黑土	黑土	砂底黑土	薄层砂底黑土	1	0—20		轻壤土		6.5	9.7	>6.00	0.66	30.2	黄土状母质	E 131°14′16.8″ N 47°41′21.8″	95
						2	20—57		中壤土		6.5	3.7	0.46	0.56	30.3			

绥 滨 县

主要土类说明

草甸土是绥滨县主要土壤类型，占本县地域面积的61%。成土母质主要为河湖相沉积物或冲积物，但地区性差异很大，北部、南部平原及沿江河漫滩多为冲积物或砂砾，中部沿蜿蜒河低平原多为沉积黏土。典型的草甸土剖面分为两层——腐殖质层和锈色斑纹层，土层中有较多铁锰结核。草甸土的成土过程主要是草甸化过程，不同地形部位的草甸土因其附加成土条件的不同而发育成不同亚类，本县主要有草甸土、白浆化草甸土、潜育草甸土等亚类。

白浆土是绥滨县第二大土壤类型，占本县地域面积的14%。除低地白浆土分布在较低的地形部位外，大部分白浆土分布在岗地或平地，主要发育于第四纪河湖相黏土沉积物。黏土层厚度多在120cm以上，有轻黏土、中黏土或少量的重黏土，但也有小部分白浆土发育于中壤土或轻壤土。在亚表层下面，有一个较薄的黏土层。白浆土的形成具有潜育化过程、淋溶淀积过程和草甸化过程。根据形成条件及水热状况的不同，本县白浆土分为白浆土、草甸白浆土、潜育白浆土等亚类。

新积土是绥滨县第三大土壤类型，占本县地域面积的13%，曾被称为泛滥地草甸土，主要分布在黑龙江、松花江两江沿岸的河漫滩、低阶地和江心岛屿。成土母质由洪水泛滥沉积而成，质地层次明显，离河床较远的地方已不受江水泛滥的影响，如富强、连生等地的南部。由于地下水位较高，尤其是洪水泛滥时地下水位不足1m，土壤生长草甸植物，具有草甸化特征。表层有腐殖质积累，土体多锈斑。离河边较近的河漫滩、低阶地、江心岛屿仍受周期性洪水泛滥影响，出现草甸化过程和泥砂沉积物相间排列的层次。

暗棕壤占本县地域面积的3%，是本县唯一的地带性土壤，主要分布在残丘低漫岗，垂直分布在岗地白浆土、平地白浆土之上。成土母质均为河湖相冲积砂，质地为细砂。由于所处地形部位较高，自然排水良好，降水后易产生淋溶，土壤易发生黏化。由于土壤经常处于氧化状态，氧化铁及锰在剖面中积累，土壤呈棕色。本县暗棕壤仅有草甸暗棕壤一个亚类。

小于本县地域面积3%的土壤类型有沼泽土。

本区域中心区气候特征

本区域中心区气候特征值
Regional climate characteristics in central area of the region

气候带：中温带亚干旱气候 Climate region: Mid temperate subarid climate	
年平均气温 /℃ Annual average temperature /℃	3.0
年平均最高气温 /℃ Annual average maximum temperature /℃	8.4
年平均最低气温 /℃ Annual average minimum temperature /℃	-1.9
年降水量 /mm Annual precipitation /mm	520
≥10℃的积温 /℃ Daily temperature accumulated in a year (≥10℃) /℃	1124
年日照时数 /h Annual sunshine /h	2413
年平均相对湿度 /% Annual average relative humidity /%	67
干燥度 Dryness	0.36

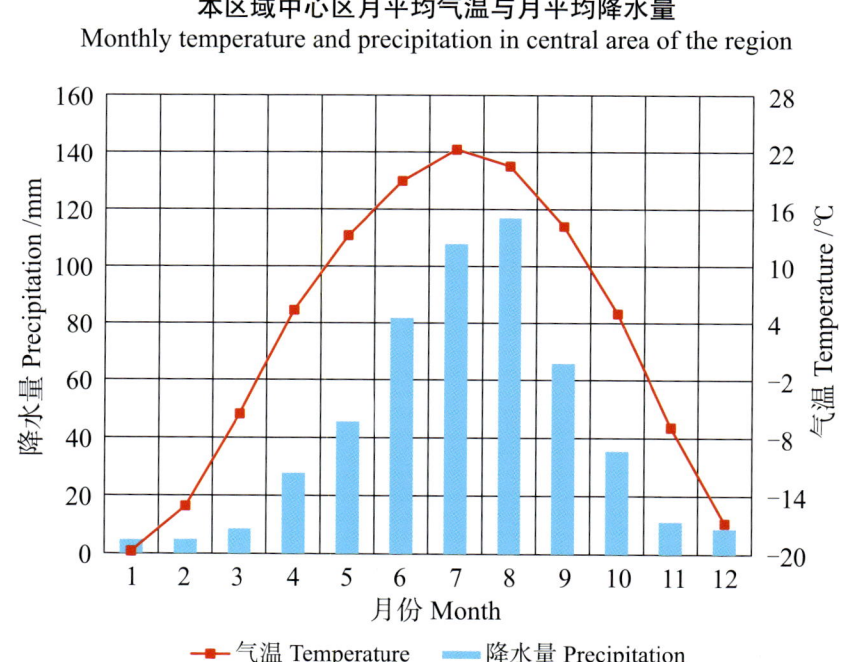

本区域中心区月平均气温与月平均降水量
Monthly temperature and precipitation in central area of the region

绥滨县主要土壤类型与土壤剖面点分布图

1∶340 000

图 例
- 草甸土
- 白浆土
- 新积土
- 暗棕壤
- 沼泽土
- ⊗ 剖面点

第二编　分县土壤图与土壤剖面数据 | 171

绥滨县土壤剖面理化性状表

剖面号 Soil profile	土纲 Soil order	土类 Soil great group	亚类 Soil subgroup	土属 Soil genus	土种 Soil species	土层码 Layer code	土层厚度 Depth/cm	颜色 Soil color	质地 Soil texture	土壤结构 Soil structure	pH	有机质 OM/(g/kg)	全氮 TN/(g/kg)	全磷 TP/(g/kg)	全钾 TK/(g/kg)	土壤母质 Parent material	剖面点坐标 Profile coordinate	匹配指数 Matching index/%
剖1	半水成土	草甸土	白浆化草甸土	平地白浆化草甸土	薄层平地白浆化草甸土	1	0—20				6.4	33.0	1.47	>4.00	30.6	第四纪新老冲积物、沉积物和淤积物	E 131°25′09.1″ N 47°23′35.9″	95
						2	25—40	暗灰褐色	壤土	粒状	7.3	4.7	0.25	>4.00	31.4			
						3	60—70				6.7							
剖2	水成土	沼泽土	草甸沼泽土	洼地草甸沼泽土	厚层洼地草甸沼泽土	As	0—32	灰褐色	黏壤土	无结构		5.0				第四纪新老冲积物、沉积物和淤积物	E 131°37′28.9″ N 47°30′32.8″	75
						A₂	32—62	青灰色	黏土									
						G	62—											
剖3	半水成土	草甸土	潜育草甸土	平地潜育草甸土	薄层平地潜育草甸土	A₁	0—15	灰黑色	壤土	粒状						第四纪新老冲积物、沉积物和淤积物	E 131°33′45.0″ N 47°23′56.0″	95
						ABg	15—50	灰褐色	黏壤土	小块状								
						Cg	150—											
剖4	淋溶土	白浆土	草甸白浆土	平地草甸白浆土	厚层平地白浆土	A₁	0—23	暗灰色	壤土	块状	6.2	42.2	2.14	1.26	26.5	第四纪新老冲积物、沉积物和淤积物	E 131°42′26.6″ N 47°20′38.4″	95
						Aw	23—60	灰黄色	片状	片状	6.2	12.1	0.65	0.81	25.4			
						B	60—150	棕褐色	中黏土	大核块状	6.7	8.3						
						C	150—	灰棕黄色										
剖5	淋溶土	白浆土	潜育白浆土	低地潜育白浆土		1	10—20	暗灰色	壤土	块状	5.6	41.4	8.85	1.32	23.7	第四纪新老冲积物、沉积物和淤积物	E 131°43′16.7″ N 47°19′26.8″	95
						2	25—35	灰白色	壤土	片状	5.9	10.1	0.67	0.72	24.4			
						3	60—70				6.6	7.8						
						4	100—120				6.7	2.0						
剖6	淋溶土	白浆土	潜育白浆土	低地潜育白浆土	中低低地潜育白浆土	A₁	0—19	灰白色	中黏土	小核块状						第四纪新老冲积物、沉积物和淤积物	E 131°50′51.4″ N 47°37′17.0″	95
						Aw	19—40	褐色	中黏土	小核块状								
						B	40—125	灰黄棕色	砂壤土	无结构								
						Cg	125—											
剖7	淋溶土	白浆土	白浆土	岗地白浆土	中层岗地白浆土	1	0—16	黑灰色	壤土	片状						第四纪新老冲积物、沉积物和淤积物	E 131°46′59.5″ N 47°36′42.8″	95
						Aw	16—37	灰白色	壤土	核块状								
						B	37—145	棕褐色	黏土									
						C	145—	黄棕色										
剖8	半水成土	草甸土	草甸土	平地草甸土	厚层平地草甸土	A₁	0—90	暗黑色	中壤土	粒状						第四纪新老冲积物、沉积物和淤积物	E 131°57′10.4″ N 47°36′58.0″	95
						Cw	90—125	黄黑色	轻壤土	小块状								
						Cg	125—	黄黄色	砂壤土									
剖9	半水成土	草甸土	草甸土	岗地草甸土	中层岗地草甸土	A₁	0—25	暗灰色	壤土	粒状						第四纪新老冲积物、沉积物和淤积物	E 131°52′30.0″ N 47°31′43.0″	95
						Cw	25—80	浅黄色	壤土	无结构								
						Cg	80—											
剖10	半水成土	草甸土	潜育草甸土	平地潜育草甸土	厚层平地潜育草甸土	A₁	0—50	黑灰色	中壤土	粒状	6.4	37.8	1.91	0.86	25.6	第四纪新老冲积物、沉积物和淤积物	E 131°53′02.0″ N 47°25′31.8″	95
						Cwg	50—150	灰黑色	黏壤土	小块状	7.3	8.8						
						Cg	150—	深灰色	黏土	块状								
剖11	淋溶土	白浆土	白浆土	岗地白浆土	中层岗地白浆土	A₁	0—24	暗黑色	壤土	块状						第四纪新老冲积物、沉积物和淤积物	E 131°48′07.2″ N 47°21′58.3″	95
						Aw	24—55	浅黄色	黏壤土	片状								
						B	55—80	褐色	中黏土	核块状								
剖12	半水成土	草甸土	潜育草甸土	平地潜育草甸土	中层平地潜育草甸土	A₁	0—33	灰褐色	壤土	粒状	6.1	50.7	2.65	1.22	26.3	第四纪新老冲积物、沉积物和淤积物	E 131°54′15.5″ N 47°18′38.9″	95
						Cwg	33—80	灰黄色	黏壤土	粒状	6.7	23.0						
						Cg	80—											
剖13	半水成土	草甸土	草甸土	平地草甸土	厚层平地草甸土	1	0—30	灰蓝色	黏土							第四纪新老冲积物、沉积物和淤积物	E 132°04′52.7″ N 47°25′34.0″	95
						2	50—60				6.7							
						3	80—90				7.4	22.3						

续表 Continued

剖面号 Soil profile	土纲 Soil order	土类 Soil great group	亚类 Soil subgroup	土属 Soil genus	土种 Soil species	土层码 Layer code	土层厚度 Depth/cm	颜色 Soil color	质地 Soil texture	土壤结构 Soil structure	pH	有机质 OM/(g/kg)	全氮 TN/(g/kg)	全磷 TP/(g/kg)	全钾 TK/(g/kg)	土壤母质 Parent material	剖面点坐标 Profile coordinate	匹配指数 Matching index/%
剖14	半水成土	草甸土	白浆化草甸土	平地白浆化草甸土	薄层平地白浆化草甸土	1	0—15				6.5	51.6	2.32	1.04	29.4	第四纪新老冲积物、沉积物和淤积物	E 132°19′10.2″ N 47°32′29.0″	95
						2	15—30				7.1	80.5	0.92	0.63	30.1			
						3	45—55				7.2	17.2						

双 鸭 山 市

集 贤 县

主要土类说明

草甸土是集贤县主要土壤类型，占本县地域面积的51%，广泛分布在低平原、平原、河流沿岸、山间沟谷、局部洼地等，集中分布在本县北部和东部的平原、低平原，为本县的主要农业土壤。成土母质主要为河湖相沉积物或冲积物，但地区性差异明显，北部平原多黏土，南部沟谷多砂砾。所处地区地下水位较高，一般为1—3cm。自然植被为小叶樟、苔草等草甸植物，生长茂密。草甸土是在草甸化作用下形成的一种半水成型土壤。不同地形部位的草甸土因其附加成土条件的不同，成土过程也有差异，从而发育成不同亚类，本县主要有草甸土、白浆化草甸土、石灰性草甸土、潜育草甸土四个亚类。其中，草甸土亚类面积最大，占本土类面积的65%，主要分布在兴安、永安一带。自然植被为小叶樟等草甸植物，生长茂密。成土母质多为黏土，地下水位较高。其主要剖面特征是具有腐殖质层，呈深黑色团粒结构，淀积层不明显，母质层锈斑明显。

黑土是集贤县第二大土壤类型，占本县地域面积的28%，广泛分布在本县中部和中南部的缓坡漫岗、波状起伏的平原等。成土母质主要为黄土状母质。其成土过程主要是腐殖质积累与腐殖化过程。其主要特征是腐殖质层较深厚，土壤结构良好，疏松多孔，大部分剖面中有铁锰结核及胶膜，并有白色二氧化硅粉末。

暗棕壤是集贤县第三大土壤类型，占本县地域面积的17%，主要分布在本县南部的低山丘陵区，具有良好的内外排水条件。成土母质以残积物为主。自然植被主要为阔叶混交林和疏林草甸，植被生长茂密。

小于本县地域面积3%的土壤类型有白浆土、沼泽土、水稻土、泥炭土。

本区域中心区气候特征

本区域中心区气候特征值
Regional climate characteristics in central area of the region

气候带：中温带亚干旱气候 Climate region: Mid temperate subarid climate	
年平均气温 /℃ Annual average temperature /℃	3.2
年平均最高气温 /℃ Annual average maximum temperature /℃	8.8
年平均最低气温 /℃ Annual average minimum temperature /℃	-2.0
年降水量 /mm Annual precipitation /mm	536
≥10℃的积温 /℃ Daily temperature accumulated in a year (≥10℃) /℃	1170
年日照时数 /h Annual sunshine /h	2453
年平均相对湿度 /% Annual average relative humidity /%	67
干燥度 Dryness	0.37

本区域中心区月平均气温与月平均降水量
Monthly temperature and precipitation in central area of the region

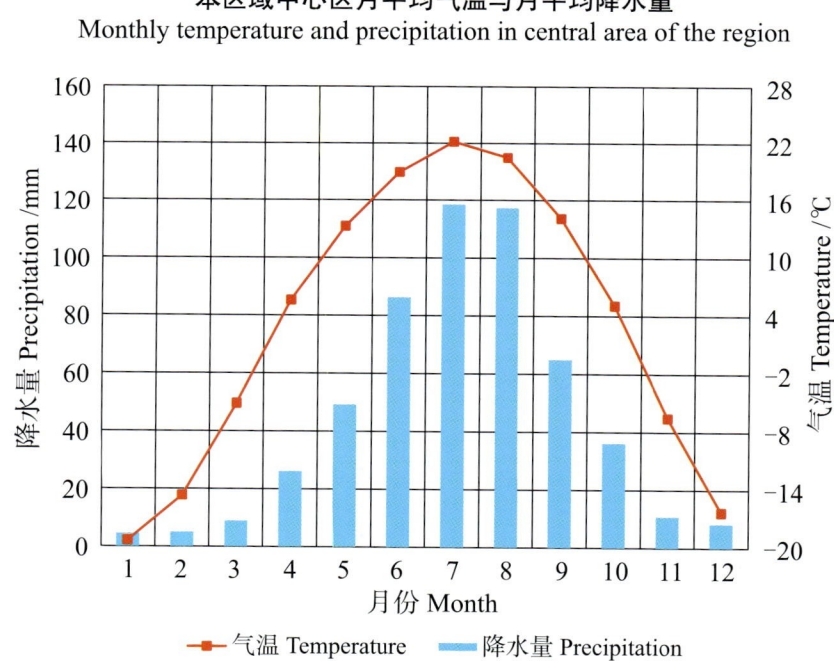

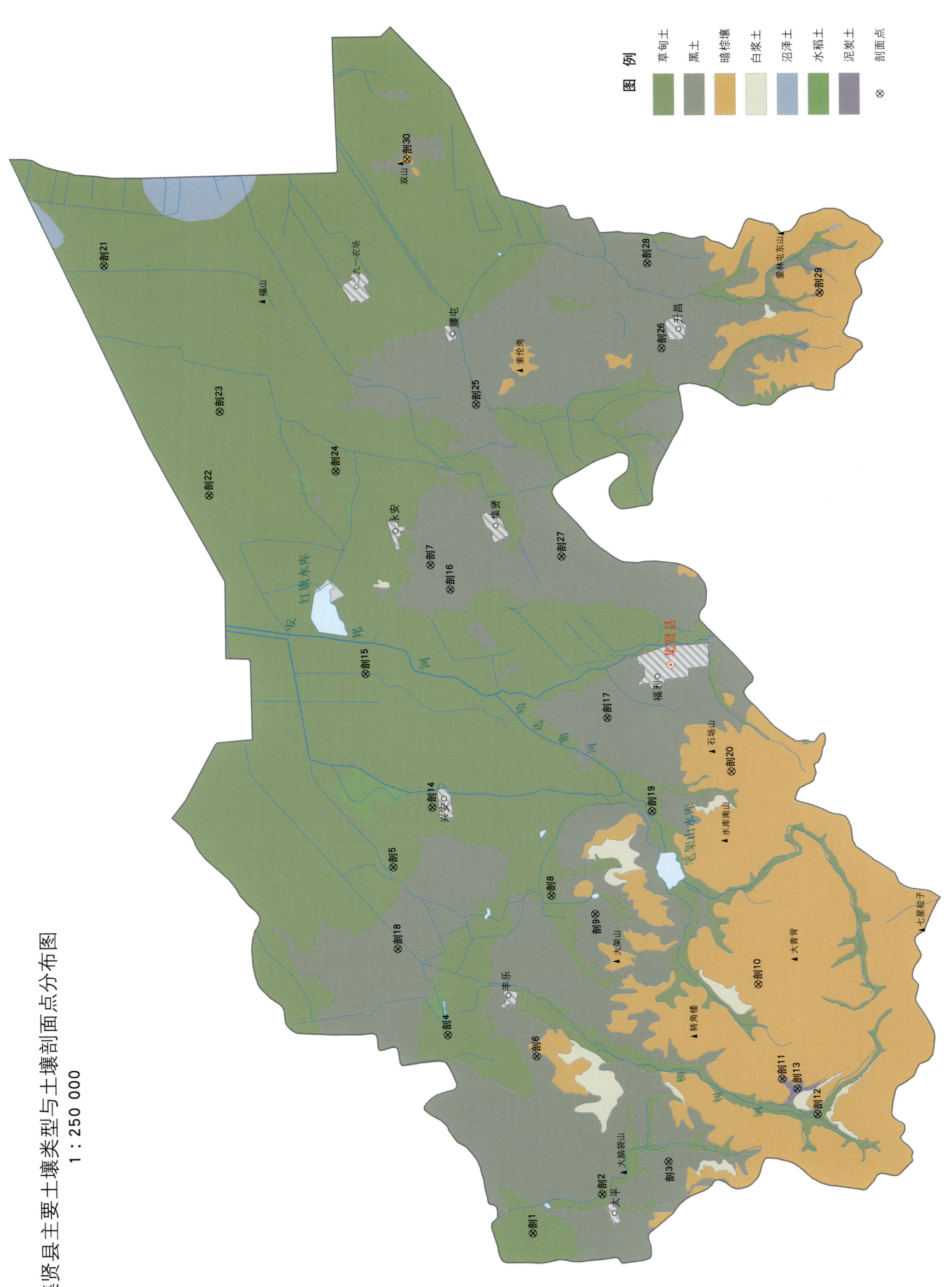

集贤县土壤剖面理化性状表

剖面号 Soil profile	土纲 Soil order	土类 Soil great group	亚类 Soil subgroup	土属 Soil genus	土种 Soil species	土层码 Layer code	土层厚度 Depth/cm	颜色 Soil color	质地 Soil texture	土壤结构 Soil structure	pH	有机质 OM/(g/kg)	全氮 TN/(g/kg)	全磷 TP/(g/kg)	全钾 TK/(g/kg)	阳离子交换量 CEC/(cmol/kg)	土壤母质 Parent material	剖面点坐标 Profile coordinate	匹配指数 Matching index/%
剖1	半水成土	草甸土	石灰性草甸土			1	0—14		重黏土		8.3	10.3	2.13	0.67	17.8		河湖相沉积物	E 130°40′57.0″ N 46°48′20.5″	95
						2	50—60		重黏土		8.3	6.7	2.01	0.95	17.7				
						3	80—90		重黏土		8.3	6.7	1.67	1.27	20.5				
						4	110—120		重黏土		8.0			2.79	<1.0				
剖2	半水成土	草甸土	潜育草甸土	低地潜育草甸土	厚层低地潜育草甸土	1	0—42		轻黏土		6.3	199.4	8.68	0.81	9.9		河湖相沉积物	E 130°42′41.4″ N 46°46′02.6″	95
						2	50—60		轻黏土	粒状	7.9	28.6	1.88	0.93	15.6				
						3	80—90		中壤土		6.3	7.7	1.69	1.30	21.4				
剖3	半淋溶土	黑土		黏底黑土	薄层黏底黑土	A₁	0—29	暗灰色	重黏土	粒状	6.3	25.9	2.50	1.04	24.4		河湖相沉积物	E 130°44′08.5″ N 46°43′51.2″	95
						AB	29—52	黄灰色	轻黏土	核状	6.2	10.0	1.74	0.67	23.3				
						B	52—105	棕黄色	轻黏土	核状	6.2	8.3	0.27	0.83	21.9				
						BC	105—150	黄棕色	轻黏土										
剖4	半水成土	草甸土	低地潜育草甸土		中层低地潜育草甸土	As	0—13	灰黑色	轻黏土	无结构	6.2	84.9	5.86	3.13	20.7	>50.0	冲积物、洪积物	E 130°50′21.5″ N 46°50′55.7″	95
						A₁	13—27	灰黑色	中壤土	团粒状	6.1	26.7	2.31	1.72	27.8	36.1			
						ABg	27—90	黄黑色	中壤土	粒状	6.0	32.9	2.53	3.69	22.7				
剖5	半水成土	草甸土	草甸草甸土	沟谷草甸土	中层沟谷草甸土	A₁	0—32	暗黑色	重壤土	核状	5.8	117.6	6.67	3.35			河湖相沉积物	E 130°58′23.2″ N 46°52′31.8″	95
						BCg	32—110	棕黄色	重壤土	团粒状	5.9	34.4	1.61	1.46					
						C	110—	棕黑色	砂砾										
剖6	半淋溶土	黑土		黏底草甸黑土	厚层黏底黑土	A₁	0—52	暗黑色	轻黏土	团粒状	6.1	69.8	3.04	1.32	24.8		冲积物、洪积物	E 130°49′14.9″ N 46°48′02.9″	93
						AB	52—80	灰黑色	轻黏土	粒状	6.2	31.2	1.63	1.03	24.9				
						B	80—110	灰黑色	轻黏土	核状	6.1	20.8	2.29	0.84	24.0				
						C	110—130	灰黑色	中壤土	粒状	6.2	7.0	1.99	0.95	22.6				
剖7	半水成土	黑土	砂底黑土		中层砂底黑土	Ap	0—26	暗灰色	中壤土	粒状	6.3	46.5	2.58	1.32	18.6		冲积物、洪积物	E 130°55′52.3″ N 46°45′59.8″	95
						A₁	26—40	灰黑色	重壤土	粒状	6.5	28.2	2.39	1.22	25.2				
						B	40—100	黄棕色	轻黏土	小核状	6.5	12.1	1.91	0.73	26.1				
						C	100—130		轻黏土	粒状	6.5	2.9	0.23	0.59	26.7				
剖8	半水成土	草甸土	沟谷草甸土		厚层沟谷草甸土	A₁	0—100	黑色	重壤土	团粒状	6.2	110.0	2.03	0.54	25.4	21.4	河湖相沉积物	E 130°56′48.5″ N 46°47′24.4″	95
						BCg	100—130	棕红色	轻黏土	团粒状	6.4	5.9	1.72	0.31	25.1	15.9			
						C	130—150	灰色	粒状	粒状	6.5	1.3	1.67	0.72	28.7				
剖9	半淋溶土	黑土	白浆化黑土	黏底白浆化黑土	黏底薄层白浆化黑土	A₁	0—25	灰色	中壤土	小粒状	6.1	10.9	2.41	0.49	22.3		冲积物、洪积物	E 131°12′40.3″ N 46°50′59.6″	95
						AwB	25—55	灰白色	重壤土	粒状	5.5	6.2	2.24	0.46	24.2				
						B	55—110	暗棕色	轻黏土	核状	6.1	5.0	2.68	0.42	18.0				
						C	120—	灰棕色	轻黏土	粒状	6.0	36.1	1.90	1.40					
剖10	淋溶土	暗棕壤	白浆化暗棕壤		薄层芦苇草草类泥炭土	A₁	0—17	棕灰色	中壤土	小块状	6.3	6.5	0.28	1.59		>50.0	基岩风化残积物、坡积物	E 130°52′18.8″ N 46°40′45.1″	95
						AwB	17—43	灰白色	砂壤土	小核状	6.2	6.1							
						B	43—52	暗棕色	砂壤土		6.4	6.7							
						C	52—70	黄棕色	砂壤土										
剖11	水成土	泥炭土	草类泥炭土	芦苇苔草类泥炭土		At	0—65	暗棕色	轻壤土	无结构	5.8	610.2	21.45	>4.00				E 130°47′50.6″ N 46°40′04.1″	75
						Ag	65—90	棕褐色	重壤土	无结构	5.2	204.1							
						G	103—135	灰蓝色	中壤土		5.2	204.1							
剖12	半水成土	草甸土	潜育草甸土	低地潜育草甸土	厚层低地潜育草甸土	As	0—36	灰棕色	砂土	无结构							洪积物、冲积物	E 130°46′08.8″ N 46°38′56.8″	95
						A₁	36—75	灰黑色	轻壤土	团粒状									
						ABg	75—98	黄灰色	中壤土	粒状									
						Cg	98—130	黄棕色	砂土	无结构									

续表 Continued

剖面号 Soil profile	土纲 Soil order	土类 Soil great group	亚类 Soil subgroup	土属 Soil genus	土种 Soil species	土层码 Layer code	土层厚度 Depth/cm	颜色 Soil color	质地 Soil texture	土壤结构 Soil structure	pH	有机质 OM/(g/kg)	全氮 TN/(g/kg)	全磷 TP/(g/kg)	全钾 TK/(g/kg)	阳离子交换量CEC/(cmol/kg)	土壤母质 Parent material	剖面点坐标 Profile coordinate	匹配指数 Matching index/%
剖13	水成土	泥炭土	草类泥炭土	芦苇苔草类泥炭土	薄层芦苇苔草类泥炭土	1	0—30		中壤土		4.7	552.6	19.42	2.45		>50.0		E 130° 47′ 22.2″ N 46° 39′ 34.9″	75
						2	100—110		重壤土		5.2	126.3	4.44	1.16		>50.0			
						3	150—160		轻壤土		5.1	86.9							
剖14	半水成土	草甸土	石灰性草甸土			Aca	0—42	黑色	轻黏土	团粒状	8.4	44.3	2.58	1.72			河湖相沉积物	E 131° 01′ 10.2″ N 46° 51′ 11.9″	95
						Bca	42—110	灰色	中黏土	核状	>9.5	10.2	0.69	1.28					
						Cca	110—160	灰白色	轻黏土	粒状	>9.5	10.9							
						4	160—170		轻黏土		>9.5	7.6							
剖15	半水成土	草甸土	石灰性草甸土			1	0—24		重壤土		8.0	60.4	3.54	1.72	19.7		河湖相沉积物	E 131° 07′ 37.6″ N 46° 53′ 13.6″	95
						2	35—45		轻壤土		8.0	17.5	1.82	0.92	19.1				
						3	70—80		轻黏土		8.5	6.5	1.72	0.91	21.0				
						4	140—150		轻黏土		7.9	35.4	2.88	1.23	19.1				
剖16	半淋溶土	黑土	草甸黑土	砂底草甸黑土	中层砂底草甸黑土	A	0—44	灰黑色	中壤土	粒状	6.1	69.7	3.19	1.49	19.8	38.6	冲积物、洪积物	E 131° 11′ 28.7″ N 46° 50′ 22.6″	95
						B	44—75	暗灰色	轻黏土	核状	6.8	12.1	0.56	1.17	19.8	32.8			
						C	75—118	棕黄色	松砂土	无结构	6.1	3.0							
剖17	半淋溶土	黑土	草甸黑土	黏底黑土	中层黏底草甸黑土	A_1	0—32	黑黑色	轻黏土	粒状	6.6	25.7	1.70	0.97	19.8		冲积物、洪积物	E 131° 05′ 10.3″ N 46° 45′ 23.8″	95
						AB	32—90	黄灰色	中黏土	小核状	6.6	12.4	0.96	0.79	19.8				
						B	90—150	棕黄色	中黏土	核状									
剖18	半淋溶土	黑土	黑土	黏底黑土	厚层黏底黑土	A_1	0—53	暗灰色	中壤土	粒状	6.2	37.2	1.68	0.99	18.0		冲积物、洪积物	E 130° 54′ 29.5″ N 46° 52′ 27.8″	93
						B	53—105	灰黑色	中黏土	核状	5.9	10.9	1.59	0.88	16.7				
						BC	105—150	棕黄色	重黏土	大核状	6.2	1.7	0.96	0.88	22.3				
剖19	半水成土	草甸土	潜育草甸土	低地潜育草甸土	厚层低地潜育草甸土	1	0—50		轻壤土		4.8	92.2	4.43	3.85		>50.0	河湖相沉积物	E 131° 00′ 39.6″ N 46° 44′ 02.0″	95
						2	60—70		轻壤土		5.1	37.7	1.35	2.54		46.5			
						3	100—110		轻壤土		5.8	8.9							
剖20	淋溶土	暗棕壤	暗棕壤			1	0—9		砂壤土		6.0	74.9	2.79	3.03		25.7	基岩风化残积物、坡积物	E 131° 02′ 26.5″ N 46° 41′ 24.4″	95
						2	10—20		紧砂土		6.3	16.3	0.28	2.53		8.3			
						3	24—34												
剖21	半水成土	草甸土	草甸土	沟谷草甸土	薄层沟谷草甸土	A_1	0—18	暗黑色	中壤土	小粒状	5.5	53.8	4.05	0.62	21.8		河湖相沉积物	E 131° 27′ 24.5″ N 47° 01′ 17.0″	95
						BCg	18—42	棕灰色	轻壤土	小粒状	5.7	49.4	3.48	1.42	23.6				
						C	42—70	棕灰色	中壤土		5.9	4.4	1.03	0.68					
剖22	半水成土	草甸土	草甸土	平地草甸土	厚层平地草甸土	1	0—50	暗黑色	轻壤土		6.2	29.4	1.76	1.22			河湖相沉积物	E 131° 16′ 19.6″ N 46° 58′ 08.0″	95
						2	180—190		轻壤土		6.4	15.5	0.79	1.84					
剖23	半水成土	草甸土	草甸土	平地草甸土	厚层平地草甸土	A_1	0—48	暗黑色	轻壤土	小团粒状							河湖相沉积物	E 131° 20′ 17.5″ N 46° 57′ 42.1″	95
						BCg	48—104	暗黑色	轻壤土	团粒状									
						C	104—150	棕红色	轻壤土	小粒状									
剖24	半淋溶土	草甸土	草甸黑土	黏底草甸黑土	中层黏底草甸黑土	A_1	0—32	灰黑色	重壤土	团粒状	6.1	34.1	1.76	1.23	23.2	35.0	河湖相沉积物	E 131° 17′ 17.2″ N 46° 53′ 58.2″	95
						BCg	32—78	暗黑色	中黏土	核状	6.1	17.0	0.78	1.17	21.4				
						C	78—130	黄黄色	轻黏土	核状	6.2	9.3			24.3				
剖25	半水成土	黑土	草甸黑土	黏底草甸黑土	中层黏底草甸黑土	A_1	0—44	灰黑色	重黏土	粒状	6.5	25.9	1.74	>4.00			冲积物、洪积物	E 131° 20′ 12.8″ N 46° 49′ 19.2″	95
						AB	44—70	暗黑色	中黏土	核状	6.4	10.5	1.22	0.72					
						C	100—	棕黄色	轻黏土	核状	6.1	5.4	0.85	0.75					
剖26	半淋溶土	黑土	黑土	砂底黑土	薄层砂底黑土	A_1	0—29	黑黑色	重黏土	粒状	6.6	46.4	2.93	1.15	21.6		冲积物、洪积物	E 131° 22′ 34.7″ N 46° 43′ 13.1″	95
						B	29—92	暗黑色	重黏土	核状	6.4	16.4	2.42	0.94	20.6				
						C	92—	棕黄色	砂壤土		6.4	8.5	1.87	1.00	5.8				

续表 Continued

剖面号 Soil profile	土纲 Soil order	土类 Soil great group	亚类 Soil subgroup	土属 Soil genus	土种 Soil species	土层码 Layer code	土层厚度 Depth/cm	颜色 Soil color	质地 Soil texture	土壤结构 Soil structure	pH	有机质 OM/(g/kg)	全氮 TN/(g/kg)	全磷 TP/(g/kg)	全钾 TK/(g/kg)	阳离子交换量CEC/(cmol/kg)	土壤母质 Parent material	剖面点坐标 Profile coordinate	匹配指数 Matching index/%
剖27	半淋溶土	黑土	白浆化黑土	砂底白浆化黑土	薄层砂底白浆化黑土	A₁	0—28	灰色	轻黏土	小粒状							冲积物、洪积物	E 131°12′52.2″ N 46°46′42.6″	95
						AwB	28—39	灰白色	中壤土	粒状									
						B	39—75	灰棕色	重壤土	核状									
						BC	75—	棕黄色	细砂土										
剖28	半淋溶土	黑土	草甸黑土	黏底草甸黑土	中层黏底草甸黑土	1	0—32		轻黏土		6.3	36.8	1.37	1.53			冲积物、洪积物	E 131°26′37.3″ N 46°43′34.7″	95
						2	50—60		轻黏土		6.0	18.0	0.97	1.10					
						3	148—158		轻黏土		5.9	8.5							
剖29	水成土	泥炭土	草类泥炭土	芦苇草类泥炭土	中层芦苇草类泥炭土	At	0—125	黑棕色	重壤土	海绵状	6.1	390.0	15.22	>4.00	30.7			E 131°24′56.9″ N 46°37′59.9″	75
						G	125—	暗黑色	轻黏土		6.1	136.2	6.38	0.57	27.9				
剖30	淋溶土	暗棕壤	暗棕壤			Ao	0—3	灰棕色									基岩风化残积物、坡积物	E 131°31′57.0″ N 46°51′16.6″	75
						A₁	3—15	黑灰色	轻壤土	粒状	6.2	58.6	2.76	1.73		22.4			
						B	15—34	暗棕色	轻壤土	核状	6.3	9.9	0.23	1.16		11.9			
						C	34—		砂壤土										

宝 清 县

主要土类说明

暗棕壤是宝清县主要土壤类型，占本县地域面积的37%，主要分布在海拔150m以上的山地丘陵或平原残丘。成土母质为岩石风化残积物或坡积物，一般质地较粗。所处地形坡度较大，排水良好，土体经常处于氧化状态，氧化铁在剖面中相对富集而使土体呈棕色。自然植被为阔叶林木及草本植物。其表层土壤腐殖质积累明显，由于腐殖质养分含量高，盐基丰富，中和了微生物活动产生的有机酸，被中和的有机酸进入土层后，不能引起黏土矿物的分解破坏，因此不足以引起灰化作用，只能发生黏粒及部分元素的淋溶，使土壤发生黏化现象。本县暗棕壤分为暗棕壤性土、暗棕壤、草甸暗棕壤、白浆化暗棕壤等亚类。

草甸土是宝清县第二大土壤类型，占本县地域面积的36%。成土母质为沉积物和冲积物，质地从粗砂到黏土均有。草甸土的成土过程主要是草甸化过程。因所处地带地下水位较高，潜水参与土壤形成过程，受地下水升降与浸润作用，成土过程具有明显腐殖质积累和铁锰氧化还原作用特点，土体出现锈色斑纹层。本县草甸土分为草甸土、白浆化草甸土、石灰性草甸土、潜育草甸土、沟谷草甸土等亚类。

沼泽土是宝清县第三大土壤类型，占本县地域面积的11%。沼泽土的成土过程主要是泥炭化过程和潜育化过程。由于地形低洼，土壤过湿或地表季节性积水，成土过程以还原过程为主，氧化铁还原成低价亚铁，一部分随地下水下渗，一部分随毛管水上升，在上层聚积并氧化成氧化铁，形成斑点状、细条状的锈纹和结核。此外，在潜育层内的丁酸细菌等活动下产生氢气、甲烷、硫化氢、二氧化碳和有机酸等成分，这些成分作用于母质中的矿物，铁被还原并形成亚铁盐类，其中包括蓝铁矿和菱铁矿，形成灰蓝色的潜育层。本县沼泽土分为草甸沼泽土、泥炭沼泽土、泥炭腐殖质沼泽土等亚类。

白浆土占本县地域面积的9%。成土母质主要为第四纪沉积黏土。白浆土的成土过程主要是腐殖化过程和白浆化过程。本县白浆土分为白浆土、草甸白浆土、潜育白浆土等亚类。

黑土占本县地域面积的6%。成土母质多为第四纪黄土状沉积物。黑土的成土过程主要是腐殖质积累过程和潴育淋溶过程。本县黑土分为棕壤型黑土、白浆化黑土、黑土、草甸黑土等亚类。

小于本县地域面积3%的土壤类型有水稻土。

本区域中心区气候特征

本区域中心区气候特征值
Regional climate characteristics in central area of the region

气候带：中温带亚干旱气候 Climate region: Mid temperate subarid climate	
年平均气温 /℃ Annual average temperature /℃	3.5
年平均最高气温 /℃ Annual average maximum temperature /℃	8.9
年平均最低气温 /℃ Annual average minimum temperature /℃	-1.6
年降水量 /mm Annual precipitation /mm	527
≥10℃的积温 /℃ Daily temperature accumulated in a year (≥10℃) /℃	1255
年日照时数 /h Annual sunshine /h	2448
年平均相对湿度 /% Annual average relative humidity /%	66
干燥度 Dryness	0.40

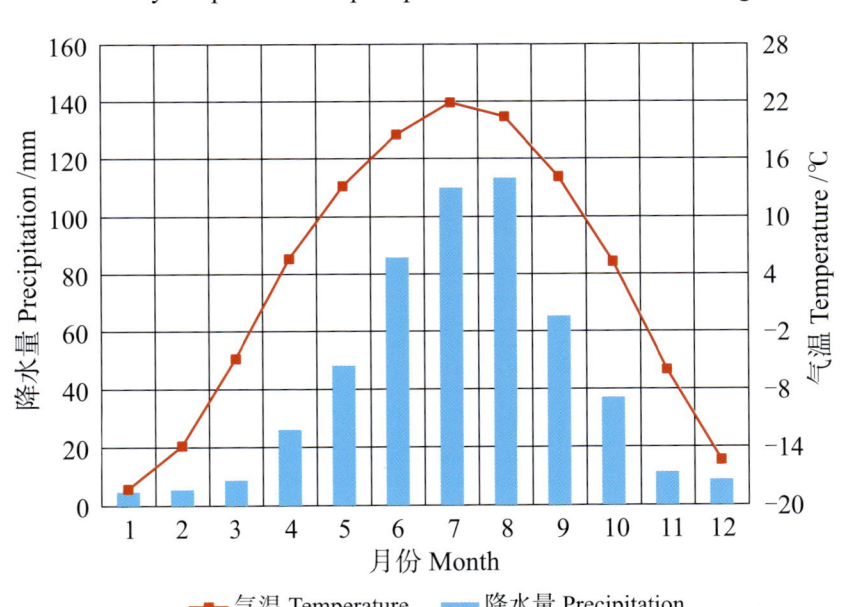

本区域中心区月平均气温与月平均降水量
Monthly temperature and precipitation in central area of the region

宝清县主要土壤类型与土壤剖面点分布图

1∶580 000

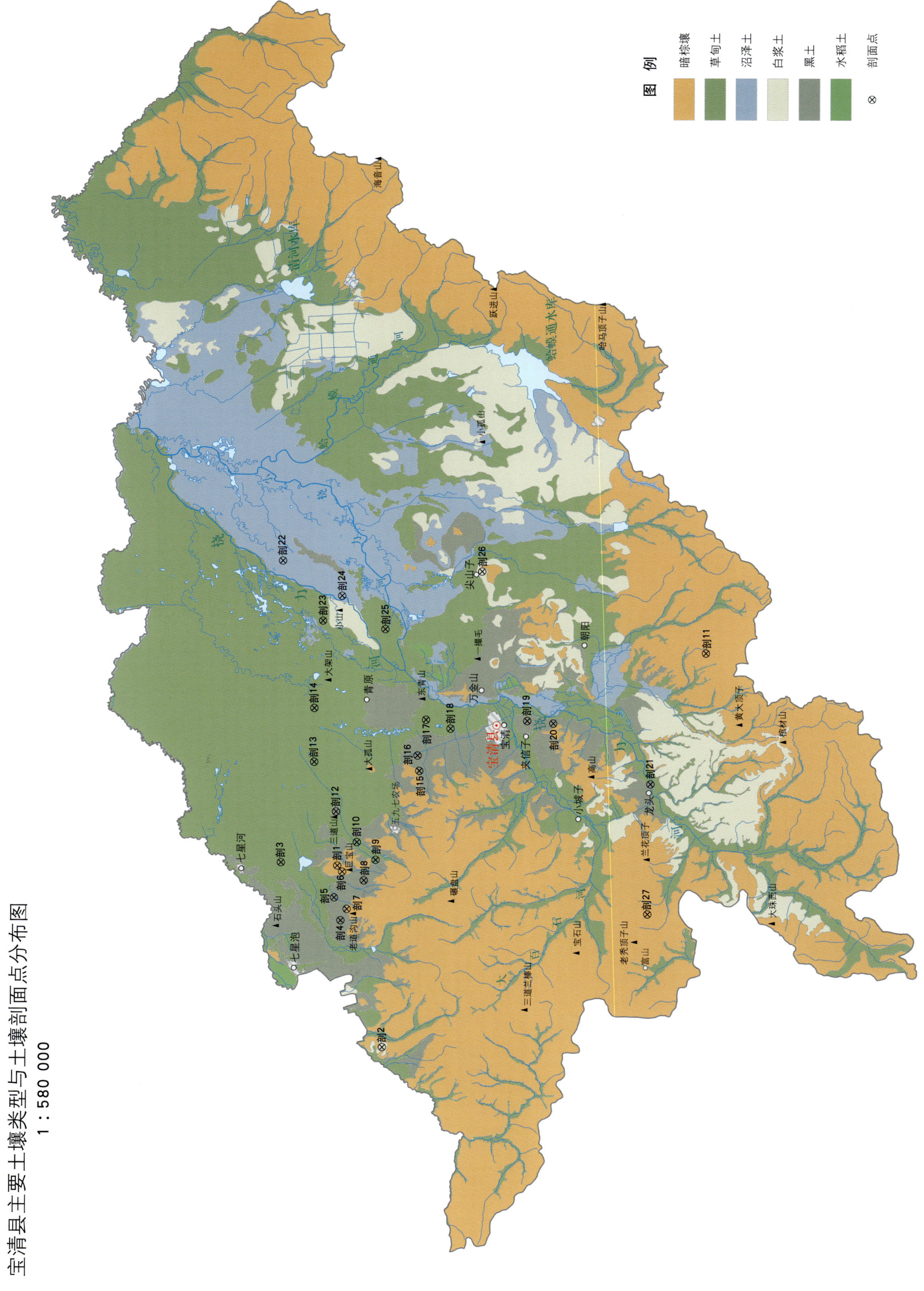

图 例: 暗棕壤　草甸土　沼泽土　白浆土　黑土　水稻土　剖面点

宝清县土壤剖面理化性状表

剖面号 Soil profile	土纲 Soil order	土类 Soil great group	亚类 Soil subgroup	土层码 Layer code	土层厚度 Depth/cm	颜色 Soil color	质地 Soil texture	土壤结构 Soil structure	pH	有机质 OM/(g/kg)	全氮 TN/(g/kg)	全磷 TP/(g/kg)	全钾 TK/(g/kg)	碱解氮 AN/(mg/kg)	有效磷 AP/(mg/kg)	速效钾 AK/(mg/kg)	土壤母质 Parent material	剖面点坐标 Profile coordinate	匹配指数 Matching index/%
剖1	淋溶土	暗棕壤	暗棕壤	O	0—2												坡积物、洪积物	E 131°56′12.8″ N 46°30′46.8″	75
				Ao	2—9	暗棕色		团粒状											
				C	9—														
剖2	淋溶土	白浆土	草甸白浆土	1	0—30				6.6		1.72	0.31	17.7	100	7.0	61	洪积物、冲积物	E 131°36′58.3″ N 46°26′55.7″	75
				2	30—62				7.1		1.69	0.24	15.1	76	<1.0	114			
				3	62—108				8.0		1.29	0.31	17.4	30	4.0	101			
				4	108—143				8.0		0.99	0.39	17.2	15	6.5	78			
剖3	半水成土	草甸土	潜育草甸土	A₁	0—37	灰黑色		团块状		31.1	1.74	0.74	17.2	76	22.2	219	河湖相沉积物	E 131°56′26.2″ N 46°35′06.0″	95
				ABg	37—65	灰黄色		棱块状		17.2	0.97	0.76	16.1						
				Bg	65—98			无明显结构		7.8	0.27		15.6						
剖4	半淋溶土	黑土	棕壤型黑土	A	0—25		中黏土			35.0	2.08	0.66	14.9	197	23.7	151	冲积物、洪积物	E 131°50′24.7″ N 46°30′27.4″	93
				AB	45—55		中黏土	核块状		17.5									
				B	110—125		中黏土	不明显结构		13.4									
剖5	半淋溶土	黑土	棕壤型黑土	A	0—35	暗灰色		粒状、团块状									冲积物、洪积物	E 131°52′50.2″ N 46°31′00.8″	93
				AB	35—76	灰棕色		团块状											
				B	76—120	褐棕色		核块状											
				BC	120—	黄棕色		不明显结构											
剖6	淋溶土	暗棕壤	草甸暗棕壤	1	0—20	暗黑色	重壤土	粒状	6.3	52.8	3.60	0.65	17.7	227	17.0	204	坡积物、洪积物	E 131°55′40.8″ N 46°30′30.2″	75
				2	57—95	棕黑色	重壤土	团块状	6.4	7.9	1.92	0.40	15.6	60	11.8	140			
				3	95—113	褐棕色	轻黏土	块状	6.4	7.9	1.01	0.46	14.8	30	20.0	128			
剖7	淋溶土	暗棕壤	草甸暗棕壤	A	0—25	灰黑色	轻黏土	团块状	6.4	44.3	4.65	0.86	13.2	192	8.3	82	残积物	E 131°51′40.0″ N 46°30′02.2″	75
				AB	25—45		轻黏土	核块状	6.4	41.1	2.45	0.99	15.3						
				B	45—			核块状	6.6				12.9						
剖8	半淋溶土	黑土	黑土	A₁	0—53			无明显结构									洪积物、冲积物	E 131°54′48.6″ N 46°28′51.6″	95
				AB	53—107			粒状、团块状											
				B	107—167			团块状											
				C	167—			无明显结构											
剖9	半淋溶土	草甸土	沟谷草甸土	A	0—40	灰黑色		块状	6.7	49.6	2.59	0.65	14.4	264	4.9	98	洪积物、冲积物	E 131°57′09.4″ N 46°28′02.6″	95
				AB	40—75	暗灰色		团块状	7.3	16.9	0.71	0.38	14.8						
				Cw	75—97	锈灰色		无明显结构	7.3	15.6									
剖10	半水成土	草甸土	白浆化草甸土	A	5—15		重壤土		7.6	12.0							洪积物、冲积物	E 131°58′59.5″ N 46°29′30.1″	95
				B	25—30		轻黏土												
				C	60—65														
				Cw	85—90		重壤土												
剖11	淋溶土	暗棕壤	暗棕壤	O	0—4												残积物、冲积物	E 132°20′44.2″ N 46°03′58.0″	95
				Ao	4—26	暗灰色		核块状		40.6	2.02	0.66	14.4	209	17.6	145			
				B	26—58	黄棕色	轻黏土			20.7	1.42	0.62							
				C	58—		轻黏土												
剖12	半淋溶土	黑土	棕壤型黑土	A	0—20												冲积物、洪积物	E 132°02′12.5″ N 46°31′09.1″	93
				AB	30—40					15.7									
				B	90—100														

续表 Continued

剖面号 Soil profile	土纲 Soil order	土类 Soil great group	亚类 Soil subgroup	土层码 Layer code	土层厚度 Depth/cm	颜色 Soil color	质地 Soil texture	土壤结构 Soil structure	pH	有机质 OM/(g/kg)	全氮 TN/(g/kg)	全磷 TP/(g/kg)	全钾 TK/(g/kg)	碱解氮 AN/(mg/kg)	有效磷 AP/(mg/kg)	速效钾 AK/(mg/kg)	土壤母质 Parent material	剖面点坐标 Profile coordinate	匹配指数 Matching index/%
剖13	半水成土	草甸土	石灰性草甸土	Aca	0—35	灰黑色	轻黏土	无明显结构									河湖相沉积物	E 132°07′30.0″ N 46°32′56.0″	95
				ABca	35—79	黄灰色	中壤土	核块状											
				B	79—		中壤土												
剖14	半水成土	草甸土	白浆化草甸土	A	0—35		轻黏土										沉积物	E 132°13′17.4″ N 46°33′05.0″	95
				Aw	35—50		轻黏土												
				B	50—120		中壤土												
剖15	半淋溶土	黑土	白浆化黑土	A_1	0—29	黑灰色	轻黏土	粒状、团块状	6.5	34.2	1.89	0.46		177	24.0	16	洪积物、冲积物	E 132°07′00.1″ N 46°25′03.4″	95
				Aw	29—45	浅灰色	轻黏土	不明显片状	6.4	15.6	0.89	0.31							
				B	45—120	棕褐色	中壤土	小核块	6.4	15.6									
				BC	120—155	黄棕色	中壤土	块状											
				C	155—	棕黄色		无明显结构											
剖16	半淋溶土	黑土	草甸黑土	A_1	0—44	灰黄相间	中黏土	粒状、团块状									冲积物、洪积物	E 132°08′38.0″ N 46°25′13.4″	95
				AB_1	44—70	黑黄相间	中黏土	块状											
				AB_2	70—95	黑黄相间	中黏土	块状											
				B	95—145	灰黄色		核状											
剖17	半水成土	草甸土	草甸土	A	0—16		中壤土		6.4	51.1	2.73	0.76	14.4	276	19.4	58	第四纪黄土状沉积物	E 132°12′30.2″ N 46°24′41.8″	95
				B	16—30		中壤土		6.7	5.9	0.98	0.67	14.9						
				C	30—		砂土		7.3	2.8	0.13	0.98	18.3						
剖18	半水成土	草甸土	潜育草甸土	A	10—20		轻黏土										冲积物、洪积物	E 132°11′40.6″ N 46°22′51.2″	95
				ABg	40—50		轻黏土												
				Bg	75—85		轻黏土												
剖19	半淋溶土	黑土	黑土	A	35—50		中黏土	粒状、团块状	6.9	65.2	2.59	1.48		218	38.0	21	第四纪黄土状沉积物	E 132°12′48.6″ N 46°17′08.5″	95
				AB	75—85		中黏土	块状		13.2									
剖20	半淋溶土	黑土	草甸黑土	A	10—30		中黏土	块状	7.7	77.2	5.17	0.92	14.2	>400	21.7	145	第四纪黄土状沉积物	E 132°12′38.2″ N 46°15′11.2″	93
				AB	70—90		中黏土	核状		12.7									
剖21	半淋溶土	黑土	草甸沼泽土	A	10—25		轻黏土		6.7	42.5	2.50	1.49		222	51.0	17	第四纪黄土状沉积物	E 132°06′31.7″ N 46°07′44.0″	95
				AB	40—60		轻黏土			16.7									
				B	80—95					13.0									
剖22	水成土	沼泽土	泥炭沼泽土	At	0—43	灰黑色											沉积物	E 132°29′08.5″ N 46°35′50.3″	75
				G	43—	灰蓝色		无结构											
剖23	半水成土	草甸土	草甸土	1	0—20		中黏土	核块状	6.1	51.2	4.16	0.70	14.9	119	5.0	122	冲积物、洪积物	E 132°22′47.6″ N 46°32′41.3″	95
				2	42—65		中黏土	团块状	8.1	10.0	1.18	0.48	16.2	55	8.0	96			
				3	65—105			核状	7.9	7.2	0.95	0.44	17.4	37	9.0	106			
剖24	水成土	沼泽土	草甸沼泽土	At	5—13	锈色	轻黏土	片状		178.8	5.35	1.09	9.0	400	20.8	136	沉积物	E 132°25′33.2″ N 46°31′19.2″	75
				A	20—30	锈棕色	中黏土			16.5	3.96	1.10	9.1	235	4.0	111			
				G	40—50	灰黄色	中黏土			<1.0	0.77	0.27	8.8	59		191			
剖25	半水成土	草甸土	草甸土	A	0—42	灰黑色	轻黏土	核块状									冲积物、洪积物	E 132°22′07.0″ N 46°28′00.1″	95
				Cw	42—61	锈色棕色	中黏土	团块状											
				AB	61—122	灰黄色		核状											
剖26	淋溶土	白浆土	草甸白浆土	A_1	0—26	黑灰色	中黏土	粒状、团块状	8.3	40.1	2.44	0.73	14.0	225	7.8	81	洪积物、冲积物	E 132°28′44.0″ N 46°20′54.6″	96
				Aw	26—52	浅灰色	轻黏土	片状	7.9	19.8	0.80	0.31	13.2						
				B	52—120	棕褐色	中黏土	核块状	7.6	9.2									
剖27	淋溶土	暗棕壤	白浆化暗棕壤	A	0—20												残积物	E 131°52′30.0″ N 46°07′32.9″	95
				Aw	20—43														
				B	43—100														
				C	100—120				7.6	8.6									

饶 河 县

主要土类说明

白浆土是饶河县主要土壤类型，占本县地域面积的26%。成土母质主要为第四纪沉积黏土，上部土层厚度多在1.5m以上。白浆土分布区自然植被茂密，表层有机质积累过程明显。其形成过程包括腐殖化过程和白浆化过程。由于母质质地黏重，透水不良，在降水较多的季节，上层土壤经常处于干湿交替过程中，促进了氧化还原作用交替发生。当上层滞水处于还原状态时，三价铁锰氧化物被还原成二价氧化物，除一部分随水侧流淋洗出土体外，大部分在干燥时又被氧化，形成铁锰结核，从而使白浆土的亚表层脱色形成白浆层。同时，土壤黏粒也出现明显移动，一部分黏粒被移出土体，一部分随下渗水沿结构裂隙下移，使淀积层黏粒增多，结构面可见明显胶膜。

草甸土是饶河县第二大土壤类型，占本县地域面积的18%。其形成过程主要是草甸化过程。繁茂的草甸植被死亡后，大量有机质残留在地表和土壤上层，形成较厚的腐殖质层。由于腐殖质组成多为胡敏酸，与钙结合形成团粒结构，因此草甸土既富有养分，又具有良好的物理性状。因所处地带地下水位较高，潜水参与土壤形成过程，受地下水升降与浸润作用，成土过程具有明显腐殖质积累和铁锰氧化还原作用特点，土体出现锈色斑纹层。本县草甸土分为草甸土、白浆化草甸土、潜育草甸土、泛滥地草甸土等亚类。

暗棕壤是饶河县第三大土壤类型，占本县地域面积的11%。暗棕壤是在温带湿润地区针阔叶混交林下发育形成的具有明显有机质富集和弱酸性淋溶特征的土壤，具O-A-B-C剖面构型。成土母质为岩石风化物或坡积物，一般质地较粗。所处地形坡度较大，排水良好，土体经常处于氧化状态，氧化铁在剖面中相对积累使土体呈棕色。A层有机质含量可达100g/kg，弱酸性淋溶使铁铝轻微下移；B层呈棕色，结构面见铁锰胶膜。土壤呈弱酸性，盐基饱和度为70%—80%。根据成土过程的不同，本县暗棕壤分为暗棕壤、白浆化暗棕壤、草甸暗棕壤等亚类。

沼泽土占本县地域面积的3%。沼泽土所处地势低洼，长期地表积水，喜湿植被生长繁茂。地表有机质积累明显，甚至可见泥炭层或腐泥层，还原作用强烈，形成潜育层，剖面构型为H-G。

小于本县地域面积3%的土壤类型有新积土、水稻土、泥炭土。

本区域中心区气候特征

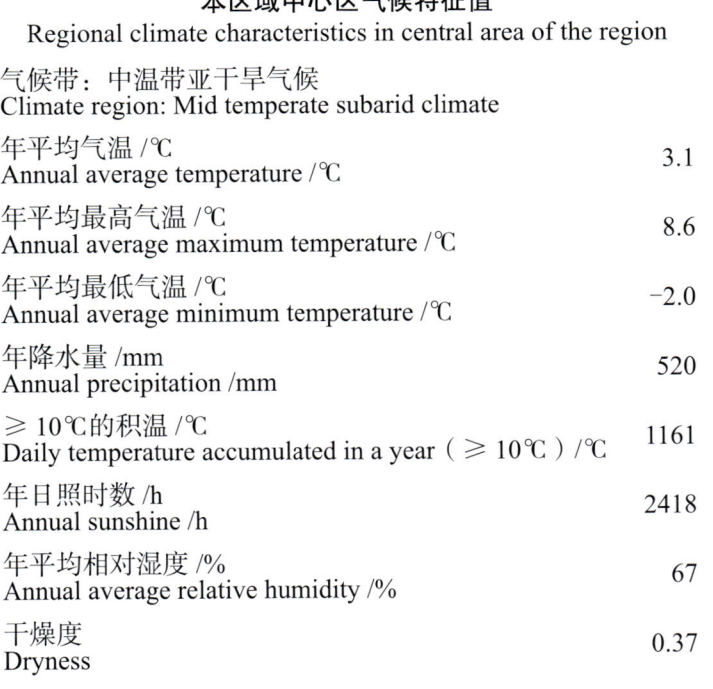

本区域中心区气候特征值
Regional climate characteristics in central area of the region

气候带：中温带亚干旱气候 Climate region: Mid temperate subarid climate	
年平均气温 /℃ Annual average temperature /℃	3.1
年平均最高气温 /℃ Annual average maximum temperature /℃	8.6
年平均最低气温 /℃ Annual average minimum temperature /℃	-2.0
年降水量 /mm Annual precipitation /mm	520
≥10℃的积温 /℃ Daily temperature accumulated in a year (≥10℃) /℃	1161
年日照时数 /h Annual sunshine /h	2418
年平均相对湿度 /% Annual average relative humidity /%	67
干燥度 Dryness	0.37

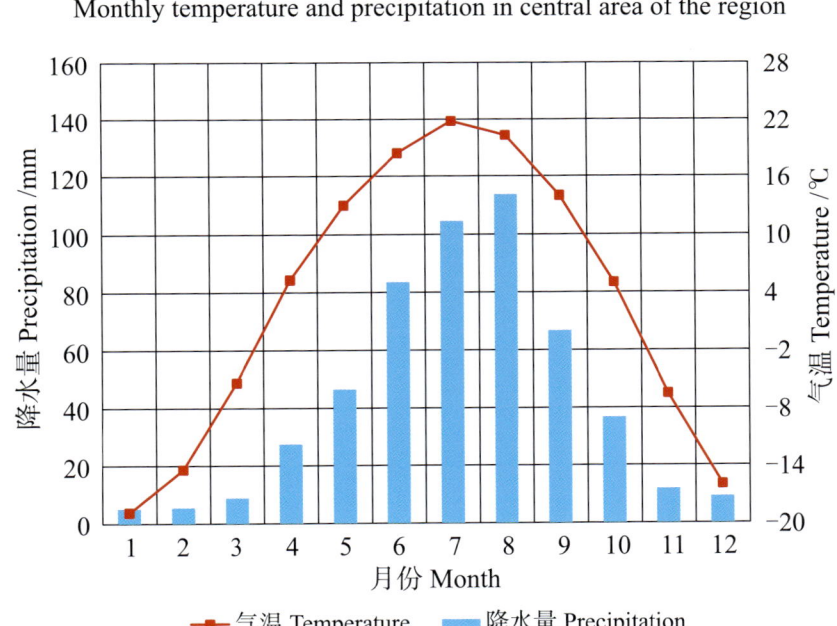

本区域中心区月平均气温与月平均降水量
Monthly temperature and precipitation in central area of the region

饶河县主要土壤类型与土壤剖面点分布图
1:410 000

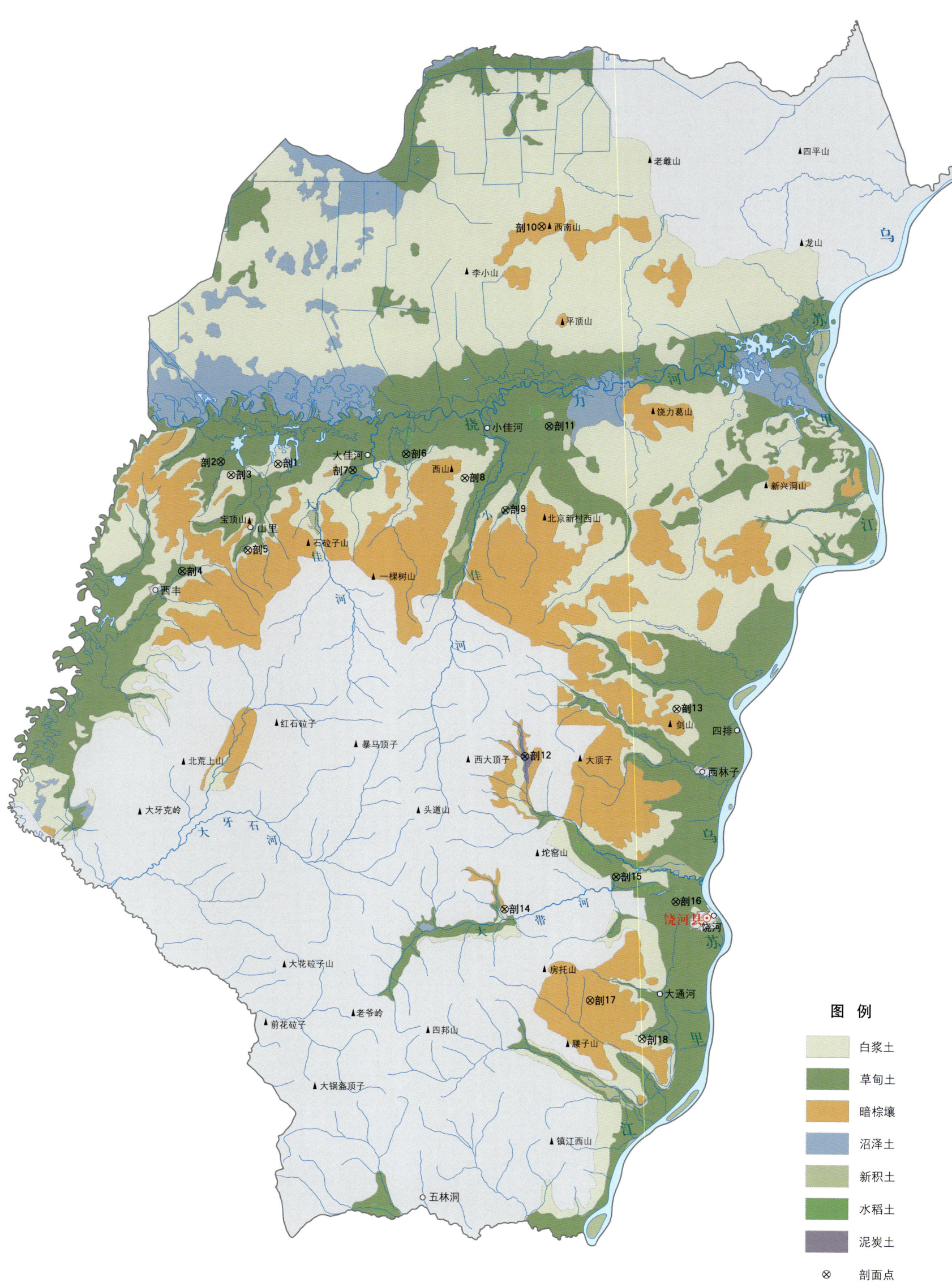

饶河县土壤剖面理化性状表

剖面号 Soil profile	土纲 Soil order	土类 Soil great group	亚类 Soil subgroup	土属 Soil genus	土种 Soil species	土层码 Layer code	土层厚度 Depth/cm	颜色 Soil color	质地 Soil texture	土壤结构 Soil structure	pH	有机质 OM/(g/kg)	全氮 TN/(g/kg)	全磷 TP/(g/kg)	全钾 TK/(g/kg)	碱解氮 AN/(mg/kg)	土壤母质 Parent material	剖面点坐标 Profile coordinate	匹配指数 Matching index/%
剖1	淋溶土	白浆土	潜育白浆土			A₁	0—12	灰色		小团块状							河湖相沉积物	E 133°27′09.4″ N 47°10′49.8″	95
						Aw	12—30	蓝灰色		小块状									
						B	30—												
剖2	半水成土	草甸土	白浆化草甸土			Ap	0—12				5.0	34.0	2.70	0.48	9.1	151	沉积物	E 133°22′48.4″ N 47°10′52.0″	95
						Aw	20—30				5.1	21.0	1.20	0.52	14.9	96			
						B	40—50				5.0	8.0	1.00	0.44	10.0	71			
剖3	淋溶土	白浆土	白浆土	岗地白浆土	薄层岗地白浆	Ap	0—12				6.5	9.8	0.60	0.65	10.9	149	河湖相沉积物	E 133°23′36.2″ N 47°10′12.4″	95
						Aw	15—25				6.5	4.8	0.90	0.31	7.5	61			
						B	60—95				6.5			0.39	8.7	114			
剖4	半水成土	草甸土	草甸土			Ap	0—20				5.1	100.0	5.08	2.05	14.1	>400	沉积物	E 133°20′05.6″ N 47°05′10.0″	95
						B	25—40				<4.5	16.0	1.03	0.79	10.8	89			
剖5	淋溶土	白浆土	草甸白浆土			Ap	0—17				5.0	29.0	2.40	0.70	13.3	154	第四纪沉积黏土	E 133°25′00.5″ N 47°06′19.4″	96
						Aw	17—23		黏土	块状	5.1	28.0	1.20	0.57	9.1	86			
						B	55—75	灰色		不明显片状	4.9	3.6	0.90	0.52	10.8	77			
剖6	半水成土	草甸土	白浆化草甸土			Ap	0—24	浅灰色		小块状							沉积物	E 133°36′50.8″ N 47°11′29.8″	95
						Aw	24—50	灰褐色											
						B	50—												
剖7	半水成土	草甸土	白浆化草甸土			Ap	0—15		重壤土	粒状	5.7	47.0	2.00	0.57	10.8	124	沉积物	E 133°32′49.6″ N 47°10′36.5″	95
						Aw	25—35			片状	5.3	7.0	0.80	0.44	10.6				
						B	50—65				5.3	4.0	0.80	0.52	10.8	219			
剖8	淋溶土	白浆土	草甸白浆土			Ap	0—20	暗灰色		小核块状							河湖相沉积物	E 133°41′20.0″ N 47°10′18.5″	95
						Aw	20—35	浅灰色											
						B	35—85	棕褐色											
剖9	半水成土	草甸土	潜育草甸土			Ap	0—15				5.2	129.0	5.60	0.92	13.3	79	河湖相沉积物	E 133°44′29.0″ N 47°08′41.6″	95
						Bg	25—40				5.4	12.0	0.80	0.61	10.6	296			
剖10	暗棕壤	暗棕壤	草甸暗棕壤			Ap	0—16				4.6	57.4	3.60	1.88	14.1	202	岩石风化物或坡积物	E 133°46′47.3″ N 47°23′22.9″	95
						B	25—35				5.0	12.9	0.80	0.04	13.3	93			
						C	50—60				4.9	6.0	0.80	0.87	11.9	67			
剖11	半水成土	草甸土	潜育草甸土			A₁	4—14				4.6	79.0	4.10	1.09	10.3	60	河湖相沉积物	E 133°47′39.9″ N 47°13′05.2″	95
						Bg	30—40				4.9	15.0	0.70	0.61	7.5	113			
剖12	水成土	泥炭土	草类泥炭土	芦苇苔草泥炭土		At	0—42	灰蓝色		粒状、团块状								E 133°46′21.0″ N 46°56′01.0″	75
						G	42—	暗灰色	黏土	片状									
剖13	淋溶土	白浆土	白浆土	岗地白浆土		Ap	0—15	灰白色		核状							河湖相沉积物	E 133°57′46.1″ N 46°58′37.2″	95
						Aw	15—50	灰色		粒状									
						B	50—												
剖14	淋溶土	暗棕壤	暗棕壤			A₁	0—15	灰棕色		块状							岩石风化物或坡积物	E 133°45′04.0″ N 46°48′06.1″	75
						B	15—65	灰黑色	黏土										
						C	65—												
剖15	半水成土	草甸土	潜育草甸土			A₁	0—30	灰色		小块状							洪积物、冲积物	E 133°53′25.8″ N 46°49′54.1″	75
						ABg	30—105	灰蓝色											
						Bg	105—												

续表 Continued

剖面号 Soil profile	土纲 Soil order	土类 Soil great group	亚类 Soil subgroup	土属 Soil genus	土种 Soil species	土层码 Layer code	土层厚度 Depth/cm	颜色 Soil color	质地 Soil texture	土壤结构 Soil structure	pH	有机质 OM/(g/kg)	全氮 TN/(g/kg)	全磷 TP/(g/kg)	全钾 TK/(g/kg)	碱解氮 AN/(mg/kg)	土壤母质 Parent material	剖面点坐标 Profile coordinate	匹配指数 Matching index/%
剖16	半水成土	草甸土	泛滥地草甸土			A_1	0—17	灰色		块状								E 133°57′58.3″ N 46°48′39.6″	75
						AC	17—50		黏土	小块状									
						C	50—												
剖17	淋溶土	暗棕壤	暗棕壤			A_1	8—18				6.5	113.5	5.12	0.83	8.0	225	岩石风化物或坡积物	E 133°51′40.3″ N 46°43′27.5″	75
						B	30—60				6.5	28.3	1.27	0.54	9.1	121			
剖18	淋溶土	白浆土	草甸白浆土			Ap	0—15				4.8	15.0	1.20	0.61	13.3	78	河湖相沉积物	E 133°55′38.3″ N 46°41′33.4″	95
						Aw	25—45				4.8	6.0	1.00	0.39	12.4	59			
						B	65—70				4.8	9.0	1.00	0.44	11.6	71			

大 庆 市

肇 州 县

主要土类说明

黑钙土是肇州县主要土壤类型，占本县地域面积的70%，主要分布在本县东部昌五台地的局部缓岗和波状低平原的平岗地。成土母质为黄土状母质，地势较高，排水条件好，地下水位较低，一般为8—10m，矿化度较低，水质属钙质重碳酸盐类，成土过程不受地下水活动的直接影响。由于气候干旱，土体中石灰淋溶作用较弱，大部分钙与植物残体分解产生的碳酸结合成碳酸钙，呈白色假菌丝状在心土层或心土层以下的土层中淀积，形成一个明显的碳酸钙聚积层。黑钙土自表层就有石灰反应，土壤发育具有明显的石灰性黑钙土特征。

碱土是肇州县第二大土壤类型，占本县地域面积的20%，呈复区分布在碟形洼地的稍高处。由于地下水含有苏打，植物的蒸腾作用使盐分主要积累于根系分布层的下部。苏打的积累使pH显著升高，土壤溶液中大部分钙、镁离子转变为不溶性的碳酸盐形态而沉淀下来，大大提高了钠离子代换能力，使土壤胶体中的钙、镁离子被钠离子代换，形成钠胶体，从而使土壤高度碱化，这是本县碱土形成的主要过程。

草甸盐土是肇州县第三大土壤类型，占本县地域面积的4%，多呈斑状分布，与草甸土等呈复区分布在碟形洼地。土壤表层盐分含量大于7g/kg，一般为10—20g/kg，最高可达100g/kg左右（盐结皮）。其盐分分布特点为表层多，下层少，呈漏斗形曲线，是盐化土壤与碱化土壤的主要区别。本县草甸盐土以苏打草甸盐土为主，代换性钠含量高，1m土层碱化度为80%，物理性状很差，几乎不透水，具盐化与碱化双重特性。

草甸土占本县地域面积的4%。本县草甸土是在气候干旱、蒸发量大、淋溶作用弱的碳酸盐母质上发育起来的，土壤呈微碱性。

本区域中心区气候特征

本区域中心区气候特征值
Regional climate characteristics in central area of the region

气候带：中温带亚湿润气候 Climate region: Mid temperate subhumid climate	
年平均气温 /℃ Annual average temperature /℃	4.5
年平均最高气温 /℃ Annual average maximum temperature /℃	10.5
年平均最低气温 /℃ Annual average minimum temperature /℃	-1.1
年降水量 /mm Annual precipitation /mm	438
≥10℃的积温 /℃ Daily temperature accumulated in a year（≥10℃）/℃	1657
年日照时数 /h Annual sunshine /h	2714
年平均相对湿度 /% Annual average relative humidity /%	62
干燥度 Dryness	0.62

本区域中心区月平均气温与月平均降水量
Monthly temperature and precipitation in central area of the region

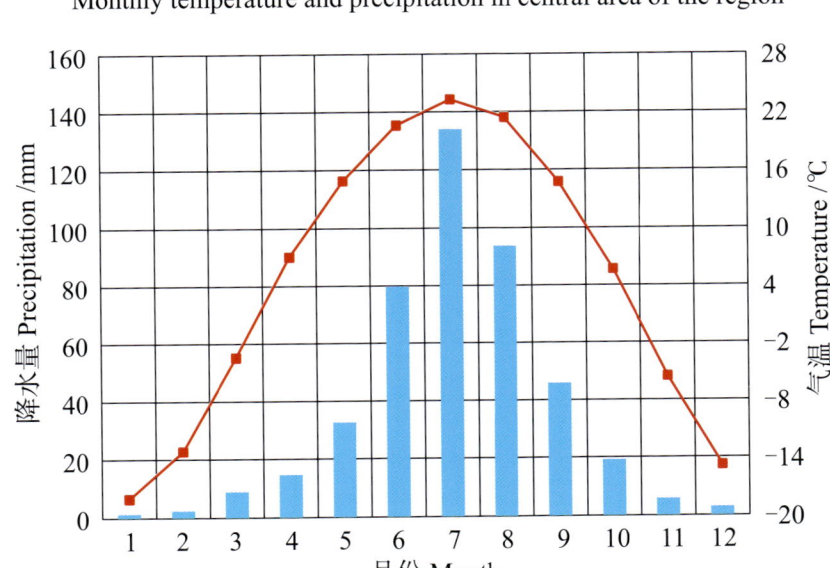

肇州县主要土壤类型与土壤剖面点分布图
1∶340 000

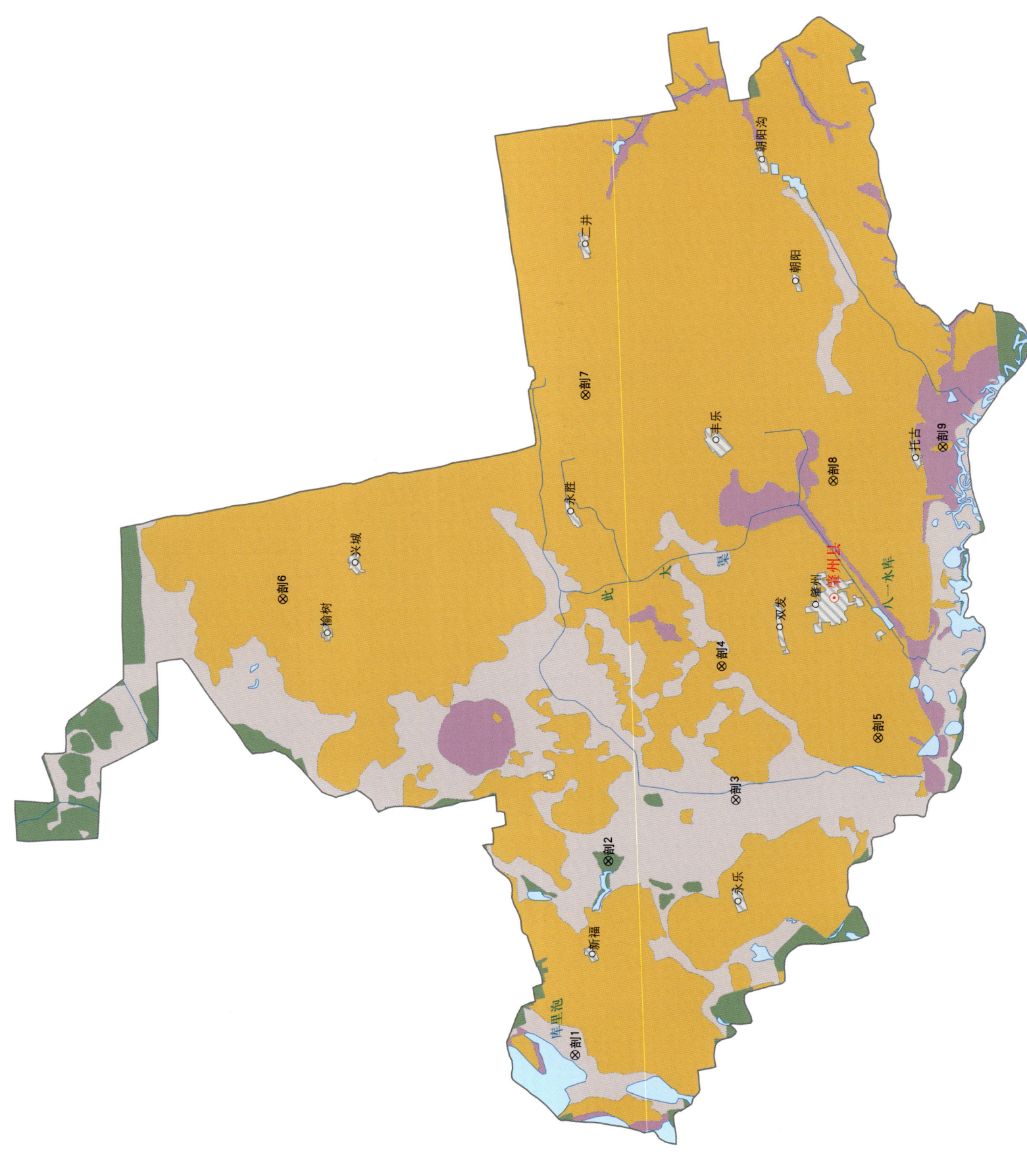

肇州县土壤剖面理化性状表

剖面号 Soil profile	土纲 Soil order	土类 Soil great group	亚类 Soil subgroup	土属 Soil genus	土种 Soil species	土层码 Layer code	土层厚度 Depth/cm	颜色 Soil color	质地 Soil texture	土壤结构 Soil structure	pH	有机质 OM/(g/kg)	全氮 TN/(g/kg)	全磷 TP/(g/kg)	全钾 TK/(g/kg)	碱解氮 AN/(mg/kg)	有效磷 AP/(mg/kg)	阳离子交换量 CEC/(cmol/kg)	土壤母质 Parent material	剖面点坐标 Profile coordinate	匹配指数 Matching index/%
剖1	盐碱土	碱土	草甸碱土	苏打草甸碱土	浅位柱状苏打草甸碱土	Aa	0—5	浅棕灰色	粉砂质壤土	不明显粒状	>9.5	10.8	0.57	0.40		26	3.7		苏打盐化沉积物	E 124°52′31.8″ N 45°52′12.7″	75
						B	5—20	黑灰色		柱状	9.4	7.3	0.31	0.60		19	8.5				
						B₂	20—36	棕灰色	重壤土	核状	9.0	6.9	0.45	0.44		33	1.6				
						C	36—69	棕灰色	重壤土	核块状	8.6	3.2	0.29	0.42		19	1.6				
						5	69—100	黄棕色	重壤土	核块状											
						6	100—122														
剖2	半水成土	草甸土	碱化草甸土	苏打碱化草甸土		A	0—10				8.8	21.7	0.87	1.04		106	2.5		苏打盐化沉积物	E 125°02′47.0″ N 45°50′51.0″	75
						AB	10—20				8.3	26.5	0.35	0.79		42	4.5				
						B	20—30				8.6	10.9	0.30	0.56		55	3.5				
						C	30—40				9.3	12.2	0.32	0.40		35	1.5				
剖3	盐碱土	碱土	草甸碱土	甸碱土	浅位碱土	An₁	0—5	灰黄棕色	壤质黏土	碎块状	>9.5	10.8	0.57	0.60					河湖相沉积物	E 125°05′50.3″ N 45°46′06.2″	95
						An₂	5—20	棕灰色	砂质黏土	块状	9.4	7.3	0.31	0.44							
						Cn	20—100	油黄棕色	砂质黏土	棱柱状	9.0	6.9	0.45	0.42							
						Cu	100—120	黄棕色	重壤土	无明显结构	8.6	3.2	0.29								
剖4	钙层土	黑钙土	石灰性黑钙土	火性黑黄土	火性黑黄土	A₁₁	0—15	灰黄棕色	黏壤土	屑粒状	8.4	23.0	1.80	0.72	23.1				黄土状沉积物	E 125°12′55.1″ N 45°46′31.4″	95
						AhB	15—45	油黄棕色	壤质黏土	块状	8.3	21.9	0.15	0.76	22.4			25.7			
						Bk	45—90	棕色	壤质黏土	块状	8.4	16.4	1.45	0.72	24.2			24.3			
						BC	125—170	油黄棕色	壤质黏土	块状	8.5	5.6	0.46	0.60							
剖5	钙层土	黑钙土	石灰性黑钙土	黄土质石灰性黑钙土	丰乐石灰性黑钙土	Aca	0—15	浅灰棕色	黏壤土	团块状		23.0	1.80	0.72					碳酸盐沉积物	E 125°08′56.8″ N 45°40′48.4″	81
						ABca	15—45	暗棕色	壤质黏土	核状	8.3	21.9	1.50	0.76				20.8			
						Bca	45—90	暗棕色	壤质黏土	核块状	8.4	16.4	1.45	0.72							
						BCca	90—125	暗黄棕色	壤质黏土	小核块状	8.5	5.6	0.46	0.60							
						Cca	125—170	暗黄棕色	黏壤土												
剖6	钙层土	黑钙土	草甸黑钙土	石灰性草甸黑钙土	中层石灰性草甸黑钙土	A	5—15				8.8	27.5	1.44	0.75		147	9.5		碳酸盐沉积物	E 125°17′00.6″ N 46°02′39.5″	95
						Ag	17—26				8.8	26.9	1.55	0.79		140	3.5				
						AB	40—50				8.9	20.9	1.36	0.60		89	4.0				
						B	120—130				>9.5	16.5	0.68	0.40		75	<1.0				
						C	160—170				9.0	8.7	1.00	0.52		58	<1.0				
剖7	钙层土	黑钙土	草甸黑钙土	石灰性草甸黑钙土	薄层石灰性草甸黑钙土	A	0—15	浅棕灰色	中壤土	粒状	8.4	21.7	1.50	0.72		194	7.0		碳酸盐沉积物	E 125°27′22.7″ N 45°51′18.4″	95
						Ag	15—45	灰棕色	重壤土	团块状	8.4	16.4	1.45	0.72		116	8.0	20.9			
						AB	45—90	浅黄棕色	重壤土	小核块状	8.5	5.6	0.46	0.60		72	5.0				
						C	90—125	棕色	重壤土	核块状											
剖8	钙层土	黑钙土	草甸黑钙土	石灰性草甸黑钙土	薄层石灰性草甸黑钙土	A	0—10	棕黄棕色			8.5	24.2	1.44	0.81		151	5.5	19.5	碳酸盐沉积物	E 125°22′30.0″ N 45°42′15.1″	95
						AB	30—40				8.4	10.9	4.90	0.48		39	2.5	21.2			
						B	60—70				8.5	5.2	0.23	0.60		22	3.5				
						C	110—120				9.0	3.0	0.19	0.44		26	4.0				
剖9	钙层土	黑钙土	草甸黑钙土	石灰性草甸黑钙土	厚石灰性草甸黑钙土	A	10—20			片状	8.5	21.5	1.40	1.17		104	7.6		碳酸盐沉积物	E 125°24′08.3″ N 45°38′10.3″	95
						AB	50—60				8.9	12.4	0.61	0.80		58	3.3				
						B	90—105				8.7	10.1	0.50	0.86		48	6.1				
						C	160—170				9.0	6.2	0.56	0.70		50	4.7				

肇 源 县

主要土类说明

草甸土是肇源县主要土壤类型，占本县地域面积的40%，广泛分布在沿江低平原和内部平地。草甸土是直接受地下水浸润并在草甸植被下发育形成的非地带性半水成型土壤。其主要成土过程为草甸化过程，并有盐化、碱化和潜育化等附加成土过程。草甸土有机质含量较高，比较肥沃，水分条件较好，是本县的主要耕作土壤。

黑钙土是肇源县第二大土壤类型，占本县地域面积的18%，主要分布在本县东北部、北部和西北部的岗地。黑钙土是在温带半湿润草甸草原下形成的具深厚均腐殖质层和碳酸钙淋溶淀积层的土壤。成土母质多为黄土状沉积物。其成土过程主要是腐殖质积累过程和钙的淋溶淀积过程。由于地形、水文地质条件不同，还有一些附加成土过程，如草甸化、盐化等过程。剖面构造主要有三个基本层次：黑土层、钙积层和母质层。

沼泽土是肇源县第三大土壤类型，占本县地域面积的10%。沼泽土是一种非地带性水成型土壤，主要分布在松嫩两江沿岸洪泛区的低洼地带，内部低洼地也有零星分布。沼泽土所处地形部位较低，地下水位高，沼泽植物生长繁茂，在地表积水和土壤过湿条件下，有利于有机质大量积累，在非积水季节，土体上部通气条件好，好气性微生物活动旺盛，有机质分解迅速，因此，本县沼泽土没有泥炭层，只有草根层和腐殖质层。土壤剖面下部由于水分过多，长期处于缺氧的嫌气状态，形成明显的潜育层；上部处于干湿交替、氧化还原交替状态，形成潜育化层次。

风沙土占本县地域面积的9%，主要分布在本县西部、西北部的岗地。风沙土是在风积沙性母质或经河流冲积、风力搬运堆积的沙性母质上发育起来的一种幼年土壤，是本县面积较大的低产土壤。

碱土占本县地域面积的5%，在本县多与草甸盐土、草甸土呈复区分布，也有较大面积的碱土单独存在。碱土主要有四个基本发生层次：①淋溶层或生草层；②碱化层，具柱状结构，呈强碱性；③盐分聚积层，呈碱性至强碱性；④母质层。碱土中的可溶性盐含量不高，以苏打为主。

新积土占本县地域面积的4%，主要分布在松嫩两江沿岸的泛滥地。新积土经常受洪水泛滥的影响，是形成时间较短的幼年土壤。其主要成土过程是冲积物的沉积过程，草甸化过程较弱。其主要特点为：①剖面冲积层次明显，同一层次土壤质地、颜色比较一致，相邻层次质地、颜色有明显差异；②土体较疏松，质地较轻，通透性良好；③土壤肥力不一，多数比较肥沃，质地越细，肥力越高；④土壤耕性好，不板结，质地绵软；⑤地下水位较高。

草甸盐土占本县地域面积的4%，主要分布在茂兴、大兴、头台等地的碱泡周围。

本区域中心区气候特征

本区域中心区气候特征值
Regional climate characteristics in central area of the region

气候带：中温带亚干旱气候 Climate region: Mid temperate subarid climate	
年平均气温 /℃ Annual average temperature /℃	4.9
年平均最高气温 /℃ Annual average maximum temperature /℃	10.9
年平均最低气温 /℃ Annual average minimum temperature /℃	-0.5
年降水量 /mm Annual precipitation /mm	418
≥10℃的积温 /℃ Daily temperature accumulated in a year（≥10℃）/℃	1907
年日照时数 /h Annual sunshine /h	2744
年平均相对湿度 /% Annual average relative humidity /%	61
干燥度 Dryness	0.71

本区域中心区月平均气温与月平均降水量
Monthly temperature and precipitation in central area of the region

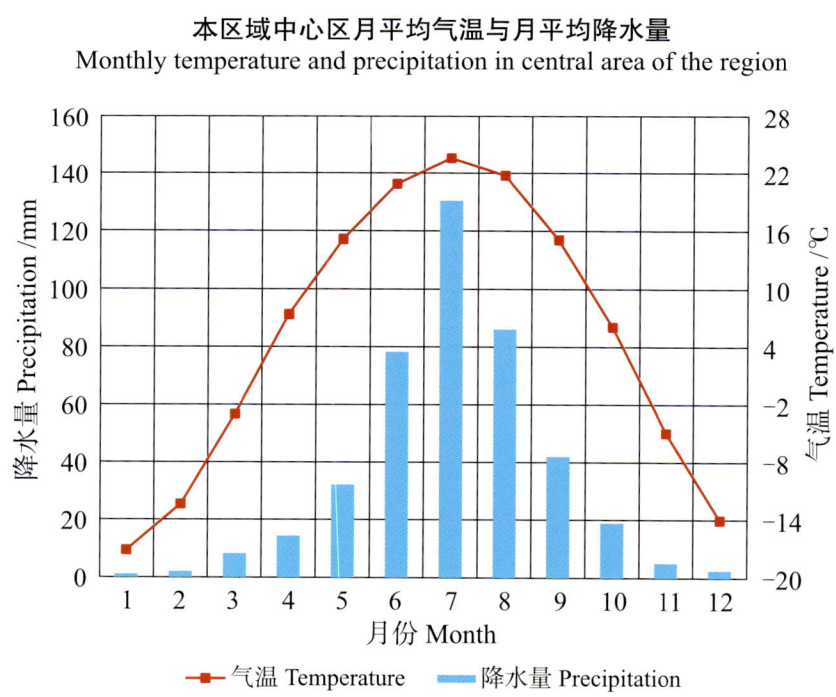

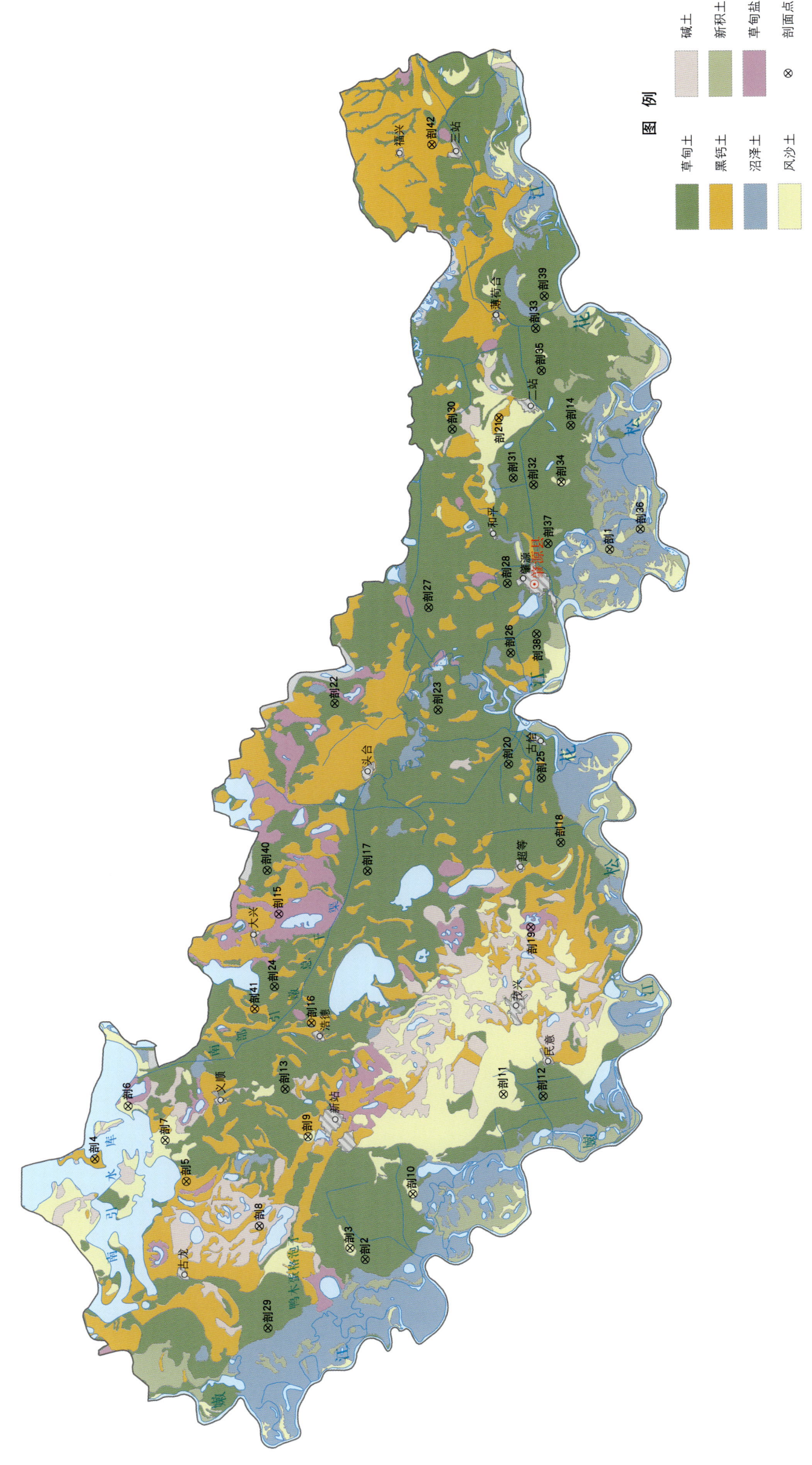

肇源县土壤剖面理化性状表

剖面号 Soil profile	土纲 Soil order	土类 Soil great group	亚类 Soil subgroup	土属 Soil genus	土种 Soil species	土层码 Layer code	土层厚度 Depth/cm	颜色 Soil color	质地 Soil texture	土壤结构 Soil structure	pH	有机质 OM/(g/kg)	全氮 TN/(g/kg)	全磷 TP/(g/kg)	全钾 TK/(g/kg)	阳离子交换量 CEC/(cmol/kg)	土壤母质 Parent material	剖面点坐标 Profile coordinate	匹配指数 Matching index/%
剖1	初育土	新积土	冲积土			1	0—23		中壤土	小粒状	6.9							E 125° 06′ 42.1″ N 45° 27′ 04.0″	95
						2	23—69		中壤土	小粒状	7.1								
						3	69—110		砂壤土	无结构	7.7								
剖2	半水成土	草甸土	石灰性草甸土	火性甸黄土	火性甸黄土	A	0—15	棕黑色	粉砂质黏土	屑粒状	7.6	38.1	1.77	0.51	26.7	26.8	河流冲积物	E 124° 13′ 34.7″ N 45° 41′ 08.2″	95
						ACu	15—35	灰黄棕色	壤质黏土	块状	7.8	16.5	0.77	0.34	24.9	25.7			
						Cu₁	35—68	黄棕色	壤质黏土	块状	8.1	10.7				24.9			
						Cu₂	68—115	浊黄棕色	壤质黏土	块状	8.5	8.4							
剖3	初育土	风沙土	黑钙土型风沙土	岗地黑钙土型风沙土	岗地黑钙土型灰沙土	A₁	0—8		轻壤土	小粒状							风积沙性母质或河流冲积再风积的沙性母质	E 124° 14′ 26.9″ N 45° 41′ 55.7″	95
						A₂	8—17		轻壤土	块状									
						AC	17—37		中壤土	块状									
						C	37—150		砂壤土	无结构									
剖4	钙层土	黑钙土	草甸黑钙土	石灰性草甸黑钙土	薄层石灰性草甸黑钙土	A	0—19		重壤土	小粒状	8.0	30.6	2.13	<0.10			黄土状沉积物	E 124° 21′ 39.2″ N 45° 55′ 23.5″	95
						AB	19—70		重壤土	小粒状	7.5	21.5	1.52	0.52					
						Bca	70—120		重壤土	粒状	7.8	8.5							
						BC	120—150		中壤土	小粒状	8.1	3.1							
剖5	钙层土	黑钙土	草甸黑钙土	草甸黑钙土	薄ятый草甸黑钙土	A	0—12		轻壤土	小粒状	6.8	15.5	1.26	0.22			黄土状沉积物	E 124° 19′ 48.0″ N 45° 50′ 33.4″	95
						AB	12—50		中壤土	小粒状	7.1	4.2	0.82	0.17					
						Bca	50—115		中壤土	片状	8.3	2.4							
						BC	115—140		砂壤土	无结构	8.3								
剖6	初育土	风沙土	黑钙土型风沙土	岗地黑钙土型风沙土	岗地黑钙土型灰沙土	2	0—23			小粒状、块状							风积沙性母质或河流冲积再风积的沙性母质	E 124° 25′ 33.2″ N 45° 53′ 33.4″	95
						3	23—46		轻壤土	小粒状									
							46—80		轻壤土	小粒状									
						4	80—140		砂壤土	无结构									
剖7	初育土	风沙土	黑钙土型风沙土	岗地黑钙土型风沙土	岗地黑钙土型黄沙土	A	0—32				7.2	15.2	1.52	0.18			风积沙性母质或河流冲积再风积的沙性母质	E 124° 22′ 54.5″ N 45° 51′ 37.8″	95
						AB	40—50				7.8	7.9	0.57	0.13					
						Bca	70—80				8.0	3.0							
						BC	105—115				7.9	2.6							
剖8	盐碱土	碱土	草甸碱土	苏打盐化草甸碱土	结皮苏打盐化草甸碱土	A	0—10				9.0	14.6	1.16	0.94				E 124° 16′ 17.0″ N 45° 46′ 43.3″	95
						B₁	20—30				>9.5	7.2	0.21	0.70					
						B₂	50—60				>9.5	2.3							
						C	65—75				>9.5	4.4							
剖9	初育土	风沙土	流沙土	沙丘流沙土		1	0—20		砂壤土	粒状	6.5	1.3	0.25	1.00			风积沙	E 124° 22′ 55.2″ N 45° 44′ 01.3″	95
剖10	初育土	风沙土	黑钙土型风沙土	岗地黑钙土型风沙土	岗地黑钙土型黄沙土	A	0—6		轻壤土	块状	8.5	8.8	1.33	0.33			风积沙性母质或河流冲积再风积的沙性母质	E 124° 18′ 25.6″ N 45° 38′ 30.8″	95
						2	6—25		砂壤土	块状	8.5	7.9	0.73	0.22					
						3	25—40		砂土	无结构									
						C	40—130												
剖11	初育土	风沙土	黑钙土型风沙土	岗地黑钙土型风沙土	岗地黑钙土型黄沙土	A	0—4										风积沙性母质或河流冲积再风积的沙性母质	E 124° 25′ 43.3″ N 45° 33′ 33.8″	95
						AB	10—20												
						BC	70—80				8.6	<1.0							

续表 Continued

剖面号 Soil profile	土纲 Soil order	土类 Soil great group	亚类 Soil subgroup	土属 Soil genus	土种 Soil species	土层码 Layer code	土层厚度 Depth/cm	颜色 Soil color	质地 Soil texture	土壤结构 Soil structure	pH	有机质 OM/(g/kg)	全氮 TN/(g/kg)	全磷 TP/(g/kg)	全钾 TK/(g/kg)	阳离子交换量CEC/(cmol/kg)	土壤母质 Parent material	剖面点坐标 Profile coordinate	匹配指数 Matching index/%
剖12	半水成土	草甸土	盐化草甸土	苏打盐化草甸土	薄层苏打盐化草甸土	A	0—20		重壤土	小粒状	8.5	26.7	0.97	0.86				E 124°25′30.7″ N 45°31′27.5″	95
						AB	20—50		重壤土	小粒状	8.4	15.4	0.50	0.45					
						BC	50—78		重壤土	小核状	8.5	9.4							
						C₁	78—105		重壤土	小核状	>9.5	7.8							
						C₂	105—120		黏土	小核状									
剖13	半水成土	草甸土	盐化草甸土	苏打盐化草甸土	中层中度苏打盐化草甸土	Ap	0—11		中壤土	小核状	8.1	23.3	1.10	1.52				E 124°26′31.6″ N 45°45′10.8″	95
						A	11—25		中壤土	块状	9.3	12.3	0.58	0.69					
						AB	25—82		中壤土	棱块状	>9.5	4.5							
						BC	82—120		中壤土	小块块状									
剖14	半水成土	草甸土	碱化草甸土	苏打碱化草甸土	中碱甸土	Ap	0—17	棕灰色	砂质黏壤土	团块状		26.4	1.98	0.36			沉积泥砂	E 125°16′12.7″ N 45°28′55.2″	95
						App	17—27	黑棕色	砂质盐壤土	片状		22.3	1.65	0.26					
						B	27—47	暗灰色	粉砂质壤土	片状		11.3	1.10	0.23					
						BC	47—83	暗灰色	粉砂质壤土	不明显柱状		7.8							
						C	83—130	灰黄棕色	砂壤土										
剖15	盐碱土	草甸盐土	碱化盐土	苏打碱化盐土	深位苏打碱化盐土	A	0—20		轻黏土	小核状	>9.5	20.0	0.42	1.06				E 124°39′50.4″ N 45°45′15.5″	95
						B	20—45		轻黏土	核状	>9.5	8.4	0.71	1.03					
						BC	45—75		中壤土	棱块状	>9.5	6.5							
						Cg	75—135		中黏土	小块状	>9.5	6.8							
剖16	钙层土	黑钙土	黑钙土	砂底黑钙土	薄层砂底黑钙土	AB	0—17		中壤土	无结构	7.4	14.7	0.86	1.42			黄土状沉积物	E 124°31′26.8″ N 45°43′41.5″	95
						Bca₁	17—35		中壤土	无结构	7.1	13.6	0.80	1.29					
						Bca₂	35—55		砂壤土	块状	7.1	6.3							
							55—95		中壤土		7.2	1.3							
剖17	半水成土	草甸土	碱化盐土	苏打盐化草甸土	薄层中度苏打盐化草甸土	As	0—8		轻黏性	无结构	8.7	29.8	1.30	0.32				E 124°42′55.8″ N 45°40′28.6″	95
						A	8—21		重壤土	小粒状	8.7	12.2	0.31	0.54					
						AB	21—45		重壤土	块状	8.9	9.3	<0.10	0.39					
						BC	45—120		中壤土	小核状	7.7	5.7							
剖18	半水成土	草甸土	潜育草甸土	潜育草甸土	薄层潜育草甸土	A	0—17		重壤土	小粒状	8.6	44.0	2.05	0.31			黄土状沉积物	E 124°44′40.6″ N 45°30′09.0″	95
						AB	17—54		重壤土	块状	8.5	18.8	1.38	0.83					
						BC	54—90		中壤土	粒状	8.5	17.2							
						C	90—120		轻壤土	核状		7.9							
剖19	盐碱土	草甸盐土	碱化盐土	苏打碱化盐土	浅位苏打碱化盐土	1	0—2		重壤土	无结构								E 124°38′19.0″ N 45°31′52.3″	95
						2	2—26		重壤土	棱块状、柱状									
						3	26—66		重壤土	棱块状									
						4	66—94		重壤土	小核状									
						5	94—140		重壤土	小粒状									
剖20	半水成土	草甸土	潜育草甸土	石灰性潜育草甸土	中层石灰性潜育草甸土	A₁	0—13		重壤土	块状	7.5	21.2	1.07	1.18				E 124°50′43.1″ N 45°32′47.4″	95
						A₂	13—35		重壤土	小核状	7.3	22.7	0.25	1.05					
						B	35—60		重壤土	粒状	7.3	9.3							
						BC	60—90		重壤土	粒状	7.2	5.3							
						C	90—130		中壤土	粒状									
剖21	钙层土	黑钙土	草甸黑钙土	石灰性草甸黑钙土	厚层石灰性草甸黑钙土	Ap	0—17		中壤土	块状		18.4	1.68	0.43			黄土状沉积物	E 125°16′57.3″ N 45°32′43.7″	85
						A	17—62		中壤土	块状		11.8	1.02	0.29					
						Bca	62—90		中壤土	块状									
						4	90—120		轻壤土										

续表 Continued

剖面号 Soil profile	土纲 Soil order	土类 Soil great group	亚类 Soil subgroup	土属 Soil genus	土种 Soil species	土层码 Layer code	土层厚度 Depth/cm	颜色 Soil color	质地 Soil texture	土壤结构 Soil structure	pH	有机质 OM/(g/kg)	全氮 TN/(g/kg)	全磷 TP/(g/kg)	全钾 TK/(g/kg)	阳离子交换量CEC/(cmol/kg)	土壤母质 Parent material	剖面点坐标 Profile coordinate	匹配指数 Matching index/%
剖22	半水成土	草甸土	盐化草甸土	苏打盐化草甸土	厚层轻度苏打盐化草甸土	A₁	0—20		中壤土	核块状	8.5	26.6	1.16	0.56				E 124°55′43.3″ N 45°41′57.1″	95
						A₂	20—55		中壤土	核块状	9.4	14.6	0.45	0.42					
						AC₁	55—80		中壤土	小核块状	9.0	11.0							
						AC₂	80—120		重壤土	小核状									
剖23	半水成土	草甸土	盐化草甸土	苏打盐化草甸土	厚层重度苏打盐化草甸土	A₁	0—21		重壤土	棱块状	7.5	24.2	0.34	0.95				E 124°54′59.8″ N 45°36′27.4″	95
						A₂	21—50		重壤土	核状	7.7	13.0	0.98	0.67					
						AB	50—80		中黏土	小核状	7.7	9.4							
						BC	80—120		中黏土	小核状	7.3	5.2							
剖24	半水成土	草甸土	碱化草甸土	苏打碱化草甸土	高位薄层苏打碱化草甸土	A₁	0—9	黑棕色	轻黏土	块状	9.3	43.2	3.38	0.34				E 124°34′18.1″ N 45°45′35.6″	95
						A₂	9—26	棕灰色	中黏土	小核状	>9.5	16.4	1.32	0.15					
						B₁	26—65	棕灰色	中黏土	小核状	>9.5	14.0	0.74	0.19					
						B₂	65—92	棕灰色	中黏土	核状	>9.5	7.7							
						C	92—130		中黏土	小核块状	>9.5	4.8							
剖25	半水成土	草甸土	潜育草甸土	石灰性潜育草甸土	古裕水湿土	A	0—35		粉砂质黏壤土	粒状、团块状		31.2	1.67	1.18			洪积黏土	E 124°49′34.3″ N 45°31′04.4″	81
						AB	35—60		粉砂质黏壤土	小核块状		22.7	1.25	0.15					
						BCg	60—90		粉砂质黏壤土			9.3							
						Cg	90—130		粉砂质黏壤土			5.3							
剖26	半水成土	草甸土	盐化草甸土	苏打盐化草甸土	中层重度苏打盐化草甸土	Ap	0—14		重壤土	小核块状	7.8	23.3	1.17	0.80				E 124°59′09.2″ N 45°32′30.5″	95
						A	14—31		重壤土	块状	8.0	12.7	0.73	0.94					
						AB	31—67		重壤土	小核状	8.3	8.6							
						BC	67—98		重壤土	小核状	8.3	4.1							
						C	98—120		黏土	小核状									
剖27	半水成土	草甸土	石灰性草甸土	石灰性草甸土	薄层石灰性草甸土	A	0—14		重壤土	粒状	8.4	33.8	2.85	0.38				E 125°02′45.6″ N 45°36′47.9″	95
						AB	14—50		重黏土	核状	8.4	13.5	1.02	0.21					
						BC	50—85		轻黏土	小核状	8.3	4.4							
						C	85—120		重黏土	小核状	8.3	4.0							
剖28	半水成土	草甸土	潜育草甸土	盐化潜育草甸土	中层盐化潜育草甸土	A₁	0—14		轻黏土	小核状	7.4	49.5	2.55	0.42				E 125°04′23.5″ N 45°32′34.1″	95
						A₂	14—31		轻黏土	小核状	7.2	14.1	1.25	0.21					
						BC₁	31—50		轻黏土	小核状	7.7	11.1	1.08	0.22					
						BC₂	50—70		重黏土	小核状	7.5	7.6							
						Cg	70—95		重黏土	小核状	7.8	7.3							
							95—120				7.1	4.7							
剖29	半水成土	草甸土	草甸土	草甸土	厚层壤质状草甸土	A	0—20		重壤土	小粒状	8.2	24.5	1.76	0.21				E 124°08′36.2″ N 45°46′23.9″	82
						AC	20—95		中壤土	块状	8.4	2.0	0.34	0.20					
						C	95—130		轻壤土	小核块状	8.1	1.7							
剖30	半水成土	草甸土	层状草甸土	壤质层状草甸层	厚层壤质状草甸土	A	0—20		中壤土	块状	6.4	20.3	1.93	0.24				E 125°16′12.4″ N 45°35′13.6″	95
						A₁	20—35		中壤土	块状	6.7	22.6	1.17	0.30					
						C₁	35—50		轻壤土	小核块状	6.2	11.2	0.67	<0.10					
						C₂	50—77		中壤土	块状	6.9	7.3							
							77—116				7.6	15.8							
剖31	半水成土	草甸土	潜育草甸土	石灰潜育草甸土	厚层石灰性草甸土	A₁	0—20		重壤土	块状	8.3	32.2	2.22	0.34				E 125°12′20.9″ N 45°32′04.2″	95
						A₂	20—65		重壤土	棱核状	8.9	6.1							
						AB	65—120		中壤土	小核块状	9.1	10.6							
						C	120—150				8.2								

续表 Continued

剖面号 Soil profile	土纲 Soil order	土类 Soil great group	亚类 Soil subgroup	土属 Soil genus	土种 Soil species	土层码 Layer code	土层厚度 Depth/cm	颜色 Soil color	质地 Soil texture	土壤结构 Soil structure	pH	有机质 OM/(g/kg)	全氮 TN/(g/kg)	全磷 TP/(g/kg)	全钾 TK/(g/kg)	阳离子交换量 CEC/(cmol/kg)	土壤母质 Parent material	剖面点坐标 Profile coordinate	匹配指数 Matching index/%
剖32	半水成土	草甸土	盐化草甸土	苏打盐化草甸土	中层轻度苏打盐化草甸土	A₁	0—20		重壤土	小粒状	7.9	23.0	1.59	0.34				E 125° 11′ 47.4″ N 45° 31′ 00.1″	95
						A₂	20—34		轻黏土	小核状	8.7	17.3	1.20	0.33					
						AB₁	34—65		轻黏土	核状	8.6	14.3	0.50	0.38					
						AB₂	66—95		轻黏土	核状	8.6	10.6							
						BC	95—110		重壤土	核状	7.3	7.7							
						C	110—130		中壤土	核状	7.6	3.6							
剖33	半水成土	草甸土	层状草甸土	壤质层状草甸土	中层壤质层状草甸土	A	0—18		轻壤土	无结构	7.8	16.3	1.96	0.19				E 125° 23′ 35.9″ N 45° 30′ 36.0″	95
						Ap	18—33		轻壤土	块状	8.6	9.3	1.15	0.16					
						C₁	33—70		轻壤土	块状	8.7	7.4	0.57	0.18					
						C₂	70—100		轻壤土	块状	9.2	8.1							
						C₃	100—120		砂质壤土	无结构	8.9	2.0							
剖34	初育土	风沙土	生草风沙土	岗地生草风沙土		As	0—13		砂土	无结构								E 125° 11′ 56.4″ N 45° 29′ 31.9″	93
						C	13—90		砂土	无结构									
剖35	半水成土	草甸土	层状草甸土	壤质层状草甸土	薄层壤质层状草甸土	A	0—20		轻壤土	无结构	8.0	24.8	1.95	0.26				E 125° 20′ 24.7″ N 45° 30′ 22.3″	95
						AC	20—55		轻壤土	块状	8.0	17.2	1.99	0.24					
						C	55—130		中壤土	块状	7.9	16.4							
剖36	初育土	新积土	冲积土			1	0—13		砂质壤土	棱块状	7.0							E 125° 08′ 10.0″ N 45° 25′ 23.9″	95
						2	13—65		轻壤土	不明显片状	7.0								
						3	65—90		轻壤土	不明显片状	8.7								
						4	90—125	灰黑色	粉砂质黏壤土	小粒状		38.1	1.77	0.51			洪积黏土		
剖37	半水成土	草甸土	石灰性草甸土	黏壤质石灰性草甸土	兴安石灰草甸土	A	0—15	棕灰色	壤质黏土	核状		16.5	0.77	0.34				E 125° 07′ 18.1″ N 45° 30′ 20.2″	81
						AB	15—35	黄棕色	壤质黏土	核状		10.7							
						Bca	35—68	暗黄棕色	粉质黏土	核状		8.4							
						BCca	68—115												
						Cca	115												
剖38	半水成土	草甸土	石灰性草甸土	石灰性草甸土	厚层石灰性草甸土	Ap	0—16		重壤土	小粒状	7.6	30.3	2.56	0.30				E 125° 00′ 31.0″ N 45° 31′ 05.5″	81
						A	16—57		轻壤土	小核状	7.6	19.5	0.95	0.38					
						AB	57—100		中壤土	无结构	8.0	4.6							
						C	100—120		中壤土	核状	8.1	3.2							
剖39	半水成土	草甸土	江石泱性草甸土	石灰性江石泱子草甸土	厚层石灰性江石泱子草甸土	A₁	0—23		中壤土	粒状	7.1	32.4	1.93	0.53				E 125° 26′ 00.6″ N 45° 30′ 04.3″	95
						A₂	23—71		轻壤土	棱块状	7.0	13.9	1.29	0.37					
						AC	71—97		中壤土	棱块状	7.0	9.2							
						C	97—110		中壤土	不明显块状	7.1	5.4							
剖40	半水成土	草甸土	草甸土	草甸土	中层草甸土	A₁	0—20		重壤土	小粒状	6.9	28.4	1.87	0.43			冲积物	E 125° 43′ 12.0″ N 45° 45′ 48.6″	82
						A₂	20—40		重壤土	块状	6.8	6.1	1.69	0.30					
						B	40—55		砂质壤土	无结构	7.1	4.3							
						BC	55—85		砂土	无结构	7.7	1.6							
						C	85—105			无结构	8.0								
							105—130			无结构									
剖41	钙层土	黑钙土	草甸黑钙土	石灰性草甸黑钙土	中层石灰性草甸黑钙土	Ap	0—15		重壤土	小粒状	6.9	29.0	1.68	0.47			黄土状沉积物	E 124° 32′ 38.8″ N 45° 46′ 40.4″	85
						AB	15—25		重壤土	块状	7.5	18.1	0.85	0.37					
							25—65		重壤土	小片状	7.2	9.8	0.72	0.39					
						Bca	65—135		重壤土	小片状	6.9	7.7							

续表 Continued

剖面号 Soil profile	土纲 Soil order	土类 Soil great group	亚类 Soil subgroup	土属 Soil genus	土种 Soil species	土层码 Layer code	土层厚度 Depth/cm	颜色 Soil color	质地 Soil texture	土壤结构 Soil structure	pH	有机质 OM/(g/kg)	全氮 TN/(g/kg)	全磷 TP/(g/kg)	全钾 TK/(g/kg)	阳离子交换量CEC/(cmol/kg)	土壤母质 Parent material	剖面点坐标 Profile coordinate	匹配指数 Matching index/%
剖42	钙层土	黑钙土	草甸黑钙土	草甸黑钙土	厚层草甸黑钙土	A₁	0—13		砂壤土	无结构	8.3	86.0	1.59	0.19			黄土状沉积物	E 125°37′46.9″ N 45°35′45.6″	95
						A₂	13—52		轻壤土	块状	8.1	46.5	0.63	0.19					
						AB	52—71		轻壤土	块状	8.3	6.5							
						Bca	71—130		轻壤土	小核状	8.5								
						BC	130—145		轻壤土	小核状	8.0	3.9							

林 甸 县

主要土类说明

黑钙土是林甸县主要土壤类型，占本县地域面积的68%。黑钙土属地带性土壤，其形成条件主要有：降水少、蒸发大、弱淋溶的干旱气候；富含碳酸钙的母质及矿化度较高的地下水；草甸草原植被；海拔低、高差小、开阔平坦的地貌类型。其形成过程主要是腐殖质积累过程和钙的聚积过程。由于地形、植被和土壤水分状况不同，还有一些附加的草甸化、盐碱化过程。钙的聚积过程主要是形成钙积层的过程，是黑钙土的主要成土标志。另外，因草原植被残落物中含有较多的钙，随残体回归土壤，使土壤中存在较多的钙。由于较弱的淋溶作用，钙逐渐积聚于土壤剖面。气候越干旱，钙的聚积越强烈，钙积层位置就越高，形成淀积层，有的厚度为40—50cm，钙含量最高达233.3g/kg。

草甸土是林甸县第二大土壤类型，占本县地域面积的20%。草甸土是直接受地下水浸润并在草甸植被下发育形成的非地带性半水成型土壤，成土时间较短。成土母质为较黏重的碳酸盐淤积物。其成土过程主要是草甸化过程，主要特征是腐殖质积累。草甸草原草本植物生长繁茂，根系集中分布在土壤表层，植株死亡后残留在地表的有机质分解产生腐殖质，与钙结合成团粒结构。因所处地带地下水位较高，潜水参与土壤形成过程，受地下水升降与浸润作用，成土过程具有明显腐殖质积累和铁锰氧化还原作用特点，土体出现锈色斑纹层。根据土壤发生特征的不同，本县草甸土分为石灰性草甸土、盐化草甸土、碱化草甸土、潜育草甸土等亚类。

沼泽土是林甸县第三大土壤类型，占本县地域面积的9%，集中分布在本县西部乌裕尔河及其支流九道沟两侧的狭长低地和附近闭合洼地。成土母质为河湖相沉积物。沼泽土是一种水成型土壤，由于土壤长期或季节性积水，地下水位较高，土质比较黏重，持水性强，有季节性冻层的存在。在排水不畅的状况下，沼泽植被枯死后留下大量残体，但分解较差，无泥炭层，所形成的沼泽土为草甸沼泽土，通体有石灰反应，具有明显的潜育层。

小于本县地域面积3%的土壤类型有碱土、风沙土。

本区域中心区气候特征

本区域中心区气候特征值
Regional climate characteristics in central area of the region

气候带：中温带亚湿润气候 Climate region: Mid temperate subhumid climate	
年平均气温 /℃ Annual average temperature /℃	3.6
年平均最高气温 /℃ Annual average maximum temperature /℃	9.6
年平均最低气温 /℃ Annual average minimum temperature /℃	-1.9
年降水量 /mm Annual precipitation /mm	435
≥10℃的积温 /℃ Daily temperature accumulated in a year (≥10℃) /℃	1300
年日照时数 /h Annual sunshine /h	2787
年平均相对湿度 /% Annual average relative humidity /%	62
干燥度 Dryness	0.51

本区域中心区月平均气温与月平均降水量
Monthly temperature and precipitation in central area of the region

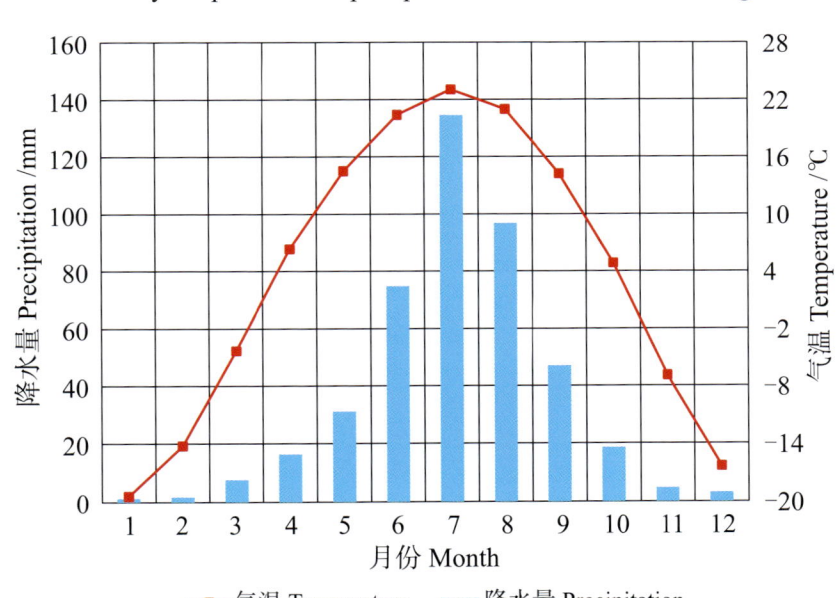

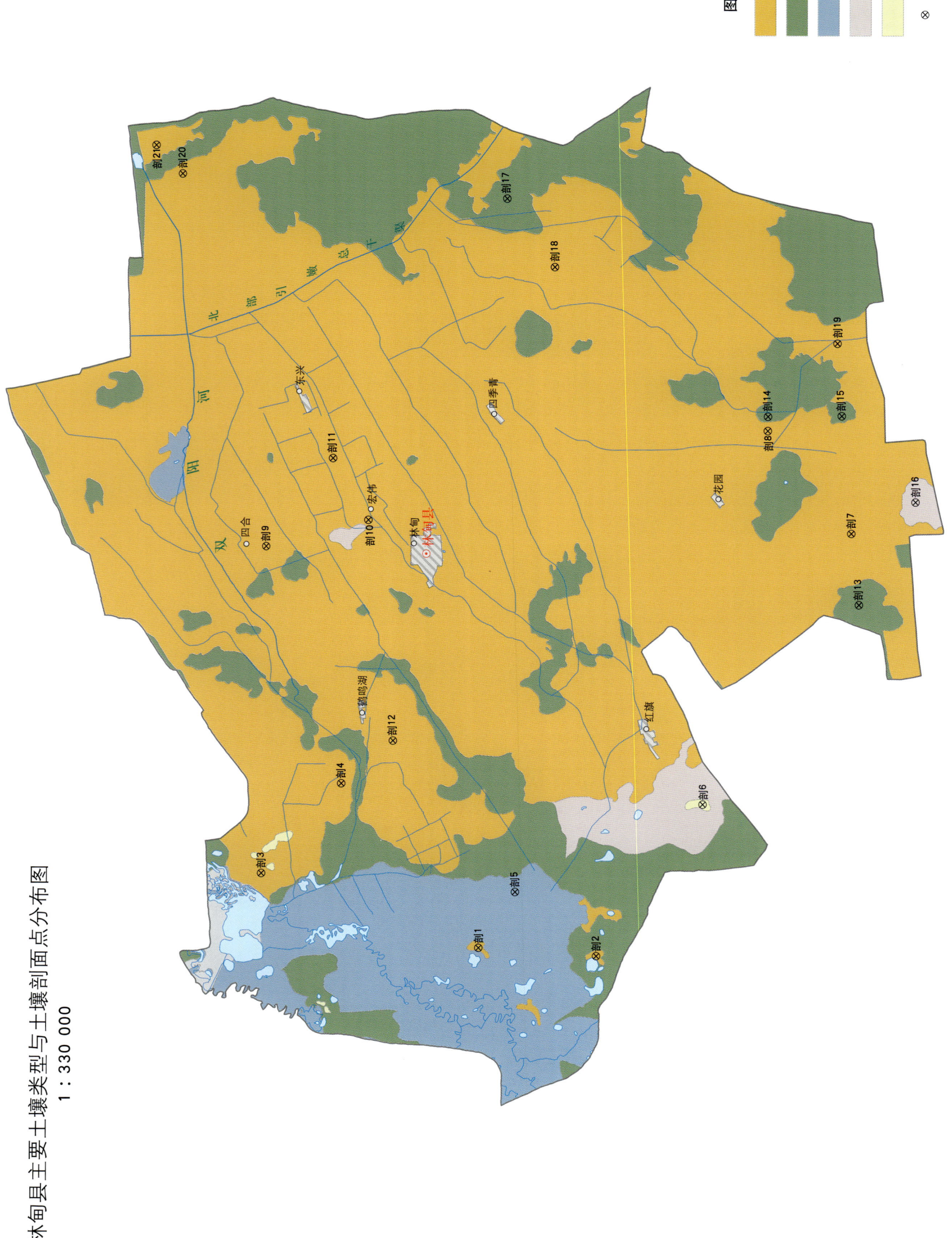

林甸县主要土壤类型与土壤剖面点分布图
1:330 000

林甸县土壤剖面理化性状表

剖面号 Soil profile	土纲 Soil order	土类 Soil great group	亚类 Soil subgroup	土属 Soil genus	土种 Soil species	土层码 Layer code	土层厚度 Depth/cm	颜色 Soil color	质地 Soil texture	土壤结构 Soil structure	pH	有机质 OM/(g/kg)	全氮 TN/(g/kg)	全磷 TP/(g/kg)	碱解氮 AN/(mg/kg)	有效磷 AP/(mg/kg)	土壤母质 Parent material	剖面点坐标 Profile coordinate	匹配指数 Matching index/%
剖1	钙层土	黑钙土	石灰性黑钙土	砂底石灰性黑钙土	薄层砂底石灰性黑钙土	1	0—5		中壤土								第四纪黄土状沉积物	E 124°27′36.7″ N 47°09′07.9″	95
						2	5—21		中壤土										
						3	21—60		中壤土										
						4	60—105		中壤土										
						5	105—140		重壤土										
剖2	钙层土	黑钙土	石灰性黑钙土	砂底石灰性黑钙土	薄层砂底石灰性黑钙土	Ap	0—13	灰棕色	轻壤土	粒状	9.4	29.5	1.98	0.34		14.6	第四纪黄土状沉积物	E 124°27′00.0″ N 47°04′12.0″	95
						AB	13—23	灰黄色	轻壤土	粒块状	9.1	26.8	1.66	0.28		10.9			
						Bca₁	23—40	黄棕色	中壤土	核块状	8.6	10.2	0.68	0.22		6.9			
						Bca₂	40—69	棕色	中壤土	核块状	8.9	4.6				7.0			
						BC	69—110	棕黄色	砂壤土	核块状	9.2	2.3				7.1			
						C	110—150	棕黄色	细砂土	无结构	9.3	<1.0				6.1			
剖3	钙层土	黑钙土	草甸黑钙土	碱化草甸黑钙土	中碱潮黑钙土	A	0—19	黑棕色	砂质黏壤土	粒状、团块状		38.4	2.07	0.53			洪积物、沉积物	E 124°32′23.6″ N 47°18′10.8″	95
						Bca	19—32	暗黄棕色	壤质黏壤土	粒状、团块状		36.4	1.94	0.45					
							32—60	灰黄棕色	壤质黏壤土	块状		11.6							
						BC	60—130	棕黄色	壤质黏壤土	核块状		10.5							
						C	130—150		壤质黏壤土			9.2							
剖4	钙层土	黑钙土	石灰性黑钙土	黏底石灰性黑钙土	薄层黏底石灰性黑钙土		5—15		重壤土								第四纪黄土状沉积物	E 124°37′50.9″ N 47°14′46.3″	95
						2	25—35	暗黄棕色	轻黏土	粒状									
						3	60—70	灰黄色	轻黏土	粒状									
						4	120—130	棕黄色	中壤土	粒状									
剖5	水成土	沼泽土	草甸沼泽土	芦草草甸沼泽土		At	0—20	暗黄棕色	中壤土	粒状							河湖相沉积物	E 124°31′00.1″ N 47°07′33.6″	95
						AB	20—30	灰棕色	壤质砂土	粒状、块状									
剖6	初育土	风沙土	黑钙土型风沙土	岗地黑钙土型风沙土	薄层岗地黑钙土型风沙土	Ap	0—18	浅黄棕色	砂壤土	粒状、块状							风积物	E 124°36′09.7″ N 46°59′39.1″	95
						AB	18—45	浅黄色	轻壤土	团粒状									
						Bca	45—120	暗黄色	轻黏土	核状									
						BC	120—150	浅灰色	轻壤土	核状									
剖7	钙层土	黑钙土	石灰性黑钙土	黏底石灰性黑钙土	薄层黏底石灰性黑钙土	A	0—10	灰灰色	中壤土	块状							第四纪黄土状沉积物	E 124°52′30.0″ N 46°53′13.9″	75
						AB	10—20	灰黄棕色	轻壤土	块状									
						Bca	20—45	黄黄棕色	轻壤土	块状									
							45—102												
						BC	102—150												
剖8	钙层土	黑钙土	石灰性黑钙土	黏底石灰性黑钙土	薄层黏底石灰性黑钙土	1	0—10	暗灰色	轻壤土	团粒状	8.7	35.9	2.25			10.4	第四纪黄土状沉积物	E 124°58′52.7″ N 46°56′38.4″	75
						2	20—30	浅黄棕色	重壤土	团粒状	8.9	38.4	2.30			13.7			
						3	70—80	浅黄棕色	轻黏土	核块状	9.3	3.2				8.8			
						4	125—135		黏土	核块状	9.3	4.0				19.5			
剖9	钙层土	黑钙土	草甸黑钙土	黏底石灰性草甸黑钙土	薄层黏底石灰性草甸黑钙土	A	0—15		轻壤土	团粒状							第四纪黄土状沉积物	E 124°52′30.0″ N 47°17′43.8″	95
						AB	15—30		重壤土	团粒状									
						Bca	30—110		轻黏土	核块状									
						BC	110—150		黏土	核块状									

续表 Continued

剖面号 Soil profile	土纲 Soil order	土类 Soil great group	亚类 Soil subgroup	土属 Soil genus	土种 Soil species	土层码 Layer code	土层厚度/cm Depth/cm	颜色 Soil color	质地 Soil texture	土壤结构 Soil structure	pH	有机质 OM/(g/kg)	全氮 TN/(g/kg)	全磷 TP/(g/kg)	碱解氮 AN/(mg/kg)	有效磷 AP/(mg/kg)	土壤母质 Parent material	剖面点坐标 Profile coordinate	匹配指数/% Matching index/%
剖10	钙层土	黑钙土	石灰性黑钙土	黏底石灰性黑钙土	薄层黏底石灰性黑钙土	A	0—20	暗棕灰色	中壤土	团粒状							第四纪黄土状沉积物	E 124° 53′ 59.3″ N 47° 13′ 25.7″	95
						AB	20—49	棕灰色	重壤土	团粒状									
						Bca₁	49—102	浅灰棕色	轻黏土	核块状									
						Bca₂	102—119	黄棕色	轻黏土	核块状									
						BC	119—150	黄棕色	中壤土	核块状									
剖11	钙层土	黑钙土	草甸黑钙土	粉砂底石灰性草甸黑钙土	中层粉砂底石灰性草甸黑钙土	Ap	0—15	灰色	中壤土	团粒状	8.4	30.7	1.78	0.58		21.5	第四纪黄土状沉积物	E 124° 57′ 49.3″ N 47° 14′ 51.4″	95
						AB	15—25	灰棕色	中壤土	团粒状	8.6	27.7	1.67	0.42		10.0			
						Bca	25—44	浅灰棕色	重壤土	核块状	8.4	15.4	0.86	0.31		8.8			
						BC	44—130	浅黄棕色	重壤土	核状	8.7	7.2				7.2			
							130—150	黄棕色	壤质砂土	片状	8.6	3.3				16.4			
剖12	钙层土	黑钙土	草甸黑钙土	盐化草甸黑钙土	薄层盐化草甸黑钙土	As	0—5	暗灰色	中壤土	小粒状							第四纪黄土状沉积物	E 124° 40′ 26.0″ N 47° 12′ 34.6″	75
						A₁	5—20	灰棕色	黏壤土	粒状									
						AB	20—44	浅灰棕色	黏壤土	小核块状									
						Bca₁	44—110	灰黄棕色	轻黏土	核块状									
						Bca₂	112—145	黄棕色	黏土	核块状									
						BC	145—180												
剖13	半水成土	草甸土	盐化草甸土	盐化草甸土	中度薄层盐化草甸土	1	0—7				>9.5	56.7	2.99	0.47		11.0	第四纪黄土状沉积物	E 124° 48′ 09.0″ N 46° 52′ 58.1″	75
						2	7—15				>9.5	26.9	1.41	0.39		12.2			
						3	30—40				>9.5	16.8	0.66	0.14		13.7			
						4	100—110				>9.5	5.3				17.9			
剖14	半水成土	草甸土	石灰性草甸土	平地黏底石灰性草甸土	薄层平地黏底石灰性草甸土	1	4—14				8.3	33.2	0.90	0.60	116	14.5	第四纪黄土状沉积物	E 125° 00′ 00.4″ N 46° 56′ 41.7″	74
						2	17—27				8.6	17.5	0.16	0.47	64	11.3			
						3	38—48				8.5	12.0	0.77	0.37	29	10.0			
						4	85—95				8.7	5.8	0.33	0.41	23	9.2			
						5	140—150					8.5	0.23	0.43	31				
剖15	半水成土	草甸土	盐化草甸土	盐化草甸土	中度薄层盐化草甸土	1	0—10		轻黏土								第四纪黄土状沉积物	E 124° 59′ 40.6″ N 46° 53′ 31.6″	75
						2	10—17		中黏土										
						3	35—45		中黏土										
						4	80—90		中黏土										
						5	115—125												
剖16	盐碱土	碱土	苏打草甸碱土	苏打草甸碱土	深位柱状苏打草甸碱土	1	0—12	棕灰色	中壤土	粒状	8.6	37.6	2.14	0.45	143	6.0	沉积物	E 124° 54′ 20.2″ N 46° 50′ 30.8″	75
						2	12—21	浅棕灰色	重壤土	粒状	9.1	24.7	1.44	0.39	108	4.5			
						3	30—40	灰棕色	轻黏土	核块状	>9.5	16.0	0.86	0.37	71	2.9			
						4	70—80	灰黄棕色	轻黏土	核块状	>9.5	8.3	0.39	0.39	45	12.7			
						5	105—150	灰黄棕色	黏土	片状	>9.5	8.5	0.37	0.30	38	9.0			
剖17	半水成土	草甸土	石灰性草甸土	平地黏底石灰性草甸土	薄层平地黏底石灰性草甸土	Ap	0—12		中黏土								第四纪黄土状沉积物	E 125° 13′ 27.5″ N 47° 07′ 18.8″	95
						AB	12—24		中黏土										
						B₁	24—62		轻黏土										
						B₂	62—145		轻黏土										
						BC	145—150		黏土										
剖18	钙层土	黑钙土	石灰性黑钙土	黏底石灰性黑钙土	薄层黏底石灰性黑钙土	1	5—15		中黏土								第四纪黄土状沉积物	E 125° 09′ 11.9″ N 47° 05′ 23.6″	95
						2	20—30		中黏土										
						3	60—77		中黏土										
						4	105—115		中黏土										
						5	130—140		重黏土										

续表 Continued

剖面号 Soil profile	土纲 Soil order	土类 Soil great group	亚类 Soil subgroup	土属 Soil genus	土种 Soil species	土层码 Layer code	土层厚度 Depth/cm	颜色 Soil color	质地 Soil texture	土壤结构 Soil structure	pH	有机质 OM/(g/kg)	全氮 TN/(g/kg)	全磷 TP/(g/kg)	碱解氮 AN/(mg/kg)	有效磷 AP/(mg/kg)	土壤母质 Parent material	剖面点坐标 Profile coordinate	匹配指数 Matching index/%
剖19	钙层土	黑钙土	草甸黑钙土	碱化草甸黑钙土	薄层碱化草甸黑钙土	A₁	0—10	暗灰色	中壤土	团粒状	8.0	47.7	2.14	0.71	110	21.1	第四纪黄土状沉积物	E 125°04′04.4″ N 46°53′38.0″	95
						A₂	10—20	灰色	中壤土	团粒状	8.3	44.2	1.95	0.43	79	21.0			
						AB	20—42	浅灰色	重壤土	核块状		22.6	0.98	0.31	76	16.0			
						Bca₁	42—95	灰棕色	轻黏土	核块状	8.8	18.3	0.29	0.22	50	9.4			
						Bca₂	95—114	棕黄色	轻黏土	核块状	8.8	7.2	0.58	0.24	41	6.0			
						BC	114—150	浅黄色	轻黏土	核块状	8.9	7.5	0.71	0.30	36	7.5			
剖20	钙层土	黑钙土	草甸黑钙土	盐化草甸黑钙土	中盐潮黑钙土	A	0—15	黑棕色	砂质黏壤土	粒状、团块状		38.7	2.28	0.45			碳酸盐沉积物	E 125°15′31.0″ N 47°20′51.7″	81
						AB	15—25	灰色	砂质黏壤土	小核块状		18.9	0.60	0.22					
						Bca	25—78	暗棕黄色	砂质黏壤土	核块状		6.9							
剖21	钙层土	黑钙土	草甸黑钙土	黏底石灰性草甸黑钙土	中层黏底石灰性草甸黑钙土	Ap	0—12	暗灰棕色	中壤土	团粒状							第四纪黄土状沉积物	E 125°17′17.9″ N 47°21′55.8″	95
						A₁	12—32	浅棕灰色	中壤土	粒状、块状									
						AB	32—50	灰棕灰色	中壤土	块状									
						Bca₁	50—115	灰棕色	重壤土	核状									
						Bca₂	115—140	黄棕色	轻黏土	核状、块状									
						BC	140—155	黄棕色	轻黏土	核状、块状									

杜尔伯特蒙古族自治县

主要土类说明

草甸土是杜尔伯特蒙古族自治县主要土壤类型，占本县地域面积的 32%，主要分布在嫩江沿岸及低平地，是本县的主要农业土壤。由于草甸土有机质含量高，土质较肥沃，水分干湿交替，土壤潜育明显，剖面中可见铁子、锈斑及灰蓝色潜育斑。本县草甸土分为草甸土、石灰性草甸土、潜育草甸土、盐化草甸土、碱化草甸土等亚类。

风沙土是杜尔伯特蒙古族自治县第二大土壤类型，占本县地域面积的 28%，主要分布在沙岗和坡地上部。风沙土是一种幼年土壤，通体含沙，土层薄，保水和保肥能力差，易受风蚀。本县风沙土分为生草风沙土、黑钙土型风沙土、草甸风沙土、流沙土等亚类。

黑钙土是杜尔伯特蒙古族自治县第三大土壤类型，占本县地域面积的 10%，当地群众称其为"破皮黄"。本县黑钙土分为黑钙土、石灰性黑钙土、草甸黑钙土等亚类。其共性是分布在波状平原的平地和漫岗缓坡处，成土母质为黄土状堆积物，土壤有石灰反应，剖面中有假菌丝体和石灰斑块，有机质含量较高。

沼泽土占本县地域面积的 7%，主要分布在低湿地、低洼地。成土母质为河湖相沉积物。其成土过程主要是沼泽化过程。其剖面特征主要是表层有较厚的腐殖质层，无泥炭层，有大量锈斑，表层以下有潜育层。本县沼泽土分为生草沼泽土、草甸沼泽土等亚类。

小于本县地域面积 3% 的土壤类型有碱土、草甸盐土、新积土。

本区域中心区气候特征

本区域中心区气候特征值
Regional climate characteristics in central area of the region

气候带：中温带亚干旱气候 Climate region: Mid temperate subarid climate	
年平均气温 /℃ Annual average temperature /℃	4.1
年平均最高气温 /℃ Annual average maximum temperature /℃	10.2
年平均最低气温 /℃ Annual average minimum temperature /℃	-1.5
年降水量 /mm Annual precipitation /mm	406
≥ 10℃的积温 /℃ Daily temperature accumulated in a year（≥ 10℃）/℃	1770
年日照时数 /h Annual sunshine /h	2800
年平均相对湿度 /% Annual average relative humidity /%	60
干燥度 Dryness	0.64

本区域中心区月平均气温与月平均降水量
Monthly temperature and precipitation in central area of the region

杜尔伯特蒙古族自治县主要土壤类型与土壤剖面点分布图
1:460 000

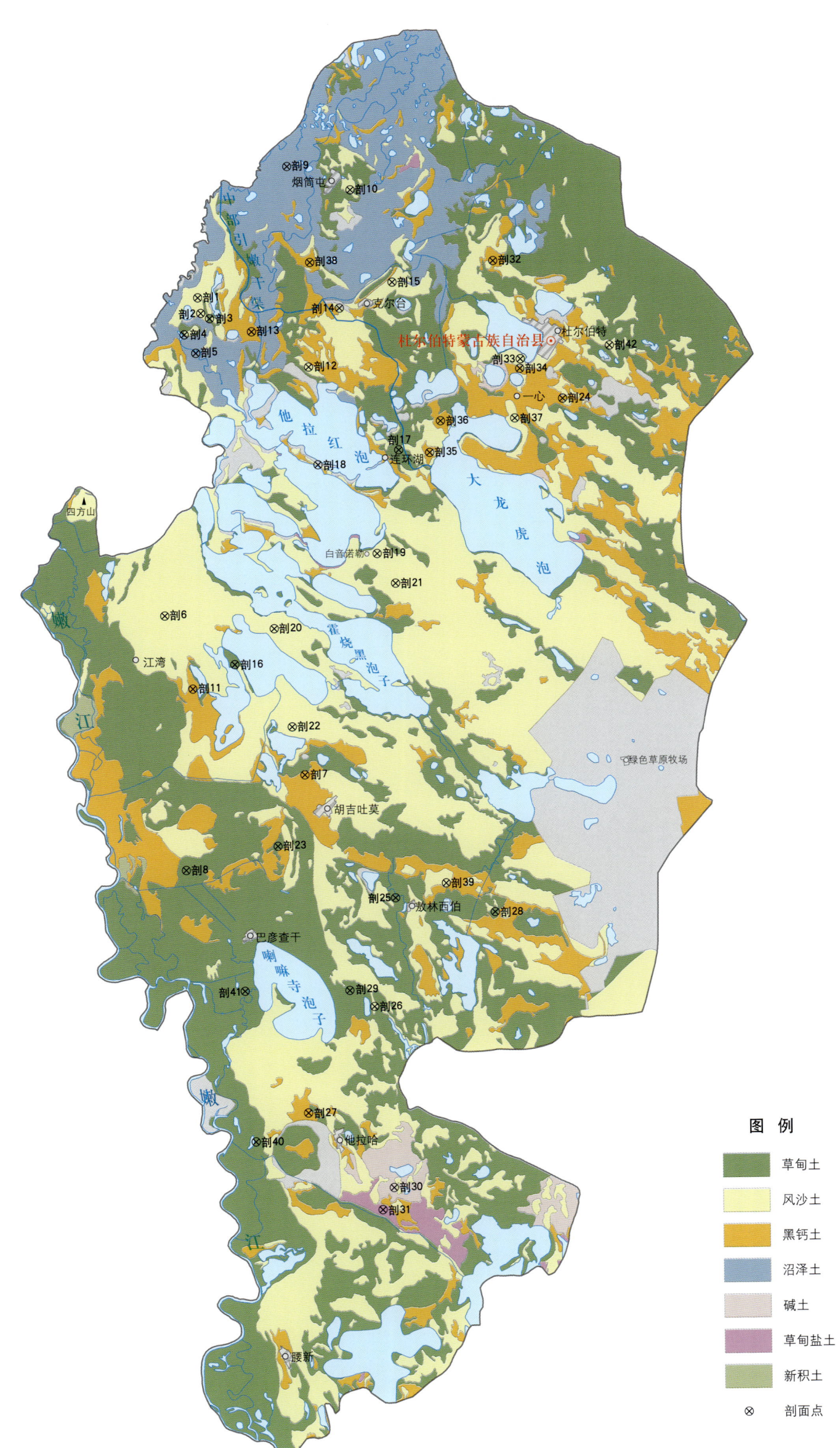

图例：草甸土、风沙土、黑钙土、沼泽土、碱土、草甸盐土、新积土、剖面点

第二编 分县土壤图与土壤剖面数据

杜尔伯特蒙古族自治县土壤剖面理化性状表

剖面号 Soil profile	土纲 Soil order	土类 Soil great group	亚类 Soil subgroup	土属 Soil genus	土种 Soil species	土层码 Layer code	土层厚度 Depth/cm	颜色 Soil color	质地 Soil texture	土壤结构 Soil structure	pH	有机质 OM/(g/kg)	全氮 TN/(g/kg)	全磷 TP/(g/kg)	全钾 TK/(g/kg)	阳离子交换量CEC/(cmol/kg)	土壤母质 Parent material	剖面点坐标 Profile coordinate	匹配指数 Matching index/%
剖1	初育土	风沙土	草甸风沙土	固定草甸风沙土	薄潮沙土	1	0—9	棕色	壤质砂土	无结构	7.0	18.6	1.00	0.17			风积物	E 123°58′57.0″ N 46°54′16.2″	95
						2	9—77	灰黄棕色	壤质砂土	无结构	6.8	3.2	0.16	0.14					
						3	77—150	灰黄棕色			6.7	1.0							
剖2	初育土	风沙土	黑钙土型风沙土	黏底黑钙土型风沙土		A	0—10	暗灰棕色	砂壤土	块状	7.2	14.5	1.04	0.47	30.2	6.3	风积物	E 123°59′09.6″ N 46°53′26.2″	95
						AB	10—40	浅灰棕色	轻壤土	块状	6.8	12.1	0.75	0.47	27.8	18.5			
						B	40—130	暗棕灰色	轻壤土	块状	7.2	11.0							
						C	130—150	棕灰色	轻壤土	块状	7.8	11.7							
剖3	半水成土	草甸土	石灰性草甸土	黏底石灰性草甸土		1	0—10				8.2	88.9	4.20	1.43	27.2	24.2	冲积物	E 123°59′50.3″ N 46°53′08.9″	75
						2	22—45				7.7	24.0	1.41	0.87					
						3	70—80				7.3	8.8							
						4	100—110				7.1	4.9							
						5	130—140					4.2							
剖4	半水成土	草甸土	潜育草甸土	黏底潜育草甸土		Ap	0—17	棕色	重壤土	团块状	5.7	68.9	2.78	1.55	27.2	34.3	冲积物	E 123°57′50.0″ N 46°52′18.8″	75
						A_1	17—28	棕灰色	重壤土	粒状	5.8	42.5	1.75	1.47	28.7	31.1			
						B_1	28—60	浅灰棕色	轻壤土	小粒状	6.5	14.7	0.81	1.23					
						B_2	60—104	暗棕灰色	中壤土	小块状	6.2	6.5							
						C_1	104—139	棕灰色	轻黏土	核块状	5.1	24.0							
						C_2	139—150	灰黄棕色	中壤土	核块状	5.5	8.6							
剖5	水成土	沼泽土	草甸沼泽土	芦苇草甸沼泽土		1	0—25				8.5	80.7	>6.00	1.13	28.7	9.6	湖积物	E 123°58′42.6″ N 46°51′19.8″	75
						2	25—50				7.5	85.7	4.45	0.93	28.9	17.4			
剖6	初育土	风沙土	生草风沙土	平地生草风沙土		As	0—8	浅棕灰色	砂壤土	团块状	8.9						风积物	E 123°55′54.5″ N 46°37′23.5″	95
						A_1	8—21	浅棕灰色	轻壤土	极少量团粒状	9.3					17.7			
						AB	21—41	灰棕色	轻壤土	极少量团粒状	>9.5								
						B	41—85	棕灰黄色	松砂土	无结构	7.9								
						C	80—150	棕黄色	砂壤土	团粒状	8.0	9.7	0.56	0.49					
剖7	钙层土	黑钙土	草甸黑钙土	砂底石灰性草甸黑钙土	砂底石灰性潜育草甸土	Ap	0—10	灰棕色	轻壤土	核块状	9.3	11.0	0.60	0.59			黄土状堆积物	E 124°06′28.8″ N 46°28′46.6″	95
						A_1	10—35	暗棕灰色	中壤土	块状	>9.5	2.4							
						Bca	35—86	黄色	中壤土	块状	7.8	1.4							
						Cg	86—150	暗黄棕色	轻壤土	大块状	7.9	17.1	1.06	0.60	30.5				
剖8	半水成土	草甸土	潜育草甸土	石灰性潜育草甸土		Ap	0—33	灰色	紧砂土	小块状	7.5	2.7					冲积物	E 123°57′09.7″ N 46°23′49.2″	93
						B	33—76	棕灰色	重壤土	小块状	7.8	<1.0							
						C_1	76—117	浅棕灰色	轻壤土	块状	7.5	<1.0							
						C_2	117—150	浅红棕色											
剖9	水成土	沼泽土	草甸沼泽土	芦苇草甸沼泽土		A	0—24	灰色	重壤土	小块状	7.8	95.6	5.35	1.17	29.6	9.9	湖积物	E 124°06′06.8″ N 47°01′10.9″	95
						AB	24—58	暗黄色	轻壤土	块状	7.7	78.9	4.74	1.04	29.8				
剖10	初育土	风沙土	生草风沙土	岗地石灰性草风沙土		Ap	0—16	棕黄色	砂壤土	粒状	7.3	6.4	0.44	0.51			风积物	E 124°10′59.5″ N 46°59′52.4″	95
						AB	16—62	浅棕黄色	砂壤土	块状	7.8	1.8	0.23	0.44					
						BC	62—120	浅棕黄色	砂壤土	块状	8.1	<1.0							
						C	120—150	灰黄色	紧砂土	块状	8.3	<1.0							
剖11	钙层土	黑钙土	草甸黑钙土	黏底草甸黑钙土		Ap	0—19	灰棕色	砂壤土	团块状	7.1	18.8	1.05	0.61	32.6	9.1	黄土状黏质冲积物	E 123°57′58.3″ N 46°33′29.2″	95
						AB	19—70	棕色	中壤土	不明显团块状	7.6	3.6							
						Bca	70—139	浅灰黄色	中壤土	核块状	8.2	4.2							
						C	139—150	灰黄色	中壤土	核块状	8.3	2.8							

续表 Continued

剖面号 Soil profile	土纲 Soil order	土类 Soil great group	亚类 Soil subgroup	土属 Soil genus	土种 Soil species	土层码 Layer code	土层厚度 Depth/cm	颜色 Soil color	质地 Soil texture	土壤结构 Soil structure	pH	有机质 OM/(g/kg)	全氮 TN/(g/kg)	全磷 TP/(g/kg)	全钾 TK/(g/kg)	阳离子交换量CEC/(cmol/kg)	土壤母质 Parent material	剖面点坐标 Profile coordinate	匹配指数 Matching index/%
剖12	初育土	风沙土	草甸风沙土	石灰性固定草甸风沙土	厚石灰潮沙土	A	0–41	黑灰色	壤质砂土	块状		16.5	0.79	0.20			风积物	E 124° 07′ 28.6″ N 46° 50′ 29.4″	82
						Bca	41–74	棕灰色	砂壤土	块状		5.9	0.60	0.22					
						BC	74–120	黄棕色	砂壤土	无明显结构		3.2	0.41	0.21					
						C	120–150	黄棕色											
剖13	钙层土	黑钙土	草甸黑钙土	砂底草甸黑钙土		1	8–18				6.8	25.7	1.85	0.70	33.6	14.7	黄土状堆积物	E 124° 03′ 04.7″ N 46° 52′ 25.0″	95
						2	45–55				7.8	3.7	0.60	0.22		15.5			
						3	110–120				8.5	2.1	0.41	0.21	28.8	13.8			
剖14	初育土	风沙土	黑钙土型风沙土	砂底黑钙土型风沙土		A_1	0–25	灰黄棕色	砂壤土	粒状	7.6	16.5	0.79	0.46			风积物	E 124° 09′ 57.6″ N 46° 53′ 34.8″	95
						AB	50–60	灰黄棕色	砂壤土	粒状	8.0	5.9	0.60	0.22					
						B	90–100	黄棕色	砂壤土	无明显结构	7.9	3.2	0.41	0.21					
						C	130–140	黄棕色	砂壤土		8.0	2.2							
剖15	初育土	风沙土	草甸风沙土	类草甸留沙土	火性留沙土	A	0–41	棕灰色	壤质砂土		7.6	16.5	0.79	0.20	27.8	13.8	风积物	E 124° 14′ 06.0″ N 46° 54′ 53.3″	95
						Ck	41–74		砂壤土		8.0	5.9	0.60	0.22	30.6	10.3			
						C_1	74–120		砂壤土		7.9	3.2	0.41	0.21					
						C_2	120–150		砂壤土		8.0	2.2							
剖16	草甸土	草甸土	潜育草甸土	砂底潜育草甸土		A_1	0–12	棕灰色	中壤土	团块状	5.5	59.7	2.38	1.10	27.8	20.8	冲积物	E 124° 01′ 15.2″ N 46° 34′ 44.4″	95
						AB	12–37	浅棕灰色	轻壤土	团粒状	5.7	11.4	0.62	0.73	30.6				
						B	37–105	暗棕灰色	中壤土	小棱块状	6.0	12.1							
						C	105–150	棕灰色	松砂土	棱块状	6.6	<1.0							
剖17	半水成土	草甸土	盐化草甸土	黏壤质盐化草甸土		A_1	0–15	灰白色	中壤土	小核块状							冲积物	E 124° 14′ 19.3″ N 46° 45′ 58.7″	95
						Bna	15–85	棕灰色	轻黏土	小团块状									
						B	85–120	棕黄色	重壤土	团块状									
						C	120–	棕黄色	壤质砂土	无结构									
剖18	初育土	风沙土	生草风沙土	平地生草甸性草风沙土		Ap	0–7	浅灰棕色	砂壤土	不明显团团块状	7.8	6.9	0.40	0.34	27.0	10.3	风积物	E 124° 08′ 01.7″ N 46° 45′ 16.2″	95
						A_1	7–35	灰黄棕色	砂壤土	无结构	7.4	3.8	0.23	0.19					
						AC	35–75	黄色	砂壤土	无结构	7.4	2.4							
						C	75–150	棕黄色	砂壤土		7.8	2.9							
剖19	初育土	风沙土	生草风沙土	平地石灰性生草风沙土		Ap	0–20	棕黄色	紧砂土	团块状	7.6	13.6	0.88	0.51	30.3	20.8	风积物	E 124° 12′ 27.7″ N 46° 40′ 28.2″	95
						AB	20–55	浅棕黄色	砂壤土	团粒状	7.5	3.0							
						BC	55–110	浅棕黄色	砂壤土	粒状	7.5	<1.0							
						C	110–150	棕黄色	砂壤土										
剖20	初育土	风沙土	生草风沙土	岗地石灰性生草风沙土		1	0–23	暗黄棕色	砂壤土	粒状	7.2	27.4	0.69	0.23	27.6	6.1	风积物	E 124° 04′ 21.4″ N 46° 36′ 36.0″	95
						2	53–63	灰黄棕色	砂壤土	粒状	7.9	7.4	0.49	0.23		7.2			
						3	115–125	黄色	紧砂土	块状									
剖21	初育土	风沙土	草甸固定风沙土	盐化固定草甸风沙土		A	0–17	棕黄色	壤质砂土	块状							风积物	E 124° 13′ 49.4″ N 46° 38′ 52.1″	81
						AB	17–38	棕黄色	壤质砂土	小核显结构									
						B	38–67	棕黄色	壤质砂土	无明显结构									
						C	67–110	棕黄色	壤质砂土	无结构									
剖22	初育土	风沙土	生草风沙土	平地石灰性草风沙土	轻盐甸风沙土	As	4–11		砂壤土		7.2	27.4	1.31	0.48	30.1	10.4	风积物	E 124° 05′ 35.9″ N 46° 31′ 21.4″	93
						AB	30–40		壤土		7.9	7.4	0.40	0.30					
						B	60–70		紧砂土		8.5	2.2							
						C	110–120		轻壤土		8.1	2.6							

续表 Continued

剖面号 Soil profile	土纲 Soil order	土类 Soil great group	亚类 Soil subgroup	土属 Soil genus	土种 Soil species	土层码 Layer code	土层厚度 Depth/cm	颜色 Soil color	质地 Soil texture	土壤结构 Soil structure	pH	有机质 OM/(g/kg)	全氮 TN/(g/kg)	全磷 TP/(g/kg)	全钾 TK/(g/kg)	阳离子交换量 CEC/(cmol/kg)	土壤母质 Parent material	剖面点坐标 Profile coordinate	匹配指数 Matching index/%
剖23	半水成土	草甸土	潜育草甸土	石灰性潜育草甸土	黏底石灰性潜育草甸土	As	0—6	暗棕灰色	中壤土	团块状							冲积物	E 124°04′16.7″ N 46°25′00.1″	95
						A₁	6—26	暗棕色	重壤土	核块状、粒状									
						ABg	26—37	棕灰色	轻壤土	核状									
						Bg	37—83	灰黄色	轻黏土	核状									
						Cg	83—150	灰黄棕色	轻黏土	小核状									
剖24	钙层土	黑钙土	石灰性黑钙土	砂壤质石灰性黑钙土		Ap	0—19	浅灰棕色	中壤土	小块状	7.4	19.3	1.33	0.62	26.6	15.6	黄土状堆积物	E 124°27′08.6″ N 46°48′32.0″	93
						Bca	19—100	灰灰色	砂壤土	小核状	7.5	4.0							
						BC	100—125	暗棕黄色	砂壤土	小核块状	7.8	2.9							
						C	125—150	浅棕黄	砂壤土	核块状	7.9	2.1							
剖25	半水成土	草甸土	盐化草甸土	砂壤质盐化草甸土		A₁	0—5	灰蓝色	中壤土	小块状							冲积物	E 124°13′13.8″ N 46°22′07.3″	95
						AB	5—15	暗棕灰色	重壤土	核块状									
						Bna	15—74	暗棕黄色	轻壤土	核块状									
						BC	74—120	暗棕黄色	砂黏土	核块状									
						C	120—150	灰蓝色	砂壤土	小块状									
剖26	初育土	风沙土	草甸风沙土	平地草甸风沙土		Ap	0—12	暗棕灰色	轻壤土	核柱状	6.5	21.1	1.14	0.64	27.8	20.2	风积物	E 124°11′25.8″ N 46°16′19.6″	93
						AB	12—40	黄棕色	中壤土	核块状	7.2	6.8	0.53	0.49	29.1	14.3			
						Cg	40—80	棕黄色	松砂土	小块状	8.1	1.1							
						Cg₂	80—150	棕黄色	紧砂土			<1.0							
剖27	钙层土	黑钙土		黏底黑钙土		1	0—10			块状	7.8	1.5	0.86	0.83	30.2	15.3	黄土状堆积物	E 124°06′09.4″ N 46°10′46.9″	95
						2	28—38				7.8	2.0	0.84	0.63	31.0				
						3	68—78				7.6	6.1							
						4	130—140				7.7	3.3							
剖28	半水成土	草甸土	碱化草甸土	苏打碱化草甸土		A₁	0—7	浅灰色	砂壤土	块状							冲积物	E 124°20′53.5″ N 46°21′15.1″	81
						2	7—44	棕灰色	重壤土	核柱状									
						B	44—100	灰白色	中壤土	核块状									
						C	100—150	浅黄色	中壤土	小块状									
剖29	钙层土	草甸土		黏底草甸钙土		Ap	0—10	灰棕色	轻壤土	团粒状	5.4	44.4	2.70	1.20		33.6	冲积物	E 124°09′33.1″ N 46°17′13.6″	93
						AB	10—28	棕灰色	中壤土	粒状	6.3	24.9	1.24	0.86		39.6			
						B	28—140	灰色	重壤土	核粒状	6.8	15.6							
						C	140—150	浅灰棕色	中壤土	柱状	7.1	3.9							
剖30	盐碱土	碱土	草甸碱土	苏打盐化碱土		A₁	0—9	暗棕灰色	中壤土	小团粒状							湖积物	E 124°12′34.9″ N 46°06′45.4″	95
						B₁	9—36	浅灰色	中黏土	块状									
						B₂	36—59	浅灰色	中黏土	核块状									
						BC	59—113	棕黄色	中黏土	核粒状									
						C	113—150	灰白色	砂土	棱状									
剖31	盐碱土	草甸盐土	草甸盐土	苏打草甸盐土		Ak	0—3	灰白色	中壤土	片状								E 124°11′41.6″ N 46°05′36.2″	95
						AB	3—58	棕灰色	中黏土	小核块状									
						B	58—138	灰白色	中黏土	小核粒状									
						C	138—150	灰黄色	中黏土	核粒状									
剖32	钙层土	黑钙土	草甸黑钙土	黏底石灰性草甸黑钙土		Ap	0—24	灰色	轻壤土	小团块状	7.7	26.3	1.34	0.82		18.3	黄土状堆积物	E 124°21′59.8″ N 46°55′55.6″	95
						AB	24—45	浅灰色	中黏土	粒状	8.2	15.8	0.87	0.62					
						B	45—72	棕黄色	重黏土	小粒状	8.4	8.8							
						4	72—110				8.1	6.7							

续表 Continued

剖面号 Soil profile	土纲 Soil order	土类 Soil great group	亚类 Soil subgroup	土属 Soil genus	土种 Soil species	土层码 Layer code	土层厚度 Depth/cm	颜色 Soil color	质地 Soil texture	土壤结构 Soil structure	pH	有机质 OM/(g/kg)	全氮 TN/(g/kg)	全磷 TP/(g/kg)	全钾 TK/(g/kg)	阳离子交换量CEC/(cmol/kg)	土壤母质 Parent material	剖面点坐标 Profile coordinate	匹配指数 Matching index/%
剖33	初育土	风沙土	黑钙土型风沙土	黏底黑钙土型风沙土		Ap	0—15	灰棕色	砂壤土	块状	7.9	12.3	0.65	0.56		10.9	风积物	E 124°23′55.7″ N 46°50′40.6″	95
						B	15—63	黄棕色	紧砂土		8.5	<1.0	<0.10	0.16					
						BC	63—95	浅黄棕色	砂砾土	小核块状	8.6	1.9							
						Cca	95—150	黄黄色	轻黄土	核粒状	8.2	2.8							
剖34	钙层土	石灰性黑钙土	火性黑泥砂土	火性黑泥土		A11	0—19	灰黄棕色	砂质黏壤土	屑粒状	7.9	19.3	1.33	0.27	21.8	15.6	河湖沉积物	E 124°23′51.7″ N 46°50′10.7″	95
						AB	19—54	油黄棕色	砂质黏壤土	小块状	8.4	14.0	0.72	0.26	22.7	16.3			
						Bk	54—115	棕色	砂壤土	块状	8.3	2.9	0.22	0.21	20.3	16.1			
						BC	115—150	亮棕黄色	砂壤土		8.0	2.1							
剖35	钙层土	黑钙土				Ap	0—20	灰棕色	砂壤土	团块状	7.9	8.7	0.65	0.43	32.9	10.7	黄土状堆积物	E 124°16′43.3″ N 46°45′47.9″	81
						A1	20—30	暗黄棕色	重壤土	团块状	8.0	13.3	1.18	0.47	35.5	18.2			
						AB	30—60	浅黄棕色	轻壤土	块状	7.9	13.7							
						Bca	60—100	黄黄色	中壤土	团块状	8.0	4.1							
						BC	100—130	黄棕色	紧砂土		8.1	1.7							
							130—150	黄棕色	紧砂土		8.0	1.8							
剖36	钙层土	黑钙土	砂壤质黑钙土	油黑泥砂土		A11	0—20	棕灰色	砂质黏壤土	屑粒状	7.9	13.0	0.65	0.18	25.8	10.7	冲积物	E 124°17′36.6″ N 46°47′29.0″	95
						AB	20—60	灰棕色	砂质黏壤土	碎块状	7.9	13.5	0.78	0.20	24.1	18.2			
						Bk	60—100	油黄棕色	砂质黏壤土	块状	8.0	4.1							
						BC	100—130	油黄棕色	砂质黏壤土	块状	8.1	1.7							
剖37	初育土	风沙土	草甸风沙土	盐化草甸风沙土		A1	0—17	浅灰棕色	紧砂土	块状	8.3	7.9	0.69	0.53	32.6	6.1	风积物	E 124°23′22.9″ N 46°47′32.3″	93
						AB	17—38	浅灰棕色	砂壤土	块状	8.1	6.7	0.49	0.54	33.3	7.2			
						B	38—67	浅黄棕色	砂壤土		8.0	3.8							
						BC	67—110		砂壤土		7.6	2.5							
						C	110—150		砂壤土		7.7	2.7							
剖38	钙层土	草甸风沙土	流动草甸风沙土	沙丘土		Ap	0—27	灰灰色	中壤土	块状	7.5	31.3	2.04	0.94	20.1	34.2	黄土状堆积物	E 124°07′44.4″ N 46°56′02.4″	95
						AB	27—82	棕灰色	中壤土	块状	7.5	25.5							
						Bca	82—107	灰黄色	重壤土	核块状	7.8	9.4							
						BC	107—130	黄色	砂壤土	核块状	7.9	3.3							
						C	130—150	棕黄色	中壤土	块状	7.8	4.9							
剖39	初育土	风沙土	草甸风沙土	砂砾底潜育草甸土	江湾湿甸土	1	0—40	灰灰色	砂土			2.1	0.12	0.10			风积物	E 124°17′11.0″ N 46°22′51.6″	95
						2	40—50	灰黄色	砂土			<1.0							
剖40	半水成土	潜育草甸土	砂砾底潜育草甸土			A	0—12	棕灰色	砂壤黏土	核块状	7.3	59.7	2.38	0.48	25.3	38.8	洪积砂砾	E 124°02′04.6″ N 46°09′19.1″	95
						ABg	12—37	灰黄棕色	砂壤土	粒状	7.5	12.1	0.62	0.32	23.0	20.8			
						Bg	37—105	暗黄棕色	黏质壤土	核块状	7.1	11.4							
						Cg	105—150	灰黄色	壤质砂土		7.9	1.0							
剖41	半水成土	草甸土	石灰性草甸土	砂底石灰性草甸土		Ap	0—14	暗灰棕色	砂壤土	团粒状	7.5	19.7	1.00	0.65	26.6		冲积物	E 124°01′29.6″ N 46°17′18.6″	95
						AB	14—36	黄棕色	砂壤土	粒状	7.5	6.9	0.36	0.47	29.6				
						B	36—80	浅黄棕色	中壤土	核状	7.1	4.5							
						Cg	80—120	浅灰黄色	松砂土		7.9	<1.0							
剖42	初育土	风沙土	黑钙土型风沙土	砂底黑钙土型风沙土		Ap	0—8	灰棕色	砂壤土	块状	8.2	17.4	1.07	0.78	31.7	13.4	风积物	E 124°30′52.9″ N 46°51′16.9″	82
						A1	8—39	暗灰棕色	砂壤土		8.1	23.8	1.23	0.60	29.4				
						AB	39—55	浅灰棕色	砂壤土		8.2	6.8							
						Bca	55—140	浅灰黄色	砂壤土		7.9	1.7							
						C	140—150	黄棕色	砂壤土		8.1	1.5							

伊 春 市

市 辖 区

主要土类说明

暗棕壤是伊春市主要土壤类型，占本市地域面积的72%。其成土过程主要表现为：①腐殖质积累过程。植被为以红松为主的针阔叶混交林，每年每公顷有2—4t的凋落物留在土壤表面，凋落物的灰分含量很高。在林下水热条件较好的情况下，凋落物经微生物分解，在土壤表层积累大量腐殖质。②弱酸性淋溶过程。在温带湿润条件下，由于林木郁闭，每年有大量雨水集中在夏季，土壤产生强烈淋溶过程，由于腐殖质中酸性物质的存在，暗棕壤呈弱酸性。以有机溶胶为主的淋溶液呈弱酸性，是强烈的还原剂，高价铁被还原成低价铁，低价铁溶于水而下渗。同时，下渗的水把上部土壤中的黏粒带到下层淀积起来，随黏粒下移的铁、锰由于心土层中根圈附近氧化条件较好，开始氧化沉淀，并以棕色胶膜包被于土粒表面，使土壤呈棕色。因此，暗棕壤表层为腐殖质层，中部为棕色黏粒的淀积物，下部为岩石风化物母质层。

沼泽土是伊春市第二大土壤类型，占本市地域面积的19%。沼泽土是在地形低洼、母质黏重、气候湿润、地表水多、地下水位高、土壤水分长期处于饱和状态、喜湿性植被条件下形成的土壤。其形成过程主要是泥炭化过程和潜育化过程，主要特征是土壤剖面具有较厚的腐殖质层或泥炭层以及灰蓝色潜育层，并生成硫化氢、甲烷等气体。潜育化过程使母质中的盐基和可溶性铁逐渐淋失，硅酸和铝逐渐增多。

草甸土是伊春市第三大土壤类型，占本市地域面积的6%。其形成过程主要是草甸化过程，主要特征为腐殖质的积累。由于铁锰氧化物的移动和淀积，土壤形成锈斑和铁锰结核，土体出现锈色斑纹。

小于本市地域面积3%的土壤类型有泥炭土、棕色针叶林土、石质土。

本区域中心区气候特征

本区域中心区气候特征值
Regional climate characteristics in central area of the region

气候带：中温带亚湿润气候 Climate region: Mid temperate subhumid climate	
年平均气温 /℃ Annual average temperature /℃	1.7
年平均最高气温 /℃ Annual average maximum temperature /℃	7.8
年平均最低气温 /℃ Annual average minimum temperature /℃	-4.0
年降水量 /mm Annual precipitation /mm	556
≥10℃的积温 /℃ Daily temperature accumulated in a year (≥10℃) /℃	763
年日照时数 /h Annual sunshine /h	2510
年平均相对湿度 /% Annual average relative humidity /%	70
干燥度 Dryness	0.21

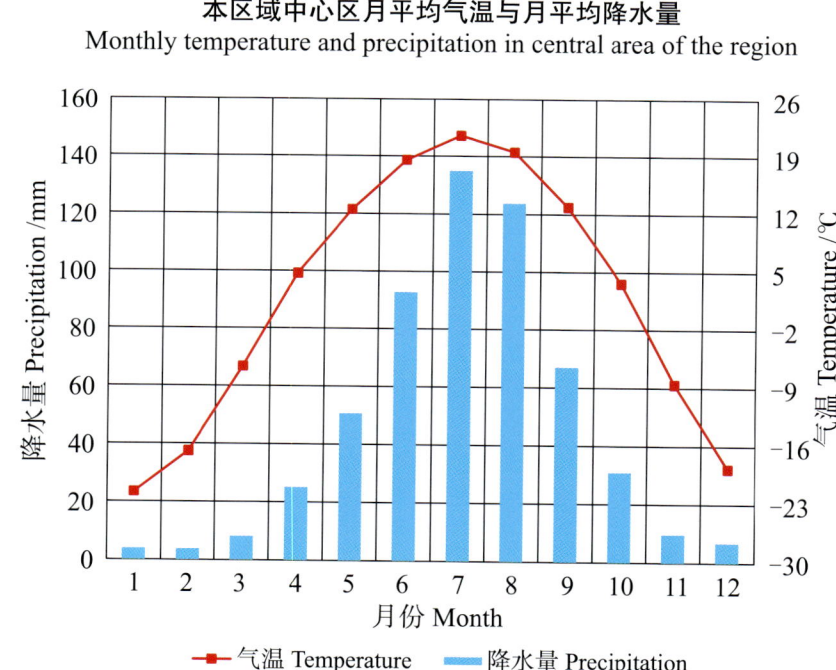

本区域中心区月平均气温与月平均降水量
Monthly temperature and precipitation in central area of the region

伊春市市辖区（部分）主要土壤类型与土壤剖面点分布图
1 : 860 000

伊春市土壤剖面理化性状表

剖面号	土纲	土类	亚类	土属	土种	土层码	土层厚度/cm	颜色	质地	土壤结构	pH	有机质OM/(g/kg)	全氮TN/(g/kg)	全磷TP/(g/kg)	全钾TK/(g/kg)	阳离子交换量CEC/(cmol/kg)	土壤母质	剖面点坐标	匹配指数/%
剖1	淋溶土	暗棕壤	暗棕壤性土	亚暗矿质暗棕壤性土	乌敏河砂石土	Ao	0—2	黑棕色	壤土	团块状		115.7	5.75	1.29	15.8	12.3	洪积黏土	E 128°17′01.0″ N 47°57′37.4″	95
						A	2—19												
						C	19—43	浅棕色	壤质黏土	无结构		52.9	2.31	1.11	18.8	13.3			
剖2	淋溶土	暗棕壤	潜育暗棕壤	潜暗山泥土	湿黏泥土	Ao	0—3										安山岩风化物	E 128°18′45.0″ N 47°41′54.2″	81
						Ah	3—12	灰棕色	壤质黏土	团粒状	4.7	127.8	5.95	0.93	19.7	>50.0			
						AB	12—55	灰棕色	黏壤土	块状	4.7	27.6	1.83	0.78	20.5	34.2			
						Bg	55—129	亮棕色	壤质黏土	棱块状	4.8	2.9	0.61	0.52	22.1	27.4			
						Btg	129—144	亮棕色	黏土	无明显结构	4.8	1.0	0.53	0.83	24.1	23.5			
剖3	淋溶土	暗棕壤	暗棕壤性土	幼暗砾砂土	暗砾砂土	Ao	0—4										花岗岩风化残积物	E 128°36′51.5″ N 47°47′57.5″	95
						Ah	4—20	暗棕色	砂质黏壤土	团粒状	6.6	88.3	3.89	1.03	29.3				
						(B)	20—44	棕色	砂质黏壤土	碎块状	7.1	15.0	0.78	0.77	28.7				
						C	44—93												
剖4	半水成土	草甸土	草甸土	暗棕壤型草甸土	桃山草甸土	Aoo	0—3	暗棕色	砂壤土	团块状		266.7	10.82	1.36	18.9	>50.0	坡积砂	E 128°50′39.5″ N 47°52′42.6″	95
						A	3—41	棕色	砂壤土	团块状		77.1	4.16	1.69	25.6	>50.0			
						AB	41—80	棕色	砂壤土	块状		33.9	2.02	1.33	28.2	28.4			
						Bg	80—103												
						C	103—					10.2	0.79	0.69	31.4	13.0			
剖5	淋溶土	暗棕壤	暗棕壤性土	亚暗矿质暗棕壤性土	青山砂石土	Ao	0—2	黑棕色	壤土	粒状、团块状		115.7	5.75	1.29	15.8	12.2	冲积黏土	E 128°57′23.4″ N 47°53′10.0″	95
						A	2—25												
						C	25—53	黄棕色	壤质黏土	无结构		52.9	2.31	1.11	18.8	13.3			

铁 力 市

主要土类说明

暗棕壤是铁力市主要土壤类型，占本市地域面积的71%。其成土过程主要是在温带湿润地区针阔叶混交林下的腐殖质积累过程及弱酸性淋溶过程。暗棕壤分布区的植被生长繁茂，种类多样，每年都有大量的植物残体积累于土壤表面，形成厚度不等的枯枝落叶层，在腐殖化作用下，形成腐殖质含量很高的腐殖质层，养分含量丰富。暗棕壤全剖面由棕灰色向浅棕色逐渐过渡，无At层，剖面构型为Aoo-Ao-A-AB-B-BC-C。AB层向下可见大量的铁锰胶膜及二氧化硅粉末。成土母质多为残积砾石。

草甸土是铁力市第二大土壤类型，占本市地域面积的15%，主要分布在河流沿岸、沟谷低地与山间谷地等低平地。草甸土是直接受地下水浸润并在草甸植被下发育形成的非地带性半水成型土壤。其剖面主要特征是上层较厚，有锈斑，底土层有二氧化硅粉末，团粒结构明显，下层常积水，有灰色斑块。

沼泽土是铁力市第三大土壤类型，占本市地域面积的5%。沼泽土是在长期季节性过湿或积水条件下，在沉积物上发育而成的非地带性水成型土壤。本市沼泽土主要分布在呼兰河等大河流和沟谷地低洼积水处，分布比较零散，有的呈复区分布，面积不大。本市沼泽土分为草甸沼泽土、泥炭沼泽土、泥炭腐殖质沼泽土等亚类。

黑土占本市地域面积的3%，主要分布在本市西部。黑土的成土过程主要是腐殖质积累与淋溶作用的过程。植被以灌木草甸为主，种类繁多，生长繁茂，根系发达，在距离表层0—30cm内最为集中，每年在黑土层中积累大量有机质和矿物质养分。因此，黑土腐殖质含量高，土层厚，土壤结构好，营养元素较为丰富。由于淋溶作用，碱土金属全部被淋溶流失，二氧化硅分离，向下移动，土壤上层的黏粒受重力作用也有向下移动的现象，故黑土质地一般下层比上层黏重，有明显的黏粒淀积。在淀积层内可见铁锰胶膜和白色二氧化硅粉末。根据地形、水热状况、植被更替及地域性附加成土过程的不同，本市黑土分为黑土、草甸黑土、白浆化黑土等亚类。

白浆土占本市地域面积的3%。其成土过程主要是腐殖化过程和白浆化过程。白浆土分布区自然植被茂密，表层有机质积累过程明显。由于母质质地黏重，透水不良，在降水较多的季节，上层土壤经常处于干湿交替过程中，促进了氧化还原作用交替发生。当上层滞水处于还原状态时，三价铁锰氧化物被还原成二价氧化物，除一部分随水侧流淋洗出土体外，大部分在干燥时又被氧化，形成铁锰结核，从而使白浆土的亚表层脱色形成白浆层。

小于本市地域面积3%的土壤类型有水稻土、新积土、泥炭土。

本区域中心区气候特征

本区域中心区气候特征值
Regional climate characteristics in central area of the region

气候带：中温带亚湿润气候 Climate region: Mid temperate subhumid climate	
年平均气温 /℃ Annual average temperature /℃	2.3
年平均最高气温 /℃ Annual average maximum temperature /℃	8.4
年平均最低气温 /℃ Annual average minimum temperature /℃	-3.3
年降水量 /mm Annual precipitation /mm	570
≥10℃的积温 /℃ Daily temperature accumulated in a year (≥10℃) /℃	934
年日照时数 /h Annual sunshine /h	2509
年平均相对湿度 /% Annual average relative humidity /%	70
干燥度 Dryness	0.26

本区域中心区月平均气温与月平均降水量
Monthly temperature and precipitation in central area of the region

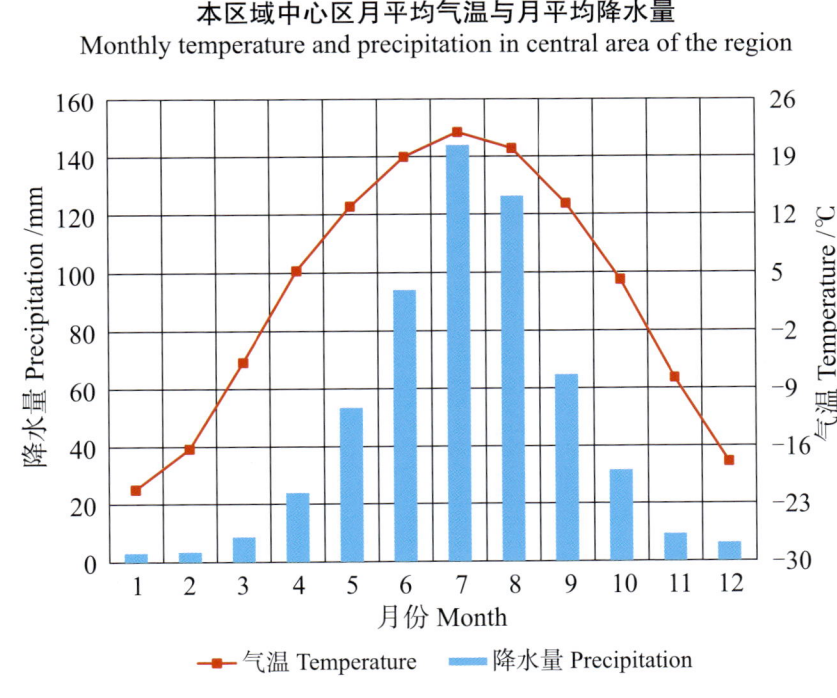

铁力市主要土壤类型与土壤剖面点分布图
1∶480 000

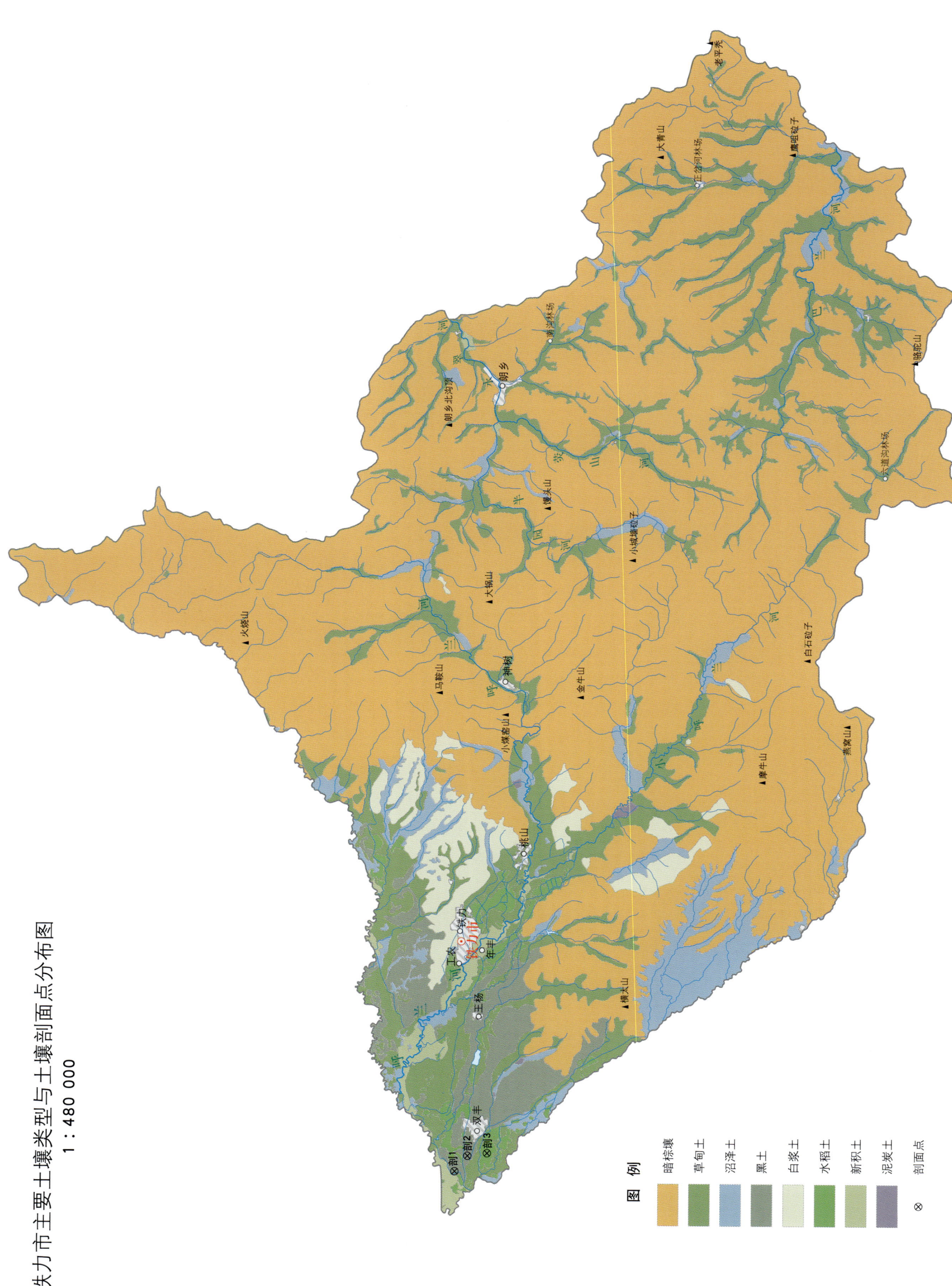

铁力市土壤剖面理化性状表

剖面号 Soil profile	土纲 Soil order	土类 Soil great group	亚类 Soil subgroup	土属 Soil genus	土种 Soil species	土层码 Layer code	土层厚度 Depth/cm	颜色 Soil color	质地 Soil texture	土壤结构 Soil structure	有机质 OM/(g/kg)	土壤母质 Parent material	剖面点坐标 Profile coordinate	匹配指数 Matching index/%
剖1	半淋溶土	黑土	黑土	岗地黑土	中层岗地黑土	A	0—30	暗灰色	中壤土	粒状	39.5	黄土状母质	E 127°41′20.8″ N 46°59′18.2″	75
						AB	30—44	黄灰色	中壤土	粒状	21.4			
						B	44—69	棕黄色	重壤土	核状	18.4			
						C	69—86	浅黄色	黏土	核状	9.3			
						C_2	86—150	黄棕色	重黏土	核块状	2.9			
剖2	半淋溶土	黑土	黑土	岗地黑土	薄层岗地黑土	A	0—20	暗黑色	轻壤土	团粒状		黄土状母质	E 127°42′45.0″ N 46°58′31.8″	75
						AB	20—55	黄黑色	黏壤土	团粒状				
						B	55—80	黄色	壤质黏土	团粒状				
						C	80—150	棕黄色	黏土	棱块状				
剖3	人为土	水稻土	草甸土型水稻土	平地草甸土型水稻土	中层草甸土型水稻土	A	0—25	灰黑色	黏土	无结构			E 127°43′01.2″ N 46°57′19.4″	75
						P	25—32	灰黑色	黏土	无结构				
						W	32—60	灰黄色	黏土	无结构				
						B	60—101	黄色	黏土	小棱块状				
						G	101—150	黄绿色	黏土	无结构				

佳 木 斯 市

桦 南 县

主要土类说明

暗棕壤是桦南县主要土壤类型，占本县地域面积的42%，主要分布在本县东部、北部的低山丘陵区，是本县土壤中分布部位最高的土类。暗棕壤是在针阔叶混交林下通过有机质富集和弱酸性淋溶过程发育而成的土壤。成土母质为岩石风化残积物。

草甸土是桦南县第二大土壤类型，占本县地域面积的22%，在本县河流沿岸低洼地、平原、低平原及山间沟谷的地下水和地表水汇集地带均有分布，以河流沿岸和山间沟谷分布最为集中。成土母质多为河湖相沉积物或冲积物。其形成过程主要是草甸化过程。本县草甸土分布区地下水位较高，一般为1—2m，个别地区小于1m，地下水直接浸润土壤，参与土壤形成过程。

白浆土是桦南县第三大土壤类型，占本县地域面积的18%，主要分布在本县东部、北部的低山丘陵延伸地带和中部丘陵漫岗区的坡岗地。成土母质主要为第四纪河湖相黏土沉积物，上部多有厚1m以上的黏土层，质地较黏重。其成土过程主要是白浆化过程。由于母质黏重，加上季节性冻层的影响，白浆土透水不良，在夏秋雨季，土层上部水分过多，有时形成滞水层，对白浆土的形成、发育及利用有较大影响。

黑土占本县地域面积的15%，是本县的主要耕地土壤之一，主要分布在本县中部丘陵漫岗区和西部平原低地地势较高的漫岗下部、高平地及山岗坡地下部。成土母质主要为第四纪黄土状沉积物和砂质冲积物。季节性冻层和黏重母质导致的临时滞水，对黑土的形成、发育及利用有较大影响。

小于本县地域面积3%的土壤类型有水稻土、沼泽土。

本区域中心区气候特征

本区域中心区气候特征值
Regional climate characteristics in central area of the region

气候带：中温带亚干旱气候 Climate region: Mid temperate subarid climate	
年平均气温 /℃ Annual average temperature /℃	3.3
年平均最高气温 /℃ Annual average maximum temperature /℃	9.1
年平均最低气温 /℃ Annual average minimum temperature /℃	-2.1
年降水量 /mm Annual precipitation /mm	552
≥10℃的积温 /℃ Daily temperature accumulated in a year (≥10℃) /℃	1210
年日照时数 /h Annual sunshine /h	2480
年平均相对湿度 /% Annual average relative humidity /%	68
干燥度 Dryness	0.37

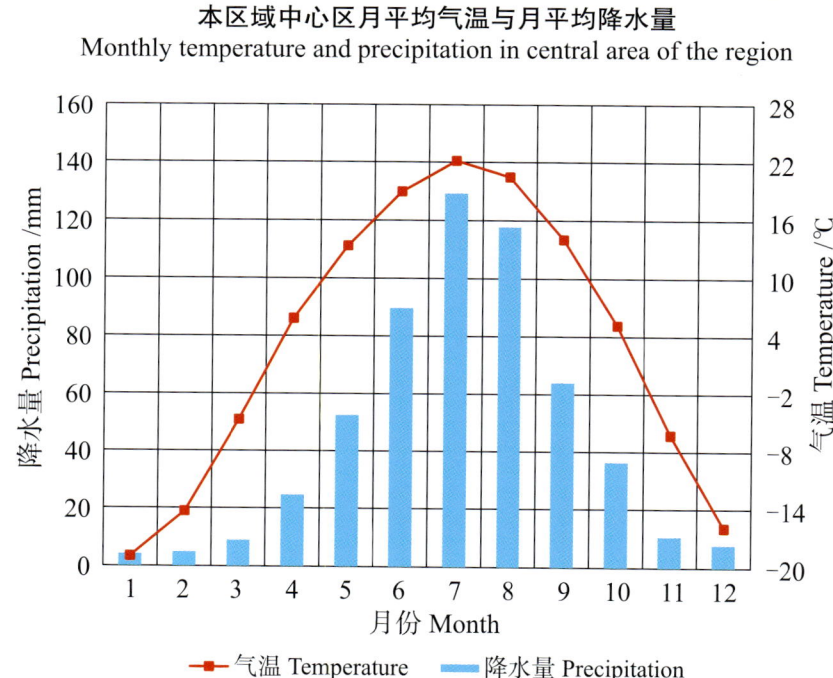

本区域中心区月平均气温与月平均降水量
Monthly temperature and precipitation in central area of the region

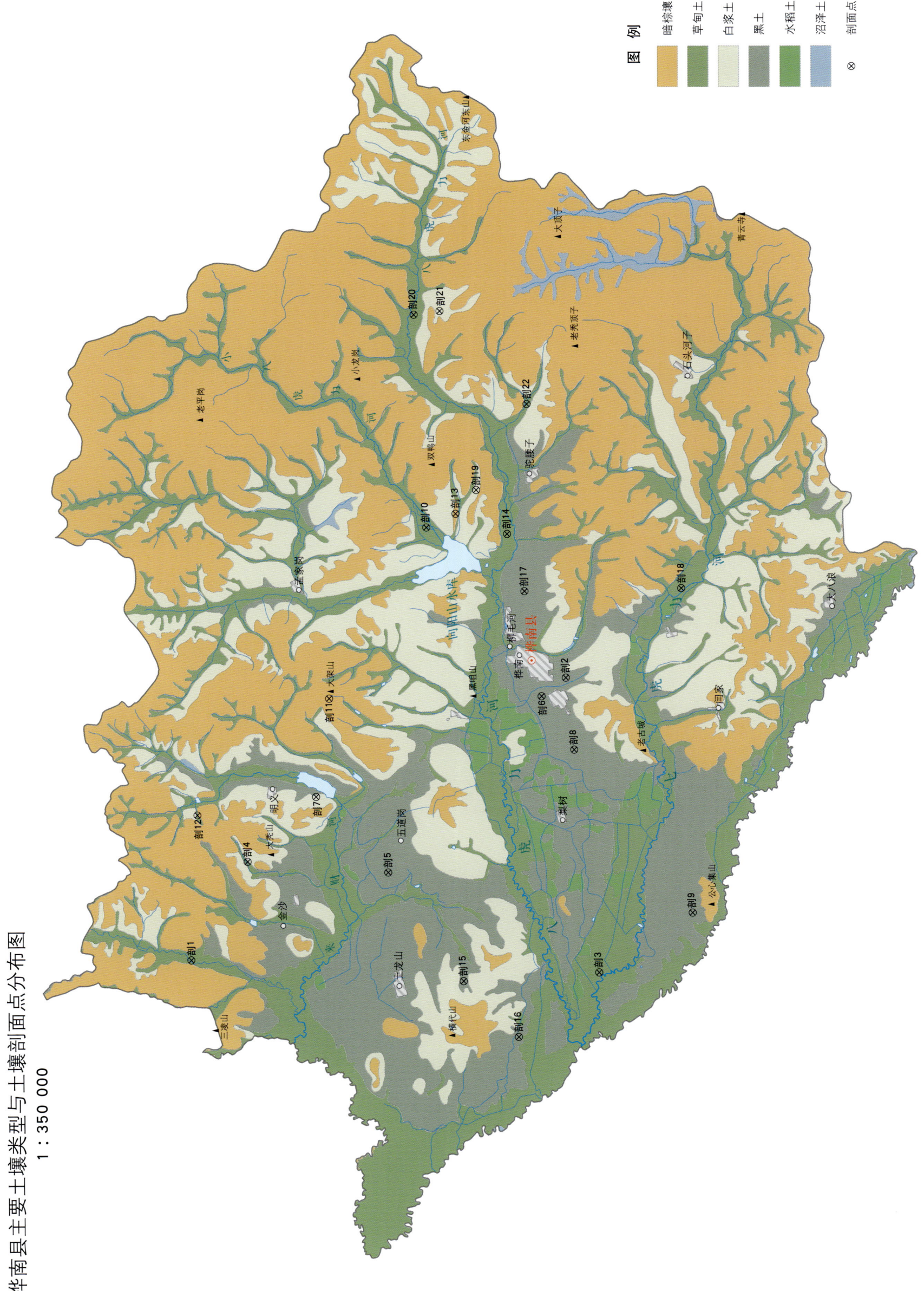

桦南县土壤剖面理化性状表

剖面号	土纲	土类	亚类	土属	土种	土层码	土层厚度/cm	颜色	质地	土壤结构	pH	有机质 OM/(g/kg)	全氮 TN/(g/kg)	全磷 TP/(g/kg)	全钾 TK/(g/kg)	土壤母质	剖面点坐标	匹配指数/%
剖1	半水成土	草甸土	潜育草甸土	平地潜育草甸土	中层平地潜育草甸土	A₁	0—25	灰黑色	轻壤土		6.5	27.1	2.12	0.68	24.7	冲积物或黄土状沉积物	E 130°14′46.0″ N 46°30′36.0″	75
						ABg	25—35	灰棕色	轻壤土	小粒状	6.7	32.0	1.82	0.86	22.1			
						Bg	35—65	灰棕色	轻壤土	小粒状	6.6							
						Cg	65—	棕色										
剖2	半淋溶土	黑土	草甸黑土	砂底草甸黑土	薄层砂底草甸黑土	A₁	0—25	黑灰色	重壤土	小粒状	6.4	54.5	2.32	1.60	25.2	第四纪黄土状沉积物和砂质冲积物	E 130°33′01.8″ N 46°13′00.8″	95
						AB	25—35	灰黑色	重壤土	块状	6.5	22.2	0.77	1.03	25.8			
						B	35—60	灰黄色	砂土									
						C	60—	棕褐色	砂土									
剖3	半水成土	草甸土	草甸土	平地草甸土	薄层平地草甸土	1	10—20				6.4	28.6	1.67	1.63	27.9	河湖相沉积物或冲积物	E 130°13′24.6″ N 46°11′46.7″	95
						2	30—40				6.3	28.2	1.65	1.81	26.8			
						3	70—80				6.5	12.8						
剖4	半水成土	草甸土	草甸土	沟谷草甸土	厚层沟谷草甸土	1	20—40				5.9	176.6	>6.00	2.20	24.7	冲积物或黄土状沉积物	E 130°21′13.7″ N 46°27′54.0″	95
						2	60—80				6.0	36.2						
						3	85—95				6.0	16.9						
剖5	半淋溶土	黑土	黑土	黏底黑土	中层黏底黑土	A₁	0—49	浅黑色	重壤土	块状	6.4	44.1	2.74	1.50	20.2	第四纪黄土状沉积物和砂质冲积物	E 130°20′19.3″ N 46°21′25.2″	95
						B	49—90	黄黑色	轻黏土	核块状	6.6	29.7	0.56	1.00	21.6			
						C	90—110	棕黄色	中黏土	核块状	6.7	9.4	0.42	1.20	20.5			
剖6	半淋溶土	黑土	草甸黑土	黏底草甸黑土	厚层黏底草甸黑土	1	35—45		重黏土		6.7	62.9	3.09	1.46	35.4	第四纪黄土状沉积物和砂质冲积物	E 130°31′50.2″ N 46°14′08.9″	85
						2	70—80		轻黏土		6.8	17.1						
						3	130—140		中黏土		6.8	12.2						
剖7	淋溶土	白浆土	白浆土	岗地白浆土	薄层岗地白浆土	A₁	0—9	暗黑色	轻壤土	小块状	6.5	37.1	1.71	1.13	21.4	第四纪河湖相黏土沉积物	E 130°25′29.3″ N 46°24′40.0″	95
						Aw	9—25	灰白色	轻壤土	片状	6.6	12.9	0.86	1.13	23.9			
						B	25—60	棕褐色	中黏土	核块状	6.7	15.4	0.96	1.15	22.4			
剖8	半淋溶土	黑土	草甸黑土	黏底草甸黑土	薄层黏底草甸黑土	A₁	0—27	暗黑色	轻壤土	小粒状	6.8	41.6	2.29	1.33	27.0	第四纪黄土状沉积物和砂质冲积物	E 130°28′16.0″ N 46°12′41.8″	95
						AB	27—65	灰黄色	轻壤土	粒状	6.6	10.5						
						B	65—87	黄色	轻壤土	块状	6.5	18.6						
剖9	半淋溶土	黑土	暗棕壤型黑土	砂砾底暗棕壤型黑土	薄层砂砾底暗棕壤型黑土	A₁	0—30	灰黑色	中壤土	小粒状	6.6	36.5	1.79	1.39	30.4	第四纪黄土状沉积物和砂质冲积物	E 130°17′13.9″ N 46°07′24.6″	95
						AB	30—60	黄棕色	重壤土	核块状	6.6	11.8	0.95	1.02	29.0			
						B	60—80	暗棕色	重壤土	块状	6.6	9.5						
						C	80—	棕色	砂土									
剖10	半水成土	草甸土	潜育草甸土	平地潜育草甸土	薄层平地潜育草甸土	A₁	0—15	灰黑色	轻壤土	小块状	6.7	38.2	1.82	0.87	30.9	河湖相沉积物或冲积物	E 130°43′13.1″ N 46°19′16.7″	95
						ABg	15—35	棕黄色	重壤土	小块状	5.8	24.1	0.93	1.15	27.6			
						Bg	35—80	棕黄色	轻壤土		6.0	21.6						
						Cg	80—	黄色	砂土									
剖11	淋溶土	暗棕壤	暗棕壤	砾石底暗棕壤		1	0—14	浅灰色	中壤土	团粒状	6.5	51.8	2.50	1.42	25.5	岩石风化残积物	E 130°32′00.6″ N 46°23′57.5″	95
						2	30—40				6.4	12.5	0.76	0.64	27.7			
剖12	半淋溶土	草甸土	草甸土	平地草甸土	薄层平地草甸土	A₁	0—20	棕褐色	重壤土	小粒状	6.4	36.4	1.22	0.67	19.7	河湖相沉积物或冲积物	E 130°24′24.1″ N 46°30′10.1″	95
						BCg	20—50	灰褐色	轻壤土	小粒状	6.2	18.4	0.71	1.21	21.4			
						B	50—120		砂土		6.5							
剖13	淋溶土	暗棕壤	原始暗棕壤			A₁	0—11	灰色	中壤土	粒状	6.7	89.8	4.90	3.19	31.0		E 130°44′05.3″ N 46°17′54.6″	95
						C	11—40											

续表 Continued

剖面号 Soil profile	土纲 Soil order	土类 Soil great group	亚类 Soil subgroup	土属 Soil genus	土种 Soil species	土层码 Layer code	土层厚度 Depth/cm	颜色 Soil color	质地 Soil texture	土壤结构 Soil structure	pH	有机质 OM/(g/kg)	全氮 TN/(g/kg)	全磷 TP/(g/kg)	全钾 TK/(g/kg)	土壤母质 Parent material	剖面点坐标 Profile coordinate	匹配指数 Matching index/%
剖14	半水成土	草甸土	草甸土	沟谷草甸土	中层沟谷草甸土	A₁	0—30	黑灰色	轻黏土	小粒状	6.1	84.6	4.24	2.50	26.3	冲积物或黄土状沉积物	E 130° 42′ 39.6″ N 46° 15′ 33.1″	95
						BCg	30—45	棕灰色	轻壤土	小粒状	6.5	32.4						
						B	45—60	灰色	砂壤土	小粒状								
						C	60—											
剖15	半淋溶土	黑土	草甸黑土	黏底草甸黑土	中层黏底草甸黑土	1	10—30				6.6	34.7	1.62	1.29	25.8	第四纪土状沉积物和砂质冲积物	E 130° 13′ 01.2″ N 46° 18′ 02.9″	95
						2	50—60				6.6	15.2						
						3	120—140				6.6	6.9						
剖16	半淋溶土	黑土	黑土	砂底黑土	薄层砂底黑土	A₁	0—25	暗棕灰色	重壤土	粒状	5.7	31.5	1.66	1.01	31.6	第四纪土状沉积物和砂质冲积物	E 130° 09′ 15.5″ N 46° 15′ 33.1″	95
						B	25—75	棕黄色	重壤土	粒状	6.3	13.5	0.83	0.83	33.0			
						C	75—	棕黄色	松砂土	粒状	6.2	5.2						
剖17	半淋溶土	黑土	黑土	黏底黑土	薄层黏底黑土	A₁	0—25	黑黄色	重黏土	粒状	6.6	29.4	1.19	0.81	20.1	第四纪土状沉积物和砂质冲积物	E 130° 38′ 49.6″ N 46° 14′ 49.2″	95
						AB	25—75	灰黄色	轻黏土	核块状	6.6	18.8	1.14	0.83	13.5			
						B	75—110	棕黄色	轻黏土	块状	6.5	4.5	0.71	1.27	15.8			
						C	110—	黄色	中黏土	块状								
剖18	半水成土	草甸土	白浆化草甸土	沟谷白浆化草甸土	薄层沟谷白浆化草甸土	A₁	0—16	灰黑色	轻黏土	小粒状	6.1	100.3	4.96	2.84	25.2	冲积物或黄土状沉积物	E 130° 38′ 47.0″ N 46° 07′ 35.0″	95
						Aw	16—42	棕灰色	轻黏土	小块状	5.9	24.4	1.39	1.54	23.2			
						BCg	42—85	灰黄色	轻黏土		5.9	23.1						
						C	85—120	黄色	轻黏土									
剖19	淋溶土	白浆土	白浆土	岗地白浆土	厚层岗地白浆土	A₁	0—25	暗灰色	轻黏土	团粒状	6.2	32.6	2.30	0.83	24.9	第四纪河湖相黏土沉积物	E 130° 45′ 37.8″ N 46° 16′ 55.9″	95
						Aw	25—50	灰白色	中黏土	片状	6.4	21.8	1.09	0.50	22.4			
						B	50—70	灰黄色	中黏土	核块状	6.3	19.2	1.13	0.56	21.2			
剖20	半水成土	草甸土	潜育草甸土	沟谷潜育草甸土	中层沟谷潜育草甸土	A₁	0—32	黑灰色	轻黏土	小粒状	6.2	126.1	>6.00	3.12	23.5	河湖相沉积物或冲积物	E 130° 57′ 21.2″ N 46° 19′ 35.4″	95
						BCg	32—54	棕灰色	中黏土	小粒状	5.9	32.5	1.77	2.96	26.8			
						Cg	54—70	灰棕色	重黏土	小块状	6.7	10.8						
剖21	淋溶土	白浆土	白浆土	岗地白浆土	中层岗地白浆土	1	0—14				6.6	83.1	4.69	2.47	23.1	第四纪河湖相黏土沉积物	E 130° 57′ 33.8″ N 46° 18′ 23.4″	95
						2	20—30				6.4	11.9	1.20	0.87	21.0			
						3	40—50				6.4	12.0	0.67	0.56	21.7			
剖22	半水成土	草甸土	草甸土	沟谷草甸土	中层沟谷草甸土	1	10—20				6.0	54.8	2.69	2.19	28.9	冲积物或黄土状沉积物	E 130° 51′ 13.3″ N 46° 14′ 29.4″	95
						2	30—40				6.3	47.3	2.38	2.15	28.8			

桦 川 县

主要土类说明

草甸土是桦川县主要土壤类型，占本县地域面积的57%，主要分布在本县东部低平原、沟谷低地和山间谷地等低平地，是本县的主要农业土壤之一。草甸土有机质含量高，土质肥沃，水分条件好。其成土过程主要是腐殖化过程和草甸化过程。草甸土剖面由腐殖质层和锈色斑纹层组成，无明显 B 层，有时剖面中下部出现铁锰结核。根据成土过程、成土条件、形态特征、肥力状况的不同，本县草甸土分为草甸土、白浆化草甸土、潜育草甸土、石灰性草甸土等亚类。

黑土是桦川县第二大土壤类型，占本县地域面积的20%，大部分分布在波状起伏的漫岗地带。黑土层的厚度、养分状况随地形变化而有明显差异。黑土是本县的主要农业土壤之一，其分布区也是主要的粮豆产区之一，绝大部分已被开垦为农田。根据附加成土过程、成土条件及形态特征的不同，本县黑土分为黑土、草甸黑土、棕壤型黑土、石灰性黑土等亚类。其中，黑土亚类全剖面分为黑土层、黑黄土层和黄土层，通体无石灰反应，土体中有二氧化硅粉末、铁锰结核和胶膜，剖面从上到下有腐殖质层淋溶条。

暗棕壤是桦川县第三大土壤类型，占本县地域面积的9%，主要分布在低山丘陵和浅山地带。本县暗棕壤分为暗棕壤、原始暗棕壤等亚类。暗棕壤亚类成土过程主要是腐殖质积累、弱酸淋溶及氧化还原过程。其剖面基本分为三层：第一层为暗黑色腐殖质层；第二层为暗棕色或棕色淀积物；第三层为岩石半风化物，夹有大量石块。原始暗棕壤亚类成土过程有轻度的腐殖化过程，其腐殖质层下为母质或基岩。

水稻土占本县地域面积的7%，主要分布在本县中部冲积平原和东部低平原的沿江一带。水稻土是在人类农业生产活动的影响下形成的一种特殊的农业土壤。根据种稻前旱田的土类，本县水稻土分为黑土型、草甸土型、白浆土型等亚类。各亚类剖面主要特征为表层有鳝血层，表层下根据亚类的不同分别与黑土、草甸土、白浆土的特征相同。

小于本县地域面积3%的土壤类型有新积土、白浆土、沼泽土、泥炭土。

本区域中心区气候特征

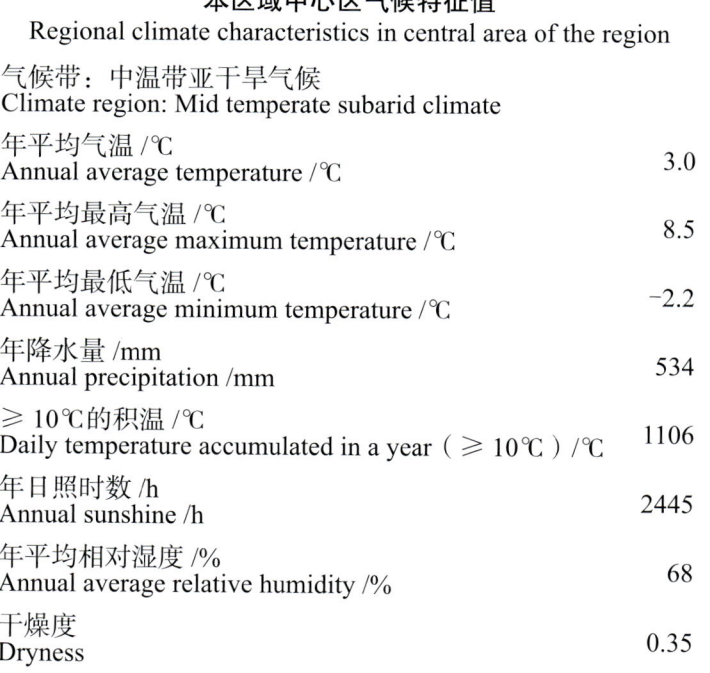

本区域中心区气候特征值
Regional climate characteristics in central area of the region

气候带：中温带亚干旱气候 Climate region: Mid temperate subarid climate	
年平均气温 /℃ Annual average temperature /℃	3.0
年平均最高气温 /℃ Annual average maximum temperature /℃	8.5
年平均最低气温 /℃ Annual average minimum temperature /℃	-2.2
年降水量 /mm Annual precipitation /mm	534
≥10℃的积温 /℃ Daily temperature accumulated in a year（≥10℃）/℃	1106
年日照时数 /h Annual sunshine /h	2445
年平均相对湿度 /% Annual average relative humidity /%	68
干燥度 Dryness	0.35

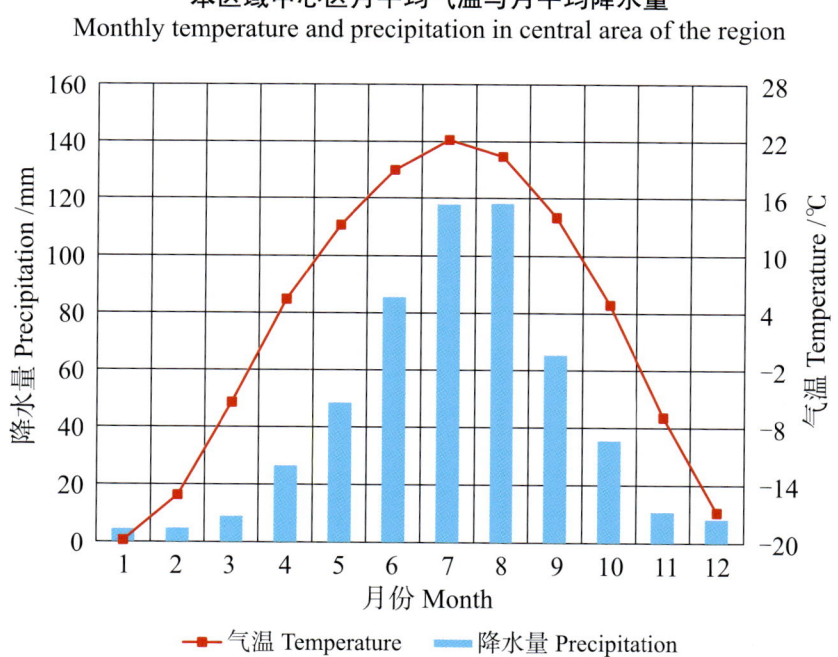

本区域中心区月平均气温与月平均降水量
Monthly temperature and precipitation in central area of the region

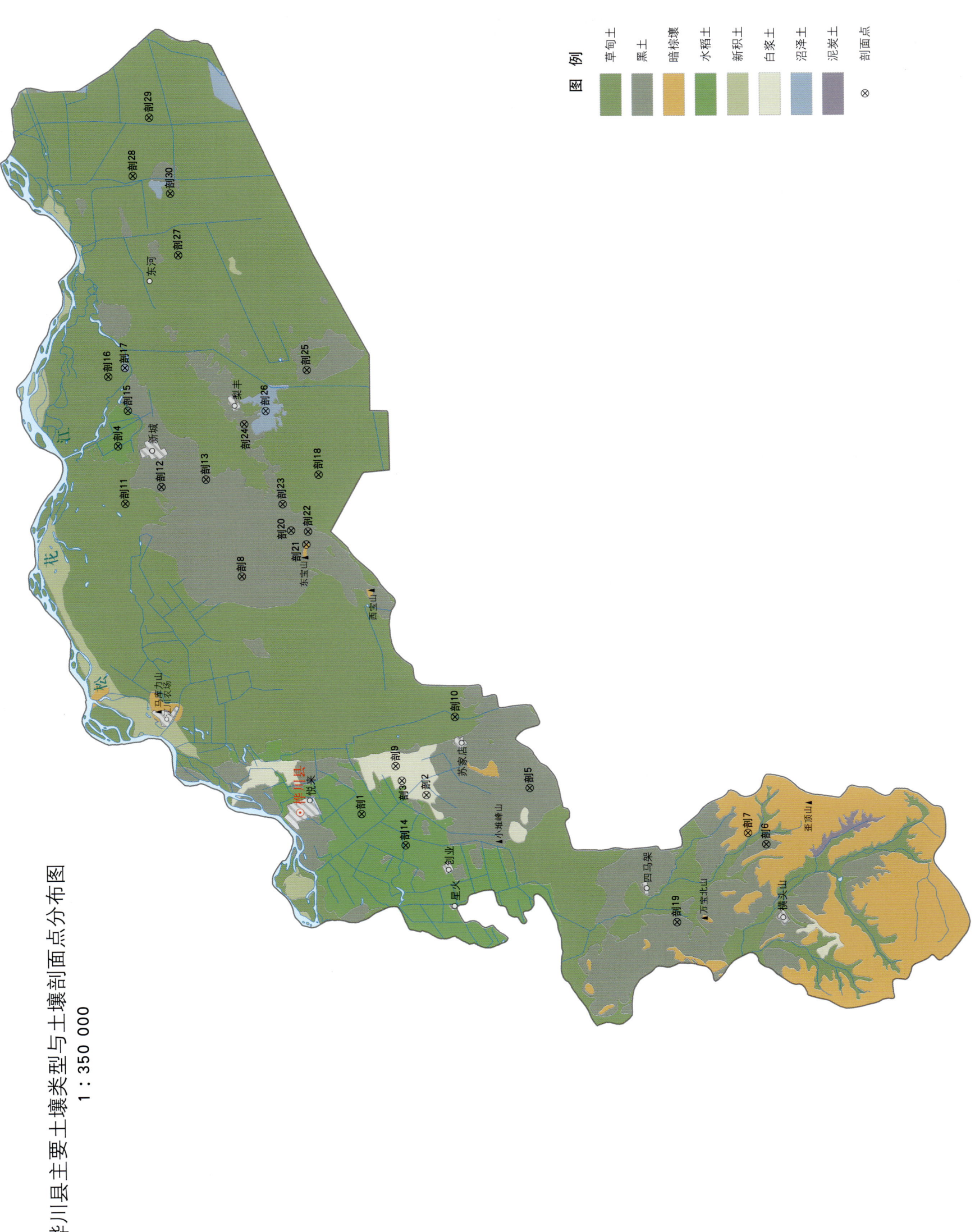

桦川县主要土壤类型与土壤剖面点分布图
1∶350 000

第二编 分县土壤图与土壤剖面数据

桦川县土壤剖面理化性状表

剖面号 Soil profile	土纲 Soil order	土类 Soil great group	亚类 Soil subgroup	土属 Soil genus	土种 Soil species	土层码 Layer code	土层厚度 Depth/cm	颜色 Soil color	质地 Soil texture	土壤结构 Soil structure	pH	有机质 OM/(g/kg)	全氮 TN/(g/kg)	全磷 TP/(g/kg)	全钾 TK/(g/kg)	碱解氮 AN/(mg/kg)	土壤母质 Parent material	剖面点坐标 Profile coordinate	匹配指数 Matching index/%
剖1	人为土	水稻土	白浆土型水稻土			A₁	5—10				7.0	25.2	1.41	0.69	14.5			E 130°42′23.4″ N 46°58′41.9″	95
						Aw	15—23				7.0	28.0	1.14	0.88	13.6				
						B	27—33				7.1	9.4	0.94	0.57	13.2				
						C	45—55				7.1	9.4	1.00	0.75	15.4				
剖2	淋溶土	白浆土	白浆土	岗地白浆土	厚层岗地白浆土	A₁	0—25	灰黑色	壤土	粒状	5.9	10.5	1.73	0.88	19.2	101	黏土沉积物	E 130°43′31.4″ N 46°55′47.3″	75
						Aw	25—35	灰色	黏土	片状	5.8	33.3	1.06	0.58	19.2	58			
						B	35—47	灰棕色	黏土	块状	5.2	6.9	1.05	0.33	17.1				
						C	47—99	棕色			6.0	11.1	1.99	0.73	22.2				
剖3	淋溶土	白浆土	白浆土	岗地白浆土	中层岗地白浆土	A₁	0—15	暗黑色	壤土	粒状	6.1	28.2	1.29	0.48		60	黏土沉积物	E 130°44′30.5″ N 46°56′52.1″	75
						Aw	15—30	灰白色	黏土	块状	5.4	8.9	1.16	0.47					
						B	30—100	棕色	黏土	块状									
						C	100—120	黄色											
剖4	人为土	水稻土	黑土型水稻土			A	0—20	暗黑色	轻黏土	粒状	8.1	17.1	1.36	>4.00	14.7			E 131°06′50.0″ N 47°08′60.0″	95
						AB	20—44	暗黑色	中黏土	块状	8.3	9.8	1.07	0.54	13.8				
						C	44—110	黄色	重黏土	块状	8.4	1.6	0.74	0.67	12.1				
剖5	半淋溶土	黑土	黑土	黏底黑土	厚层黏底黑土	1	10—30				7.8	26.6	2.09	1.05	22.2		黄土状母质	E 130°43′46.9″ N 46°51′11.2″	95
						2	60—70		轻壤土	粒状	7.5	7.9	1.40	0.95	22.9				
						3	100—120				7.5	5.6	1.54	0.97	22.7				
剖6	淋溶土	黑土	草甸黑土	砂底草甸黑土	薄层砂底草甸黑土	A₁	0—20	暗灰色	轻壤土	粒状	6.4	83.3	4.94	>4.00	16.7		黄土状母质	E 130°39′39.2″ N 46°40′43.7″	95
						AB	20—90	黄褐色	砂壤土		7.0	23.7	1.70	1.46	18.8				
						C	90—120	黄色			7.8	5.7	1.87	0.98	22.5				
剖7	淋溶土	暗棕壤	暗棕壤	砾石底暗棕壤	薄层砾石底暗棕壤	A₁	0—9	灰棕色	轻壤土	团粒状							岩石半风化物	E 130°40′26.0″ N 46°41′31.6″	95
						B	9—28	棕色	砂壤土	粒状									
						C	28—42	棕色		粒状									
剖8	半淋溶土	黑土	石灰性黑土			A₁	0—85	黑色		粒状							黄土状母质	E 130°58′07.3″ N 47°03′41.4″	93
						AB	85—110	棕灰色		粒状									
						C	110—125	灰棕色		块状									
剖9	淋溶土	白浆土	草甸白浆土	平地草甸白浆土	厚层平地白浆土	1	0—20	灰色	轻壤土	团粒状	7.7	21.3	0.36	1.43	24.3		黏土沉积物	E 130°45′27.4″ N 46°57′07.6″	95
						2	20—30	灰棕色		块状	7.7	11.0	0.30	1.32	23.9				
						3	30—90	浅棕色		块状	7.2	6.8	<0.10	1.67	27.9				
						4	90—100												
剖10	半水成土	草甸土	草甸土	平地草甸土	中层平地草甸土	A	0—26	黑色	轻壤土	团粒状	7.7	84.9	2.42	0.95	20.5		黄土状母质	E 130°48′33.5″ N 46°54′24.8″	95
						Cw	26—85	青灰色	壤土	块状	7.7	12.7	1.19	1.13	22.0				
						C	85—145	灰棕色	黏土	团粒状	7.2	14.3		1.07	25.1				
剖11	半水成土	草甸土	潜育草甸土	平地潜育草甸土	厚层平地潜育草甸土	A	0—65	暗灰色	壤土	粒状	6.2	27.6	1.38	0.41	25.4		岩石半风化物	E 131°03′06.1″ N 47°08′45.6″	75
						Cw	65—90	暗棕色	黏土	粒状	5.9	22.0	0.80	0.62	24.9				
剖12	半淋溶土	黑土	黑土	砂底黑土	中层砂底黑土	A	0—30	棕色	砂土	块状	6.1	2.1	0.78	2.05	26.2		黄土状母质	E 131°04′06.2″ N 47°07′08.4″	75
						AB	30—50	暗灰色		粒状	7.9	36.0	2.15	0.98	23.1				
						C	50—	灰色		块状									
剖13	半淋溶土	黑土	黑土	黏底黑土	中层黏底黑土	A	0—30	暗灰色	壤土	粒状	8.0	25.0	1.88	0.88	24.9		黄土状母质	E 131°04′29.6″ N 47°05′08.5″	95
						B	30—75	灰色	中黏土	块状	8.1	15.6	1.92	0.96	22.3				
						C	90—100												

续表 Continued

剖面号 Soil profile	土纲 Soil order	土类 Soil great group	亚类 Soil subgroup	土属 Soil genus	土种 Soil species	土层码 Layer code	土层厚度 Depth/cm	颜色 Soil color	质地 Soil texture	土壤结构 Soil structure	pH	有机质 OM/(g/kg)	全氮 TN/(g/kg)	全磷 TP/(g/kg)	全钾 TK/(g/kg)	碱解氮 AN/(mg/kg)	土壤母质 Parent material	剖面点坐标 Profile coordinate	匹配指数 Matching index/%
剖14	人为土	水稻土	草甸土型水稻土			1	0—14				7.5	39.4	2.53	0.72	13.7			E 130°40′15.6″ N 46°56′47.0″	75
						2	15—25				7.9	9.7	0.85	>4.00	14.7				
						3	30—40				8.1	8.0	0.72	3.34	14.4				
剖15	半水成土	草甸土	泛滥地草甸土	平地泛滥地草甸土	薄层平地泛滥地草甸土	A	0—16	灰棕色	砂壤土	粒状	7.7	3.1	1.06	0.89	17.4			E 131°09′06.8″ N 47°08′30.5″	75
						G₁	16—26				8.1	2.6	0.97	0.89	18.0				
						G₂	26—40	棕灰色			8.4	4.2	1.06	0.69	19.4				
						G₃	40—50	棕灰色			5.5	1.1	1.25	>4.00	19.1				
						5	60—70				5.7	31.8	2.50	1.69	14.2				
剖16	半水成土	草甸土	潜育草甸土	平地潜育草甸土	中层平地潜育草甸土	1	0—25				5.9	50.6	0.58	1.46	23.1			E 131°11′22.2″ N 47°09′19.8″	95
						2	40—50				6.0	14.3	1.66	1.10	22.8				
剖17	水成土	沼泽土	生草沼泽土	洼地生草沼泽土	中潜育洼地生草沼泽土	1	0—30				8.1	22.0	1.78	0.89	16.7		沉积物	E 131°11′55.3″ N 47°08′34.4″	75
						2	30—50				8.0	200.5	8.88	0.56	21.7				
剖18	半水成土	草甸土	石灰性草甸土	平地石灰性草甸土	厚层平地石灰性草甸土	Aca	0—50	暗棕色		团粒状	8.3	165.3	14.59	0.67	19.4			E 131°04′34.0″ N 47°07′07.6″	75
						Bca	50—80	灰色		粒状	8.5	24.8	1.97	0.79	22.0				
						3	80—				8.4	9.0	1.26	0.89	22.3				
剖19	半淋溶土	黑土	棕壤型黑土	黏底棕壤型黑土	中层黏底棕壤型黑土	1	0—15				7.6	32.8	2.60	1.23	23.4		黄土状母质	E 130°34′47.6″ N 46°44′48.1″	74
						2	30—40				7.8	18.9	1.60	1.07	19.7				
						3	50—60												
剖20	半淋溶土	黑土	棕壤型黑土	黏底棕壤型黑土	薄层黏底棕壤型黑土	A	0—22	暗棕色	黏壤土	粒状	7.6	22.1	1.81	1.11	22.7		黄土状母质	E 131°01′00.1″ N 47°01′25.3″	95
						AB	22—83	灰棕色	黏土	块状	7.7	7.2	1.38	0.60	23.1				
						C	83—100	棕色		粒状	7.5	3.1	0.96	0.62	20.7				
剖21	淋溶土	暗棕壤	原始暗棕壤			A₁	0—12	青灰色	砂壤土	粒状	6.5	37.2	2.01	0.88	23.6		半风化岩石残积物	E 131°02′04.0″ N 47°00′46.1″	75
						B	12—33	棕灰色		块状	6.3	14.4	1.07	0.37	21.0				
						C	33—												
剖22	半淋溶土	黑土	草甸黑土	黏底草甸黑土	中层黏底草甸黑土	A	0—32	暗棕色		粒状	7.9	21.8	1.67	0.95	26.2		黄土状母质	E 131°01′54.4″ N 47°00′40.3″	95
						AB	32—70	灰棕色	轻壤土	块状	7.5	8.5	1.57	1.23	24.5				
						C	70—125	棕色		块状	7.8	3.1	1.13	0.77	26.9				
							125—												
剖23	半淋溶土	黑土	黏底黑土	黏底黑土	薄层黏底黑土	A₁	0—30	暗灰色	轻壤土	粒状	5.9	27.1	1.40	0.82	1.7		黄土状母质	E 131°02′44.5″ N 47°01′45.8″	95
						AB	30—50	灰色	中壤土	块状	6.3	21.3	0.88	0.80	19.5				
						B	50—90	灰棕色	重黏土	块状	6.0	4.8	0.83	0.56	19.8				
						C	90—110	棕灰色		块状	6.1	6.9	0.44	0.65	5.1				
剖24	半淋溶土	黑土	砂底黑土	砂底黑土	厚层砂底黑土	A	0—32	暗棕色	壤土	粒状	6.5	38.2	1.85	0.52	25.1		黄土状母质	E 131°07′59.2″ N 47°03′21.2″	95
						AB	50—150	灰棕色	砂质黏土	块状	5.9	15.9	0.66	0.47	22.3				
						C	150—												
剖25	半淋溶土	黑土	黏底黑土	黏底黑土	厚层黏底黑土	A₁	0—30	黑色	壤土	粒状	6.2	4.7	0.89	0.45	26.2		黄土状母质	E 131°11′22.2″ N 47°00′29.2″	95
						A₂	30—80	棕色	黏壤土	块状	8.1	27.9	1.97	0.20	27.0				
						AB	80—100	棕灰色	黏壤土	块状	7.8	39.9	2.11	0.98	23.4				
						B	100—110	灰棕色		块状	8.0	9.5	1.63	0.78	23.0				
						C	110—150	灰棕色	黏土	团粒状	8.0	7.0	1.10	0.87	21.9				
剖26	水成土	沼泽土	生草沼泽土	洼地生草沼泽土	强潜育洼地生草沼泽土	Ag	0—25	暗黄色	黏土	团粒状	8.0	199.7	13.52	1.04	25.7		沉积物	E 131°08′47.8″ N 47°02′22.9″	75
						G	25—40	灰色	壤土	粒状	7.5	8.6	1.46	0.80	21.9				
						C	40—60	灰棕色	黏土	块状	8.1	3.1	1.20	0.64	18.7				
剖27	半水成土	草甸土	草甸土	平地草甸土	厚层平地草甸土	A	0—45	灰褐色	黏土	团粒状	7.1	114.1	7.92	1.48	19.3			E 131°19′08.4″ N 47°06′02.2″	96
						Cw	45—70	灰黑色	黏土	粒状	7.3	112.5	1.72	1.00	22.1				
						C	70—	棕黄色	黏土	块状	7.4	4.9	1.27	1.21	22.6				

续表 Continued

剖面号 Soil profile	土纲 Soil order	土类 Soil great group	亚类 Soil subgroup	土属 Soil genus	土种 Soil species	土层码 Layer code	土层厚度 Depth/cm	颜色 Soil color	质地 Soil texture	土壤结构 Soil structure	pH	有机质 OM/(g/kg)	全氮 TN/(g/kg)	全磷 TP/(g/kg)	全钾 TK/(g/kg)	碱解氮 AN/(mg/kg)	土壤母质 Parent material	剖面点坐标 Profile coordinate	匹配指数 Matching index/%
剖28	半水成土	草甸土	草甸土	平地草甸土	薄层平地草甸土	A	0—16	黑色		粒状	8.2	57.2	>6.00	1.00	20.8			E 131°24′22.0″ N 47°07′55.2″	95
						Cw₁	16—40	黄褐色	黏壤土		8.0	17.3	1.69	0.74	22.1				
						Cw₂	40—85	黄褐色	黏壤土		7.7	3.2	1.46	0.84	19.0				
						C	85—												
剖29	半水成土	草甸土	石灰性草甸土	平地石灰性草甸土	薄层平地石灰性草甸土	Aca	0—15	黑色		粒状	7.0	93.4	5.53	0.78	20.5			E 131°28′07.7″ N 47°07′05.5″	95
						Bgca	20—40	黄棕色											
						Ccg	40—95												
剖30	半水成土	草甸土	白浆化草甸土	砂砾底白浆化草甸土	桦川白浆草甸土	A	0—65	暗灰色	砂壤土	团块状	8.2	27.7	1.63	1.10	12.0		洪积砂砾	E 131°23′08.5″ N 47°06′17.3″	95
						AAw	65—80	浅灰色	壤土			22.0	1.30	0.70	10.7				
						Bg	80—100	棕色	黏壤土	不明显片状		17.5	1.30	0.60	11.0				
						Cg	100—					6.6	0.90	>4.00	11.6				

汤 原 县

主要土类说明

草甸土是汤原县主要土壤类型，占本县地域面积的43%。其形成过程主要是草甸化过程、腐殖化过程和氧化还原过程。草甸土分布区草甸植被生长茂盛，根系密布，且集中在土壤上层，为腐殖质积累创造了有利条件，加上地势低平，土壤水分充足，通气性差，有机质进行嫌气分解，故草甸土腐殖质层厚，腐殖质含量高。草甸土发生层次基本可分为：黑土层，呈暗灰色，具团粒结构，质地较黏重，有铁锈，腐殖质呈水平向下过渡；锈色斑纹层，呈黄棕色或棕色，有明显锈色斑纹和铁锰结核，干时可见二氧化硅粉末。

暗棕壤是汤原县第二大土壤类型，占本县地域面积的23%。暗棕壤是在温带湿润地区针阔叶混交林下发育形成的具有明显有机质富集和弱酸性淋溶特征的土壤，具O–A–B–C剖面构型。A层有机质含量可达100g/kg，弱酸性淋溶使铁铝轻微下移；B层呈棕色，结构面见铁锰胶膜。土壤呈弱酸性，盐基饱和度为70%—80%。

白浆土是汤原县第三大土壤类型，占本县地域面积的12%，是本县低产土壤之一，主要分布在起伏漫岗的开阔平地和低平地。其分布区气候较湿润，土壤表层冻结期为150—170d，冻层深度为1.5—2.0m，地下水位为8—20m，对土壤的发育形成影响不大。由于白浆土母质黏重，在降雨集中的季节可形成上层滞水，易受涝害。

黑土占本县地域面积的6%，主要分布在波状起伏的漫川、漫岗地形（处于平原向山区过渡的一种地形，坡度不大）。成土母质主要是洪积平原的黄土状冲积物，上部为黏土层，中、下部为砂黏相间层，底部为砂砾层。黑土一般发育在黏土层之上，这种黏土含有大量粗粉砂，具有黄土的特征，故又称黄土状母质或黄土性黏土。黑土的形成过程主要是腐殖质积累过程和物质的淋溶淀积过程。其分布区雨水充足，土壤上层滞水，在下渗水流的作用下，土体内可溶性盐类及碳酸盐类受到淋溶，故黑土通体无石灰反应，呈中性至微酸性。由于淋溶作用，二氧化硅被水化而分离，呈白色粉末状分散在下部淀积层的结构体表面。黑土上层黏粒也有向下移动的现象，故黑土质地一般下层比上层黏重，有明显淀积层。

沼泽土占本县地域面积的4%。其分布区地势低洼，地下水位高，地表常年过湿，季节性积水，喜湿性植物生长茂盛。成土母质为沉积物。其形成过程主要是沼泽化和草甸化过程。土壤表层有机质含量较高，一般为72—226g/kg。全剖面经常处于浸水状态，土壤水分饱和或超饱和，呈微酸性至酸性，土温低。

水稻土占本县地域面积的4%，主要分布在各河流的河漫滩及一、二级阶地，是在人为生产活动的影响下形成的土壤。本县水稻土成土时间短，基本保留了自然土壤的特征。

小于本县地域面积3%的土壤类型有新积土、泥炭土。

本区域中心区气候特征

本区域中心区气候特征值
Regional climate characteristics in central area of the region

气候带：中温带亚干旱气候 Climate region: Mid temperate subarid climate	
年平均气温 /℃ Annual average temperature /℃	2.6
年平均最高气温 /℃ Annual average maximum temperature /℃	8.6
年平均最低气温 /℃ Annual average minimum temperature /℃	-2.9
年降水量 /mm Annual precipitation /mm	561
≥10℃的积温 /℃ Daily temperature accumulated in a year (≥10℃) /℃	1018
年日照时数 /h Annual sunshine /h	2472
年平均相对湿度 /% Annual average relative humidity /%	70
干燥度 Dryness	0.30

本区域中心区月平均气温与月平均降水量
Monthly temperature and precipitation in central area of the region

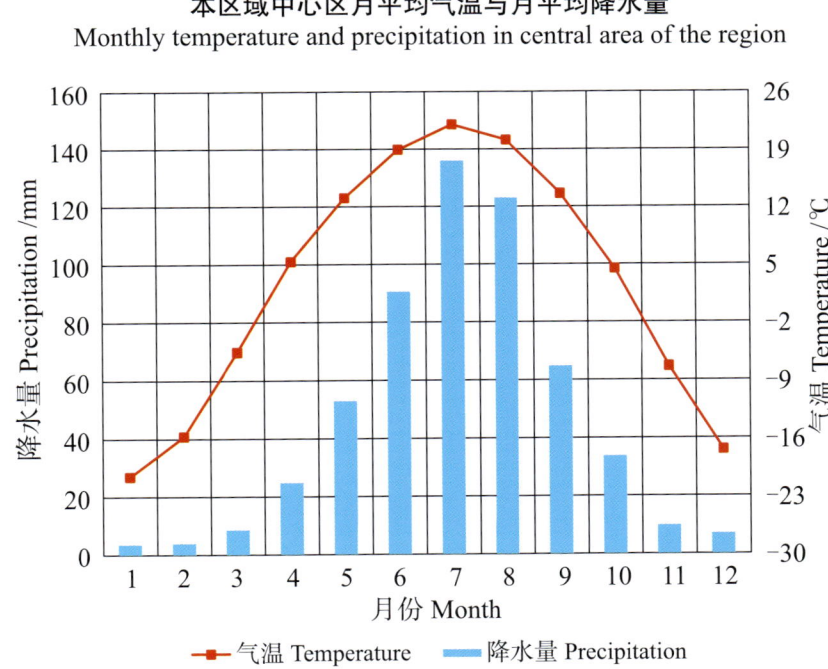

汤原县主要土壤类型与土壤剖面点分布图
1∶420 000

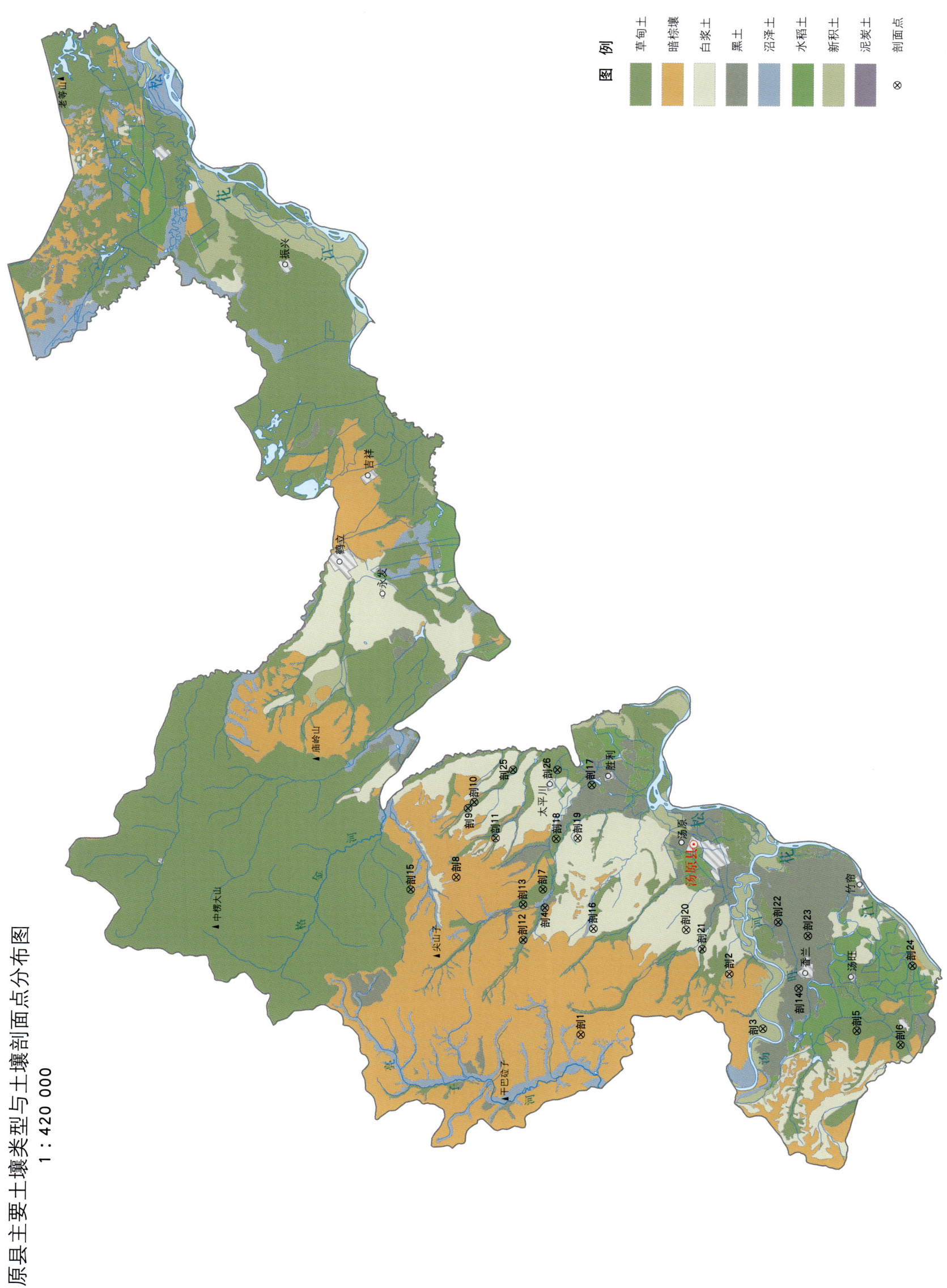

图例：草甸土、暗棕壤、白浆土、黑土、沼泽土、水稻土、新积土、泥炭土、剖面点

224 | 中国土壤剖面数据集·黑龙江卷

汤原县土壤剖面理化性状表

剖面号 Soil profile	土纲 Soil order	亚类 Soil subgroup	土属 Soil genus	土种 Soil species	土层码 Layer code	土层厚度 Depth/cm	颜色 Soil color	质地 Soil texture	土壤结构 Soil structure	pH	有机质 OM/(g/kg)	全氮 TN/(g/kg)	全磷 TP/(g/kg)	全钾 TK/(g/kg)	碱解氮 AN/(mg/kg)	有效磷 AP/(mg/kg)	速效钾 AK/(mg/kg)	阳离子交换量 CEC/(cmol/kg)	土壤母质 Parent material	剖面点坐标 Profile coordinate	匹配指数 Matching index/%
剖1	淋溶土	暗棕壤	砂底暗棕壤		Ao	0–10	褐色	轻壤土	粒状	5.7	60.4	3.03	2.54	24.7	190	5.0		41.9	残积物	E 129°40′08.0″ N 46°50′53.9″	95
					A₁	10–20	暗棕色	黏土	粒状	6.2	7.9	0.48	1.22	22.5							
					B	20–50	棕色	砂土	粒状	7.0	2.6										
					C	50–100	棕色	砂土													
剖2	淋溶土	白浆土	岗地白浆土	薄层岗地白浆土	A₁	0–10	浅灰色	壤土	粒状	5.6	27.2	1.66	2.40	21.8	126	6.0	197		洪积物	E 129°44′44.9″ N 46°43′01.9″	95
					Aw	10–46	灰白色	砂壤土	片状	5.5	17.9	1.08	1.90	21.7							
					B	46–62	褐色	重壤土	块状												
					C	62–100	棕褐色	粗砂土													
剖3	初育土	冲积土			A₁	0–15	深灰色		粒状										冲积物	E 129°40′33.6″ N 46°41′15.0″	95
						15–35	灰黑色														
						35–100															
剖4	半淋溶土	白浆化黑土	黏底白浆化黑土	薄层黏底白浆化黑土	A₁	0–20	灰色	黏壤土	粒状	6.6	32.2	3.51			180	27.0	300		第四纪沉积物	E 129°49′54.1″ N 46°52′46.6″	93
					AB	20–30	黄色	砂壤土	块状												
					B	30–60	灰黄色	砂壤土	块状												
					C	60–105	棕黄色	重壤土	核状												
剖5	半水成土	草甸土			A₁	0–65	灰黑色	轻壤土	粒状	6.3	68.5	2.06	1.46		151	7.0	141		冲积物	E 129°40′23.9″ N 46°36′16.9″	95
					Cw	65–145	棕褐色	中壤土													
						145–155	黄褐色	黏土													
剖6	半水成土	草甸土	低地草甸土	薄层低地草甸土	A₁	0–15	棕灰色	砂壤土	粒状										冲积物	E 129°39′19.4″ N 46°52′58.3″	95
					AB	15–75	灰黄色	砂壤土	粒状												
					B	75–130	黑黄色	重壤土	核块状												
剖7	半水成土	泛滥地草甸土	层状泛滥地草甸土	中层层状泛滥地草甸土	A₁	0–35	浅灰色	中壤土	粒状										洪积物	E 129°51′19.4″ N 46°52′53.0″	75
					AB	35–80	灰黄色	中壤土													
					C	80–100	暗黄色														
剖8	淋溶土	暗棕壤	砾石暗棕壤		A₁	0–55	黑색	壤土	团粒状	6.2	79.3	4.22	2.47	21.7				4.2	残积物	E 129°52′19.2″ N 46°57′27.4″	95
					B	55–90	黄褐色	粗砂土	核块状	6.8											
					C	90–120	暗棕色	重壤土	粒状												
剖9	半水成土	草甸土	平地草甸土	中层平地草甸土	1	0–25					44.5	2.31	1.26	29.9					冲积物	E 129°57′40.0″ N 46°56′49.6″	95
					2	25–35					12.5	0.91	0.77	24.4							
剖10	人为土	暗棕壤型水稻土			1	0–30				5.9	186.4	1.40	0.78	23.4	122				冲积物	E 129°58′08.4″ N 46°56′29.4″	75
					2	40–50				5.9	1.9	0.74	0.37	23.8	54						
					3	85–95				6.2	5.1	0.50	0.39	20.5	76						
剖11	半水成土	草甸土	低地草甸土	厚层低地草甸土	A₁	0–45	灰黑色	中壤土	粒状										冲积物	E 129°55′20.3″ N 46°55′22.1″	95
					AB	45–80	浅灰黑色	重壤土	小核块状												
					Cw	80–145	棕黄色	重壤土	块状												
剖12	半水成土	草甸土	平地草甸土	薄层平地草甸土	1	0–22					38.1	1.98	1.64	22.8					冲积物	E 129°47′26.2″ N 46°53′55.7″	95
					2	25–35					10.9	0.90	0.86	20.7	145						
剖13	人为土	草甸土型水稻土			1	0–23		中壤土		7.1	31.0	2.21	0.48							E 129°50′08.9″ N 46°53′55.3″	75
					2	25–35		黏土		7.0	6.9	1.44	0.97		91						
剖14	半淋溶土	草甸黑土	黏底草甸黑土	薄层黏底草甸黑土	A₁	0–20	黑灰色	黏土	团粒状										第四纪沉积物	E 129°43′37.9″ N 46°39′22.0″	75
					B	20–45	黄色	黏土	块状												
					C	45–95	灰黄色	黏壤土	片状												

续表 Continued

剖面号 Soil profile	土纲 Soil order	土类 Soil great group	亚类 Soil subgroup	土属 Soil genus	土种 Soil species	土层码 Layer code	土层厚度 Depth/cm	颜色 Soil color	质地 Soil texture	土壤结构 Soil structure	pH	有机质 OM/(g/kg)	全氮 TN/(g/kg)	全磷 TP/(g/kg)	全钾 TK/(g/kg)	碱解氮 AN/(mg/kg)	有效磷 AP/(mg/kg)	速效钾 AK/(mg/kg)	阳离子交换量 CEC/(cmol/kg)	土壤母质 Parent material	剖面点坐标 Profile coordinate	匹配指数 Matching index,%
剖面15	半水成土	草甸土	白浆化草甸土	平地白浆化草甸土		1	0—14					30.8	1.60	1.39						冲积物	E 129°51′22.0″ N 46°59′52.8″	95
						2	24—34					10.3	0.81	1.11								
剖面16	淋溶土	白浆土	白浆土	岗地白浆土	中层岗地白浆土	A_1	0—17	黑灰色	壤土	粒状										洪积物	E 129°48′16.9″ N 46°50′12.5″	95
						Aw	17—36	灰棕色	重黏土	片状												
						B	36—77	棕褐色	黏土	块状												
						C	77—															
剖面17	人为土	水稻土	白浆土型水稻土		厚层平地白浆土	1	0—20				6.2	40.0	2.31	1.31	20.5	197					E 129°59′24.0″ N 46°50′15.7″	75
						2	50—60				6.5	6.5	0.79	0.69	19.6	104						
						3	110—120				6.4	4.0	0.64	0.88	22.4	63						
剖面18	半水成土	草甸土	泛滥地草甸土	层状泛滥地草甸土	薄层层状泛滥地草甸土	1	0—17					21.5	1.05	0.89							E 129°55′15.6″ N 46°52′09.8″	75
						2	25—35					9.7	0.85									
剖面19	淋溶土	白浆土	草甸白浆土	平地白浆土	厚层平地白浆土	1	0—21					25.0	1.57	0.84			27.0		20.5	洪积物	E 129°55′17.8″ N 46°51′01.4″	75
						2	21—40					8.4	0.74	0.60					19.3			
						3	40—60					5.8										
						4	80—90					4.1										
剖面20	淋溶土	白浆土	白浆土	岗地白浆土	厚层岗地白浆土	A_1	0—25	黑灰色	壤土	粒状		34.8	2.21			154				洪积物	E 129°48′10.1″ N 46°45′18.0″	95
						Aw	25—38	灰色	中壤土	片状												
						B	38—85	灰棕色	重壤土	块状												
						C	85—120	暗棕色	重壤土	粒状												
剖面21	半水成土	草甸土	白浆化草甸土	平地白浆化草甸土	厚层平地白浆化草甸土	A_1	0—50	暗黄色	中壤土	团粒状	6.4	32.7	1.33	0.89	22.3	199				冲积物	E 129°46′39.4″ N 46°44′27.6″	95
						AwB	50—75	灰黄色	重壤土	团粒状	6.5	6.4	2.35	0.62	22.2	90						
						B	75—95	灰黄色	重壤土	团粒状	6.1	35.5	0.67	0.81	21.5	173						
						C	95—120		黏土	核柱状												
剖面22	半淋溶土	黑土	黑土	黏底黑土	薄层黏底黑土	A_1	0—20	黑色	壤土	块粒状	5.8	76.2	1.83	3.70	23.2	252				第四纪沉积物	E 129°48′43.2″ N 46°40′26.4″	95
						AB	20—85	灰棕色	轻壤土	粒状	6.0	2.7	5.09	1.17	21.0	82						
						B	85—120	浅棕色	砂土	核块状	5.8	31.6	0.95	0.68	17.7	154						
剖面23	半淋溶土	黑土	黑土	黏底黑土	中层黏底黑土	A_1	0—30	灰黑色	砂土	粒状										第四纪沉积物	E 129°47′39.1″ N 46°38′51.7″	95
						AB	30—65	灰黄色	砂土	块状												
						Cw	65—100	黄棕色	黏土	核柱状												
剖面24	半水成土	草甸土	草甸土	沟谷草甸土	中层沟谷草甸土	A_1	0—35	灰黑色	轻壤土	粒状										冲积物	E 129°45′20.9″ N 46°33′20.2″	95
						AB	35—67	暗黑色	重壤土	块状												
						B	67—85	暗棕色	砂壤土	粒状												
剖面25	半水成土	草甸土	草甸土	平地草甸土	厚层平地草甸土	A_1	0—17	黑灰色	中壤土	粒状		47.2	2.92	1.75						冲积物	E 130°00′36.7″ N 46°54′25.6″	95
						AwB	17—47	暗棕色	黏土	核块状		47.2	2.92	1.75								
						B	47—80	浅黄色	重壤土	块状		30.2	1.71	1.39								
						C	80—	浅黄色	重壤土	块状												
剖面26	半水成土	草甸土	白浆化草甸土	平地白浆化草甸土	薄层平地白浆化草甸土	A_1	0—18	灰白色	中壤土	粒状										洪积物	E 130°00′34.6″ N 46°52′05.2″	95
						AwB	18—35	棕色	黏土	块状												
						B	35—95	棕色	重壤土	块状												
						C	95—120	棕黄色	黏土	块状												

同 江 市

主要土类说明

白浆土是同江市主要土壤类型，占本市地域面积的33%。白浆土属半水成型土壤，是仅受土壤上层暂时性滞水湿润的土壤，虽属非地带性土壤，但仍有地带性的特征。根据附加成土过程、成土条件、形态特征及肥力状况的不同，本市白浆土分为草甸白浆土和潜育白浆土两个亚类。本市白浆土主要为草甸白浆土亚类，又称平地白浆土，主要分布在开阔的平原、低平地或台地平缓处。自然植被为疏林灌丛草甸及小叶樟等喜湿性植被群落。成土母质多为第四纪洪积黏土沉积物。

草甸土是同江市第二大土壤类型，占本市地域面积的24%，是本市的主要农业土壤，主要分布在各江河沿岸的泛滥地、沟谷水线两侧低平地、缓坡下部的低洼地和开阔的低平地。草甸土是直接受地下水浸润并在草甸植被下发育形成的非地带性半水成型土壤。其形成过程主要是草甸化过程。草甸土分布区草甸植被茂盛，腐殖质积累多，因此，土壤黑土层深厚，土质较肥沃，有机质含量高。

水稻土是同江市第三大土壤类型，占本市地域面积的22%，主要分布在靠近江河、地势低平、水源充足、灌水便利的地区。本市种植水稻历史较短，每年只种一季，淹水时间只有3—4个月，冻结期长，因而水稻土发育程度不高，剖面分化不明显，仍保持着前身土壤的形态特征。本市水稻土按其前身土壤分为黑土型、白浆土型、草甸土型等亚类。

暗棕壤占本市地域面积的7%，又称棕色森林土，属地带性土壤，是在以次生柞木为主的杂木林下发育形成的土壤。暗棕壤主要分布在海拔150m以上的低山残丘，垂直分布在白浆土、黑土之上。成土母质为岩石风化残积物或坡积物，一般质地较粗。其所处地形坡度较大，排水良好，土体经常处于氧化状态，氧化铁在剖面中相对积累，除表层腐殖质呈暗黑色外，其他层次均呈棕红色。因地形坡度较大，水土流失严重，尚未被开垦为耕地。本市暗棕壤分为原始暗棕壤、暗棕壤等亚类。

黑土占本市地域面积的6%，主要分布在波状起伏的漫岗和岗坡地。本市黑土接近一半已被开垦，在本市分布广泛，分布面积较大的有乐业、三村、向阳、同江等地。成土母质多为第四纪黄土状黏土沉积物或冲积砂。根据附加成土过程、成土条件、形态特征及肥力状况的不同，本市黑土分为黑土、草甸黑土、暗棕壤型黑土等亚类。

小于本市地域面积3%的土壤类型有泥炭土、沼泽土、新积土。

本区域中心区气候特征

本区域中心区气候特征值
Regional climate characteristics in central area of the region

气候带：中温带亚干旱气候 Climate region: Mid temperate subarid climate	
年平均气温 /℃ Annual average temperature /℃	2.8
年平均最高气温 /℃ Annual average maximum temperature /℃	8.3
年平均最低气温 /℃ Annual average minimum temperature /℃	-2.3
年降水量 /mm Annual precipitation /mm	517
≥10℃的积温 /℃ Daily temperature accumulated in a year (≥10℃) /℃	1075
年日照时数 /h Annual sunshine /h	2417
年平均相对湿度 /% Annual average relative humidity /%	67
干燥度 Dryness	0.34

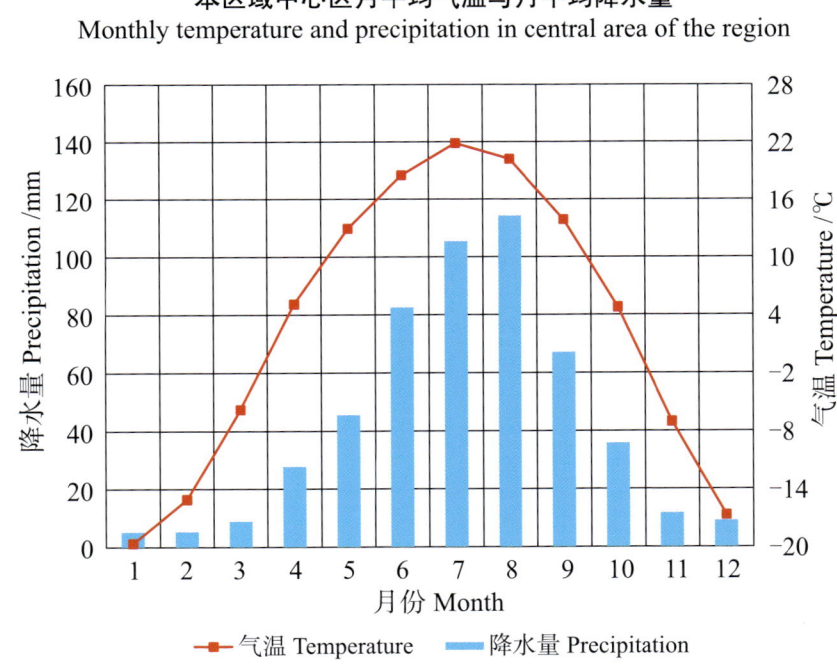

本区域中心区月平均气温与月平均降水量
Monthly temperature and precipitation in central area of the region

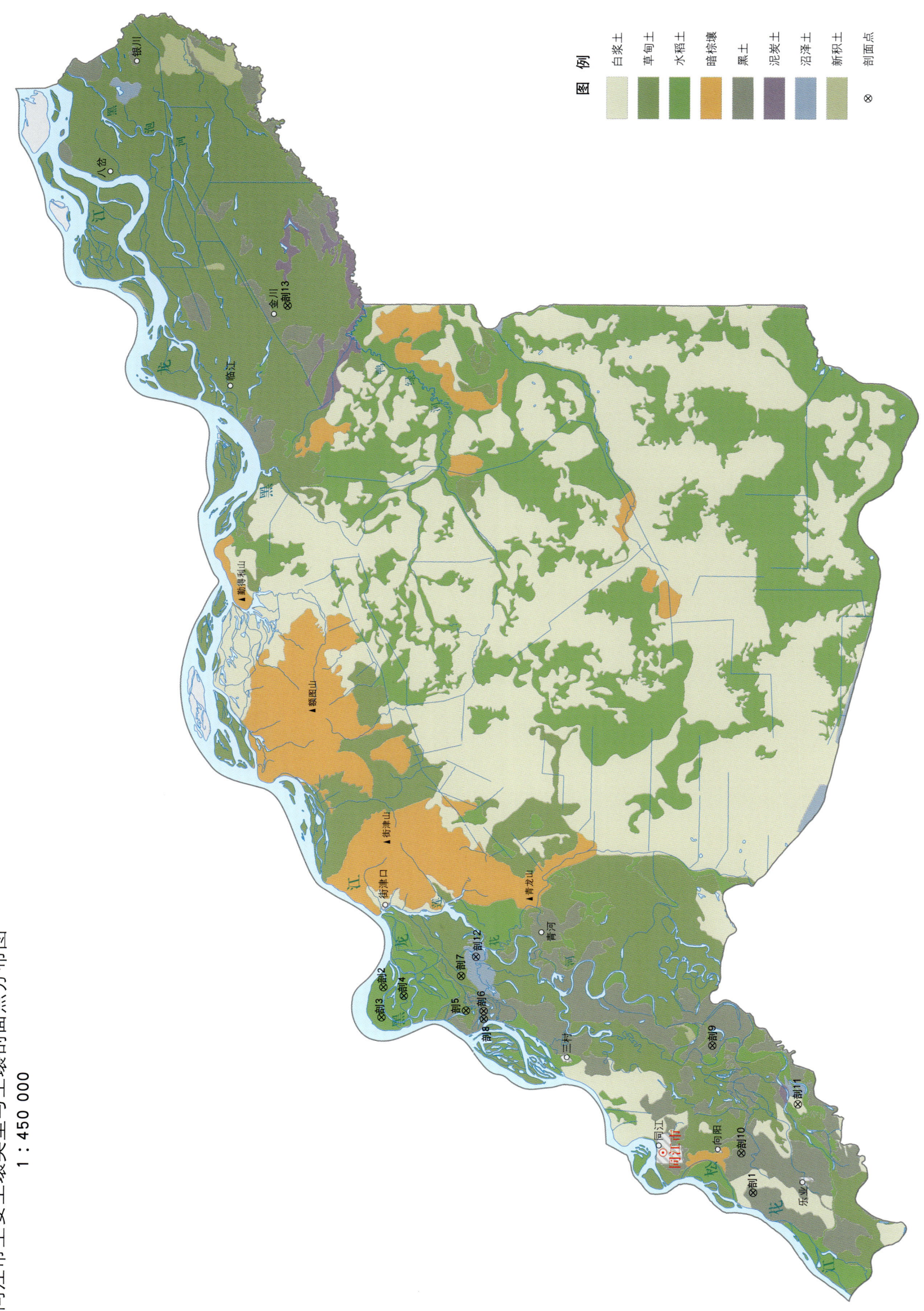

同江市主要土壤类型与土壤剖面点分布图
1∶450 000

同江市土壤剖面理化性状表

剖面号 Soil profile	土纲 Soil order	土类 Soil great group	亚类 Soil subgroup	土属 Soil genus	土种 Soil species	土层码 Layer code	土层厚度 Depth/cm	颜色 Soil color	质地 Soil texture	土壤结构 Soil structure	pH	有机质 OM/(g/kg)	全氮 TN/(g/kg)	全磷 TP/(g/kg)	全钾 TK/(g/kg)	碱解氮 AN/(mg/kg)	土壤母质 Parent material	剖面点坐标 Profile coordinate	匹配指数 Matching index/%
剖1	半淋溶土	黑土	黑土	黏底黑土	中层黏底黑土	Ap	0—34	灰黑色		团粒状							黄土状母质	E 132°27′11.9″ N 47°34′09.5″	95
						B	34—75	棕黄色		团粒状									
						G	75—150	黄色		块状									
剖2	人为土	水稻土	草甸土型水稻土			A	0—30	暗黑色		团粒状								E 132°43′28.6″ N 47°55′56.6″	75
						Cg	30—81	黄黑色	中壤土	无结构									
剖3	人为土	水稻土	黑土型水稻土			A	0—20	灰黑色		团粒状								E 132°40′52.7″ N 47°55′59.9″	75
						P	20—30	黑灰色	重壤土	团粒状									
						W	30—80	灰白色		无结构									
						G	80—140	无白色		无结构									
剖4	人为土	水稻土	白浆土型水稻土			A	0—20	黑灰色		团粒状								E 132°42′48.2″ N 47°54′44.3″	75
						P	20—25	黑灰色		块状									
						C	35—	褐灰色		核块状									
剖5	半水成土	草甸土	草甸土	平地草甸土	厚层平地草甸土	A₁	0—42	暗灰色	少砾质轻壤土	团粒状	5.7	116.4	>6.00	2.46	14.7	≥400	冲积物	E 132°41′42.4″ N 47°51′07.9″	75
						Gw	42—75	棕黄色	重壤土	无结构									
剖6	半淋溶土	黑土	黑土	砂底黑土	中层砂底黑土	A₁	0—40	暗黑色	砂壤土	团粒状							黄土状母质	E 132°41′34.8″ N 47°50′05.3″	95
						AB	40—65	棕黑色	轻壤土	团粒状									
						G	65—80	棕黄色											
							80—100	黄色											
剖7	半水成土	草甸土	草甸土	平地草甸土	薄层平地草甸土	A₁	0—19	灰黑色	轻壤土	团粒状	6.2	71.3	4.43	2.13	15.6	258	冲积物	E 132°44′40.2″ N 47°51′28.8″	75
						Gw	19—45	暗黑色	重壤土	团粒状	6.9	8.6	1.67	0.65	20.2	54			
剖8	半水成土	草甸土	草甸土	砂底草甸黑土	薄层砂底草甸土	A₁	0—19	暗黑色	砂壤土	团粒状							黄土状母质和冲积砂	E 132°41′01.7″ N 47°50′04.2″	75
						B	19—55	灰褐色	中壤土	团粒状									
						C	55—90	棕黄色		粒状									
							90—100												
剖9	半淋溶土	黑土	草甸黑土	黏底草甸黑土	薄层黏底草甸黑土	A₁	0—18	黑黑色	黏壤土	团粒状	6.2	42.6	2.09	0.76	18.3	169	黄土状母质和冲积砂	E 132°39′27.4″ N 47°36′47.9″	95
						B	18—56	棕黑色	砂土	团粒状	6.1	6.6	0.68	0.47	9.7	79			
						G	56—125	黄色		无结构									
剖10	半淋溶土	黑土	黑土	砂底草甸黑土	薄层砂底草甸黑土	Ao	0—9	灰褐色		团粒状							黄土状母质	E 132°30′28.8″ N 47°34′54.1″	95
						A₁	9—24	棕黑色	砂壤土	团粒状	6.2	42.6	2.09	0.76	18.3	169			
						B	24—47	棕黑色	砂壤土	无结构	6.1	6.6	0.68	0.47	9.7	79			
						G	47—120	黄色	砂壤土	团粒状	6.0	3.6	0.99	0.34	17.2	72			
剖11	淋溶土	白浆土	草甸白浆土	平地草甸白浆土	厚层平地白浆土	Ap	0—27	棕黄色	中壤土	团粒状	5.8	9.6	1.48	3.04	19.4	45	第四纪洪积黏土沉积物	E 132°34′44.4″ N 47°31′44.0″	95
						Aw	27—56	灰白色	中壤土	片状									
						B	56—132	棕黄色		块状									
剖12	水成土	沼泽土	草甸沼泽土	洼地草甸沼泽土	薄层草甸沼泽土	As	0—12	黑色	黏土	团粒状	5.5	73.4	4.36	2.20	13.0	216	沉积物	E 132°46′20.3″ N 47°50′38.8″	75
						G	12—65	黄棕色	中壤土	无结构									
剖13	半水成土	草甸土	草甸土	平地草甸土	中层平地草甸土	A₁	0—31	暗黑色	中壤土	团粒状	5.9	13.7	1.42	1.06	15.8	91	冲积物	E 133°41′51.0″ N 48°02′33.7″	95
						Gw	31—80	棕黑色	重壤土	无结构									
						Cg	80—120	褐棕色		团粒状									

富 锦 市

主要土类说明

草甸土是富锦市主要土壤类型，占本市地域面积的36%。本市草甸土分布区地势平坦，自然植被为草甸植物。其形成过程主要是草甸化过程。草甸土基本特征表现为有机质大量积累，地下水上下移动，土壤发生干湿交替，土壤剖面出现大量锈斑、锈纹。草甸植物根系分布深且密，植株死亡后，土壤水分充足，有机质进行嫌气分解，容易形成腐殖质。土壤表层腐殖质多，结构良好，向下腐殖质急剧减少。在干湿交替和冻融作用下，加上草甸植物根系穿插的影响，新鲜腐殖质和土壤黏粒相互胶结，形成较多的水稳性团粒结构。

白浆土是富锦市第二大土壤类型，占本市地域面积的27%，集中分布在本市东部。白浆土主要分布在河谷阶地、山前洪积台地、起伏的漫岗以及开阔的平地、低平地，地下水位一般为8—12m，对土壤形成影响不大。成土母质主要是第四纪河湖相黏土沉积物。其成土过程主要是白浆化过程和腐殖化过程。因土壤表层经常处于周期性滞水状态，在透水不良的心土层顶托下，产生的大量低价铁、锰大部分随滞水侧流而淋洗出土层，少部分被氧化为高价铁、锰并沿着心土层结构面裂缝下渗，在淀积层形成胶膜、锈斑和铁锰结核。铁、锰的淋失和淀积使土壤亚表层变成白色，此过程是形成白浆土的主要特点。土壤黏粒机械淋溶也十分明显，大部分黏粒随侧渗水流出土层，少部分移到淀积层，并有明显胶膜。白浆土土质黏重，土层紧实，通透性不良，上层滞水明显，根系集中于表层的深度比黑土浅，横向草根密盘，表层以下根量骤减，因此，白浆土腐殖质层不厚，一般为10—20cm，少数为30—40cm。

沼泽土是富锦市第三大土壤类型，占本市地域面积的17%。沼泽土所处地势低洼，长期地表积水，多生长湿生植物和沼泽植物。成土母质多为河湖相沉积物，黏粒比重较高。其形成过程主要是潜育化过程和泥炭化过程。潜育化过程的主要特点是在剖面中形成潜育层，该层非常紧密，塑性和黏滞性比一般土壤小，呈青色或灰蓝色。泥炭化过程，即在沼泽化过程中泥炭发生大量积累，形成泥炭层。本市沼泽土中泥炭层厚度小于50cm。

黑土占本市地域面积的14%，主要分布在哈同公路两侧的漫岗地。成土母质多为黏质的黄土状母质。腐殖质的积累和养分元素的富集，为黑土的肥力奠定了基础。黑土水分适中，植物根系发达且集中于表层，往下逐渐减少，有机质在剖面的分布也集中于表层，向下递减。因此，黑土的腐殖质层较深厚，垂直减少的程度比白浆土缓慢。

新积土占本市地域面积的3%，主要分布在河流下游及河床较高、河岸较低的高河漫滩处，常受河流泛滥影响，具有草甸化过程。自然植被为喜湿性杂草群落。成土母质为冲积物和沉积物。

小于本市地域面积3%的土壤类型有暗棕壤、水稻土、泥炭土。

本区域中心区气候特征

本区域中心区气候特征值
Regional climate characteristics in central area of the region

气候带：中温带亚干旱气候 Climate region: Mid temperate subarid climate	
年平均气温 /℃ Annual average temperature /℃	3.2
年平均最高气温 /℃ Annual average maximum temperature /℃	8.6
年平均最低气温 /℃ Annual average minimum temperature /℃	-1.8
年降水量 /mm Annual precipitation /mm	519
≥10℃的积温 /℃ Daily temperature accumulated in a year（≥10℃）/℃	1174
年日照时数 /h Annual sunshine /h	2417
年平均相对湿度 /% Annual average relative humidity /%	67
干燥度 Dryness	0.38

本区域中心区月平均气温与月平均降水量
Monthly temperature and precipitation in central area of the region

富锦市主要土壤类型与土壤剖面点分布图

1:510 000

图例：草甸土、白浆土、沼泽土、黑土、新积土、暗棕壤、水稻土、泥炭土、⊗ 剖面点

第二编　分县土壤图与土壤剖面数据 | 231

富锦市土壤剖面理化性状表

剖面号 Soil profile	土纲 Soil order	土类 Soil great group	亚类 Soil subgroup	土属 Soil genus	土种 Soil species	土层码 Layer code	土层厚度 Depth/cm	颜色 Soil color	质地 Soil texture	土壤结构 Soil structure	pH	有机质 OM/(g/kg)	全氮 TN/(g/kg)	全磷 TP/(g/kg)	全钾 TK/(g/kg)	碱解氮 AN/(mg/kg)	有效磷 AP/(mg/kg)	速效钾 AK/(mg/kg)	土壤母质 Parent material	剖面点坐标 Profile coordinate	匹配指数 Matching index/%
剖1	半水成土	草甸土	草甸土	平地草甸土	薄层平地草甸土	1	0~25				6.4	47.9	2.99	1.54	14.3	160	11.0	204	河湖相沉积物	E 131°44′58.2″ N 47°00′02.5″	75
						2	45~50				6.8	18.0	1.44	0.64	11.5	85	12.0	143			
剖2	半水成土	草甸土	白浆化草甸土	平地白浆化草甸土	薄层平地白浆化草甸土	1	0~17				6.3	33.7	1.32	1.69	14.2	146	27.0	122	河湖相沉积物	E 131°47′42.0″ N 47°09′46.4″	74
						2	17~30				6.4	12.1	0.44	1.15	10.2	65	25.0	101			
						3	30~80				6.5	25.2	0.40	1.16	17.9	53	30.0	125			
剖3	半水成土	草甸土	泛滥地草甸土			1	0~20				5.9	18.6	1.73	0.91	28.6	60	11.0	40	河湖相沉积物	E 131°36′18.0″ N 47°09′16.6″	75
						2	20~40				6.4	3.1	1.21	0.95	24.5	26	11.0	20			
						3	40~55				6.3	3.5	0.72	0.56	24.0	18	15.0	20			
						4	55~65				6.2	8.4	0.78	0.58	26.0	18	16.0	20			
剖4	半水成土	草甸土	草甸土	平地草甸土	薄层平地草甸土	A	0~15	暗黑色	轻黏土	团粒状	6.7	67.9	5.10	0.54	13.5	236	9.0	186	河湖相沉积物	E 131°36′18.7″ N 47°01′53.8″	95
						AB	15~50	灰色	中壤土	小粒状	6.9	10.3	1.54	0.72	27.5	130	7.0	318			
						Cw	50~150	棕黄色	中黏土			5.3	0.35	0.94	19.9	69	10.0	165			
剖5	半水成土	草甸土	白浆化草甸土	平地白浆化草甸土	薄层平地白浆化草甸土	1	0~9				6.6	38.3	7.08	1.48	16.9	367	6.0	280	河湖相沉积物	E 132°06′43.2″ N 47°08′38.0″	74
						2	9~14				7.3	30.6	0.83	1.41	20.2	147	5.0	260			
						3	14~75				7.1	11.4		0.85	19.7	79	3.0	300			
						4	75~120				7.2	5.3		0.74	19.2	44	3.0	160			
剖6	半淋溶土	黑土	黑土	砂底黑土	薄层砂底黑土	1	0~20				6.2	47.7	1.81	1.15	22.6	128	41.0	61	黄土状母质	E 131°40′44.0″ N 47°07′57.4″	75
						2	20~140				6.3	7.0	0.18	0.59	23.8	30	29.0	20			
						3	140~				6.4	3.2	0.15		21.7	18	18.0				
剖7	半淋溶土	黑土	黑土	砂底黑土	薄层砂底黑土	1	0~10				6.3	34.3	1.13	1.31	16.2	110	30.0	121	黄土状母质	E 131°43′23.5″ N 47°09′46.4″	75
						2	10~70				6.6	1.4	0.54	0.63	15.3	44	26.0	40			
						3	70~				6.5	1.4	0.25	0.42	25.9	20	9.0				
剖8	半淋溶土	黑土	白浆化黑土			1	0~22				6.5	37.4	2.91	1.68	20.8	158	7.0	100	黄土状母质	E 131°43′37.9″ N 47°07′27.4″	93
						2	22~33				6.4	15.8	1.23	0.97	18.8	66	4.0	80			
						3	37~115				6.4	9.1	1.55	1.45	20.2	57	7.0	100			
剖9	人为土	水稻土	草甸土型水稻土			1	0~15	灰黑色	中壤土	团粒状	6.3	68.9	5.16	1.54	14.3	160	11.0	183	黄土状母质	E 131°42′54.4″ N 47°07′59.5″	75
						2	15~50	浅棕黄色	黏土		6.1	10.5	5.14	0.64	11.5	130	9.0	204			
						3	50~150	灰棕色			7.0	6.3	0.31	0.94	19.9	85	7.0	143			
剖10	半水成土	草甸土	草甸土	黏底草甸土	厚层黏底草甸土	1	0~42	暗黑色		团粒状	7.7	70.7	4.84	1.69	20.5	308	9.0	180	河湖相沉积物	E 131°44′25.4″ N 47°07′11.6″	75
						2	42~105	浅棕灰色			8.1	13.7	0.97	1.02	19.6	85	5.0	60			
						3	105~	浅棕黄色			7.0	4.9	0.53	0.91	19.7	44	6.0				
剖11	半水成土	草甸土	石灰性草甸土	平地石灰性草甸土	厚层平地石灰性草甸土	1	0~55	灰色	砂壤土	粒状	7.7	84.7	3.87	1.71	21.0	257	12.0	206	河湖相沉积物	E 131°35′33.4″ N 47°03′40.0″	95
						2	55~150				8.1	8.5	0.34	0.61	16.3	67	7.0	123			
剖12	初育土	新积土	冲积土			1	0~12	暗棕灰色	壤土		5.6								冲积物	E 131°47′58.2″ N 47°13′00.8″	75
						2	20~30	浅灰棕色	重壤土		5.6										
						3	40~50	浅棕黄色	轻黏土		5.8										
						4	70~80	黄色	黏土		6.0										
剖13	淋溶土	暗棕壤	原始暗棕壤			A_1	0~7	暗灰色		块状									残积物	E 131°40′59.5″ N 47°03′06.5″	75
						C	7~														
剖14	半淋溶土	黑土	黑土	黏底黑土	薄层黏底黑土	A_1	0~25	暗灰色	壤土	粒状									黄土状母质	E 131°39′07.6″ N 47°01′00.8″	95
						A_2	25~60	浅灰色	重壤土												
						B	60~105	黄棕色	轻黏土												
						C	105~150	黄色	黏土												

续表 Continued

剖面号 Soil profile	土纲 Soil order	土类 Soil great group	亚类 Soil subgroup	土属 Soil genus	土种 Soil species	土层码 Layer code	土层厚度 Depth/cm	颜色 Soil color	质地 Soil texture	土壤结构 Soil structure	pH	有机质 OM/(g/kg)	全氮 TN/(g/kg)	全磷 TP/(g/kg)	全钾 TK/(g/kg)	碱解氮 AN/(mg/kg)	有效磷 AP/(mg/kg)	速效钾 AK/(mg/kg)	土壤母质 Parent material	剖面点坐标 Profile coordinate	匹配指数 Matching index/%
剖15	水成土	沼泽土	泥炭沼泽土			At	0—32	青灰色	黏土										河湖相沉积物	E 131°33′26.3″ N 46°59′21.5″	75
						G	32—70	灰褐色													
剖16	半成土	草甸土	潜育草甸土	低平地潜育草甸土	厚层低平地潜育草甸土	As	0—25	黑褐色	黏壤土										河湖相沉积物	E 131°57′42.8″ N 47°04′08.8″	95
						A_1	25—68	棕褐色	黏土	粒状	6.9	21.9	1.44	1.20	20.2	103	11.0	140			
						Cw	68—114				6.6	11.9	0.43	1.48	19.4	69	5.0	120			
剖17	半淋溶土	黑土	黑土	黏底黑土	薄层黏底黑土	Cg	114—	青灰色	黏土		6.6	13.0	0.70	0.45	20.7	50	9.0	120	黄土状母质	E 131°39′32.0″ N 46°59′10.0″	95
											6.6	8.5	0.75	1.64	20.3		7.0	100			
剖18	水成土	沼泽土	草甸沼泽土			A_1	0—17	暗灰色	轻黏土	粒状									河湖相沉积物	E 131°43′57.4″ N 46°56′22.2″	75
						Bg	11—32	灰色	轻黏土												
						G_1	32—68	灰蓝色	黏土												
						G_2	68—78	灰蓝色	粗砂土												
						G_3	78—														
剖19	半水成土	草甸土	石灰性草甸土	平地石灰性草甸土	厚层平地石灰性草甸土	1	0—20				7.2	48.2	3.52	1.49	18.7	163	10.0	440	河湖相沉积物	E 131°41′37.0″ N 46°54′38.2″	95
						2	60—70				7.9	19.0	1.79	0.98	19.9	68		200			
剖20	半水成土	草甸土	石灰性草甸土	平地石灰性草甸土	中层平地石灰性草甸土	1	0—35				6.6	74.6		3.69	17.8	258	6.0	>500	河湖相沉积物	E 131°51′31.0″ N 47°10′47.6″	95
						2	40—50				6.4	17.5	0.84	1.29	21.1	49	14.0	140			
剖21	半淋溶土	黑土	黑土	黏底黑土	厚层黏底黑土	A_1	0—25	暗灰色	中壤土	粒状									黄土状母质	E 131°58′57.7″ N 47°10′19.2″	95
						AB	67—71	灰色	中壤土	粒状											
						B	71—110	灰棕色	轻黏土	粒块状											
						C	110—150		中黏土												
剖22	半水成土	草甸土	石灰性草甸土	平地石灰性草甸土	厚层平地石灰性草甸土	1	0—52				7.9	49.7	6.86	2.26	18.4	215	5.0	128	河湖相沉积物	E 131°54′32.4″ N 47°08′30.1″	95
						2	52—80				8.3	12.4		1.16	23.2						
剖23	半水成土	草甸土	石灰性草甸土	平地石灰性草甸土	薄层平地石灰性草甸土	1	0—25				7.0	103.7	5.07	1.94	15.6	248			河湖相沉积物	E 131°57′11.5″ N 47°09′01.4″	75
						2	35—45				7.8	8.0	0.30	0.90	17.4	84					
剖24	半水成土	草甸土	石灰性草甸土	平地石灰性草甸土	薄层平地石灰性草甸土	1	0—20				7.5	98.5	4.01	2.05	20.9	192			河湖相沉积物	E 131°59′39.8″ N 47°06′25.9″	75
						2	40—50				7.8	27.0	1.48	1.49	15.9	114					
剖25	半水成土	草甸土	石灰性草甸土	平地石灰性草甸土	薄层平地石灰性草甸土	1	0—25				7.7	40.1	1.68	1.50	19.9	105	7.0	121	河湖相沉积物	E 131°51′14.4″ N 47°04′52.0″	95
						2	25—				8.2	5.3	0.48	1.26	20.5	66		103			
剖26	半水成土	草甸土	潜育草甸土	低平地潜育草甸土	中层低平地潜育草甸土	As	0—30	棕灰色	砂壤土	小块状									河湖相沉积物	E 132°35′13.6″ N 46°59′21.1″	75
						A	30—55	黑色	轻壤土		5.9	42.2	3.29	1.57	20.4	30	5.0	180			
						3	55—90	灰黄色	轻壤土		6.8	33.6	2.36	0.91	19.8	203	7.0	180			
剖27	半水成土	草甸土	潜育草甸土			G	90—	青灰色			6.8	5.2	2.96	0.82	21.2	115	4.0	220	河湖相沉积物	E 131°33′59.0″ N 47°09′23.4″	75
						1	0—16				6.9	1.5	1.72		18.2	94	7.0	200			
						2	16—27														
						3	27—75														
						4	75—120														
剖28	初育土	新积土	冲积土			1	0—24	灰棕色	砂壤土	团粒状	6.9								冲积物	E 131°35′36.6″ N 47°10′54.5″	95
						2	24—65	黄棕色	轻壤土	小粒状	7.1										
						3	65—	灰黑色	轻壤土	粒状	7.1										
剖29	半淋溶土	黑土	黑土	砂底黑土	中层砂底黑土	A	0—39	棕黄色	中壤土	小块状									黄土状母质	E 132°12′31.3″ N 47°20′17.5″	95
						AB	39—65	棕黄色	中壤土	小块状											
						B	65—132	棕黄色	重壤土	粒块状											
						C	132—														

续表 Continued

剖面号 Soil profile	土纲 Soil order	土类 Soil great group	亚类 Soil subgroup	土属 Soil genus	土种 Soil species	土层码 Layer code	土层厚度 Depth/cm	颜色 Soil color	质地 Soil texture	土壤结构 Soil structure	pH	有机质 OM/(g/kg)	全氮 TN/(g/kg)	全磷 TP/(g/kg)	全钾 TK/(g/kg)	碱解氮 AN/(mg/kg)	有效磷 AP/(mg/kg)	速效钾 AK/(mg/kg)	土壤母质 Parent material	剖面点坐标 Profile coordinate	匹配指数 Matching index/%
剖30	半水成土	草甸土	泛滥地草甸土	漫滩泛滥地草甸土	薄层漫滩泛滥地草甸土	A	0—23	黑灰色	黏土	小粒状									河湖相沉积物	E 131°46′52.3″ N 46°57′34.6″	95
						2	23—49	灰棕色	轻黏土	粒状											
						3	49—94	棕黄色	壤质砂土	小块状											
剖31	淋溶土	白浆土	白浆土	岗地白浆土	厚层岗地白浆土	C	94—	棕黄土	中砂土										第四纪河湖相黏土沉积物	E 132°07′37.9″ N 47°18′54.7″	95
						A_1	0—21	暗灰色	中壤土	团粒状											
						Aw	21—48	灰白色	重黏土	片状											
						B	48—110	棕黄色	轻黏土	核块状											
						C	110—150	棕黄色	黏土	块状											
剖32	半淋溶土	黑土		砂底黑土	薄层砂底黑土	A	0—26	暗棕色	砂壤土	粒状	6.6	24.1	0.82	1.01	24.9	129	7.0	140	黄土状母质	E 132°09′56.9″ N 47°18′21.6″	95
						AB	26—47	暗棕色	砂壤土	粒状	6.8	8.5	0.73	0.81	25.7	88	6.0	60			
						B	47—100	暗棕色	砂壤土	粒状	6.8	8.5	0.73	0.81	25.7	88	6.0	60			
						C	100—150	暗黄色	黏土	粒状	6.2	4.7	0.41	0.60	14.3	14	6.0	40			
剖33	半水成土	草甸土	石灰性草甸土	平地石灰性草甸土	厚层平地石灰性草甸土	1	0—50				7.1	47.4	2.40	1.10	14.3	102	9.0	204	河湖相沉积物	E 131°41′07.1″ N 47°07′09.1″	95
						2	55—65				7.3	18.6	1.72	0.91	18.0	68	12.0	164			
						3	70—140														
剖34	半淋溶土	黑土		黏底草甸黑土	中层黏底草甸黑土	A	0—42	灰黑色	中壤土	粒状									黄土状母质	E 132°03′45.0″ N 47°12′55.4″	93
						AB	42—60	棕灰色	重壤土	粒状											
						B	60—105	灰棕色	黏土	块状											
						C	105—	棕黄色													
剖35	半淋溶土	黑土		黏底草甸黑土	薄层砂底黑土	A	0—27	暗棕色	中壤土	粒状	7.1	49.0	3.50	1.28	19.7	172	8.0	400	黄土状母质	E 132°06′29.9″ N 47°11′19.0″	95
						AB	27—42	棕黄色	重壤土	粒状											
						B	42—85	灰棕色	黏土	块状											
						C	85—150	棕黄色	轻黏土	块状	6.5	4.8	0.67	1.02	20.7	38	5.0	180			
剖36	半淋溶土	黑土		黏底草甸黑土	薄层黏底草甸黑土	A_1	0—42	深黑色	中壤土	团粒状									黄土状母质	E 132°11′42.7″ N 47°14′45.2″	95
						B	42—92	暗黑色	重壤土	团块状											
						C	92—150	青灰色	黏土	粒状											
剖37	水成土	泥炭土	草类泥炭土	草类泥炭土	中层草类泥炭土	At	0—10	暗黑褐色	壤土	块状	6.1	92.8	6.08	1.45	24.8	>400	10.0	120	残积物	E 132°13′13.8″ N 47°13′06.6″	75
						G	10—20	黑色	重壤土	粒状		217.3	11.50	3.87	13.6	>400	14.0	140			
							20—	灰黑色	黏土	团粒状											
剖38	淋溶土	暗棕壤	暗棕壤	平地石灰性草甸土	中层平地石灰性草甸土	A_1	0—100		中壤土	团块状									河湖相沉积物	E 132°14′06.7″ N 47°14′04.9″	95
							100—	黄色	砂壤土	粒状											
剖39	半淋溶土	黑土	碳酸盐草甸黑土	砂底黑土	中层平地石灰性草甸土	A	0—25	暗黑色	重壤土	粒状									黄土状母质	E 132°45′50.0″ N 47°21′12.6″	95
						2	25—45	黑色	黏土	小块状											
						3	45—85	黑色	砂壤土	粒状											
剖40	半水成土	草甸土	黑土	黏底草甸黑土	厚层砂底黑土	A_1	0—62	黑色	中壤土	块状									河湖相沉积物	E 132°01′26.8″ N 47°04′50.2″	95
						B	62—85	灰黄色													
						C	85—														
剖41	半淋溶土	黑土	草甸黑土	黏底草甸黑土	薄层黏底草甸黑土	1	0—23				6.1	41.3	5.60	1.59	19.1	218			黄土状母质	E 132°02′08.2″ N 47°04′15.6″	95
						2	23—95					9.8	1.00	0.94	20.2	84					
						3	95—105				6.4	8.1	1.61	1.15	20.0	80					
						4	110—120					3.1	0.12	1.31	20.0						
剖42	半淋溶土	黑土	黑土	黏底黑土	厚层黏底黑土	1	0—50				7.3	65.5	2.79	1.70	19.8	162			黄土状母质	E 132°03′05.8″ N 47°03′24.5″	95
						2	50—100				6.5	56.2	2.53	1.93	19.6	144					
						3	100—110				6.4	20.1	1.00	0.87	20.5	2					

续表 Continued

剖面号 Soil profile	土纲 Soil order	土类 Soil great group	亚类 Soil subgroup	土属 Soil genus	土种 Soil species	土层码 Layer code	土层厚度 Depth/cm	颜色 Soil color	质地 Soil texture	土壤结构 Soil structure	pH	有机质 OM/(g/kg)	全氮 TN/(g/kg)	全磷 TP/(g/kg)	全钾 TK/(g/kg)	碱解氮 AN/(mg/kg)	有效磷 AP/(mg/kg)	速效钾 AK/(mg/kg)	土壤母质 Parent material	剖面点坐标 Profile coordinate	匹配指数 Matching index/%
剖43	淋溶土	白浆土	白浆土	岗地白浆黑土	中层岗地白浆土	A_1	0—20				6.3	37.8	0.20	1.69	21.4	178	6.0		第四纪河湖相黏土沉积物	E 132°14′36.2″ N 47°03′47.9″	95
						A_2	20—40				6.3	4.5	0.89	0.79	21.5	70	3.0				
						B	40—80				6.2	6.8	0.29	1.22	15.8	78		81			
						C	80—150				6.0	<1.0	0.17	0.85	20.6						
剖44	半淋溶土	草甸黑土	黏底草甸黑土	厚层黏底草甸黑土		1	0—30				5.8	56.2	2.31	1.28	22.7	182	17.0	81	黄土状母质	E 132°28′00.8″ N 47°26′14.6″	95
						2	30—110				7.2	9.9	0.32	0.82	22.4	52	9.0	41			
						3	110—				7.9	4.7	<0.10	0.44	24.8	18		247			
剖45	淋溶土	白浆土	草甸白浆土	平地白浆土	厚层草甸白浆土	A_1	0—30				6.5	87.3	4.35	2.26	18.9	323	23.0	164	第四纪河湖相黏土沉积物	E 132°29′29.4″ N 47°25′25.7″	95
						A_2	30—50				6.7	33.7	0.92	1.84	22.5	128	14.0	205			
						B	50—130				6.9	18.7	0.34	1.55	18.0	50					
						C	130—150				6.9	5.3	0.36	1.12	18.4						
剖46	半淋溶土	黑土	黏底黑土	黏底黑土	中层黏底黑土	A	0—42				6.4	85.6	4.75	1.61	18.0	205			黄土状母质	E 132°17′00.6″ N 47°23′51.4″	95
						B	42—60				6.3	51.8	2.31	1.58	19.6	157		180			
						C	60—140				7.0	6.3	0.50	1.37	17.0	126	12.0	80			
剖47	淋溶土	白浆土	白浆土	岗地白浆土	中层岗地白浆土	A_1	0—21				7.1	18.9	2.01	1.22	19.8	131	6.0		第四纪河湖相黏土沉积物	E 132°21′06.5″ N 47°22′37.6″	95
						A_2	21—36				6.9	10.9	0.80	0.42	12.2	65	4.0				
						B	36—75				6.5	11.5			20.9	57					
						C	75—150				7.2	6.7	0.34		22.9	30	9.0	61			
剖48	半水成土	草甸土	白浆化草甸土	平地白浆化草甸土	薄层平地白浆化草甸土	A	0—23	暗灰色		团粒状	6.7	48.0	1.82	0.71	16.6	149	7.0	60	河湖相沉积物	E 132°27′23.4″ N 47°21′57.2″	85
						Aw	23—40	灰白色			6.5	15.4	0.47	0.54	22.1	53	12.0	123			
						3	40—140	棕色	黏土	块状	6.7	13.2	<0.10	0.71	24.6	36		43			
						C	140—	黄色	黏土		7.0	35.6	<0.10	2.93	20.1	46	15.0				
剖49	半水成土	草甸土	石灰性草甸土	平地石灰性草甸土	中层平地石灰性草甸土	1	0—40				6.8	26.8	1.75	1.25	29.2	86	10.0	120	河湖相沉积物	E 132°28′54.8″ N 47°24′50.0″	95
						2	40—70				6.8	5.2	1.12	0.54	33.6	28	5.0	40			
剖50	半淋溶土	黑土	砂底黑土	砂底黑土	中层砂底黑土	1	0—41				6.8	38.2	3.80	1.38	29.2	352		187	黄土状母质	E 132°28′58.4″ N 47°24′20.9″	95
						2	41—75				7.0	4.1	0.87	0.80	32.2		3.0				
						3	75—				7.0		0.64	0.83	29.2						
剖51	半水成土	草甸土	白浆化草甸土	平地白浆化草甸土	中层平地白浆化草甸土	A_1	0—27	暗灰色	壤土	团粒状	6.5	52.3	2.52	1.38	19.0	160	16.0	44	河湖相沉积物	E 132°58′57.7″ N 47°04′17.0″	95
						Aw	27—60	灰灰色	壤土	小粒状	6.5	14.6	1.31	0.71	12.4	61	8.0	22			
						B	60—130	棕棕色	轻黏土	块状	6.6	11.7	0.89	0.65	18.3	65	13.0	114			
						C	130—	黄色	黏土		7.7	4.9			27.7						
剖52	半淋溶土	黑土	白浆化黑土	黏底白浆化黑土	厚层黏底白浆化黑土	1	0—40				6.7	50.0	6.41	1.09	27.9	>400	8.0	304	黄土状母质	E 132°28′58.4″ N 47°24′14.9″	95
						2	40—60				6.6	13.5	1.74	0.45	30.2	253	2.0	179			
						3	60—75				7.7	12.2	1.91	0.99	28.8	183	2.0	285			
						4	75—130				7.7	4.9	1.37	1.14	27.7						
						5	130—150				7.6	1.7	0.94	1.00							
剖53	半水成土	黑土	草甸黑土	黏底草甸黑土	中层黏底黑土	A	0—16	暗灰色	中壤土	粒状	6.1	45.9	3.26	1.34	22.3	122		100	黄土状母质	E 132°21′06.1″ N 47°19′14.9″	95
						AB	16—25	棕灰色	中壤土	粒状	6.4	9.6	0.87	1.08	21.6	102	7.0	120			
						B	25—58	暗棕色	重壤土	小块状		7.3	0.83		21.9	87	10.0	120			
						C	58—80	棕黄色	黏土	粒状	6.7			0.74							
剖54	半淋溶土	黑土	黏底黑土	黏底黑土		A	0—27		黏壤土		6.3	24.8	2.59	1.71	21.7	122			黄土状母质	E 132°29′32.3″ N 47°15′36.0″	95
						B	27—57				6.3	17.0	1.71	3.55	20.5	79					
						C	57—120		黏土		6.5	3.5		1.06	21.3	75					
剖55	半水成土	草甸土	潜育草甸土	低平地潜育草甸土	薄层低平地潜育草甸土	A	0—20	黑色		粒状									河湖相沉积物	E 131°59′08.2″ N 47°05′48.1″	95
						Cw_1	20—75	黄棕色		粒块状											
						Cw_2	75—														

续表 Continued

剖面号 Soil profile	土纲 Soil order	土类 Soil great group	亚类 Soil subgroup	土属 Soil genus	土种 Soil species	土层码 Layer code	土层厚度 Depth/cm	颜色 Soil color	质地 Soil texture	土壤结构 Soil structure	pH	有机质 OM/(g/kg)	全氮 TN/(g/kg)	全磷 TP/(g/kg)	全钾 TK/(g/kg)	碱解氮 AN/(mg/kg)	有效磷 AP/(mg/kg)	速效钾 AK/(mg/kg)	土壤母质 Parent material	剖面点坐标 Profile coordinate	匹配指数 Matching index/%
剖56	半水成土	草甸土	石灰性草甸土	平地石灰性草甸土	中层平地石灰性草甸土	1	0—25				7.7	121.3	15.35	2.57	23.2	>400	11.0	49	河湖相沉积物	E 131°33′54.7″ N 46°58′38.3″	95
						2	25—45				8.6	47.1	6.04	1.97	24.3	>400	2.0	27			
						3	45—85				8.9	15.8	2.08	0.92	22.9	168	1.0	23			
剖57	半淋溶土	黑土	黑土	黏底黑土	薄层黏底黑土	A	0—25				6.5	37.8	1.78	1.64	16.3	108	8.0	120	黄土状母质	E 132°20′29.8″ N 46°50′13.9″	95
						B	25—95				6.5	19.0	1.03	1.00	16.3	55	8.0	41			
						C	95—150				6.6	9.6	0.83	1.08	23.6		19.0	20			
剖58	半淋溶土	黑土	黑土	砂底黑土	薄层砂底黑土	1	0—20				6.5	21.5	2.87	0.92	21.7	120	10.0	120	黄土状母质	E 132°28′18.1″ N 46°50′52.4″	95
						2	20—35				6.6	11.3	2.63	1.03	21.8	67	2.0	100			
						3	35—60				6.3	4.6	0.93	1.04	26.5	69	2.0	40			
						4	60—95				6.2	4.7	0.49	0.60	27.1	18	7.0				
剖59	半水成土	草甸土	石灰性草甸土	平地石灰性草甸土	厚层平地石灰性草甸土	1	0—40				7.7	77.5	3.05	0.40	16.9	192	15.0	207	河湖相沉积物	E 131°57′33.8″ N 47°00′12.6″	95
						2	40—				8.3	10.6	0.12	0.75	14.6	36	2.0				
剖60	半淋溶土	黑土	黑土	黏底黑土	厚层黏底黑土	1	0—25				7.0	34.3	2.37	1.33	16.4	90	27.0	163	黄土状母质	E 132°19′48.7″ N 46°49′33.6″	95
						2	25—65				6.5	28.1	1.55	0.67	18.9	62	13.0	123			
						3	65—				6.4	7.6	0.78	0.98	25.0	63	16.0	127			
剖61	水成土	沼泽土	泥炭沼泽土			At	0—40	黑色	中壤土										河湖相沉积物	E 132°44′16.4″ N 47°30′09.0″	75
						A_1	40—60	暗灰色	黏土												
						G	60—	青灰色	黏土												
剖62	淋溶土	白浆土	岗地白浆土		中层岗地白浆土	A_1	0—17	暗灰色	中壤土										第四纪河湖相黏土沉积物	E 132°32′12.5″ N 47°20′52.4″	95
						Aw	17—33	灰白色	轻黏土	粒状											
						B	33—134	暗棕色	黏土	片状											
						C	134—150			块状											
剖63	淋溶土	白浆土	草甸白浆土	平地草甸白浆土	中层岗地白浆土	A_1	0—15				6.1	69.4	3.41	1.46	25.8	231	9.0	100	第四纪河湖相黏土沉积物	E 132°38′39.8″ N 47°23′44.9″	95
						A_2	15—40				6.5	11.8	1.68	0.64	24.9	46	5.0	160			
						B	40—80				6.5	8.0	1.12	0.96	28.7	43	5.0	200			
						C	80—150				6.6	5.0		0.82	30.6	35	6.0	240			
剖64	半淋溶土	黑土	白浆化黑土	黏底白浆化黑土	薄层黏底白浆化黑土	A	0—17	深灰色	中壤土	粒状	6.2	33.9	1.16	0.88	20.9	93	12.0	40	第四纪河湖相黏土沉积物	E 131°42′24.1″ N 47°08′19.0″	93
						Aw	17—30	浅灰色	重黏土	片状	6.2	15.0	0.20	0.76	20.3	53	11.0	40			
						B	30—80	灰棕色	黏土	块状	5.6	5.2	0.13	0.81	17.2	42	13.0	61			
						C	80—150	黄色			6.1	3.3	0.50	0.91	22.9	26		20			
剖65	淋溶土	白浆土	草甸白浆土	岗地白浆土	中层岗地白浆土	A_1	0—20				5.5	74.6	6.61	2.26	19.3				第四纪河湖相黏土沉积物	E 132°42′46.1″ N 47°02′53.2″	95
						A_2	20—39				5.2	8.7	1.67	0.61	20.3						
						B	39—100				6.5		0.32	1.06	19.4						
						C	100—150				7.2	7.0			21.0						
剖66	半水成土	草甸土	草甸土	平地草甸土	中层平地草甸土	A	0—30	暗灰色	重黏土	粒状	5.4	69.4	3.53	1.28	19.7	189			河湖相沉积物	E 131°36′15.8″ N 47°00′22.7″	95
						AB	30—49	灰色	轻黏土	小块状	6.0	23.1	0.91	1.07	18.3	122					
						Cw	49—150	棕黄色	轻黏土		6.5	10.8	0.73	1.16	21.8	86					
剖67	半淋溶土	黑土	白浆化黑土			1	0—25												黄土状母质	E 132°35′20.8″ N 46°58′09.5″	95
						2	25—30														
						3	50—60														
						4	140—150				5.8		1.13	0.57	17.7	100					
剖68	淋溶土	白浆土	草甸白浆土	平地草甸白浆土		A_1	0—21	暗棕色	壤土	粒状									第四纪河湖相黏土沉积物	E 132°43′28.2″ N 46°56′39.8″	95
						Aw	21—43	草黄色	重黏土												
						B	43—109	暗棕色	轻黏土	块状											
						C	109—150	棕黄色	黏土												

续表 Continued

剖面号 Soil profile	土纲 Soil order	土类 Soil great group	亚类 Soil subgroup	土属 Soil genus	土种 Soil species	土层码 Layer code	土层厚度 Depth/cm	颜色 Soil color	质地 Soil texture	土壤结构 Soil structure	pH	有机质 OM/(g/kg)	全氮 TN/(g/kg)	全磷 TP/(g/kg)	全钾 TK/(g/kg)	碱解氮 AN/(mg/kg)	有效磷 AP/(mg/kg)	速效钾 AK/(mg/kg)	土壤母质 Parent material	剖面点坐标 Profile coordinate	匹配指数 Matching index/%
剖69	半水成土	草甸土	潜育草甸土	低平地潜育草甸土	中层低平地潜育草甸土	1	0—29				7.6	299.8	14.10			>400	>100.0	420	河湖相沉积物	E 131°41′52.1″ N 47°09′27.7″	95
						2	39—55				7.2	73.7	3.92	2.10	20.7	329	57.0	308			
						3	55—90				7.4	12.3									
						4	90—					5.3									
剖70	淋溶土	白浆土	白浆土	岗地白浆土	厚层岗地白浆土	A₁	0—50				6.4	42.4	3.13	1.88	22.5	20	4.0	40	第四纪河湖相黏土沉积物	E 132°53′07.1″ N 47°21′24.8″	95
						A₂	50—70				6.7	3.2	<0.10	<0.10	25.7	41	5.0	40			
						B	70—100				7.0	<1.0		0.80	20.0	67	2.0	60			
剖71	半水成土	草甸土	白浆化草甸土			A₁	0—20	暗黑色		粒状									河湖相沉积物	E 132°45′32.4″ N 46°59′47.8″	95
						Aw	20—37	灰白色	壤质黏土	片状											
						B	37—75	棕色	壤质黏土	粒状											
						C	75—	黄色	黏土												
剖72	半水成土	草甸土	草甸土	平地草甸土	厚层平地草甸土	1	0—50				6.3	96.8	5.09	2.85	17.8	279			河湖相沉积物	E 132°49′24.6″ N 46°52′53.8″	95
						2	60—70				6.7	15.3	0.82	1.42	23.1	110					
						3	90—120				6.8	11.1	0.56	1.27	16.7	82					

抚 远 市

主要土类说明

白浆土是抚远市主要土壤类型，占本市地域面积的54%，是本市的主要农业土壤，集中分布在浓桥、寒葱沟、别拉洪等地，多分布在漫川、漫岗平原和低平原。成土母质为第四纪冲积静水沉积物，冲积物上部多为黏土层，一般低平原区黏土层较厚。由于母质质地黏重，排水不良，雨季常出现短期滞水，甚至在潜育白浆土上有季节性积水。自然植被主要是以山杨、白桦为主的天然次生林和水柳、小叶樟、苔草群落，植物生长繁茂，80%的根系分布在腐殖质层。其形成过程主要是白浆化过程、铁锰胶膜的还原淋洗和就地胶结过程。当冻融或集中降雨后，上层土壤因滞水而处于周期性潜育状态，同时由于土层薄，蓄水能力弱，每当雨后天晴，蒸发量剧增，上部土层又迅速变干，周期性干湿交替使铁锰化合物反复进行氧化还原，铁、锰不断被漂洗和重新分配，最终使土壤亚表层脱色形成一个灰白色的白浆层，这是白浆土区别于其他土类的重要特征之一。根据白浆化、草甸化和潜育化程度的不同，本市白浆土分为白浆土、草甸白浆土、潜育白浆土等亚类。

沼泽土是抚远市第二大土壤类型，占本市地域面积的39%。沼泽土所处地势低洼，长期地表积水，喜湿植被生长繁茂。地表有机质积累明显，甚至可见泥炭层或腐泥层，还原作用强烈，形成潜育层，剖面构型为H–G。

小于本市地域面积3%的土壤类型有暗棕壤、泥炭土、草甸土。

本区域中心区气候特征

本区域中心区气候特征值
Regional climate characteristics in central area of the region

气候带：中温带亚干旱气候 Climate region: Mid temperate subarid climate	
年平均气温 /℃ Annual average temperature /℃	2.6
年平均最高气温 /℃ Annual average maximum temperature /℃	8.3
年平均最低气温 /℃ Annual average minimum temperature /℃	-2.6
年降水量 /mm Annual precipitation /mm	517
≥10℃的积温 /℃ Daily temperature accumulated in a year（≥10℃）/℃	1042
年日照时数 /h Annual sunshine /h	2419
年平均相对湿度 /% Annual average relative humidity /%	67
干燥度 Dryness	0.33

本区域中心区月平均气温与月平均降水量
Monthly temperature and precipitation in central area of the region

抚远县主要土壤类型与土壤剖面点分布图
1：470 000

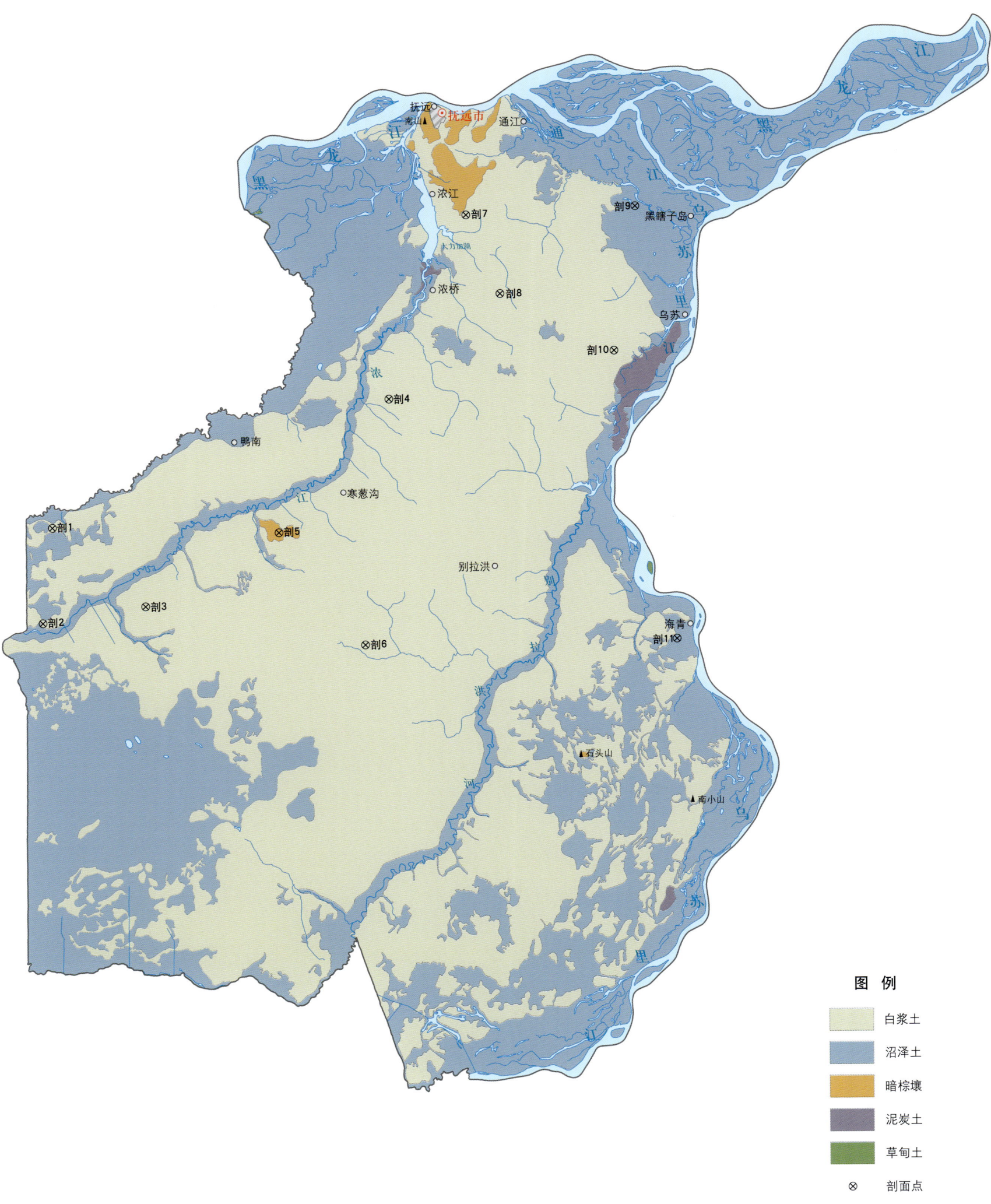

注：国务院 2016 年 1 月批准，撤销抚远县，设立抚远市。

抚远市土壤剖面理化性状表

剖面号 Soil profile	土纲 Soil order	土类 Soil great group	亚类 Soil subgroup	土属 Soil genus	土种 Soil species	土层码 Layer code	土层厚度 Depth/cm	颜色 Soil color	质地 Soil texture	土壤结构 Soil structure	pH	有机质 OM/(g/kg)	全氮 TN/(g/kg)	全磷 TP/(g/kg)	全钾 TK/(g/kg)	碱解氮 AN/(mg/kg)	有效磷 AP/(mg/kg)	速效钾 AK/(mg/kg)	土壤母质 Parent material	剖面点坐标 Profile coordinate	匹配指数 Matching index/%
剖1	淋溶土	白浆土	潜育白浆土	低地潜育白浆土	中层低地潜育白浆土	A_1	0—14				5.6	58.6	2.75	1.68	20.8	281	8.0	203	冲积物	E 133°44′20.0″ N 47°57′39.6″	75
						Aw	20—30				6.0	9.8	0.52	1.14	22.4						
						B	84—94				5.9	9.4									
剖2	淋溶土	白浆土	草甸白浆土	平地草甸白浆土	中层平地草甸白浆土	A_1	0—16				5.4	72.2	3.03	1.29	24.3	311	7.0	235	坡积物	E 133°43′37.6″ N 47°52′12.0″	75
						Aw	17—27				6.0	4.7	0.32	0.27	25.5						
						B	70—80				6.2	9.0									
剖3	淋溶土	白浆土	潜育白浆土	低地潜育白浆土	中层低地潜育白浆土	A_1	0—12				5.7	59.0	2.88	1.82	22.5	282	8.0	374	冲积物	E 133°52′23.5″ N 47°53′14.3″	95
						Aw	15—25				5.7	9.6	0.72	0.93	23.1						
						B	70—80				5.9	6.8									
剖4	淋溶土	白浆土	潜育白浆土	低地潜育白浆土	中层低地潜育白浆土	A_1	0—14				5.2	66.7	4.24	2.81	19.2	≥400	17.0	443	冲积物	E 134°13′08.0″ N 48°05′16.8″	95
						Aw	18—28				5.6	7.5	0.87	2.37	21.2						
						B	65—75				6.4	11.4	1.23	1.36	19.9						
						Ao	0—4				6.5	135.7	>6.00	1.99	22.5						
剖5	淋溶土	暗棕壤	暗棕壤	砾石底暗棕壤		A_1	4—15	暗灰色	轻壤土	粒状	6.5	46.1	1.86	1.08	24.3				残积物	E 134°03′46.4″ N 47°57′32.0″	75
						B	15—45	棕黄色	砂壤土	块状	6.4	13.0	0.58	0.61	26.4						
						C	45—60	棕黄色		块状	6.4	10.4									
						5	60—80	棕黄色			6.4										
剖6	淋溶土	白浆土	草甸白浆土	平地草甸白浆土	中层平地草甸白浆土	A_1	0—13	暗灰色	中壤土	粒状									坡积物	E 134°11′15.0″ N 47°51′09.0″	95
						Aw	13—42	灰白色	重壤土	片状											
						B	42—100	棕黄色	中壤土	核块状											
剖7	淋溶土	白浆土	白浆土	岗地白浆土	中层岗地白浆土	A_1	0—18	暗灰色	中壤土	粒状									坡积物	E 134°19′41.9″ N 48°15′53.6″	95
						Aw	18—37	灰白色	重壤土	小粒状											
						B	37—91	黄棕色	轻黏土	片状											
剖8	淋溶土	白浆土	白浆土	岗地白浆土	中层岗地白浆土	A_1	0—18			核状	5.5	43.0	2.64	1.40	37.9	259	9.6	239	坡积物	E 134°22′39.4″ N 48°11′21.8″	95
						Aw	22—32				6.1	6.1	0.91	0.93	20.9	149	5.6	33			
						B	85—95				6.2	5.4	0.84	1.12	20.4	47	19.2	70			
剖9	水成土	沼泽土	生草沼泽土	洼地生草沼泽土		As	0—10	灰黄色		无结构									河湖相沉积物	E 134°34′16.7″ N 48°16′27.8″	95
						G	10—45	青灰色	中壤土	粒状											
剖10	淋溶土	白浆土	潜育白浆土	低地潜育白浆土	中层低地潜育白浆土	A_1	0—17	暗灰色	中壤土	片状									冲积物	E 134°32′29.4″ N 48°08′08.5″	95
						Aw	17—50	青灰色		核状											
						B	50—110	棕褐色													
剖11	水成土	沼泽土	草甸沼泽土	洼地草甸沼泽土	薄层洼地草甸沼泽土	As	0—10	棕黄色		粒状									河湖相沉积物	E 134°37′54.8″ N 47°51′35.6″	95
						At	10—20	暗灰色	黏土	无结构											
						G	20—70	灰蓝色													

七 台 河 市

市 辖 区

主要土类说明

暗棕壤是七台河市主要土壤类型，占本市地域面积的 62%，俗称山地土或石砬子土，主要分布在低山丘陵、残丘和岗地陡坡。暗棕壤是在温带湿润地区针阔叶混交林下发育形成的具有明显有机质富集和弱酸性淋溶特征的土壤，具 O–A–B–C 剖面构型。A 层有机质含量可达 100g/kg，弱酸性淋溶使铁铝轻微下移；B 层呈棕色，结构面见铁锰胶膜。土壤呈弱酸性，盐基饱和度为 70%—80%。本市暗棕壤分为暗棕壤、白浆化暗棕壤、原始暗棕壤等亚类。

草甸土是七台河市第二大土壤类型，占本市地域面积的 15%，主要分布在低平地和山间沟谷地带。草甸土是直接受地下水浸润并在草甸植被下发育形成的非地带性半水成型土壤，有机质含量高，土壤肥沃，水分充足，是本市仅次于黑土的肥沃土壤。成土母质以淤积物为主，少数为洪积物和湖积物。其分布区生长小叶樟、苔草等草甸植物，局部低湿地生长芦苇等喜湿植物。本市草甸土分为草甸土、白浆化草甸土、潜育草甸土等亚类。

白浆土是七台河市第三大土壤类型，占本市地域面积的 15%，是本市的主要农业土壤。白浆土是在温带湿润地区平缓岗地森林草原下发育形成的表层滞水的潴育性半水成型土壤。自然植被以柞、杨、桦等杂木林为主，部分为草类。成土母质为黄土状母质及冲积物。土壤质地上轻下黏，多具有"二层性"层次特点，成土过程具有明显的白浆化作用特点，剖面构型为 A_1–Aw–B–C。土壤上层因周期性滞水，下层顶托，还原铁、锰漂洗，部分侧向移出土体，部分沿裂隙下渗，以铁锰锈斑作为胶膜淀积，以微结核状态残存，形成表层有机质层。

小于本市地域面积 3% 的土壤类型有沼泽土、黑土、水稻土、泥炭土。

本区域中心区气候特征

本区域中心区气候特征值
Regional climate characteristics in central area of the region

气候带：中温带亚干旱气候 Climate region: Mid temperate subarid climate	
年平均气温 /℃ Annual average temperature /℃	3.6
年平均最高气温 /℃ Annual average maximum temperature /℃	9.2
年平均最低气温 /℃ Annual average minimum temperature /℃	-1.6
年降水量 /mm Annual precipitation /mm	536
≥ 10℃的积温 /℃ Daily temperature accumulated in a year（≥ 10℃）/℃	1297
年日照时数 /h Annual sunshine /h	2485
年平均相对湿度 /% Annual average relative humidity /%	66
干燥度 Dryness	0.41

本区域中心区月平均气温与月平均降水量
Monthly temperature and precipitation in central area of the region

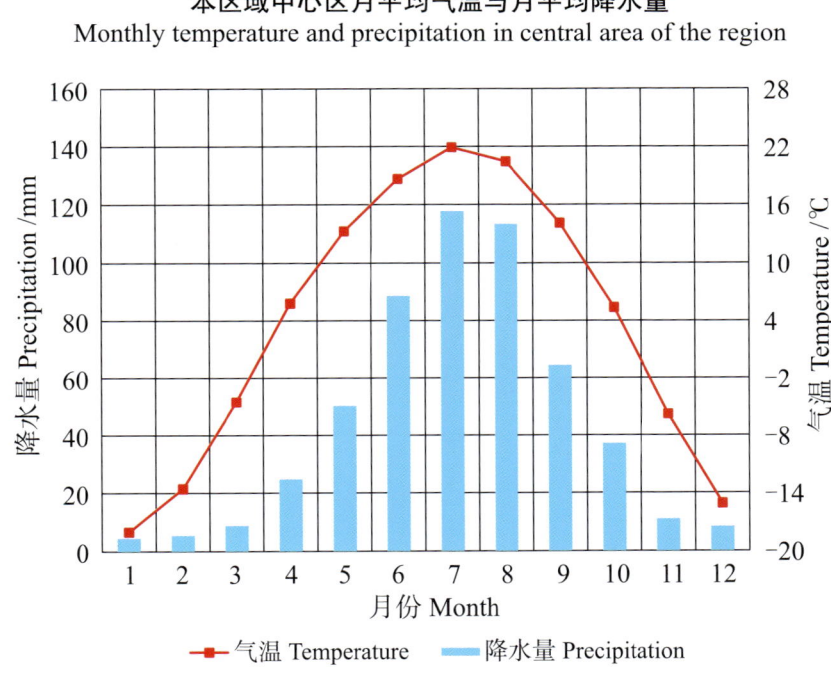

七台河市市辖区主要土壤类型与土壤剖面点分布图
1∶310 000

图例：暗棕壤 草甸土 白浆土 沼泽土 黑土 水稻土 泥炭土 ⊗ 剖面点

七台河市土壤剖面理化性状表

剖面号 Soil profile	土纲 Soil order	土类 Soil great group	亚类 Soil subgroup	土属 Soil genus	土种 Soil species	土层码 Layer code	土层厚度 Depth/cm	颜色 Soil color	质地 Soil texture	土壤结构 Soil structure	pH	有机质 OM/(g/kg)	全氮 TN/(g/kg)	全磷 TP/(g/kg)	全钾 TK/(g/kg)	土壤母质 Parent material	剖面点坐标 Profile coordinate	匹配指数 Matching index,%
剖1	淋溶土	白浆土	白浆土	岗地白浆土	厚层岗地白浆土	A₁	0~21	暗灰色	轻黏土	粒状	6.2	9.2	0.54	0.62	24.4	第四纪河湖黏土沉积物	E 131°07′50.2″ N 45°48′10.4″	95
						AwB	21~45	灰白色	轻黏土	片状	6.2	12.3	1.62	0.35	18.5			
						B	45~90	灰棕色	轻黏土	棱柱状								
						C	90~											
剖2	半水成土	草甸土	潜育草甸土	平地潜育草甸土	薄层平地潜育草甸土	Asa₁	0~20	黑色	中黏土		6.9	133.8	5.85	3.10	22.3	冲积物、坡积物	E 131°08′22.6″ N 45°47′17.5″	95
						A₁Cw	20~85	暗灰色	中黏土	团粒状	7.0	49.9	3.52	1.57	18.8			
						Cw	85~	棕色	中黏土	块状	7.0	9.5	1.39	0.44	21.1			
剖3	淋溶土	白浆土	白浆土	岗地白浆土	薄层岗地白浆土	A₁	0~10	黑灰色	重黏土	团粒状	6.4	39.3	1.79	1.02	24.5	第四纪河湖黏土沉积物	E 131°08′37.3″ N 45°45′47.5″	95
						Aw	10~33	灰白色	重黏土	片状	6.6	16.6	0.79	0.66	25.3			
						C	33~50	黄色	中黏土	核块状	6.3	11.3	0.32	0.68	24.7			
剖4	淋溶土	白浆土	白浆土	岗地白浆土	厚层岗地白浆土	1	5~15				6.0	73.7	3.43	2.25	25.4	第四纪河湖黏土沉积物	E 131°07′01.9″ N 45°42′29.5″	95
						2	25~35				6.4	15.5	0.63	0.82	20.6			
						3	50~60				6.4	10.7	1.60	0.36				
剖5	淋溶土	白浆土	白浆土	岗地白浆土	厚层岗地白浆土	1	0~11				6.0	40.5	1.68	0.95	23.1	第四纪河湖黏土沉积物	E 131°29′47.8″ N 46°00′37.8″	75
						2	20~30				5.9	6.1	0.28	0.36	24.3			
						3	40~50				5.9	14.4			24.1			
剖6	淋溶土	白浆土	白浆土	平地草甸白浆土	中层平地草甸白浆土	A₁	0~20	暗灰色	轻黏土	团粒状	5.9	39.6	1.98	1.60	24.1	第四纪河湖黏土沉积物	E 131°27′28.8″ N 45°55′29.6″	95
						Aw	20~50	灰白色	重黏土	核状	5.9	9.8	0.46	0.99	24.7			
						B	50~95	暗黄棕	重黏土	核状	6.9	11.1						
						C	95~	黑黄色	中黏土		7.0	17.5						
剖7	半水成土	草甸土	潜育草甸土	沟谷潜育草甸土	中层沟谷潜育草甸土	Asa₁	0~25	黑黑色	重黏土	团粒状	5.5	150.1	>6.00	3.74	20.0	冲积物、坡积物	E 131°26′31.9″ N 45°44′33.4″	95
						A₁Cw	35~55	黑色	中黏土	小粒状	6.1	58.6	2.03	3.75	29.2			
						Cw	55~	灰棕色	重黏土	块状	6.2	36.7	2.43	>4.00	16.4			
剖8	半水成土	草甸土	草甸土	平地草甸土	厚层平地草甸土	A₁	0~50	暗黑色	轻黏土	粒状	6.3	59.6	3.00	1.66	27.0	冲积物、坡积物	E 131°36′20.5″ N 46°10′17.8″	75
						Cw	50~80	黄黄棕	重壤土	粒状	6.6	13.7	1.88	0.38	17.9			
															19.8			
剖9	半水成土	草甸土	草甸土	沟谷草甸土	厚层沟谷草甸土	A₁	0~30	黑色	重壤土	团粒状	6.6	10.6	1.51	0.61		冲积物、坡积物	E 131°38′43.1″ N 46°11′10.7″	75
						Cw	30~65	棕色	中黏土	粒状								
							65~											
剖10	半水成土	草甸土	草甸土	沟谷草甸土	中层沟谷草甸土	A	0~30	黑色	重壤土	团粒状						冲积物、坡积物	E 131°36′16.6″ N 46°08′05.3″	95
						A₁Cw	30~65	黑黑棕	重壤土	粒状								
						Cw	65~130	暗棕色	重壤土	块状								
剖11	半水成土	草甸土	潜育草甸土	沟谷潜育草甸土	厚层沟谷潜育草甸土	Asa₁	0~120	灰灰棕	轻壤土	团粒状	6.5	53.7	3.40	1.60	22.3	冲积物、坡积物	E 131°37′03.0″ N 46°03′23.4″	95
						Cw	120~	灰黑色	重壤土	团粒状	6.4	10.1	0.57	0.82	25.7			
剖12	水成土	沼泽土	草甸沼泽土	连地草甸沼泽土	厚层连地草甸沼泽土	A₁	0~60	黑色	中黏土	团块状	6.2	64.4	3.48	1.75	17.8	冲积物、沉积物	E 131°32′58.9″ N 46°00′28.1″	95
						G	60~	暗黑色	中黏土	块状	6.7	23.9	1.12	1.62				
剖13	半水成土	草甸土	潜育草甸土	平地潜育草甸土	厚层平地潜育草甸土	Asa₁	0~25	棕灰色	轻黏土	块状	6.9	8.4	1.42	0.59	23.5	冲积物、坡积物	E 131°47′29.4″ N 46°02′33.7″	95
						A₁Cw	25~55	灰灰色	中黏土	块状	5.7	102.4	4.59	1.74	23.2			
						Cw	55~95	黑色	重黏土	粒状	5.2	21.7	0.89	1.32				
剖14	半水成土	草甸土	潜育草甸土	平地潜育草甸土	中层平地潜育草甸土	Asa₁	0~26	黑色	重黏土	粒状	5.9	84.9	3.40	2.59	26.4	冲积物、坡积物	E 131°12′31.0″ N 45°48′01.4″	95
						A₁	26~66	棕色	轻黏土	团粒状	6.2	20.3	1.63	1.93	14.7			
剖15	半水成土	草甸土	草甸土	沟谷草甸土	薄层沟谷草甸土	Cw	24~80									冲积物、坡积物	E 131°42′41.4″ N 46°01′11.6″	95

续表 Continued

剖面号 Soil profile	土纲 Soil order	土类 Soil great group	亚类 Soil subgroup	土属 Soil genus	土种 Soil species	土层码 Layer code	土层厚度 Depth/cm	颜色 Soil color	质地 Soil texture	土壤结构 Soil structure	pH	有机质 OM/(g/kg)	全氮 TN/(g/kg)	全磷 TP/(g/kg)	全钾 TK/(g/kg)	土壤母质 Parent material	剖面点坐标 Profile coordinate	匹配指数 Matching index/%
剖16	半水成土	草甸土	草甸土	平地草甸土	中层平地草甸土	A₁	0—23	黑棕色	中壤土	块状	6.4	23.6	1.50	0.46		冲积物、坡积物	E 131°33′33.8″ N 46°01′40.4″	95
						A₁Cw	23—85	黑色至黑灰色	轻黏土	粒状								
						Cw	85—153	灰棕色	轻黏土	块状								
剖17	水成土	沼泽土	泥炭沼泽土	沟谷泥炭腐殖质沼泽土		At	0—35	暗棕色		团粒状						冲积物、沉积物	E 131°52′19.6″ N 46°00′26.6″	95
						A₁	35—70	黑灰色	轻黏土	团粒状								
						G	70—	灰色	中黏土									

勃 利 县

主要土类说明

暗棕壤是勃利县主要土壤类型，占本县地域面积的52%，主要分布在中山、低山和丘陵地带。暗棕壤是在温带湿润气候条件和针阔叶混交林下发育，经过腐殖质积累、轻度弱酸性淋溶和黏化过程而形成的土壤。

黑土是勃利县第二大土壤类型，占本县地域面积的26%。本县春季回暖晚，夏季温暖多雨，秋季气温凉爽，冬季寒冷漫长。夏季草原植物生长繁茂，秋季枯萎死亡，大量的枯枝落叶及植物残体留在土壤表层，未来得及分解就进入冬季。春季回暖，土壤解冻，好气性微生物活动旺盛，土壤腐殖质矿化，使土体保留充足的潜在肥力。进入8—9月的多雨高温季节后，土壤上部土层水分增多，嫌气性微生物大量繁殖，植物残体进行腐殖化过程，使腐殖质留在土壤表面，部分腐殖质下移，形成黑土层、过渡层及舌状淋溶痕迹。由于干湿、冻融交替及有机质积累过程的作用，土层内形成了很好的团粒结构。黑土具有土层厚、有机质含量高、潜在肥力充足、土壤结构良好的特点。本县黑土呈微酸性，pH多为5.5—6.5，无石灰反应。

草甸土是勃利县第三大土壤类型，占本县地域面积的14%，主要分布在山间沟谷。由于地下水位较高，降雨后易积水成低湿洼地，喜湿性强的草甸植物生长繁茂，每年有大量的根、茎、叶残体回归土壤。由于土壤处于积水状态，嫌气性微生物活动旺盛，有机物以腐殖质的形式积累在土壤中；降雨减少时，好气性微生物活动增强，有机物被分解，矿物质养分大量积累。草甸土的主要特点：土壤腐殖质丰富，团粒结构良好，有明显的锈色斑纹或形成锈色斑纹层。

沼泽土占本县地域面积的4%，主要分布在倭肯河、碾子河、吉兴河等河流两岸及山间沟谷的低洼地。由于长年积水，沼泽植物大量繁殖，植物死亡残体在积水条件下进行嫌气分解，使枯枝落叶与根系以泥炭形式积累起来。在泥炭层下面，沿根壁孔隙有锈斑生成，其下形成浅绿色或浅蓝色的潜育层。在生产上所利用的沼泽土多为排水后进行氧化分解的脱水沼泽土。在长期脱水的情况下，氧化还原作用交替进行，沼泽土向草甸土发展。

小于本县地域面积3%的土壤类型有水稻土、白浆土、新积土、泥炭土。

本区域中心区气候特征

本区域中心区气候特征值
Regional climate characteristics in central area of the region

气候带：中温带亚干旱气候 Climate region: Mid temperate subarid climate	
年平均气温 /℃ Annual average temperature /℃	3.7
年平均最高气温 /℃ Annual average maximum temperature /℃	9.5
年平均最低气温 /℃ Annual average minimum temperature /℃	-1.6
年降水量 /mm Annual precipitation /mm	544
≥10℃的积温 /℃ Daily temperature accumulated in a year（≥10℃）/℃	1331
年日照时数 /h Annual sunshine /h	2508
年平均相对湿度 /% Annual average relative humidity /%	66
干燥度 Dryness	0.42

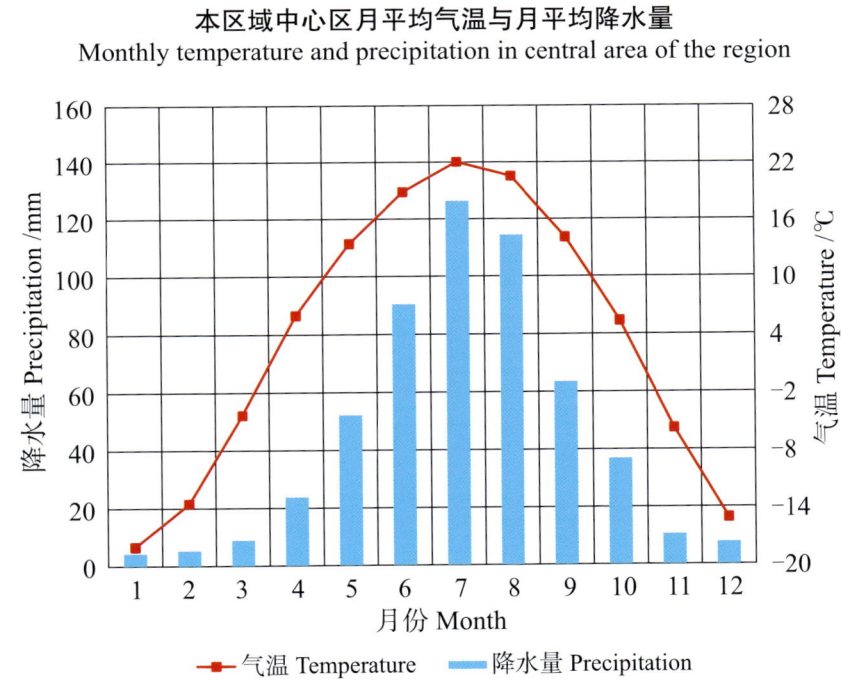

本区域中心区月平均气温与月平均降水量
Monthly temperature and precipitation in central area of the region

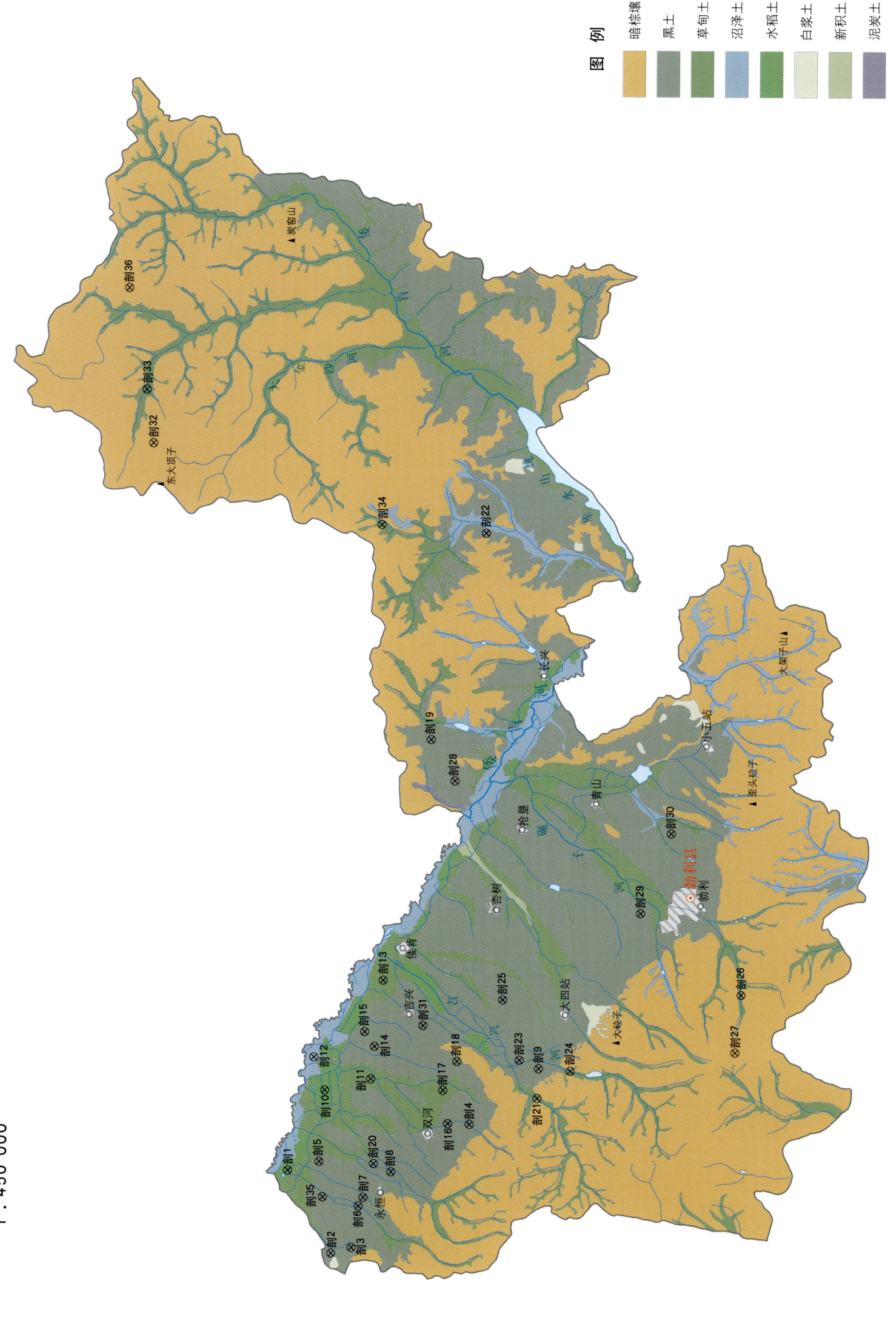

勃利县主要土壤类型与土壤剖面点分布图
1:450 000

勃利县土壤剖面理化性状表

剖面号 Soil profile	土纲 Soil order	土类 Soil great group	亚类 Soil subgroup	土属 Soil genus	土种 Soil species	土层码 Layer code	土层厚度 Depth/cm	颜色 Soil color	质地 Soil texture	土壤结构 Soil structure	pH	有机质 OM/(g/kg)	全氮 TN/(g/kg)	全磷 TP/(g/kg)	全钾 TK/(g/kg)	碱解氮 AN/(mg/kg)	土壤母质 Parent material	剖面点坐标 Profile coordinate	匹配指数 Matching index/%
剖1	人为土	水稻土	黑土型水稻土			1	15—25		中壤土		6.4	54.7	2.87	3.12	19.7	228		E 130°14′00.2″ N 46°06′10.4″	75
						2	50—60		中壤土		6.5	23.9	0.82	2.17	21.5	38			
剖2	半淋溶土	黑土	黑土	黏底黑土	中层黏底黑土	1	10—15		轻壤土		5.3	24.2	1.41	0.70	12.5	61	黄土状母质	E 130°07′41.5″ N 46°03′54.7″	75
						2	45—50		中壤土		5.3	11.3	1.00	0.60	12.2	61			
剖3	半淋溶土	黑土	黑土	黏底黑土	中层黏底黑土	A₁	0—35	浅灰色	重壤土	粒状	6.7	31.3	1.53	1.26	22.3	82	黄土状母质	E 130°08′06.4″ N 46°02′49.9″	95
						AB	35—70	暗灰色	重壤土	粒状	6.7	29.6	1.97	1.18	21.9	142			
						B	70—95	暗棕色	黏壤土	核块状	6.7	11.6	0.81	0.66	21.2	140			
						C	95—	棕色	黏土	块状									
剖4	半淋溶土	黑土	草甸黑土	黏底草甸黑土	中层黏底草甸黑土	A₁	0—42	黑色	壤土	小核块状							洪积物	E 130°17′20.8″ N 45°56′31.9″	75
						AB	42—149	黄色	黏壤土	小团块状									
						C	149—	棕色	黏土										
剖5	半淋溶土	黑土	黑土	砾石底黑土	中层砾石底黑土	A	0—32	灰色	壤土	小团粒状							黄土状母质	E 130°14′38.8″ N 46°04′30.7″	75
						AB	32—120	黄色	黏壤土	核块状									
						C	120—	暗棕色	壤土	块状									
剖6	半淋溶土	黑土	黑土	黏底黑土	厚层黏底黑土	A₁	0—51	暗灰色	中壤土	团粒状	5.6	34.6	1.92	0.92	12.5	90	黄土状母质	E 130°11′15.4″ N 46°02′26.2″	75
						AB	51—100	暗棕色	重黏土	核块状	5.5	13.0	1.11	0.72	11.5	63			
						C	100—	棕色	黏土	核块状									
剖7	半淋溶土	黑土	白浆化黑土	砂底白浆化黑土	薄层砂底白浆化黑土	A₁	0—28	浅灰色	壤土	粒状							洪积物	E 130°11′41.3″ N 46°02′20.4″	75
						AwB	28—55		砂土	片状									
						C	55—		砂土										
剖8	半淋溶土	黑土	黑土	砾石底黑土	厚层砾石底黑土	A₁	0—55	暗黑色	黏壤土	团粒状							黄土状母质	E 130°13′49.1″ N 46°00′42.1″	95
						AB	55—95	灰棕色	砾石	团粒状									
						C	95—		壤土	无结构									
剖9	半淋溶土	黑土	草甸黑土	砂底草甸黑土	厚层砂底草甸黑土	A	0—31	暗黑色	砂壤土	团粒状							洪积物	E 130°21′27.0″ N 45°52′49.8″	75
						AB	31—100	棕灰色	砂土	核块状									
						C	100—	棕色											
剖10	人为土	水稻土	草甸土型水稻土			Ap	0—25	灰色	中壤土	无结构	7.0	172.0	3.33	2.98	15.2	50	洪积物	E 130°20′00.2″ N 46°04′10.6″	95
						A₁	25—50	灰色	轻黏土	团粒状	7.0	60.3	0.40	3.41	19.6	153			
						AB	50—76	灰色	轻黏土	粒状	6.3	16.4	0.43	1.59	21.4	43			
						BwC	76—100	棕色	重黏土	粒状	6.2	8.1		1.37	12.3	191			
						C	100—	棕色	黏土	团粒状									
剖11	半水成土	草甸土	草甸土	沟谷草甸土	厚层沟谷草甸土	A₁	0—45	黑色	砂壤土	核块状	6.9	73.4	4.45	2.06	12.9	182	洪积物	E 130°20′48.5″ N 46°01′44.4″	95
						AB	45—70	灰黄色	轻壤土	块状	7.1	19.1	1.09	0.79	15.6	36			
						C	70—	黄色	砂土	块状									
剖12	水成土	沼泽土	草甸沼泽土	沟谷草甸沼泽土	厚层沟谷草甸沼泽土	A₁	0—13	暗黑色	黏壤土	块状							河湖相沉积物	E 130°22′30.0″ N 46°04′44.0″	95
						AB	43—115	浅棕色	黏壤土	无结构									
						G	115—150	灰棕色	黏土										
						C	150—	黄棕色	黏土										
剖13	半水成土	草甸土	草甸土	平地草甸土	厚层平地草甸土	1	50—60		重黏土	团粒状	6.4	67.0	4.08	2.24	19.6	53		E 130°28′19.9″ N 46°01′01.6″	95
						2	70—80	浅灰色	轻壤土	团粒状	6.4	13.8	0.56	2.13	19.2	41			
剖14	半淋溶土	黑土	草甸黑土	黏底草甸黑土	厚底黏底草甸黑土	A₁	0—53	暗黑色	黏壤土	团粒状							洪积物	E 130°23′16.1″ N 46°01′31.1″	95
						AB	50—90	棕色	黏土	核块状									
						C	90—												

续表 Continued

剖面号 Soil profile	土纲 Soil order	土类 Soil great group	亚类 Soil subgroup	土属 Soil genus	土种 Soil species	土层码 Layer code	土层厚度 Depth/cm	颜色 Soil color	质地 Soil texture	土壤结构 Soil structure	pH	有机质 OM/(g/kg)	全氮 TN/(g/kg)	全磷 TP/(g/kg)	全钾 TK/(g/kg)	碱解氮 AN/(mg/kg)	土壤母质 Parent material	剖面点坐标 Profile coordinate	匹配指数 Matching index/%
剖15	半淋溶土	黑土	暗棕壤型黑土	黏质暗棕壤型黑土	薄层黏底暗棕壤型黑土	A₁	0—29	暗黑色	重壤土	团粒状	6.8	20.0	1.35	1.09	15.5	119	洪积物	E 130°24′23.8″ N 46°02′01.7″	93
						B	29—100	黄棕色	轻黏土	块状	6.5	8.2	0.51	0.21	10.5	164			
						C	100—	黄棕色	黏土	棱块状									
剖16	半淋溶土	黑土	黑土	砾石底黑土	薄层砾石底黑土	A₁	0—28	黑棕色	壤土	小团粒状							黄土状母质	E 130°17′24.7″ N 45°57′40.0″	95
						AB	28—70	暗黑棕色	黏壤土	团粒状									
						B	70—90	暗黑棕色	黏壤土	黏块状									
						C	90—		砾质黏土	块状									
剖17	半水成土	草甸土	草甸土	平地草甸土	中层平地草甸土	A₁	0—35	暗黑色	重壤土	团粒状	6.3	28.8	1.45	0.87	12.5	76	河湖相沉积物	E 130°19′54.7″ N 45°57′54.4″	95
						AB	35—90	浅灰色	轻黏土	小团粒状	6.2	27.9	1.34	0.81	14.2	93			
						C	90—	浅灰色	黏土	核块状									
剖18	半淋溶土	黑土	白浆化黑土	黏底白浆化黑土	中层黏底白浆型黑土	A₁	0—38	棕灰色	重壤土	粒状	6.0	36.1	2.23	1.05	12.1	60	洪积物	E 130°22′04.1″ N 45°57′09.0″	95
						AwB	38—60	暗黑色	重壤土	块状	6.3	13.0	0.75	0.57	11.9	76			
						B	60—90	棕黄色	黏壤土	核块状									
						C	90—	棕色	黏土	块状									
剖19	半淋溶土	黑土	白浆化黑土	砾石底白浆化黑土	薄层砾石底白浆化黑土	A₁	0—10	暗棕色	砂壤土	粒状							洪积物	E 130°46′35.4″ N 45°58′18.8″	95
						AwB	10—30	棕色	砂壤土	无结构									
						C	30—	棕色	壤土	团粒状									
剖20	半淋溶土	黑土	草甸黑土	砂底草甸黑土	中层砂底草甸黑土	A₁	0—31	暗棕色	砂壤土	块状							洪积物	E 130°14′27.2″ N 46°01′37.2″	95
						AB	31—70	浅灰色	壤土	小团粒状									
						C	70—	棕色	砂壤土	无结构									
剖21	半水成土	草甸土	潜育草甸土	沟谷潜育草甸土	厚层沟谷潜育草甸土	A₁	0—55	暗棕色	中壤土	团粒状	6.7	17.8	1.05	1.36	14.4	58	冲积物	E 130°19′15.2″ N 45°52′55.2″	95
						AB	55—110	浅棕色	轻壤土	小块状	6.5	66.6	3.37	2.23	13.5	170			
						B	110—165	棕色	中壤土	块状	6.9	7.6	0.68	1.02	13.8	60			
						Cg	165—185	灰色	中壤土	团粒状	6.7	6.1	0.68	1.47	15.4	70			
						C	185—		砂土	粒状									
剖22	半淋溶土	黑土	草甸黑土	砂底草甸黑土	薄层砂底草甸黑土	A₁	0—28	暗黑色	壤土	团粒状							洪积物	E 131°02′09.2″ N 45°55′13.4″	93
						AB	28—100	灰黑棕色	黏壤土	无结构									
						C	100—	黄棕色	壤质黏土	小块状									
剖23	半淋溶土	黑土	黑土	砂甸草甸黑土	中层砂底黑土	A₁	0—31	暗棕色	砂壤土	团粒状							河湖相沉积物	E 130°22′06.6″ N 45°53′50.3″	95
						AB	31—70	浅棕色	砂土	团粒状									
						C	70—	棕色	壤土	块状									
剖24	半淋溶土	草甸土	白浆化草甸土	平地白浆化草甸土	厚层平地白浆化草甸土	A₁	0—70	暗黑色	砂壤土	团粒状							洪积物	E 130°19′14.8″ N 45°51′09.4″	95
						AwB	70—110	灰色	砂土	无结构									
						B	110—150	棕色	砂壤土	块状									
						C	150—		砂黏相间	无明显结构									
剖25	半淋溶土	黑土	黑土	黏底黑土	薄层黏底黑土	A₁	0—22	黑色	重壤土	无明显结构	6.9	22.1	1.84	1.28	18.8	83	冲积物、洪积物	E 130°21′14.8″ N 45°51′09.4″	95
						AwB₁	22—81	暗黑色	重壤土	团粒状	6.5	20.4	1.16	1.11	18.0	44			
						AwB₂	81—110	棕黑色	重黏土	块状	6.0	9.9	0.54	1.03	17.0	46			
						B	110—	黄色	黏土	片状									
剖26	半水成土	草甸土	泛滥地草甸土	平地泛滥地草甸土	中层平地泛滥地温草甸土	A₁	0—26	灰棕色	壤土	无明显结构							冲积物	E 130°26′42.7″ N 45°42′42.1″	95
						AwB	26—35	灰棕色	壤土	块状									
						AtB	35—70	暗黑色	黏壤土	团粒状									
						AwB₂	70—120	暗棕色	砂土	团粒状									
						AB	120—150	黄棕色	黏土	块状									
						C	150—												

续表 Continued

剖面号 Soil profile	土纲 Soil order	土类 Soil great group	亚类 Soil subgroup	土属 Soil genus	土种 Soil species	土层码 Layer code	土层厚度 Depth/cm	颜色 Soil color	质地 Soil texture	土壤结构 Soil structure	pH	有机质 OM/(g/kg)	全氮 TN/(g/kg)	全磷 TP/(g/kg)	全钾 TK/(g/kg)	碱解氮 AN/(mg/kg)	土壤母质 Parent material	剖面点坐标 Profile coordinate	匹配指数 Matching index/%
剖27	淋溶土	暗棕壤	白浆化暗棕壤			A₁	0—15	浅灰色	中壤土	无明显结构	6.7	31.6	1.29	0.44	15.4	104	残积物	E 130°22′30.0″ N 45°42′24.8″	95
						AwB	15—25	灰白色	轻壤土	无明显结构	6.4	24.6	0.76	0.30	14.5	58			
						B	25—50	黄棕色	中壤土	块状	6.2	9.0	0.63	0.32	22.0	27			
						C	50—		砂石										
剖28	半淋溶土	黑土	黑土	砂底黑土	薄层砂底黑土	A	0—25	灰色	轻壤土	无明显结构	5.8	52.4	3.00	1.42	12.4	72	河湖相沉积物	E 130°43′24.2″ N 45°57′05.4″	95
						AB	25—60	浅黄色	轻壤土	小团粒状	5.7	23.1	1.38	0.99	13.6	104			
						C	60—	黄色	细砂土										
剖29	半淋溶土	黑土	黑土	黏底黑土	厚层黏底黑土	1	15—20		中壤土	块状	6.2	21.0	2.19	0.85	13.2	67	黄土状母质	E 130°33′12.2″ N 45°47′20.8″	95
						2	55—60		重黏土		6.3	13.1	1.32	0.67	13.7	107			
剖30	半淋溶土	黑土	白浆化黑土	砾石底白浆化黑土	中层砾石白浆化黑土	A₁	0—35	暗黑色	壤土	无明显结构							洪积物	E 130°39′10.4″ N 45°45′39.6″	93
						ABAw	35—100	浅棕色	砂质壤土	无结构									
						C	100—	黄棕色	砾石夹土										
剖31	半淋溶土	黑土	白浆化黑土	黏底白浆化黑土	薄层黏底白浆化黑土	A₁	0—28	暗黑色	重黏土	无明显结构	5.9	29.4	1.75	0.76	12.9	86	洪积物	E 130°24′49.0″ N 45°58′55.9″	93
						AwB	28—54	浅棕色	重黏土	块状	6.0	11.6	1.25	0.51	13.3	64			
						C	54—	棕色	黏土	核状									
剖32	淋溶土	暗棕壤	暗棕壤	砂石底暗棕壤	薄层沟谷草甸土	1	5—10	暗黑色	轻壤土	粒状	5.5	42.1	1.94	>4.00	14.0	46	残积物	E 131°09′33.1″ N 46°12′46.1″	95
						2	35—40	棕色	砂壤土	粒状	5.8	12.4	0.98	2.00	14.3	96			
剖33	半水成土	草甸土	草甸土	沟谷草甸土	薄层沟谷草甸土	A₁	0—22	暗黑色	轻壤土	粒状							洪积物	E 131°13′39.7″ N 46°13′02.6″	75
						Cw	22—39	棕色	砂壤土	粒状									
						C	30—		砂土										
剖34	半水成土	草甸土	草甸土	沟谷草甸土	中层沟谷草甸土	A₁	0—28	暗黑色	轻壤土	粒状	6.4	132.4	>6.00	2.69	11.5	134	洪积物	E 131°02′57.8″ N 46°00′45.0″	95
						Cw	28—58	棕色	砂壤土	粒状	6.6	63.9	2.97	3.25	12.8	155			
						C	58—		砂土										
剖35	半淋溶土	黑土	黑土	黏底黑土	薄层黏底黑土	1	10—15	暗灰色	松壤土		6.0	29.3	1.83	0.89	13.6	81	黄土状母质	E 130°11′58.1″ N 46°04′20.3″	93
						2	25—30	棕色	重壤土		5.9	15.0	1.58	0.68	13.4	65			
剖36	淋溶土	暗棕壤	暗棕壤	砂石底暗棕壤		1	0—7		松砂土		7.2	92.4	4.25	3.26	12.5	192	残积物	E 131°21′23.4″ N 46°13′51.6″	95
						2	10—15		松砂土		6.8	41.4	2.68	2.91	14.3	107			

牡 丹 江 市

市 辖 区

主要土类说明

暗棕壤是牡丹江市主要土壤类型，占本市地域面积的 75%，本市各地均有分布。暗棕壤是在温带湿润地区针阔叶混交林下发育形成的具有明显有机质富集和弱酸性淋溶特征的土壤，具 O-A-B-C 剖面构型。根据成土条件和附加成土过程的不同，本市暗棕壤分为暗棕壤、白浆化暗棕壤、草甸暗棕壤等亚类。其中，暗棕壤亚类是本土类中较为典型的一个亚类，在本市分布面积最大，主要分布在海拔 400m 以上的山坡。自然植被主要为针阔叶混交林，每年有大量凋落物参与土壤的形成过程，是暗棕壤化过程的物质与能量来源。

白浆土是牡丹江市第二大土壤类型，占本市地域面积的 12%，主要分布在温春、兴隆、桦林等地的丘陵漫岗及洪积阶地。白浆土是在温带湿润地区平缓岗地森林草原下发育形成的土壤。土壤质地上轻下黏，多具有"二层性"层次特点，成土过程具有明显的白浆化作用特点。该土壤上层因周期性滞水，下层顶托，还原铁、锰漂洗，部分侧向移出土体，部分沿裂隙下渗，以铁锰锈斑作为胶膜淀积，以微结核状态残存，形成表层有机质层。E 层为灰黄色至灰白色白浆土层，质地较轻；下部 B 层质地黏重，具有明显淀积黏土膜，呈暗棕色。

草甸土是牡丹江市第三大土壤类型，占本市地域面积的 4%，主要分布在江河两岸的一级阶地、山前洼地及沟谷洼地与岗坡过渡地带的平地。因所处地带地下水位较高，潜水参与土壤形成过程，受地下水升降与浸润作用，成土过程具有明显腐殖质积累和铁锰氧化还原作用特点，土体出现锈色斑纹层。

小于本市地域面积 3% 的土壤类型有沼泽土、新积土、水稻土、石质土、泥炭土。

本区域中心区气候特征

本区域中心区气候特征值
Regional climate characteristics in central area of the region

气候带：中温带亚干旱气候 Climate region: Mid temperate subarid climate	
年平均气温 /℃ Annual average temperature /℃	4.3
年平均最高气温 /℃ Annual average maximum temperature /℃	10.7
年平均最低气温 /℃ Annual average minimum temperature /℃	-1.2
年降水量 /mm Annual precipitation /mm	540
≥10℃的积温 /℃ Daily temperature accumulated in a year (≥10℃) /℃	1546
年日照时数 /h Annual sunshine /h	2368
年平均相对湿度 /% Annual average relative humidity /%	66
干燥度 Dryness	0.49

本区域中心区月平均气温与月平均降水量
Monthly temperature and precipitation in central area of the region

牡丹江市市辖区主要土壤类型与土壤剖面点分布图
1：270 000

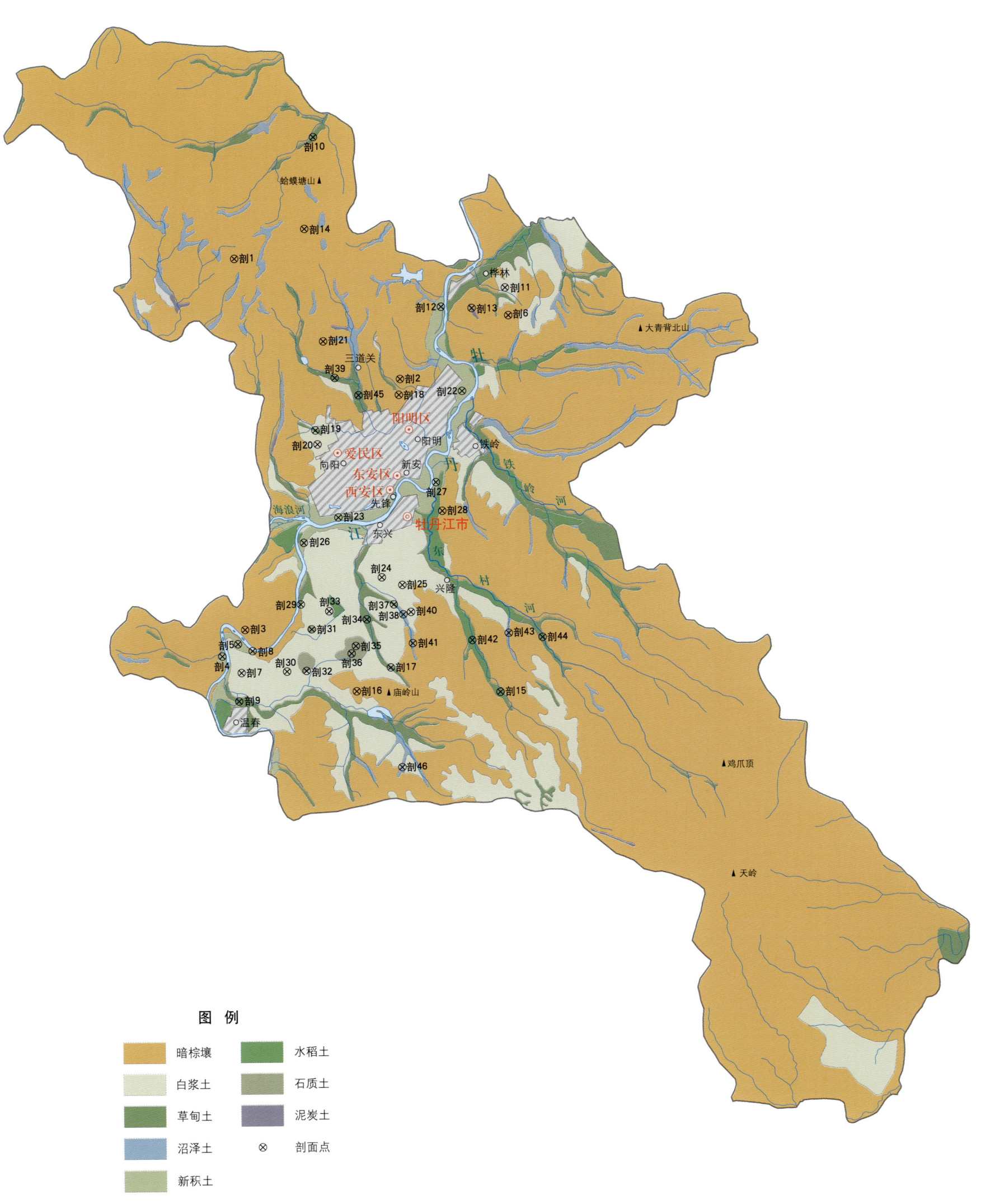

牡丹江市土壤剖面理化性状表

剖面号 Soil profile	土纲 Soil order	土类 Soil great group	亚类 Soil subgroup	土属 Soil genus	土种 Soil species	土层码 Layer code	土层厚度 Depth/cm	颜色 Soil color	质地 Soil texture	土壤结构 Soil structure	pH	有机质 OM/(g/kg)	全氮 TN/(g/kg)	全磷 TP/(g/kg)	全钾 TK/(g/kg)	阳离子交换量 CEC/(cmol/kg)	土壤母质 Parent material	剖面点坐标 Profile coordinate	匹配指数 Matching index/%
剖1	淋溶土	暗棕壤	白浆化暗棕壤	白浆化暗棕壤	厚层白浆化暗棕壤	Ap	0–23		轻黏土		5.0	32.6	1.57	1.16	27.2			E 129°29′19.0″ N 44°41′51.0″	95
						Aw	23–37		重黏土		5.6	8.9	0.67	0.62	31.3				
						B	55–65		轻黏土		5.5	5.8	0.47	0.55	31.5				
剖2	淋溶土	暗棕壤	草甸暗棕壤	壤质草甸暗棕壤	厚层壤质草甸暗棕壤	Ap	0–15		重黏土		7.4	40.7	1.89	1.88	27.0		半风化铁板砂	E 129°37′14.5″ N 44°37′38.6″	75
						App	15–21		重黏土		7.0	37.7	1.77	1.78	26.4				
						AB	25–35		重黏土		6.3	29.4	1.48	1.35	27.2				
						B	56–66		重黏土		6.5	19.3							
剖3	淋溶土	暗棕壤	白浆化暗棕壤	白浆化暗棕壤		A	0–17	棕灰色	轻黏土	粒状							基岩风化残积物	E 129°29′35.5″ N 44°29′05.3″	75
						Aw	17–36	浅黄色	轻黏土	无明显结构									
						B	36–61	棕色	轻黏土	核块状									
						BC	61–88	黄棕色	砂黏土										
						C	88–123	黄棕色											
剖4	初育土	新积土	冲积土	泛滥河淤土	砂砾质河淤土	A	0–7	暗灰色	轻壤土								现代河流淤积物	E 129°28′28.2″ N 44°28′10.6″	75
						C	7–50		轻壤土										
剖5	初育土	新积土	冲积土	泛滥河淤土	砂砾质河淤土	A	0–9		轻壤土			32.1	1.53	1.75	29.0		现代河流淤积物	E 129°29′13.9″ N 44°28′35.8″	75
						BC	9–37		中壤土			25.2	1.06	1.90	27.8				
						C	37–												
剖6	淋溶土	暗棕壤	草甸暗棕壤	壤质草甸暗棕壤		Ap	0–19	暗棕色	中壤土	团粒状							基岩风化残积物	E 129°42′31.7″ N 44°39′47.9″	75
						App	19–27	暗棕色	中壤土	片状、块状									
						B	27–68	棕色	中壤土	核块状									
						C	68–	黄棕色											
剖7	淋溶土	白浆土	白浆土	白浆土	厚层白浆土	Ap	0–24		轻黏土		6.6	38.4	1.64	1.37	28.7		黄土状洪积物	E 129°29′23.3″ N 44°27′36.0″	95
						Aw	24–38		轻黏土		6.5	29.3	1.59	1.16	27.7				
						B	38–56		轻黏土		6.5	26.4	0.91	0.98	27.5				
剖8	淋溶土	暗棕壤	暗棕壤	石质暗棕壤		O	0–3	灰色									半风化铁板砂	E 129°29′56.4″ N 44°28′21.0″	75
						A_1	3–13	暗棕色	重黏土	粒状、团块状									
						BC	13–59		重黏土										
						D	59–												
剖9	半水成土	草甸土	草甸土	草甸土	中层草甸土	Ap	0–19	暗灰色	重黏土			40.6	1.77	2.01	27.3		坡积物、冲积物	E 129°29′15.0″ N 44°26′37.7″	75
						A	19–35	暗棕色	轻黏土			40.7	1.65	1.82	26.5				
						AB	35–85	黄棕色	轻黏土			37.2	1.29	0.81	26.7				
						BC	85–130												
						Bg	130–150					18.6							
剖10	半水成土	草甸土	草甸土	沟谷草甸土		Ap	0–22	暗灰色	中壤土	粒状							沟谷两岸坡积物、冲积物	E 129°33′13.0″ N 44°46′00.1″	95
						AB	22–45	暗棕色	砂壤土										
						BC	78–103	黄棕色	砂壤土										
						C	103–												
剖11	淋溶土	白浆土	白浆土	白浆土	中层白浆土	Ap	0–16		重黏土		7.3	29.5	1.29	1.26	27.0		黄土状洪积物	E 129°42′23.4″ N 44°40′44.8″	95
						Aw	17–27		轻黏土		6.7	15.1	0.83	1.05	28.2				
						B_1	40–50		轻黏土		6.4	11.8	0.59	1.15	27.4				
						B_2	75–85		轻黏土		6.2	11.9							

续表 Continued

剖面号 Soil profile	土纲 Soil order	土类 Soil great group	亚类 Soil subgroup	土属 Soil genus	土种 Soil species	土层码 Layer code	土层厚度 Depth/cm	颜色 Soil color	质地 Soil texture	土壤结构 Soil structure	pH	有机质 OM/(g/kg)	全氮 TN/(g/kg)	全磷 TP/(g/kg)	全钾 TK/(g/kg)	阳离子交换量CEC/(cmol/kg)	土壤母质 Parent material	剖面点坐标 Profile coordinate	匹配指数 Matching index/%
剖12	初育土	新积土	冲积土	层状草甸河淤土	砂质层状草甸河淤土	Ap	0—19		中壤土			24.8	1.30	1.25	26.5		现代河流淤积物	E 129°39′16.6″ N 44°40′07.0″	75
						B₁	19—48		中壤土			21.4	1.18	1.16	28.5				
						B₂	48—87		轻壤土			8.9	0.59	0.98	28.4				
						C	87—												
剖13	水成土	泥炭土	低位泥炭土	草本低位泥炭土	中层草本低位泥炭土	As	0—7					237.4	7.89	0.99	20.9			E 129°10′45.5″ N 44°40′03.4″	75
						At₁	7—52					319.0	10.70	1.30	18.2				
						At₂	52—110												
						At₃	110—160												
						G	160—175												
剖14	淋溶土	暗棕壤	白浆化暗棕壤	亚暗矿′质白浆化暗棕壤	厚白浆暗棕壤	Ap	0—23	暗灰色	黏壤土	粒状		32.6	1.57	0.51	22.6		坡积砂石、残积砂石	E 129°32′43.8″ N 44°42′50.8″	95
						Aw	23—42	浅灰色	黏壤土	不明显片状		8.9	0.67	0.27	26.0				
						B	42—79	黄棕色	壤质黏土	核质状		5.8	0.47	0.24	26.1				
						BC	79—90	棕色	黏质壤土	核块状		3.5							
						C	90—												
剖15	半水成土	草甸土	潜育草甸土	潜草甸土	中层潜育草甸土	Ap	0—13		重壤土	粒状	6.3	49.6	2.28	1.58	30.5		坡积物、冲积物	E 129°41′49.9″ N 44°26′49.6″	95
						App	14—24		重壤土	粒状	6.3	49.2	2.18	1.50	30.6				
						Bg	29—39		轻壤土		5.8	13.9	0.65	0.83	32.6				
剖16	淋溶土	暗棕壤	暗棕壤	砂石质暗棕壤		A	0—12		轻壤土			17.2	0.99	1.51	26.9		坡积物、冲积物	E 129°34′55.6″ N 44°26′55.3″	95
						B	12—55		砂壤土			10.0	0.52	1.18	29.2				
						C	55—120		砂壤土			4.9	0.17	1.45	26.5				
						D	120—												
剖17	半水成土	草甸土	潜育草甸土	沟谷潜育草甸土	厚层沟谷潜育草甸土	Ap	0—10	暗灰色	重壤土	片状、团块状	5.5	61.0	3.30	2.50	24.0		沟谷两岸坡积物、冲积物	E 129°36′34.9″ N 44°27′43.2″	95
						A₁	30—40	黑灰色	重壤土		5.1	64.5	3.45	2.73	24.9				
						Bg	60—70	黑灰色	轻壤土		5.5	29.6	0.88	2.64	14.6				
						O	0—3												
剖18	淋溶土	暗棕壤	暗棕壤			A₁	3—14	浅灰棕色	黏土	粒状		27.5	1.44	0.53	21.2	23.0	半风化铁板砂	E 129°37′10.6″ N 44°37′05.9″	95
						B	14—44	黄棕色	壤质黏土	片状		26.0	1.32	0.64	22.2	15.0			
						C	44—77	黄棕色	壤质黏土	核块状		14.2	0.92	0.62	23.4	31.0			
剖19	半水成土	草甸土	潜育草甸土	沟谷潜育草甸土		Ap	0—12	暗灰色	重壤土	核块状							坡积物、冲积物	E 129°36′07.6″ N 44°35′54.6″	95
						App	12—21	暗灰色	重壤土	核块状									
						A	21—29	黑灰色	重壤土										
						Bg	29—77	黑灰色	重壤土										
						BCg	77—88	浅灰色	轻壤土										
						Cg	88—105		黏土										
剖20	淋溶土	白浆土	白浆土	黄土质白浆土	黑白浆土	A	0—21	黑棕色	壤质黏土	粒状		27.0	1.89	1.88	27.0		黄土状沉积物	E 129°33′12.6″ N 44°35′25.8″	95
						Aw	21—25	棕灰色	壤质黏土	片状		37.7	1.77	1.78	26.4				
						B₁	25—70	暗棕色	壤质黏土	核块状		29.4	1.48	1.35	27.2				
						B₂	70—102	暗黄棕色	中壤土	核块状		19.3							
						BC	102—123					13.0							
剖21	淋溶土	暗棕壤	草甸暗棕壤	壤质草甸暗棕壤	厚层壤质草甸暗棕壤	Ap	0—17		重壤土			140.7					基岩风化残积物	E 129°33′33.5″ N 44°38′58.9″	95
						App	17—25		重壤土										
						AB	25—50		重壤土										
						B	50—95		中壤土										
						BC	95—138												
						C	138—150												

第二编 分县土壤图与土壤剖面数据 | 253

续表 Continued

剖面号 Soil profile	土纲 Soil order	土类 Soil great group	亚类 Soil subgroup	土属 Soil genus	土种 Soil species	土层码 Layer code	土层厚度 Depth/cm	颜色 Soil color	质地 Soil texture	土壤结构 Soil structure	pH	有机质 OM/(g/kg)	全氮 TN/(g/kg)	全磷 TP/(g/kg)	全钾 TK/(g/kg)	阳离子交换量CEC/(cmol/kg)	土壤母质 Parent material	剖面点坐标 Profile coordinate	匹配指数 Matching index/%
剖22	初育土	新积土	冲积土	草甸河淤土	砂石底草甸河淤土	Ap	0-15	暗灰色	轻壤土	粒状	7.3	29.5	1.26		31.7		现代河流淤积物	E 129°40′13.8″ N 44°37′12.4″	95
						App	15-20	暗灰色	轻壤土	片状、块状	6.5	7.8	0.41	2.26	33.1				
						C	20-41	暗棕色	砂壤土		6.0	14.6	0.88	1.25	30.8				
剖23	初育土	新积土	冲积土	层状草甸河淤土	砂质层状草甸河淤土	Ap	0-13		轻壤土		6.2	9.2		1.34			现代河流淤积物	E 129°34′10.6″ N 44°32′55.0″	95
						B₁	20-30		砂壤土		6.7	20.6	1.14	0.79	26.9				
						B₂	70-80		轻壤土		6.5	10.8	0.67	0.72	27.4				
						BC	120-130		砂壤土		6.4	10.5	0.68	0.53	27.8				
剖24	淋溶土	白浆土	白浆土	暗色白浆土	中层暗色白浆土	Ap	0-18		轻壤土			38.4	1.64	1.37	28.7		黄土状洪积物	E 129°36′12.6″ N 44°30′50.4″	95
						Aw	25-33		中壤土	粒状		29.3	1.59	1.16	27.7				
						B	60-70		重壤土			26.4	0.91	0.98	27.5				
剖25	淋溶土	白浆土	白浆土	白浆土	厚层白浆土	Ap	0-21		重壤土	粒状							黄土状洪积物	E 129°37′12.4″ N 44°30′34.2″	95
						Aw	21-38		轻壤土	粒状									
						B	38-58		中壤土	块状									
剖26	初育土	新积土	冲积土	草甸河淤土	层状草甸河淤土	Ap	0-13	暗灰色	中壤土	粒状							现代河流淤积物	E 129°32′29.0″ N 44°32′03.5″	95
						AB	13-33	暗棕色	砂壤土	粒状									
						B	33-64	黄棕色		块状									
						BC	64-110	棕色	轻壤土										
剖27	初育土	新积土	冲积土	壤质层状草甸河淤土		Ap	0-12		中壤土		6.7	29.4	1.48	2.62	26.7		现代河流淤积物	E 129°38′53.9″ N 44°34′04.4″	95
						App	12-21		中壤土		6.8	17.5	0.97	2.08	30.6				
						AB	40-50		中壤土		6.8	10.1	0.60	1.44	30.3				
剖28	淋溶土	暗棕壤	暗棕壤	石质暗棕壤		A	0-15		中壤土			31.2	1.71	0.81			基岩风化残积物	E 129°39′10.8″ N 44°33′05.8″	95
						BC	15-24		中壤土			31.2	0.63	0.39					
						D	24—												
剖29	半水成土	草甸土	潜育草甸土	沟谷潜育草甸土	中层沟谷潜育草甸土	Ap	0-12		重壤土	粒状、团块状	6.4	35.0	1.58	1.66	28.8	19.6	坡积物、冲积物	E 129°32′17.2″ N 44°29′56.4″	75
						App	12-21		重壤土		6.3	35.1	1.59	1.66	28.8	17.4			
						Bg	21-29		重壤土		6.4	35.7	1.59	1.59	29.6	16.8			
							48-58		轻黏土		6.2	31.5	1.22						
剖30	淋溶土	白浆土	白浆土	白浆土	暗白浆土	A₁₁	0-19	灰黄褐色	壤质黏土	粒状、团块状	7.3	24.2	1.18	0.51	23.1		黄土状沉积物	E 129°31′34.7″ N 44°27′37.4″	95
						E	19-28	灰黄褐色	壤质黏土	片状	7.2	13.9	0.75	0.64	23.3				
						B₁	28-81	棕色	黏土	棱块状	6.1	10.2	0.62	0.55	23.0				
						B₂	81-103	黄棕色	砂质黏土	棱块状									
						C	103-138												
							138—												
剖31	初育土	石质土	火山石质土	生草火山石质土		A₁	0-9	灰褐色	重壤土	粒状	7.4	65.1	3.10	>4.00	28.8		基性火山岩	E 129°32′47.8″ N 44°29′04.2″	75
						C	9-48	褐色	轻黏土		7.4	27.1	1.15	3.66	21.1				
剖32	初育土	石质土	火山石质土	腐殖质火山石质土		Ap	0-17		轻黏土			30.8	1.74	2.48	24.8		基性火山岩	E 129°32′31.2″ N 44°27′38.5″	75
						AB	17-35		中黏土			29.4	1.62	2.37	24.3				
						BC	35-110		轻黏土			17.6	1.18	1.20	23.2				
剖33	淋溶土	白浆土	白浆土	暗色白浆土	中层暗色白浆土	Ap	0-19		轻黏土		7.3	24.1	1.18	1.16	28.7		黄土状沉积物	E 129°33′39.6″ N 44°29′41.6″	75
						Aw	19-29		轻黏土		7.2	23.9	1.15	1.46	28.1				
						AB	40-50		中黏土		6.1	15.2	0.92	1.24	27.7				
剖34	半水成土	草甸土	草甸土	草甸土	厚草甸土	Ap	0-13		中壤土	粒状	6.9	51.2	2.20	2.92	28.2		坡积物、冲积物	E 129°35′27.6″ N 44°29′23.6″	75
						App	13-20		中壤土		6.9	49.4	2.15	2.76	28.5				
						A₁	30-40		重壤土		6.3	39.1	1.69	2.50	27.7				
						AB	40—				6.2	19.1	0.89						

续表 Continued

剖面号 Soil profile	土纲 Soil order	土类 Soil great group	亚类 Soil subgroup	土属 Soil genus	土种 Soil species	土层码 Layer code	土层厚度 Depth/cm	颜色 Soil color	质地 Soil texture	土壤结构 Soil structure	pH	有机质 OM/(g/kg)	全氮 TN/(g/kg)	全磷 TP/(g/kg)	全钾 TK/(g/kg)	阳离子交换量 CEC/(cmol/kg)	土壤母质 Parent material	剖面点坐标 Profile coordinate	匹配指数 Matching index/%
剖35	初育土	石质土	火山石质土	腐殖质火山石质土		Ap	0—15	灰棕色	轻黏土	粒状	6.9	30.8	1.74	2.43	24.8		基性火山岩	E 129° 34′ 54.8″ N 44° 28′ 28.9″	75
						AB	15—25	浅棕色	轻壤土		6.9	29.4	1.62	2.37	24.3				
						B	25—46	暗棕色	中黏土		6.5	17.6	1.18	1.20	23.2				
剖36	初育土	石质土	火山石质土	生草火山石质土		A	0—10		中壤土			65.1	3.10	>4.00	20.6		基性火山岩	E 129° 34′ 42.2″ N 44° 28′ 13.4″	75
						C	10—25		重壤土			27.1	1.15	3.66	21.1				
						D	25—												
剖37	半水成土	草甸土	潜育草甸土	沟谷潜育草甸土	薄层沟谷潜育草甸土	Ap	0—10		轻壤土		6.3	26.9	1.35	1.18	38.1		坡积物、冲积物	E 129° 36′ 46.4″ N 44° 29′ 53.9″	75
						Bg	11—21		砂壤土		6.2	16.8	0.93	0.95	38.6				
						G	33—44		砂壤土		6.4	9.8	0.52	0.76	>40.0				
						4	60—70		轻壤土										
剖38	水成土	沼泽土	泥炭沼泽土	泥炭沼泽土		As	0—5		重壤土			364.2	13.20	3.30	16.2		坡积物、冲积物	E 129° 34′ 13.4″ N 44° 29′ 33.0″	75
						At₁	5—11					247.9	8.92	1.70	20.9				
						At₂	11—28					410.4	14.30	2.07	16.2				
						G	28—60		重壤土										
剖39	半水成土	草甸土	沟谷草甸土	中层沟谷草甸土		Ap	0—17		中壤土	块状	5.6	62.4	3.26	2.60	24.7		坡积物、冲积物	E 129° 37′ 05.9″ N 44° 37′ 42.6″	75
						App	20—30		中壤土		5.8	44.8	2.40	2.04	27.0				
						AB	35—45		中壤土		6.2	29.8	1.75	1.86	29.5				
						BC	50—60		中壤土		6.3	16.0							
						C	80—90		中壤土		6.4	12.8							
剖40	淋溶土	白浆土	白浆土	暗色白浆土	厚层暗色白浆土	Ap	0—20	暗棕色	轻壤土	粒状	7.6	27.5	1.44	1.21	25.5		黄土状洪积物	E 129° 37′ 32.5″ N 44° 29′ 35.9″	75
						Aw	20—25	暗灰色	中壤土		7.5	26.0	1.32	1.45	26.7				
						B	45—50	灰蓝色	中壤土		6.3	14.2	0.92	1.41	28.2				
						AB	16—42		中壤土			27.7	1.37	1.58	30.5				
剖41	水成土	沼泽土	泥炭沼泽土	埋藏型泥炭沼泽土		At₁	42—79	暗灰色	重壤土			27.9	1.33	1.58	29.7			E 129° 37′ 40.1″ N 44° 28′ 32.9″	75
						Bg	79—115	蓝灰色	重壤土			632.5	17.50	>4.00	9.3				
						G	115—133	棕褐色	黏土										
						C	133—	灰褐色	重壤土										
剖42	人为土	水稻土	潜育水稻土	泥炭潜育水稻土		A₁	0—16	暗灰色	中壤土		6.0	26.9	1.31	1.28	31.0		沟谷两岸坡积物、冲积物	E 129° 40′ 31.8″ N 44° 28′ 37.6″	75
						Ap	16—32	暗灰色	中壤土		6.8	19.7	0.84	1.57	30.4				
						G	32—65	灰蓝色	重壤土		6.8	14.2	0.89	1.34	27.6				
剖43	水成土	沼泽土	泥炭沼泽土	埋藏型泥炭沼泽土		A	0—24	暗灰色	重壤土									E 129° 42′ 17.3″ N 44° 28′ 51.2″	75
						At₁	24—29	蓝灰色	黏土										
						At₂	29—54	棕褐色	重壤土										
						G	54—79	灰褐色											
剖44	半水成土	草甸土	草甸土	草甸土	薄层草甸土	A₁	0—15	暗灰色	中壤土	粒状								E 129° 43′ 54.5″ N 44° 28′ 41.5″	95
						AB	15—25	黑灰色	中壤土	片状									
						BC	25—35	灰蓝色	重壤土	粒状									
剖45	半水成土	草甸土	潜育草甸土	潜育草甸土		Ap	0—15	灰蓝色	轻壤土								坡积物、冲积物	E 129° 35′ 13.9″ N 44° 37′ 06.2″	75
						App	15—21												
						AB	21—34												
						Bg	34—62												
						G	62—134												

续表 Continued

剖面号 Soil profile	土纲 Soil order	土类 Soil great group	亚类 Soil subgroup	土属 Soil genus	土种 Soil species	土层码 Layer code	土层厚度 Depth/ cm	颜色 Soil color	质地 Soil texture	土壤结构 Soil structure	pH	有机质 OM/ (g/kg)	全氮 TN/ (g/kg)	全磷 TP/ (g/kg)	全钾 TK/ (g/kg)	阳离子 交换量CEC/ (cmol/kg)	土壤母质 Parent material	剖面点坐标 Profile coordinate	匹配指数 Matching index/%
剖46	水成土	沼泽土	泥炭沼泽土	泥炭沼泽土		At$_1$	0—11	暗灰色										E 129°37′03.7″ N 44°24′17.6″	95
						At$_2$	11—24	褐色											
						At$_3$	24—37	黑褐色											
						Atg	37—44	灰黑色											
						G	44—70	灰蓝色											

林 口 县

主要土类说明

暗棕壤是林口县主要土壤类型，占本县地域面积的82%，主要分布在本县北部、东部和西部的低山丘陵区，在中南部的丘陵台地也有分布。成土母质主要为基岩风化残积物、坡积物、洪积物，土壤质地粗糙，内外排水良好，是暗棕壤形成的主要条件之一。自然植被为以红松、云杉、柞树、白桦、山杨为主的针阔叶混交林，凋落物中灰分和盐基离子含量较高，土壤不会发生明显的灰化作用，而是向着暗棕壤化方向发展。根据成土条件和附加成土过程的不同，本县暗棕壤分为暗棕壤、白浆化暗棕壤、草甸暗棕壤等亚类。

白浆土是林口县第二大土壤类型，占本县地域面积的6%，主要分布在柳树、朱家、奎山、龙爪等地。白浆土是在白浆化成土过程作用下形成的一类土壤，主要分布在本县中南部的丘陵台地及山地缓坡处。开垦前自然植被为柞桦杂木林及疏林地草甸植物。成土母质为第四纪沉积物或洪积物。其成土过程主要是白浆化过程。在本县低山丘陵的边缘和岗坡平缓地带，地势较为平缓，心土和底土质地黏重，透水不良，加上气候湿润多雨，土壤经常处于湿润状态。当冻融或集中降雨后，土壤上层滞水，还原过程占优势，在腐殖化作用的同时，亚表层的土壤黏粒及低价铁、锰随水下移，在下渗过程中，心土或底土的核状结构表面被铁锰胶膜包被。在滞水消失后，氧化过程占优势，伴随着黏粒淀积作用，铁、锰被氧化而活性降低，与土壤中的胶体相胶结，并聚积成结核。周期性的干湿交替以及氧化还原过程，使亚表层脱色，形成片状结构的白浆层和黏粒富集的淀积层。淀积层的形成进一步加强了土体滞水作用，使白浆层进一步粉砂化和酸化，剖面黏粒与矿物分布发生变化，出现明显的双层性剖面。表层和亚表层大量黏粒淋失，粉砂含量增加，淀积层黏粒相对增加。根据附加成土过程的不同，本县白浆土分为白浆土、草甸白浆土等亚类。

沼泽土是林口县第三大土壤类型，占本县地域面积的5%，在本县分布较广，除林口镇外，其他地区均有零星分布。成土母质为冲积物和沉积物，质地较黏重，持水性较强。因所处地形低洼，地表常年或季节性积水，植被多为苔草和芦苇等喜湿性植物群落，为沼泽化过程提供了有利条件。在积水条件下，表层植物覆积泥炭化，下层土壤产生潜育化过程。根据附加成土过程的不同，本县沼泽土分为草甸沼泽土、泥炭腐殖质沼泽土、泥炭沼泽土等亚类。

小于本县地域面积3%的土壤类型有新积土、草甸土、泥炭土、水稻土。

本区域中心区气候特征

本区域中心区气候特征值
Regional climate characteristics in central area of the region

气候带：中温带亚干旱气候 Climate region: Mid temperate subarid climate	
年平均气温 /℃ Annual average temperature /℃	3.9
年平均最高气温 /℃ Annual average maximum temperature /℃	10.0
年平均最低气温 /℃ Annual average minimum temperature /℃	-1.7
年降水量 /mm Annual precipitation /mm	554
≥10℃的积温 /℃ Daily temperature accumulated in a year (≥10℃) /℃	1396
年日照时数 /h Annual sunshine /h	2473
年平均相对湿度 /% Annual average relative humidity /%	66
干燥度 Dryness	0.44

本区域中心区月平均气温与月平均降水量
Monthly temperature and precipitation in central area of the region

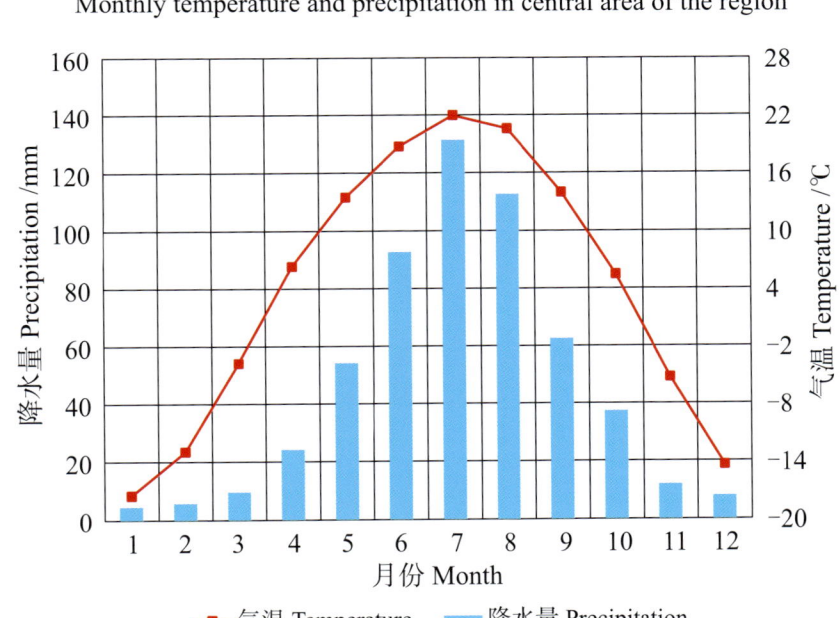

林口县主要土壤类型与土壤剖面点分布图
1:510 000

林口县土壤剖面理化性状表

剖面号	土纲	土类	亚类	土属	土种	土层码	土层厚度/cm	颜色	质地	土壤结构	有机质/(g/kg)	全氮/(g/kg)	全磷/(g/kg)	土壤母质	剖面点坐标	匹配指数/%
剖1	半水成土	草甸土	草甸土	粒状生草河淤土	砂质粒状生草河淤土	A₁	0—40	灰黑色	重壤土	团粒状				河流冲积物、沉积物或洪积物	E 129°44′03.5″ N 45°51′48.6″	75
						AB	40—70	灰色	轻黏土	粒状						
						BC	75—100	灰白色	中黏土	块状						
剖2	初育土	新积土	冲积土			A₁	5—15		重壤土		39.9	2.00	>4.00	现代河流淤积物	E 129°44′14.3″ N 45°50′23.6″	75
						AB	30—40		重壤土		38.4	1.90	>4.00			
剖3	初育土	新积土	冲积土	砾石底生草河淤土	壤质砾石底生草河淤土	A₁	10—20		中壤土		22.8	1.31	1.87	现代河流淤积物	E 129°44′59.6″ N 45°52′17.4″	75
						AB	30—40		重壤土		10.1	1.19	1.84			
						BC	78—88		中壤土		7.7	0.72	1.56			
剖4	初育土	新积土	冲积土	层状草甸河淤土	壤质层状草甸河淤土	A₁	5—15		轻黏土		74.9	4.90	2.30	现代河流淤积物	E 129°44′49.6″ N 45°50′07.4″	75
						AB	50—60		中壤土		15.6	1.10	1.30			
剖5	水成土	沼泽土	泥炭沼泽土			At	0—30	暗棕色	重黏土	无明显结构					E 129°40′44.0″ N 45°50′46.3″	75
						Bg	30—60	黑色	重黏土							
剖6	水成土	沼泽土	泥炭沼泽土			At	60—100	灰白色	中壤土	无明显结构					E 129°50′05.3″ N 45°55′10.2″	75
						G	0—20	暗棕色		无明显结构						
剖7	水成土	泥炭土	低位泥炭土	草本低位泥炭土	薄层草本低位泥炭土	At	20—45	灰白色	中壤土						E 129°50′24.4″ N 45°52′50.2″	75
						G	45—145		重壤土	粒状		3.90	1.50			
剖8	初育土	沼泽土	泥炭沼泽土	埋藏型泥炭沼泽土		Ap	4—14	灰色	轻壤土			1.30	1.20		E 129°58′13.4″ N 45°52′02.3″	75
						At	20—30	暗棕色								
						AB	0—30	灰蓝色								
						At	30—50									
						G	50—100			粒状	16.2	0.90	0.90			
剖9	初育土	新积土	冲积土	层状生草河淤土	壤质草甸生草河淤土	Ap	5—15		轻黏土		26.9	1.20	1.10	现代河流淤积物	E 129°47′54.6″ N 45°28′10.9″	95
						AB	35—45		中壤土		19.7	1.40	1.00			
						BC	60—70	灰色	重黏土	粒状						
剖10	淋溶土	白浆土	白浆土	白浆土		Ap	0—20	灰白色	中壤土	片状					E 129°52′16.7″ N 44°52′00.5″	95
						Aw	20—40	棕色	轻壤土	核状						
						B	40—80		黏土							
						BC	80—113			无结构						
剖11	淋溶土	白浆土	白浆土	白浆土	厚层白浆土	Ap	5—15		中黏土		37.9	2.40	1.30		E 129°57′40.3″ N 44°52′38.3″	95
						App	20—25		重黏土		13.7	1.80	0.90			
						Aw	30—40		中壤土		7.8	0.70	0.90			
剖12	淋溶土	白浆土	白浆土	白浆土	中层白浆土	Ap	5—15		重壤土		29.9	1.00	0.50		E 129°48′50.4″ N 44°46′29.3″	95
						Aw	30—40		中壤土		13.1	0.90	0.40			
						B	50—60		轻黏土		7.4	0.40	0.30			
剖13	半水成土	草甸土	草甸土	草甸土	厚层草甸土	A₁	10—20		轻黏土		44.6	2.90	>4.00	河流冲积物、沉积物或洪积物	E 130°00′56.9″ N 45°47′31.9″	95
						AB	75—85		重黏土		18.8	1.40	>4.00			
						BC	115—125		轻黏土	团粒状	12.9	1.10	>4.00			
剖14	淋溶土	暗棕壤	草甸暗棕壤			Ap	0—20	灰白色		核块状				残积物、坡积物	E 130°02′51.0″ N 45°49′34.3″	95
						B	20—63	暗棕色	中壤土							
						C	63—110									
剖15	水成土	泥炭土	低位泥炭土	草本低位泥炭土	厚层草本低位泥炭土	At₁	10—20					>6.00	>4.00		E 130°02′51.4″ N 45°48′56.2″	75
						At₂	40—50					>6.00	>4.00			

第二编 分县土壤图与土壤剖面数据

续表 Continued

剖面号 Soil profile	土纲 Soil order	土类 Soil great group	亚类 Soil subgroup	土属 Soil genus	土种 Soil species	土层码 Layer code	土层厚度 Depth/cm	颜色 Soil color	质地 Soil texture	土壤结构 Soil structure	有机质 OM/(g/kg)	全氮 TN/(g/kg)	全磷 TP/(g/kg)	土壤母质 Parent material	剖面点坐标 Profile coordinate	匹配指数 Matching index/%
剖16	淋溶土	暗棕壤	白浆化暗棕壤			Ap	0—20	暗灰色	轻黏土	粒状				残积物、坡积物	E 130°01′09.1″ N 45°44′26.5″	95
						Aw	20—66	灰色	轻黏土	不明显片状						
						B	66—112	暗棕色	重黏土	核块状						
						BC	112—150	浅棕色	砂黏土	核块状						
剖17	水成土	泥炭土	低位泥炭土	草本低位泥炭土	中层草本低位泥炭土	Ap	5—15						>6.00	2.00		E 130°06′22.3″ N 45°42′24.8″	75
						At	60—70					>6.00	3.50			
						G	120—130				32.0	2.00	3.70			
剖18	初育土	新积土	冲积土	砾石底草甸河淤土	壤质砾石底草甸河淤土	Ap	5—15		中壤土		50.1	2.90	2.30	现代河流淤积物	E 130°10′17.4″ N 45°31′04.8″	95
						AB	25—35		轻黏土		16.0	0.90	2.70			
						BC	50—60		砂土		14.0	0.40	2.40			
剖19	淋溶土	暗棕壤	暗棕壤	砂质暗棕壤		Ap	0—17	灰色	重壤土	粒状				残积物、坡积物	E 130°06′01.8″ N 45°11′28.0″	95
						B	17—50	棕色	中壤土	团块状						
						C	50—110	黄棕色	砂土	粒状						
剖20	水成土	沼泽土	草甸沼泽土			A₁	0—45	暗黄色	重壤土	无结构					E 130°03′43.2″ N 44°46′02.3″	95
						Bg	45—100	灰色	中壤土	粒状						
						Cg	100—120	灰蓝色	轻壤土	块状						
剖21	淋溶土	暗棕壤	暗棕壤	砂砾质暗棕壤		Ap	0—20	暗棕色	轻壤土	块状				花岗岩风化残积物	E 130°05′19.0″ N 44°41′36.6″	95
						B	20—55	黄棕色	紧砂土	团块状						
						BD	55—65	棕色	粉砂质黏壤土	无明显结构						
						D	65—	棕灰色	黏壤土	无结构						
剖22	半水成土	草甸土	草甸土	层状草甸土	刁翎河淤土	1	0—30	黄灰色		团粒状				冲积砂砾	E 130°28′10.2″ N 45°27′48.2″	95
						2	30—90	黑棕色		块状						
						AB	90—120									
剖23	淋溶土	暗棕壤	暗棕壤	石质暗棕壤	薄层草甸土	O	0—3	暗灰色						沉积砂	E 130°17′58.2″ N 45°23′21.8″	95
						A₁	3—12	暗棕色		片状						
						BD	12—44									
						D	44—									
剖24	半水成土	草甸土	草甸白浆土	草甸土	草甸土	Ap	5—15		中壤土	团粒状	53.3	2.80	2.10	河流冲积物、沉积物或洪积物	E 130°28′07.0″ N 45°23′57.1″	95
						AB	30—40	浅棕黄色	轻壤土	片状	25.5	1.20	1.90			
						BC	80—90	浅黄棕色	轻壤土	核状	22.0	1.10	1.80			
剖25	淋溶土	白浆土	草甸白浆土	黏质草甸白浆土	永合潮白浆土	Ap	0—8	棕灰色	砂质黏壤土	团块状	45.6	2.50	0.66	洪积黏土	E 130°39′58.0″ N 45°32′08.5″	95
						Aw	8—40	棕灰色	砂质黏壤土	片状	11.2	0.50	0.80			
						B₁	40—90	棕灰色	砂质黏壤土	核状	10.0		0.40			
						B₂	90—110	暗黄棕色	砂质黏壤土	核状						
						BC	110—150	棕色		无结构						

海 林 市

主要土类说明

暗棕壤是海林市主要土壤类型,占本市地域面积的73%,主要分布在本市西部、北部的低山丘陵区。暗棕壤是在温带湿润地区针阔叶混交林下发育形成的具有明显有机质富集和弱酸性淋溶特征的土壤。其分布区气候冷湿严寒,生物富集过程十分明显,每年有大量凋落物留在土壤表层,林下灌木和草本植物生长繁茂。由于凋落物和草本植物中灰分含量很高,且以钙、镁为主,可使微生物活动所产生的有机酸被灰分中和,进而保证了微生物旺盛的活动,促使有机物腐殖化并积累于土壤表层,腐殖质含量一般在100g/kg以上。同时,被中和的有机酸进入土层后,引起土壤黏粒及部分元素的淋溶,但不能引起黏土矿物的分解和破坏,所以不产生灰化过程。另外,由于气候湿润,生物活动十分旺盛,成土母质的物理、化学和生物风化作用显著加强,母质中原生铝硅酸盐矿物被不断分解,次生黏土矿物不断形成,土壤颗粒由粗变细,使土体产生黏化,并伴随轻度淋溶,所以在AB层或B层中有明显的黏粒增多现象。

棕色针叶林土是海林市第二大土壤类型,占本市地域面积的10%,主要分布在本市西北部海拔700—1450m的中山区。成土母质为花岗岩淀积物或残积物。棕色针叶林土是在温带针叶纯林下发育形成的具有酸性淋溶和弱度发育特征的土壤,具O–A–AB–B–C剖面构型。土壤表层凋落物腐解,富里酸下渗,络合部分铁铝下移,使表层盐基饱和度降低。由于土壤冻结期长,受冻层阻隔,被淋溶物质还可随水上移。B层呈棕色,全剖面呈酸性,盐基饱和度为50%—70%。

草甸土是海林市第三大土壤类型,占本市地域面积的7%,广泛分布在江河两岸阶地和地表水易汇集的山间沟谷低平地,是本市主要产粮的耕地土壤。草甸化过程是其主要成土过程,具有两个特征:腐殖质的积累特征和季节性的潜育化特征。成土母质多数为近代冲积物和沉积物,也有少数洪积物,质地为粗砂或黏土。成土母质的粗细,直接影响腐殖质及养分的积累。在一般母质上发育的草甸土腐殖质含量低,而在黏性母质上发育的草甸土腐殖质及养分含量均较高。

沼泽土占本市地域面积的3%,主要分布在本市沿江低平地和沟谷低洼处。沼泽化过程是沼泽土的主要成土过程,主要特征是腐殖质或泥炭的积累特征和潜育化特征。自然植被为喜湿性植物,生长繁茂,每年大量有机残体在长期或短期积水条件下得不到充分分解,土壤有机质大量积累,形成厚度不一的腐殖质层和泥炭层。下部土层长期浸水导致缺氧,大量铁锰氧化物被还原,使土壤剖面形成灰蓝色潜育层。沼泽土剖面形态的基本特征:表层为草根盘结层,其下为厚度不一的泥炭层,再下为腐泥层和潜育层。

小于本市地域面积3%的土壤类型有水稻土、新积土、白浆土、山地草甸土、泥炭土。

本区域中心区气候特征

本区域中心区气候特征值
Regional climate characteristics in central area of the region

气候带:中温带亚干旱气候 Climate region: Mid temperate subarid climate	
年平均气温 /℃ Annual average temperature /℃	4.0
年平均最高气温 /℃ Annual average maximum temperature /℃	10.5
年平均最低气温 /℃ Annual average minimum temperature /℃	-1.7
年降水量 /mm Annual precipitation /mm	570
≥10℃的积温 /℃ Daily temperature accumulated in a year (≥10℃) /℃	1454
年日照时数 /h Annual sunshine /h	2388
年平均相对湿度 /% Annual average relative humidity /%	68
干燥度 Dryness	0.44

本区域中心区月平均气温与月平均降水量
Monthly temperature and precipitation in central area of the region

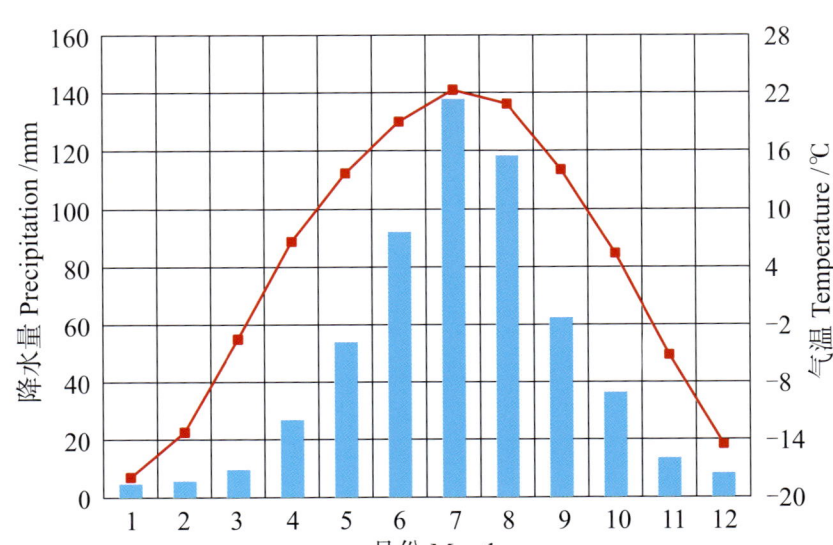

海林市主要土壤类型与土壤剖面点分布图
1∶600 000

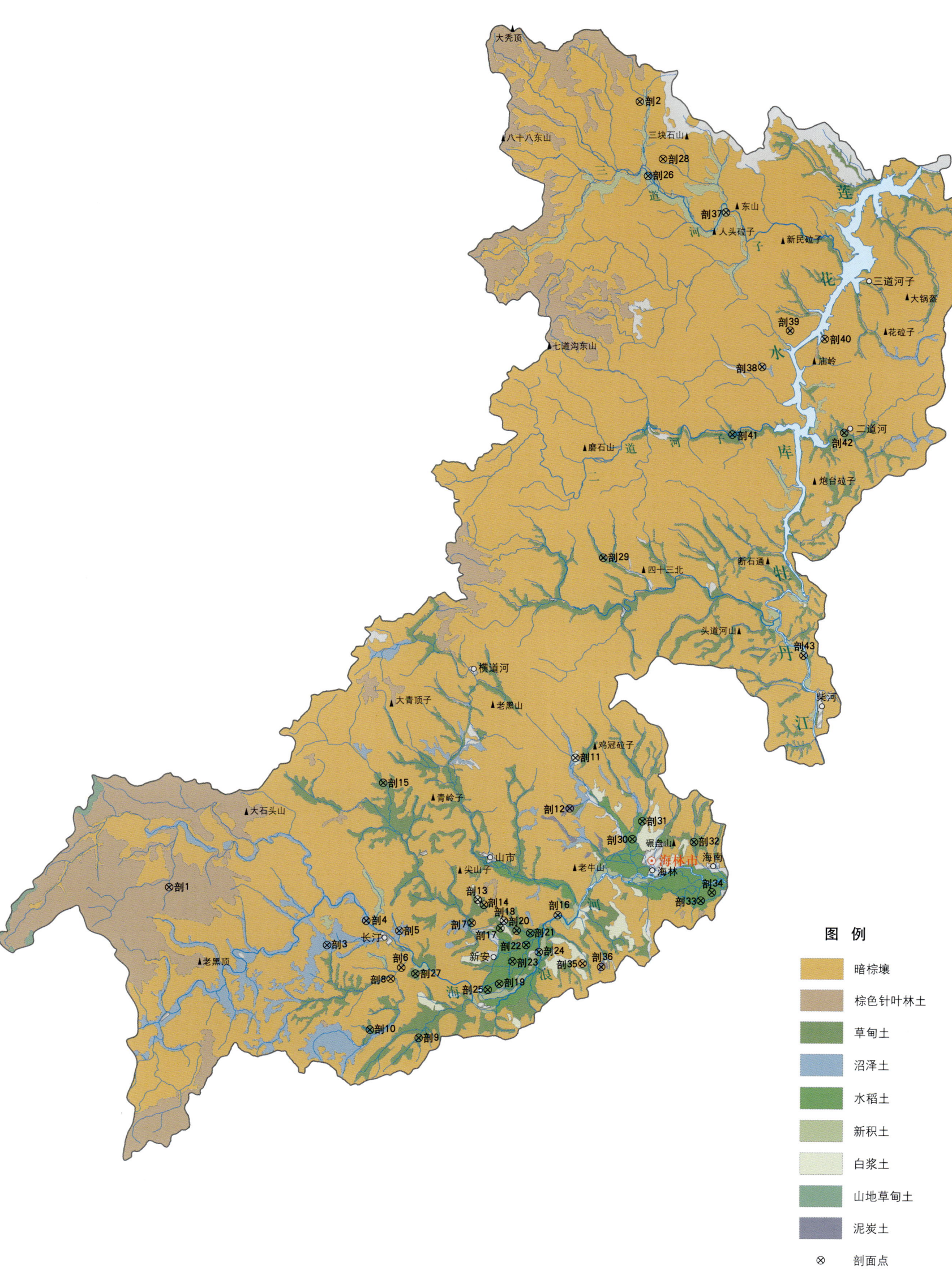

图 例

- 暗棕壤
- 棕色针叶林土
- 草甸土
- 沼泽土
- 水稻土
- 新积土
- 白浆土
- 山地草甸土
- 泥炭土
- ⊗ 剖面点

海林市土壤剖面理化性状表

剖面号 Soil profile	土纲 Soil order	土类 Soil great group	亚类 Soil subgroup	土属 Soil genus	土种 Soil species	土层码 Layer code	土层厚度 Depth/cm	颜色 Soil color	质地 Soil texture	土壤结构 Soil structure	pH	有机质 OM/(g/kg)	全氮 TN/(g/kg)	全磷 TP/(g/kg)	全钾 TK/(g/kg)	阳离子交换量CEC/(cmol/kg)	土壤母质 Parent material	剖面点坐标 Profile coordinate	匹配指数 Matching index/%
剖1	淋溶土	棕色针叶林土	棕色针叶林土			At	0–4				5.9	111.0	5.50	2.10	2.1	12.3	花岗岩淀积物、残积物	E 128°31′40.8″ N 44°32′14.3″	95
						AB	4–19				5.7	86.0	5.50	2.10	22.4	10.1			
						B	19–40				5.8	29.0	1.80	1.70	21.2	8.2			
剖2	初育土	新积土	冲积土	黏底冲积土	中层黏底冲积土	Ap	0–11				5.9	120.7	5.98	2.72			河流冲积物、沉积物	E 129°21′35.3″ N 45°31′41.2″	95
						A₁	11–36				6.1	19.4	3.73	1.99					
						AB	36–84				6.4	18.9	0.81	0.80					
						BC	84–112				6.4	5.2							
剖3	水成土	沼泽土	草甸沼泽土	草甸沼泽土		As	0–16	棕褐色	砂壤土		5.4	187.0	8.00	>4.00	17.0	26.1		E 128°48′27.7″ N 44°27′56.5″	95
						A₁	16–62	暗棕色	重壤土	小粒状	5.5	64.0	3.40	3.80	28.0	19.0			
						ABg	62–82	灰黄色	中壤土		5.8	25.0	1.10	1.90	21.0	11.7			
						Bg	82–118	灰蓝色	中壤土		5.9		1.20	0.70	27.0	7.9			
剖4	水成土	沼泽土	泥炭沼泽土	泥炭沼泽土		At₁	0–21	暗褐色			5.4	283.0	15.70	1.80	14.0	36.5		E 128°52′36.5″ N 44°29′48.8″	95
						At₂	21–47	棕褐色			5.4	196.0	>6.00	2.10	14.0	33.5			
						Ag	47–85	浅灰色		糊状	5.1	67.0	2.60	2.40	19.0	16.5			
剖5	水成土	沼泽土	泥炭沼泽土			Ha	0–38	棕黑色	黏壤土		5.9	305.4	5.87	1.75	18.8	47.8		E 128°56′06.0″ N 44°29′04.6″	95
						Ah	38–79		壤质黏土	碎块状	5.7	57.5	2.28	0.51	23.3	31.4			
						G	79–106	蓝黑色		糊状	5.9	5.1							
剖6	淋溶土	暗棕壤	草甸暗棕壤	麻砂质草甸暗棕壤	海林潮暗棕土	A	0–27	棕褐色		粒状		16.3	1.03	0.35	17.5	17.0	洪积物	E 128°56′20.0″ N 44°26′16.4″	95
						AB	27–43	浅棕色	壤质黏土	屑粒状		8.5	0.60	0.35	17.6		坡积黏土		
						BC	43–65	浅棕色	壤质黏土	团块状		8.1							
						C	65–105		壤质黏土	核块状									
剖7	半水成土	草甸土	层状草甸土	层状草甸土	厚层层状草甸土	Ap	0–32	灰棕色	壤质黏土	核块状	6.4	22.5	1.39	1.49	31.8	8.0	沉积物	E 129°03′44.6″ N 44°29′42.4″	95
						A₁	32–55	亮棕色		团块状	6.2	8.8	0.64	0.98	33.0	7.4			
						AB	55–75	亮棕色			5.7	19.8							
剖8	淋溶土	暗棕壤	草甸暗棕壤	锈暗棕砂土	黏锈暗麻砂土	A	0–27	灰棕色	壤质黏土	屑块状	6.4	16.3	1.03	0.35	17.5	27.0	花岗岩风化坡积物	E 128°55′13.4″ N 44°25′25.7″	81
						AB	27–43		壤质黏土	团块状	6.4	8.5	0.60	0.35	17.6	28.3			
						Btu₁	43–65		壤质黏土	核块状	6.2								
						Btu₂	65–105		壤质黏土	核块状	5.8								
剖9	半水成土	草甸土	潜育草甸土	黏底潜育草甸土	薄层黏底潜育草甸土	Ap	0–13	暗棕色	多砾质重土		5.5	30.4	1.45	1.67	20.4	30.6	沉积物	E 128°58′12.7″ N 44°20′56.8″	95
						B₁	13–69	暗棕色	多砾质黏土	片状	5.9	65.0	4.05	2.22	20.3	44.6			
						Bg	69–80	棕色色	多砾质轻黏土		6.5	26.5							
						G	80–130	灰色			6.2	40.5							
剖10	半水成土	草甸土	草甸土	石底草甸土		Ap	0–30	暗棕色	少砾质重土	粒状	6.8	42.7	2.14	1.81	18.9	25.4	洪积物、沉积物	E 128°53′04.6″ N 44°21′32.0″	95
						AB	30–80	浅棕色	少砾质重土	小粒状	6.8	21.9	1.33	1.41	33.7	25.0			
						BC	80–120	黄褐色	多砾质重土			17.7							
剖11	淋溶土	白浆土	白浆土	白浆土		Ap	0–15	灰色	中壤土	粒状、团块状	6.0	34.2	2.22	1.31	33.0	22.4	黄土状母质	E 129°14′42.4″ N 44°42′11.9″	95
						Aw	15–40	灰白色	多砾质重土	片状	6.0	12.7	0.74	0.67	32.4	17.8			
						B₁	40–67	暗棕色	多砾质黏土	核块状	5.5	10.4							
						B₂	67–80	棕色色	多砾质轻黏土	核状	5.9	3.9							
						B₃	80–120												
剖12	水成土	泥炭土	草类泥炭土	埋藏型泥炭土	浅埋藏型泥炭土	At	0–10	浅灰色	重壤土	粒状	5.3	33.8	1.60	1.25	30.0			E 129°14′06.7″ N 44°38′21.5″	95
						AB	10–50	棕褐色	中壤土		5.6	484.1	22.01	>4.00	17.4				

续表 Continued

剖面号 Soil profile	土纲 Soil order	土类 Soil great group	亚类 Soil subgroup	土属 Soil genus	土种 Soil species	土层码 Layer code	土层厚度 Depth/cm	颜色 Soil color	质地 Soil texture	土壤结构 Soil structure	pH	有机质 OM/(g/kg)	全氮 TN/(g/kg)	全磷 TP/(g/kg)	全钾 TK/(g/kg)	阳离子交换量 CEC/(cmol/kg)	土壤母质 Parent material	剖面点坐标 Profile coordinate	匹配指数 Matching index/%
剖13	淋溶土	白浆土	白浆土		厚层白浆土	Ap	0—28				6.0	34.2	2.22	1.31	33.0	22.4	黄土状母质	E 129° 04′ 22.8″ N 44° 31′ 27.1″	95
						Aw	28—66				6.0	12.7	0.74	>4.00	32.4	17.8			
						B₁	66—100				5.5	10.4							
						B₂	100—				5.9	3.9							
剖14	半水成土	草甸土	草甸土	黏底草甸土	薄层黏底草甸土	Ap	0—17	暗灰色	多砾质重壤土	粒状	5.8	26.1	1.39	1.33	31.3	17.7	洪积物、沉积物	E 129° 04′ 55.9″ N 44° 31′ 04.1″	95
						AB	17—54	棕褐色	轻黏土		5.5	51.6	0.84	2.03	28.5	31.5			
						BC	54—130	黄棕色	轻黏土	团块状	5.6	21.4							
剖15	半水成土	草甸土	潜育草甸土	黏质潜育草甸土		Ap	0—30				6.8	50.8	2.93	2.04	32.0	27.4	洪积物、沉积物	E 128° 54′ 18.0″ N 44° 40′ 15.6″	95
						A₁	30—45				6.9	20.0	1.20	1.54	31.8	23.6			
						Bg	45—70				6.9	10.5							
						G	70—110				6.8	8.9							
剖16	初育土	新积土	冲积土			1	0—20		轻壤土	粒状							河流冲积物、沉积物	E 129° 12′ 52.6″ N 44° 30′ 17.6″	95
						2	20—34		轻壤土	粒粒状									
						3	34—57		重壤土	核粒状									
						4	57—130		轻壤土										
剖17	人为土	水稻土	沼泽土型水稻土	泥炭沼泽土型水稻土		Ap	0—15	棕褐色	中壤土	块状	5.4	45.1	2.14	1.28	30.8	20.2	黄土状母质	E 129° 06′ 47.9″ N 44° 29′ 18.2″	75
						At₁	15—35	棕褐色	中壤土		5.8	57.0	2.62	1.52	30.3	21.6			
						At₂	35—53	棕褐色			5.5	51.8	2.61	1.44	30.8	18.4			
						G	53—95	灰蓝色			6.0	21.9							
剖18	淋溶土	白浆土	白浆土	白浆土	中层白浆土	Ap	0—15				6.5	25.8	1.40	0.84			河流冲积物、沉积物	E 129° 07′ 09.5″ N 44° 29′ 52.4″	95
						Aw	15—31				6.6	11.5	0.69	0.61					
						B₁	31—57				6.2	14.1	0.86	0.72					
						B	57—90				6.2	9.5							
						C	90—120				6.2	6.1							
剖19	人为土	水稻土	草甸土型水稻土	黏底草甸土型水稻土		Ap	0—16	暗灰色	重壤土	块状	5.4	49.7	2.69	1.44	30.8	32.2	河流冲积物、沉积物	E 129° 06′ 41.4″ N 44° 25′ 03.7″	95
						P	16—23	浅灰色	中壤土	块状	6.8	44.2	2.06	1.62	28.6	12.6			
						A₁	23—40	浅灰色	中壤土		7.4	32.9	1.51	1.16	30.3				
						AB	40—80	浅灰色	中壤土	无明显结构	7.9	15.5			30.8				
						Bg	80—110		轻壤土		7.1	25.1							
剖20	人为土	水稻土	沼泽土型水稻土	草甸沼泽土型水稻土		Ap	0—30	暗灰色	壤质黏土	块状	5.2	110.0	4.93	2.10	28.6		河流冲积物、沉积物	E 129° 08′ 32.3″ N 44° 29′ 07.8″	95
						A₁	30—58	暗灰色	壤质黏土	块状	5.7	25.6	0.94	0.39	29.2				
						ABg	58—85	暗黄棕色	壤质黏土	无明显结构	6.1	17.1							
						Bg	85—110	灰色	壤质黏土		6.1	9.9							
						G	110—130		壤质黏土		6.3	10.0							
剖21	人为土	水稻土	淹育水稻土	草甸土型水稻土	厚田	Ap	0—15	灰色	壤质黏土	片状		32.3	1.72	0.58	27.9		第四纪洪积黏土、沉积黏土	E 129° 09′ 58.7″ N 44° 28′ 56.3″	95
						App	15—29	暗灰色	壤质黏土			20.0	1.16	0.45	23.2				
						A	29—49	暗黄棕色	壤质黏土	块状		13.5	0.80	0.44	25.0				
						ABg	49—81	黄棕色	壤质黏土	核块状		10.8							
						Bg	81—115												
剖22	人为土	水稻土	草甸暗棕壤型水稻土	草甸土型水稻土		Ap	0—21				6.5	44.0	2.16	2.16	30.0	21.8	河流冲积物、沉积物	E 129° 09′ 33.5″ N 44° 28′ 01.6″	95
						P	21—33				6.3	42.9	2.12	1.24	30.0	21.6			
						AB	33—56				6.5	24.0	1.05	1.02					
						B₁	56—99				6.4	26.2							
						B₂	99—110				6.5	15.3							
						Bg	110—130				6.5	12.3							

续表 Continued

剖面号 Soil profile	土纲 Soil order	土类 Soil great group	亚类 Soil subgroup	土属 Soil genus	土种 Soil species	土层码 Layer code	土层厚度 Depth/cm	颜色 Soil color	质地 Soil texture	土壤结构 Soil structure	pH	有机质 OM/(g/kg)	全氮 TN/(g/kg)	全磷 TP/(g/kg)	全钾 TK/(g/kg)	阳离子交换量 CEC/(cmol/kg)	土壤母质 Parent material	剖面点坐标 Profile coordinate	匹配指数 Matching index/%
剖23	人为土	水稻土	草甸土型水稻土	黏底草甸土型水稻土		Ap	0—21				6.0	32.3	1.65	0.54				E 129°08′05.6″ N 44°26′46.7″	95
						P	21—51				7.0	15.7	0.86	0.91					
						ABg	51—110				6.0	9.3							
						Bg	110—135				6.0	6.6							
剖24	人为土	水稻土	草甸土型水稻土	砂底(层状)草甸土型水稻土		Ap	0—11				5.2	19.1	1.07	0.56	28.6	16.2		E 129°10′53.0″ N 44°27′29.2″	75
						P	11—25				6.3	15.1	0.87	0.71	29.9	15.6			
						AB	25—65				6.9	4.9	0.45	0.81	29.4	15.2			
						Bg	65—90				7.8	3.8							
						Cg	90—150				6.7	3.2							
剖25	人为土	水稻土	草甸土型水稻土			Ap	0—20				5.7	17.8	1.03	1.12	29.0	11.0	河流冲积物、沉积物	E 129°05′27.6″ N 44°24′37.1″	95
						AB	20—80				6.8	12.6	0.73	1.33	28.9	10.6			
						Bg	80—125				7.1	10.0							
						Cg	125—140				7.3	7.1							
剖26	初育土	新积土	冲积土	砂砾底冲积土	薄层砂砾底冲积土	Ap	0—14				5.9	45.4	1.75	1.44			河流冲积物、沉积物	E 129°22′30.0″ N 45°26′06.4″	75
						AB	14—40				5.7	37.6	0.95	0.89					
						BC	40—107				5.6	30.1							
						C	107—160					6.5							
剖27	半水成土	草甸土	潜育草甸土	黏底潜育草甸土		Ap	0—15	浅棕灰色	重壤土	粒状	5.9	52.6	2.84	1.69	30.1	26.0	洪积物、沉积物	E 128°57′50.0″ N 44°25′49.8″	95
						A₁	15—30	棕灰色	中壤土	片状	5.7	37.1	2.04	1.66	30.9	23.8			
						AB	30—45	褐棕色	中壤土	核块状	5.8	24.4	1.42	1.40					
						Bg	45—60	棕黄色			5.8	20.1							
剖28	淋溶土	暗棕壤	草甸暗棕壤	壤质草甸暗棕壤		Ap	0—20	壤质黏土			6.2	47.6	2.45	2.13	30.6	26.8	花岗岩风化残积物	E 129°24′05.4″ N 45°27′23.0″	95
						AB	20—40	壤质黏土			6.8	10.2	0.82	1.13	30.5	18.4			
						B	40—70	壤质黏土			6.7	7.1							
						C	70—105				6.7	17.3							
剖29	半水成土	草甸土	草甸土	砂砾底草甸土	厚层砂砾底草甸土	A₁	0—30				5.4	54.2	4.01	3.67	31.8	31.8	冲积物	E 129°17′40.2″ N 44°57′17.6″	95
						BC	30—45				5.8	22.1	1.29	1.91	31.2	24.7			
						C	45—85				6.1	7.7							
							85—130				5.7	5.2							
剖30	人为土	水稻土	草甸土型水稻土	砂砾(层状)草甸土型水稻土		Ap	0—8				5.7	18.5	0.99	0.91	31.8			E 129°20′46.3″ N 44°36′02.2″	95
						AB	8—30				5.9	15.9	0.84	1.09	31.2				
						Bg	30—44				6.3	11.9	0.66	1.11	31.8				
						Cg	44—80				6.4	10.3							
剖31	人为土	水稻土	淹育水稻土	浅甸泥田土	淤泥草甸田	Aa	0—15	壤质黏土	无明显结构		6.1	32.3	1.72	0.58	27.9		第四纪洪积物	E 129°21′50.4″ N 44°37′22.4″	81
						Ap	15—29	壤质黏土	片状		6.3	20.0	1.16	0.45	23.2				
						C₁	29—49	棕黄色	块状		6.5	13.5	0.80	0.44	25.0				
						C₂	49—81	浊黄棕色	壤质黏土	块状	6.3	10.8							
剖32	半水成土	草甸土	草甸土	黏底草甸土	薄层黏底草甸土	Ap	0—20				6.7	50.6	2.60	1.40	26.5	15.6	洪积物、沉积物	E 129°27′19.1″ N 44°35′48.5″	95
						AB	20—80				6.7	13.2	0.91	1.09	27.2	19.0			
						BC	80—100				6.8	9.9							
剖33	人为土	水稻土	草甸暗棕壤型水稻土			Ap	0—17	浅灰色	中壤土		6.7	18.4	0.99	0.92	26.5	15.6		E 129°28′01.2″ N 44°31′22.8″	95
						P	17—35	浅灰色	块状		7.6	17.0	1.00	0.92	27.2	19.0			
						AB	35—85	棕灰色	轻黏土	小粒状	6.4	13.8	0.78	1.16	26.1	28.2			
						Bg	85—139	黄棕色	轻黏土	小粒状	6.0	8.6							

续表 Continued

剖面号 Soil profile	土纲 Soil order	土类 Soil great group	亚类 Soil subgroup	土属 Soil genus	土种 Soil species	土层码 Layer code	土层厚度 Depth/cm	颜色 Soil color	质地 Soil texture	土壤结构 Soil structure	pH	有机质 OM/(g/kg)	全氮 TN/(g/kg)	全磷 TP/(g/kg)	全钾 TK/(g/kg)	阳离子交换量 CEC/(cmol/kg)	土壤母质 Parent material	剖面点坐标 Profile coordinate	匹配指数 Matching index/%
剖34	人为土	水稻土	草甸暗棕壤型水稻土			Ap	0–10				5.2	28.5	1.58	1.34	28.1	19.0		E 129° 29′ 11.4″ N 44° 31′ 59.5″	95
						P	10–20				5.5	27.2	1.51	1.34	27.7	17.2			
						AB	20–48				6.3	15.9	0.97	1.11	28.5	23.0			
						B	48–100				7.4	6.2				23.6			
						Bg	100–140				7.4				30.6				
剖35	淋溶土	暗棕壤	暗棕壤	砂石质暗棕壤		Ap	0–28	浅棕灰色	中壤土	粒状	6.6	18.3	1.17	0.70	34.7	14.2	花岗岩风化残积物	E 129° 15′ 30.2″ N 44° 26′ 37.7″	95
						AB	28–46	灰棕色	多砾质重壤土	团块状	6.4	6.5	0.64	0.37	31.4	20.2			
						BC	46–90	黄棕色		核块状	5.4	4.5							
						C	90–140	棕黄色			5.3	2.7							
剖36	水成土	泥炭土	草类泥炭土	草类泥炭土		At₁	0–15				6.0	533.6	18.08	3.26	29.3	>50.0	河流冲积物、沉积物	E 129° 17′ 30.1″ N 44° 26′ 21.8″	75
						At₂	15–65				5.4	173.7	5.73	1.44	20.9	44.8			
						G₁	65–85				5.1	79.7							
剖37	初育土	新积土	层状冲积土	层状冲积土	中层层状冲积土	Ap	0–25				5.5	45.9	2.57	1.71				E 129° 30′ 51.5″ N 45° 23′ 21.1″	95
						AB	25–40				5.3	48.5	2.69	1.81					
						BC	40–80				5.8	21.2							
						C	80–130				6.6	1.6							
剖38	水成土	沼泽土	泥炭沼泽土	泥炭腐殖质沼泽土		At	0–10				5.5	241.3	9.59	2.73	38.6	>50.0		E 129° 34′ 42.2″ N 45° 11′ 39.8″	75
						A₁	10–30				5.4	50.0	2.41	1.66	32.2	33.8			
						Bg	30–60				5.6	8.6	0.53	1.56	36.9	28.2			
						G	60–100				5.8	6.6							
剖39	水成土	沼泽土	泥炭沼泽土	泥炭腐殖质沼泽土		At	0–38	棕灰色			4.9	305.4	5.87	3.98	22.7	47.8		E 129° 37′ 41.5″ N 45° 14′ 22.9″	75
						A₁	38–79	暗棕色	轻黏土		4.7	57.5	2.28	1.17	28.1	31.4			
						Bg	79–106	棕黄色	中壤土		4.9	22.1							
						G	106–130	浅灰色			6.6	5.1							
剖40	水成土	泥炭土	草类泥炭土	草类泥炭土		As	0–10	棕褐色			5.3	392.9	19.22	1.70	22.0	>50.0		E 129° 41′ 25.1″ N 45° 13′ 43.7″	75
						At₁	10–31	暗棕色			5.5	527.5	17.67	1.60	19.0	>50.0			
						At₂	31–62	灰棕色	黏壤土		5.3	266.1	12.64	3.04	24.1	>50.0			
						G₁	62–71				5.3	133.1							
						G₂	71–123				5.1	155.0							
剖41	半水成土	草甸土	草甸土	砂砾底草甸土	薄层砂砾底草甸土	Ap	0–22	暗灰色	中壤土	粒状	5.5	80.5	4.26	3.51			冲积物	E 129° 31′ 28.9″ N 45° 06′ 36.4″	95
						AB	22–37	黄棕色	中壤土		5.1	38.4	2.05	2.79					
						BC	37–80	灰棕色	轻壤土	片状	5.1	23.8	1.27	2.32					
						C	80–120				5.9	13.0							
剖42	半水成土	草甸土	草甸土	砂砾底草甸土	中层砂砾底草甸土	Ap	0–39	暗棕色	轻壤土	粒状	5.8	61.5	3.15	2.46	29.6	26.4	洪积物、沉积物	E 129° 43′ 27.1″ N 45° 06′ 41.8″	95
						AB	39–68	暗棕色	中壤土	粒状	5.7	44.7	0.77	1.23					
						BC	68–90	浅灰色	轻壤土		5.8	39.5	0.62	1.07					
剖43	初育土	新积土	层状冲积土	层状冲积土		Ap	0–30			粒状	6.2	13.2					河流冲积物、沉积物	E 129° 38′ 59.6″ N 44° 49′ 53.4″	95
						AB	30–42			粒状	6.6	10.1							
						A₁	42–100	黄灰色		不明显粒状	7.0	23.2							
						C	100–130				6.8	6.8							

宁　安　市

主要土类说明

暗棕壤是宁安市主要土壤类型，占本市地域面积的69%，广泛分布在海拔200—1000m的地区。暗棕壤是在温带季风气候区森林植被条件下发育形成的一种地带性土壤。暗棕壤多发育在山地、丘陵区，平原中坡度较大的阶地也有分布。成土母质多为岩石风化残积物或坡积物，一般不含碳酸盐。其成土过程主要是森林腐殖质积累过程、盐基和黏粒的淋溶过程。由于地形坡度较大，土壤质地较粗，内外排水良好，因此土体经常处于好气性的氧化条件。铁锰氧化物在剖面积累，使土体呈暗棕色。在自然状况下，暗棕壤上生长着针叶林和针阔叶混交林，在凉湿的季风气候条件下，形成腐解程度不高、积累量不大的垫状粗腐殖质层，即森林腐殖化过程的产物。在湿润气候的影响下，植被灰分含量高，产生的丰富盐基可以不断中和微生物代谢释放出的有机酸类，从而使土体的淋溶作用保持中性条件。暗棕壤通体黏粒不发生分解破坏，且上层黏粒有向下层移动、沉积并使下层黏化的现象，即盐基和黏粒的淋溶过程。

石质土是宁安市第二大土壤类型，占本市地域面积的10%，广泛分布在侵蚀严重、岩石裸露的石质山地、侵蚀残丘，以及丘顶、山脊、山坡等坡度陡峻的地形部位。土壤表层岩石裸露，风化层浅薄，厚度一般小于10cm，风化度低，富含砾石，多碎屑岩粒。

白浆土是宁安市第三大土壤类型，占本市地域面积的6%，主要分布在漫岗丘陵，坡度一般不超过5°。成土母质主要为第四纪河湖相沉积物，质地较黏重。亚表层为灰白色的白浆层，这是其典型特征。由于上层滞水，造成潴育侧流淋溶，亚表层脱色成灰白色，并且脱黏粒使之粉砂化，黏粒下移，使下层土体黏化；同时，亚表层也进行脱氧化过程，矿物质元素从土体被代换出来，流出土体或流至下层。亚表层形成了灰白色、粉砂质、营养缺乏等性状，使白浆土表现出两层性的特点，即表土层的良好农业性状和亚表层的不良农业性状。白浆化过程造成了白浆土亚表层脱色、粉砂质化、分散度高、淀浆、板结和严重营养缺乏的不良性状，使白浆土成为不耐旱、不耐涝、不发小苗也不发老苗的低产土壤。

草甸土占本市地域面积的4%，主要分布在河谷平阔地和河谷水线两侧的地形部位，常呈狭长状分布。成土母质多为河流冲积物、沉积物，沟谷上缘也有洪积物，但面积较小。草甸土分布区草甸植被生长繁茂，其成土过程主要是草甸化过程。因所处地带地下水位高，潜水参与土壤形成过程，在低温时节，有机质进行嫌气分解，年复一年形成了深厚的腐殖质层。特别是经过植物根系的切割和冻融交替的崩裂作用，加上本市的牡丹江水系钙含量较高，所以多形成念珠状的水稳性团粒结构。

小于本市地域面积3%的土壤类型有沼泽土、新积土、水稻土、泥炭土、风沙土。

本区域中心区气候特征

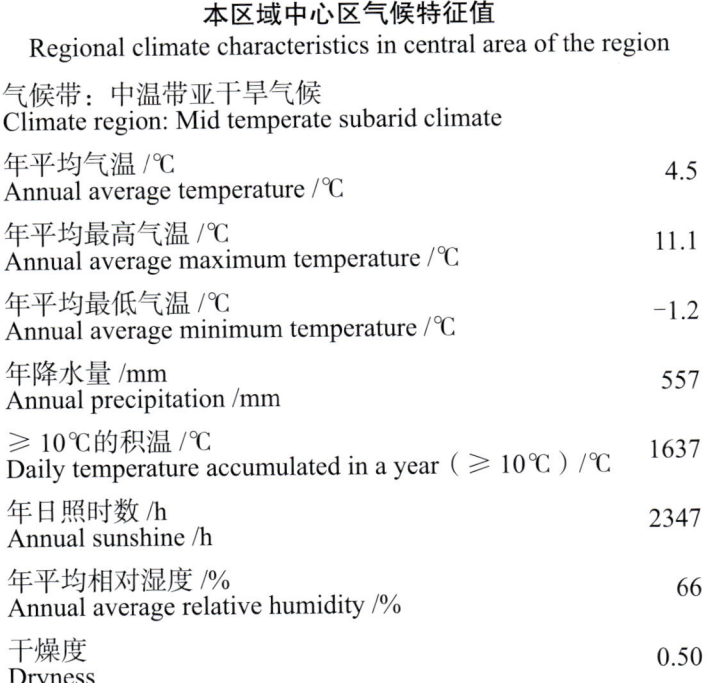

本区域中心区气候特征值
Regional climate characteristics in central area of the region

气候带：中温带亚干旱气候 Climate region: Mid temperate subarid climate	
年平均气温 /℃ Annual average temperature /℃	4.5
年平均最高气温 /℃ Annual average maximum temperature /℃	11.1
年平均最低气温 /℃ Annual average minimum temperature /℃	-1.2
年降水量 /mm Annual precipitation /mm	557
≥10℃的积温 /℃ Daily temperature accumulated in a year（≥10℃）/℃	1637
年日照时数 /h Annual sunshine /h	2347
年平均相对湿度 /% Annual average relative humidity /%	66
干燥度 Dryness	0.50

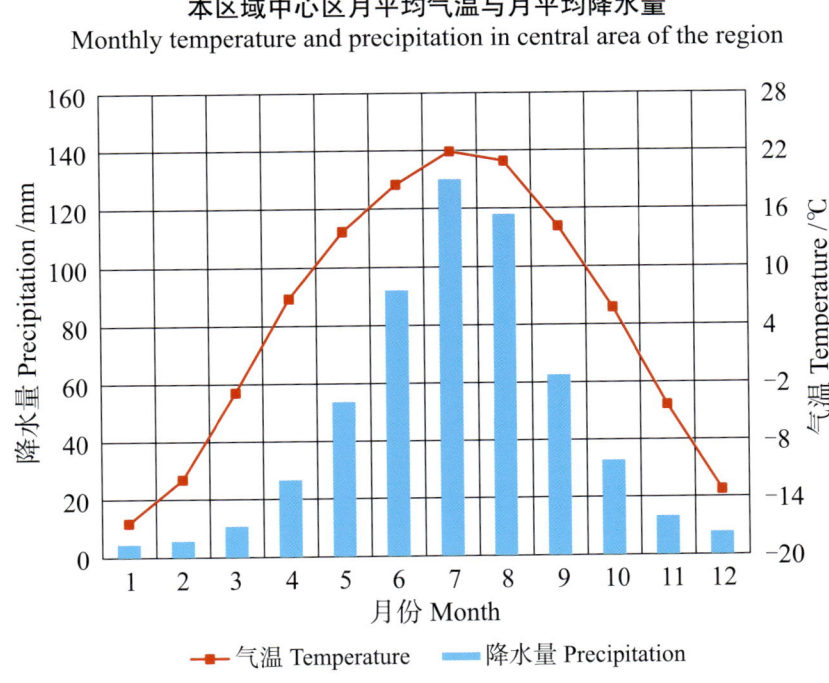

本区域中心区月平均气温与月平均降水量
Monthly temperature and precipitation in central area of the region

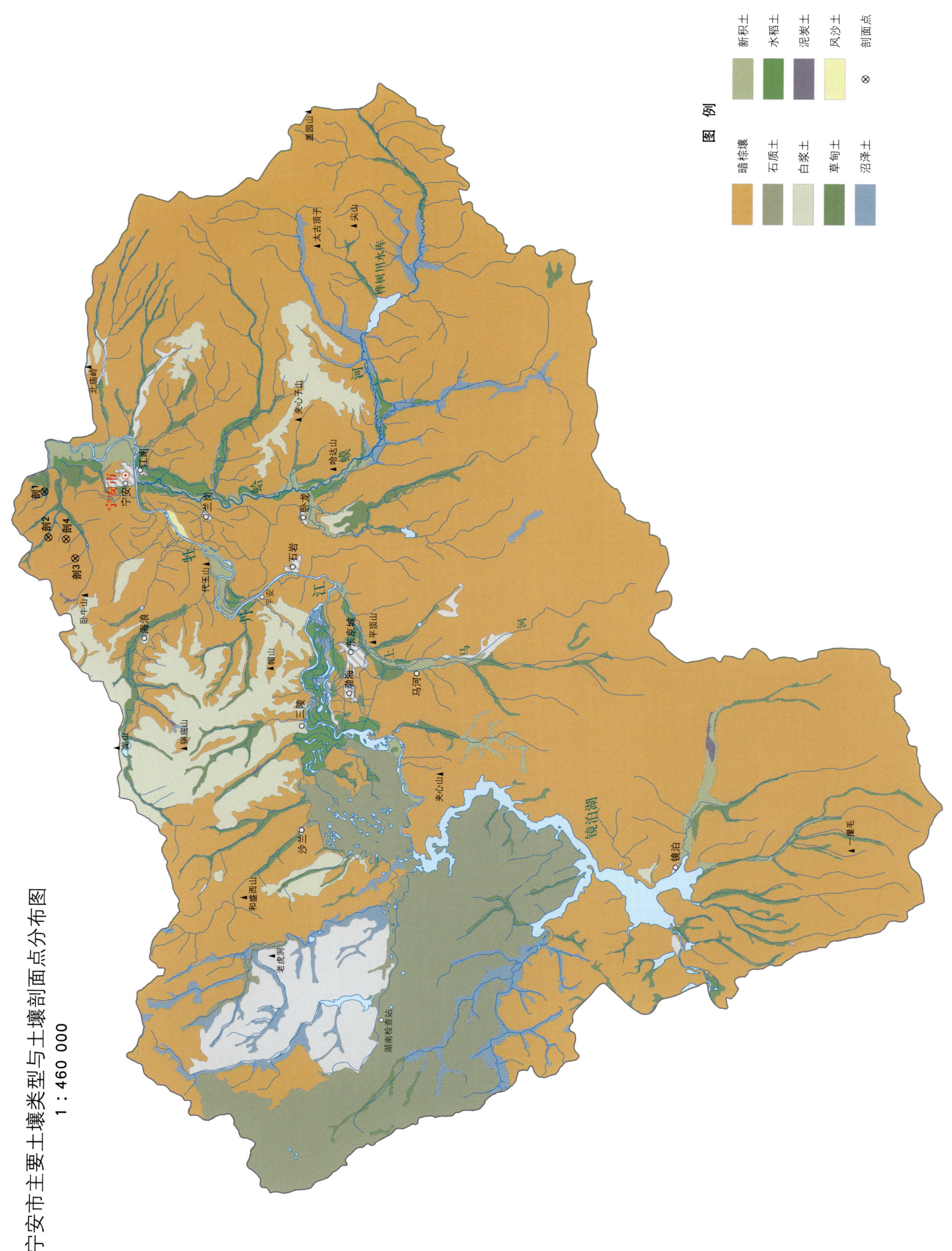

宁安市主要土壤类型与土壤剖面点分布图
1∶460 000

宁安市土壤剖面理化性状表

剖面号 Soil profile	土纲 Soil order	土类 Soil great group	亚类 Soil subgroup	土属 Soil genus	土种 Soil species	土层码 Layer code	土层厚度 Depth/cm	颜色 Soil color	质地 Soil texture	土壤结构 Soil structure	pH	有机质 OM/(g/kg)	全氮 TN/(g/kg)	全磷 TP/(g/kg)	全钾 TK/(g/kg)	土壤母质 Parent material	剖面点坐标 Profile coordinate	匹配指数 Matching index/%
剖1	半水成土	草甸土	草甸土	平地草甸土	厚层平地草甸土	A₁	0—20	暗灰色	中黏土	小团粒状	8.0	61.8	3.23	2.80	26.3	河流淤积物、洪积物	E 129°26′26.9″ N 44°25′39.4″	75
						A₂	20—30	暗灰色	中黏土	片状	7.9	43.4	1.92	1.86	26.8			
						AB	30—105	灰黄色	重黏土	团粒状	7.6	15.8	0.58	1.20	30.7			
						Cw	105—200		轻黏土	无结构	7.3	4.6			24.2			
剖2	淋溶土	暗棕壤	草甸暗棕壤	准草甸暗棕壤	中层准草甸暗棕壤	A₁	0—20	黑黄色	中黏土	小团粒状	6.4	25.2	1.35	1.01	24.2	坡积物、近代冲积物、沉积物	E 129°22′34.0″ N 44°25′25.0″	75
						AB	20—40	褐色	中黏土	核状	6.4	25.2	1.35	1.01				
						B₁	60—80	黄褐色	中黏土	核状	6.3	29.0						
						B₂	80—140	暗褐色	轻黏土	大核块状	5.2	10.8						
						C	140—200				5.2	10.8						
剖3	淋溶土	暗棕壤	草甸暗棕壤	准草甸暗棕壤	厚层准草甸暗棕壤	A₁	0—25	灰黑色	中黏土	小团粒状	6.5	27.0	1.53	1.38	29.9	坡积物、近代冲积物、沉积物	E 129°20′47.4″ N 44°23′47.8″	75
						Ap	25—32	浅棕色	中黏土	小状	6.5	23.7	1.12	1.23	30.0			
						B₁	32—65	浅棕色	中黏土	大核块状	6.6	18.2	1.00	1.32	26.4			
						B₂	65—120	黄棕色	中黏土	大核块状	6.2	9.0						
						Cw	120—200	锈棕色	重壤土	大核块状	6.1	5.2						
剖4	淋溶土	暗棕壤	草甸暗棕壤	草甸暗棕壤	中层草甸暗棕壤	A₁	0—16	深灰色	中黏土	粒状	6.4	25.8	1.36	1.34	25.1	岩石风化残积物、坡积物	E 129°22′25.3″ N 44°24′20.9″	75
						B₁	16—40	灰棕色	中黏土	小核块状	6.5	15.1	0.82	1.00	27.2			
						B₂	40—180	暗棕色	重壤土	大核块状	6.1	8.8						
						C	180—200	黄色	中壤土		6.0	2.8						

穆 棱 市

主要土类说明

暗棕壤是穆棱市主要土壤类型，占本市地域面积的75%，俗称黄土、石砬子地，主要分布在海拔600—1000m的低山丘陵区。本市地处长白山余脉向平原过渡地带，在低山丘陵和残山上生长着针阔叶混交林，除南部的共和、穆棱、兴源等地生长有部分针叶林外，现已变成次生阔叶混交林（部分已被开垦为耕地）。这种植被每年落叶多，林下草本植物生长繁茂，因此在表层积累了较多的腐殖质。腐殖质组成中胡敏酸含量较高，腐殖质层的盐基饱和度较高，土壤呈弱酸性。土壤溶液往下移动时伴随铁、锰下移，铁、锰移至下层后受水、热、气作用开始氧化，并附着在土粒表面，使土壤呈棕色。

白浆土是穆棱市第二大土壤类型，占本市地域面积的11%，是本市的主要耕地土壤之一，主要分布在马桥河、福禄、兴源等地。在其形成过程中，铝酸盐氢氧化物的形成和硅酸盐水解脱硅，使土壤溶液中氢氧化铝和硅的含量较高，当水分蒸发时，胶状的三氧化二铝和硅可脱水形成无定形的二氧化硅粉末，在白浆层和淀积层特别明显。另外，土壤黏粒机械淋溶较明显，易使白浆土发生土壤板结。本市白浆土仅有白浆土一个亚类。

草甸土是穆棱市第三大土壤类型，占本市地域面积的6%。草甸土主要分布在穆棱河等河流沿岸和沟谷低平地，地势平坦，地下水位较高，一般为1—3m。成土母质多为冲积物和沉积物。由于草甸植被生长繁茂，根系密布，土壤水分充足但透气性差，有机质进行嫌气分解，易积累大量腐殖质，形成团粒结构。因此，草甸土含有较丰富的营养物质，是本市主要产粮的农业土壤。本市草甸土分为草甸土、潜育草甸土等亚类，均分布在平坦的地形部位，水分充足，草甸植被生长繁茂，黑土层厚度大于40cm，有机质含量较高。由于水分的干湿交替，土壤潴育化作用较明显，剖面中可见铁锈斑纹及灰蓝色潴育斑纹。

沼泽土占本市地域面积的5%，主要分布在共和、河西、兴源。本市沼泽土分为草甸沼泽土、泥炭腐殖质沼泽土、泥炭沼泽土、埋藏型泥炭沼泽土等亚类。

小于本市地域面积3%的土壤类型有水稻土、新积土、泥炭土。

本区域中心区气候特征

本区域中心区气候特征值
Regional climate characteristics in central area of the region

气候带：中温带亚干旱气候 Climate region: Mid temperate subarid climate	
年平均气温 /℃ Annual average temperature /℃	3.7
年平均最高气温 /℃ Annual average maximum temperature /℃	10.0
年平均最低气温 /℃ Annual average minimum temperature /℃	-1.8
年降水量 /mm Annual precipitation /mm	542
≥10℃的积温 /℃ Daily temperature accumulated in a year (≥10℃) /℃	1404
年日照时数 /h Annual sunshine /h	2415
年平均相对湿度 /% Annual average relative humidity /%	66
干燥度 Dryness	0.43

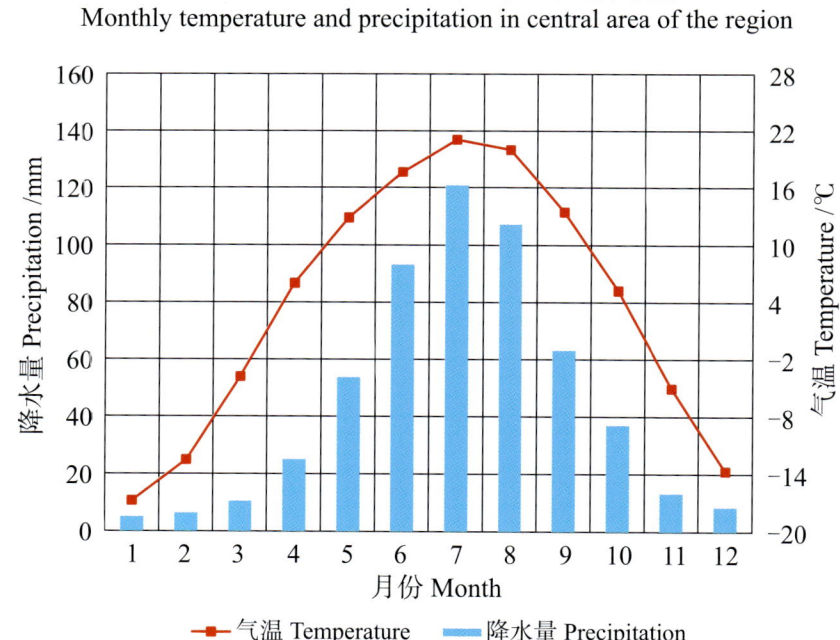

本区域中心区月平均气温与月平均降水量
Monthly temperature and precipitation in central area of the region

穆棱市土壤剖面理化性状表

剖面号 Soil profile	土纲 Soil order	土类 Soil great group	亚类 Soil subgroup	土属 Soil genus	土种 Soil species	土层码 Layer code	土层厚度 Depth/cm	颜色 Soil color	质地 Soil texture	土壤结构 Soil structure	pH	有机质 OM/(g/kg)	全氮 TN/(g/kg)	全磷 TP/(g/kg)	全钾 TK/(g/kg)	碱解氮 AN/(mg/kg)	有效磷 AP/(mg/kg)	速效钾 AK/(mg/kg)	阳离子交换量CEC/(cmol/kg)	土壤母质 Parent material	剖面点坐标 Profile coordinate	匹配指数 Matching index/%
剖1	淋溶土	暗棕壤	山地暗棕壤	砂石质暗棕壤		Ap	0–20					34.3	2.10	2.60		146	21.3	211			E 129°56′17.2″ N 44°30′01.1″	75
						AB	35–45					23.2	1.30	1.50		110	9.8	188				
						B	55–60					12.3	0.90	1.20		88	4.3	99				
剖2	淋溶土	暗棕壤	白浆化暗棕壤	白浆化暗棕壤	厚层平地潜育草甸土	1	0–14		轻棕土	团块状	5.9	65.6	2.90	1.50		219	15.2	192		残积物、坡积物	E 129°57′50.5″ N 44°28′08.2″	75
						2	25–35	灰黑色	重黏土	团块状	6.0	18.9	1.30	0.90		85	8.1	164				
						3	60–70	黑色	重黏土	核块状	6.2	7.9	0.70	0.60		63	6.5	99				
剖3	半水成土	草甸土	潜育草甸土	平地潜育草甸土	厚层岗地白浆土	Ap	0–20	灰棕色	轻黏土											洪积物、淤积物	E 129°59′57.0″ N 44°26′42.3″	75
						AB	20–80	暗棕色	重黏土													
						BCg	80–	灰棕色	重壤土													
剖4	半水成土	草甸土	沟谷草甸土	沟谷草甸土	厚层沟谷草甸土	1	5–15		轻棕土												E 129°59′54.1″ N 44°29′49.0″	75
						2	30–40		轻棕土													
						3	75–85															
剖5	淋溶土	暗棕壤	山地暗棕壤	石质暗棕壤		Ao	0–5	灰棕色												花岗岩风化残积物	E 130°03′36.6″ N 44°37′15.7″	95
						A	5–16	暗棕色	重壤土	团块状	6.8	40.5	2.00	1.20		330	14.6	193				
						BC	16–25	暗棕色	块状	6.8												
						C	25–	褐棕色	块状													
剖6	淋溶土	白浆土	白浆土	岗地白浆土	厚层岗地白浆土	A	0–28		重壤土	团块状	6.0	34.5	2.40	1.90		178	16.9	162			E 130°05′14.4″ N 44°29′36.0″	75
						Aw	30–50		轻黏土		6.1	9.8	1.10	0.90		106	3.2	122				
						B	40–60		轻黏土		6.2	20.3	0.90	1.10		92	4.8	106				
剖7	淋溶土	白浆土	白浆土	岗地白浆土	中层岗地白浆土	1	0–15		中黏土		6.2	38.9	1.60	1.30		123	13.4	168			E 130°06′50.1″ N 44°29′57.6″	75
						2	25–35		中黏土		6.0	9.8	0.90	0.80		82	2.6	82				
						3	50–60				6.3	11.0	0.80	0.40		78	3.3	111				
剖8	淋溶土	暗棕壤	暗棕壤	暗山泥土	红暗山泥土	Ah	0–20	油红棕色	壤土	团块状	6.7	42.2	3.20	1.67	21.7	160	9.0	230	34.6	红棕色泥质岩风化残积物	E 130°10′08.0″ N 44°29′06.1″	95
						AB	20–63	红棕色	黏土	块状	6.8	25.3	1.90	1.01	23.3	130	6.0	98	31.4			
						Bt	63–140	亮红棕色	壤质黏土	块状	6.8	14.6	0.86	0.44	22.6	87	4.0	76	30.8			
						C	140–															
剖9	淋溶土	暗棕壤	山地暗棕壤	砂石质暗棕壤		Ap	0–15	棕灰色	轻黏土	团块状	6.1	18.0	1.00	0.90		81	7.6	140		花岗岩风化残积物	E 130°11′33.1″ N 44°29′35.4″	95
						AB	15–25	暗棕色	中黏土	块状	6.0	38.5	1.30	1.00		153	6.4	186				
						B	25–40	灰白棕色	重黏土	粒状	6.2	1.7	0.60	0.60		116	1.1	132				
						BC	40–60	暗棕色	重黏土	片状		10.6	0.70	0.70		117	3.2	124				
剖10	淋溶土	白浆土	白浆土	岗地白浆土		Ap	0–18	棕灰色	中黏土	核状	6.6	51.9	4.10	3.40							E 130°15′03.7″ N 44°29′13.7″	75
						Aw	18–34	暗棕色	轻黏土	无结构	6.7	38.4	2.30	1.60								
						B	34–56	黑棕色	中黏土	粒状												
						BC	56–93	棕黑色	轻黏土	粒状												
剖11	半水成土	草甸土	草甸土	平地草甸土	厚层平地草甸土	Ap	0–20	暗灰色	中黏土	团块状										洪积物、淤积物	E 130°06′31.2″ N 44°24′38.1″	95
						ABg	20–75	黑灰色	重黏土	核块状												
						Bg	75–95	棕黑色		块状												
						BCg	95–110	黑棕色		核状												
							110–	灰棕色														
剖12	淋溶土	暗棕壤	山地暗棕壤	砂石质暗棕壤		Ap	5–15					29.0	1.90	1.40		131	12.5	190		花岗岩风化残积物	E 130°09′41.0″ N 44°23′47.2″	95
						AB	40–50					12.1	1.00	0.80		79	4.1	114				

续表 Continued

剖面号 Soil profile	土纲 Soil order	亚类 Soil subgroup	土属 Soil genus	土种 Soil species	土层码 Layer code	土层厚度 Depth/cm	颜色 Soil color	质地 Soil texture	土壤结构 Soil structure	pH	有机质 OM/(g/kg)	全氮 TN/(g/kg)	全磷 TP/(g/kg)	全钾 TK/(g/kg)	碱解氮 AN/(mg/kg)	有效磷 AP/(mg/kg)	速效钾 AK/(mg/kg)	阳离子交换量 CEC/(cmol/kg)	土壤母质 Parent material	剖面点坐标 Profile coordinate	匹配指数 Matching index/%
剖13	淋溶土	暗棕壤	麻砂质暗棕壤	穆棱暗棕壤土	A	0~25	棕色	砂质黏壤土	团块状		81.2	4.10	1.01	21.7					花岗岩风化残积碎石	E 130° 20′ 31.7″ N 45° 04′ 55.9″	82
					AB	25~40	棕色	砂质黏壤土	块状		38.3	1.10	0.75	23.7							
					BC	40~60	浅棕色	砂质黏壤土	块状		12.7	0.80	0.44								
剖14	水成土	沼泽土	黏质草甸沼泽土	马桥河淤甸土	Ap	0~20	灰黑色	壤质黏土	团块状		62.8	0.41	0.79						沉积物	E 130° 20′ 11.2″ N 45° 02′ 33.1″	95
					Ag	20~45	棕黑色	壤质黏土	无结构		31.4	0.28	0.62								
					G	45~	青灰色	黏土													
剖15	水成土	泥炭土	草炭土	厚草炭土	Ha₁	0~20	棕色			6.5	369.0	13.40	3.39	14.8						E 130° 23′ 04.7″ N 45° 00′ 33.4″	75
					Ha₂	20~70	油黄棕色			6.7	414.6	16.20	3.78	15.1							
					Ha₃	70~150	暗棕色			6.8	390.1	14.60	3.65	17.6							
					Ha₄	150~210	棕黑色														
剖16	暗棕壤	草甸暗棕壤	砂质草甸暗棕壤		A	0~26	暗灰色	中壤土	无明显结构	6.0	38.3	2.00	4.00							E 130° 32′ 38.9″ N 45° 02′ 55.9″	95
					AB	26~60	灰棕色	轻壤土	无明显结构	6.5	8.1	1.80	1.60								
					B	60~100	褐棕色	砂壤土	不结构	6.0	1.7	0.60	1.10								
					C	100~															
剖17	泥炭土	低位泥炭土	草本低位泥炭土	厚层泥炭土	1	20~50		轻黏土		6.5	369.0	13.40	>4.00							E 130° 22′ 45.6″ N 45° 00′ 13.3″	75
					2	100~130		轻黏土		6.7	414.6	16.20	>4.00								
					3	180~200		砂壤土		6.8	390.1	14.60	>4.00								
剖18	水成土	泥炭土	砂质草甸泥炭土	中层泥炭土	1	20~40		重壤土		6.6	324.0	12.40	1.60							E 130° 25′ 06.0″ N 44° 59′ 42.5″	75
					2	100~120		轻壤土		6.7	346.0	14.60	1.10								
剖19	人为土	白浆土型水稻土			1	10~20		轻黏土	粒状											E 130° 29′ 43.3″ N 44° 55′ 03.1″	95
					2	30~40		轻黏土	片状												
					3	45~55		中黏土	核状												
剖20	人为土	水稻土	生草河淤土型水稻土		1	0~20		轻黏土	团块状		29.7	2.20	1.90		168	11.7	169			E 130° 29′ 40.8″ N 44° 51′ 56.1″	95
					2	25~35		砂壤土	团块状		18.4	1.30	1.30		127	5.3	81				
剖21	暗棕壤	白浆化暗棕壤	夹石白浆化暗棕壤		1	0~20		重壤土	块状										残积物、坡积物	E 130° 26′ 25.5″ N 44° 39′ 37.0″	95
					2	25~35		轻壤土													
					3	40~50		轻壤土													
剖22	白浆土	白浆土	岗地白浆土	厚层岗地白浆土	A	0~25	暗灰色	轻黏土	粒状	6.3	49.0	2.90	1.60		210	14.7	181			E 130° 29′ 42.0″ N 44° 47′ 04.4″	95
					Aw	25~65	灰白色	轻黏土	片状	6.2	10.8	1.10	0.70		92	2.6	97				
					B	65~125		中黏土	核状	6.1	13.5	0.60	1.00		102	4.7	93				
剖23	暗棕壤	山地暗棕壤	红土母质暗棕壤		Ap	0~20		中壤土	团块状	6.7	42.2	3.20	3.80							E 130° 27′ 36.0″ N 44° 44′ 07.9″	95
					AB	40~60		轻壤土	团块状	6.8	25.3	1.90	2.30								
					B	100~116		中壤土	块状	6.8	14.6	0.80	1.00								
剖24	暗棕壤	草甸暗棕壤	草甸土暗棕壤		Ap	0~25	暗棕色	重壤土	团块状	6.5	33.5	2.30	1.90					17.8	坡积物、洪积物	E 130° 21′ 13.0″ N 44° 56′ 01.1″	95
					AB	25~60	棕色	砂质黏壤土	团块状	6.7	17.4	1.80	1.00					11.3			
					Bg	60~80	暗棕色	砂质黏壤土	块状	6.7								11.7			
剖25	暗棕壤	暗棕壤	暗麻砂土	粗麻砂土	Ah	0~25	棕色	重壤土	屑粒状	5.0	81.2	4.10	1.01	21.7					花岗岩风化残积物	E 130° 19′ 02.2″ N 44° 29′ 45.9″	95
					AB	25~40	棕色	砂质黏壤土	碎块状	6.1	38.3	2.10	0.75	23.7							
					Bt	40~60	亮棕色	砂质黏壤土	块状	6.2	12.7	0.80	0.44								
					C	60~70	棕色														
剖26	半水成土	草甸土	沟谷草甸土	厚层沟谷草甸土	A	0~30	黑色	重壤土	团块状										洪积物、淤积物	E 130° 17′ 59.6″ N 44° 23′ 00.7″	95
					Ap	34~45	黑色	轻黏土	团块状												
					ABg	45~90	灰棕色	中黏土	粒状												
					BCg	90~	棕色	砂砾土													
剖27	淋溶土	草甸暗棕壤	夹石草甸暗棕壤		A	0~15	棕色	中壤土											残积物	E 130° 52′ 18.1″ N 44° 45′ 12.0″	95
					AB	15~22		中壤土													

续表 Continued

剖面号 Soil profile	土纲 Soil order	土类 Soil great group	亚类 Soil subgroup	土属 Soil genus	土种 Soil species	土层码 Layer code	土层厚度 Depth/cm	颜色 Soil color	质地 Soil texture	土壤结构 Soil structure	pH	有机质 OM/(g/kg)	全氮 TN/(g/kg)	全磷 TP/(g/kg)	全钾 TK/(g/kg)	碱解氮 AN/(mg/kg)	有效磷 AP/(mg/kg)	速效钾 AK/(mg/kg)	阳离子交换量CEC/(cmol/kg)	土壤母质 Parent material	剖面点坐标 Profile coordinate	匹配指数 Matching index/%
剖28	淋溶土	暗棕壤	白浆化暗棕壤	白浆化暗棕壤		1	0—21		中壤土		6.5	40.6	1.50	1.60		154	15.7	123		坡积物、洪积物	E 130°36′58.1″ N 44°58′10.4″	95
						2	21—36		重壤土		6.8	15.0	1.00	1.30		69	8.2	79				
						3	36—84		轻壤土		6.7	11.7	0.60	2.00		61	5.4	53				
剖29	人为土	水稻土	沼泽型水稻土			1	0—20		轻黏土			68.0	4.20	1.90		212	12.4	167			E 130°30′55.4″ N 44°53′14.0″	95
						2	50—60		中黏土			37.0	3.30	1.10		106	7.6	92				
						3	90—100	黄棕色	重黏土			21.0	0.90	0.70		86	4.6	63				
剖30	淋溶土	暗棕壤	暗棕壤	暗麻砂质暗棕壤	河西暗棕土	Ao	0—5													残积、坡积碎石	E 130°43′17.0″ N 44°50′52.6″	81
						A	5—18	暗棕色	黏壤土	团块状		40.5	2.00	0.53	21.6				25.0			
						BC	18—28	黄棕色	砂质黏壤土	块状		6.5	0.50	0.40	23.1				24.0			
						D	28—															
剖31	淋溶土	白浆土	白浆土	岗地白浆土	薄层岗地白浆土	Ap	0—12	灰色	重壤土	块状											E 130°36′26.6″ N 44°46′27.2″	95
						Aw	12—44	灰白色	轻黏土	片状												
						B	44—130	棕褐色	重黏土	核状												
						BC	130—160	棕灰色		无结构												
剖32	淋溶土	暗棕壤	暗棕壤	泥质暗棕壤	八面通暗棕土	A	0—2	暗红棕色	壤土	团块状		42.2	3.20	1.67						红棕色沉积质泥岩风化质砂砾	E 130°31′37.7″ N 44°42′35.0″	81
						AB	20—63	红棕色	黏壤土	块状		25.3	1.90	1.01								
						BC	63—140	浅红棕色	壤质黏土	核状		14.6	0.80	0.44								
						C	140—															
剖33	淋溶土	暗棕壤	山地暗棕壤	石质暗棕壤		A	0—10		中壤土		6.6	36.7	2.50	1.60						花岗岩风化残积物	E 130°29′25.7″ N 44°49′07.5″	95
						BC	12—15		轻壤土		6.5	12.3	0.70	1.00								

东 宁 市

主要土类说明

暗棕壤是东宁市主要土壤类型，占本市地域面积的85%，广泛分布在海拔200—1000m的低山丘陵中上部。暗棕壤是在温带湿润地区针阔叶混交林下发育形成的地带性土壤。由于所处地形坡度较大，成土母质多为岩石风化残积物或坡积物，排水良好，土体经常处于好气性的氧化条件，铁锰氧化物积累于剖面，使土体呈暗棕色。暗棕壤是在森林腐殖化作用、棕化作用和黏化作用的共同作用下形成的。但是，由于植被、地形、母质及水热状况不同，三种过程的强度和方向也有差异，从而出现了不同的暗棕壤类型。尤其是当白浆化过程、草甸化过程等附加成土过程参与时，就形成了一系列过渡性亚类。本市暗棕壤分为暗棕壤、白浆化暗棕壤等亚类，其中，暗棕壤亚类占本土类面积的80%以上。

白浆土是东宁市第二大土壤类型，占本市地域面积的6%，是本市的主要耕地土壤，广泛分布在海拔200—400m的平缓岗地，向上与白浆化暗棕壤相接，向下与草甸土交错分布。成土母质主要为第四纪河湖相沉积物，也有部分残积物和坡积物等，这些母质的共性为质地较黏重，透水不良。白浆土分布区地下水位均比较低，地下水与土壤形成无直接关系。但由于地势较缓，母质质地黏重，受夏秋季节降水的影响，常出现土壤上层滞水现象。本市白浆土分为白浆土、草甸白浆土等亚类。

草甸土是东宁市第三大土壤类型，占本市地域面积的4%。草甸土是直接受地下水或底土潜水影响，在草甸植被覆盖下，由冲积物、沉积物、洪积物母质经草甸化过程形成的土壤。本市草甸土主要分布在河谷平阔地和丘陵岗间沟谷水线两侧，多呈鸡爪形零星分布，属隐域性土壤。自然植被以多年生草甸草本植物群落为主。生长季气候温暖湿润，植被生长繁茂，秋季植被大量死亡，冬季寒冷，加上地下水位高，故有机质分解少、积累多，大量腐殖质积累于土壤表层，逐年加厚形成了草甸土。由于干湿交替，氧化还原过程交替进行，铁锰氧化物发生移动和部分淀积，土壤剖面出现锈色斑纹和铁锰结核。

沼泽土占本市地域面积的3%，主要分布在山间沟谷低洼地，以及经常汇集地表水和径流水导致土层过湿的地形部位。成土母质主要为河湖相沉积的洪积物。由于土壤质地黏重，持水性能强，渗水性能弱，土体过湿并长期积水，土壤经常处于饱和状态，透气条件差，微生物活动受到抑制，植物残体分解不完全而大量积累，逐渐形成腐殖质层和泥炭层。在土层下部，受积水和有机质分解所产生的还原物质的影响，心土处于还原状态，潜育过程占绝对优势，故心土层呈灰蓝色。根据泥炭腐殖化和潜育化程度的不同，本市沼泽土分为草甸沼泽土、泥炭腐殖质沼泽土、泥炭沼泽土等亚类。

小于本市地域面积3%的土壤类型有新积土、水稻土、泥炭土。

本区域中心区气候特征

本区域中心区气候特征值
Regional climate characteristics in central area of the region

气候带：中温带亚干旱气候 Climate region: Mid temperate subarid climate	
年平均气温 /℃ Annual average temperature /℃	3.8
年平均最高气温 /℃ Annual average maximum temperature /℃	10.1
年平均最低气温 /℃ Annual average minimum temperature /℃	-1.9
年降水量 /mm Annual precipitation /mm	541
≥10℃的积温 /℃ Daily temperature accumulated in a year (≥10℃) /℃	1447
年日照时数 /h Annual sunshine /h	2361
年平均相对湿度 /% Annual average relative humidity /%	66
干燥度 Dryness	0.44

本区域中心区月平均气温与月平均降水量
Monthly temperature and precipitation in central area of the region

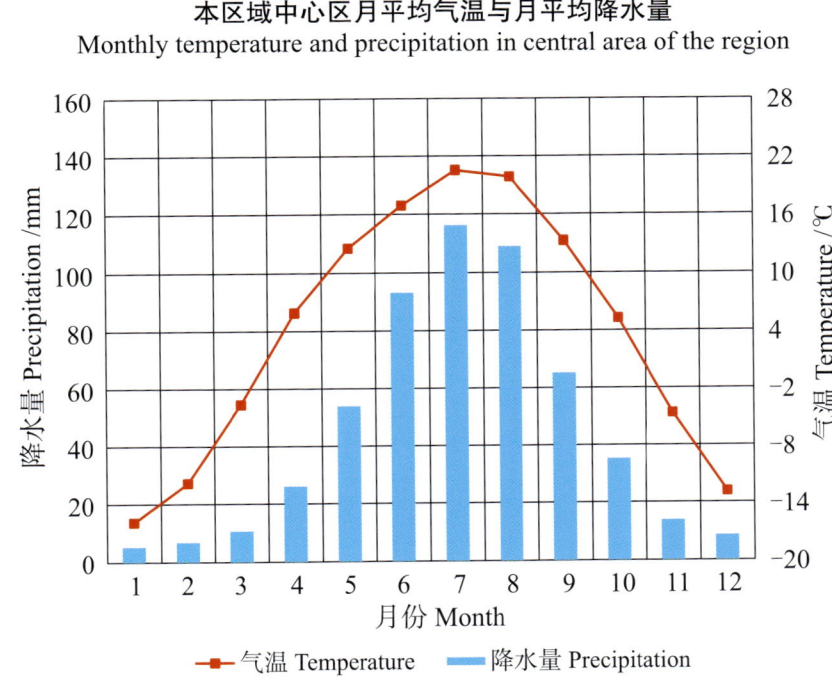

东宁县主要土壤类型与土壤剖面点分布图
1:520 000

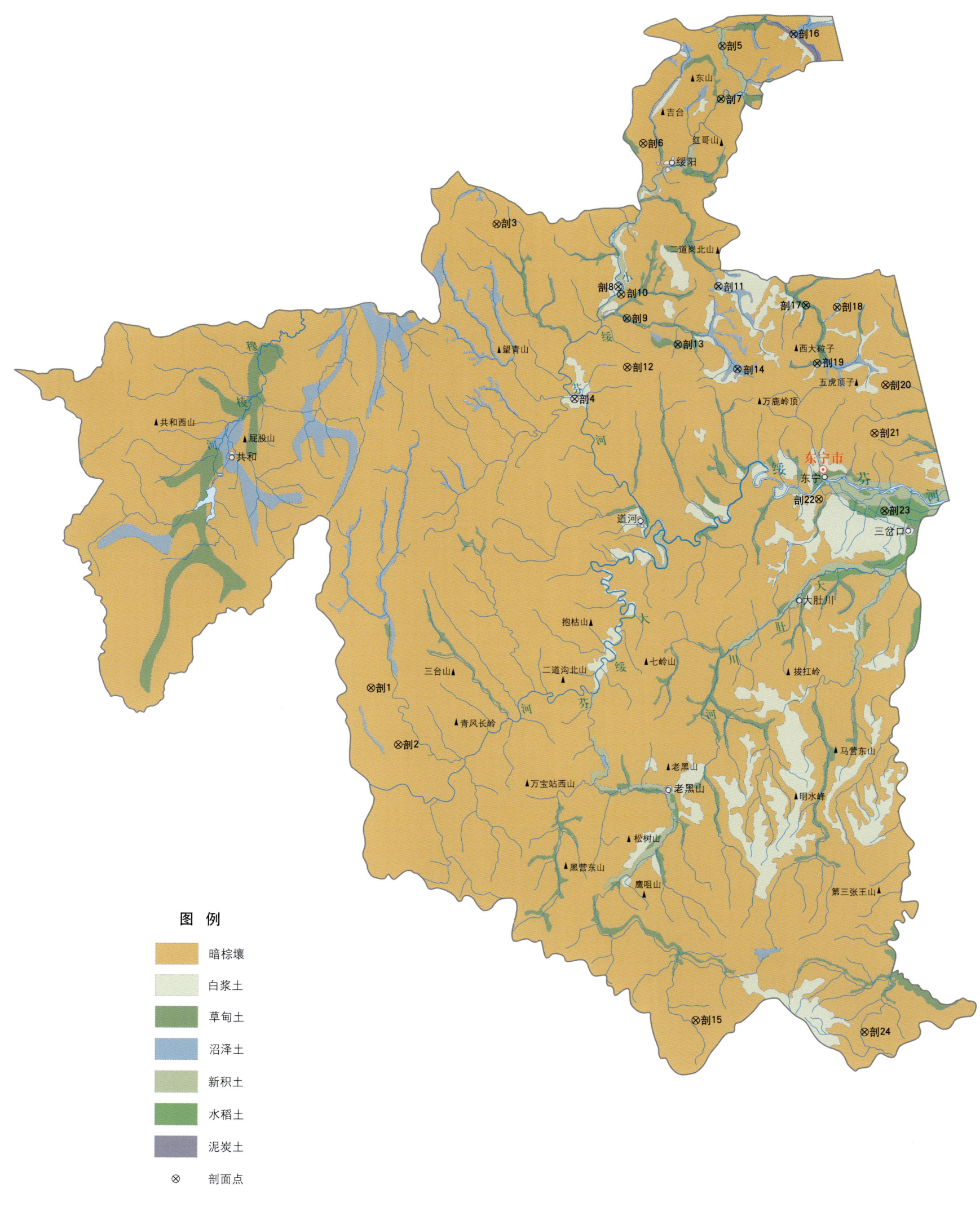

注：国务院 2015 年 12 月批准，撤销东宁县，设立东宁市。

东宁市土壤剖面理化性状表

剖面号 Soil profile	土纲 Soil order	土类 Soil great group	亚类 Soil subgroup	土属 Soil genus	土种 Soil species	土层码 Layer code	土层厚度 Depth/cm	颜色 Soil color	质地 Soil texture	土壤结构 Soil structure	pH	有机质 OM/(g/kg)	全氮 TN/(g/kg)	全磷 TP/(g/kg)	全钾 TK/(g/kg)	阳离子交换量CEC/(cmol/kg)	土壤母质 Parent material	剖面点坐标 Profile coordinate	匹配指数 Matching index/%
剖1	淋溶土	暗棕壤	暗棕壤	砂石质暗棕壤		A₁	0—14	灰色	中壤土	粒状							半风化岩石残积物	E 130°24′52.6″ N 43°51′28.4″	95
						B	14—42	棕色	中壤土	小核状									
						C	42—81	棕黄色	砂壤土										
剖2	淋溶土	暗棕壤	白浆化暗棕壤	白浆化暗棕壤	薄层白浆化暗棕壤	Ao	0—2											坡积物、沉积物	E 130°27′16.2″ N 43°47′42.4″	95
						A₁	2—9	灰棕色	中壤土	粒状									
						AwB	9—24	黄灰色	中壤土	不明显片状									
						B	24—65		中壤土	核状									
剖3	淋溶土	暗棕壤	暗棕壤	石质暗棕壤	厚层白浆土	A	0—10		重壤土		6.0	73.1	3.15	1.37	37.6	27.4	半风化岩石残积物	E 130°36′59.4″ N 44°21′49.3″	95
						AB	15—25		重壤土		5.1	98.8	1.69	1.31	35.1	27.5			
						BC	35—55		重壤土		5.4	12.7			12.7				
剖4	淋溶土	白浆土	白浆土	白浆土	厚层白浆土	A₁	0—25	灰白色	轻壤土	重壤状	6.3	15.3	3.04	1.77	27.3	16.6	沉积物	E 130°43′51.6″ N 44°10′13.8″	95
						Aw	25—47	浅棕色	轻壤土	片状	6.0	8.5	0.41	0.56	30.3	15.6			
						B₁	47—70		中黏土	核状	5.6	6.6							
						B₂	70—85	黄棕色	中黏土	核状	5.7	7.3							
剖5	初育土	新积土	冲积土	砂底生草河淤土	砾质砂底生草河淤土	A	0—17	灰色	轻壤土	小粒状	6.4	28.3	1.11	1.12	31.9	11.6	现代河流淤积物	E 130°58′04.8″ N 44°33′10.4″	95
						AB	17—35	浅黄色	重壤土		6.7	15.2	0.64	1.48	32.8	11.6			
						BC	35—52	黄色	重壤土		6.7	6.8							
						C	52—140	黄色	砂壤土										
剖6	淋溶土	暗棕壤	白浆化暗棕壤	白浆化暗棕壤	厚层白浆化暗棕壤	A₁	0—28	暗棕色	中壤土	粒状	6.1	14.6	0.73	0.78	31.6	15.6	坡积物、沉积物	E 130°50′35.9″ N 44°26′54.2″	95
						Aw	28—45	灰棕色	轻壤土	片状	6.1	8.8	0.47	1.09	31.3	14.0			
						B	45—56	棕黄色	轻壤土	不明显核状	6.0	6.2							
						C	56—70	黄色	轻壤土	无结构	6.5	2.6							
剖7	半水成土	草甸土	潜草甸土	潜草甸土	薄层潜育草甸土	A	0—18	暗棕色	重壤土	粒状	6.7	32.6	1.20	1.51	24.7	26.0	沉积物、冲积物	E 130°57′51.8″ N 44°29′42.0″	75
						B	18—40	暗黄色	重壤土	小粒状	6.3	7.9	0.44	1.44	26.2	24.7			
						Bg	40—66	灰蓝色	紧壤土		5.7	19.0							
						Cg	66—90		砂壤土		6.2	4.6							
剖8	淋溶土	白浆土	白浆土	白浆土	薄层白浆土	A₁	0—9	灰色	轻壤土	粒状	6.0	76.0	2.70	0.80	29.7	22.8	沉积物	E 130°48′03.2″ N 44°17′33.0″	95
						Aw	9—24	灰白色	轻壤土	片状	6.4	14.0	0.77	0.50	29.7	15.9			
						B₁	24—40	褐色	中壤土	核状	6.1	9.1							
						B₂	40—90	棕色	重壤土	核状	5.5	7.0							
剖9	半水成土	草甸土	草甸土	夹石草甸土		A	0—17	暗棕色	重壤土	粒状	6.9	76.1	3.85	1.96	25.7	34.9	洪积物、沉积物、冲积物	E 130°48′47.9″ N 44°15′26.3″	95
						BC	17—45	棕黄色	重壤土	粒状	6.6	16.7	0.88	0.97	28.9	13.9			
剖10	初育土	新积土	冲积土	砾石底生草河淤土	砂质砾石底生草河淤土	A	0—19	深黄色	中壤土	无结构	7.3	16.5	4.36	0.98	35.1	8.2	现代河流淤积物	E 130°48′14.4″ N 44°17′05.3″	95
						C₁	19—96												
						C₂	96—117												
剖11	水成土	沼泽土	草甸沼泽土			As	0—10	黄棕色	轻壤土	团粒状	5.9	231.3	19.40	>4.00	16.1	>50.0	第四纪冲积物、沉积物	E 130°57′15.1″ N 44°17′25.8″	95
						A₁	10—55	黑色	中黏土	团粒状	5.8	88.4	3.19	1.24	19.6	>50.0			
						Bg	55—95	黑灰色	中黏土	小核状	5.7	59.1							
剖12	淋溶土	暗棕壤	白浆化暗棕壤	碎石质白浆化暗棕壤	中白浆化暗棕土	Ao	0—2										残积、坡积碎石	E 130°48′45.0″ N 44°12′14.4″	95
						A	2—14	暗棕色	砂壤土	不明显片状		111.9	4.40	0.92	26.3	33.7			
						AAw	14—37	浅灰色	中壤土	块状		16.5	0.60	0.53	17.6	11.6			
						B	37—77	棕灰色	砂壤土	粒状		5.5							
						C	77—		砂壤土										

续表 Continued

剖面号 Soil profile	土纲 Soil order	土类 Soil great group	亚类 Soil subgroup	土属 Soil genus	土种 Soil species	土层码 Layer code	土层厚度 Depth/cm	颜色 Soil color	质地 Soil texture	土壤结构 Soil structure	pH	有机质 OM/(g/kg)	全氮 TN/(g/kg)	全磷 TP/(g/kg)	全钾 TK/(g/kg)	阳离子交换量CEC/(cmol/kg)	土壤母质 Parent material	剖面点坐标 Profile coordinate	匹配指数 Matching index/%
剖13	半水成土	草甸土	草甸土	石质草甸土	金厂夹石草甸土	Ap	0—17	灰灰色	黏土	粒状	5.6	76.1	3.90	0.88	21.3	34.2	洪积砂砾	E 130°53′26.2″ N 44°13′13.0″	82
						BC	17—45	黑灰色	壤质砂土	无结构	5.4	16.7	0.90	0.44	24.0	13.9			
						C	45—												
剖14	水成土	沼泽土	泥炭沼泽土			As	0—8	棕灰色			5.4	297.5	11.06	>4.00	16.3	>50.0	第四纪冲积物、沉积物、洪积物	E 130°58′51.2″ N 44°11′58.2″	95
						At	8—30	暗灰色			5.6	37.3	13.00	3.64	10.4	13.4			
						G	30—65		黏土			39.6							
剖15	淋溶土	暗棕壤	白浆化暗棕壤	石底白浆化暗棕壤		Aoo	0—2			团粒状							坡积物、沉积物	E 130°53′54.6″ N 44°29′12.1″	75
						A₁	2—14	暗棕色	轻壤土	粒状	6.0	111.9	4.35	2.21	31.7	33.7			
						Aw	14—31	灰色	轻黏土	片状	6.5	16.5	0.62	1.15	22.3	11.6			
						B₁	31—77	浅灰色	砂壤土	核状	6.3	5.5							
						B₂	77—97	灰灰色	轻壤土	无明显结构	6.2	5.3							
剖16	水成土	泥炭土	草类泥炭土	苔草类泥炭土	薄层草类泥炭土	As	0—20	棕灰色	砂质黏壤土	粒状、团块状	6.1	946.8	18.60	>4.00	12.4	>50.0	第四纪冲积物、沉积物、洪积物	E 131°04′39.7″ N 44°33′50.4″	75
						At	20—94	棕灰色	砂质黏壤土	粒状、团块状	5.2	734.6	10.06	1.68	9.4	>50.0			
剖17	半水成土	草甸土	草甸土	砂砾底草甸土	三岔口草甸土	Ap	0—15	灰黄棕色	砂壤土	片状	6.3	30.8	1.30	0.62	21.8	16.8	洪积砂砾	E 131°05′15.7″ N 44°16′03.0″	95
						A	15—37	灰黄棕色	砂壤土	核状	5.2	24.0	1.10	0.57	22.0	13.7			
						AB	37—67	棕黄色		块状									
						BC	67—87												
						C	87—115			无明显结构									
剖18	淋溶土	白浆土	白浆土	白浆土	中层白浆土	A₁	0—13	暗棕色	轻壤土	粒状	6.6	54.7	2.34	1.07	23.7	20.2	沉积物、冲积物	E 131°08′06.7″ N 44°15′52.2″	95
						Aw	13—28	暗黄色	片壤土	片状	5.9	12.0	0.56	0.79	22.9	16.5			
						B₁	28—44	黄棕色	重黏土	核状	5.5	4.5							
						B₂	44—120	灰棕色	重黏土	大核块结构	5.4	6.3							
						C	120—125	黄棕色	重黏土	无明显结构	5.5	4.7							
剖19	半水成土	草甸土	潜育草甸土	潜育草甸土	厚层潜育草甸土	Ag	0—40	棕黄色	轻壤土	团粒状	5.5	242.6	2.97	>4.00	17.2	>50.0	坡积砂石、残积砂石	E 131°06′11.2″ N 44°12′14.0″	95
						BCg	40—55	暗灰色	中壤土	团粒状	5.5	83.9		1.51	23.5	45.1			
							55—75	蓝灰色	重黏土	无结构	5.4	12.0							
剖20	淋溶土	暗棕壤	白浆化暗棕壤	亚暗矿质白浆化暗棕壤	东宁白浆化暗棕壤	O	0—2	暗棕灰色										坡积物、沉积物	E 131°12′22.7″ N 44°10′43.7″	95
						A	2—9	黄灰色	砂质黏壤土	不明显片状	6.7	143.5	5.10	0.88	17.9	18.2			
						AAw	9—24	黄棕色	黏壤土		5.9	17.9							
						B	24—65	黄棕色				7.7							
						C	65—												
剖21	淋溶土	暗棕壤	白浆化暗棕壤	白浆化暗棕壤	中层白浆化暗棕壤	A₁	0—12	暗棕色	轻壤土	粒状	6.7	84.1	3.29	1.07	33.8	23.7	坡积物、沉积物	E 131°06′15.0″ N 44°07′34.7″	95
						Aw	12—20	浅黄棕色	中壤土	无明显粒状	5.9	15.3	0.48	0.41	>40.0	10.9			
						B	20—50	棕灰色	中壤土	不明显块状	5.7	13.4							
						C	50—90	黄棕色	轻壤土		6.0	7.1							
						5	90—100	黄棕色	轻壤土		6.6	5.6							
剖22	淋溶土	暗棕壤	潜育草甸土	白浆暗麻砂土	白馅暗麻砂土	O	0—2										花岗岩风化残积物、坡积物	E 131°06′03.6″ N 44°03′18.7″	82
						Ah	2—14	棕灰色	砂壤土	团块状	6.0	111.9	4.40	0.92	26.3	33.7			
						Ae	14—37	棕灰色	砂壤土	不明显片状	6.5	16.5	0.60	0.53	17.6	11.6			
						B	37—77	灰黄棕色	砂壤土	块状	6.3	5.5							
						C	77—97		砂壤土										
剖23	人为土	水稻土	白浆土型水稻土	草甸白浆土型水稻土		A	0—13	暗棕色	轻黏土	无明显结构	6.3	33.3	1.30	0.64	35.5	26.5	坡积物、沉积物	E 131°12′01.4″ N 44°02′26.5″	95
						P	13—26	暗灰色	轻黏土	片状	6.6	23.3	0.82	0.60	35.7	23.2			
						B₁	26—36	暗灰色	中壤土	小核状	6.9	15.7							
						B₂	36—88	暗棕色	轻壤土	核状	6.5	14.8							

续表 Continued

剖面号 Soil profile	土纲 Soil order	土类 Soil great group	亚类 Soil subgroup	土属 Soil genus	土种 Soil species	土层码 Layer code	土层厚度 Depth/cm	颜色 Soil color	质地 Soil texture	土壤结构 Soil structure	pH	有机质 OM/(g/kg)	全氮 TN/(g/kg)	全磷 TP/(g/kg)	全钾 TK/(g/kg)	阳离子交换量CEC/(cmol/kg)	土壤母质 Parent material	剖面点坐标 Profile coordinate	匹配指数 Matching index/%
剖24	淋溶土	暗棕壤	白浆化暗棕壤	夹石白浆化暗棕壤		O	0—3										坡积物、沉积物	E 131°09′10.1″ N 43°28′14.2″	95
						A₁	3—21	灰色	轻黏土	小粒状	5.7	41.8	1.45	1.31	24.5	>50.0			
						A₂	21—37	浅棕色	重壤土	无明显结构	6.6	20.4	0.84	1.53	31.2	33.5			
						B	37—62	黄棕色	轻黏土	核状	6.2	11.9							
						C	62—140	棕色	中壤土	无结构	6.4	9.9							

黑 河 市

市 辖 区

主要土类说明

黑土是黑河市主要土壤类型，占本市地域面积的37%。黑土是在温带半湿润草甸草原下发育形成的具深厚均腐殖质层的无石灰性黑色土壤。该土壤均腐殖质层厚30—60cm，有机质含量一般为30—60g/kg，底层具轻度滞水还原淋溶特征，见硅粉。土壤呈中性或微酸性，盐基饱和度在80%以上。

暗棕壤是黑河市第二大土壤类型，占本市地域面积的36%，主要分布在海拔200m以上的低山丘陵地带，海拔200m以下的沿江平原亦有零星分布。暗棕壤是在温带湿润地区针阔叶混交林下发育形成的具有明显有机质富集和弱酸性淋溶特征的地带性土壤，具O-A-B-C剖面构型。

沼泽土是黑河市第三大土壤类型，占本市地域面积的18%。沼泽土是在潮湿积水地段，由沼泽植物繁茂生长而形成的非地带性土壤。本市小兴安岭两侧的沟谷低地、沿江平原的碟形洼地有较大面积的沼泽土分布。沼泽土所处地势低洼，长期地表积水，喜湿植被生长繁茂。地表有机质积累明显，甚至可见泥炭层或腐泥层，还原作用强烈，形成潜育层，剖面构型为H-G。

草甸土占本市地域面积的4%，主要分布在本市沿江平原及小兴安岭东北坡的河谷低地。草甸土是零星分布在多种地带性土壤中的隐域性土壤，与地形、水分条件关系密切。

新积土占本市地域面积的3%，主要分布在河流下游及河床较高、河岸较低的高河漫滩处，常受河流泛滥影响。自然植被为喜湿性杂草群落，成土母质为冲积沉积物，成土过程主要是草甸化过程。

小于本市地域面积3%的土壤类型有泥炭土、石质土、山地草甸土。

本区域中心区气候特征

本区域中心区气候特征值
Regional climate characteristics in central area of the region

气候带：中温带亚干旱气候 Climate region: Mid temperate subarid climate	
年平均气温 /℃ Annual average temperature /℃	-0.8
年平均最高气温 /℃ Annual average maximum temperature /℃	6.4
年平均最低气温 /℃ Annual average minimum temperature /℃	-7.5
年降水量 /mm Annual precipitation /mm	506
≥10℃的积温 /℃ Daily temperature accumulated in a year (≥10℃) /℃	186
年日照时数 /h Annual sunshine /h	2608
年平均相对湿度 /% Annual average relative humidity /%	68
干燥度 Dryness	0.05

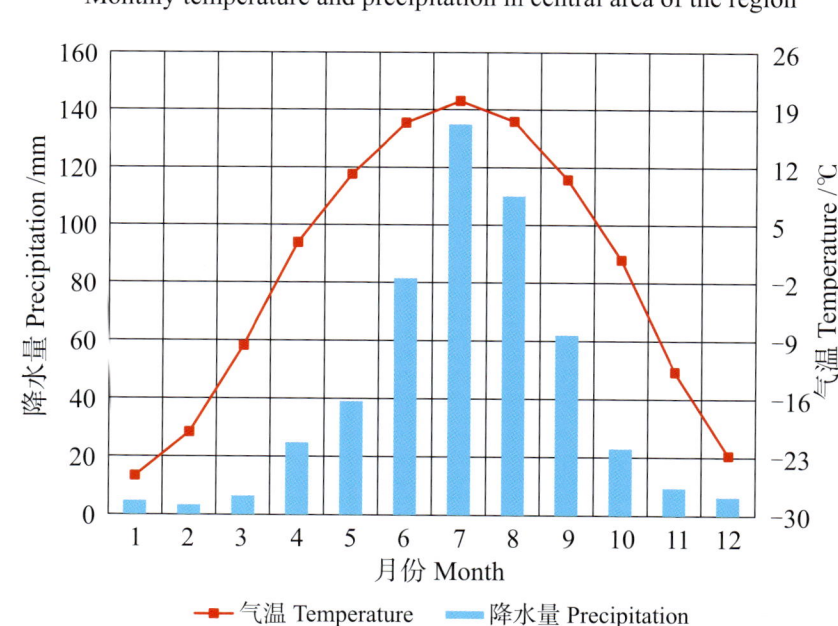

本区域中心区月平均气温与月平均降水量
Monthly temperature and precipitation in central area of the region

黑河市市辖区主要土壤类型与土壤剖面点分布图
1:580 000

黑河市土壤剖面理化性状表

剖面号 Soil profile	土纲 Soil order	土类 Soil great group	亚类 Soil subgroup	土属 Soil genus	土种 Soil species	土层码 Layer code	土层厚度 Depth/cm	颜色 Soil color	质地 Soil texture	土壤结构 Soil structure	pH	有机质 OM (g/kg)	全氮 TN (g/kg)	全磷 TP (g/kg)	全钾 TK (g/kg)	碱解氮 AN (mg/kg)	有效磷 AP (mg/kg)	速效钾 AK (mg/kg)	阳离子交换量CEC (cmol/kg)	土壤母质 Parent material	剖面点坐标 Profile coordinate	匹配指数 Matching index/%
剖1	淋溶土	暗棕壤	草甸暗棕壤	黄土质草甸暗棕壤	黑河潮暗棕土	A	0—35	棕色	砂壤土	粒状		95.0	4.90	1.45	19.9				42.0	黄土状沉积物	E 127°09′55.8″ N 50°31′20.6″	75
						AB	35—75	灰棕色	壤质黏土	小核状		49.0	4.70	1.23	20.8				35.0			
						BC	75—100	棕色	壤质黏土	核状		15.0	0.90	0.40	22.4				27.0			
						C	100—110	棕色	壤质黏土			13.0	0.40	0.62	19.1				32.0			
剖2	水成土	沼泽土	生草潜育土			As	0—5	红棕色	轻壤土	无结构	5.9	74.0	2.50	2.20	21.0	254	7.9	471	32.0	河湖相沉积物	E 125°55′19.2″ N 50°20′06.4″	75
						G$_1$	5—15	灰蓝色	中黏土	无结构	5.3	15.0	1.00	0.80	25.0	80	3.1	193	30.0			
						G$_2$	15—30	黄色														
						C	30—															
剖3	淋溶土	暗棕壤	草甸暗棕壤	草甸暗棕壤		A$_1$	0—35	暗棕灰色	中壤土	团粒状	5.3	95.0	4.90	3.30	24.0	>400	8.7	>500	42.0		E 127°08′21.1″ N 50°44′46.3″	75
						AB	35—45	浅棕灰色	重壤土	小核状	5.2	49.0	4.70	2.80	25.0	256	6.1	448	35.0			
						B	45—75	棕色	轻黏土	核状	5.7	15.0	0.90	0.90	27.0	83	0.9	385	27.0			
						BC	75—100	浅黄棕色	砂壤土	核块状												
						C	100—160		重壤土	块状	5.2	18.0	1.40	1.40	23.0	88	7.4	340	32.0			
剖4	淋溶土	暗棕壤	潜育暗棕壤	潜育暗棕壤		Ao	0—2	灰棕色	壤土	粒状										黏砂沉积物	E 125°55′45.8″ N 50°15′28.8″	75
						A	2—6	黄棕色	中壤土	粒状	<4.5	152.0	2.60	2.60	29.0	>400	6.1	>500	47.0			
						AB	6—20	棕灰色	轻黏土	小核状	4.9	12.0	1.30	1.30	36.0	58	0.9	261	31.0			
						Bg$_1$	20—55	浅黄灰色	砂壤土	小核状	5.4	13.0	0.70	1.40	30.0	65	3.9	318	38.0			
						Bg$_2$	55—100															
剖5	淋溶土	暗棕壤	白浆化暗棕壤			O	0—2			不明显核状												
						A$_1$	2—15	棕白色	轻壤土	团粒状	6.3	213.0	6.50	4.20	18.0	>400	10.0	>500	49.0	河湖相沉积物	E 126°41′52.4″ N 50°35′51.0″	75
						AwB$_1$	15—25	灰白色	中壤土	无明显结构	5.0	10.0	0.60	0.90	29.0	57	6.1	224	11.0			
						AwB$_2$	25—70	棕色	重壤土	核状	6.4	9.5	0.60	0.70	26.0	21	1.3	214	22.0			
						B	70—130	棕色	轻壤土	块状	6.2	4.6	0.70	1.10	26.0	27	29.3	466	47.0			
						C	130—															
剖6	水成土	沼泽土	草甸沼泽土	碟形洼地草甸沼泽土		As	0—5	灰棕色	中壤土	团粒状											E 125°56′25.1″ N 50°11′16.4″	75
						A$_1$	5—23	暗棕灰色	黏土	核状	5.7	85.0	3.80	2.40	30.9	304	2.6	>500	37.0			
						Bg	23—40	黄灰相间		不明显核状												
						G	40—	铁灰棕色														
剖7	初育土	新积土	冲积土			A$_1$	0—13	灰棕色	轻黏土	无结构	5.6	24.0	1.20	1.60	30.5	88	2.6	>500	30.0	黄土冲积物	E 125°58′36.1″ N 50°10′58.4″	75
						Cw	13—105	棕灰相间	重黏土	团粒状	6.0	91.0	4.30	2.80	36.0	329	7.7	>500	46.0			
剖8	半淋溶土	黑土	黑土	砾石底黑土		A$_1$	0—37	黄棕色	重黏土	核粒状	6.0	34.0	1.60	1.70	36.0	133	5.9	>500	40.0	黄土冲积物	E 125°58′22.1″ N 50°10′21.7″	95
						AB	37—85	暗黄棕色	轻黏土	核状	5.7	12.0	1.30	1.40	38.0	41	4.0	>500	35.0			
						B	85—	暗棕色	中壤土	核状												
剖9	半淋溶土	黑土	黑土			A$_1$	0—28	暗棕色	重黏土	核状	6.1	81.0	3.80	2.70	33.0	348	6.0	>500	45.0	黄土冲积物	E 125°52′36.1″ N 50°09′35.6″	95
						B	28—50	棕黄色	轻黏土	核状	6.0	18.0	1.30	2.00	32.0	79	3.9	393	37.0			
						C	50—	暗黄棕色	轻黏土	无结构	6.0	17.0	1.40	1.20	27.0	91	3.9	448	41.0			
剖10	水成土	沼泽土	泥炭沼泽土	泥炭沼泽土	草灰洼甸土	At$_1$	0—23	暗黄棕色	壤土	无结构		272.1	12.00	1.98	12.5					冲积泥砂	E 126°07′30.4″ N 50°06′11.9″	95
						At$_2$	23—43	浅黄灰色	轻黏土	无结构		246.0	>6.00	0.70	15.3							
						G	43—110	浅青灰色				31.4	1.60	0.39	23.8							
剖11	半淋溶土	黑土	草甸黑土	草甸黑土		A$_1$	0—40	暗棕色	重黏土	团粒状	5.8	97.0	4.40	2.90	>40.0	340	4.8	>500	47.0	黄土冲积物	E 126°07′57.4″ N 50°04′26.4″	93
						AB	40—68		轻黏土	核块状		46.0	2.10	1.40	38.0	81	2.2	291	30.0			
						B	68—115	浅黄灰色	轻黏土	核状	6.5	9.0	0.40	1.30	35.0	41	2.2	237	37.0			
						C	115—	棕灰色	砂壤土	大核块状												

续表 Continued

剖面号 Soil profile	土纲 Soil order	土类 Soil great group	亚类 Soil subgroup	土属 Soil genus	土种 Soil species	土层码 Layer code	土层厚度 Depth/ cm	颜色 Soil color	质地 Soil texture	土壤结构 Soil structure	pH	有机质 OM/ (g/kg)	全氮 TN/ (g/kg)	全磷 TP/ (g/kg)	全钾 TK/ (g/kg)	碱解氮 AN/ (mg/kg)	有效磷 AP/ (mg/kg)	速效钾 AK/ (mg/kg)	阳离子 交换量CEC/ (cmol/kg)	土壤母质 Parent material	剖面点坐标 Profile coordinate	匹配指数 Matching index/%
剖12	淋溶土	暗棕壤	暗棕壤	砂砾底暗棕壤		Ao	0—5													黏砂沉积物	E 125°55′03.7″ N 50°19′36.8″	95
						A₁	5—15	棕灰色	轻壤土	团粒状	6.1	141.0	5.30	2.70	34.0	>400	15.7	>500	43.0			
						AB	15—35	棕色	中壤土	粒状	5.2	12.0	1.60	1.10	>40.0	57	2.2	237	17.0			
						B	35—115	黄棕色	砂壤土	核状	6.0	6.0	0.50	2.60	>40.0	37	3.5	179	16.0			
						C	115—180	浅棕黄色														
剖13	半水成土	草甸土	草甸土	砂质底草甸土		A₁	0—20		重壤土		5.8	40.5	2.40	1.70	>40.0	158	10.9	291	31.0	新老河湖沉积物	E 126°54′14.8″ N 50°20′53.9″	95
						AB	20—40		中重壤土		5.5	27.3	1.90	1.50	36.0	114	7.0	126	33.0			
						BC	40—60		中壤土		5.4	15.3	0.90	1.40	>40.0	68	7.0	22	21.0			
						C	60—80		砂壤土		5.5	8.3	0.80	1.50	>40.0	23	6.5	139	15.0			
						5	80—100		砂壤土		5.8	7.2	0.50	1.50	>40.0	54	6.5	143	18.0			
剖14	初育土	新积土	冲积土			1	0—22		中壤土		6.0									河流冲积物	E 127°07′13.1″ N 50°52′21.0″	95
						2	22—45	灰黄色			6.4											
						3	45—95	浅黄色			6.2											
						4	95—140	黄棕色														
剖15	淋溶土	暗棕壤	暗棕壤	砾砂质暗棕壤	黑河暗棕土	0	0—4													砂岩风化物	E 125°57′29.2″ N 50°21′36.7″	95
						A	4—15	暗棕色	粉砂质壤土	团块状	6.1	41.0	2.30	1.19								
						AB	15—35	棕色	砂质黏壤土	小核状	6.2	12.0	1.06	1.01								
						BC	35—115	红棕色	砂壤土		6.0	6.0	0.50	0.70								
						C	115—															
剖16	淋溶土	暗棕壤	暗棕壤	砾石底暗棕壤		Ao	0—3													黏砂沉积物	E 125°53′08.5″ N 50°15′33.8″	82
						A₁	3—12	暗棕灰色	轻壤土	粒状	5.9	167.0	6.40	2.70	33.0	>400	15.3	>500	>50.0			
						AB	12—27	棕色	中壤土	粒状	6.6	24.0	2.00	2.30	34.0	171	0.9	>500	32.0			
						B	27—44	黄棕色	中壤土	不稳定核状	6.0	14.0	0.60	1.60	>40.0	99	15.3	>500	20.0			
						C	44—110	棕褐色		核状												
剖17	初育土	新积土	冲积土	泛滥冲积土		1	0—10		中壤土		5.9	61.0	3.00	2.50	26.1	264	2.6	446	33.0	河流冲积物	E 127°11′24.4″ N 50°24′47.2″	95
						2	18—27		中壤土		6.6	59.0	2.30	2.40	26.0	204	1.3	265	26.0			
						3	30—40		砂壤土		6.8	64.0	2.60	2.60	25.3	172	0.4	242	25.0			
						4	50—60		砂壤土		6.4	17.0	0.80	1.40	27.7	53	10.5	133	14.0			
						5	70—80		紧砂土			9.0	0.70	1.40	32.2	61	5.7	143	5.0			
剖18	淋溶土	暗棕壤	暗棕壤	砾石底暗棕壤	暗山砂土	0	0—4													砂砾岩风化残积物	E 127°03′45.0″ N 50°18′43.9″	95
						Ah	4—15	暗棕色	砂质黏壤土	团块状	6.1	41.0	2.30	1.20	19.1	206	6.0	244	43.0			
						AB	15—35	棕色	砂质黏壤土	小块状	5.2	12.0	1.06	1.00	19.6	57	5.0	286	17.0			
						B	35—95	亮棕色	砂质黏壤土		6.0	14.0	0.50	0.70	18.7	37	3.0	216	16.0			
						C	95—															
剖19	水成土	沼泽土	泥炭沼泽土	泥炭土	泥炭土	Ha₁	0—23	油黄棕色		糊状	5.8	272.1	12.00	1.98	12.5	168	26.6	136	>50.0	河流冲积物	E 127°07′41.5″ N 50°10′28.2″	95
						Ha₂	23—43	棕色	壤质黏土		5.0	246.6	9.20	0.70	15.3	99	8.7	148	>50.0			
						G	43—110	蓝灰色			6.2	31.4	1.60	0.39	23.8	62	8.7	116	23.2			
剖20	初育土	新积土	冲积土	壤质底冲积土		1	0—10		中壤土		6.1	33.0	1.90	1.80	26.0	168	26.6	136	29.0		E 127°15′33.1″ N 50°44′02.8″	95
						2	35—45		中壤土		5.3	23.0	1.40	1.50	28.0	99	8.7	148	23.0			
						3	55—65		重壤土		5.4	21.0	0.80	1.20	30.0	62	8.7	116	16.0			
						4	65—75		重壤土		5.7	31.0	1.70	9.70	25.0	143	14.4	188	42.0			
						5	95—105				5.0	30.0	1.20	1.80	26.0	127	16.6	188	29.0			
						6	115—125		重壤土		5.0	37.0	2.20	3.20	23.0	197	16.6	232	40.0			

续表 Continued

剖面号 Soil profile	土纲 Soil order	土类 Soil great group	亚类 Soil subgroup	土属 Soil genus	土种 Soil species	土层码 Layer code	土层厚度 Depth/cm	颜色 Soil color	质地 Soil texture	土壤结构 Soil structure	pH	有机质 OM/(g/kg)	全氮 TN/(g/kg)	全磷 TP/(g/kg)	全钾 TK/(g/kg)	碱解氮 AN/(mg/kg)	有效磷 AP/(mg/kg)	速效钾 AK/(mg/kg)	阳离子交换量CEC/(cmol/kg)	土壤母质 Parent material	剖面点坐标 Profile coordinate	匹配指数 Matching index/%
剖21	初育土	新积土	冲积土	黏质底冲积土		1	0—20		轻黏土		5.8	105.0	4.10	1.70	28.0	306	5.9	>500	44.0		E 127°18′42.1″ N 50°33′20.9″	95
						2	20—40		中黏土		5.6	60.0	3.20	1.50	30.0	185	5.0	295	47.0			
						3	40—60		中黏土		6.3	32.0	2.00	1.30	32.0	163	3.9	224	43.0			
						4	60—80		中黏土		6.3	16.0	0.70	1.10	33.0	118	4.8	201	42.0			
						5	80—100		中黏土		7.2	11.0	0.60	1.30	32.0	58	3.9	279	45.0			
剖22	水成土	沼泽土	草甸沼泽土	沟谷草甸沼泽土		1	0—20		轻黏土		5.5	195.0	9.80	4.40	27.5	>400	4.8	>500	>50.0	河湖相沉积物	E 127°17′44.9″ N 50°10′51.6″	95
						2	20—40		轻壤土		6.4	149.0	6.10	2.80	28.8	>400	2.6	349	>50.0			
						3	40—60		中壤土		5.8	117.0	4.70	2.00	30.0	294	3.5	385	>50.0			
						4	60—80		中壤土		5.9	94.0	4.80	2.10	30.0	328	7.9	443	45.0			
剖23	水成土	泥炭土	草类泥炭土	草类泥炭土		At₁	0—10	灰棕色			6.5	241.0	12.00	3.00	17.2	>400	12.2	>500	>50.0		E 127°26′46.7″ N 50°13′05.9″	75
						At₂	10—75	黑棕色		片状	5.7	416.0	17.00	2.30	21.5	>400	13.1	305	>50.0			
						G₁	75—135	灰色		核块状												
						G₂	135—175	青灰色		无明显结构												
剖24	初育土	石质土	腐殖质火山石质土			As	0—5	暗棕灰色	砂壤土	团粒状	5.9	412.6	13.40	5.30	19.7	>400	21.8	>500	>50.0		E 127°24′37.1″ N 50°11′48.8″	75
						A₁	5—35	暗灰色	中壤土	无结构	5.4	146.3	7.33	6.10	20.6	>400	3.5	>500	>50.0			
						C	35—	棕褐相间														
剖25	水成土	沼泽土	泥炭沼泽土	沟谷泥炭腐殖质沼泽土		At	0—10	锈褐色	中壤土	无结构	5.8	170.0	6.90	2.90	>40.0	>400	13.1	>500	>50.0	河湖相沉积物	E 127°26′15.0″ N 49°42′44.6″	93
						A₁	10—30	暗棕灰色	重壤土	块状	5.9	42.0	1.60	2.30	25.0	164	12.2	206	37.0			
						G	30—	浅灰棕色	重壤土	无结构	5.5	40.0	1.60	1.60	33.0	178	8.7	353	34.0			

逊 克 县

主要土类说明

暗棕壤是逊克县主要土壤类型，占本县地域面积的75%。暗棕壤是在温带湿润地区针阔叶混交林下发育形成的具有明显有机质富集和弱酸性淋溶特征的土壤，具O-A-B-C剖面构型。A层有机质含量可达100g/kg，弱酸性淋溶使铁铝轻微下移；B层呈棕色，结构面见铁锰胶膜。土壤呈弱酸性，盐基饱和度为70%—80%。本县暗棕壤分为暗棕壤、白浆化暗棕壤、草甸暗棕壤、潜育暗棕壤、原始暗棕壤等亚类。其中，暗棕壤亚类面积最大，占本土类面积的80%左右，主要分布在低山丘陵、山前台地、坡度较大的阶地，自然植被为杨杂木林和针阔叶混交林，成土母质为岩石风化屑沉积物和坡积物。

草甸土是逊克县第二大土壤类型，占本县地域面积的12%。草甸土是本县的主要农牧业土壤，分为潜育草甸土、草甸土、白浆化草甸土等亚类。其中，潜育草甸土亚类面积最大，约占本土类面积的63%，主要分布在深山区，位于草甸土区内的低洼处，是介于草甸土与沼泽土之间的过渡类型。自然植被以喜湿的草甸植物为主。剖面主要特征是荒地表层为半分解的草甸层，AB层或BC层有大量锈纹、锈斑，有的剖面有大量潜育斑或形成灰蓝色土，结构差。草甸土亚类约占本土类面积的33%，主要分布在河谷低地、大小河流的沟谷低平地和沟谷水线两侧的开阔地。自然植被为大叶樟、小叶樟等喜湿植物，成土母质为新老河湖沉积物。剖面主要特征是黑土层较深厚，有的剖面厚度在30cm以上，呈明显的粒状或团粒结构，有锈斑和铁子，各层均为水平过渡。白浆化草甸土亚类约占本土类面积的4%，主要分布在草甸土区内的低平地或低洼地。自然植被为喜湿的草甸植物。成土过程除草甸化过程外，还附加白浆化过程。腐殖质层厚度为10—32cm，其下是明显的白浆化层，厚度为8—50cm，结构不明显，B层有灰蓝斑，C层有大量潜育斑点，各层锈斑较多，土体剖面构型为A_1-Aw-B-C。

沼泽土是逊克县第三大土壤类型，占本县地域面积的7%。沼泽土在本县各地均有分布，位于山区的新鄂、克林、宝山等地分布面积较大。本县沼泽土分为草甸沼泽土、泥炭腐殖质沼泽土、泥炭沼泽土等亚类。其中，草甸沼泽土亚类面积最大，占本土类面积的90%左右。

新积土占本县地域面积的3%，主要分布在河漫滩或河流两侧的低平地。新积土形成时间较晚，其剖面主要特征是：腐殖质层较薄，一般多为15—25cm，质地轻，排水较好，土体多锈斑，自然肥力高，透水性好，土质比较潮湿，耕性好。

小于本县地域面积3%的土壤类型有白浆土、黑土。

本区域中心区气候特征

本区域中心区气候特征值
Regional climate characteristics in central area of the region

气候带：中温带亚湿润气候 Climate region: Mid temperate subhumid climate	
年平均气温 /℃ Annual average temperature /℃	0.3
年平均最高气温 /℃ Annual average maximum temperature /℃	7.2
年平均最低气温 /℃ Annual average minimum temperature /℃	-6.1
年降水量 /mm Annual precipitation /mm	543
≥10℃的积温 /℃ Daily temperature accumulated in a year（≥10℃）/℃	425
年日照时数 /h Annual sunshine /h	2551
年平均相对湿度 /% Annual average relative humidity /%	70
干燥度 Dryness	0.11

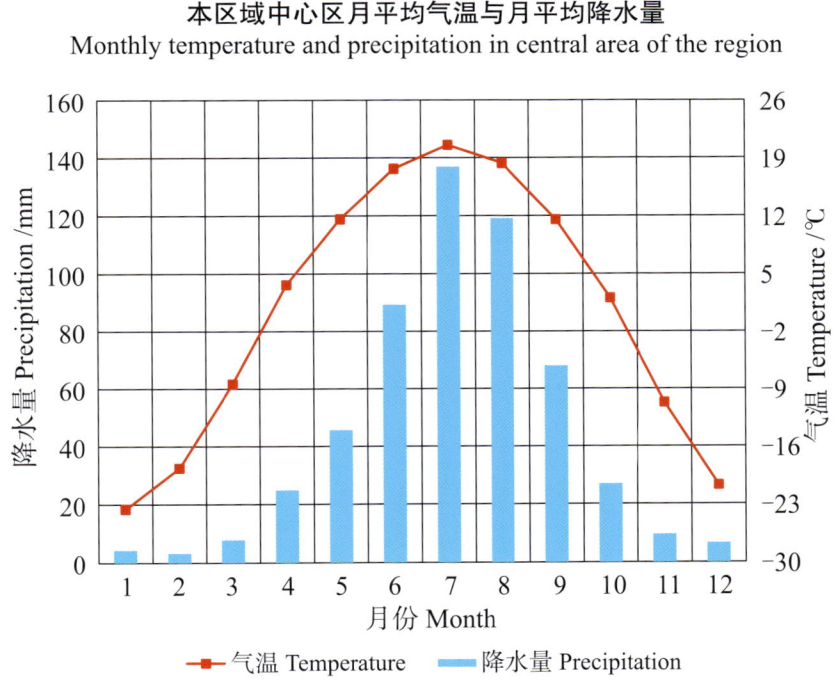

本区域中心区月平均气温与月平均降水量
Monthly temperature and precipitation in central area of the region

逊克县主要土壤类型与土壤剖面点分布图
1 : 700 000

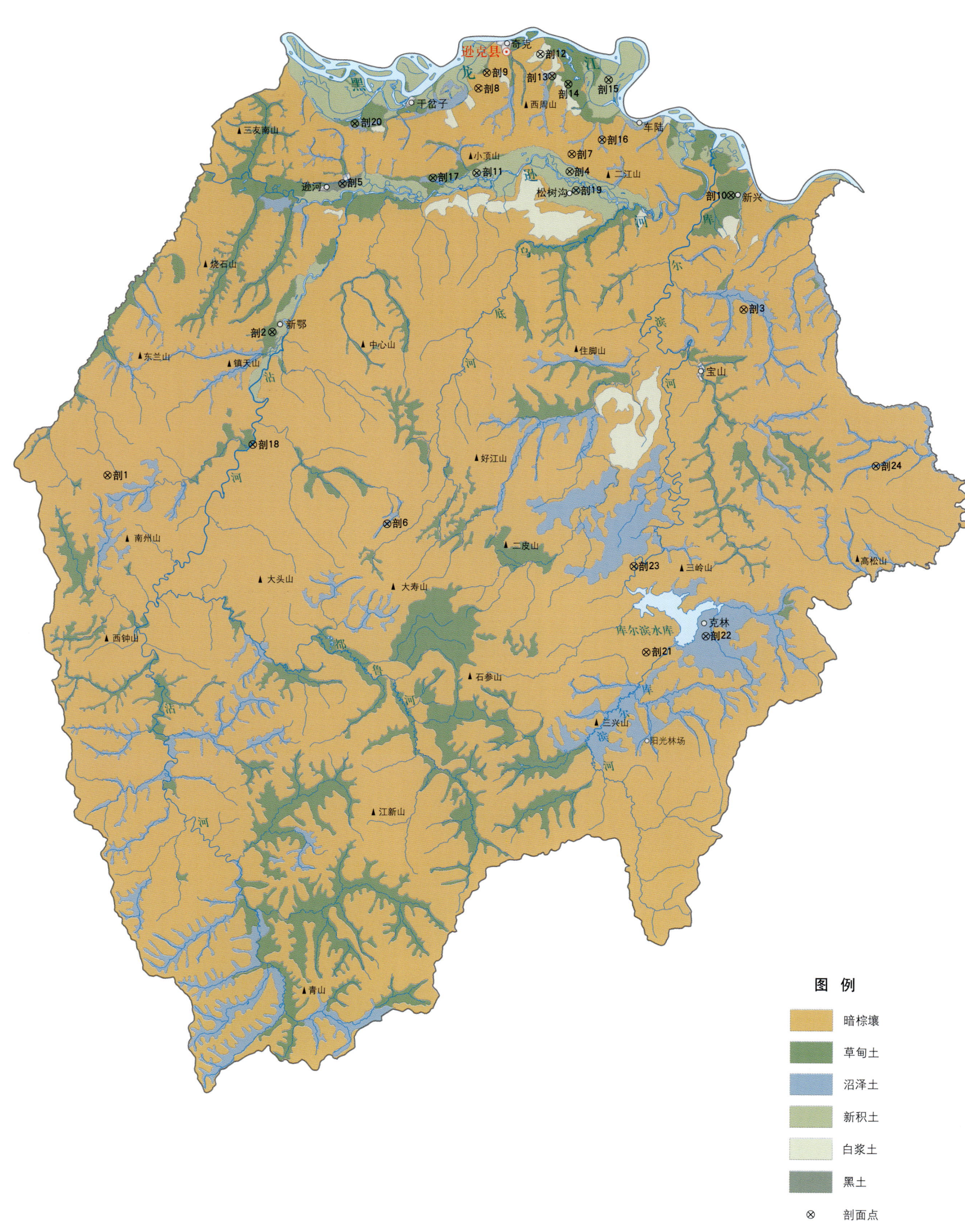

图例
- 暗棕壤
- 草甸土
- 沼泽土
- 新积土
- 白浆土
- 黑土
- ⊗ 剖面点

逊克县土壤剖面理化性状表

剖面号 Soil profile	土纲 Soil order	土类 Soil great group	亚类 Soil subgroup	土属 Soil genus	土种 Soil species	土层码 Layer code	土层厚度 Depth/cm	颜色 Soil color	质地 Soil texture	土壤结构 Soil structure	pH	有机质 OM/(g/kg)	全氮 TN/(g/kg)	全磷 TP/(g/kg)	全钾 TK/(g/kg)	碱解氮 AN/(mg/kg)	有效磷 AP/(mg/kg)	阳离子交换量 CEC/(cmol/kg)	土壤母质 Parent material	剖面点坐标 Profile coordinate	匹配指数 Matching index/%
剖1	淋溶土	暗棕壤	暗棕壤	原始暗棕壤		1	0—5				4.7	204.3	>6.00	2.24	21.2			47.6	岩石风化物、坡积物	E 127°35′25.4″ N 48°55′55.2″	95
						2	5—15	灰色	轻壤土	粒状	<4.5	82.0	2.44	1.32	21.1			33.3			
剖2	半水成土	草甸土	草甸土	黏底草甸土		A_1	0—30		重壤土		6.6	49.5	2.88	2.01	22.4				新老河湖沉积物	E 127°57′15.8″ N 49°08′53.2″	95
						AB	30—52	黄色	轻黏土	粒块状	6.4	19.9	1.17	1.30	25.5						
						B	52—140	棕灰色	轻黏土	无明显结构	6.3	12.6									
						C	140—					7.7									
剖3	淋溶土	暗棕壤	白浆化暗棕壤	白浆化暗棕壤		A_1	0—35	深灰色	中壤土	粒块状	6.0	69.6	3.21	1.84	28.3	284	7.0		黏土	E 129°00′54.0″ N 49°11′12.5″	75
						Aw	35—56	灰白色	轻壤土	小粒块状	5.8	21.5	1.08	0.86	27.0						
						Bg	56—90	黄棕色	轻壤土	小粒块状	5.9	7.9									
						BC	90—107	黄棕色	轻黏土	核状	6.0	7.2									
						C	107—	灰棕色		核状											
剖4	初育土	新积土	冲积土			1	0—20		中壤土	粒状	5.8									E 128°37′13.8″ N 49°23′20.0″	95
						A,Aw	20—35		砂壤土	不明显粒状	5.7										
						3	35—66		砂壤土	小粒状	5.5										
						4	66—120		中黏土	无明显结构	6.6										
						5	120—150		轻黏土	小粒状	5.8										
剖5	半淋溶土	黑土	黑土	砂底黑土	中层砂底黑土	A_1	0—32	暗灰色	轻黏土	团粒状	6.6	54.8	2.88	2.21	25.3	271	8.0	33.3	黄土状母质	E 128°37′26.6″ N 49°22′03.0″	95
						AB	32—52	暗棕色	轻黏土	核粒状	6.9	>250.0	1.84	1.82	22.4						
						B	52—110	黄棕色	中黏土	粒粒状	7.0	80.0									
						C	110—150		砂壤土		6.5	5.5									
剖6	水成土	沼泽土	泥炭沼泽土	泥炭沼泽土		At	0—17		中壤土	团粒状	5.9	>250.0	>6.00	1.41	8.3			>50.0	沉积物、淤积物	E 128°13′06.2″ N 48°52′03.7″	75
						G	17—80		重黏土	核块状	5.1	245.3	>6.00	2.98	12.8			>50.0			
剖7	淋溶土	暗棕壤	白浆化暗棕壤	白浆化暗棕壤	厚层草甸暗棕壤	Aw	10—20		中壤土	大粒状	6.1	39.6	1.03	0.84	25.0			17.1	风化残积物、坡积物	E 128°37′30.0″ N 49°24′52.9″	85
							25—35		重壤土	核块状	5.8	7.1	0.56	0.44	25.8						
							45—55		轻壤土		6.0	1.6									
剖8	淋溶土	暗棕壤	草甸暗棕壤	草甸暗棕壤		A_1	0—23	暗黑灰色	轻黏土	团粒状	6.6	44.0	2.06	1.32	24.3			25.9	冲积物、洪积物	E 128°24′43.2″ N 49°30′40.0″	95
						AB	23—67	浅棕色	轻黏土	核块状	6.8	<1.0	0.86	0.85	28.3						
						B	67—85	灰棕色	重黏土	大粒状	6.4	6.2									
						C	85—	棕灰色	轻黏土		6.5	2.9									
剖9	淋溶土	暗棕壤	暗棕壤	黏底暗棕壤		A_1	0—18	暗黑灰色	重黏土	团粒状	6.5	37.6	1.69	1.17	29.4			23.1	风化残积物、坡积物	E 128°25′52.0″ N 49°32′02.4″	95
						AB	18—40	暗棕色	轻壤土	粒状	6.2	11.8	0.62	0.71	29.6						
						B	40—120	浅棕色	重壤土	核块状	6.1	8.2	0.64	0.75	27.8						
						C	120—														
剖10	淋溶土	草甸土	砂底草甸土	砂底草甸土		A_1	0—45	黄棕灰色	重黏土	团粒状	6.4	99.4	2.48	2.57	23.3	273	14.0	31.8	新老河湖沉积物	E 128°59′07.8″ N 49°21′16.2″	95
						AB	45—75	暗棕色	轻壤土	粒块状	6.3	36.7	2.00	1.75	23.9						
						BC	75—85	浅棕色	重壤土	粒状	6.3	27.0									
						C	85—	棕灰色	砂壤土	无明显结构	6.5	5.5									
剖11	初育土	新积土	冲积土	冲积土	中层冲积土	A_1	0—27	棕灰色	中壤土	粒块状	6.7	39.4	1.89	1.36	29.6			17.9	新老河湖沉积物	E 128°24′36.0″ N 49°23′09.2″	95
						AB	27—61	黄棕色	中壤土	小粒状	6.6	8.6	0.47	0.71	31.3						
						BC	61—82	黄棕色	砂壤土	小粒状	6.5	6.8									
						C	82—		砂壤土		6.8	3.5									

续表 Continued

剖面号 Soil profile	土纲 Soil order	土类 Soil great group	亚类 Soil subgroup	土属 Soil genus	土种 Soil species	土层码 Layer code	土层厚度 Depth/cm	颜色 Soil color	质地 Soil texture	土壤结构 Soil structure	pH	有机质 OM/(g/kg)	全氮 TN/(g/kg)	全磷 TP/(g/kg)	全钾 TK/(g/kg)	碱解氮 AN/(mg/kg)	有效磷 AP/(mg/kg)	阳离子交换量 CEC/(cmol/kg)	土壤母质 Parent material	剖面点坐标 Profile coordinate	匹配指数 Matching index/%
剖12	淋溶土	白浆土	白浆土	岗地白浆土		A₁	0—23	暗灰色	重壤土	粒状	6.5	23.1		0.89	25.5			19.4	洪积黏土	E 128°33′07.6″ N 49°33′42.1″	95
						Aw	23—37	灰白色	重壤土	片状	6.4	7.8	0.52	0.60							
						B₁	37—58	暗棕褐色	轻黏土	小核状	6.4	3.7	0.55	0.87	24.9						
						B₂	58—90	暗棕褐色	轻黏土	大核状	6.6	15.0									
						B₃	90—130	暗棕褐色	轻黏土	大核状	6.5	10.3									
						C	130—	棕黄色	轻黏土	块状	6.5	10.8									
剖13	淋溶土	暗棕壤	草甸暗棕壤	草甸暗棕壤	中层草甸暗棕壤	A₁	0—20	浅灰棕色	轻黏土	粒块状	6.5	30.7	1.18	0.15	25.5			22.1	冲积物、洪积物	E 128°34′43.7″ N 49°31′47.3″	95
						AB	20—60	浅棕灰色	轻黏土	粒块状	5.9	9.9	0.51	0.74	24.6						
						B	60—90	灰棕色	轻黏土	粒块状	6.7	6.1									
						C	90—130	棕黄色	轻黏土	大粒状											
剖14	半水成土	草甸土	草甸土	黏底草甸土		A₁	10—20	棕灰色	轻黏土		6.1	54.6	2.97	2.03	24.8	298	6.0	30.8	新老河湖沉积物	E 128°36′56.2″ N 49°31′05.2″	95
						B	35—45	棕灰色	中黏土	粒状	6.3	18.5	1.02	1.09	28.1						
						BC	60—70	棕黄色	中黏土	粒状	6.2	12.6									
						Cg	80—90	黄灰棕色	轻黏土	粒状	6.4	7.6									
剖15	初育土	新积土	冲积土	冲积土	厚层冲积土	A₁	0—35	棕灰色	中壤土	粒状	6.5	39.1	1.99	1.55	26.7	211	4.0	19.5	新老河湖沉积物	E 128°42′25.9″ N 49°31′28.9″	95
						A₂	35—50	棕灰色	中壤土	粒状	6.3	42.9	1.32	1.44	26.5						
						AB	50—80	棕黄色	轻壤土	粒状	6.5	6.2									
						C₁	80—100	黄棕色	砂土	无结构											
						C₂	100—120	灰黄棕色	砂土	无结构											
						C₃	120—		砂壤土												
剖16	水成土	沼泽土	泥炭沼泽土	泥炭腐殖质沼泽土		At	0—4		砂壤土		5.1	>250.0	>6.00	>4.00	11.6	>400	15.0	>50.0	新老河湖沉积物	E 128°41′35.9″ N 49°26′10.7″	93
						An	4—15		轻壤土		5.6	153.6	>6.00	>4.00	19.6						
						Ct₁	15—25		重壤土		5.9	33.3	1.61	2.42	22.3						
						Ct	30—40		中壤土		6.2	8.3									
剖17	半水成土	草甸土	泛滥地草甸土	泛滥地草甸土	中层泛滥地草甸土	A₁	43—55		重壤土		6.1	9.6									
						A₁	0—25	暗棕色	轻壤土	粒状	5.8	43.1	2.57	2.02	30.1			21.3	新老河湖沉积物	E 128°18′42.1″ N 49°22′40.4″	95
						C	57—67		松砂土		6.2	60.8	2.29	2.43	22.7						
剖18	淋溶土	暗棕壤	潜育暗棕壤	潜育暗棕壤		A₁	0—22	棕灰色	轻黏土	粒状	5.9	28.7	1.43	1.28	22.4			35.2	风化残积物、坡积物	E 127°54′53.3″ N 48°58′52.0″	95
						Bg₁	32—42	黄棕色	中黏土	粒状	6.5	15.3	0.29	1.17	23.2						
						Bg₂	45—55	棕褐色	中黏土	粒状	6.7										
						Cg	65—75	浅棕色	中黏土		6.7										
剖19	初育土	新积土	冲积土	冲积土	薄层冲积土	A₁	0—16	暗灰色	轻壤土	粒块状	6.7	42.2	2.26	1.63	27.3			25.7	新老河湖沉积物	E 128°38′07.4″ N 49°21′39.2″	96
						AB	16—37	黄棕色	重黏土	小粒状	6.9	12.0	0.77	0.89	28.5						
						B	37—89	棕褐色	轻黏土	小粒状	6.1	15.7									
						BC	89—98	浅褐色	砂壤土	无明显结构	6.1	1.2									
						C	98—														
剖20	半水成土	草甸土	潜育草甸土	潜育草甸土		A₁	0—28	暗灰色	轻壤土	粒状	5.2	123.8	>6.00	3.31	21.0	74	13.0	32.7	新老河湖沉积物	E 128°07′58.4″ N 49°27′24.1″	95
						ABg	28—44	蓝棕灰色	中壤土	片粒状	5.6	29.5	1.37	1.83	27.8						
						BCg	44—53	蓝灰色	轻黏土	不明显粒状	5.9	15.8									
						Cg	53—106	蓝灰色	重壤土	不明显粒状	6.5	9.5									
剖21	淋溶土	暗棕壤	暗棕壤	黏底暗棕壤		A₁	4—13		中壤土		6.6	146.3	>6.00	2.18	22.3				新老河湖沉积物	E 128°47′59.3″ N 48°40′54.1″	95
						B₁	30—40	重棕色	重壤土		6.3	28.8	1.33	0.78	24.2						
						B₂	70—80	重棕色	重壤土		6.1	16.1									
						B₃	90—100		轻黏土												

续表 Continued

剖面号 Soil profile	土纲 Soil order	土类 Soil great group	亚类 Soil subgroup	土属 Soil genus	土种 Soil species	土层码 Layer code	土层厚度 Depth/cm	颜色 Soil color	质地 Soil texture	土壤结构 Soil structure	pH	有机质 OM/(g/kg)	全氮 TN/(g/kg)	全磷 TP/(g/kg)	全钾 TK/(g/kg)	碱解氮 AN/(mg/kg)	有效磷 AP/(mg/kg)	阳离子交换量CEC/(cmol/kg)	土壤母质 Parent material	剖面点坐标 Profile coordinate	匹配指数 Matching index/%
剖22	水成土	沼泽土	草甸沼泽土	草甸沼泽土		A₁	0—18	暗灰色	轻黏土	粒状	5.6	130.8	5.92	3.60	23.1	142	10.0	38.5		E 128°55′56.6″ N 48°42′19.8″	95
						ABg	18—36	棕灰色	轻黏土		5.6	19.4	0.89	1.35	26.9						
						G	36—70	灰色	轻黏土	无结构	5.6	18.1									
剖23	淋溶土	暗棕壤	白浆化暗棕壤	黄土质白浆化暗棕壤	黄白浆暗棕土	A	0—35	暗棕灰色	黏壤土	团块状		60.6	3.21	0.81	23.5			37.8	冲积砂、沉积砂	E 128°46′15.2″ N 48°48′31.0″	95
						AAw	35—56		壤质黏土	不明显片状		21.5	1.03	0.38	22.4			20.0			
						B	56—90	浅棕色	壤质黏土	小核状		7.0	0.28	0.42	15.1			37.0			
						BC	90—107	灰棕色	壤质黏土	核状		7.2									
						C	107—	棕色													
剖24	水成土	沼泽土	草甸沼泽土	草甸沼泽土		1	0—30		重黏土		5.6	114.4	>6.00	3.35	16.9					E 129°18′41.8″ N 48°57′22.7″	95
						2	30—52		轻黏土		5.3	15.4	1.00	1.50	25.4						
						3	52—70		重黏土		5.4	12.2	0.68								
						4	70—101		中黏土												

孙 吴 县

主要土类说明

暗棕壤是孙吴县主要土壤类型，占本县地域面积的68%，主要分布在本县中部的丘陵河谷和西部的低山河谷，分布面积较大的有卧牛河、正阳山、辰清、奋斗、群山、西兴等地。暗棕壤是在温带湿润地区针阔叶混交林下，在有机质富集和黏化淋溶过程共同作用下形成的土壤。有机质富集和黏化淋溶过程是暗棕壤的形成动力，也是构成其基本特性和肥力性质的重要基础。第一，大量的森林凋落物的积累，为土壤发育提供了大量的能量来源。在茂密森林植被作用下，释放出的大量灰分中和了微生物活动所产生的有机酸，保证了微生物旺盛活动的必要环境，使有机物腐殖化并积累于表层。第二，土壤吸收并积累大量的氮和灰分元素，为土壤肥力不断发展创造了物质基础。第三，弱酸性淋溶使黏粒和部分元素淋溶，但不会引起黏土矿物的分解和破坏，并积累大量有机质，为森林木本植物生长提供足够的养分来源。黏粒的移动伴随着铁、锰下移，由于心土与底土的水、热状况较上层好，铁、锰渗入底层后被氧化，并附着于土粒表面，使暗棕壤呈现特有的棕色或暗棕色。本县暗棕壤分为暗棕壤、潜育暗棕壤、白浆化暗棕壤、草甸暗棕壤、原始暗棕壤等亚类。

草甸土是孙吴县第二大土壤类型，占本县地域面积的24%，主要分布在黑龙江、逊河、卧牛河及其支流的河谷平原低阶地。成土母质一般为冲积物或沉积物。其形成过程主要是草甸化过程，基本特征为土壤有机质大量积累。在自然植被下发育的草甸土，表层有5—10cm厚的草根盘结层，草根层之下为结构良好的暗灰色腐殖质层，厚度在30cm左右，质地黏重，有锈斑，往下为锈色斑纹层，呈黄棕色，有铁锰结核，干时可见二氧化硅粉末，距表层100cm再往下为砂砾质或壤质的冲积性母质层。本县草甸土分为草甸土、潜育草甸土、泛滥地草甸土等亚类。

新积土是孙吴县第三大土壤类型，占本县地域面积的5%，主要分布在江河两岸的高河漫滩和低阶地。受河水泛滥影响，草甸化过程与河流冲积过程交替进行，形成多层次的剖面。

沼泽土占本县地域面积的5%，主要分布在腰屯、孙吴、辰清等地。本县沼泽土分为草甸沼泽土、泥炭腐殖质沼泽土等亚类。

小于本县地域面积3%的土壤类型有黑土、白浆土、泥炭土。

本区域中心区气候特征

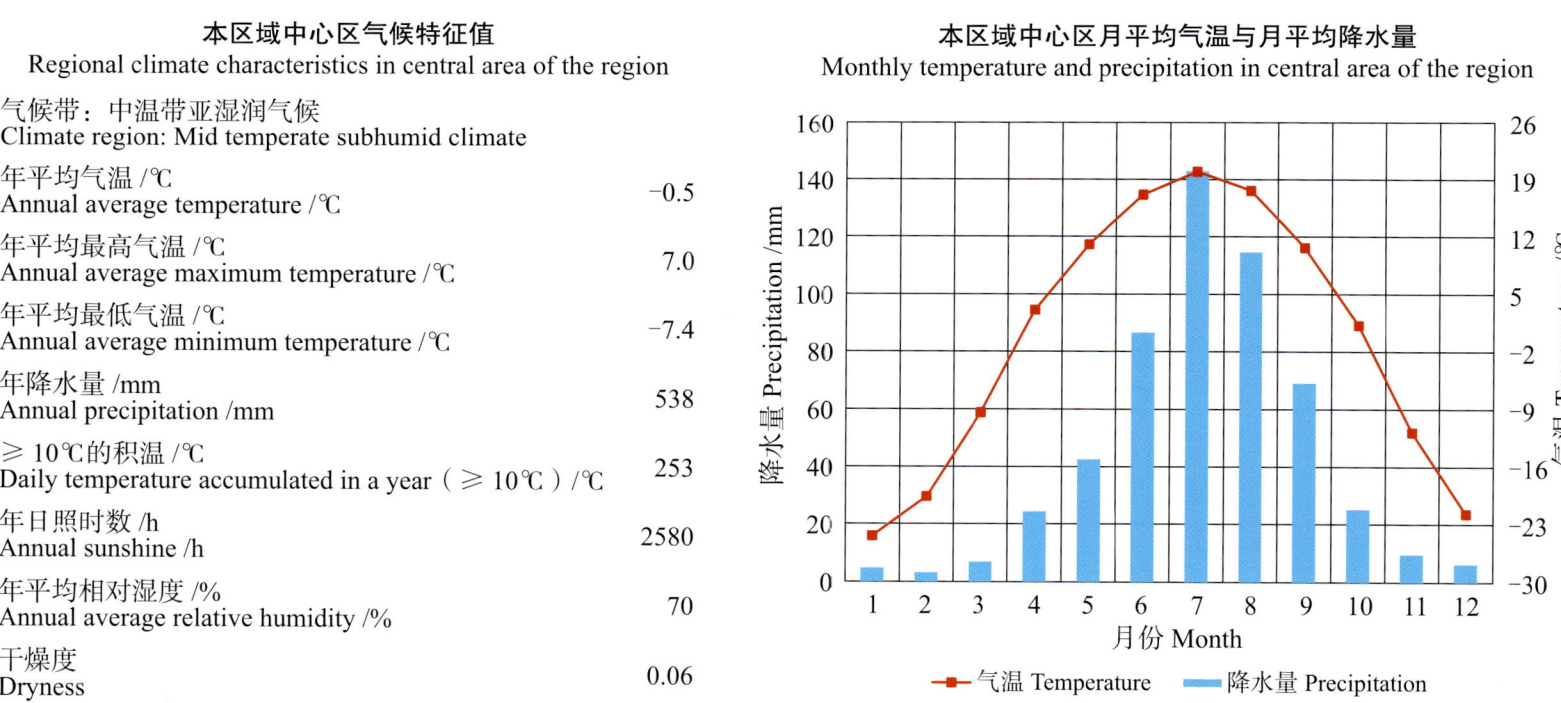

本区域中心区气候特征值
Regional climate characteristics in central area of the region

气候带：中温带亚湿润气候 Climate region: Mid temperate subhumid climate	
年平均气温 /℃ Annual average temperature /℃	-0.5
年平均最高气温 /℃ Annual average maximum temperature /℃	7.0
年平均最低气温 /℃ Annual average minimum temperature /℃	-7.4
年降水量 /mm Annual precipitation /mm	538
≥10℃的积温 /℃ Daily temperature accumulated in a year（≥10℃）/℃	253
年日照时数 /h Annual sunshine /h	2580
年平均相对湿度 /% Annual average relative humidity /%	70
干燥度 Dryness	0.06

本区域中心区月平均气温与月平均降水量
Monthly temperature and precipitation in central area of the region

孙吴县主要土壤类型与土壤剖面点分布图
1:350 000

孙吴县土壤剖面理化性状表

剖面号 Soil profile	土纲 Soil order	亚类 Soil subgroup	土属 Soil genus	土种 Soil species	土层码 Layer code	土层厚度 Depth/cm	颜色 Soil color	质地 Soil texture	土壤结构 Soil structure	pH	有机质 OM/(g/kg)	全氮 TN/(g/kg)	全磷 TP/(g/kg)	全钾 TK/(g/kg)	阳离子交换量CEC/(cmol/kg)	土壤母质 Parent material	剖面点坐标 Profile coordinate	匹配指数 Matching index/%
剖1	淋溶土	暗棕壤	原始暗棕壤		Ao	0—2										以花岗岩为主的风化残积物	E 126°52′28.9″ N 49°31′29.6″	95
					AD	2—14	暗棕色	中壤土	无结构	5.1	43.7	1.53	0.81		21.0			
					D	14—												
剖2	半淋溶土	暗棕壤型黑土	砾石底暗棕壤型黑土	中层砾石底暗棕壤型黑土	A_1	0—30	暗灰色	轻壤土	团粒状	5.7	103.7	4.70	3.17				E 126°52′34.0″ N 49°52′40.9″	95
					AB	30—40	暗灰棕色	中壤土		6.1	21.0	0.97	1.55					
					Bg_1	40—55	棕色	轻黏土		6.0	16.4	0.76	1.31					
					Bg_2	55—80	暗棕灰色	轻黏土										
					D	80—	红棕色											
剖3	半淋溶土	暗棕壤型黑土	砂砾底暗棕壤型黑土	薄层砂砾壤型黑土	1	7—17		中壤土		5.7	58.8	3.41	1.91	23.5		黏质黄土、砂砾质沉积物	E 127°21′27.7″ N 49°21′40.0″	93
					2	17—25	暗棕色	重壤土		5.7	22.9	2.03	1.14					
					3	25—40	暗棕色	轻壤土		5.2	22.9	0.88	0.75					
剖4	半淋溶土	暗棕壤型黑土	砂砾底暗棕壤型黑土	中层砂砾底暗棕壤型黑土	AB	0—37	灰黑棕色	中壤土	团粒状							以花岗岩为主的风化残积物	E 126°52′46.2″ N 49°19′45.1″	95
					B	37—65	灰黑色	重壤土	团块状									
					BC	65—105	灰黄棕色	轻壤土	团块状									
					C	105—115	灰黄棕色	轻黏土	粒状									
						115—	灰黄棕色	砾质砂土										
剖5	淋溶土	白浆化暗棕壤	砾石底白浆化暗棕壤		Ao	0—5	暗黑色	中壤土	团粒状	5.4	73.2	3.15	1.55	22.9	35.8	以花岗岩为主的风化残积物	E 127°38′13.2″ N 49°40′33.2″	95
					A_1	5—16	暗棕色	重壤土	不明显核块状	5.6	13.2	0.70	0.61	23.7	18.0			
					Aw	16—27	浅黄棕色	黏壤土	核块状	5.4	7.5	0.44	0.51					
					B	27—49	浅黄棕色	重黄土	核块状									
					BDg	49—60	黄黄色											
					D	60—												
剖6	半淋溶土	草甸黑土	壤底草甸黑土	薄层壤底草甸黑土	A	0—29	暗黑棕色	中壤土	粒状	6.0	165.5	5.72	3.51				E 127°21′46.2″ N 49°16′40.8″	93
					AB	29—78	棕黑色	轻黏土	粒状	5.2	26.9	4.88	1.65					
					B	78—147	棕黑色	核块状										
					BC	147—												
剖7	半淋溶土	草甸黑土	砾底草甸黑土	群山潮黑土	A	0—43	暗黑色	黏壤土	团块状	5.8	106.4	4.11	0.95	17.1	41.4	砂砾岩及其再沉积岩、洪积岩、冲积物	E 126°56′53.2″ N 49°11′24.0″	95
					B	43—90	暗黄色	壤质黏土	小核块状	5.7	42.7	2.85	0.97	17.7	34.0			
					BC	90—120	棕黄色	壤质黏土	核块状	<4.5	12.2	<0.10	0.52	19.3	28.8			
					C	120—												
剖8	半水成土	潜育草甸土	砂砾底潜育草甸土		A	0—20	暗黑色	中壤土	粒状	5.9	68.8	4.06	2.79	21.3	44.2	砂砾岩及其再沉积岩、洪积岩、冲积物	E 127°06′46.1″ N 49°33′14.4″	95
					AB	20—25	黄黑色	重黏土	团块状	5.5	31.2	2.19	0.63					
					B	25—50	浅棕色	重黏土	核状	4.8	9.4	1.59	1.48					
					C	50—130	黄褐色	中壤土	粒状									
剖9	半水成土	草甸土	砂砾底草甸土	薄层砂砾底草甸土		130—	黄褐色									砂砾岩及其再沉积岩、洪积岩、冲积物	E 127°13′43.7″ N 49°33′02.5″	95
					A	0—28	暗灰色	粉砂质黏壤土	粒状、团块状			2.14	3.00	23.5				
					BCg	28—61	暗黄棕色	砂质黏壤土	小核块状			1.53	1.45	23.5				
					Cg	61—102	青灰色					0.52	0.72	26.8				
剖10	半水成土	潜育草甸土	砂砾底潜育草甸土	孙吴湿草甸土	A	0—28					44.3		1.04			洪积砂砾	E 127°08′19.0″ N 49°27′14.8″	82
					BCg	28—61					22.9		0.48					
					Cg	61—102					11.4		0.50					

续表 Continued

剖面号 Soil profile	土纲 Soil order	土类 Soil great group	亚类 Soil subgroup	土属 Soil genus	土种 Soil species	土层码 Layer code	土层厚度 Depth/cm	颜色 Soil color	质地 Soil texture	土壤结构 Soil structure	pH	有机质 OM/(g/kg)	全氮 TN/(g/kg)	全磷 TP/(g/kg)	全钾 TK/(g/kg)	阳离子交换量CEC/(cmol/kg)	土壤母质 Parent material	剖面点坐标 Profile coordinate	匹配指数 Matching index/%
剖11	水成土	泥炭土	草木泥炭土	草木泥炭土		As	0~27		轻壤土		5.8	220.5	8.96	3.28	20.8	>50.0	沉积物	E 127°09′48.6″ N 49°25′18.5″	75
						At₁	27~90	暗棕色	中壤土		5.1	150.8	5.01	1.32	21.6	>50.0			
						At₂	90—	暗棕色			5.6	347.7	13.73	2.17	11.6				
剖12	淋溶土	暗棕壤	草甸暗棕壤	砾石底草甸暗棕壤		Ao	0~3										砂砾岩及其再沉积岩、洪积物、冲积物		95
						A	3~11	灰黑色	轻壤土	团粒状									
						AB	11~20	灰黄色	重壤土	团块状									
						B	20~45	灰棕色	重壤土	核块状									
						BD	45~85	棕色	重壤土	块状									
						D	85—	灰黄色											
剖13	淋溶土	暗棕壤	暗棕壤	砾石底暗棕壤		1	0~10				6.0	70.8	4.12	2.61	22.5		以花岗岩为主的风化残积物	E 126°59′25.4″ N 49°13′13.4″	95
						2	10~70				5.3	10.2	1.01	0.97					
剖14	半淋溶土	黑土	黑土	壤底黑土	中层壤底黑土	A₁	0~40	灰黑色	重壤土	团粒状		44.9	5.07				黄土状母质	E 127°17′06.4″ N 49°34′28.2″	75
						AB	40~60	黄灰色	重壤土	团块状									
						B	60~100	黄棕色	重壤土	核块状									
						BC	100~135	黄棕色	重壤土	核块状									
剖15	草甸土	草甸土	草甸土	埋藏型草甸土	中层埋藏型草甸土	AB₁	0~30	灰黑色	中壤土	粒状	5.6	83.5	5.04	2.76	23.5		砂砾岩及其再沉积岩、洪积物、冲积物	E 127°22′30.0″ N 49°34′51.2″	95
						AB₂	30~60	暗黑色	重壤土	粒状	5.5	28.6	1.72	1.18					
						B₁	60~70	浅黄色	轻黏土	核块状	5.3	17.7	1.26	1.18					
						B₂	70~80	灰黑色	轻黏土	核块状									
						B₃	90~145	黄棕色	砂壤土	核块状									
						C	145—												
剖16	草甸土	草甸土	甸泥砂土	黑甸泥砂土	A₁₁	0~29	棕灰色	黏壤土	粒状	5.5	60.5	4.02	1.03	23.8	30.2	河流冲积物	E 127°20′42.4″ N 49°27′01.1″	95
						Ah	29~70	灰黄棕色	壤质黏土	团块状	6.5	76.4	3.78	0.70	24.4	28.4			
						Cu	70~100	亮黄棕色	壤质黏土	块状	6.5	22.4	1.35	0.36					
						C	100~120	亮黄棕色	砂壤土	粒状		6.1	0.23	0.41					
剖17	半水成土	草甸土	泛滥地草甸土	砂砾底泛滥地草甸土	中层砂砾底泛滥地草甸土	A	0~27	暗棕色	重壤土	粒状	6.5	42.4	2.06	1.80	28.5	26.1	砂砾岩及其再沉积岩、洪积物、冲积物	E 127°34′48.0″ N 49°31′04.8″	95
						AB	27~52	暗棕色	中壤土	团块状									
						BC₁	52~76	棕色	轻黏土	团块状									
						BC₂	76~128	灰黄青色	砂壤土	团块状									
						C	128—	灰黄色											
剖18	半水成土	黑土	草甸黑土	砾石底草甸黑土	厚层砾石底草甸黑土	A	0~55	暗黑色	中壤土	粒状	5.8	52.3	2.04	2.68	21.3	29.3	黏质黄土、砂砾质沉积物	E 126°59′16.4″ N 49°14′36.2″	95
						AB	55~73	暗黄棕色	轻黏土	团粒状	6.0	29.7	1.17	1.81		25.4			
						Bg	73~115	黄棕色	中壤土	粒状									
						BDg	115~130	棕灰色	中壤土	粒状									
						D	130—	灰黄色	砂壤土	无明显结构									
剖19	淋溶土	暗棕壤	暗棕壤	砾石底暗棕壤		Aoo	0~2										以花岗岩为主的风化残积物	E 127°20′59.6″ N 49°22′12.4″	95
						Ao	2~6	暗棕灰色	中壤土	团粒状	5.8	94.1	4.25	2.89		33.0			
						A₁	6~21	暗黄棕色	中壤土	团块状	5.7	36.0	1.50	1.30		30.0			
						AB	21~34	棕黄色	中壤土	团块状	5.3	5.7	0.97	1.65					
						B	34~52	黄棕色	砂壤土	无结构	5.1	10.9	1.00	0.95					
						D	52—												
剖20	半淋溶土	黑土	黑土	砂砾底黑土	薄层砂砾底黑土	A	0~20	暗黑色	重壤土	团粒状							黄土状母质	E 127°25′36.1″ N 49°25′03.4″	95
						AB	20~42	暗棕色	中壤土	团块状									
						B	42~56	棕色	重壤土	团块状									
						C	56~73	黄色		无结构									
							73—												

续表 Continued

剖面号 Soil profile	土纲 Soil order	土类 Soil great group	亚类 Soil subgroup	土属 Soil genus	土种 Soil species	土层码 Layer code	土层厚度 Depth/cm	颜色 Soil color	质地 Soil texture	土壤结构 Soil structure	pH	有机质 OM/(g/kg)	全氮 TN/(g/kg)	全磷 TP/(g/kg)	全钾 TK/(g/kg)	阳离子交换量 CEC/(cmol/kg)	土壤母质 Parent material	剖面点坐标 Profile coordinate	匹配指数 Matching index/%
剖21	淋溶土	暗棕壤	潜育暗棕壤	砂砾底潜育暗棕壤		A₁	0~20	暗灰色	中壤土	团粒状	5.6	30.6	1.65	0.91	27.8	30.6	砂砾岩及其再沉积岩、洪积物、冲积物	E 127°21′26.3″ N 49°34′04.1″	92
						AB	20~29	暗棕灰色	中壤土	团粒状	6.0	7.8	0.49	0.53		17.3			
						Bg	29~53	暗棕色	中壤土	团块状									
						Cg	53—	黄棕色	砂壤土										
剖22	半淋溶土	黑土	暗棕壤型黑土	砾石底暗棕壤型黑土	薄层砾石底暗棕壤型黑土	A	0~20	暗灰色	轻壤土	团粒状	5.6	84.9	4.02	2.89			黏质黄土、砂砾质沉积物	E 126°47′21.1″ N 49°16′07.7″	95
						AB	20~43	暗棕色	中壤土	粒状	5.2	42.0	2.17	2.09					
						B₁	43~67	灰棕色	轻黏土	团块状	6.1	7.6	0.57	0.81					
						B₂	67~90	暗灰棕色		核块状									
						D	90—	棕黄色											
剖23	淋溶土	暗棕壤	白浆化暗棕壤	壤底白浆化暗棕壤		A₁	0~25	暗灰色	轻壤土	团粒状	6.2	49.2	2.35	1.58			砂砾岩及其再沉积岩、洪积物、冲积物	E 127°42′56.9″ N 49°34′42.2″	95
						Aw	25~50	青灰色	中壤土	无结构	6.3	14.6	0.85	1.02					
						Bg₁	50~80	暗棕色	轻黏土	核块状	6.3	8.9	0.61	1.18					
						Bg₂	80—	暗棕色	中黏土	核状	6.3	8.1	0.48	1.18					
剖24	淋溶土	暗棕壤	暗棕壤	砂砾底暗棕壤		Ao	0~7											以花岗岩为主的风化残积物	E 127°41′02.8″ N 49°38′37.3″	75
						A	7~20	暗灰色	中壤土	粒状、团块状	6.1	30.4	1.34	0.79	18.7	25.3			
						B	20~70	灰黄色	中壤土	团块状	<4.5	8.7	0.65	0.52		24.9			
						C	70—	浅黄色	砂壤土			3.5	0.66	0.41					
剖25	淋溶土	新积土	冲积土	砂砾底冲积土	厚层砂砾底冲积土	A	0~15	黑灰色	中壤土	团粒状	6.0	94.1	4.76	2.21			砂砾岩及其再沉积岩、洪积物、冲积物	E 127°19′19.9″ N 49°37′10.9″	95
						AB	15~34	灰黄色	重壤土	团块状	6.1	20.7	1.33	1.24					
						B₁	34~40	灰黄色	重壤土	团块状									
						B₂	40~93	棕黄色	重壤土	核状	6.1	14.0	0.76	0.89					
						C	93—		轻黏土	团粒状									
剖26	淋溶土	暗棕壤	草甸暗棕壤	砂砾底草甸暗棕壤		1	0~20	暗灰色	中壤土		5.7	40.9	1.86	0.99	27.3	21.5	砂砾岩及其再沉积岩、洪积物、冲积物	E 127°42′45.4″ N 49°37′37.9″	95
						2	25~35				5.9	5.9	0.35	0.39		19.5			
						3	50~60				5.0	4.4	0.47	0.35					
剖27	初育土	暗棕壤	草甸暗棕壤	砂砾底草甸暗棕壤		A	0~15		轻壤土	粒状	5.7	49.1	4.04	1.68	17.0	45.3	砂砾岩及其再沉积岩、洪积物、冲积物	E 127°26′40.2″ N 49°25′34.0″	95
						A₂	15~45	暗棕色	轻黏土	团粒状	6.0	20.9	2.20	1.20	17.0	48.0			
						B	45~75	暗棕色	重壤土	团块状	5.6	13.4	1.11	0.96					
						BCg	75~95	灰棕色	重壤土	团块状	5.5	5.0	0.74	0.59					
						C	95~120	浅黄色	轻黏土	核块状	5.4		0.52	0.60					
剖28	淋溶土	暗棕壤	暗棕壤	砂砾底暗棕壤		1	0~20	暗棕色	中壤土	团粒状	5.1	27.9	1.71	1.75		19.5	以花岗岩为主的风化残积物	E 127°32′10.7″ N 49°30′48.2″	95
						2	25~35		中壤土		5.6	28.4	0.30	0.29		11.9			
						3	40~50		重壤土		6.3	27.6	0.23	0.29		<2.0			
剖29	淋溶土	暗棕壤	暗棕壤	原始暗棕壤		1	0~23		中壤土		5.5	140.1	7.18	>4.00	22.8	>50.0	洪积砂砾	E 126°58′29.3″ N 49°14′11.0″	95
剖30	淋溶土	暗棕壤	白浆化暗棕壤	砂砾质白浆化暗棕壤	孙吴白浆暗棕土	O	0~5										砂砾岩及其再沉积岩、洪积物、冲积物	E 127°43′20.3″ N 49°33′19.1″	95
						A	5~16	暗棕灰色	砂质黏壤土	粒状	6.0	73.2	3.15	0.68	19.0	35.8			
						AAw	16~27	浅黄色	黏壤土	不明显片状	5.6	13.2	0.70	0.27	19.7	18.0			
						B	27~49	黄棕色	砂质黏土	核状	5.4	7.5	0.44	0.22					
						BCg	49~60	浅黄棕色	砂质黏土	核块状									
						Cg	60—												
剖31	半水成土	草甸土	潜育草甸土	壤底潜育草甸土		A	0~54	暗黑色	轻壤土	团粒状							砂砾岩及其再沉积岩、洪积物、冲积物	E 127°44′24.0″ N 49°33′27.4″	95
						B₁	54~80	黄色	中壤土	块状									
						B₂	80~150	棕褐色	轻黏土	核状									
						C	150—		砂质黏土										

续表 Continued

剖面号 Soil profile	土纲 Soil order	土类 Soil great group	亚类 Soil subgroup	土属 Soil genus	土种 Soil species	土层码 Layer code	土层厚度 Depth/cm	颜色 Soil color	质地 Soil texture	土壤结构 Soil structure	pH	有机质 OM/(g/kg)	全氮 TN/(g/kg)	全磷 TP/(g/kg)	全钾 TK/(g/kg)	阳离子交换量CEC/(cmol/kg)	土壤母质 Parent material	剖面点坐标 Profile coordinate	匹配指数 Matching index/%
剖32	淋溶土	暗棕壤	白浆化暗棕壤	白浆暗山砂土	白馅砂石土	O	0–5			屑粒状							砾岩风化物	E 127°33′14.4″ N 49°26′27.6″	82
						Ah	5–16	灰棕色	砂壤土	不明显片状	5.4	73.2	3.15	0.68	19.0	35.8			
						Ae	16–27	浅黄橙色	壤土	棱块状	5.6	13.2	0.70	0.27	19.7	18.0			
						Bt	27–49	橙色	黏壤土	块状	5.4	7.5	0.44	0.22					
						BC	49–60	黄橙色	砂壤土										
						C	60—	橙色											
剖33	半水成土	草甸土	草甸土	埋藏型草甸土	埋藏草甸土	1	0–53		砂质黏壤土	粒状		33.0	1.90	0.79	21.6	29.0	砂砾岩及其再沉积物、洪积物、冲积岩	E 127°33′58.7″ N 49°24′04.0″	95
						A	53–72	灰黑色	黏壤土	粒状		23.0	1.40	0.66	23.2	23.0			
						C	72–80	灰色	黏壤土	块状		21.0	0.80	0.53	24.9	16.0			
剖34	半水成土	草甸土	草甸土	埋藏型草甸土	薄层埋藏型草甸土	AB	0–20	黑色	轻壤土	粒状		80.0	9.51				砂砾岩及其再沉积物、洪积物、冲积岩	E 127°20′03.1″ N 49°06′04.3″	94
						B	20–72	暗黑色	中壤土	核块状									
						Bg	72–90	灰黄色	轻黏土	粒状									
						A₁	90–100	黑色	轻黏土	粒状									
						B₁	100–112	杏黄色	轻黏土	粒状									

北 安 市

主要土类说明

黑土是北安市主要土壤类型，占本市地域面积的 66%，是本市的主要耕地土壤。黑土是在温带半湿润草甸草原下发育形成的具深厚均腐殖质层的无石灰性黑色土壤。该土壤均腐殖质层厚 30—60cm，有机质含量一般为 30—60g/kg，底层具轻度滞水还原淋溶特征，见硅粉。土壤呈中性或微酸性，盐基饱和度在 80% 以上。本市黑土分为黑土、草甸黑土、表潜黑土等亚类。

暗棕壤是北安市第二大土壤类型，占本市地域面积的 17%。暗棕壤是在温带阔叶林或针阔叶混交林下，在有机质富集与黏化淋溶过程共同作用下形成的土壤。本市 70%—80% 的雨量集中在夏季，形成下渗水流，使土壤黏粒和矿物质元素明显下移，产生如下结果：①黏化过程。AB 层和 B 层黏粒明显增加，比 A 层多 20% 左右。②酸化过程。下层土壤呈微酸性，pH 为 5.5—6.0。③棕色化过程。黏粒的移动伴随着铁、锰下移，由于心土及底土水热状况比表土好，铁、锰移至下层后开始氧化，形成棕色的胶膜包被于土粒表面，呈现出暗棕壤特有的棕色。本市暗棕壤分为暗棕壤、草甸暗棕壤、白浆化暗棕壤等亚类。其中，草甸暗棕壤亚类面积最大，占本土类面积的 80% 左右。

草甸土是北安市第三大土壤类型，占本市地域面积的 9%。草甸土属非地带性半水成型土壤，在本市分为草甸土、潜育草甸土等亚类。其中，草甸土亚类约占本土类面积的 54%，分布在沟谷中较高地形部位，地下水位为 1—2m，地下水参与土壤形成过程。在干湿交替的影响下，土体进行着较强烈的氧化还原过程，剖面中出现锈纹、锈斑和铁锰结核。附近高地带来的可溶性物质进入地下水，常使地下水中硅含量大大提高，土壤剖面中出现白色二氧化硅粉末。潜育草甸土亚类是草甸土向沼泽土过渡的类型，所处地形部位较草甸土亚类稍低，地表有短期积水，土体中下部有潜育化现象，表土有半泥炭化的草根层。

沼泽土占本市地域面积的 7%，属非地带性水成型土壤，在本市河流沿岸及岗间沟谷的低洼处均有分布。但由于本市没有大面积低湿地带，沼泽土分布比较零散。本市沼泽土泥炭的质量很低，多数是含土较多的"土堡子"，有机质含量在 300g/kg 左右；少数是腐解程度极低的"黄堡子"，实际为植物的草根层。根据泥炭层的有无，本市沼泽土分为草甸沼泽土、泥炭沼泽土等亚类。

小于本市地域面积 3% 的土壤类型有水稻土。

本区域中心区气候特征

本区域中心区气候特征值
Regional climate characteristics in central area of the region

气候带：中温带亚湿润气候 Climate region: Mid temperate subhumid climate	
年平均气温 /℃ Annual average temperature /℃	1.3
年平均最高气温 /℃ Annual average maximum temperature /℃	7.4
年平均最低气温 /℃ Annual average minimum temperature /℃	-4.3
年降水量 /mm Annual precipitation /mm	541
≥10℃的积温 /℃ Daily temperature accumulated in a year (≥10℃) /℃	618
年日照时数 /h Annual sunshine /h	2646
年平均相对湿度 /% Annual average relative humidity /%	68
干燥度 Dryness	0.18

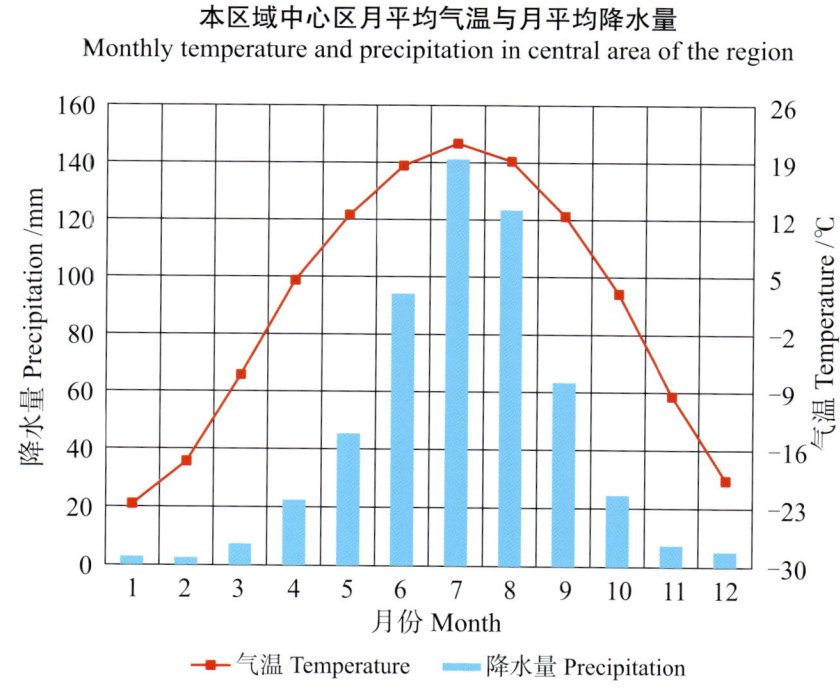

本区域中心区月平均气温与月平均降水量
Monthly temperature and precipitation in central area of the region

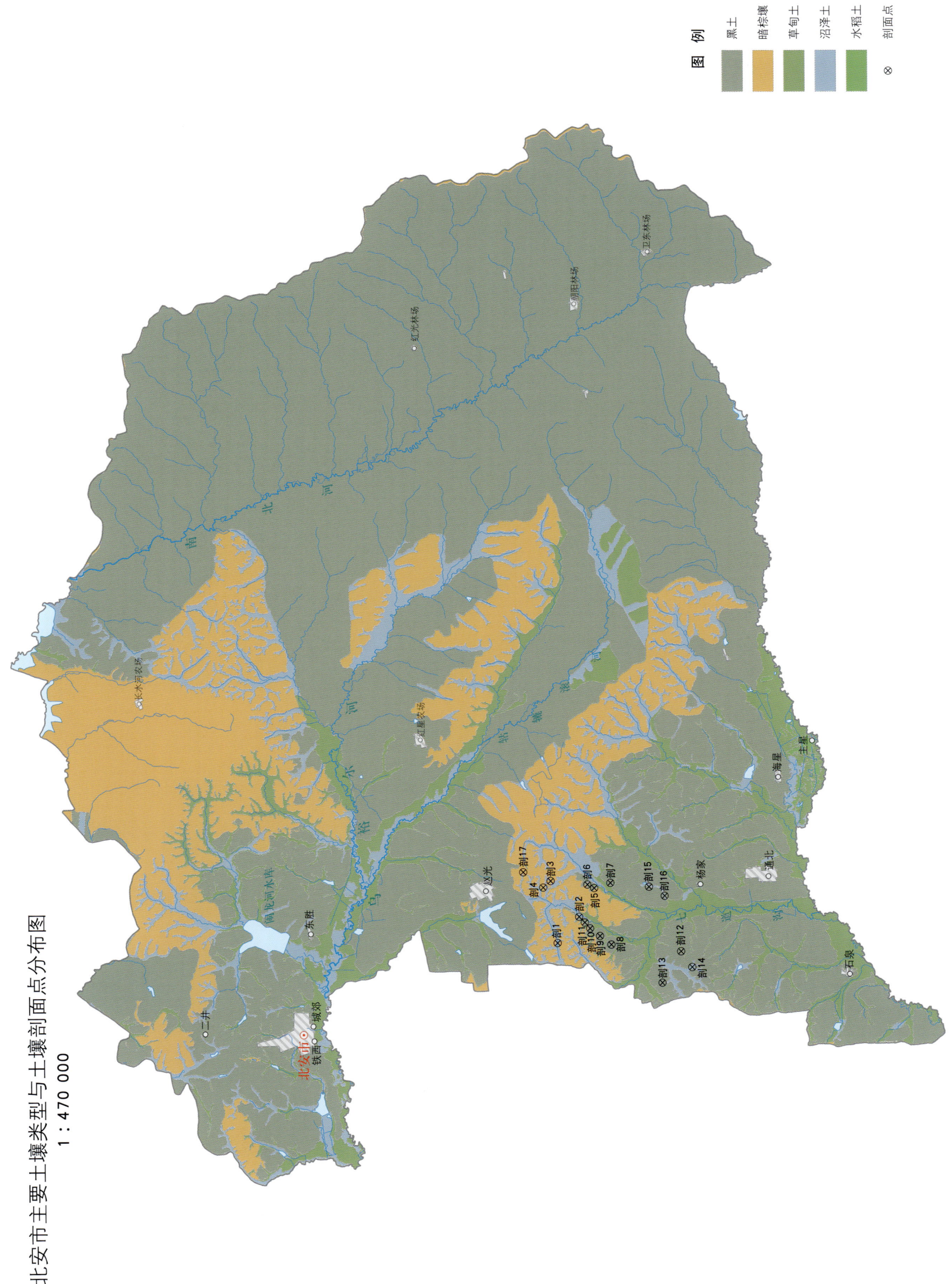
北安市主要土壤类型与土壤剖面点分布图
1:470 000

北安市土壤剖面理化性状表

剖面号 Soil profile	土纲 Soil order	土类 Soil great group	亚类 Soil subgroup	土属 Soil genus	土种 Soil species	土层码 Layer code	土层厚度 Depth/cm	颜色 Soil color	质地 Soil texture	土壤结构 Soil structure	pH	有机质 OM/(g/kg)	全氮 TN/(g/kg)	全磷 TP/(g/kg)	阳离子交换量CEC/(cmol/kg)	土壤母质 Parent material	剖面点坐标 Profile coordinate	匹配指数 Matching index/%
剖1	水成土	沼泽土	草甸沼泽土	草甸沼泽土		A	5—15		重壤土		7.6	176.5	>6.00	2.75	>50.0		E 126°39′09.4″ N 47°58′52.3″	75
						G	30—40		轻黏土		7.6	9.8	0.42	1.23				
剖2	半淋溶土	黑土	表潜黑土	表潜黑土（黏底）		Ap	0—23		中壤土		5.8	111.1	5.35	2.94	49.5	黄土状母质	E 126°41′26.5″ N 47°57′33.8″	75
						Ag	23—35		重壤土		6.0	49.6	2.35	1.74				
						AB	70—80		轻黏土		6.0	21.1	0.81	1.39				
						B	90—100		轻黏土		6.0	10.2	0.84	0.93				
剖3	淋溶土	暗棕壤	暗棕壤	壤质暗棕壤		A	0—10		轻黏土		6.5	61.2	3.25	1.72	29.0	冲积物、洪积物	E 126°44′46.3″ N 47°59′23.6″	75
						AB	40—50		中壤土		5.7	16.7	1.10	0.86				
						B₁	70—80		中壤土		5.7	15.6	1.32	1.44				
						B₂	100—110		中壤土		5.7	13.8	1.32	1.49				
剖4	淋溶土	暗棕壤	草甸暗棕壤	壤质草甸暗棕壤		A	0—25		重壤土		6.2	67.0	3.27	2.57	36.9	黄土状母质	E 126°44′09.6″ N 47°59′50.3″	75
						AB	25—45		轻黏土		6.1	22.5	1.41	2.03	35.7			
						B	80—90		轻黏土		6.2	26.1	0.97	2.23	42.3			
剖5	半淋溶土	黑土	黑土	页岩底黑土	破皮黄岩底黑土	A	0—9		轻黏土		6.8	23.9	1.28	1.11	35.1		E 126°44′11.8″ N 47°56′44.5″	75
						ABpp	9—17		轻黏土		6.2	15.4	0.74	1.07				
						CD	25—35					12.7	0.56	1.13				
						D	55—65					7.5						
						D₁	140—150					9.4						
剖6	半淋溶土	黑土	黑土	黑土（黏底）	厚层黑土	Ap	0—23		中壤土		6.7	74.0	3.30	2.71	>50.0	黄土状母质	E 126°44′21.5″ N 47°57′00.7″	75
						App	23—33		重壤土		7.1	72.6	3.20	2.30				
						A₁	35—45		重壤土		7.0	81.8	3.60	2.61				
						AB	60—70		重壤土		7.0	43.3	1.70	1.67				
						B	110—120		轻黏土		7.1	12.5						
剖7	半淋溶土	黑土	黑土	黑土（黏底）	薄层黑土	Ap	0—8		重壤土		6.8	65.3	2.97	1.86	39.1	黄土状母质	E 126°39′09.0″ N 47°55′35.0″	75
						App	8—15		重壤土		7.0	61.7	2.83	1.70				
						A₁	15—25		重壤土		7.1	37.0	2.24	1.64				
						AB	45—55		重壤土		7.4	14.4	1.34	1.16				
						B	100—110		轻黏土		7.0	6.8	>6.00	1.25				
剖8	半淋溶土	黑土	草甸黑土	草甸黑土（黏底）	薄层草甸黑土	Ap	0—15		重壤土		5.4	67.3	3.28	2.40	40.5	黄土状母质	E 126°44′44.5″ N 47°55′44.8″	75
						App	15—25		重壤土		6.6	47.2	2.40	1.83				
						AB	25—43		重壤土		6.6	31.8	1.61	1.50				
						B	45—60		重壤土		6.5	23.6	1.16	1.37				
						BC	105—115		轻壤土		6.4	13.0	0.76	1.25				
剖9	半淋溶土	黑土	黑土	红土底黑土	厚层红土底黑土	Ap	0—13		重壤土		6.3	95.5	4.78	2.97	>50.0	黄土状母质	E 126°39′53.3″ N 47°56′17.2″	75
						App	13—22		重壤土		6.3	96.6	4.48	3.12				
						A₁	40—50		中壤土		6.3	42.9	2.01	1.56				
						AB	80—90		轻黏土		6.3	29.8	1.61	1.52				
						B	100—110		重壤土		6.4	19.9	0.71	1.33				
剖10	半淋溶土	黑土	黑土	黑土（黏底）	中层黑土	Ap	0—20		重壤土		6.7	59.6	2.76	2.53	39.1	黄土状母质	E 126°40′33.2″ N 47°56′54.6″	75
						App	20—30		重壤土		6.5	36.6	1.89	2.16				
						AB	65—75		轻黏土		6.5	22.7	1.18	1.27				
						B	110—120		轻黏土		6.7	13.5						
						BC	125—135		轻壤土		6.9	5.9						

续表 Continued

剖面号 Soil profile	土纲 Soil order	土类 Soil great group	亚类 Soil subgroup	土属 Soil genus	土种 Soil species	土层码 Layer code	土层厚度 Depth/cm	颜色 Soil color	质地 Soil texture	土壤结构 Soil structure	pH	有机质 OM/(g/kg)	全氮 TN/(g/kg)	全磷 TP/(g/kg)	阴离子交换量CEC/(cmol/kg)	土壤母质 Parent material	剖面点坐标 Profile coordinate	匹配指数 Matching index/%
剖11	半淋溶土	黑土	黑土	黑土（黏底）	厚层黑土	Ap	0—14				6.1	102.4	4.94	3.25	46.5	黄土状母质	E 126° 41′ 04.6″ N 47° 57′ 14.8″	75
						App	14—20				6.0	102.1	5.01	3.30				
						A₁	35—45				6.4	67.3	2.68	2.98				
						AB	55—65				6.4	17.1						
						B	90—100				6.9	11.1						
剖12	半水成土	草甸土	潜育草甸土	潜育草甸土	厚层潜育草甸土	Ap	0—11		轻黏土		6.4	87.0	3.88	2.50	>50.0	冲积物、沉积物	E 126° 38′ 42.4″ N 47° 51′ 19.8″	74
						App	11—18		重黏土		6.7	87.0	3.90	2.73				
						A₁	60—70		轻黏土		6.9	51.1	2.02	2.26				
						Cw	90—100		重黏土		6.8	23.3						
						Cg	110—120		重黏土		7.2	18.4						
剖13	半淋溶土	黑土	黑土	红土质黑土	红底黑土	Ap	0—13	暗灰色	壤质黏土	粒状		95.5	4.78	1.19		红色黏土	E 126° 35′ 49.6″ N 47° 52′ 25.0″	95
						App	13—22	暗灰色	壤质黏土	不明显片状		96.6	4.48	1.37				
						AB	22—65	暗灰色	黏土	团块状		42.9	2.01	0.69				
						B	65—100	棕灰色	重黏土	小核状		29.8	1.61	0.67				
							100—120	暗红色	黏土	核状								
剖14	水成土	沼泽土	泥炭沼泽土	泥炭质沼泽土		At	5—15		重黏土		6.5	>250.0	>6.00	3.58	>50.0		E 126° 37′ 18.8″ N 47° 50′ 37.3″	75
						Cw	20—30		轻黏土		6.8	63.1	2.20	3.09				
						Cg	31—41		中黏土		6.6	24.3	0.62	2.39				
						G	50—60		轻黏土		7.1	22.4						
剖15	半水成土	草甸土	草甸土	草甸土（黏底）	薄层草甸土	Ap	0—15		重黏土							冲积物、沉积物	E 126° 44′ 28.7″ N 47° 53′ 22.9″	75
						App	15—25		中黏土									
						Cw₁	60—70		重黏土									
						Cw₂	110—120		重黏土		7.1	243.2	>6.00	3.00	>50.0			
剖16	水成土	沼泽土	泥炭沼泽土	泥炭沼泽土		At	15—25		中壤土		7.0	9.5					E 126° 43′ 41.2″ N 47° 52′ 24.6″	75
						G	65—75		中壤土		5.4	64.2	2.59	1.71	37.8			
剖17	淋溶土	暗棕壤	白浆化暗棕壤	白浆化暗棕壤（壤质）		A	0—20		中壤土		5.3	19.3	1.11	1.18	19.9		E 126° 45′ 29.9″ N 48° 01′ 04.4″	92
						Aw	30—40		重黏土		5.6	16.6	1.08	0.93	47.2			
						B	70—80		重黏土		5.9	9.7	0.55	1.13				
						BC	120—130		重壤土									

五大连池市

主要土类说明

暗棕壤是五大连池市主要土壤类型，占本市地域面积的40%。暗棕壤在本市分布极为广泛，主要分布在本市北部、东北部、东部，位于小兴安岭山脉及其余脉地区，地势高拔，森林茂密。暗棕壤是一种表层自然肥力高、物理性状较好、宜作为林地并可为多种经营所利用的多用途土壤。本市暗棕壤分为暗棕壤、草甸暗棕壤、白浆化暗棕壤、原始暗棕壤、潜育暗棕壤等亚类。

新积土是五大连池市第二大土壤类型，占本市地域面积的30%。新积土广泛分布在讷谟尔河、科洛河两岸的高低河漫滩，生长耐沙植物和草甸植物。成土母质为河流冲积物。本市新积土仅有冲积土一个亚类。

黑土是五大连池市第三大土壤类型，占本市地域面积的20%，是本市的主要农业土壤，也是优良的农业用地。本市黑土是垦殖率较高的一类土壤，分为黑土、草甸黑土等亚类。其中，黑土亚类约占本土类面积的86%，分布在丘陵漫岗中上部，绝大部分已被开垦为农田，主要分布在双泉、兴隆、新发、青山、和平、建设等地。所处地区自然植被已被各种栽培作物代替。黑土亚类上层呈暗灰色，从上至下由暗灰色向棕黄色逐渐过渡，底土呈黄棕色。

沼泽土占本市地域面积的5%，主要分布在山间沟谷洼地、丘陵漫岗间沟谷洼地以及讷谟尔河、科洛河两岸河漫滩中的古河道洼地。沼泽土是在常年或季节性积水条件下，受地表水与地下水浸润的影响发育而成的一种水成型土壤。沼泽土的发育受气候条件影响小，受地形影响颇大。沼泽土地势低洼，地表长期积水，不适宜农作物生长，开垦较少。本市沼泽土分为草甸沼泽土、泥炭腐殖质沼泽土、泥炭沼泽土等亚类。

草甸土占本市地域面积的3%。草甸土是直接受地下水影响，在草甸植被下发育而成的一种半水成型土壤。草甸土主要分布在漫岗下部平缓地、山间沟谷水线两侧及沿河低阶地，呈狭窄的带状穿插在各种地带性土壤之中。其形成过程的特征主要是腐殖质积累过程和潜育化过程。

小于本市地域面积3%的土壤类型有石质土、白浆土、山地草甸土。

本区域中心区气候特征

本区域中心区气候特征值
Regional climate characteristics in central area of the region

气候带：中温带亚湿润气候 Climate region: Mid temperate subhumid climate	
年平均气温 /℃ Annual average temperature /℃	0.6
年平均最高气温 /℃ Annual average maximum temperature /℃	7.2
年平均最低气温 /℃ Annual average minimum temperature /℃	-5.6
年降水量 /mm Annual precipitation /mm	529
≥10℃的积温 /℃ Daily temperature accumulated in a year (≥10℃) /℃	423
年日照时数 /h Annual sunshine /h	2650
年平均相对湿度 /% Annual average relative humidity /%	68
干燥度 Dryness	0.12

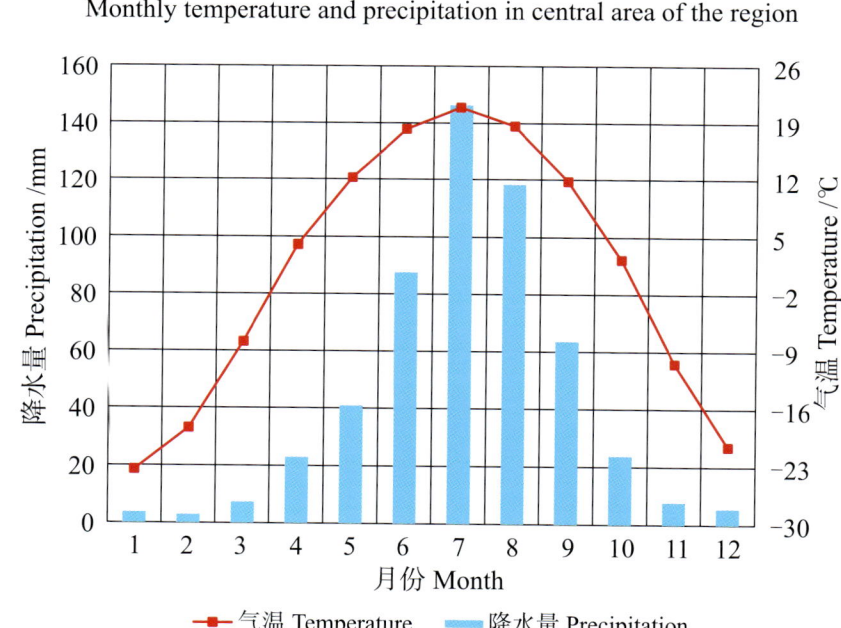

本区域中心区月平均气温与月平均降水量
Monthly temperature and precipitation in central area of the region

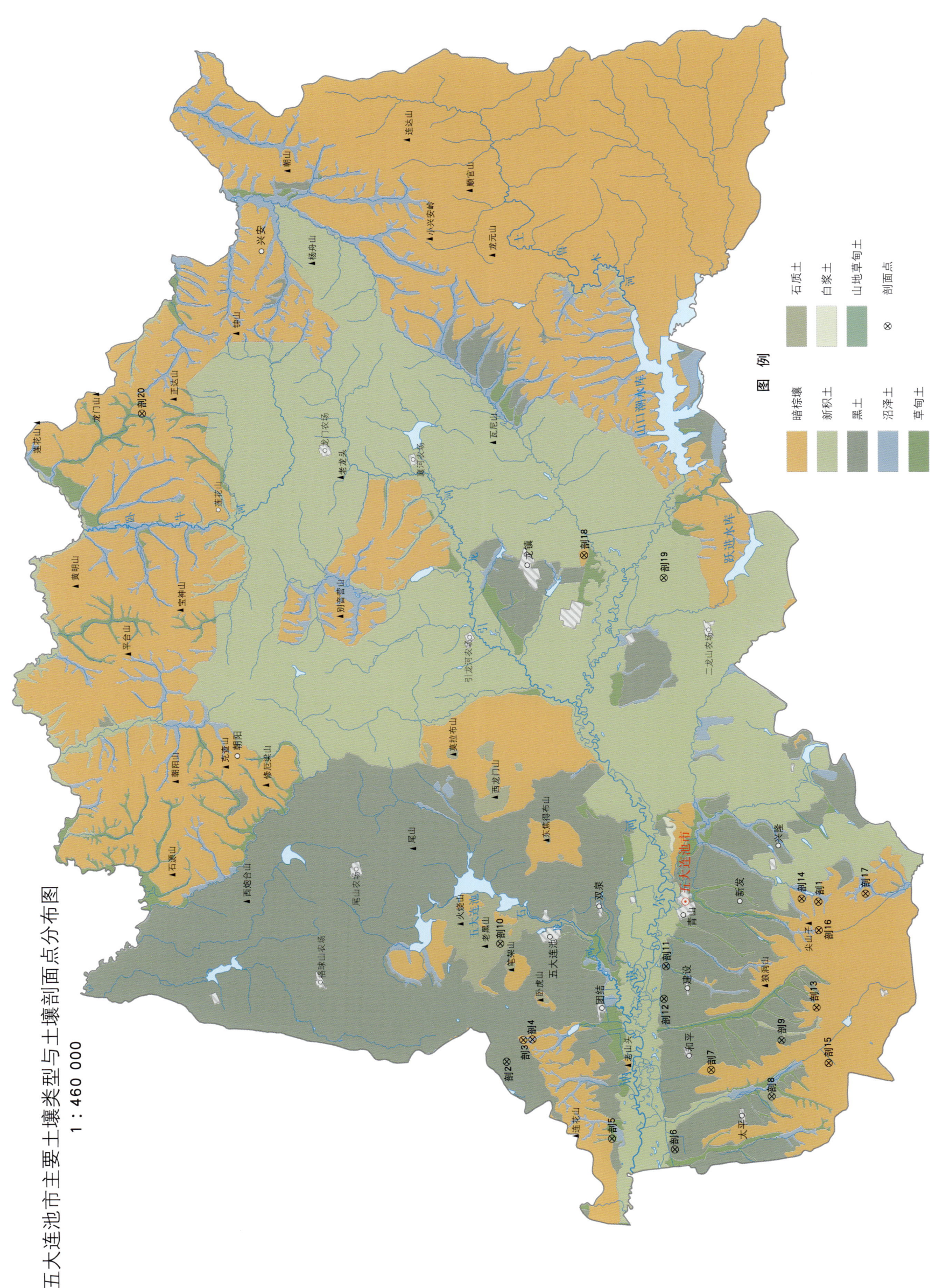

五大连池市主要土壤类型与土壤剖面点分布图
1∶460 000

五大连池市土壤剖面理化性状表

剖面号 Soil profile	土纲 Soil order	土类 Soil great group	亚类 Soil subgroup	土属 Soil genus	土种 Soil species	土层码 Layer code	土层厚度 Depth/cm	颜色 Soil color	质地 Soil texture	土壤结构 Soil structure	pH	有机质 OM/(g/kg)	全氮 TN/(g/kg)	全磷 TP/(g/kg)	全钾 TK/(g/kg)	碱解氮 AN/(mg/kg)	有效磷 AP/(mg/kg)	速效钾 AK/(mg/kg)	土壤母质 Parent material	剖面点坐标 Profile coordinate	匹配指数 Matching index/%
剖1	淋溶土	暗棕壤	暗棕壤	壤质底暗棕壤		Ao	0–7	暗灰色	中壤土	粒状										E 126° 11′ 56.4″ N 48° 22′ 32.9″	75
						A	7–23	棕灰色	中壤土	粒状											
						B	23–40	黄棕色	重壤土	核状											
						C	40–80	棕黄色	重壤土	核状											
剖2	半淋溶土	黑土	黑土	黑土	薄层黑土	1	0–28				6.9	56.4	2.62	2.19			12.0		黄土状母质	E 125° 56′ 21.8″ N 48° 41′ 14.3″	95
						2	35–45				6.6	30.3	1.61								
						3	60–70				6.9	15.9									
						4	90–100				6.5	15.2									
						5	120–130				6.7	12.5									
剖3	淋溶土	暗棕壤	暗棕壤	砂砾底暗棕壤		Aoo	0–1												基岩风化残积物	E 125° 58′ 23.5″ N 48° 40′ 15.6″	75
						A	1–10	暗灰棕色	重壤土	粒状											
						As	10–20	灰黄色	重壤土												
						B	20–60	红棕色	重壤土	小核状											
						C	60–150	浅棕色													
剖4	水成土	沼泽土	泥炭沼泽土	沟谷泥炭腐殖质沼泽土		At	0–20	灰黄色		不稳定粒状	6.5	>250.0	>6.00	2.96	17.8			240	近代冲积物	E 125° 58′ 37.2″ N 48° 40′ 07.0″	75
						A_1	20–70	暗灰色			6.5	81.3	2.48	0.58	24.3						
						G	70–100	灰蓝色													
剖5	半水成土	草甸土	泛滥地草甸土	泛滥地草甸土		1	0–20		重壤土		6.5	62.8	2.78	1.31					近代冲积物	E 125° 49′ 44.4″ N 48° 34′ 39.4″	75
						2	20–30		重壤土		5.7	87.4	3.87	2.25							
						3	35–45		轻黏土		5.1	180.1	>6.00								
						4	55–65		轻黏土		5.7	16.4									
						5	85–9b		轻黏土		5.1	202.8									
						6	120–130		重壤土		5.7	122.6									
剖6	半淋溶土	黑土	草甸黑土	草甸黑土		Ap	0–15	黑灰色	重壤土	团粒状	6.6	90.0	4.34	1.42		395	12.0		黄土状母质	E 125° 48′ 58.7″ N 48° 30′ 47.9″	93
						App	15–23	黑灰色	重壤土	块状	6.5	88.6	4.02	1.49							
						A	23–65	暗灰色	轻黏土	粒状	6.9	48.0	1.97								
						AB	65–95	黄棕色	轻黏土	核粒状	7.6	23.1									
						B	95–125	棕色	轻黏土	核状	7.5	12.7									
						C	125–150	黄棕色	重壤土	核块状											
剖7	淋溶土	暗棕壤	草甸暗棕壤	草甸暗棕壤		1	0–20		重壤土										冲积物、洪积物	E 125° 56′ 17.5″ N 48° 28′ 45.8″	95
						2	60–70		重壤土		7.1	107.3	4.53		25.5	340	25.0	>500			
						3	105–115		轻黏土		7.1	30.7	1.40	1.68	26.5						
						4	140–150		重壤土		7.6	34.4									
剖8	初育土	石质土	腐殖质火山砾质土			1	0–25		重壤土		6.8	9.2							基性火山岩	E 125° 54′ 04.3″ N 48° 25′ 00.5″	75
						2	35–45		轻黏土		6.3	75.0	2.13			261	10.0				
						3	55–65		轻黏土		6.1	30.5									
						4	110–120		中壤土		6.7	20.1									
剖9	半淋溶土	黑土	黑土	黑土	中层黑土	1	15–20												黄土状母质	E 125° 59′ 12.5″ N 48° 24′ 31.7″	95
						2	40–50														
						3	80–90					18.7		1.91							
						4	100–110				5.9										
						5	135–145				6.0	14.7									

续表 Continued

剖面号 Soil profile	土纲 Soil order	土类 Soil great group	亚类 Soil subgroup	土属 Soil genus	土种 Soil species	土层码 Layer code	土层厚度 Depth/cm	颜色 Soil color	质地 Soil texture	土壤结构 Soil structure	pH	有机质 OM/(g/kg)	全氮 TN/(g/kg)	全磷 TP/(g/kg)	全钾 TK/(g/kg)	碱解氮 AN/(mg/kg)	有效磷 AP/(mg/kg)	速效钾 AK/(mg/kg)	土壤母质 Parent material	剖面点坐标 Profile coordinate	匹配指数 Matching index/%
剖10	初育土	石质土	腐殖质火山砾质土			1	0—13		轻壤土		7.1	>250.0	>6.00	>4.00	19.5	≥400	60.0	>500	基性火山岩	E 126°07′07.3″ N 48°41′52.4″	75
剖11	半淋溶土	黑土	黑土	黑土	薄层黑土	1	0—13		重壤土		7.1	50.6	2.49	2.89	22.3	237	23.0	240	黄土状母质	E 126°05′34.4″ N 48°31′43.0″	95
						2	25—35		重壤土		7.0	33.6	2.72	1.69							
						3	50—60		重黏土		6.9	55.2									
						Ap	0—28	暗灰色	轻黏土	粒状	6.5	23.8									
						AB	28—75	黄灰色	轻黏土	粒状、核状	6.4	14.0									
						B	75—120	灰棕色	轻黏土	核状	6.5	11.8									
						C	120—150	棕黄色	重黏土												
剖12	半淋溶土	黑土	黑土	黑土	中层黑土	1	0—21		重黏土										黄土状母质	E 126°02′37.3″ N 48°31′46.2″	95
						2	21—30		重黏土												
						3	35—45		轻黏土												
						4	65—75		轻黏土												
						5	120—130		轻壤土												
剖13	淋溶土	暗棕壤	暗棕壤	砂砾底暗棕壤	厚层砂砾底暗棕壤	1	0—15		重壤土		6.9	142.7	>6.00	2.24		272	4.0	>500	砂砾沉积物	E 126°02′19.0″ N 48°22′27.1″	95
						2	15—25		重壤土		6.5	33.0	1.35	1.09				225			
						3	40—50		重壤土		5.8	17.1	0.56	0.71							
						4	75—85		砂壤土		5.8	12.8									
						5	120—130		轻壤土		5.9	5.6									
剖14	淋溶土	暗棕壤	暗棕壤	砂质底暗棕壤	中层砂质暗棕壤	Ap	0—16	棕灰色	中壤土	粒状									砂砾沉积物	E 126°12′09.0″ N 48°23′35.2″	95
						AB	16—30	浅黄色	轻壤土												
						B	30—95	浅黄色	中壤土	小片状											
						C	95—150	暗灰色	砂壤土	核状											
剖15	淋溶土	暗棕壤	白浆化暗棕壤	白浆化暗棕壤		Ao	0—3	灰白色	中壤土	核状		122.0	5.36	1.76		304	4.0		冲积物、洪积物	E 125°57′17.3″ N 48°21′36.7″	95
						A	3—20	灰棕色	重壤土	粒状		46.4	2.22	1.02							
						Aw	20—27	暗棕色	轻壤土	核状		11.8	0.64	0.75							
						B	27—54		中壤土	核状		15.7	0.97	0.44							
						C	54—100		轻壤土			11.7									
剖16	淋溶土	暗棕壤	暗棕壤	砂质底暗棕壤	中层砂质暗棕壤	1	0—7					129.6	5.81	1.76		317	5.0		冲积物、洪积物	E 126°09′20.2″ N 48°22′28.6″	95
						2	7—17					22.1	1.18	0.57							
						3	17—40					7.9	0.58	0.29							
						4	40—55					7.3									
						5	55—75					4.8									
剖17	淋溶土	暗棕壤	草甸暗棕壤	草甸暗棕壤	中层草甸暗棕壤	1	0—20					72.4	3.09	2.34		339	11.0		冲积物、洪积物	E 126°12′49.3″ N 48°19′41.9″	95
						2	20—30					27.0	1.12	1.30							
						3	50—60					14.1									
						4	70—80					14.1									
剖18	淋溶土	暗棕壤	草甸暗棕壤	草甸暗棕壤	中层草甸暗棕壤	Ao	0—15	暗灰色	重壤土	粒状	6.6	187.5	5.98	3.18	21.5	≥400	16.0	310	冲积物、洪积物	E 126°43′07.7″ N 48°37′27.1″	95
						A	15—45	黑灰色	重黏土	粒状	6.2	53.1	1.37	1.29	23.3	382	11.0				
						B	45—100	灰棕色	轻黏土	核状	6.1	29.6			22.8						
						BC	100—130	浅黄色	轻黏土	核块状		16.2									
						C	130—150	黄棕色	轻黏土	核状		10.2									
剖19	初育土	新积土	冲积土	冲积土		Ap	0—13		重壤土		6.6	82.0	4.19	2.58					近代冲积物	E 126°41′15.0″ N 48°32′33.4″	95
						AB	15—25		中壤土			18.6	2.20	1.50							
						B	35—45		重壤土			18.5	1.05	1.87							
						C	80—90		紧砂土			2.6									

续表 Continued

剖面号 Soil profile	土纲 Soil order	土类 Soil great group	亚类 Soil subgroup	土属 Soil genus	土种 Soil species	土层码 Layer code	土层厚度 Depth/cm	颜色 Soil color	质地 Soil texture	土壤结构 Soil structure	pH	有机质 OM/(g/kg)	全氮 TN/(g/kg)	全磷 TP/(g/kg)	全钾 TK/(g/kg)	碱解氮 AN/(mg/kg)	有效磷 AP/(mg/kg)	速效钾 AK/(mg/kg)	土壤母质 Parent material	剖面点坐标 Profile coordinate	匹配指数 Matching index/%
剖20	淋溶土	暗棕壤	草甸暗棕壤	草甸暗棕壤	厚层草甸暗棕壤	1	0—15				6.5	66.0	3.38	1.87		331	12.0		冲积物、洪积物	E 126°55′04.4″ N 49°04′37.2″	95
						2	15—25				6.4	40.5	2.07	1.71							
						3	30—40				5.9	24.3	1.08	1.27							
						4	75—85				6.4	10.1									
						5	120—130				6.3	8.6									

嫩 江 市

主要土类说明

暗棕壤是嫩江市主要土壤类型，占本市地域面积的54%，主要分布在小兴安岭西麓丘陵地带及部分丘陵阶地。成土母质为在各种火成岩、沉积岩上发育的硅铝残积或堆积风化壳。在针阔叶混交林生物气候条件下，森林凋落物聚积现象十分明显，这些凋落物在微生物的作用下进行缓慢的腐殖化作用，使土体表层腐殖质不断地积累，促进土壤的黏化与淋溶过程不断发展。由于暗棕壤分布在山地，母质较粗，加上森林植被的生物排水作用加强，内外排水状况良好，故心土层氧化条件较为优越。受淋溶作用下移的铁、锰氧化淀积，形成棕色或红棕色胶膜，包被于土体的土粒表面，使土体呈棕色或亮棕色。

黑土是嫩江市第二大土壤类型，占本市地域面积的22%，主要分布在丘陵漫岗及河谷高平地。成土母质为黄黏土或砂砾质母质。黑土是在草甸草原腐殖化和特殊的水分潴积过程共同作用下形成的土壤。水分潴积过程是由黑土季节性冻融作用造成上层滞水所引起的。由于夏季高温多雨，植物生长繁茂，秋冬季节天寒地冻，植物残体部分分解，来年夏季温度上升，土壤中好气性微生物活动旺盛，残留在土层下部的植物残体在嫌气条件下逐渐转化成腐殖质，并在土壤中积累。由于土壤中大量的氮和灰分元素受冻层和黏重母质的影响，大部分腐殖质积累在地表至地表以下2m的部位，使土壤的潜在肥力变高，形成深厚的腐殖质层。在草本植物强大根系的挤压和分割下，土壤的干湿、冻融交替作用，使土壤形成良好的团粒结构。

沼泽土是嫩江市第三大土壤类型，占本市地域面积的14%，主要分布在河谷、沟塘洼地及山前潜水溢出带和水线两侧。沼泽土是由于土壤长期或季节性积水，通过沼泽化过程在沼泽植被下发育形成的一种水成型土壤。由于地下水位高，排水不良，有机质在嫌气性条件下不能充分分解，随着有机质的积累，在土壤中形成深厚的泥炭层或泥炭腐殖质层。泥炭层的形成导致土壤透气不良，水分过多，大量有机质在分解过程中产生较多的还原性物质，使下层土壤长期处于嫌气潜育状态，形成灰蓝色或青灰色的潜育层。本市沼泽土的泥炭层厚度一般小于50cm。

草甸土占本市地域面积的6%，主要分布在嫩江沿岸及其支流河谷的低阶地，以及河谷水线两侧开阔的低平地。草甸土是受地下水影响，在草甸植被下发育形成的一种土壤。成土母质为冲积物和沉积物。本市草甸土土层深厚，有机质及养分含量丰富。

新积土占本市地域面积的3%，主要分布在河漫滩或河流两侧的低平地。受河水泛滥的影响，土体中砂土相间而呈层状，无明显的过渡层，腐殖质层薄。成土母质为冲积物和淤积物。

小于本市地域面积3%的土壤类型有石质土、白浆土。

本区域中心区气候特征

本区域中心区气候特征值
Regional climate characteristics in central area of the region

气候带: 中温带亚湿润气候 Climate region: Mid temperate subhumid climate	
年平均气温 /℃ Annual average temperature /℃	-0.3
年平均最高气温 /℃ Annual average maximum temperature /℃	6.7
年平均最低气温 /℃ Annual average minimum temperature /℃	-6.9
年降水量 /mm Annual precipitation /mm	504
≥10℃的积温 /℃ Daily temperature accumulated in a year (≥10℃) /℃	248
年日照时数 /h Annual sunshine /h	2662
年平均相对湿度 /% Annual average relative humidity /%	68
干燥度 Dryness	0.07

本区域中心区月平均气温与月平均降水量
Monthly temperature and precipitation in central area of the region

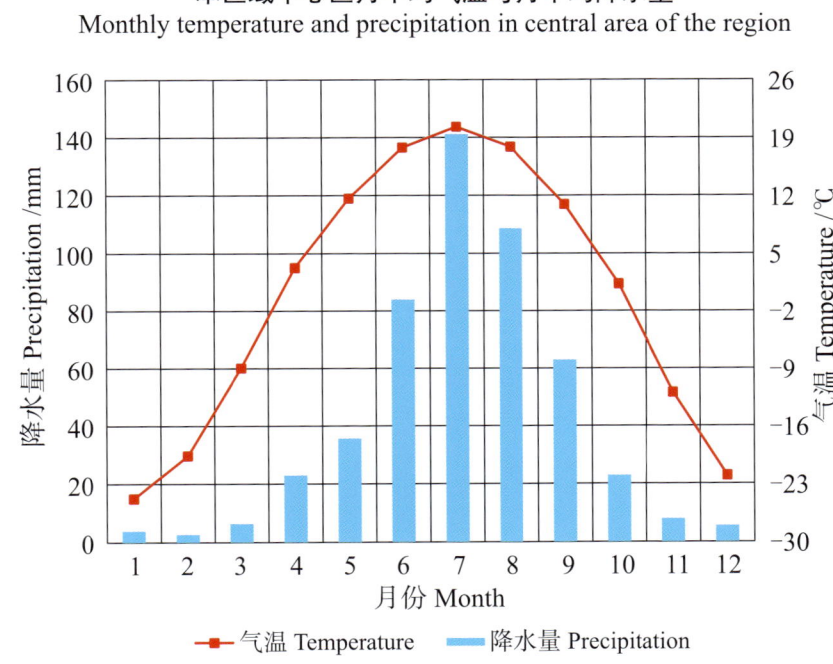

嫩江县主要土壤类型与土壤剖面点分布图
1∶850 000

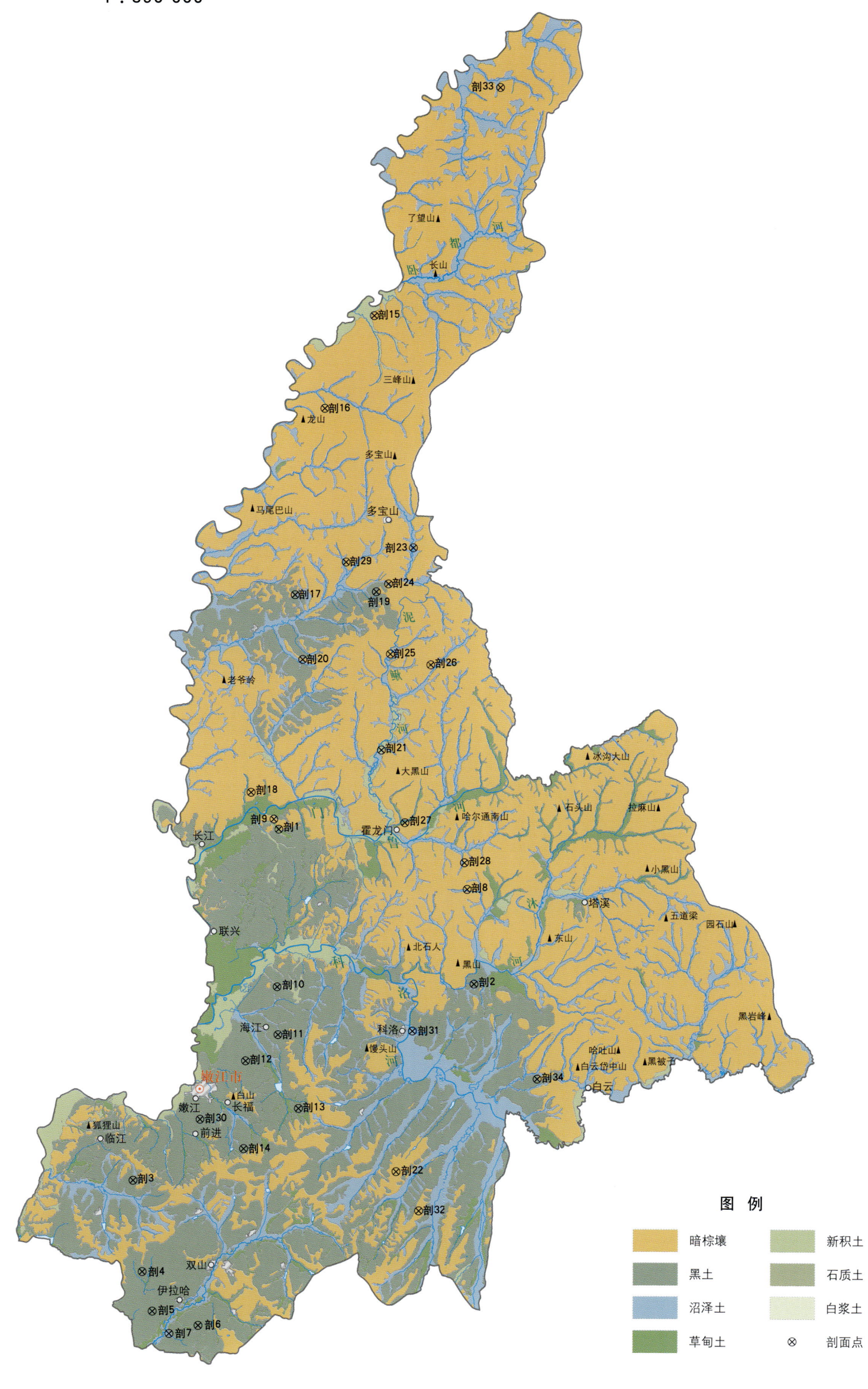

注：国务院 2019 年 8 月批准，撤销嫩江县，设立嫩江市。

嫩江市土壤剖面理化性状表

剖面号 Soil profile	土纲 Soil order	土类 Soil great group	亚类 Soil subgroup	土属 Soil genus	土种 Soil species	土层码 Layer code	土层厚度 Depth/cm	颜色 Soil color	质地 Soil texture	土壤结构 Soil structure	pH	有机质 OM/(g/kg)	全氮 TN/(g/kg)	全磷 TP/(g/kg)	全钾 TK/(g/kg)	阳离子交换量CEC/(cmol/kg)	土壤母质 Parent material	剖面点坐标 Profile coordinate	匹配指数 Matching index/%
剖1	半水成土	草甸土	潜育草甸土	潜育草甸土		As	0—20	暗灰色	重壤土	核块状	5.8	100.6	5.17	3.12	23.7	48.9	冲积物、沉积物	E 125°26′51.7″ N 49°37′00.1″	95
						A	20—34	暗灰色	重壤土	核块状	5.7	85.6	4.73	3.04	24.2	48.0			
						AC	34—50	棕灰色	轻壤土	块状	5.8	45.4	2.25	1.97	25.8	39.8			
						Cw	50—90	棕棕色	轻壤土	粒状	6.2	15.0							
						Cg	90—	黄棕色	轻壤土	粒状	6.3	12.6							
剖2	半淋溶土	黑土	草甸黑土	黏底草甸黑土	薄层黏底草甸黑土	A_1	0—18	暗灰色	重壤土	团块状	5.7	79.3	3.99	2.44	26.3	44.9	黏质黄土及砂质沉积物	E 125°56′47.0″ N 49°20′30.1″	95
						A_2	18—28	暗棕灰色	重壤土	棱块状	5.8	66.2	3.44	2.33	26.6	20.5			
						AB	28—60	棕灰色	轻黏土	小块状	5.6	31.5							
						B	60—85	灰棕色	轻黏土	小块状	5.7	15.5							
						BC	85—120	黄棕色	轻黏土	小核块状	5.7	6.0							
						C	120—	黄棕色	轻黏土	粒状	6.3	5.7							
剖3	半淋溶土	黑土	黑土	砾石底黑土	薄厚砾石底黑土	A	0—13	暗灰色	重壤土	核块状	6.0	57.5	2.98	>4.00	28.4	44.6	黏质黄土及砂质沉积物	E 125°02′38.0″ N 49°01′26.0″	95
						AB	13—40	灰棕色	重壤土	粒状	5.7	22.9	1.00	3.78	35.7	45.3			
						B	40—62	灰棕色	重壤土	粒块状	5.9	5.0							
						C	62—	棕黄色	重壤土	粒状									
剖4	半淋溶土	黑土	草甸黑土	黏底草甸黑土	中层黏底草甸黑土	A	0—15	暗黑色	重壤土	粒状	5.5	73.1	3.90	2.27	24.8	43.5	黏质黄土及砂质沉积物	E 125°03′42.5″ N 48°52′09.5″	93
						AB	15—82	棕棕色	重壤土	团块状	5.3	32.8							
						B	82—140	灰黄棕色	重壤土	核块状	5.2	14.4							
						C	140—170	黄棕色	重壤土	块状	5.5	60.6							
剖5	半淋溶土	黑土	草甸黑土	砂底草甸黑土	中层砂底草甸黑土	A	0—40	暗黑色	重壤土	粒状							黏质黄土及砂质沉积物	E 125°05′07.4″ N 48°48′06.1″	93
						AB	40—57	暗灰色	重壤土	粒状									
						B	57—104			核状									
						C	104—			无结构									
剖6	半淋溶土	黑土	黑土	黏底黑土	中层黏底黑土	A	0—42	棕灰色	轻壤土	团块状、粒状	5.9	51.6	2.92	1.74	26.7	39.8	黏质黄土及砂质沉积物	E 125°12′10.8″ N 48°46′32.2″	95
						AB	42—64	棕灰色	轻壤土	核块状	5.7	22.0							
						B	64—87	灰棕色	重壤土	核块状	5.6	15.3							
						BC	87—116	黄棕色	重壤土	块状	5.5	11.3							
						C	116—	棕黄色	轻壤土	粒状	5.9	10.2							
剖7	水成土	沼泽土	泥炭沼泽土	泥炭沼泽土		At	0—15	灰褐色	中壤土	小核状	6.3	176.0	>6.00	2.18	25.0	35.2	沉积物、黄土状母质	E 125°07′38.3″ N 48°45′46.8″	95
						A	15—50	灰色	轻壤土	粒状	5.9	49.3							
						G	50—	青灰色		无结构									
剖8	淋溶土	暗棕壤	暗棕壤	砂底暗棕壤		1	0—7	棕灰色	轻壤土	粒状	5.9	52.3	2.54	1.51	25.0	32.7	岩石风化物	E 125°56′14.6″ N 49°30′12.6″	95
						2	15—18	棕灰色	重壤土	核状	6.1	37.2	1.77	1.19	25.0	30.2			
						3	20—23	棕灰色	重壤土	粒状	5.8	31.8	1.64	1.17	24.7	28.4			
						4	30—40	黄色	砂土		5.5	11.9	0.79	0.62	11.0	28.3			
剖9	淋溶土	暗棕壤	灰泥质暗棕壤	中灰泥暗棕壤		A	0—18	暗棕色	黏壤土	粒状		62.9	2.87	1.64			火山碎屑钙质沉积角砾石	E 125°26′06.7″ N 49°38′03.1″	95
						AB	18—40	棕色	黏壤土	核状		19.3	1.75	1.40					
						C	40—												
剖10	半淋溶土	黑土	黑土	白土质黑土	薄白底黑土	A	0—22	暗灰色	黏壤土	粒状		57.1	2.67	0.92	21.1	39.5	黏质黄土及砂质沉积物	E 125°25′53.0″ N 49°20′51.7″	95
						AB	22—57	暗灰色	砂质黏土	小核状		44.2	2.32	0.86	21.5	36.7			
						B	57—88	棕灰色	砂壤土	核状									
						BC	88—	灰白色	砂质黏土	块状									

续表 Continued

剖面号 Soil profile	土纲 Soil order	土类 Soil great group	亚类 Soil subgroup	土属 Soil genus	土种 Soil species	土层码 Layer code	土层厚度 Depth/cm	颜色 Soil color	质地 Soil texture	土壤结构 Soil structure	pH	有机质 OM/(g/kg)	全氮 TN/(g/kg)	全磷 TP/(g/kg)	全钾 TK/(g/kg)	阳离子交换量CEC/(cmol/kg)	土壤母质 Parent material	剖面点坐标 Profile coordinate	匹配指数 Matching index/%
剖1	半淋溶土	黑土	黑土	黏底黑土	薄层黏底黑土	A	0—26	棕灰色	重壤土	粒状	6.0	107.3	3.19	1.82	27.2	33.0	黏质黄土及砂质沉积物	E 125° 25′ 47.6″ N 49° 15′ 55.8″	95
						AB	26—52	灰棕色	轻黏土	粒状	5.8	32.1	1.73	1.24	28.8	19.9			
						B	52—85	灰黄棕色	轻黏土	棱块状	5.6	13.3							
						BC	85—112	灰白棕色	中黏土	大核状	5.5	9.5							
						C	112—	棕黄色	中黏土	核状	5.9	9.5							
剖12	半淋溶土	黑土	黑土	白土质黑土	中白底黑土	A	0—31	暗黄色	壤质黏土	粒状		59.8	3.60	0.91	20.4	39.3	黏质黄土及砂质沉积物	E 125° 20′ 37.7″ N 49° 13′ 19.2″	95
						AB	31—36	灰色	壤质黏土	小核状		59.3	3.22	0.88	21.5	35.8			
						B	36—50	棕黄棕色	壤质黏土	核状									
						BC	50—75	棕黄色	壤质黏土	棱块状									
						C	75—	灰白色		块状									
剖13	半淋溶土	黑土	白浆化黑土	白浆化黑土	薄层白浆化黑土	A	0—20	棕灰色	重壤土	小粒状	6.0	32.7	1.78	1.26	29.4	25.7	黏质黄土及砂质沉积物	E 125° 28′ 43.3″ N 49° 08′ 16.1″	93
						Aw	20—40	灰白色	中黏土	片状	5.9	17.9	1.14	0.91	30.3	22.9			
						B	40—65	棕褐色	中黏土	核状	5.3	6.9							
						C	65—	灰褐色	中黏土	块状	5.4	3.4							
剖14	半淋溶土	黑土	暗棕壤型黑土	黏底暗棕壤型黑土	中层黏底暗棕壤型黑土	A	0—32	暗棕灰色	重壤土	团块状	6.2	67.4	3.59	2.54	26.9	44.4	黏质黄土及砂质沉积物	E 125° 19′ 58.4″ N 49° 04′ 20.3″	95
						AB	32—45	灰棕色	轻黏土	核块状	6.1	36.7	2.12	2.21	24.8	44.9			
						B	45—105	棕色	中黏土	块状	6.3	20.3	1.19	1.52	24.9	44.3			
						C	105—			块状	6.3	15.1							
剖15	淋溶土	暗棕壤	暗棕壤	石质暗棕壤		1	0—19	棕灰色	重壤土	小团块状	5.6	49.6	3.01	2.27	26.5	33.5	坡积物、残积物	E 125° 44′ 38.8″ N 50° 29′ 11.8″	75
						2	19—27		重壤土	核块状	5.9	41.4	2.26	1.88	24.4	26.6			
						3	60—75				5.8	17.9							
剖16	淋溶土	暗棕壤	暗棕壤	砂砾底暗棕壤		Aoo	0—4	灰褐色	重壤土		5.9	73.6	3.49	2.58	25.6	34.8	坡积物、洪积物	E 125° 19′ 13.7″ N 49° 04′ 55.6″	95
						Ao	4—7	褐色	重壤土	粒状、粒粒状	5.9	73.6	3.49	2.58	25.6	34.8			
						A	7—12	灰棕色	重壤土	团块状、核粒状	6.0	44.6	2.22	2.03	26.1	31.9			
						AB	12—15	棕色	重壤土	粒粒状	6.0	44.6	2.22	2.03	26.1	31.9			
						B	15—45	红棕色	重壤土	粒粒状	5.8	13.8	0.85	0.91	25.3	28.5			
						C	45—		砂石		5.7	13.1							
剖17	半淋溶土	黑土	黑土	白底黑土	薄层白底黑土	A	0—22	棕灰色	重壤土	粒状	6.2	57.1	2.67	2.36	25.4	39.5	黏质黄土及砂质沉积物	E 125° 30′ 34.2″ N 50° 00′ 55.1″	75
						AB	22—57	暗黄棕色	重壤土	核块状	6.2	44.2	2.32	1.96	25.9	36.7			
						B	57—88	黄棕色	重壤土	块状	6.3								
						C	88—	灰棕色	轻黏土		6.1								
剖18	淋溶土	暗棕壤	草甸暗棕壤	黏底草甸暗棕壤		Ap	0—20	暗棕灰色	中黏土	鳞片状	5.0	93.7	4.85	3.53	24.2	46.8	坡积物、洪积物	E 125° 22′ 37.6″ N 49° 40′ 52.7″	95
						AB	20—25	灰棕色	中黏土	团粒状	5.3	17.1	0.89	1.26	26.4	33.2			
						B	25—45	黄棕色	中黏土	核状	5.2	9.5							
						C	55—	黄黄色	中黏土	块状	5.3	9.4							
剖19	半淋溶土	黑土	黑土	页岩底黑土	中层页岩底黑土	A	0—24	暗黄棕色	重壤土	粒状	6.0	72.9	3.83	2.07	24.0	46.5	黏质黄土及砂质沉积物	E 125° 43′ 28.9″ N 50° 00′ 57.2″	75
						AB	24—45	灰黄棕色	重壤土	粒状	6.0	42.4	2.30	1.45	23.5	41.6			
						B	45—55	灰棕色	轻黏土	粒状	4.9	19.9							
						C	55—												
剖20	淋溶土	暗棕壤	暗棕壤	黏底暗棕壤		Aoo	0—4	灰褐色	轻壤土	核粒状							岩石风化物	E 125° 31′ 26.4″ N 49° 54′ 18.4″	95
						Ao	4—8	灰棕色	轻壤土	核粒状	5.3	67.2	3.53	>4.00	22.1	40.0			
						A	8—18	棕色	轻壤土	核粒状	5.5	48.0	2.56	2.69	23.6	34.5			
						B	18—27	棕色	轻壤土	大核状	5.6	14.1							
						C	27—60	黄棕色	轻壤土	粒状	5.4	8.1							
							60—												

续表 Continued

剖面号 Soil profile	土纲 Soil order	土类 Soil great group	亚类 Soil subgroup	土属 Soil genus	土种 Soil species	土层码 Layer code	土层厚度 Depth/cm	颜色 Soil color	质地 Soil texture	土壤结构 Soil structure	pH	有机质 OM/(g/kg)	全氮 TN/(g/kg)	全磷 TP/(g/kg)	全钾 TK/(g/kg)	阳离子交换量 CEC/(cmol/kg)	土壤母质 Parent material	剖面点坐标 Profile coordinate	匹配指数 Matching index/%
剖21	初育土	新积土	冲积土	泛滥冲积土		A_1	0—20	暗棕色	砂壤土	粒状	6.2	50.6	2.92	1.96	22.7	25.4	冲积物、沉积物	E 125° 43′ 26.0″ N 49° 44′ 47.8″	95
						A_2	20—36	暗灰棕色	砂壤土	粒状	6.0	42.8	2.36	1.87	22.8	23.9			
						AB	36—135	黄棕色	砂壤土	粒状	5.8	14.3							
						BC	135—160	暗灰棕色	砂壤土		5.2	12.9							
						C	160—	黄棕色											
剖22	淋溶土	暗棕壤	暗棕壤	砾砂质暗棕壤	砾砂质暗棕土	Aoo	0—1										砾岩风化残积物	E 125° 43′ 38.8″ N 49° 01′ 35.4″	81
						A	1—25	棕灰色	黏壤土	粒状	6.1	142.7	>6.00	0.99	20.9	38.6			
						AB	25—40	黄棕色	黏壤土	核块状	6.2	33.0	1.35	1.09	18.2	36.0			
						BC	40—60	棕色	黏壤土		6.4	17.1	0.56		22.9	30.6			
						C	60—150	浅棕色											
剖23	水成土	沼泽土	泛滥地沼泽土			1	0—13				6.1	126.5	>6.00	2.93	20.9	38.6	沉积物、淤积物	E 125° 49′ 35.0″ N 50° 05′ 20.8″	92
						2	13—40	暗棕色	重壤土	粒状	6.2	109.8	5.57	2.53	18.2	36.0			
						3	40—55	灰棕色	重壤土	粒状	6.4	86.4	3.45	2.11	22.9	30.6			
剖24	半淋溶土	黑土	黑土	白底黑土	中层白底黑土	A	0—31	黄棕色	重壤土		6.0	59.8	3.60	2.07	24.6	39.3	黏质黄土及砂质沉积物	E 125° 45′ 26.6″ N 50° 01′ 44.0″	75
						B	31—50	灰白色	重壤土	块状	5.7	59.3	3.22	2.06	25.9	35.8			
						BC	50—75			块状	5.6	10.7							
						C	75—				5.9	10.6							
剖25	淋溶土	暗棕壤	草甸暗棕壤	砾砂质草甸暗棕壤	前进潮暗棕土	0	0—3										洪冲积砂砾	E 125° 45′ 23.0″ N 49° 54′ 33.8″	95
						A	3—10	暗棕灰色	砂质黏壤土	粒状	5.7	42.5	1.90	1.10	21.4	41.5			
						AB	10—30	黄棕色	粉砂质壤土	小核状	5.6	9.1	0.80	0.60	27.2	31.3			
						BC	30—50	浅黄棕色	砂壤土	核状	5.9	8.5	0.26	0.80	25.8	26.5			
						C	50—	黄色											
剖26	淋溶土	暗棕壤	草甸暗棕壤	生草暗棕壤		A	0—15	暗棕灰色	轻黏土	团粒状	5.6	87.7	4.41	3.21	25.8	>50.0	坡积物、洪积物	E 125° 51′ 42.8″ N 49° 53′ 19.3″	95
						AB	15—30	浅灰棕色	轻黏土	核块状	5.6	32.0	1.83	2.26	25.8	31.3			
						B	30—55	棕色	轻黏土	小核状	5.9	16.4	1.07	1.64	26.9	26.5			
						C	55—			块状									
剖27	半水成土	草甸土	草甸土	黏底草甸土	厚层黏质底草甸土	A_1	0—25	暗棕色	重壤土	粒状	5.6	99.2	4.99	3.21	25.8	35.7	冲积物、沉积物	E 125° 46′ 46.6″ N 49° 37′ 16.7″	95
						A_2	25—60	灰棕色	重壤土	核块状	6.0	43.5		2.26	25.8				
						AC	60—85	黄棕色	重壤土	核状	5.9	26.5		1.64	26.9				
						Cw_1	85—105		重壤土	块状	6.0	197.0			26.6	>50.0			
						Cw_2	105—				6.1	15.3							
剖28	淋溶土	暗棕壤	草甸暗棕壤	生草暗棕壤		1	0—28	灰褐色	轻壤地	粒状	6.3	71.0	3.55	3.21	19.8	35.7	坡积物、洪积物	E 125° 55′ 57.0″ N 49° 32′ 56.8″	95
						2	28—40	棕色	重壤土	核状	6.1	40.8	1.97	2.28	20.9	32.6			
剖29	淋溶土	暗棕壤	暗棕壤	砂底暗棕壤		Ao	0—2	棕灰色	中壤土		6.4	156.0	>6.00	3.26	22.3	>50.0	坡积物、洪积物	E 125° 38′ 48.8″ N 50° 04′ 06.6″	95
						A	2—10	红棕色	中壤土	核粒状	5.9	46.5	2.05	2.61	25.6	30.2			
						B	10—30	黄棕色	砂土	粒状	5.4	23.6	1.15	1.54	27.1	22.6			
						C	30—												
剖30	半淋溶土	黑土	暗棕壤型黑土	黏底暗棕壤型黑土	薄层黏底暗棕壤型黑土	1	0—20	暗棕色	中壤土	核状	6.1	74.3	3.62	2.61	27.2	39.8	黏质黄土及砂质沉积物	E 125° 13′ 17.4″ N 49° 07′ 25.7″	93
						2	30—40	黄棕色	中壤土	核块状	5.7	20.3	1.08	1.08	28.1	28.1			
						3	60—70		轻壤地	核块状	5.8	12.9							
						4	100—110			无结构	6.8	67.5							
剖31	水成土	沼泽土	泥炭沼泽土	泥炭腐殖沼泽土		At	0—12	暗棕色	重壤土	核状	5.9	228.0	>6.00	>4.00	17.5	>50.0	沉积物、黄土状母质	E 125° 46′ 51.6″ N 49° 15′ 53.3″	93
						Ag	12—26	灰棕色	重壤土	小块状	5.9	103.0	4.60	>4.00	19.5	45.7			
						G_1	26—52	灰蓝色	重壤土	小块状	5.2	59.6	2.75	>4.00	22.3	35.1			
						C_2	52—75	灰蓝色	重壤土		5.0	47.3							
							75—	黄色	中壤土		5.9	13.7							

续表 Continued

剖面号 Soil profile	土纲 Soil order	土类 Soil great group	亚类 Soil subgroup	土属 Soil genus	土种 Soil species	土层码 Layer code	土层厚度 Depth/cm	颜色 Soil color	质地 Soil texture	土壤结构 Soil structure	pH	有机质 OM/(g/kg)	全氮 TN/(g/kg)	全磷 TP/(g/kg)	全钾 TK/(g/kg)	阳离子交换量 CEC/(cmol/kg)	土壤母质 Parent material	剖面点坐标 Profile coordinate	匹配指数 Matching index/%
剖32	淋溶土	暗棕壤	暗棕壤	泥质暗棕壤	厚泥暗棕土	A	0—30	棕灰色	黏壤土	粒状		31.1	1.81	0.88	30.5	25.0	泥质岩沉积黏土	E 125°46′55.9″ N 48°57′33.5″	95
						AB	30—43	灰棕色	黏壤土	团块状		11.4	0.84	0.35	29.2	23.5			
						B	43—66	红黄色	黏壤土	核块状		4.6							
						BC	66—102	暗红棕色	黏壤土	核块状		2.5							
剖33	淋溶土	暗棕壤	草甸暗棕壤	砂砾底草甸暗棕壤		C	102—160	浅黄色	重壤土	核块状									
						A	0—15	棕灰色	重壤土	粒状	5.1	101.0	5.09	3.51	20.9	48.6	坡积物、洪积物	E 126°06′20.5″ N 50°52′01.6″	95
						B	15—30	棕色	砂土	核状	5.2	62.9	3.47	3.06	22.1	40.4			
						C	30—	浅黄色											
剖34	半淋溶土	黑土	黑土	砾石底黑土	中层砾石底黑土	A	0—36	棕灰色	重壤土	粒状	6.1	65.5	3.50	2.37	25.8	46.2	黏质黄土及砂质沉积物	E 126°06′09.0″ N 49°10′28.9″	95
						AB	36—60	灰棕色	重壤土	核块状	6.3	58.4	3.02	1.90	26.7	40.1			
						B	60—112	黄棕色	重壤土	核块状	6.1	37.2							
						C	112—	棕黄色											

绥化市

市辖区

主要土类说明

黑土是绥化市主要土壤类型,占本市地域面积的56%,主要分布在地形起伏的岗地、平岗地、漫川、漫岗、阶地等。黑土层一般较厚(25—100cm),有机质含量高(20—90g/kg),结构性好,营养元素含量丰富,全氮含量为1.2—4.1g/kg,全磷含量为0.9—2.2g/kg。黑土是在腐殖质积累过程和淋溶淀积过程共同作用下形成的土壤,碱土金属全部被淋溶,硅酸盐类被水化而分离,向下移动,在淀积层有明显的铁锰结核、胶膜、二氧化硅粉末等。其剖面的直观特征:上有黑土帽,中有黑黄土腰,下有黄土底。

草甸土是绥化市第二大土壤类型,占本市地域面积的21%,主要分布在河流两岸的低河漫滩及河谷一级阶地。黑土层深厚,原始植被为草甸草原及喜湿性植物群落,种类繁多,根深叶茂,有利于有机质的积累。地下水位高,土壤水分充足,通气性差。土体中可见大量锈纹、锈斑和铁锰结核。

黑钙土是绥化市第三大土壤类型,占本市地域面积的12%。黑钙土所处地形平缓稍洼,植物生长茂盛,有利于有机质的积累。地下水位高,蒸发量大,土壤中可溶性盐类随土壤水分的蒸发而上升至地表,部分地段地表返盐霜,有碱斑。本市黑钙土分为黑钙土、草甸黑钙土等亚类。

新积土占本市地域面积的8%,主要分布在呼兰河、努敏河两岸河床附近。新积土是由河水挟带的泥砂淤积形成的土壤,上层为黑黄土,下层为岩砂或面砂。

小于本市地域面积3%的土壤类型有水稻土、沼泽土、风沙土。

本区域中心区气候特征

本区域中心区气候特征值
Regional climate characteristics in central area of the region

气候带:中温带亚湿润气候 Climate region: Mid temperate subhumid climate	
年平均气温 /℃ Annual average temperature /℃	3.0
年平均最高气温 /℃ Annual average maximum temperature /℃	8.9
年平均最低气温 /℃ Annual average minimum temperature /℃	-2.5
年降水量 /mm Annual precipitation /mm	527
≥10℃的积温 /℃ Daily temperature accumulated in a year(≥10℃)/℃	1118
年日照时数 /h Annual sunshine /h	2628
年平均相对湿度 /% Annual average relative humidity /%	67
干燥度 Dryness	0.36

本区域中心区月平均气温与月平均降水量
Monthly temperature and precipitation in central area of the region

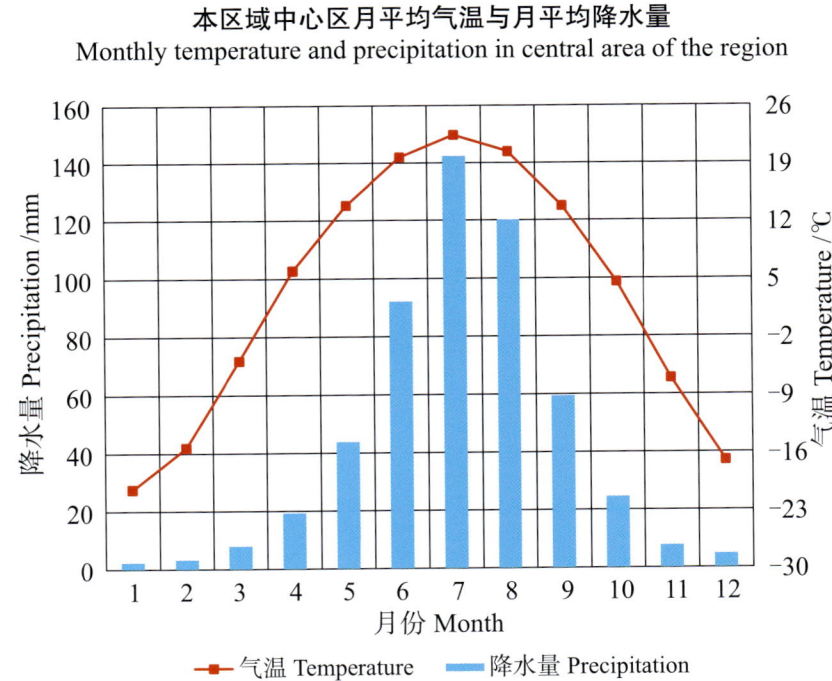

绥化市市辖区主要土壤类型与土壤剖面点分布图
1∶330 000

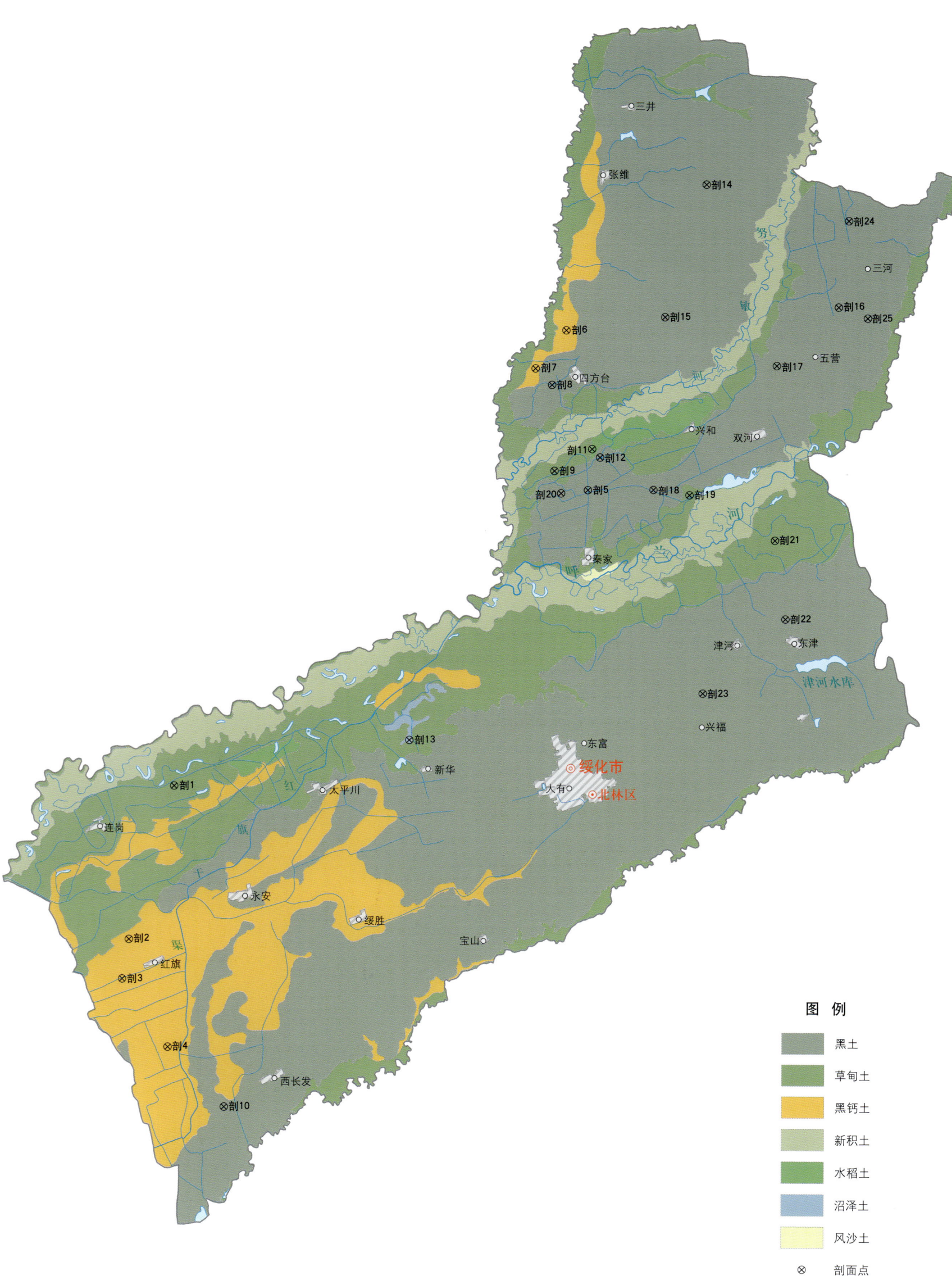

绥化市土壤剖面理化性状表

剖面号 Soil profile	土纲 Soil order	土类 Soil great group	亚类 Soil subgroup	土属 Soil genus	土种 Soil species	土层码 Layer code	土层厚度 Depth/cm	颜色 Soil color	质地 Soil texture	土壤结构 Soil structure	pH	有机质 OM/(g/kg)	全氮 TN/(g/kg)	全磷 TP/(g/kg)	土壤母质 Parent material	剖面点坐标 Profile coordinate	匹配指数 Matching index/%
剖1	半水成土	草甸土	草甸土	砂底草甸土	厚层砂底草甸土	1	0—10	暗灰色	中壤土	粒状	6.8	43.3	2.33	1.22	黄土状黏土	E 126°35′04.2″ N 46°37′37.2″	95
						2	10—17	暗灰色	轻壤土	片状	7.1	43.3	2.24	1.14			
						3	17—40	暗灰色	中壤土	粒状	7.0	26.3	1.45	1.30			
						4	40—150	暗棕色	重壤土	粒状	7.8	16.3					
						5	150—200	黄棕色	中壤土		7.5	7.3					
剖2	钙层土	黑钙土	黑钙土	黑钙土	厚层黑钙土	1	0—10		轻壤土		7.8	34.1	1.82	1.08	黄土状黏土	E 126°32′40.2″ N 46°31′05.9″	95
						2	10—20		轻壤土		8.4	38.6	1.50	1.06			
						3	40—60		中壤土		7.6	25.8					
						4	100—110		轻壤土		7.5	17.9					
						5	145—150		轻壤土		7.9	11.0					
剖3	钙层土	黑钙土	黑钙土	黑钙土	厚层黑钙土	1	0—15	暗灰色	轻壤土	粒状	7.6	36.2	1.99	1.03	黄土状黏土	E 126°32′20.0″ N 46°29′25.8″	95
						2	15—25	黑色	中壤土	片状	7.8	36.0	2.00	1.02			
						3	25—65	暗黑色	中壤土	小块状	7.2	25.0					
						4	65—110	暗黄色	轻壤土	块状	7.1	29.7					
						5	110—160	灰黄色	中壤土	梭块状	8.2	13.8					
剖4	钙层土	黑钙土	草甸黑钙土	石灰性草甸黑钙土	厚层石灰性草甸黑钙土	1	0—16	黑色	轻黏土	粒状	8.8	59.0	3.11	2.13	黄土状黏土	E 126°35′15.0″ N 46°26′39.1″	95
						2	16—27	黑色	轻壤土	粒状	8.6	42.4	2.07	1.50			
						3	27—90	灰黑色	中壤土	大粒状	8.6	36.4					
						4	90—120	暗黑色	中壤土	小块状	8.7	14.0					
						5	120—160	灰黄色	轻壤土	大块状	8.6	11.0					
剖5	半淋溶土	黑土	黑土	黏底黑土	中层黑土	A	0—35	灰黄色	中黏土	小团粒状	6.7				黄土状黏土	E 126°59′44.5″ N 46°50′32.3″	93
						AB	35—90	灰黄色	中壤土		6.7						
						B	90—180	棕黄色	中壤土	棱块状	6.7						
剖6	钙层土	黑钙土	草甸黑钙土	石灰性草甸黑钙土	厚层石灰性草甸黑钙土	1	0—10		中壤土		8.2	72.8	3.41	1.81	黄土状黏土	E 126°58′07.7″ N 46°57′11.9″	95
						2	10—26		中壤土		8.3	71.5	3.46	1.71			
						3	26—62		轻壤土		7.9	43.7	2.13	1.26			
剖7	钙层土	黑钙土	草甸黑钙土	草甸黑钙土	厚层草甸黑钙土	1	0—15		中壤土		7.5	62.7	3.18	1.70	黄土状黏土	E 126°56′19.3″ N 46°55′33.6″	95
						2	15—20		中壤土		7.7	64.9	3.04	1.65			
						3	20—65		中壤土		8.7	30.6	1.54	1.47			
剖8	半淋溶土	黑土	黑土	黏底黑土	中层黑土	1	0—15		中壤土		6.5	38.8	2.13	1.34	黄土状黏土	E 126°57′21.6″ N 46°54′52.9″	95
						2	15—21		中壤土		6.6	27.9	1.44	1.30			
						3	21—47		中壤土		6.7	25.7	1.32	1.07			
剖9	半水成土	草甸土	草甸土	黏底草甸土	厚层草甸黑土	1	0—20		重壤土		6.2	68.4	3.41	2.09	黄土状黏土	E 126°57′39.7″ N 46°51′18.0″	75
						2	20—25		重壤土		5.9	64.0	3.24	2.06			
						3	65—75		重壤土		6.4	10.5					
剖10	半淋溶土	黑土	草甸黑土	草甸黑土	中层草甸黑土	1	0—10		中壤土		6.8	42.1	2.21	1.10	黄土状黏土	E 126°38′47.0″ N 46°24′14.4″	75
						2	10—20		中壤土		6.9	34.4	2.12	>4.00			
						3	40—50		中壤土		6.9	19.3					
						4	70—80		中壤土		7.0	14.7					
						5	120—130		中壤土		7.0						

续表 Continued

剖面号 Soil profile	土纲 Soil order	土类 Soil great group	亚类 Soil subgroup	土属 Soil genus	土种 Soil species	土层码 Layer code	土层厚度 Depth/cm	颜色 Soil color	质地 Soil texture	土壤结构 Soil structure	pH	有机质 OM/(g/kg)	全氮 TN/(g/kg)	全磷 TP/(g/kg)	土壤母质 Parent material	剖面点坐标 Profile coordinate	匹配指数 Matching index/%
剖11	人为土	水稻土	草甸土型水稻土	草甸土型水稻土	草甸土型水稻土	Ap	0–18	暗灰色	重壤土	碎块状	6.1	42.4	2.08	0.87	黄土状黏土	E 126°59′56.0″ N 46°52′14.9″	75
						App	18–35	暗灰色	中壤土	棱块状	6.8	28.5	1.58	0.78			
						AB	35–55	灰黄色	中壤土	小核块状	6.6	14.4					
						B	55–120	黄色	中壤土	小粒状	6.5	2.2					
						C	120–160		轻壤土		6.4	4.1					
剖12	半淋溶土	黑土	黑土	砂底黑土	厚层砂底黑土	A	0–20	灰黑色		粒状					黄土状黏土	E 127°00′25.6″ N 46°51′54.7″	75
						Ap	20–25	灰黑色		粒状							
						3	25–60	灰棕色									
						C	60–150		砂土								
剖13	水成土	沼泽土	草甸沼泽土	草甸沼泽土	厚层草甸沼泽土	As	0–15	黑灰色	壤土						黄土状黏土	E 126°49′18.1″ N 46°39′51.5″	75
						A	15–65	灰棕色	黏土	小核粒状							
						AB	65–105	红棕色	黏土	核状							
						Bg	105–125	蓝灰色	黏土	片状							
						B₁	125–145	灰棕色	黏土								
						B₂	145–170	灰色	黏土	块状							
剖14	半淋溶土	黑土	黑土	黏底黑土	薄层黑土	1	0–12		重壤土		6.7	27.6	1.60	1.08	黄土状黏土	E 127°06′29.5″ N 47°03′26.3″	95
						2	12–17		重壤土		6.7	27.4	1.67	1.02			
						3	17–23		中壤土		6.7	11.0	0.99	0.81			
剖15	半淋溶土	黑土	黑土	黏底黑土	厚层黑土	1	0–22		中壤土		6.6	43.9	2.13	1.14	黄土状黏土	E 127°04′10.2″ N 46°57′51.5″	95
						2	22–30		中壤土		6.6	43.3	2.13	1.17			
						3	30–63		中壤土		6.9	32.1	1.57	1.07			
剖16	半淋溶土	黑土	黑土	黏底黑土	中层黑土	1	0–15		轻壤土		7.3	31.1	1.62	1.67	黄土状黏土	E 127°14′48.5″ N 46°58′27.1″	75
						2	15–22		轻壤土		7.5	29.0	1.47	1.82			
						3	22–30		中壤土		7.8	8.0	0.72	2.41			
						4	50–60		中壤土		7.9	6.6					
剖17	草甸土	草甸土	草甸黑土	黏底草甸土	中层草甸黑土	1	4–14		中壤土		6.6	41.2	1.93	1.05	黄土状黏土	E 127°11′06.0″ N 46°55′55.9″	95
						2	18–27		中壤土		6.8	41.6	1.74	1.03			
						3	27–34		中壤土		6.6	14.3	1.40	0.67			
						4	48–58		中壤土		6.6	18.6					
						5	111–121		中壤土		6.5	9.0					
剖18	半淋溶土	黑土	黑土	黏底黑土	厚层黑土	A	0–90	暗黑色	中壤土	小粒状	6.6				黄土状黏土	E 127°03′45.0″ N 46°50′37.3″	75
						AB	90–130	黄黑色	中壤土	小团块状	6.7						
						B	130–160		中壤土	核块状	6.7						
						4	160—		中壤土		6.6						
剖19	半水成土	草甸土	石灰性草甸土	石灰性草甸土	厚层石灰性草甸土	A	0–70	黑灰色	壤土	小团块状	6.6				黄土状黏土	E 127°05′58.2″ N 46°50′26.5″	95
						AB	70–100	灰棕色	黏土	小块状	6.6						
						B	100–190	棕黄色	中壤土	团块状	6.5	17.9					
剖20	半淋溶土	黑土	黑土	黏底黑土	中层黑土	1	0–15		中壤土		6.6	35.8	1.72	1.40	黄土状黏土	E 126°58′06.2″ N 46°50′22.2″	75
						2	15–24		中壤土		6.6	35.5	1.71	1.10			
						3	30–35		中壤土		6.6	22.5	1.23	1.02			
						4	65–75		轻壤土		<4.5	95.4	4.07	3.16			
剖21	半水成土	草甸土	草甸土	黏底草甸土	厚层黏底草甸土	1	0–15		重壤土		6.1	10.5	4.91	>4.00	黄土状黏土	E 127°11′16.1″ N 46°48′37.8″	95
						2	15–30		中壤土		6.7	94.8	1.21	0.93			
						3	50–60		中壤土		6.6	21.6					
剖22	半淋溶土	黑土	黑土	黏底黑土	薄层黑土	1	0–9		中壤土		6.7	19.5	0.96	0.91	黄土状黏土	E 127°12′02.2″ N 46°45′20.5″	95
						2	35–45		中壤土								

续表 Continued

剖面号 Soil profile	土纲 Soil order	土类 Soil great group	亚类 Soil subgroup	土属 Soil genus	土种 Soil species	土层码 Layer code	土层厚度 Depth/cm	颜色 Soil color	质地 Soil texture	土壤结构 Soil structure	pH	有机质 OM/(g/kg)	全氮 TN/(g/kg)	全磷 TP/(g/kg)	土壤母质 Parent material	剖面点坐标 Profile coordinate	匹配指数 Matching index/%
剖23	半淋溶土	黑土	黑土	黏底黑土	薄层黑土	A	0—25	暗灰色	中壤土	小团粒状	6.7				黄土状黏土	E 127°07′06.6″ N 46°42′09.0″	95
						AB	25—95	棕灰色	中壤土	小块状	6.7						
						B	95—200	黄棕色	中壤土	块状	6.5						
						4	200—		中壤土		6.8						
剖24	半淋溶土	黑土	草甸黑土	草甸黑土	厚层草甸黑土	1	5—15		中壤土		6.5	50.9	2.34	0.95	黄土状黏土	E 127°15′17.3″ N 47°02′04.2″	95
						2	20—30		中壤土		6.4	40.1	1.93	0.80			
						3	35—45		中壤土		6.4	28.7	1.35	1.10			
						4	70—80		中壤土		6.5	18.1					
						5	130—140		中壤土		6.3	10.8					
剖25	半淋溶土	黑土	黑土	黏底黑土	厚层黑土	1	0—13		中壤土		6.2	37.0	1.88	1.40	黄土状黏土	E 127°16′35.4″ N 46°58′01.2″	95
						2	13—20		中壤土		6.5	32.7	1.65	1.08			
						3	32—42		重壤土		6.6	28.6	1.55	0.87			
						4	75—85				6.5	17.6					

望奎县

主要土类说明

黑土是望奎县主要土壤类型，占本县地域面积的57%。黑土是本县面积最大的耕地土壤，也是本县主要的地带型土壤，从植被、成土母质到水文地质和气象因素均表现出典型的黑土成土过程。黑土是在温带半湿润草甸草原下发育形成的具深厚均腐殖质层的无石灰性黑色土壤。该土壤均腐殖质层厚30—60cm，有机质含量一般为30—60g/kg，底层具轻度滞水还原淋溶特征，见硅粉。土壤呈中性或微酸性，盐基饱和度在80%以上。根据所处的地形、水文地质和形态特征的不同，本县黑土分为黑土、草甸黑土等亚类。其中，黑土亚类占本土类面积的52%，分布在海拔190—250m的丘陵漫岗地带。草甸黑土亚类占本土类面积的48%，主要分布在漫川、漫岗地带的岗坡下部和平川地，草甸化过程比较强，黑土层厚，潜在肥力高。

草甸土是望奎县第二大土壤类型，占本县地域面积的33%。其主要特征为具有草甸化过程，有机质积累丰富，潜在肥力很高。受地下水、微地形和成土母质的影响，本县草甸土分为草甸土、潜育草甸土、石灰性草甸土、盐化草甸土、泛滥地草甸土等亚类。其中，石灰性草甸土亚类面积最大，占本土类面积的60%以上，分布在地形低平的地方。由于母质中含有大量的碳酸盐，碳酸盐随水分上升，均匀分布在土体中，因此土壤通体有石灰反应，剖面内有锈斑。

黑钙土是望奎县第三大土壤类型，占本县地域面积的5%，主要分布在海拔140—150m的平缓高河漫滩和通肯河一级阶地。黑钙土是在草甸草原植被下形成的土壤，土体中有明显钙积层，剖面内有石灰反应，土壤呈微碱性，有假菌丝体和石灰结核。本县黑钙土分为草甸黑钙土、石灰性草甸黑钙土等亚类。其中，石灰性草甸黑钙土亚类面积最大，占本土类面积的70%以上，大部分呈带状分布在后三、先锋等地。其特征为剖面通体有石灰反应，50cm以下可见明显假菌丝体，有石灰结核，土壤肥力较高。该亚类土体含有的碳酸钙对作物生长有抑制作用，土壤适用性窄，应采取增施粪肥、种植绿肥等措施进行改土培肥。

小于本县地域面积3%的土壤类型有新积土、沼泽土、泥炭土、风沙土。

本区域中心区气候特征

本区域中心区气候特征值
Regional climate characteristics in central area of the region

气候带：中温带亚湿润气候 Climate region: Mid temperate subhumid climate	
年平均气温 /℃ Annual average temperature /℃	2.8
年平均最高气温 /℃ Annual average maximum temperature /℃	8.5
年平均最低气温 /℃ Annual average minimum temperature /℃	-2.7
年降水量 /mm Annual precipitation /mm	515
≥10℃的积温 /℃ Daily temperature accumulated in a year (≥10℃) /℃	1030
年日照时数 /h Annual sunshine /h	1030
年平均相对湿度 /% Annual average relative humidity /%	66
干燥度 Dryness	0.34

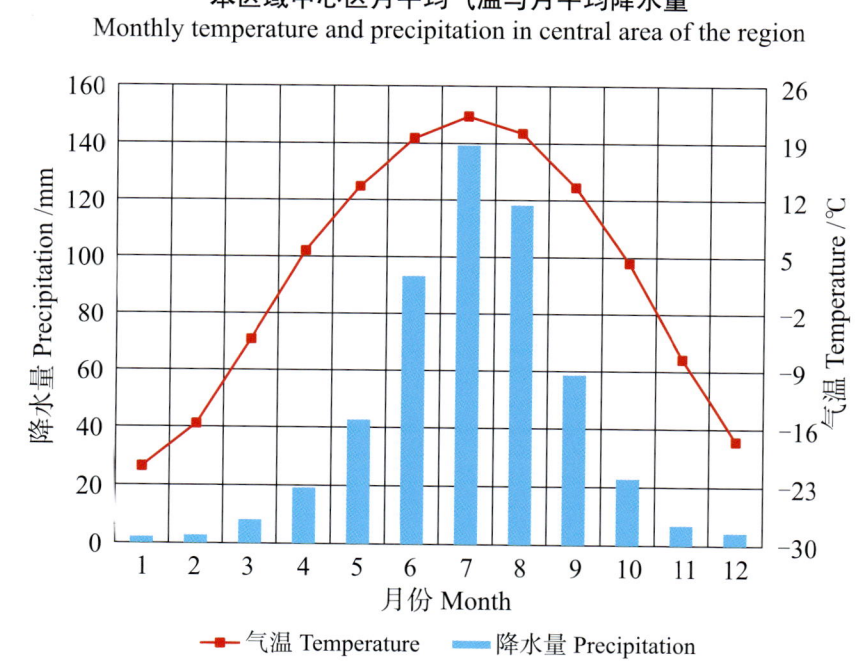

本区域中心区月平均气温与月平均降水量
Monthly temperature and precipitation in central area of the region

望奎县主要土壤类型与土壤剖面点分布图
1:280 000

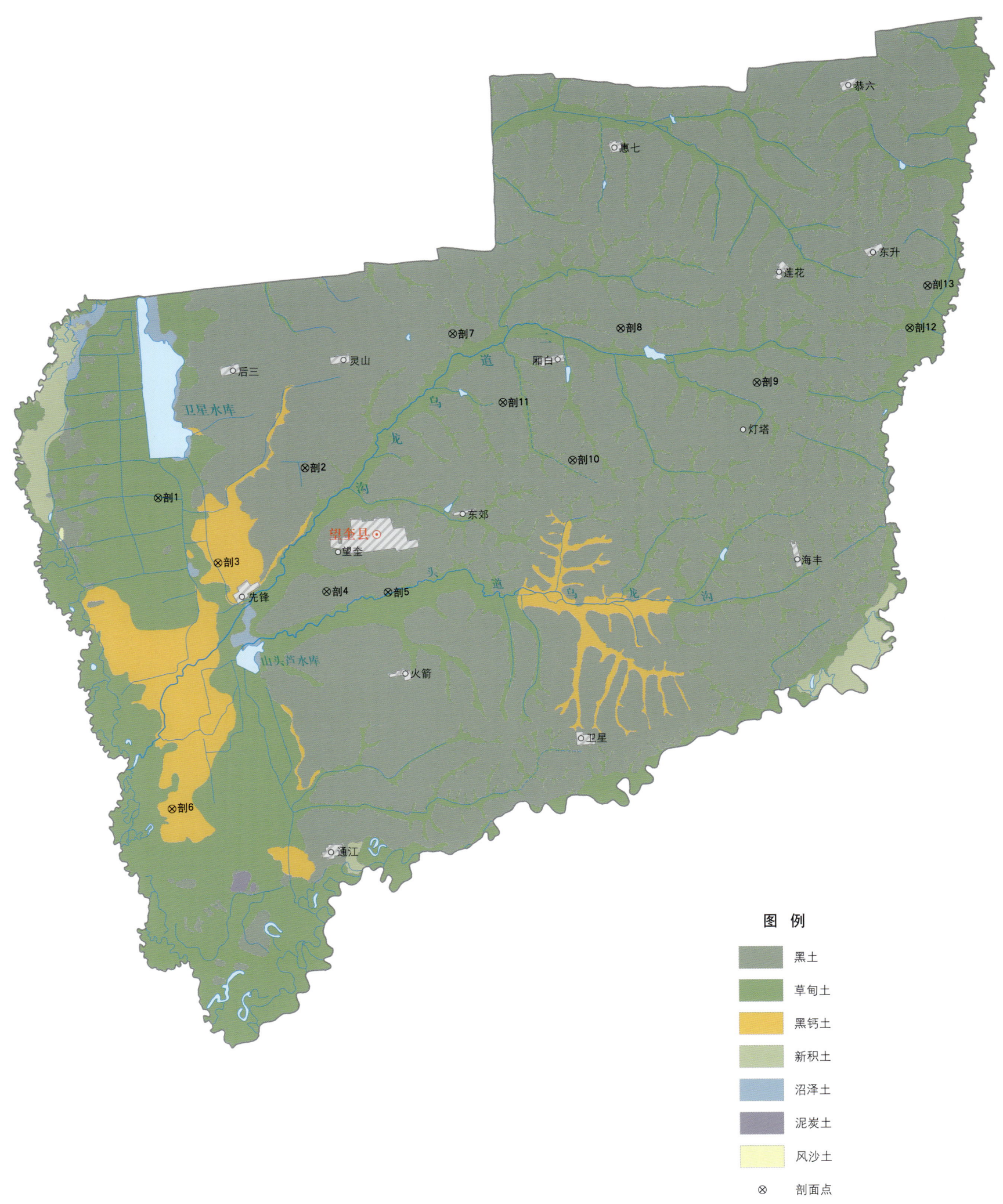

望奎县土壤剖面理化性状表

剖面号 Soil profile	土纲 Soil order	土类 Soil great group	亚类 Soil subgroup	土属 Soil genus	土种 Soil species	土层码 Layer code	土层厚度 Depth/cm	颜色 Soil color	质地 Soil texture	土壤结构 Soil structure	pH	有机质 OM/(g/kg)	全氮 TN/(g/kg)	全磷 TP/(g/kg)	全钾 TK/(g/kg)	阳离子交换量CEC/(cmol/kg)	土壤母质 Parent material	剖面点坐标 Profile coordinate	匹配指数 Matching index/%
剖1	半水成土	草甸土	泛滥地草甸土	砂底泛滥地草甸土	厚层砂底泛滥地草甸土	1	0—20	暗灰色		粒状结构	7.8	62.0	3.59	1.60				E 126°17′34.1″ N 46°51′06.5″	95
						2	20—53	浅灰色		无明显结构	7.8	26.0	0.89	1.29					
						3	53—95	棕色		无明显结构	7.5	13.7							
						4	95—138	黄棕色		无结构	7.0	6.8							
						5	138—150	棕黄色	细砂土	无结构	6.9	3.7							
剖2	半淋溶土	黑土	黑土	砂底黑土	薄层砂底黑土	1	0—25	暗灰色	中壤土	粒状	7.8	26.9	1.76	0.71			黄土状母质	E 126°24′53.6″ N 46°52′17.0″	95
						2	25—70	棕黄色	轻壤土	核块状	7.5	18.6	0.89	0.51					
						3	70—90	浅黄棕色	砂土	无结构	7.0	9.6							
剖3	钙层土	黑钙土	草甸黑钙土	砂底草甸黑钙土	望奎潮黑钙土	Ap	0—20	暗灰色	砂质黏壤土	粒状、团块状	7.8	48.2	2.20	0.86			冲洪积砂、沉积砂	E 126°20′39.8″ N 46°48′55.4″	95
						AB	45—80	暗黄棕色	砂质黏壤土	粒状、团块状	7.5	29.5	1.49	0.75					
						Bca	80—120	灰黄棕色	壤土	团块状	7.0	20.8							
						C	120—150					19.7							
剖4	半淋溶土	黑土	草甸黑土	砂底草甸黑土	厚层砂底草甸黑土	1	0—20	棕灰色	重壤土	粒状	7.9	23.5	1.50	1.08			黄土状沉积物	E 126°26′09.6″ N 46°48′02.9″	95
						2	20—50	灰棕色	壤质黏土	粒状	7.2	7.6	0.36	0.58					
						3	50—75	黄棕色	中壤土	核块状	7.3	2.2							
						4	75—90	棕黄色	细砂土	无结构	7.1	1.2							
剖5	半淋溶土	黑土	黑土	黄土质草甸黑土	白玉黄黑土	A	0—30	灰色	黏土	粒状	7.3	47.1	2.78	1.17			冲洪积砂、沉积砂	E 126°29′14.3″ N 46°48′05.0″	81
						AB	30—70	暗棕色	黏壤土	块状	7.4	15.1	1.91	0.85					
						B	70—110	棕黄色	黏壤土	块状	7.5	9.4							
						BC	110—150	暗黄棕色	黏壤土	不明显块状		9.1							
						C	150—												
剖6	钙层土	黑钙土	草甸黑钙土	砂底潮黏钙土	富源潮黑钙土	A	0—21	暗灰色	砂质黏壤土	粒状、团块状	7.2	25.7	1.58	0.30	27.8	14.7	黄土状母质	E 126°18′42.8″ N 46°40′24.2″	95
						AB	21—35	暗棕色	壤质黏土	小核块状	7.3	3.7				15.5			
						Bca	35—70	棕色	黏土	块状		2.1							
						C	70—150	黄棕色											
剖7	半淋溶土	黑土	黑土	页岩底黑土	破皮黄页岩底黑土	1	0—10	浅棕灰色	重壤土	块状	7.3	53.1	2.23	1.13			冲洪积砂、沉积砂	E 126°32′07.8″ N 46°57′02.5″	95
						2	10—25	浅灰棕色	重壤土	粒状、块状	7.4	48.8	2.22	0.65					
						3	25—66	红棕色	重壤土	片状	7.5	12.1							
						4	66—106	红棕色	轻壤土	片状		6.5							
						5	106—116	棕色	重黏土			4.5							
剖8	半淋溶土	黑土	草甸黑土	黏底黑土	破皮黄黏底黑土	1	0—10	暗灰色	重壤土	不明显团块状	6.8	24.6	1.58	1.03			第四纪黄土状沉积物	E 126°40′34.3″ N 46°57′23.4″	95
						2	10—95	棕灰色	重黏土	核块状	6.8	31.7	1.66	0.76					
						3	95—	黄色	重黏土	棱块状	7.0	26.6							
剖9	半淋溶土	黑土	草甸黑土	黏底草甸黑土	厚层黏底草甸黑土	1	0—20	暗棕色	重黏土	粒状	7.6	66.2	3.11	1.42			黄土状母质	E 126°47′29.8″ N 46°55′38.6″	81
						2	20—70	黑棕色	重黏土	粒状	7.6	51.9	2.58	1.53					
						3	70—97	灰棕色	轻黏土	核粒状	7.4	41.5							
						4	97—120	灰黏棕色	轻黏土	核块状	7.4	28.2							
						5	120—150	棕色	重黏土	团块状	7.3	23.3							
剖10	半淋溶土	黑土	黑土	黏底黑土	薄层黏底黑土	1	0—10	浅灰棕色	重壤土	粒状	6.3	27.8	1.77	0.98		47.2	第四纪黄土状沉积物	E 126°38′19.3″ N 46°52′48.7″	95
						2	10—17	棕灰色	中壤土	粒状	7.4	22.8	1.67	0.99		43.4			
						3	17—80	黄灰棕色	重壤土	核状	7.0	22.7							
						4	80—100	黄棕色	中壤土	棱块状	6.8	22.5							

续表 Continued

剖面号 Soil profile	土纲 Soil order	土类 Soil great group	亚类 Soil subgroup	土属 Soil genus	土种 Soil species	土层码 Layer code	土层厚度 Depth/cm	颜色 Soil color	质地 Soil texture	土壤结构 Soil structure	pH	有机质 OM/(g/kg)	全氮 TN/(g/kg)	全磷 TP/(g/kg)	全钾 TK/(g/kg)	阳离子交换量 CEC/(cmol/kg)	土壤母质 Parent material	剖面点坐标 Profile coordinate	匹配指数 Matching index/%
剖11	半淋溶土	黑土	黑土	黏底黑土	厚层黏底黑土	1	0—20	暗灰色	重壤土	粒状	7.1	58.5	2.37	1.28			第四纪黄土状沉积物	E 126°34′44.8″ N 46°54′43.9″	95
						2	20—65	暗灰色	重壤土	粒状	7.0	35.9	2.37	1.48					
						3	65—95	棕灰色	轻黏土	粒状	7.3	24.8							
						4	95—130	灰棕色	重壤土	棱柱状	6.8	29.9							
						5	130—150	黄棕色		棱块状	6.7	18.7							
剖12	半水成土	草甸土	草甸土	砂底草甸土	中层砂底草甸土	1	0—20	暗灰色	重壤土	粒状	7.5	68.0	3.27	>4.00	18.8	32.7		E 126°55′07.3″ N 46°57′40.0″	95
						2	20—40	暗灰色	重壤土	粒状	7.6	40.6	2.53	0.93	18.7	>50.0			
						3	40—150	棕黄色	细砂土	无结构	7.7	9.7							
剖13	半淋溶土	黑土	黑土	红黏底黑土	破皮黄红黏底黑土	1	0—8	棕灰色	轻黏土	块状	6.8	34.3	1.28	0.66			第四纪黄土状沉积物	E 126°55′58.4″ N 46°59′08.2″	95
						2	8—30	浅灰棕色	轻黏土	无明显结构	6.7	34.2	1.29						
						3	30—150	红棕色	重壤土	片状、棱块状	6.9	32.6							

兰 西 县

主要土类说明

黑钙土是兰西县主要土壤类型，占本县地域面积的44%，主要分布在呼兰河以西的平岗坡地，河东平地也有较大面积的分布。黑钙土的成土过程主要是腐殖质积累和钙的淋溶淀积过程，但由于地形、植被不同，还有一些附加成土过程，如草甸化过程。由于钙的淋溶淀积作用，土体有明显的钙积层，出现碳酸盐新生体，如假菌丝体、眼状斑等。本县黑钙土分为黑钙土、石灰性黑钙土、草甸黑钙土、石灰性草甸黑钙土等亚类。

草甸土是兰西县第二大土壤类型，占本县地域面积的34%，主要分布在呼兰河两岸河滩地、低阶地及岗坡下部开阔的低平地。草甸植被生长繁茂，根系密布，且集中在上层，为腐殖质大量积累创造了有利条件，加上地势低平，土壤水分充足，透气性差，有机质进行嫌气分解，故草甸土腐殖质层深厚，腐殖质含量高。因所处地带地下水位高，地下水参与成土过程，剖面中有大量的铁锰结核、锈纹、锈斑和胶膜。另外，地下水质也能直接影响草甸土成土过程。如果地下水矿化度高，草甸土增加了盐化过程，则会形成不同程度的盐化草甸土。草甸土发生层基本上可分为两层：①腐殖质层，呈暗灰色，厚者可达1m左右，具团粒结构，质地较黏重，有铁子，腐殖质层呈水平向下过渡；②锈色斑纹层，颜色较浅，呈黄棕色，有明显的锈纹、锈斑和铁锰结核，干时可见二氧化硅粉末。

黑土是兰西县第三大土壤类型，占本县地域面积的13%。黑土的成土过程主要是腐殖质积累与淋溶淀积过程。植被以灌丛草甸为主，植物种类多，生长繁茂，根系发达，在距表层20—30cm内最为集中。植物体每年在黑土中积累大量有机质和矿物质养分，因此，黑土腐殖质含量高，黑土层厚，土壤结构好，营养元素较丰富。由于淋溶作用，碱土金属全部被淋溶，二氧化硅被水化而分离，向下移动，土壤上层的黏粒受重力作用也有向下移动的现象，聚积于下层，故黑土质地一般下层比上层黏重，有明显的黏粒淀积。在淀积层内可见铁锰胶膜和白色二氧化硅粉末。本县黑土分为黑土、草甸黑土等亚类。

新积土占本县地域面积的8%，主要分布在呼兰河两岸的泛滥地。受河流泛滥影响，在洪水季节，河水向低洼地泛滥，挟带大量泥砂，逐渐淤积下来形成新积土。本县新积土仅有冲积土一个亚类，形成过程主要是沉积过程和草甸化过程。这种沉积过程有一定的规律性，即"急水砂，慢水淤"。同一地段的剖面中砂黏相间层次非常明显，且剖面下部多为砂层。当沉积层形成后，由于水分充足，矿物质养分丰富，草甸化过程强烈，从而积累了大量腐殖质。

小于本县地域面积3%的土壤类型有风沙土、沼泽土。

本区域中心区气候特征

本区域中心区气候特征值
Regional climate characteristics in central area of the region

气候带：中温带亚湿润气候 Climate region: Mid temperate subhumid climate	
年平均气温 /℃ Annual average temperature /℃	3.5
年平均最高气温 /℃ Annual average maximum temperature /℃	9.5
年平均最低气温 /℃ Annual average minimum temperature /℃	-2.1
年降水量 /mm Annual precipitation /mm	483
≥10℃的积温 /℃ Daily temperature accumulated in a year (≥10℃) /℃	1304
年日照时数 /h Annual sunshine /h	2676
年平均相对湿度 /% Annual average relative humidity /%	65
干燥度 Dryness	0.45

本区域中心区月平均气温与月平均降水量
Monthly temperature and precipitation in central area of the region

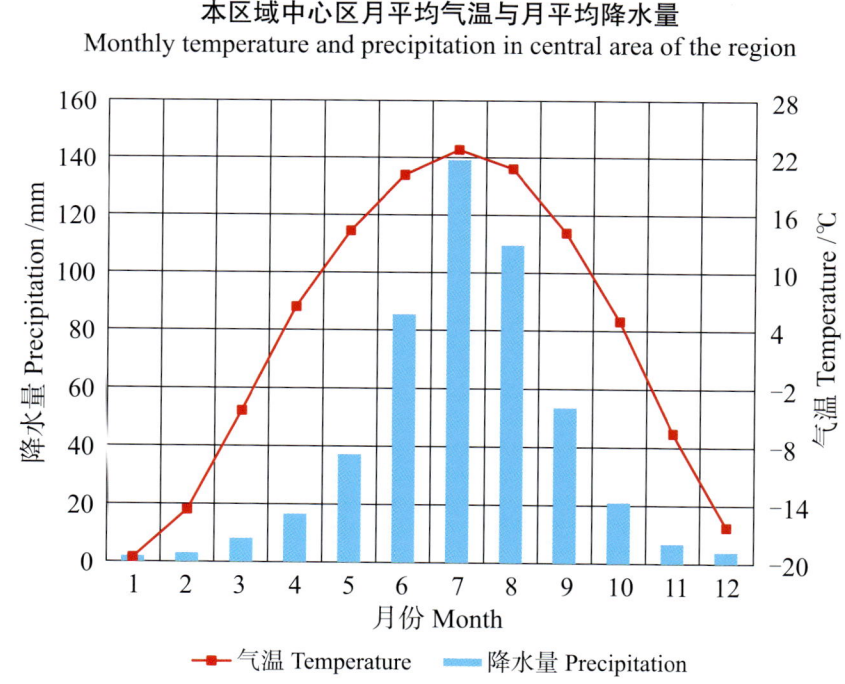

兰西县主要土壤类型与土壤剖面点分布图

1∶300 000

图例
- 黑钙土
- 草甸土
- 黑土
- 新积土
- 风沙土
- 沼泽土
- ⊗ 剖面点

兰西县土壤剖面理化性状表

剖面号 Soil profile	土纲 Soil order	土类 Soil great group	亚类 Soil subgroup	土属 Soil genus	土种 Soil species	土层码 Layer code	土层厚度 Depth/cm	颜色 Soil color	质地 Soil texture	土壤结构 Soil structure	pH	有机质 OM/(g/kg)	全氮 TN/(g/kg)	全磷 TP/(g/kg)	全钾 TK/(g/kg)	碱解氮 AN/(mg/kg)	有效磷 AP/(mg/kg)	速效钾 AK/(mg/kg)	阳离子交换量 CEC/(cmol/kg)	土壤母质 Parent material	剖面点坐标 Profile coordinate	匹配指数 Matching index/%
剖1	钙层土	黑钙土	石灰性黑钙土	平岗地石灰性黑钙土	中层石灰性黑钙土	A	0–12	灰色	粉砂质壤土	小粒状	8.0	31.1	2.23	1.00		144	8.0				E 125°50′49.2″ N 46°31′02.3″	75
						2	12–32	灰色	粉砂质壤土	小粒状	8.1	30.8	1.82	0.98		132	7.0					
						AB	32–75	浅棕色	黏壤土	小粒状	8.1	23.5	1.77	0.95		96	4.0					
						BC	75–115	浅棕色	黏壤土		8.2	9.5										
						C	115–140	浅黄色	壤质黏土	核块状	8.3	5.9										
剖2	钙层土	黑钙土	黑钙土	平岗地黑钙土	中层黑钙土	1	0–12					28.1	1.81	0.99		117	19.0				E 125°44′11.4″ N 46°34′00.5″	75
						2	20–30					21.6	1.63	0.85		112	11.0					
						3	45–55					16.0	1.58	0.77		67	10.0					
						4	85–95					8.7										
						5	120–130					8.7										
剖3	半水成土	草甸土	石灰性草甸土	石灰性草甸土	厚层石灰性草甸土	A	0–9	灰色	黏壤土	团块状	8.4	34.7	2.49	1.28	25.0	151	16.0	>500	32.5		E 125°56′32.6″ N 46°25′45.1″	95
						2	9–17	灰色	黏壤土	团块状	8.4	33.6	2.30	1.20	24.7	134	7.0	181	34.9			
						3	17–60	灰色	黏壤土	团块状	8.4	30.2	2.07	1.10	24.1	129	4.0	160	33.4			
						AB	60–95	灰棕色	黏壤土	小块状	8.7	11.1										
						Bca	95–130	黄棕色	壤质黏土		9.0	7.6										
						BC	130–150	棕黄色		块状	9.1	6.9										
剖4	钙层土	黑钙土	草甸黑钙土	平地石灰性草甸黑钙土	厚层石灰性草甸钙土	1	0–14				8.7	36.2	2.51	1.40	25.4	139	31.0	219	35.5		E 126°01′07.7″ N 46°32′31.6″	75
						2	20–30				9.2	27.0	2.04	1.12	23.5	102	10.0	182	36.5			
						3	55–65				9.3	17.6	1.17	0.94	24.8	64	4.0	209	34.4			
剖5	钙层土	黑钙土	草甸黑钙土	平地石灰性草甸黑钙土	厚层石灰性草甸钙土	1	0–12				8.1	38.0	2.16	1.32	25.0	165	13.0	152			E 126°02′39.1″ N 46°31′27.8″	75
						2	12–20				8.1	39.2	2.14	1.32	27.1	223	9.0	173				
						3	45–50				8.1	31.8	1.79	1.31	25.7	158	11.0	157				
						4	85–90				8.2	11.9										
						5	140–150				8.3	6.6										
剖6	钙层土	草甸土	石灰性草甸土	石灰性草甸土	中层石灰性草甸土	1	0–11				8.3	46.3	3.16	1.28	24.2	200	9.0	215	36.0		E 126°24′52.6″ N 46°31′19.6″	75
						2	11–22				7.7	39.9	2.93	1.12		164	6.0					
						3	35–45				8.0	25.0	1.57	0.94		112	7.0					
						4	78–85				8.2	13.2	0.81	0.76		49	3.0					
剖7	半水成土	草甸土	盐渍化草甸土	盐渍化草甸土	盐化草甸土	1	0–18				8.6	46.4	3.61	1.59		173	47.0		43.5		E 126°03′15.1″ N 46°30′28.1″	75
						2	80–90				8.6	17.3							28.9			
						3	110–120				8.3	8.6							29.4			
						4	135–145				8.4	7.8							29.6			
剖8	半水成土	黑钙土	黑钙土	平地黑钙土	中层黑钙土	A	0–30	灰色	粉砂质黏土	小粒状											E 126°13′26.0″ N 46°27′29.9″	95
						AB	30–50	浅灰色	壤质黏土	核状	8.3	33.8	2.63	1.27		154	9.0			黄土状母质		
						Bca	50–80	黄棕色	黏土	核状	8.2	30.7	2.28	1.12		133	3.0					
						BC	80–120	棕黄色	黏土		8.3	31.7	2.52	1.12		144	4.0					
剖9	钙层土	黑钙土	草甸黑钙土	平地石灰性草甸黑钙土	中层石灰性草甸钙土	A_1	0–10	棕灰色	壤土	团块状											E 126°12′07.2″ N 46°18′30.2″	95
						A_2	10–18	棕灰色	壤土	团块状												
						A_3	18–27	灰棕色	壤土	团块状												
						Bca	27–55	浅灰棕色	黏壤土	核状	8.5	13.1	1.48	0.87		44	2.0					
						BC	80–116	黄棕色	黏壤土	核状	8.3	12.9										

续表 Continued

剖面号 Soil profile	土纲 Soil order	土类 Soil great group	亚类 Soil subgroup	土属 Soil genus	土种 Soil species	土层码 Layer code	土层厚度 Depth/cm	颜色 Soil color	质地 Soil texture	土壤结构 Soil structure	pH	有机质 OM/(g/kg)	全氮 TN/(g/kg)	全磷 TP/(g/kg)	全钾 TK/(g/kg)	碱解氮 AN/(mg/kg)	有效磷 AP/(mg/kg)	速效钾 AK/(mg/kg)	阳离子交换量CEC/(cmol/kg)	土壤母质 Parent material	剖面点坐标 Profile coordinate	匹配指数 Matching index/%
剖10	半水成土	草甸土	石灰性草甸土	石灰性草甸土	中层石灰性草甸土	A	0—8	棕灰色	壤土	小粒状	8.2	37.2	2.34	1.12	23.6	157	13.0	257	33.2		E 126°10′27.5″ N 46°15′27.4″	95
						Ap	8—35	棕灰色	壤土	小粒状	8.5	29.6	1.24	1.00		132	9.0					
						AB	35—75	棕灰色	黏壤土	小粒状	8.9	21.1	1.24	0.90		66	5.0					
						Bca	75—110	黄棕色	壤质黏土	小块状	8.3	11.6	0.83	0.70		51	4.0					
						BC	110—	黄棕色	壤质黏土													
剖11	钙层土	黑钙土	石灰性黑钙土	平岗地石灰性黑钙土	厚层石灰性黑钙土	A	0—10	黄黑色	壤土	粒状	8.1	32.5	2.27	1.24	24.7	151	7.0	204	38.0		E 126°07′37.2″ N 46°14′00.2″	95
						2	10—20	黄黑色	壤土	粒状	8.3	32.1	2.05	1.12	21.5	134	4.0	184	35.8			
						3	20—50	黄棕色	壤土	粒状	8.3	16.8	1.23	1.05	22.5	64	4.0	150	31.3			
						AB	50—105	黄棕色	壤土	无结构	8.3	8.4										
						BC	105—140	黄棕色	壤质黏土	块状	8.3	6.9										
						C	140—160	棕黄色	黏质黏土	核块状	8.3	8.4										
剖12	半水成土	草甸土	盐渍化草甸土	盐渍化草甸土	盐化草甸土	1	0—30				9.3	31.6	2.11	1.16		113	30.0		32.0		E 126°02′38.4″ N 46°31′05.9″	75
						2	45—55				9.0	21.9	1.59	1.04		73	16.0		31.1			
						3	85—95				8.3	12.3										
						4	110—120				8.3	6.2										
剖13	半水成土	草甸土	石灰性草甸土	石灰性草甸土	厚层石灰性草甸土	1	0—15				8.7	32.2	2.18	1.12		128	11.0				E 126°27′01.4″ N 46°30′08.6″	75
						2	65—75				8.6	15.2	0.98	0.75		47	4.0					
						3	90—100				8.7	13.2										
						4	140—150				8.4	9.6										
剖14	半水成土	草甸土	石灰性草甸土	石灰性草甸土	厚层石灰性草甸土	1	0—15				8.2	41.5	2.71	1.66		161	25.0				E 126°23′40.9″ N 46°31′21.7″	75
						2	15—24				8.6	30.4	2.33	1.29		135	8.0					
						3	26—35				8.8	31.4	2.09	1.45		121	4.0					
						4	40—50				8.5	25.1	1.57	1.41		83	4.0					
剖15	半淋溶土	黑土	黑土	岗黑土	厚层黑土	1	0—25				7.7	30.8	1.87	1.12		139	9.0				E 126°26′04.9″ N 46°31′48.0″	75
						2	45—55				7.4	21.2	1.21	1.00		92	3.0					
剖16	半淋溶土	黑土	黑土	岗黑土	中层黑土	A	0—35	黑灰色	壤土	粒状	7.3	36.7	1.93	1.13	26.1	151	21.0	282	36.4	黄土状黏壤土	E 126°17′26.5″ N 46°10′49.8″	95
						AB	35—60	灰棕色	壤土	核粒状	7.7	17.1	1.61	0.82	26.1	49	8.0	173	31.7			
						BC₁	60—95	黄棕色	黏壤土	核粒状	7.0	9.5	1.34	0.80	25.7	45	9.0	191	30.8			
						BC₂	95—160	棕黄色	黏土													
						C	160—180	黄色		小团粒状												
剖17	半淋溶土	黑土	黑土	岗黑土	薄层黑土	A	0—29	暗灰色	壤土	小块状	6.7	38.9	2.24	1.09		227	4.0			黄土状黏壤土	E 126°18′42.1″ N 46°08′06.7″	95
						AB	29—69	棕黑色	黏壤土	块状	7.6	23.7	1.29	1.06		92	4.0					
						BC	69—140	黄棕色	黏土	块状												
						C	140—160	棕黄色	壤土	粒状												
剖18	半淋溶土	黑土	草甸黑土	平地黑土	厚层黑土	A	0—20	灰黑色	壤土	粒状										黄土状黏壤土	E 126°31′41.9″ N 46°24′57.2″	95
						2	20—65	黄黑色	黏壤土	核状												
						AB	65—110	棕黑色	黏质黏土	核状												
						B	110—150		壤质黏土	核块状												

青 冈 县

主要土类说明

黑钙土是青冈县主要土壤类型，占本县地域面积的55%，主要分布在本县中部的平岗或缓坡地。其成土过程主要是腐殖质积累和钙质聚积过程，还有草甸化和淋溶等附加成土过程。本县黑钙土分布区蒸发量大，气候干旱，土壤水分不足，植物根系分布深，根量较少，但距表层20—30cm的耕层有机质含量较高。在亚干旱条件下，部分碳酸盐淋洗到土壤下部便聚积起来，形成明显的钙积层，出现碳酸盐新生体，如假菌丝体、石灰结核等。降水越少，土壤越板结，淋溶越弱，钙积层所处的部位就越高。本县黑钙土分为黑钙土、淋溶黑钙土、草甸黑钙土、石灰性黑钙土等亚类。

草甸土是青冈县第二大土壤类型，占本县地域面积的27%，主要分布在通肯河沿岸的漫岗缓坡下局部低洼处，以及沟谷水线两侧和开阔的低平地形部位，呈狭长带状零星分布在多种地带性土壤之中。其成土过程主要是草甸化过程。由于土壤水分充足，透气性差，有机质进行嫌气分解，容易形成和积累腐殖质。因季节性水分变化，土壤氧化还原交替，土壤中物质易溶解、移动和聚积，特别是铁锰化合物，在还原状态下随水移动，在氧化状态下局部沉积，形成铁锰结核和锈斑。地下水参与附加成土过程，本县中部低洼碱沟和西部低平洼地的地下水富含重碳酸盐，草甸土出现不同程度的盐碱化。本县草甸土分为草甸土、石灰性草甸土、盐化草甸土、碱化草甸土、泛滥地草甸土等亚类。

黑土是青冈县第三大土壤类型，占本县地域面积的14%，主要分布在本县东部的漫川、漫岗地带，南北向呈带状分布。黑土土壤质地疏松，可溶性盐类易受到淋溶，因此，黑土通体无石灰反应。由于淋溶作用，碱土金属全部被淋溶，二氧化硅被水化而分离，向下移动，土壤上层的黏粒受重力作用也有向下移动的现象，聚积于下层，故黑土质地一般下层比上层黏重，有明显的黏粒淀积。在淀积层内可见铁锰胶膜和白色二氧化硅粉末。本县黑土分为黑土、草甸黑土等亚类。

新积土占本县地域面积的3%，主要分布在本县东部通肯河沿岸的高河漫滩或低阶地。受河水泛滥影响，土壤的草甸化过程与河流冲积物的沉积过程交替进行，形成多层次的剖面，即腐殖质层和冲积物相间分布。本县新积土仅有冲积土一个亚类。

小于本县地域面积3%的土壤类型有风沙土。

本区域中心区气候特征

本区域中心区气候特征值
Regional climate characteristics in central area of the region

气候带：中温带亚湿润气候 Climate region: Mid temperate subhumid climate	
年平均气温 /℃ Annual average temperature /℃	3.2
年平均最高气温 /℃ Annual average maximum temperature /℃	9.1
年平均最低气温 /℃ Annual average minimum temperature /℃	-2.3
年降水量 /mm Annual precipitation /mm	476
≥10℃的积温 /℃ Daily temperature accumulated in a year (≥10℃) /℃	1170
年日照时数 /h Annual sunshine /h	2720
年平均相对湿度 /% Annual average relative humidity /%	64
干燥度 Dryness	0.42

本区域中心区月平均气温与月平均降水量
Monthly temperature and precipitation in central area of the region

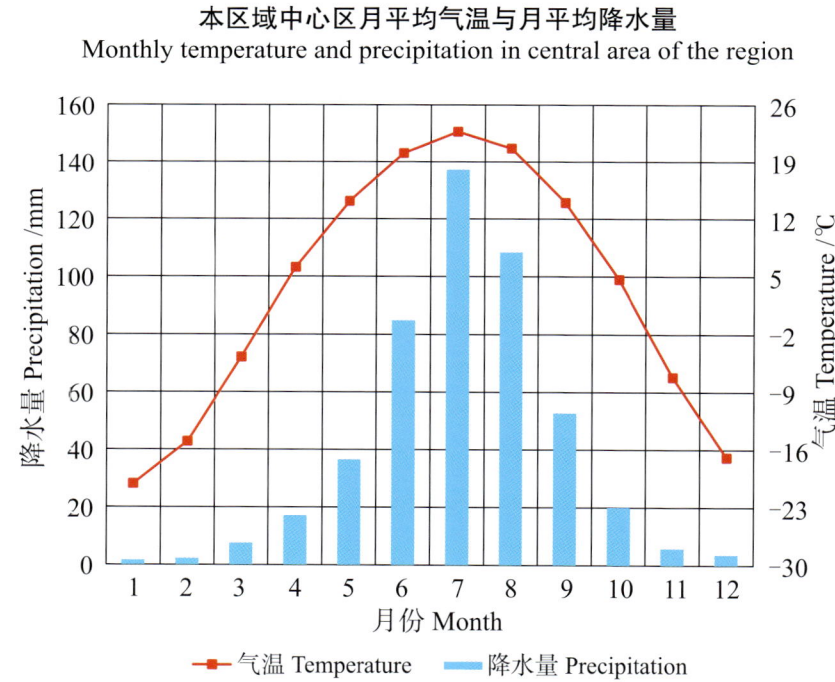

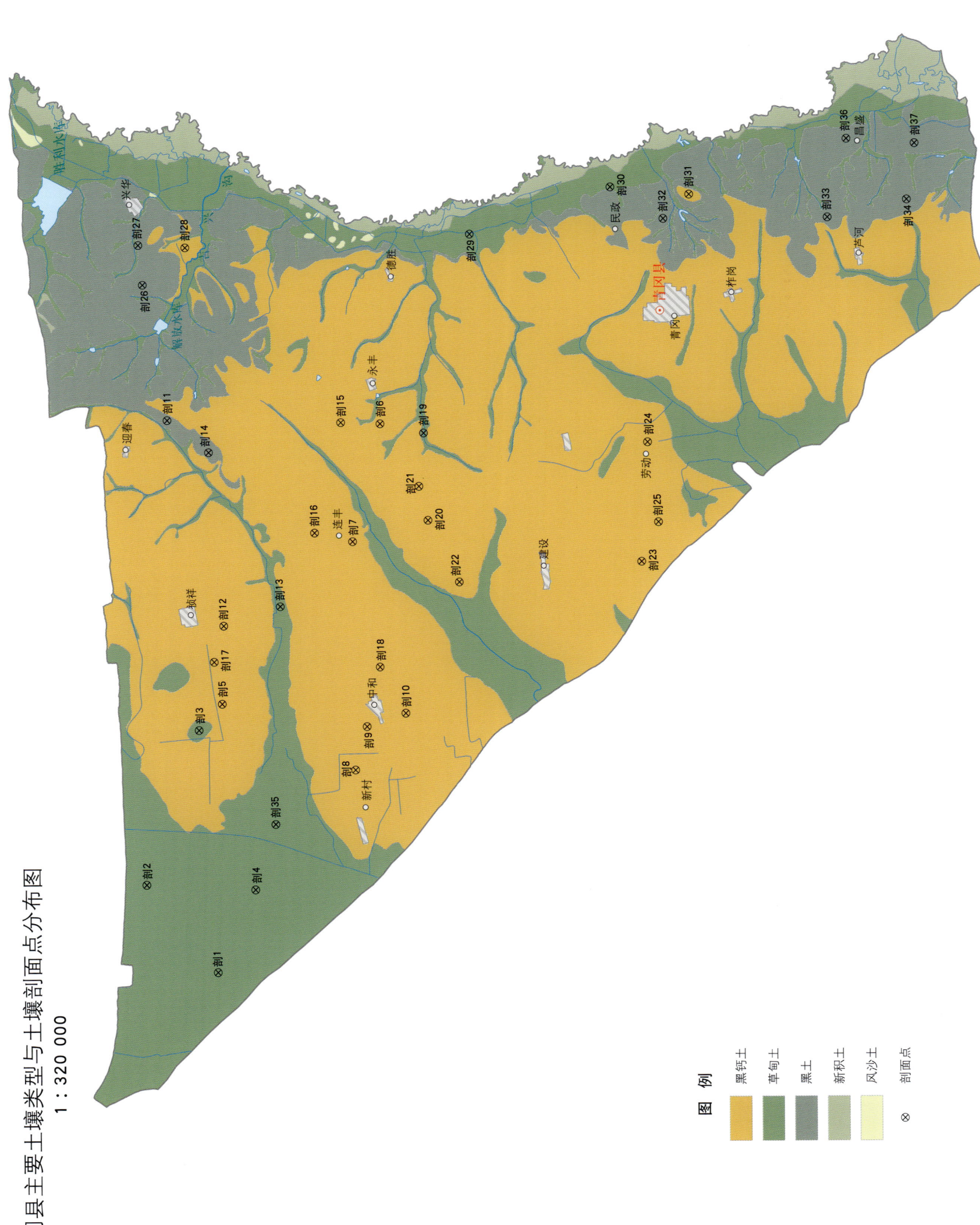

青冈县土壤剖面理化性状表

剖面号 Soil profile	土纲 Soil order	土类 Soil great group	亚类 Soil subgroup	土属 Soil genus	土种 Soil species	土层码 Layer code	土层厚度 Depth/cm	颜色 Soil color	质地 Soil texture	土壤结构 Soil structure	pH	有机质 OM/(g/kg)	全氮 TN/(g/kg)	全磷 TP/(g/kg)	阳离子交换量CEC/(cmol/kg)	土壤母质 Parent material	剖面点坐标 Profile coordinate	匹配指数 Matching index/%
剖1	半水成土	草甸土	盐化草甸土	苏打盐化草甸土	厚层苏打盐化草甸土	1	20-30				8.1	56.8	3.53	1.27		冲积物、坡积物	E 125°27′09.7″ N 46°57′54.0″	75
						2	50-60				9.4	24.8	1.50	0.98				
						3	75-85											
						4	115-125											
						5	135-145											
剖2	半水成土	草甸土	盐化草甸土	苏打盐化草甸土	薄层苏打盐化草甸土	A	0-20	灰黑色	黏壤土	块状	7.5	52.0	3.33	1.31		冲积物、坡积物	E 125°31′55.6″ N 47°00′50.0″	95
						AB	20-50	暗灰色	黏土	核块状	8.4	11.3						
						B	60-110	棕灰色	壤质黏土	小核块状								
						BC	110-150	灰棕色	壤质黏土	核粒状								
						C	150-160	棕色	壤质黏土									
剖3	半水成土	草甸土	盐化草甸土	苏打盐化草甸土	厚层苏打盐化草甸土	A	0-60	灰色	轻黏土	块状	8.3	20.4	1.22	0.76		冲积物、坡积物	E 125°40′57.4″ N 46°59′01.0″	95
						AB	60-85	棕灰色	重黏土	块状	8.3	82.7	0.72	0.67				
						B	85-100	暗棕色	重黏土	块状								
						C₁	100-150	棕色	重黏土	块状								
						C₂	150-	棕色	重黏土	块状								
剖4	半水成土	草甸土	平地石灰性草甸土	薄层石灰性草甸土		A	0-15	暗灰色	重黏土	核粒状	6.9	31.3	1.86	1.09		第四纪沉积物	E 125°31′54.5″ N 46°56′33.4″	95
						AB	15-55	暗灰棕色	重黏土	块状	6.3	19.8	1.02	0.61				
						B	55-90		中壤土	块状								
						C	90-150	黄棕色	重黏土	块状								
剖5	钙层土	黑钙土	草甸黑钙土	石灰性草甸黑钙土	厚层石灰性草甸黑钙土	1	0-20				8.0	42.2	2.53	1.20		第四纪沉积物	E 125°42′30.2″ N 46°58′08.8″	75
						2	30-40				8.2	12.4	1.82	1.03				
						3	50-60											
						4	80-90											
						5	140-150											
剖6	钙层土	黑钙土	草甸黑钙土	草甸黑钙土	厚层草甸黑钙土	1	0-10	暗灰色	黏壤土	粒状	7.5	36.4	2.13	1.09	35.9	第四纪沉积物	E 125°58′51.2″ N 46°52′20.3″	75
						2	30-40	暗灰色	黏质黏土	粒状	7.5	29.5	1.57	0.98	36.8			
						3	100-110	暗棕色	壤质黏土	核块状								
						4	150-160	暗棕色	黏质黏土	核块状								
剖7	钙层土	黑钙土	草甸黑钙土	石灰性草甸黑钙土	薄层石灰性草甸黑钙土	A₁	0-10	暗灰色	黏壤土	粒状	8.2	36.7	2.25	1.13		第四纪沉积物	E 125°52′04.8″ N 46°53′15.4″	75
						A₂	10-25	暗灰色	黏质黏土	粒状	8.2	38.0	2.48	0.92				
						AB	25-65	暗棕色	壤质黏土	核块状	8.3	14.6	0.93	0.73				
						Bca	65-90	暗棕色	黏壤土	核块状								
						C	90-160	黄棕色		核块状								
剖8	钙层土	黑钙土	黑钙土	黄土质黑钙土	青冈黑钙土	Ap	0-25	灰黑色	壤质黏土	粒状、团块状		41.8	2.27	1.14		黄土状沉积物	E 125°39′01.4″ N 46°52′48.7″	95
						App	25-30	暗灰色	壤质黏土	不明显片状								
						A	30-70	黑棕色	壤质黏土	核块状		30.9	1.53	0.92				
						AB	70-95	暗棕色	壤质黏土	核状		18.2						
						Bca	95-130	棕色	壤质黏土	核状								
						C	130-145	棕色				8.7						

续表 Continued

剖面号 Soil profile	土纲 Soil order	土类 Soil great group	亚类 Soil subgroup	土属 Soil genus	土种 Soil species	土层码 Layer code	土层厚度 Depth/cm	颜色 Soil color	质地 Soil texture	土壤结构 Soil structure	pH	有机质 OM/(g/kg)	全氮 TN/(g/kg)	全磷 TP/(g/kg)	阳离子交换量 CEC/(cmol/kg)	土壤母质 Parent material	剖面点坐标 Profile coordinate	匹配指数 Matching index/%
剖9	钙层土	黑钙土	草甸黑钙土	黄土质草甸黑钙土	中和潮黑土	Ap	0—20	暗灰色	砂质黏壤土	粒状、团块状		41.8	2.29	1.19		黄土状沉积物	E 125°41′33.0″ N 46°52′25.3″	81
						App	20—25	黑灰色	砂质黏壤土	片状		31.8	1.69	0.98				
						A	25—45	暗灰色	砂质黏壤土	团块状		17.8						
						AB	45—85	暗棕色	砂质黏壤土	核状		9.0						
						Bca	85—120	棕色	砂质黏壤土	块状								
						BC	120—155	棕黄色	砂质黏壤土	块状								
剖10	钙层土	黑钙土	草甸黑钙土	草甸黑钙土	厚层草甸黑钙土	A₁	0—20	暗灰色	黏壤土	粒状	6.5	41.8	2.29	1.19		第四纪沉积物	E 125°42′24.1″ N 46°50′55.3″	95
						Ap	20—25	暗灰色	黏壤土	片状	7.7	31.8	1.69	0.98				
						A₂	25—45	暗棕灰色	黏壤土	粒状								
						AB	45—85	暗棕色	壤质黏土	块状								
						Bca	85—120	棕色	黏质黏土	块状								
						C	120—155	黄棕色	黏壤土	块状								
剖11	半淋溶土	黑土	黑土	黏底黑土	中层黏底黑土	A₁	0—23	暗灰色	重壤土	粒状	8.0	40.4	2.14	1.18		黄土状母质	E 125°58′35.8″ N 47°00′42.5″	95
						Ap	23—30	暗灰色	重壤土	核粒状								
						A₂	30—45	暗棕灰色	重壤土	块状	6.9	28.3	1.22	0.77				
						AB	45—80	暗灰棕色	重壤土	块状	6.9	19.1						
						B	80—140	暗棕色	重壤土	小核粒状								
						C	140—160	暗棕色	重壤土	核粒状								
剖12	钙层土	黑钙土	草甸黑钙土	石灰性草甸黑钙土	厚层石灰性草甸黑钙土	A₁	0—15	暗灰色	黏壤土	粒状	7.6	42.9	2.51	1.30	36.5	第四纪沉积物	E 125°46′57.4″ N 46°58′12.4″	95
						A₂	15—42	暗灰色	黏壤土	块状	7.8	31.7	1.69	0.98	33.8			
						AB	42—90	暗灰棕色	壤质黏土	块状	7.8	9.1	0.57	0.68				
						Bca	90—130	暗棕色	壤质黏土	核粒状								
						C	130—150	棕黄色	黏壤土	块状								
剖13	半水成土	草甸土	碱化草甸土	苏打碱化草甸土	厚耕层苏打碱化草甸土	Ao	0—5	深灰色	重壤土	块状	8.1	53.5	2.96	1.51	43.6	冲积物、坡积物	E 125°48′10.8″ N 46°56′00.2″	95
						A	5—35	灰棕色	重壤土	块状	8.5	39.4	2.56	1.27	35.7			
						AB	35—65	棕色	砂壤土	片状	9.1	16.9	0.89	0.75				
						B	65—120	棕色	黏壤土	块状								
						C	120—145	暗灰色	黏壤土	块状								
剖14	半淋溶土	黑土	黑土	砂底黑土	薄层砂底黑土	A	0—15	暗灰色	重壤土	粒状	6.1	49.7	2.66	1.11		黄土状母质	E 125°56′51.4″ N 46°59′02.0″	95
						AB	15—45	暗灰棕色	重壤土	块状	6.1	26.0	1.45	0.70				
						B	45—105	棕色	砂壤土	核块状								
						BC	105—135	黄棕色	黏壤土	块状								
						C	135—150	浅黄色	黏壤土	粒状								
剖15	钙层土	黑钙土	石灰性黑钙土	石灰性黑钙土	厚层石灰性黑钙土	Ap	0—20	暗灰色	黏壤土	片状	8.6	37.2	2.86	1.19		第四纪沉积物	E 125°58′50.5″ N 46°53′53.2″	95
						A₂	20—27	暗灰棕色	壤质黏土	块状	8.2	20.3	1.14	0.87				
						AB	27—47	暗灰棕色	壤质黏土	块状								
						Bca	47—75	暗棕色	重黏土	块状								
						C	75—105	黄棕色	黏质黏土	小核块状								
							105—135											
剖16	钙层土	黑钙土	淋溶黑钙土	淋溶黑钙土	厚层淋溶黑钙土	A	0—75	暗棕色	黏壤土	粒状	6.0	37.7	1.94	1.19		第四纪沉积物	E 125°52′30.0″ N 46°54′45.4″	95
						AB	75—120	灰棕色	黏壤土	粒状	6.2	9.2		>4.00				
						Bca	120—140	暗棕色	黏壤土	块状								

续表 Continued

剖面号 Soil profile	土纲 Soil order	土类 Soil great group	亚类 Soil subgroup	土属 Soil genus	土种 Soil species	土层码 Layer code	土层厚度 Depth/cm	颜色 Soil color	质地 Soil texture	土壤结构 Soil structure	pH	有机质 OM/(g/kg)	全氮 TN/(g/kg)	全磷 TP/(g/kg)	阳离子交换量CEC/(cmol/kg)	土壤母质 Parent material	剖面点坐标 Profile coordinate	匹配指数 Matching index/%
剖17	钙层土	黑钙土	黑钙土	黑钙土	厚层黑钙土	1	0—10				7.2	39.5	2.11	1.09		第四纪沉积物	E 125° 44′ 52.4″ N 46° 58′ 31.4″	95
						2	30—40				7.4	33.3	1.70	0.92				
						3	70—80											
						4	110—120											
						5	150—160											
剖18	钙层土	黑钙土	石灰性黑钙土	石灰性黑钙土	中层石灰性黑钙土	1	0—10									第四纪沉积物	E 125° 44′ 58.2″ N 46° 51′ 59.8″	75
						2	15—25	黑灰色	黏壤土	粒状	8.2	39.3	2.39	1.32				
						3	35—45	黑灰色	黏壤土	块状	8.3	39.0	2.33	1.20				
						4	65—75	灰棕色	壤质黏土	小核块状	8.9	24.7	1.60	0.87				
						5	115—125	棕色	壤质黏土	核块状	9.2	11.3						
剖19	半水成土	草甸土	盐化草甸土	苏打盐化草甸土	中耕层苏打盐化草甸土			棕黄色		核块状						冲积物，坡积物	E 125° 58′ 25.3″ N 46° 50′ 37.0″	75
剖20	钙层土	黑钙土	草甸黑钙土	草甸黑钙土	中层草甸黑钙土	A	0—15	暗灰色	重壤土	粒状	8.0	39.9	2.43	1.21	38.0	第四纪沉积物	E 125° 53′ 28.0″ N 46° 50′ 19.3″	75
						Ap	15—20	暗灰色	重壤土	块状	8.1	38.3	2.11	1.09	36.3			
						AB	20—35	暗灰棕色	轻壤土	块状								
						B	35—80	棕黄色	重壤土	块状								
						C	80—120	棕色	轻壤土	核块状								
剖21	钙层土	黑钙土	黑钙土	黑钙土	中层黑钙土	1	0—10	暗灰色	黏壤土	粒状	7.0	34.3	9.20	0.93	41.2	第四纪沉积物	E 125° 55′ 23.2″ N 46° 50′ 43.8″	75
						2	20—30	灰棕色	黏壤土	核粒状	7.2	19.9	1.69	0.93	39.3			
						3	50—60	黄棕色	壤质黏土	核块状								
						4	90—100	棕黄色	重壤土	块状								
						5	150—160		轻壤土	核块状								
剖22	钙层土	黑钙土	草甸黑钙土	草甸黑钙土	薄层草甸黑钙土	A	0—15	暗灰色	黏壤土	粒状	8.1	39.4	2.52	1.19	39.4	第四纪沉积物	E 125° 49′ 59.9″ N 46° 49′ 00.5″	95
						AB	15—65	灰棕色	黏壤土	核粒状	8.3	20.4	1.35	0.87	36.5			
						Bca	65—120	黄棕色	壤质黏土	核块状								
						C	120—160	棕黄色	重壤土	核块状								
剖23	钙层土	黑钙土	草甸黑钙土	草甸黑钙土	中层草甸黑钙土	A_1	0—10	暗灰色	黏壤土	粒状	7.7	39.4	2.30	1.12		第四纪沉积物	E 125° 51′ 34.6″ N 46° 41′ 52.4″	95
						A_2	10—20	暗灰色	壤质黏土	块状	8.2	39.7	2.30	1.09				
						AB	20—110	灰棕色	壤质黏土	核块状								
						Bca	110—135	暗棕色	壤质黏土	核块状								
						C	135—160	暗棕色	黏壤土	核块状								
剖24	钙层土	黑钙土	石灰性草甸黑钙土	石灰性草甸黑钙土	中层石灰性草甸黑钙土	1	0—10	暗灰色	黏壤土	粒状	8.1	38.8	2.35	1.09		第四纪沉积物	E 125° 58′ 22.4″ N 46° 41′ 48.5″	95
						2	15—25	暗灰色	黏壤土	粒状	8.7	40.3	2.34	1.06				
						3	90—100	暗棕色	黏壤土	块状								
						4	140—150	暗棕色	黏壤土	核块状								
剖25	钙层土	黑钙土	草甸黑钙土	石灰性草甸黑钙土	中层石灰性草甸黑钙土	A_1	0—10	暗灰色	黏壤土	粒状	8.2	39.5	2.54	1.14		第四纪沉积物	E 125° 53′ 52.1″ N 46° 41′ 16.4″	95
						A_2	10—25	暗棕色	黏壤土	块状	8.3	38.5	2.39	1.20				
						AB	25—65	暗棕色	黏壤土	核块状	8.4	9.8	0.60	0.70				
						Bca	65—90	黄棕色	黏壤土	核块状								
						C	90—160											

续表 Continued

剖面号 Soil profile	土纲 Soil order	土类 Soil great group	亚类 Soil subgroup	土属 Soil genus	土种 Soil species	土层码 Layer code	土层厚度 Depth/cm	颜色 Soil color	质地 Soil texture	土壤结构 Soil structure	pH	有机质 OM/(g/kg)	全氮 TN/(g/kg)	全磷 TP/(g/kg)	阳离子交换量CEC/(cmol/kg)	土壤母质 Parent material	剖面点坐标 Profile coordinate	匹配指数 Matching index/%
剖26	半淋溶土	黑土	草甸黑土	黏底草甸黑土	厚层黏底草甸黑土	A_1	0—20	灰色	中壤土	粒状	7.8	56.6	2.93	1.36	40.4		E 126°06′18.4″ N 47°01′51.2″	95
						A_2	20—55	暗灰色	重壤土	粒状	6.8	39.7	1.78	1.38				
						AB	55—90	暗棕褐色	中壤土	块状								
						B	90—125	暗棕色	重壤土	块状								
						C	125—150	黄棕色	重壤土	块状								
剖27	半淋溶土	黑土	黑土	黏底黑土	厚层黏底黑土	1	0—10									黄土状母质	E 126°08′34.1″ N 47°02′04.9″	95
						2	50—60				7.1	38.8	2.02	1.13				
						3	85—95				7.1	31.1	1.33	0.92				
						4	135—145											
						5	150—160											
剖28	钙层土	黑钙土	石灰性黑钙土	石灰性黑钙土	中层石灰性黑钙土	A	0—30	暗灰色		粒状	8.2	24.3	1.33	0.92		第四纪沉积物	E 126°08′31.9″ N 47°00′14.0″	95
						AB	30—65	灰褐色		核粒状	8.4	8.7	0.54	0.70				
						Bca	65—120	暗棕色		核粒状								
						C	120—160			核粒状								
剖29	半水成土	草甸土	碱化草甸土	苏打碱化草甸土	中层苏打碱化草甸土	A	0—20	暗灰色	黏质黏土	粒状	>9.5	13.9	0.75	1.19		冲积物、坡积物	E 126°09′52.2″ N 46°49′04.4″	95
						B_1	20—70	灰色	黏质黏土	核粒状	6.6	23.2	1.02	0.87				
						B_2	70—95	暗黑色	黏质黏土	核粒状	6.5	21.0	1.10	0.87				
						BC	95—140	暗灰棕色	砂质黏土	核块状								
						C	140—150	暗棕色	砂质黏土	粒状								
剖30	半水成土	草甸土	泛滥地草甸土	平地泛滥地草甸土	厚泛滥地草甸土	Ap	0—9	暗灰色	壤质黏土	块状	7.5	36.1	2.13	1.09		冲积物、坡积物	E 126°12′48.6″ N 46°43′36.8″	95
						A_2	9—40	黏灰棕色	黏质黏土	块状	7.5	29.5	1.57	0.98				
						Bca	40—140	灰色	壤质黏土	核块状								
						C	140—160	棕色	砂质黏土	小团粒状								
剖31	钙层土	黑钙土	淋溶黑钙土	淋溶黑钙土	薄层淋溶黑钙土	A	0—25	暗灰色	重壤土	粒状	6.9	35.9	1.92	0.97		第四纪沉积物	E 126°12′33.8″ N 46°40′30.7″	82
						AB	25—65	棕灰色	重壤土	小块状	7.1	18.2	0.94	0.96				
						B	65—110	黄棕色	重壤土	块状								
						C	110—140	棕灰色	中壤土	块状								
剖32	半淋溶土	黑土	黑土	黏底黑土	薄层黏底黑土	A_1	0—18	灰色	黏壤土	粒状	7.8	44.1	2.33	1.11		黄土状母质	E 126°11′07.8″ N 46°41′29.8″	95
						A_2	18—75	暗灰色	黏壤土	块状	6.8	26.7	1.15	0.83				
						AB	75—105	灰灰棕色	黏质黏土	核状								
						B	105—130	暗棕色	中壤土	粒状								
						C	130—160	棕黄色	中壤土	块状								
剖33	半淋溶土	黑土	黑土	黏底黑土	厚层黏底黑土	A_1	0—20	暗灰色	黏壤土	粒状	6.2	46.1	2.35	1.02		黄土状母质	E 126°11′31.6″ N 46°35′02.8″	95
						A_2	20—55	暗灰色	黏壤土	粒状	6.3	45.8	2.47	0.69				
						AB	55—90	暗棕色	黏壤土	粒状								
						B	90—120		粉黏质壤土									
剖34	半淋溶土	黑土	草甸黑土	砂底草甸黑土	厚层砂底草甸黑土		120—150	红棕色	砂壤土								E 126°12′41.4″ N 46°31′57.7″	93

续表 Continued

剖面号 Soil profile	土纲 Soil order	土类 Soil great group	亚类 Soil subgroup	土属 Soil genus	土种 Soil species	土层码 Layer code	土层厚度 Depth/cm	颜色 Soil color	质地 Soil texture	土壤结构 Soil structure	pH	有机质 OM/(g/kg)	全氮 TN/(g/kg)	全磷 TP/(g/kg)	阳离子交换量CEC/(cmol/kg)	土壤母质 Parent material	剖面点坐标 Profile coordinate	匹配指数 Matching index/%
剖35	半水成土	草甸土	泛温地草甸土	平地泛湿地草甸土	中层泛湿地草甸土	A₁	0—15	暗灰色	轻壤土	粒状	6.4	25.2	1.30	0.89		冲积物、坡积物	E 125°35′42.4″ N 46°55′52.0″	95
						A₂	15—35	暗灰色	轻壤土	核粒状	6.5	22.5	1.24	0.92				
						C₁	35—80	暗棕灰色	轻黏土	核粒状								
						C₂	80—130	暗棕色	砂质黏壤土	核粒状								
						C₃	130—160	棕色	粉砂质黏壤土									
剖36	半淋溶土	黑土		砂底黑土	厚层砂底黑土	A₁	0—18	暗灰色	重壤土	粒状	6.1	50.2	2.67	1.11		黄土状母质	E 126°16′00.5″ N 46°34′23.9″	95
						A₂	18—57		砂壤土	核粒状	6.0	23.9	1.25	0.65				
						AB	57—98	灰棕色	砂壤土	粒状								
						B	98—125	黄棕色	砂壤土	粒状								
						C	125—150	黄棕色	砂壤土	粒状								
剖37	半淋溶土	黑土	草甸黑土	黏底草甸黑土	中层黏底草甸黑土	A₁	0—12	暗灰色	黏壤土	粒状	6.5	37.7	2.01	0.94			E 126°15′52.9″ N 46°31′43.3″	95
						Ap	12—17	暗灰色	黏壤土	块状								
						A₂	17—38	暗灰色	黏壤土	核粒状	6.3	30.4	1.46	0.78				
						AB	38—70	暗灰色	黏壤土	核粒状								
						B	70—115	暗棕色		核块状								
						C	115—140	棕色	黏土	块状								

庆 安 县

主要土类说明

黑土是庆安县主要土壤类型，占本县地域面积的36%，是本县的主要耕作土壤，主要分布在侵蚀堆积台地中的川岗地及堆积河谷平原中地势稍高的部位。黑土是在温带半湿润地区森林草甸植被下发育形成的土壤。其成土过程主要是腐殖质积累和淋溶淀积过程，附加成土过程有侵蚀堆积过程、草甸化过程及不典型的白浆化过程。根据成土条件和成土过程的不同，本县黑土分为黑土、草甸黑土、白浆化黑土等亚类。其中，白浆化黑土亚类面积最大，占本土类面积的58%左右。

暗棕壤是庆安县第二大土壤类型，占本县地域面积的29%，主要分布在本县东部、南部、北部山区坡度较大的侵蚀山地或侵蚀堆积台地中较为平缓的地带。暗棕壤是在温带湿润地区针阔叶混交林下发育形成的土壤。其成土过程主要是暗棕壤化过程，附加成土过程有铁铝下移过程、白浆化过程、草甸腐殖化过程和碳酸盐积累过程。本县暗棕壤分为暗棕壤、石灰性暗棕壤、原始暗棕壤、白浆化暗棕壤、草甸暗棕壤等亚类。其中，暗棕壤亚类面积最大，占本土类面积的80%左右。该亚类是在以针阔叶混交林或次生阔叶林为主的原始植被条件下发育形成的土壤，主要分布在低山、岗丘及坡度较大的阶地，成土过程包括森林腐殖化、弱酸性淋溶黏化及铁铝下移过程等。

草甸土是庆安县第三大土壤类型，占本县地域面积的25%。草甸土属非地带性半水成型土壤，在本县分布范围广，主要分布在侵蚀堆积山地的漫岗缓坡底部或河谷堆积平原。其成土过程主要是草甸化过程（土壤有机质大量积累和季节性轻度潜育化），附加成土过程有潜育化过程。本县草甸土分为草甸土、潜育草甸土等亚类。其中，草甸土亚类面积最大，约占本土类面积的60%，成土母质为砂土和淤积物。

水稻土占本县地域面积的4%，是自然土壤和人类旱耕土壤长期淹水种稻的产物。由于本县水稻土开发较晚，种植水稻历史不足百年，加上种稻淹水时间短，土壤撤水期和冻结期长，因而水稻土发育程度不高，剖面分化不够明显，仍保留其前身土壤的多种形态特征。水稻土主要分布在呼兰河及其支流沿岸的久胜、平安、勤劳、丰收、致富、同乐、欢胜、庆安等地。根据成土条件、母质及腐殖质层状况的不同，本县水稻土分为黑土型、草甸土型等亚类。

小于本县地域面积3%的土壤类型有沼泽土、白浆土、泥炭土。

本区域中心区气候特征

本区域中心区气候特征值
Regional climate characteristics in central area of the region

气候带：中温带亚湿润气候 Climate region: Mid temperate subhumid climate	
年平均气温 /℃ Annual average temperature /℃	2.3
年平均最高气温 /℃ Annual average maximum temperature /℃	8.2
年平均最低气温 /℃ Annual average minimum temperature /℃	−3.3
年降水量 /mm Annual precipitation /mm	560
≥10℃的积温 /℃ Daily temperature accumulated in a year (≥10℃) /℃	905
年日照时数 /h Annual sunshine /h	2590
年平均相对湿度 /% Annual average relative humidity /%	69
干燥度 Dryness	0.26

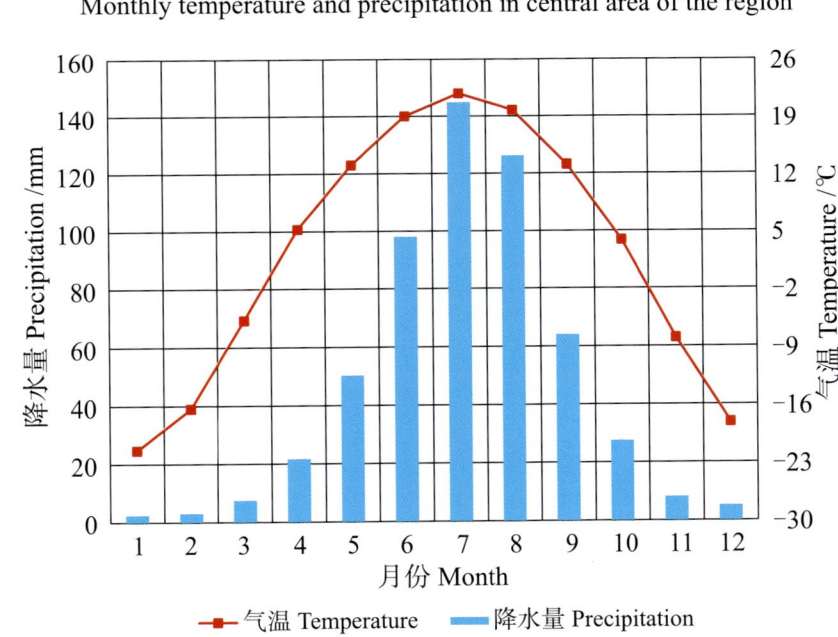

本区域中心区月平均气温与月平均降水量
Monthly temperature and precipitation in central area of the region

庆安县主要土壤类型与土壤剖面点分布图
1∶450 000

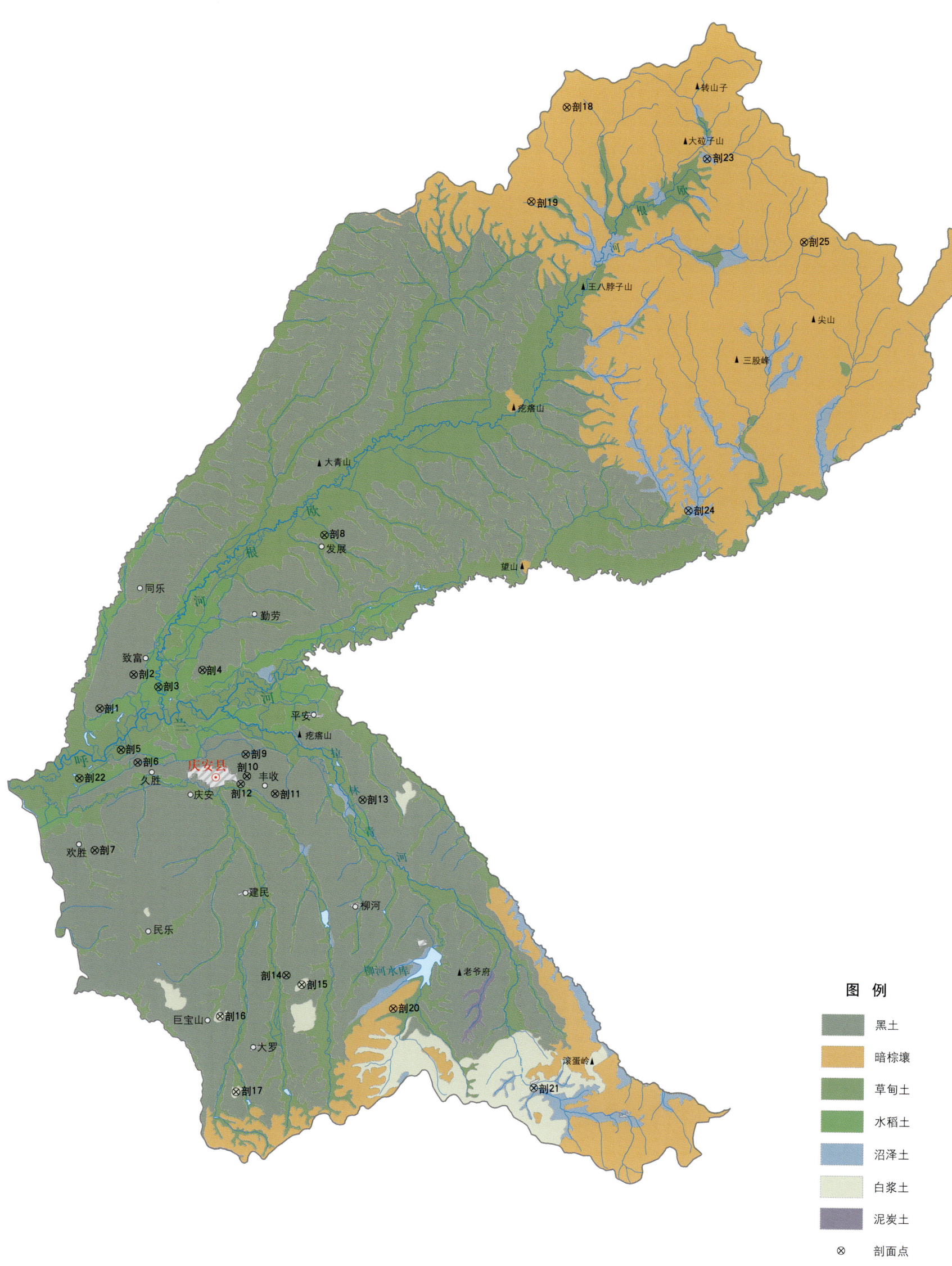

庆安县土壤剖面理化性状表

剖面号 Soil profile	土纲 Soil order	土类 Soil great group	亚类 Soil subgroup	土属 Soil genus	土种 Soil species	土层码 Layer code	土层厚度 Depth/cm	颜色 Soil color	质地 Soil texture	土壤结构 Soil structure	pH	有机质 OM/(g/kg)	全氮 TN/(g/kg)	全磷 TP/(g/kg)	全钾 TK/(g/kg)	阳离子交换量 CEC/(cmol/kg)	土壤母质 Parent material	剖面点坐标 Profile coordinate	匹配指数 Matching index/%
剖1	半淋溶土	黑土	黑土	黏底黑土	厚层黏底黑土	A	0—20		重壤土		6.8	33.4	1.56	1.10			第四纪古内海沉积物和冲积物	E 127°20′37.0″ N 46°56′30.5″	75
						AB	55—65		重壤土		6.9	34.6	2.35	1.11					
						B	75—85		重壤土		6.7	21.9							
						C	120—130		重壤土		6.7	10.8							
剖2	半淋溶土	黑土	黑土	黏底黑土	薄层黏底黑土	A	0—22		重壤土		7.4	37.9	1.50	0.75			第四纪古内海沉积物和冲积物	E 127°23′23.3″ N 46°58′29.6″	95
						AB	30—40		重壤土		6.9	22.2	1.24	0.66					
						B	70—80		重壤土		7.0	9.1							
						BC	120—130		重壤土		7.1	6.7							
剖3	人为土	水稻土	草甸土型水稻土	砂底草甸土型水稻土	厚层砂底草甸土型水稻土	A_1	0—20	灰黑色	重壤土	团粒状	6.3	73.7	4.50	1.63			第四纪古内海沉积物和冲积物	E 127°25′28.2″ N 46°57′50.4″	95
						A_2	20—30	灰黑色	重壤土	团粒状	7.4	13.6							
						AB	30—57	棕黄色	重壤土	屑粒状	7.0	12.8							
						B	57—95	黄棕色	重壤土	小核状	7.1								
						C	95—150	黄色	砂质黏壤土										
剖4	半淋溶土	黑土	黑土	黄土质黑土	中黄黑土	A	0—32	灰黑色	砂质黏壤土	团块状		43.3	1.93	0.85			黄土状沉积物	E 127°29′06.0″ N 46°58′52.0″	95
						AB	32—68	暗灰色	黏壤土	核状		23.7	1.33	0.67					
						B	68—110	暗棕色	重壤土	核块状		9.7							
						C	110—150	黄棕色		无明显结构		5.6							
剖5	半水成土	草甸土	潜育草甸土	黏底潜育草甸土	薄层黏底潜育草甸土	A	0—20		重壤土		7.1	86.0	3.94	0.77			第四纪古内海沉积物和冲积物	E 127°22′30.0″ N 46°54′11.2″	95
						ABg	35—45		重壤土		7.8	67.0	2.82	0.32					
						Cg	90—100		重壤土		7.2	6.5							
剖6	半水成土	黑土	白浆化黑土	黏底浆化黑土	中层黏底白浆化黑土	Ap	0—20		中壤土		7.1	51.7	2.27	1.70			第四纪古内海沉积物和冲积物	E 127°23′56.6″ N 46°53′29.8″	95
						Aw	55—65		中壤土		6.0	12.9	0.56	0.56					
						B	80—90		重壤土		7.0	10.0							
						BC	120—130		重壤土		7.0	9.1							
剖7	半水成土	草甸土	草甸黑土	黏底草甸黑土	厚层黏底草甸黑土	Ap	0—20	暗黑色	重壤土	团粒状	6.5	36.3	2.15	1.61			第四纪古内海沉积物和冲积物	E 127°20′34.1″ N 46°48′22.7″	95
						App	20—60	灰黑色	轻壤土	团粒状	6.6	40.1	2.51	2.37					
						AB	60—90	灰灰色	小块状	小块状	6.6	20.0							
						B	90—130	棕灰色	重壤土	块状	6.7	21.2							
						BC	130—150	浅黄色	重壤土	小块状	6.8	9.4							
剖8	半水成土	黑土	草甸黑土	黏底草甸黑土	中层黏底草甸黑土	Ap	0—20		重壤土	团粒状	6.8	55.3	2.41	1.98			第四纪古内海沉积物和冲积物	E 127°23′00.7″ N 47°06′45.0″	95
						AB	60—70		轻壤土	团块状	7.5	27.6							
						B	110—120		重壤土	小块状	7.4	15.5							
						BC	130—140		重壤土	块状	7.3	12.4							
剖9	半水成土	草甸土	草甸黑土	黏底草甸黑土	中层黏底草甸黑土	Ap	0—20	棕黑色	重壤土	粒状	7.4	32.8	1.73	2.16	24.6	34.6	第四纪古内海沉积物和冲积物	E 127°32′54.2″ N 46°48′07.6″	95
						AB	70—80	棕黑色	重壤土	团块状	7.5	13.4	0.59	1.08	23.1	28.5			
						B	130—140	棕灰色	壤质黏土	碎块状	7.4	9.5			15.8	23.3			
剖10	半淋溶土	黑土	黑土	黄黑土	油黄黑土	A_{h1}	0—16	棕黑色	黏壤土	粒状	7.0	43.3	1.93	0.85			黄土状沉积物	E 127°33′04.0″ N 46°52′52.7″	81
						Ah	16—32	棕黑色	黏壤土	团块状	7.0	23.7	1.33	0.67					
						AC	32—68	棕灰色	黏壤土	碎块状	7.0	9.7							
						C_1	68—110	棕色	黏壤土	核块状	7.0	5.6							
						C_2	110—150	黄棕色											

续表 Continued

剖面号 Soil profile	土纲 Soil order	土类 Soil great group	亚类 Soil subgroup	土属 Soil genus	土种 Soil species	土层码 Layer code	土层厚度 Depth/cm	颜色 Soil color	质地 Soil texture	土壤结构 Soil structure	pH	有机质 OM/(g/kg)	全氮 TN/(g/kg)	全磷 TP/(g/kg)	全钾 TK/(g/kg)	阴离子交换量CEC/(cmol/kg)	土壤母质 Parent material	剖面点坐标 Profile coordinate	匹配指数 Matching index/%
剖11	半淋溶土	黑土	白浆化黑土	黏底白浆化黑土	薄层黏底白浆化黑土	Ap	0—20		重壤土		6.7	24.7	1.22	1.23			第四纪古内海沉积物和冲积物	E 127°35′26.2″ N 46°51′54.7″	95
						Aw	30—40		重壤土		7.1	14.6	0.80	0.79					
						B	70—80		中壤土		7.0	7.4							
						BC	120—130		重壤土		7.0	7.1							
剖12	半淋溶土	黑土	白浆化黑土	黄土质白浆化黑土	丰收白浆化黑土	A	0—55	灰黑色	砂质黏壤土	团块状		63.2	3.34	0.40			黄土状黏土	E 127°32′33.4″ N 46°52′25.0″	93
						AAw	55—75	灰白色	黏壤土	不明显片状		11.4	0.79	0.17					
						B	75—120	暗棕色	黏壤土	核块状		6.1							
						C	120—150	黄棕色	黏土	无明显结构									
剖13	半淋溶土	黑土	白浆化黑土	黏底白浆化黑土	破皮黄黏底白浆化黑土	Ap	0—23	棕黑色	重壤土	小团粒状							第四纪古内海沉积物和冲积物	E 127°42′45.0″ N 46°51′40.7″	95
						Aw	23—62	棕灰色	中壤土	核状									
						B	62—101	棕黄色	重壤土	块状									
						C	101—150	黄色	重壤土	碎块状									
剖14	半淋溶土	黑土	白浆化黑土	黏底白浆化黑土	厚层黏底白浆土	Ap	0—10		重壤土		6.9	16.3	0.82	0.77			第四纪古内海沉积物和冲积物	E 127°36′47.5″ N 46°41′32.6″	95
						Aw	20—30		中壤土		6.8	4.6	0.30	0.69					
						B	70—80		重壤土		6.7	2.3							
						BC	130—140		重壤土			3.9							
剖15	淋溶土	白浆土	白浆土	黏底白浆土		Ap	0—20		重壤土		6.5	35.5	1.51	0.90			黄土状母质	E 127°38′06.4″ N 46°41′01.3″	95
						Aw	35—45		中壤土		6.3	25.7	1.10	0.32					
						B₁	70—80		中壤土		6.1	16.4							
						B₂	120—130		中壤土		6.6	15.8							
剖16	淋溶土	白浆土	白浆土	薄层黏底白浆土		Ap	0—10		重壤土		6.6	35.8	1.83	1.47			黄土状母质	E 127°31′23.5″ N 46°39′05.8″	95
						Aw	25—35		重壤土		6.5	13.6	0.64	0.82					
						C	55—65		轻壤土		6.6	25.7							
							140—150				6.6	9.5							
剖17	淋溶土	白浆土	白浆土	中层黏底白浆土		Ap	0—19	灰黑色	中壤土	团粒状	6.7	25.9	1.25	0.66			黄土状母质	E 127°58′33.2″ N 47°31′25.3″	95
						Aw	19—37	灰白色	中壤土	无明显块结	6.0	7.1	0.29	0.40					
						B₁	37—63	灰棕色	重壤土	核块状	5.3	5.1							
						B₂	63—92	灰棕色	重壤土	核柱状	5.9	4.8							
						C	92—150	棕黄色	轻黏土	小块状	5.6	7.2							
剖18	淋溶土	暗棕壤	石灰性暗棕壤	残余石灰性暗棕壤		A	0—18	灰黑色	重壤土	粒状	7.0	62.9	2.87	2.64			岩石风化残积物	E 127°31′23.5″ N 47°31′25.3″	75
						B	18—40	褐棕色	中壤土	核粒状	8.0	9.3	1.75	1.40					
						C	40—												
剖19	淋溶土	暗棕壤	暗棕壤	石质底暗棕壤		A	0—34	灰黑色	轻壤土	粒状	6.8	83.7	4.77	2.55			岩石风化残积物	E 127°32′53.2″ N 46°34′50.2″	95
						B	34—70	灰棕色	中壤土	粒状	6.1	45.8	2.78	1.78					
						C	70—												
剖20	淋溶土	暗棕壤	暗棕壤	砂质底暗棕壤		Ao	0—8	灰depiction黑色	轻黏土								岩石风化残积物	E 127°55′44.4″ N 47°26′02.0″	95
						A	8—12	灰黑色	重壤土	团粒状	6.6	57.5	2.95	1.16					
						AB	12—32	灰色	中壤土	粒状	6.5	26.3	0.63	1.50					
						B₁	32—48	灰棕色	重壤土	棱柱状、块状	6.5	3.3							
						B₂	48—72	红棕色	中黏土	棱柱状	6.5	6.3							
						C	72—150	棕黄色	轻黏土										
剖21	淋溶土	白浆土	草甸白浆土	黏底草甸白浆土		A	0—10	灰黑色	中壤土	团粒状							黄土状母质	E 127°57′33.8″ N 46°35′28.7″	95
						Aw	10—30	棕黄色	重壤土	无明显结构									
						B	30—130			块状									

续表 Continued

剖面号 Soil profile	土纲 Soil order	土类 Soil great group	亚类 Soil subgroup	土属 Soil genus	土种 Soil species	土层码 Layer code	土层厚度 Depth/cm	颜色 Soil color	质地 Soil texture	土壤结构 Soil structure	pH	有机质 OM/(g/kg)	全氮 TN/(g/kg)	全磷 TP/(g/kg)	全钾 TK/(g/kg)	阳离子交换量CEC/(cmol/kg)	土壤母质 Parent material	剖面点坐标 Profile coordinate	匹配指数 Matching index/%
剖22	半水成土	草甸土	潜育草甸土	黏底潜育草甸土	中层黏底潜育草甸土	Ap	0—25	灰黑色	重壤土	小团粒状	6.2	67.4	3.52	2.63			第四纪古内海沉积物和冲积物	E 127°19′06.2″ N 46°52′29.6″	85
						ABg	25—100	灰棕色	重壤土	小核状	6.7	12.1	0.51	1.37					
						Cg	100—145	黄棕色	轻黏土	无明显结构	7.2	7.4							
剖23	水成土	沼泽土	泥炭沼泽土	黏底泥炭腐殖质沼泽土		At	0—16	灰棕色	中壤土	不典型片状							第四纪古内海沉积物和冲积物	E 128°10′28.2″ N 47°28′37.9″	93
						A	16—33	灰黑色	中壤土	粒状									
						G₁	33—68	灰蓝色	重壤土	无明显结构									
						G₂	68—98	灰色	重壤土	无明显结构									
剖24	水成土	沼泽土	泥炭沼泽土	黏底泥炭沼泽土		At	0—30	灰棕色	中壤土	不典型片状							第四纪古内海沉积物和冲积物	E 128°09′25.9″ N 47°08′34.1″	95
						G	30—	灰蓝色	重壤土	无明显结构									
剖25	淋溶土	暗棕壤	草甸暗棕壤	石质底草甸暗棕壤		Ao	0—6			团粒状							岩石风化残积物	E 128°18′45.0″ N 47°23′59.3″	95
						A	6—25	暗棕色	中壤土	团粒状									
						AB	25—48	灰棕色	轻壤土	粒状									
						B	48—96	棕色	中壤土	块状									
						C	96—	褐棕色											

明 水 县

主要土类说明

黑钙土是明水县主要土壤类型，占本县地域面积的36%。黑钙土是本县面积最大、分布最广的土壤类型，主要分布在中部、西部的漫岗地和平地。在草甸草原植被的影响下，黑钙土具有深厚的黑土层，但厚度不如黑土。其剖面特征与黑土相似，但土壤有机质积累少于黑土。黑钙土剖面具有石灰反应，呈中性至碱性。由于钙的淋溶淀积作用，土体中具有明显的钙积层，出现碳酸盐新生体，如假菌丝体、石灰斑块等。根据分布及土壤属性的不同，本县黑钙土分为黑钙土、石灰性黑钙土、草甸黑钙土等亚类。其中，石灰性黑钙土亚类面积最大，约占本土类面积的60%，主要分布在本县西部的平岗地和平地，中部也有少量分布；分布区气候较干旱，有机质积累过程弱，淋溶作用难以进行，故自表层就有碳酸盐类存在，下层石灰聚积作用更为明显，多呈假菌丝状，也可见石灰斑块，土壤通体有石灰反应。黑钙土亚类占本土类面积的35%以上，多分布在平岗地，发育于黄土状沉积物；原始植被为草原和碱草植物群落，主要特征是表层碳酸钙已被淋洗，土体无石灰反应，呈中性，钙积层呈微碱性至碱性。

草甸土是明水县第二大土壤类型，占本县地域面积的30%，主要分布在本县西部的低平地。其成土过程主要是草甸化过程。由于土壤水分充足，草甸植被生长繁茂，有机质大量积累，故草甸土黑土层厚，有机质含量高。由于水分干湿交替，土壤氧化还原过程交替进行，剖面中可见铁锰结核、锈斑及胶膜，干时可见二氧化硅粉末。当地下水矿化度较高时，草甸土增加了盐化过程，形成了不同程度的盐化草甸土。根据土壤附加成土过程的不同，本县草甸土分为草甸土、潜育草甸土、石灰性草甸土、盐化草甸土、泛滥地草甸土等亚类。

黑土是明水县第三大土壤类型，占本县地域面积的29%，是本县的主要农业土壤，也是耕地土壤中肥力较高的土壤类型。黑土集中分布在本县东部的光荣、繁荣、树人、兴仁、永兴、永久等地，中部的通泉、双兴等地也有一定面积的分布。根据地形、植被、水热状况及地域性附加成土过程的不同，本县黑土分为黑土、草甸黑土、表潜黑土等亚类。

小于本县地域面积3%的土壤类型有碱土、新积土、沼泽土、风沙土。

本区域中心区气候特征

本区域中心区气候特征值
Regional climate characteristics in central area of the region

气候带：中温带亚湿润气候 Climate region: Mid temperate subhumid climate	
年平均气温 /℃ Annual average temperature /℃	2.9
年平均最高气温 /℃ Annual average maximum temperature /℃	8.7
年平均最低气温 /℃ Annual average minimum temperature /℃	-2.5
年降水量 /mm Annual precipitation /mm	480
≥10℃的积温 /℃ Daily temperature accumulated in a year (≥10℃) /℃	1072
年日照时数 /h Annual sunshine /h	2734
年平均相对湿度 /% Annual average relative humidity /%	64
干燥度 Dryness	0.38

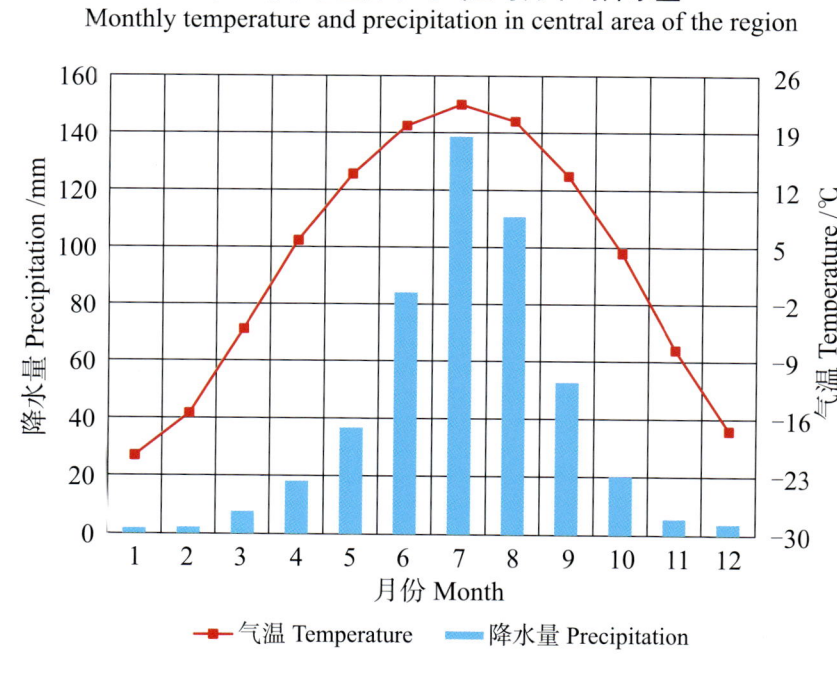

本区域中心区月平均气温与月平均降水量
Monthly temperature and precipitation in central area of the region

明水县主要土壤类型与土壤剖面点分布图

1:290 000

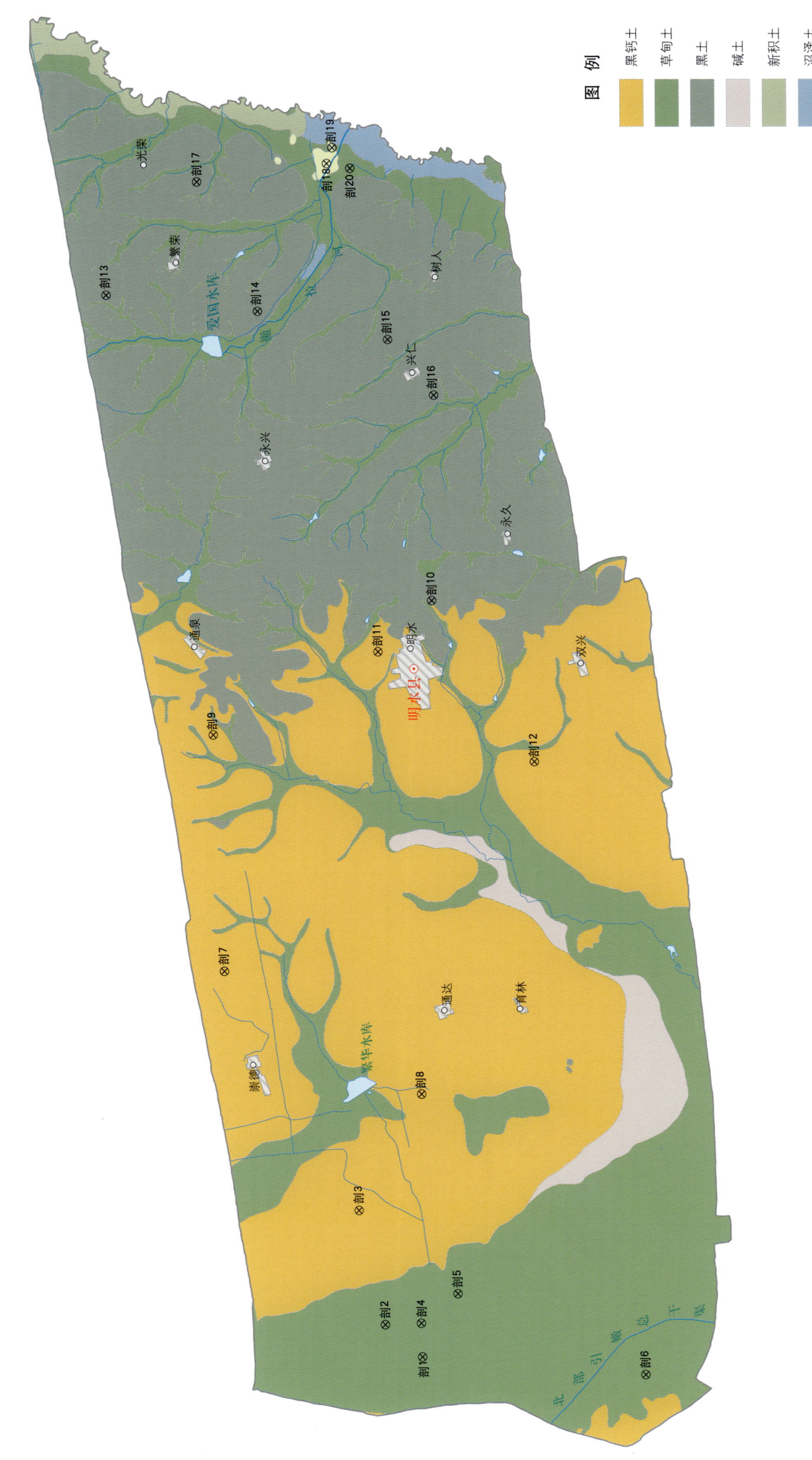

图例：黑钙土、草甸土、黑土、碱土、新积土、沼泽土、风沙土、⊗ 剖面点

第二编　分县土壤图与土壤剖面数据 | 337

明水县土壤剖面理化性状表

剖面号 Soil profile	土纲 Soil order	土类 Soil great group	亚类 Soil subgroup	土属 Soil genus	土种 Soil species	土层码 Layer code	土层厚度 Depth/cm	颜色 Soil color	质地 Soil texture	土壤结构 Soil structure	pH	有机质 OM/(g/kg)	全氮 TN/(g/kg)	全磷 TP/(g/kg)	全钾 TK/(g/kg)	有效磷 AP/(mg/kg)	速效钾 AK/(mg/kg)	阳离子交换量CEC/(cmol/kg)	土壤母质 Parent material	剖面点坐标 Profile coordinate	匹配指数 Matching index/%
剖1	半水成土	草甸土	草甸土	砂底草甸土	厚层砂底草甸土	A₁	0—14	暗灰色	重壤土	粒状	7.1	35.2	1.39	1.05	30.8	44.4	276			E 125°21′15.1″ N 47°11′31.6″	75
						App	14—20	暗灰色	重壤土	块状	7.0	32.2	1.18	0.98	30.8	22.8	264				
						A₂	20—88	暗灰色	重壤土	核粒状	6.6	15.9									
						B	88—130	灰棕色	中壤土	核粒状	6.7	13.5									
						C	130—160	黄棕色	细砂土	无结构											
剖2	半水成土	草甸土	盐化草甸土	苏打盐化草甸土	厚层中度苏打盐化草甸土	As	0—6	黑灰色	中黏土	粒状										E 125°22′51.2″ N 47°12′42.1″	75
						A₁	6—40	黑灰色	中黏土	核粒状											
						B	40—140	浅灰色	重黏土	核粒状											
						BC	140—160	灰棕色	重黏土	小块状											
剖3	钙层土	黑钙土	黑钙土	黑黄土	暗黑黄土	A₁	0—34	棕灰色	壤质黏土	团粒状	7.5	45.4	1.65	1.13	28.6			38.4	黄土状沉积物	E 125°28′18.5″ N 47°13′25.7″	95
						Ah	34—84	灰黄棕色	壤土	块状	7.6	43.9	1.65	0.94	28.6			41.0			
						Bk	84—120	黄棕色	壤质黏土	核粒状	8.3	21.9						28.6			
						C	120—160		壤质黏土	重黏土	7.9										
剖4	半水成土	草甸土	石灰性草甸土	石灰性草甸土	中层石灰性草甸土	A₁	0—10	暗灰色	中壤土	粒状	7.0	43.1	2.17	1.17	24.2	24.1	328			E 125°22′51.2″ N 47°11′31.6″	95
						App	10—15	暗灰色	中壤土	块状	7.2	43.1	2.42	1.27	18.7	18.9	290				
						A₂	15—26	暗棕色	中壤土	粒状	7.3	15.5									
						AB	26—80	浅棕灰色	中壤土	核粒状	7.5	7.3									
						B	80—142	黄棕色	中壤土	小块状	7.3	11.2									
						C	142—160	棕灰色	中壤土	块状											
剖5	半水成土	草甸土	草甸土	草甸土	厚层草甸土	A₁	0—10	黑灰色	重壤质黏土	粒状	7.2	60.8	2.68	1.44	24.2	94.8	312			E 125°24′12.2″ N 47°10′17.0″	75
						A₂	10—26	黑灰色	重壤土	小核状	7.0	104.8	4.17	1.55	19.8	63.6	240				
						A₃	26—90	暗灰色	重壤土	核粒状	7.0	54.9									
						AB	90—160	暗棕灰色	轻壤土	块状	7.2	35.5									
剖6	半水成土	草甸土	盐化草甸土	苏打盐化草甸土	中盐甸土	As	0—10	灰黑色	粉砂质黏土	粒状	7.1	54.2	3.14	1.27	30.0					E 125°20′01.3″ N 47°04′12.7″	95
						Ana	10—40	暗灰色	粉砂质黏土	小核状	6.9	23.9	1.08	0.83			368				
						Bca	40—140	浅灰色	黏土	核状	7.0	12.3					300				
						BC	140—160	棕灰色	黏土	小块状	6.9	11.1									
						C	160—				8.5	7.9									
剖7	钙层土	黑钙土	黑钙土	黑钙土	中层黑钙土	1	0—14	暗灰色	中壤土	粒状	7.3	48.5	2.06	1.19	28.6	47.0	276			E 125°40′01.6″ N 47°17′31.9″	95
						2	18—28	暗灰色	中壤土	块状	6.9	43.4	2.21	1.13	27.5	37.9					
						3	40—50	棕灰色	中壤土	粒状	7.0	37.3									
						4	72—82	棕黄色	重壤土	核粒状	6.9	24.7									
						5	123—133				8.5	7.9									
剖8	钙层土	黑钙土	石灰性黑钙土	石灰性黑钙土	中层石灰性黑钙土	A₁	0—10	暗灰色	中壤土	粒状	7.3	42.9	2.01	1.22	22.0	35.0	260			E 125°33′45.0″ N 47°11′13.9″	95
						App	10—14	暗灰色	中壤土	块状	7.2	33.3	1.44	1.27	25.3	23.8					
						A₂	14—28	棕灰色	中壤土	核粒状	7.2	14.0									
						AB	28—90	棕灰色	重壤土	块状	7.2	9.2									
						B	90—140	黄棕色	重壤土	块状	7.2	10.4									
						C	140—160		中壤土												

续表 Continued

剖面号 Soil profile	土纲 Soil order	亚类 Soil subgroup	土属 Soil genus	土种 Soil species	土层码 Layer code	土层厚度 Depth/cm	颜色 Soil color	质地 Soil texture	土壤结构 Soil structure	pH	有机质 OM/(g/kg)	全氮 TN/(g/kg)	全磷 TP/(g/kg)	全钾 TK/(g/kg)	有效磷 AP/(mg/kg)	速效钾 AK/(mg/kg)	阳离子交换量CEC/(cmol/kg)	土壤母质 Parent material	剖面点坐标 Profile coordinate	匹配指数 Matching index/%
剖9	钙层土	黑钙土	黑钙土	中层黑钙土	A₁	0—10	暗灰色	重壤土	粒状	6.5	45.4	1.65	1.13	28.6	42.4	312			E 125° 51′ 27.0″ N 47° 17′ 34.8″	95
					A₂	10—34	暗灰色	重壤土	粒状	6.6	43.9	1.65	0.94	28.6	20.3	240				
					AB	34—84	灰棕色	重壤土	核块状	9.3	31.9									
					Bca	84—120	棕黄色	重壤土	小块状	8.9	21.8									
					C	120—160	黄棕色		块状	8.0	8.4									
剖10	半淋溶土	黑土	黑土	中层黑土	1	0—10				7.0	44.5	2.11	1.21	27.5	21.3	290		黄土状母质	E 125° 57′ 28.4″ N 47° 10′ 13.8″	95
					2	20—30				6.8	43.7	1.91	1.07	28.6	19.6	300				
					3	50—60				7.1	24.5									
					4	150—160				6.9	7.9									
剖11	钙层土	黑钙土	黑钙土	厚层黑钙土	A₁	0—18	暗灰色	中壤土	粒状	6.9	44.0	1.91	1.20	28.6	31.3	276			E 125° 55′ 07.0″ N 47° 12′ 03.6″	81
					AB	18—66	暗灰色	中壤土	粒状	6.8	37.8	1.55	1.06	30.6	18.6	240				
					B	66—102	暗灰棕色	重壤土	核粒状	7.0	23.3									
					C	102—160	暗黄棕色	重壤土	核粒状	7.1	11.4									
剖12	钙层土	石灰性黑钙土	石灰性黑钙土	厚层石灰性黑钙土	A₁	0—10	暗灰色	中壤土	粒状	7.3	53.1	2.16	1.04	24.2	34.0	350			E 125° 49′ 33.2″ N 47° 07′ 05.2″	95
					A₂	10—42	暗棕灰色	重壤土	核粒状	7.2	44.5	2.06	1.26	22.0	21.9	264				
					AB	42—80	浅棕灰色	重壤土	核粒状	7.3	20.5									
					B	80—120	棕灰色	重壤土	核粒状	7.2	11.9									
					C	120—160	黄棕色	重壤土	块状	7.3	11.8									
剖13	半淋溶土	黑土	黑土	破皮黄黑土	A₁	0—9	棕灰色	重壤土	粒状	6.8	37.3	1.56	1.10	27.5	27.0	276		黄土状母质	E 126° 12′ 49.7″ N 47° 20′ 27.6″	95
					AB	9—70	灰棕色	重壤土	小块状	6.8	10.0	0.36	0.47	30.8	11.6	240				
					B	70—102	浅棕灰色	重壤土	块状	6.8	7.3									
					C	102—160	黄棕色	重壤土	块状	6.9	6.0									
剖14	半淋溶土	黑土	黄黑土	水岗黑土	A₁₁	0—15	棕灰色	壤质黏土	团粒状	6.8	43.4	1.85	0.98	26.4	21.9	276	30.8	黄土状沉积物	E 126° 11′ 43.8″ N 47° 15′ 31.0″	95
					AhC	15—43	棕灰色	壤质黏土	碎块状	6.9	34.6	1.38	0.84	26.4	17.4	260	24.2			
					C	43—86	棕灰色	壤质黏土	块状	6.5	26.9	0.94	0.76	27.6			21.4			
					C	86—120	油黄棕色	壤质黏土	块状											
剖15	半淋溶土	黑土	砂底黑土	中层砂底黑土	A₁	0—10	棕灰色	中壤土	粒状	6.5	43.1	1.91	1.03	28.6	21.9	276		黄土状母质	E 126° 10′ 06.2″ N 47° 11′ 17.2″	95
					App	10—15	暗灰色	中壤土	块状	6.7	37.8	1.55	0.94	30.8	17.4	260				
					A₂	15—35	暗棕灰色	中壤土	核块状	7.0	16.4									
					AB	35—90	暗棕色	中壤土	核块状	6.9	14.6									
					B	90—130	黄棕色	轻壤土	无结构	6.9	5.8									
					C	130—160	黄棕色	中壤土	粒状	6.9	52.4	1.91	1.32	28.6	43.7	300				
剖16	半淋溶土	草甸黑土	草甸黑土	厚层草甸黑土	A₁	0—12	黑灰色	中壤土	块状	6.3	19.6	0.62	0.86	30.8	87.4	290		黄土状母质	E 126° 07′ 19.6″ N 47° 09′ 51.8″	93
					App	12—16	暗灰色	中壤土	核块状	6.7	19.6									
					A₂	16—63	浅棕灰色	重壤土	核块状	9.0	10.9									
					B	63—128	灰棕色	重壤土	块状	6.5	40.6	1.75	1.17	28.6	33.4	300				
					C	128—160	黄棕色	重壤土	粒状											
剖17	半淋溶土	黑土	黑土	薄层黑土	A₁	0—12	暗棕色	中壤土	粒状	6.5	20.2	0.82	0.79	30.8	28.0	264		黄土状母质	E 126° 18′ 04.3″ N 47° 09′ 51.8″	95
					A₂	12—26	暗棕灰色	重壤土	核状	6.5	9.0									
					AB	26—65	灰棕色	重壤土	小块状	7.0										
					B	65—120	暗棕色	重壤土	块状											
					C	120—160	黄棕色	轻砂土	粒状	6.8	10.9	0.57	0.50	33.0	29.0	180				
剖18	初育土	生草风沙土	岗地生草风沙土	生草风沙土	A₁	0—13	棕黄色	紧砂土	无结构	6.8	1.5	0.19	0.43	35.4	40.5	120		风积沙	E 126° 18′ 40.7″ N 47° 13′ 01.6″	75
					C	13—160														

续表 Continued

剖面号 Soil profile	土纲 Soil order	土类 Soil great group	亚类 Soil subgroup	土属 Soil genus	土种 Soil species	土层码 Layer code	土层厚度 Depth/cm	颜色 Soil color	质地 Soil texture	土壤结构 Soil structure	pH	有机质 OM/(g/kg)	全氮 TN/(g/kg)	全磷 TP/(g/kg)	全钾 TK/(g/kg)	有效磷 AP/(mg/kg)	速效钾 AK/(mg/kg)	阳离子交换量CEC/(cmol/kg)	土壤母质 Parent material	剖面点坐标 Profile coordinate	匹配指数 Matching index/%
剖19	初育土	风沙土	风沙土	风积沙土	黑沙土	A₁	0—14	暗棕灰色	轻壤土	粒状	6.8	28.3	1.39	0.90	31.8	28.6	264		风积沙	E 126°19′25.3″ N 47°12′49.7″	75
						App	14—18	暗棕灰色	轻壤土	块状	6.8	26.7	1.18	0.77	31.8	12.0	196				
						A₂	18—36	暗棕灰色	轻壤土	粒状	6.8	10.2	0.41	0.42	33.0	14.5	180				
						C₁	36—70	黄棕色	砂壤土	粒状	6.9	2.4									
						C₂	70—90	浅棕黄色	紧砂土	无结构	6.9	1.7									
						C₃	90—160		松砂土	无结构											
剖20	半水成土	草甸土	泛滥地草甸土	泛滥地草甸土	中层泛滥地草甸土	A	0—40	暗棕色	中壤土	粒状										E 126°18′23.8″ N 47°12′16.2″	95
						B	40—120	浅棕色	中壤土	核粒状											
						C₁	120—130	暗棕色	砂土	无结构											
						C₂	130—160	浅棕色	砂壤土	核粒状											
						C₃	160—180	暗棕色	砂土	无结构	6.7	1.2									

绥棱县

主要土类说明

草甸土是绥棱县主要土壤类型，占本县地域面积的 43%，主要分布在河流两岸的低河漫滩及河谷一级阶地。原始植被为草甸草原植物及喜湿性植物群落，种类繁多，根深叶茂。地下水位高，土壤水分充足，透气性差，有利于有机质的积累，各种营养元素也很丰富，黑土层厚。土体中可见大量锈纹、锈斑和铁锰结核。本县草甸土分为草甸土、潜育草甸土等亚类。

暗棕壤是绥棱县第二大土壤类型，占本县地域面积的 32%，主要分布在低山丘陵及残山地形部位。暗棕壤是在温带湿润地区针阔叶混交林下发育形成的土壤。本县暗棕壤分为暗棕壤、白浆化暗棕壤、草甸暗棕壤等亚类。

黑土是绥棱县第三大土壤类型，占本县地域面积的 22%，主要分布在地形起伏的岗地、平岗地、漫川、漫岗、阶地等。原始植被为森林草甸、草甸草原植被，在地形平缓处多为"五花草塘"群落，种类繁多，生长茂盛，根系发达，有利于有机质的积累。黑土层一般较厚（30—50cm），有机质含量高（30—50g/kg），结构性好，营养元素丰富，全氮含量平均为 1.8g/kg，全磷含量平均为 1.3g/kg。黑土的成土过程主要是腐殖质积累过程和淋溶淀积过程。碱土金属全部被淋洗，硅酸盐类被水化而分离，向下移动，在沉积层有明显的铁锰结核、胶膜、二氧化硅粉末等。其剖面的直观特征：上有黑土帽，中有黑黄土腰，下有黄土底。黑土具体分布在努敏河以西的后头、靠山、克音河、阁山、双岔河、绥中等地的起伏漫岗和较开阔平坦的平岗顶部，努敏河以东的泥尔河、上集、长山等地的平岗顶部。本县黑土分为黑土、草甸黑土等亚类。

小于本县地域面积 3% 的土壤类型有白浆土、沼泽土。

本区域中心区气候特征

本区域中心区气候特征值
Regional climate characteristics in central area of the region

气候带：中温带亚湿润气候 Climate region: Mid temperate subhumid climate	
年平均气温 /℃ Annual average temperature /℃	1.5
年平均最高气温 /℃ Annual average maximum temperature /℃	7.6
年平均最低气温 /℃ Annual average minimum temperature /℃	-4.2
年降水量 /mm Annual precipitation /mm	556
≥10℃的积温 /℃ Daily temperature accumulated in a year（≥10℃）/℃	693
年日照时数 /h Annual sunshine /h	2577
年平均相对湿度 /% Annual average relative humidity /%	70
干燥度 Dryness	0.19

本区域中心区月平均气温与月平均降水量
Monthly temperature and precipitation in central area of the region

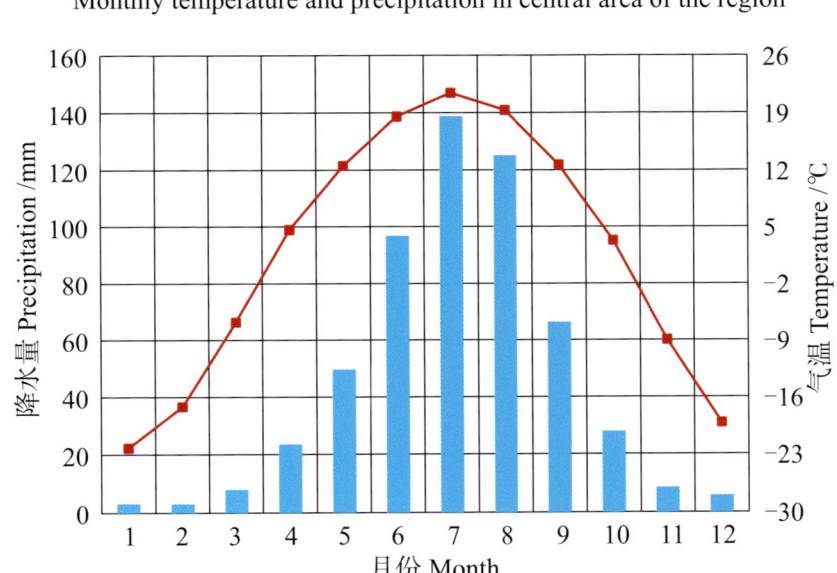

绥棱县主要土壤类型与土壤剖面点分布图
1 : 460 000

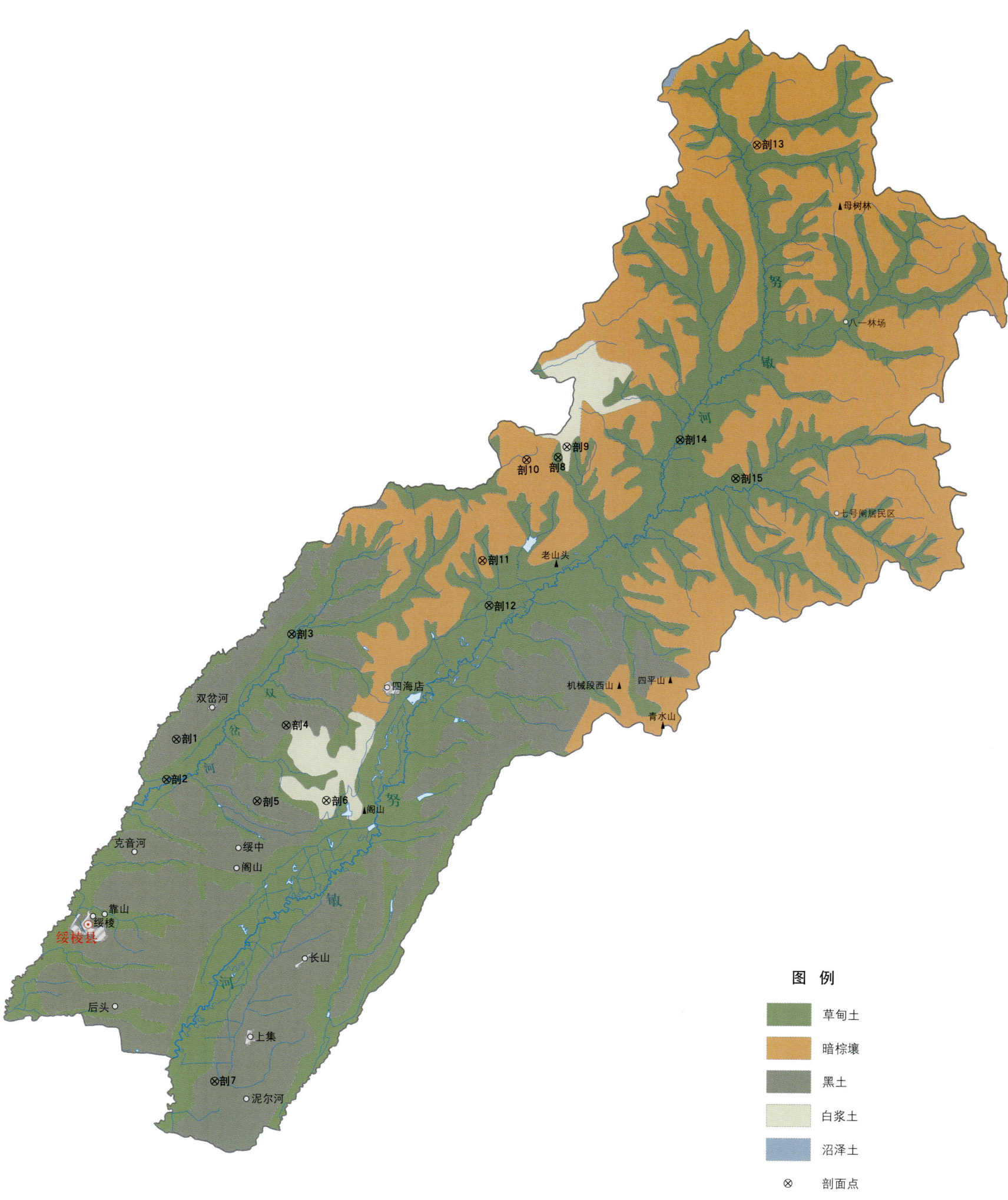

绥棱县土壤剖面理化性状表

剖面号 Soil profile	土纲 Soil order	土类 Soil great group	亚类 Soil subgroup	土属 Soil genus	土种 Soil species	土层码 Layer code	土层厚度 Depth/cm	颜色 Soil color	质地 Soil texture	土壤结构 Soil structure	pH	有机质 OM/(g/kg)	全氮 TN/(g/kg)	全磷 TP/(g/kg)	全钾 TK/(g/kg)	阳离子交换量CEC/(cmol/kg)	土壤母质 Parent material	剖面点坐标 Profile coordinate	匹配指数 Matching index/%
剖1	半淋溶土	黑土	黑土	黏底黑土	薄层黏底黑土	A	0—25	黑灰色	中壤土	小团粒状	6.8	29.2	1.40	2.40			黄土状母质	E 127°12′37.1″ N 47°25′34.3″	95
						AB	25—50	浅灰色	重壤土	粒状	6.6	106.0	0.80						
						B	50—100	黄棕色	黏壤土	块状	6.5	2.4							
						C	100—150	棕黄色	重壤土	棱块状	6.4	1.8							
剖2	半水成土	草甸土	草甸土	黏底草甸土	厚层黏底草甸土	A	0—45	暗黑色	黏土	团粒状	7.0	89.9	4.20	>4.00			黄土状黏土	E 127°11′54.2″ N 47°23′19.3″	95
						AB	45—70	黑灰色	黏壤土	团粒状	6.8	24.7							
						B	70—95	灰黄色	黏壤土	核块状	6.7	7.0							
						C	95—150	灰黄色	黏壤土	核状	6.5	1.2							
剖3	半水成土	草甸土	潜育草甸土	黏底潜育草甸土	厚层黏底潜育草甸土	A	0—50	暗黑色	壤土	小团粒状	6.2	71.2	2.89	2.03			黄土状黏土	E 127°21′52.2″ N 47°31′36.8″	95
						2	50—80	黑灰色		粒状、核状	6.5	64.5	1.50	1.71					
						3	80—120	蓝灰色		核状	6.6	34.4	0.94	1.47					
						4	120—150	蓝黑色			6.8	13.3	0.68	1.31					
剖4	半淋溶土	黑土	黑土	黏底黑土	厚层黏底黑土	A	0—60	黑黑色	壤土	团粒状	6.2	40.0	1.75	1.31			黄土状母质	E 127°21′37.4″ N 47°26′30.8″	95
						AB	60—90	黄灰色	壤土	团粒状	6.5	20.5	0.79	1.18					
						B	90—120	灰灰色	黏土	小棱块状	6.5	19.0	0.43	1.12					
						C	120—150	棕黄色	黏土	棱块状	6.8	11.3	0.29	0.99					
剖5	半淋溶土	黑土	黑土	黏底黑土	中层黏底黑土	A	0—40	灰灰色	中壤土	团粒状	6.7	44.5	1.90	2.90			黄土状母质	E 127°19′23.5″ N 47°22′16.0″	95
						AB	40—70	灰黑色	重壤土	小块状	6.5	116.0							
						B	70—100	黄灰色	重壤土	棱块状	6.3	4.7							
						C	100—150	棕黄色	重壤土	状	6.3	7.2							
剖6	淋溶土	白浆土	白浆土	黏底白浆土	厚层黏底白浆土	A_1	0—5	灰黑色		团粒状	6.4	107.3	4.30	3.70			黄土状黏土	E 127°25′04.4″ N 47°22′23.5″	95
						A_2	5—55	灰白色		片状	6.3	50.6	2.10						
						Aw	55—90	灰白色		片状	6.4	7.6							
						B	90—130	黄棕色		棱柱状	6.2	6.4							
剖7	半淋溶土	黑土	草甸黑土	黏底草甸黑土	中层黏底草甸黑土	A	0—35	灰黑色	中壤土	团粒状		183.9	4.36	2.78			黄土状母质	E 127°16′33.2″ N 47°06′36.0″	95
						AB	35—55	黄棕色	中壤土	团粒状		42.7	1.80	2.55					
						B	55—110	浅灰色	重壤土	团粒状		25.7	1.77	1.84					
						C	100—150	黄棕色	重壤土	棱块状		19.8	0.55	1.54					
剖8	半水成土	草甸土	潜育草甸土	黏底潜育草甸土	中层黏底潜育草甸土	1	0—30					104.8	5.00	3.10			黄土状黏土	E 127°43′29.6″ N 47°41′47.8″	95
						2	30—60					28.4							
						3	60—95					12.3							
剖9	淋溶土	白浆土	白浆土	黏底白浆土	薄层黏底白浆土	A	0—20	灰灰色		团粒状	6.4	32.8	5.40	2.28	>40.0		黄土状黏土	E 127°44′11.8″ N 47°42′22.3″	75
						AB	20—45	黄灰色		团粒状	6.3	20.5	1.30	1.40	>40.0				
						Aw	45—55	灰白色	重壤土	片状	6.4	13.0	0.22	1.01	>40.0				
						4	55—150	棕黄色	重壤土	大块状	6.2	12.6	0.22	0.71	>40.0				
剖10	淋溶土	暗棕壤	暗棕壤	石质暗棕壤	厚层石质暗棕壤	Ao	0—15	黄棕色	壤土	团粒状	6.7	47.3	2.20	3.50	15.4		黄土状黏土	E 127°40′54.5″ N 47°41′37.0″	95
						A_1	15—45	灰棕色	壤土	团粒状	6.8	45.1	1.70		12.6				
						C_1	45—60	暗棕色	砂壤土		6.7	27.0			10.1				
						C_2	60—70	棕黄色			6.5	3.5			7.6				

续表 Continued

剖面号 Soil profile	土纲 Soil order	土类 Soil great group	亚类 Soil subgroup	土属 Soil genus	土种 Soil species	土层码 Layer code	土层厚度 Depth/cm	颜色 Soil color	质地 Soil texture	土壤结构 Soil structure	pH	有机质 OM/(g/kg)	全氮 TN/(g/kg)	全磷 TP/(g/kg)	全钾 TK/(g/kg)	阳离子交换量 CEC/(cmol/kg)	土壤母质 Parent material	剖面点坐标 Profile coordinate	匹配指数 Matching index/%
剖11	淋溶土	暗棕壤	草甸暗棕壤	石质草甸暗棕壤	厚层石质草甸暗棕壤	Ao	0—4	黑灰色	轻壤土	团粒状	7.0	120.5	>6.00	3.80	>40.0		黄土状黏土	E 127°37′25.3″ N 47°35′58.6″	95
						A₁	4—25	棕灰色	中壤土	团粒状	7.0	36.2	1.30		>40.0				
						AB	25—45	灰棕色	重壤土	核状	7.0	12.9			6.4				
						B	45—110	暗棕色	重壤土	核状	7.0	8.2			7.6				
						BC	110—133	黄棕色	砂壤土	块状	7.0	2.4			6.6				
						C	133—150	棕色	砂壤土	块状	7.0	1.2			8.8				
剖12	半水成土	草甸土	草甸土	甸泥砂土	潜甸泥砂土	A	0—35	棕灰色	壤质黏土	团块状	6.9	46.1	1.89	1.69		28.7	河流冲积物	E 127°38′04.2″ N 47°33′29.2″	95
						Cu₁	35—60	灰黄棕色	壤质黏土	小块状	7.0	39.7	1.78	1.58		31.4			
						Cu₂	60—90	灰黄棕色	壤质黏土	块状	7.0	20.8	1.00	1.37		19.6			
						Cg	90—150	黄棕色	砂质黏壤土	块状	7.6	3.9	0.14	0.66					
剖13	淋溶土	暗棕壤	白浆化暗棕壤	黏底白浆化暗棕壤	厚层黏底白浆化暗棕壤	Ao	0—10				6.0	75.2	2.80	3.00	>40.0		黄土状黏土	E 127°59′28.7″ N 47°59′22.2″	75
						A	10—42	灰棕色	中壤土	团块状	6.0	27.0	1.20		>40.0				
						B	42—77	黑棕色	重壤土	团块状	6.5	3.5			>40.0				
						C	77—150					1.7			>40.0				
剖14	半水成土	草甸土	草甸土	黏底草甸土	中层黏底草甸土	A	0—35	灰黑色	中壤土	团块状	6.8	133.4					黄土状黏土	E 127°53′32.6″ N 47°42′52.9″	95
						AB	35—85	灰褐色	中壤土	团粒状	6.5	49.4							
						B	85—135	黄褐色	重壤土	小核块状	6.3	14.1							
剖15	半水成土	草甸土	草甸土	砂底草甸土	中层砂底草甸土	A	0—35	暗黑色	中壤土	团块状							黄土状黏土	E 127°58′12.4″ N 47°40′46.9″	95
						AB	35—60	浅灰色		团粒状									
						B	60—90	灰黄色		核状									
						C	90—150	棕黄色		无明显结构									

安 达 市

主要土类说明

草甸土是安达市主要土壤类型，占本市地域面积的58%，主要分布在冲积湖积平原漫岗坡下的低平地，常与草甸盐土、碱土呈复区分布。草甸土所处地带地势低平，是地下水和地表水的汇集中心，土壤溶液中所含的矿物质养分较丰富。地下水一般是重碳酸钙型水和重碳酸钠型水。草甸土分布在低平湿润、生长喜湿性草类的地方，草甸植被生长繁茂，有机质在土壤中大量积累。地下水位一般在2m左右，雨季升高至1.5m，翌年春季可降至3m，变幅大，升降频繁。由于土体受地下水影响，水分干湿交替，草甸土中铁的化合物发生强烈的氧化还原过程，在土层中形成锈斑及锈纹，呈轻度潜育化特征。本市草甸土分为石灰性草甸土、潜育草甸土、盐化草甸土、碱化草甸土等亚类。

黑钙土是安达市第二大土壤类型，占本市地域面积的29%，大部分已被开垦为耕地，是本市的主要农业用地，在本市各地均有分布。黑钙土是在温带半湿润草甸草原下发育形成的具深厚均腐殖质层和碳酸钙淋溶淀积层的土壤。该土壤均腐殖质层厚50cm左右，有机质含量为50—80g/kg。其下，钙积层明显。土壤表层pH约为7.0，逐渐往下pH为8.0—8.5。冬季冻层厚1.3—1.5m。本市黑钙土仅有草甸黑钙土一个亚类。

碱土是安达市第三大土壤类型，占本市地域面积的3%，广泛分布在平原中低地的稍高处，与草甸盐土、盐化草甸土呈复区分布。碱土分布区地下水中含有苏打，苏打在土壤中积累，引起pH显著上升，土壤溶液中大部分钙、镁离子转变为不溶的碳酸盐类。这种盐类沉淀后，显著提高钠离子的代换能力，使土壤胶体中的钙、镁离子被钠离子代换，形成钠胶体。在1m土层内，代换性钠占代换总量的71%，因此，土壤具有较高的碱化度，这是加速本市碱土形成的重要过程。碱土虽然分布在苏打盐渍土区微域地形的顶部（高差几十厘米或1m左右），但其成土过程仍有草甸化过程。同时，因所处地形部位稍高，土壤表层易被淋洗，故本市碱土均属于具有不同厚度淋溶层的柱状草甸碱土。这种土壤的地下水埋藏深度比草甸盐土深，一般为2—3m。

小于本市地域面积3%的土壤类型有沼泽土、风沙土、草甸盐土。

本区域中心区气候特征

本区域中心区气候特征值
Regional climate characteristics in central area of the region

气候带：中温带亚湿润气候 Climate region: Mid temperate subhumid climate	
年平均气温 /℃ Annual average temperature /℃	3.7
年平均最高气温 /℃ Annual average maximum temperature /℃	9.8
年平均最低气温 /℃ Annual average minimum temperature /℃	-2.0
年降水量 /mm Annual precipitation /mm	436
≥10℃的积温 /℃ Daily temperature accumulated in a year（≥10℃）/℃	1371
年日照时数 /h Annual sunshine /h	2747
年平均相对湿度 /% Annual average relative humidity /%	62
干燥度 Dryness	0.51

本区域中心区月平均气温与月平均降水量
Monthly temperature and precipitation in central area of the region

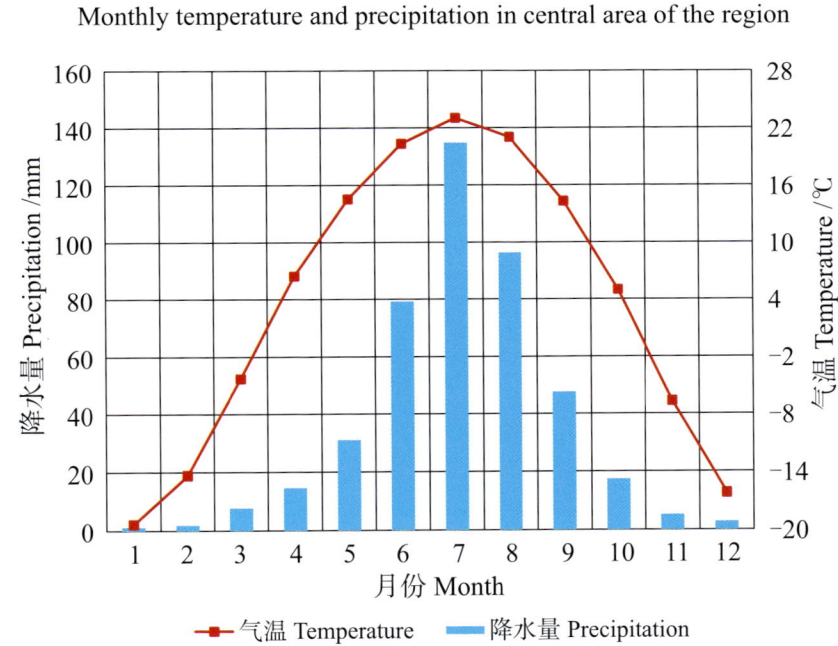

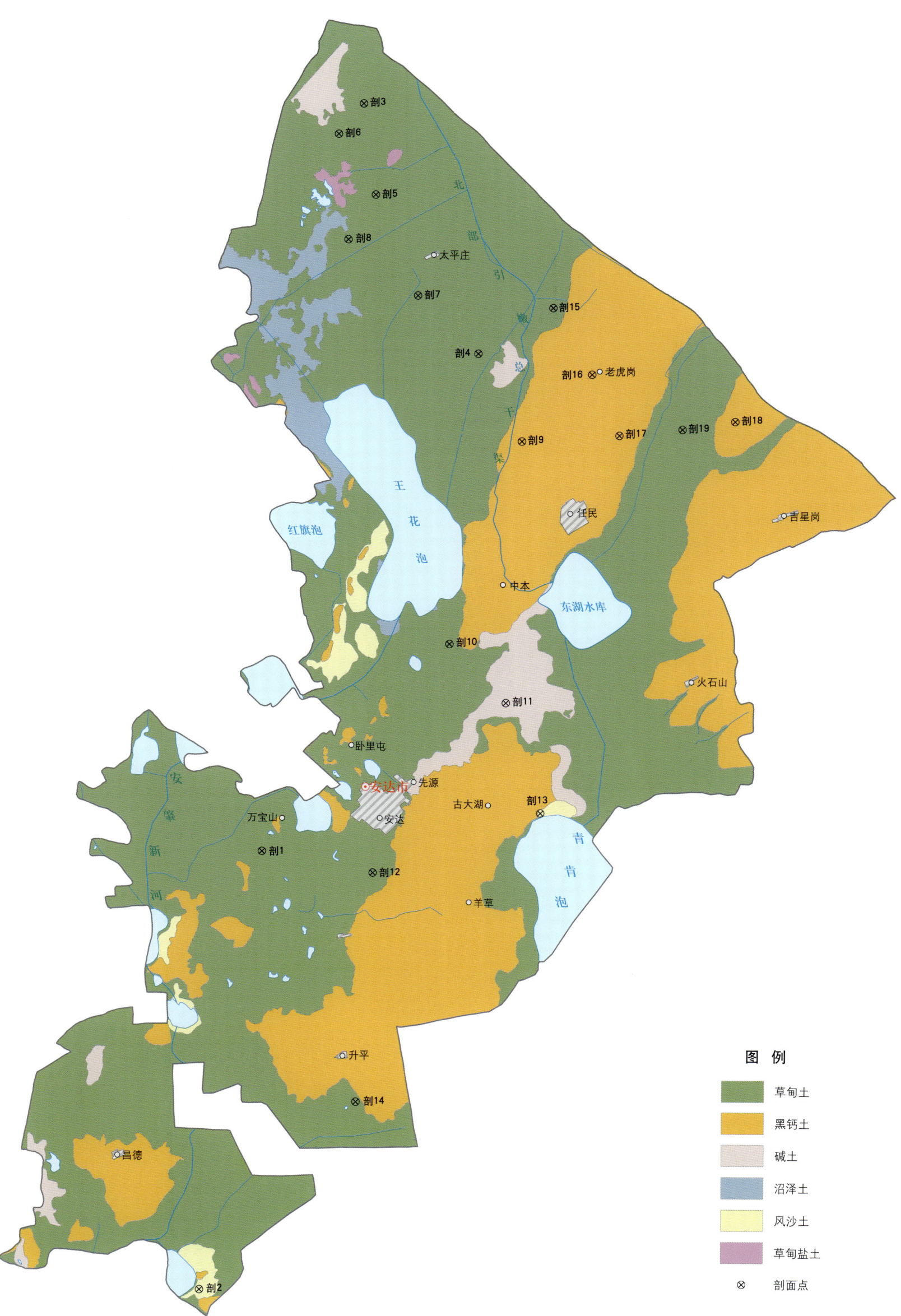

安达市土壤剖面理化性状表

剖面号 Soil profile	土纲 Soil order	土类 Soil great group	亚类 Soil subgroup	土属 Soil genus	土种 Soil species	土层码 Layer code	土层厚度 Depth/cm	颜色 Soil color	质地 Soil texture	土壤结构 Soil structure	pH	有机质 OM/(g/kg)	全氮 TN/(g/kg)	全磷 TP/(g/kg)	全钾 TK/(g/kg)	阳离子交换量 CEC/(cmol/kg)	土壤母质 Parent material	剖面点坐标 Profile coordinate	匹配指数 Matching index/%
剖1	半水成土	草甸土	盐化草甸土	苏打盐化草甸土		A	0—16				9.3	40.7					第四纪内海沉积物和冲积物	E 125°10′49.8″ N 46°22′37.6″	95
						B	16—82				9.4	21.6							
						BC	82—130				>9.5	7.6							
剖2	初育土	风沙土	黑钙土型沙土			A	0—18	黑灰色	轻壤土	粒状							第四纪内海沉积物和冲积物	E 125°05′57.5″ N 46°02′08.5″	95
						AB	18—75	灰黄色	砂壤土	核状									
						BC	75—105	黄色	砂壤土	核状									
						C	105—170	黄棕色	砂壤土	片状									
剖3	半水成土	草甸土	潜育草甸土	石灰性潜育草甸土	厚层石灰性潜育草甸土	A_1	0—75					29.1					第四纪内海沉积物和冲积物	E 125°18′59.9″ N 46°57′41.4″	82
						Ap	75—120												
						BC	120—140												
剖4	半水成土	草甸土	石灰性草甸土	黏底石灰性草甸土	厚层石灰性草甸土	A_1	0—47					32.5					第四纪内海沉积物和冲积物	E 125°26′26.5″ N 46°45′46.1″	95
						B	47—64												
						C	64—114												
剖5	半水成土	草甸土	石灰性草甸土			A	0—25	灰黑色	黏壤土	粒状							第四纪内海沉积物和冲积物	E 125°19′39.7″ N 46°53′22.6″	95
						AB	25—31	黑灰色	轻黏土	不明显粒状									
						B	31—134	棕灰色	轻壤土	核状									
						C	134—190	棕灰色	黏土	核状									
剖6	半水成土	草甸土	碱化草甸土	碱甸黄土	碱甸黄土	A	0—5	棕灰色	砂质黏壤土	屑粒状	8.2	39.8	2.17	0.43	22.7	38.5	黄土状沉积物	E 125°17′13.9″ N 46°56′17.2″	95
						Cn	5—37	棕灰色	轻质黏土	块状	8.9	25.1	1.58	0.37	20.4	41.0			
						Cun_1	37—79	黄棕色	黏土	块状	9.2	7.2	0.40	0.26	20.8	33.0			
						Cun_2	79—122	亮黄棕色	砂质黏土	块状	9.0	4.9	0.31	0.19	19.5	34.8			
剖7	半水成土	草甸土	潜育草甸土	石灰性潜育草甸土		Ap	0—26	灰黑色	中壤土	小粒状							第四纪内海沉积物和冲积物	E 125°22′23.5″ N 46°48′35.6″	82
						A_1	26—92	暗黑色	重壤土	粒状									
						BC	92—168	蓝灰色	重壤土	核状									
剖8	半水成土	草甸土	盐化草甸土	苏打草甸土	中碱甸黄土	Az	0—13	棕灰色	壤质黏土	屑粒状	8.4	44.2	2.56	0.46	>40.0	35.5	黄土状沉积物	E 125°17′42.4″ N 46°51′19.4″	95
						Cz	13—31	棕灰色	壤质黏土	块状	9.5	15.1	0.80	0.28	19.1	30.6			
						Cu_1	31—84	灰黄棕色	壤质黏土	小块状	9.1	7.1	0.49	0.22	21.5	33.2			
						Cu_2	84—163	灰黄棕色	砂质黏土	块状	8.8	4.7	0.23	0.20	22.2	29.7			
剖9	钙层土	黑钙土	草甸黑钙土	石灰性草甸黑钙土		Ap	0—29	浅棕色	中壤土	团块状							第四纪内海沉积物和冲积物	E 125°29′16.1″ N 46°41′35.2″	95
						B_1	29—83	黄棕色	重壤土	核状									
						B_2	83—121	黄棕色	重壤土	核块状									
						BC	121—163	黑灰色	重壤土	团块状									
剖10	半水成土	草甸土	碱化草甸土			A	0—26	棕灰色	轻黏土	块状							第四纪内海沉积物和冲积物	E 125°23′56.0″ N 46°32′08.9″	95
						B_1	26—45	黑黄色	中黏土	核状									
						B_2	45—82	灰黄色	中黏土	核状									
						B_3	82—123	黄棕色	中黏土	核块状									
						C	123—187												

续表 Continued

剖面号 Soil profile	土纲 Soil order	土类 Soil great group	亚类 Soil subgroup	土属 Soil genus	土种 Soil species	土层码 Layer code	土层厚度 Depth/cm	颜色 Soil color	质地 Soil texture	土壤结构 Soil structure	pH	有机质 OM/(g/kg)	全氮 TN/(g/kg)	全磷 TP/(g/kg)	全钾 TK/(g/kg)	阳离子交换量 CEC/(cmol/kg)	土壤母质 Parent material	剖面点坐标 Profile coordinate	匹配指数 Matching index/%
剖11	盐碱土	碱土	草甸碱土	苏打盐化草甸碱土	结皮苏打草甸碱土	A₁	0—1				>9.5						第四纪内海沉积物和洪冲积物	E 125°27′42.1″ N 46°29′19.0″	95
						B₁	1—7				>9.5								
						B₂	7—20				>9.5								
						B₃	20—35				>9.5								
						B₄	35—55				>9.5								
						B₅	55—75				>9.5								
						B₆	75—90				>9.5								
						BC	90—120				>9.5								
						C₁	120—158				>9.5								
						C₂	158—190				>9.5								
						C₃	190—212				>9.5								
						C₄	212—244				9.4								
						C₅	244—294				>9.5								
						C₆	294—320				9.3								
剖12	半水成土	草甸土	石灰性草甸土	黏底石灰性草甸土	薄层石灰性草甸土	A₁	0—17					48.6					第四纪内海沉积物和洪冲积物	E 125°18′19.8″ N 46°21′28.8″	95
						Ap₁	17—34					21.2							
						B₂	34—150					8.6							
						C	150—200					4.3							
剖13	初育土	风沙土	黑钙土型沙土	岗地黑钙土型黑沙土	岗地黑钙土型黑沙土	1	0—15					30.0					第四纪内海沉积物和洪冲积物	E 125°29′50.6″ N 46°24′04.7″	95
						2	15—30					15.6							
						3	30—85					5.7							
						4	85—170												
剖14	半水成土	草甸土	石灰性草甸土	黏底石灰性草甸土	中层石灰性草甸土	A₁	0—25					31.4					第四纪内海沉积物和洪冲积物	E 125°16′49.8″ N 46°10′42.2″	95
						Ap	25—31												
						C	31—134												
剖15	半水成土	草甸土	碱化草甸土	苏打碱化草甸土		A	0—17				8.9						第四纪内海沉积物和洪冲积物	E 125°31′40.1″ N 46°47′49.6″	95
						B₁	17—65				>9.5	40.8							
						B₂	65—135				9.1	13.2							
						C	135—165				9.4								
剖16	钙层土	黑钙土	草甸黑钙土	石灰性草甸黑钙土	中层石灰性草甸黑钙土	A	0—26				8.3	32.4					第四纪内海沉积物和洪冲积物	E 125°34′12.4″ N 46°44′37.3″	95
						Ap	26—87				8.3								
						C	87—173				8.5								
剖17	钙层土	黑钙土	草甸黑钙土	石灰性草甸黑钙土	厚层石灰性草甸黑钙土	A	0—60				8.7	22.3					第四纪内海沉积物和洪冲积物	E 125°35′57.1″ N 46°41′43.1″	95
						Ap₁	60—105				8.7								
						B₂	105—160				8.8								
						C	160—190				8.9								
剖18	钙层土	黑钙土	草甸黑钙土	黏底草甸黑钙土		A₁	0—26	暗棕色	轻壤土	粒状	8.4	30.2					第四纪内海沉积物和洪冲积物	E 125°43′55.6″ N 46°42′11.9″	95
						Ap₁	26—56	黑灰色	黏壤土	粒状	8.5	20.0							
						B₂	56—98	黄棕色	黏壤土	核状	8.5								
						C	98—200	浅棕黄色	黏土	块状	8.6								
剖19	半水成土	草甸土	盐化草甸土			A₁	0—5	棕黄色	中壤土	粒状							第四纪内海沉积物和洪冲积物	E 125°40′17.4″ N 46°41′53.9″	95
						A	5—17	灰黑色	中壤土	核状									
						B₁	17—35	黄棕色	轻黏土	核状									
						B₂	35—89	灰黄色	重黏土	块状									
						C	89—168	黄色	重黏土	块状									

肇 东 市

主要土类说明

黑钙土是肇东市主要土壤类型，占本市地域面积的47%。黑钙土在本市分布广，面积大，主要分布在安民、明久、向阳、昌五、太平、德昌等地。其成土过程主要是腐殖质积累与钙的淋溶淀积过程，但由于地形、植被不同，还有一些附加成土过程，如草甸化过程等。由于钙的淋溶淀积作用，土体有明显的钙积层，出现碳酸盐新生体，如假菌丝体、眼状斑等。根据主要成土过程和附加成土过程的不同，本市黑钙土分为黑钙土、石灰性黑钙土、草甸黑钙土等亚类。

草甸土是肇东市第二大土壤类型，占本市地域面积的38%，主要分布在岗坡下部开阔的低平地以及松花江沿岸的低阶地。其成土过程主要是草甸化过程。分布区草甸植被生长繁茂，根系密布，且集中在上层，为腐殖质的积累创造了有利条件，加上地势低平，土壤水分充足，透气性差，有机质进行嫌气分解，故草甸土腐殖质层厚，腐殖质含量高。由于地下水位高，地下水参与成土过程，剖面中有大量的铁锰结核、锈纹、锈斑、胶膜。地下水矿化度高的地方，草甸土还附加盐化过程和碱化过程，则会形成不同程度的盐化草甸土和碱化草甸土。根据成土条件和附加成土过程的不同，本市草甸土分为草甸土、石灰性草甸土、潜育草甸土、盐化草甸土、碱化草甸土、泛滥地草甸土等亚类。

新积土是肇东市第三大土壤类型，占本市地域面积的6%，主要分布在松花江沿岸的泛滥地以及距江较远的河漫滩地。新积土是在草甸化过程和沉积过程共同作用下形成的土壤。本市新积土仅有冲积土一个亚类。其形成过程主要受河流泛滥影响，在洪水季节，河水向低洼地泛滥，挟带大量泥砂，泥砂逐渐淤积下来，形成新积土。

黑土占本市地域面积的4%，是本市耕地土壤中肥力较高的土壤类型。本市黑土面积不大，主要分布在五站、黎明、四站、西八里、五里明、涝洲等地。其成土过程主要是腐殖质积累与淋溶淀积过程。原始植被以灌丛草甸、草甸草原为主，植物种类多，生长繁茂，根系发达，多集中在距表层20—30cm处。土壤中积累了大量有机质和矿物质养分，有机质含量高，黑土层较厚，土壤结构好，营养元素较丰富。根据地形、成土条件及附加成土过程的不同，本市黑土分为黑土、草甸黑土等亚类。

小于本市地域面积3%的土壤类型有风沙土、沼泽土、水稻土。

本区域中心区气候特征

本区域中心区气候特征值
Regional climate characteristics in central area of the region

气候带：中温带亚湿润气候 Climate region: Mid temperate subhumid climate	
年平均气温 /℃ Annual average temperature /℃	4.1
年平均最高气温 /℃ Annual average maximum temperature /℃	10.1
年平均最低气温 /℃ Annual average minimum temperature /℃	-1.6
年降水量 /mm Annual precipitation /mm	461
≥10℃的积温 /℃ Daily temperature accumulated in a year (≥10℃) /℃	1501
年日照时数 /h Annual sunshine /h	2683
年平均相对湿度 /% Annual average relative humidity /%	64
干燥度 Dryness	0.54

本区域中心区月平均气温与月平均降水量
Monthly temperature and precipitation in central area of the region

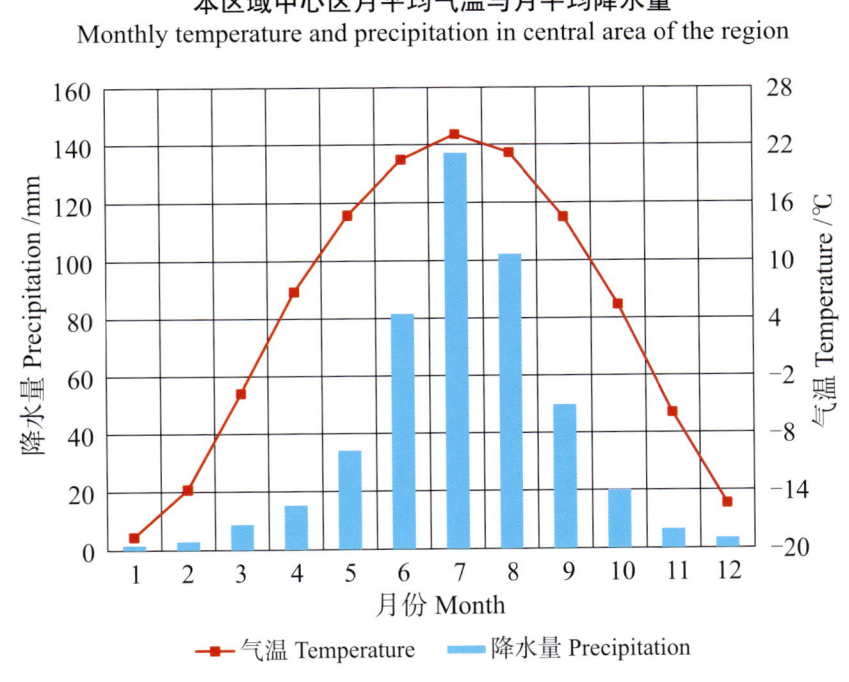

肇东市主要土壤类型与土壤剖面点分布图
1 : 360 000

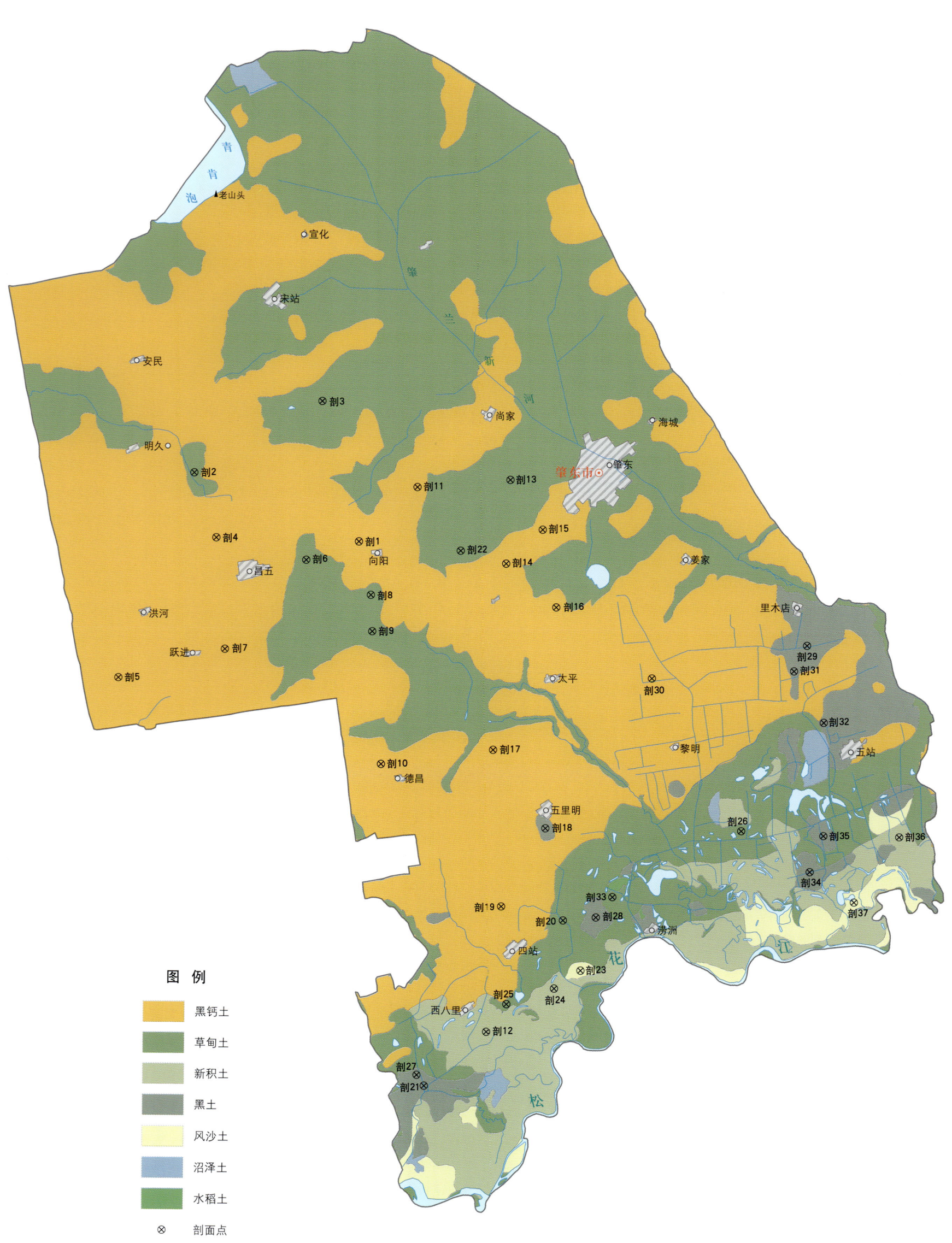

肇东市土壤剖面理化性状表

剖面号 Soil profile	土纲 Soil order	土类 Soil great group	亚类 Soil subgroup	土属 Soil genus	土种 Soil species	土层码 Layer code	土层厚度 Depth/cm	颜色 Soil color	质地 Soil texture	土壤结构 Soil structure	pH	有机质 OM/(g/kg)	全氮 TN/(g/kg)	全磷 TP/(g/kg)	全钾 TK/(g/kg)	阳离子交换量 CEC/(cmol/kg)	土壤母质 Parent material	剖面点坐标 Profile coordinate	匹配指数 Matching index/%
剖1	钙层土	黑钙土	石灰性黑钙土	石灰性黑钙土	中层石灰性黑钙土	A	0—20	暗灰色	壤土	团粒状	8.3	29.1	1.94	1.04	24.1	23.5	第四纪洪积物、冲积物、堆积物	E 125°42′59.0″ N 46°01′44.8″	95
						Ap	20—25	暗灰色	壤土	片状	8.5	21.6	1.85	0.98	23.7	22.7			
						AB	25—45	灰棕色	黏壤土	核块状	8.5	11.7	0.72	0.92	24.6	19.0			
						Bca	45—110	灰黄棕色	黏壤土	核块状	8.6	5.0							
						C	110—160	棕黄色	粉砂质壤土	小核块状	8.7	4.8							
剖2	半水成土	草甸土	盐化草甸土	苏打盐化草甸土	厚层苏打盐化草甸土	1	0—19				8.9	43.7	2.55	1.39	29.1	30.2	第四纪洪积物、冲积物、堆积物	E 125°31′59.9″ N 46°05′11.0″	75
						2	19—30				8.9	33.5	1.86	1.18	28.1	27.2			
						3	30—95				9.1	22.2	0.97	0.91	27.6	26.0			
						4	95—120				9.2	14.8							
剖3	半水成土	草甸土	石灰性草甸土	石灰性草甸土	薄层石灰性草甸土	A	0—15	暗灰色	黏壤土	小核块状	8.5	11.6	0.61	0.82	24.7	26.9	第四纪洪积物、冲积物、堆积物	E 125°40′46.2″ N 46°08′22.6″	95
						AB	15—80	灰棕色	黏壤土	核块状	8.7	7.1	0.53	0.71	23.4	27.1			
						C	80—160	黄棕色	黏壤土	核块状	8.8	6.5							
剖4	钙层土	黑钙土	石灰性黑钙土	石灰性黑钙土	厚层石灰性黑钙土	A	0—85	暗灰色	壤土	小核块状							第四纪洪积物、冲积物、堆积物	E 125°33′22.3″ N 46°02′06.7″	95
						AB	85—110	暗棕色	黏壤土	核块状									
						Bca	110—150	黄棕色	黏壤土	核块状									
剖5	钙层土	黑钙土		黑钙土	薄层黑钙土	A	0—8	暗灰棕色	壤土	团粒状	7.5	30.9	1.61	1.06	26.6	28.8	第四纪洪积物、冲积物、堆积物	E 125°26′31.6″ N 45°55′38.6″	95
						Ap	8—20	暗灰棕色	壤土	鳞片状	7.5	30.8	1.96	0.96	26.2	29.7			
						AB	20—45	浅棕灰色	壤土	碎块状	8.5	18.2	1.07	0.84	24.2	24.7			
						C	45—150	黄棕色	壤质黏土	核块状	8.5	6.7							
剖6	半水成土	草甸土	石灰性草甸土	石灰性草甸土	厚层石灰性草甸土	A	0—10	灰黑色	黏壤土	团粒状	8.9	26.8	1.84	1.08	24.2	27.2	第四纪洪积物、冲积物、堆积物	E 125°39′23.4″ N 46°00′56.9″	95
						Ap	10—15	灰黑色	壤土	片状	9.1	14.8	0.89	0.78	23.5	23.3			
						A₂	15—40	黑灰色	黏壤土	小粒状	9.0	7.7	0.39	0.63	23.0	20.2			
						AB	40—87	灰棕色	黏壤土	核块状	9.1	5.8							
						C	87—150	棕黄色	黏壤土	小粒状	8.8	6.3							
剖7	钙层土	黑钙土		黑钙土	薄层黑钙土	1	0—10				7.1	30.5	1.82	1.04	26.9	27.4	第四纪洪积物、冲积物、堆积物	E 125°33′45.0″ N 45°56′51.7″	95
						2	10—18			小粒状	7.3	31.5	1.61	0.94	26.4	28.6			
						3	60—70			核块状	7.3	16.8							
						4	70—140			核状	8.5	7.1							
剖8	半水成土	草甸土	潜育草甸土	潜育草甸土	厚层潜育草甸土	1	0—15	黑灰色	黏壤土	棱块状	6.2	59.7	3.52	1.68	24.8	30.1	第四纪洪积物、冲积物、堆积物	E 125°43′41.2″ N 45°59′13.6″	95
						2	15—110	黄灰色	黏壤土	团粒状	7.1	14.3	1.21	1.63	23.1	31.4			
						3	120—150				7.3	12.4							
剖9	半水成土	草甸土	苏打碱化草甸土	苏打碱化草甸土	薄层苏打碱化草甸土	A	0—17	黑灰色	黏壤土	核块状	>9.5	27.1	1.61	1.01	20.9	25.7	第四纪洪积物、冲积物、堆积物	E 125°43′43.0″ N 45°57′30.2″	95
						As	17—30	浅棕灰色	黏壤土	核块状	9.0	23.0	1.25	0.96	21.4	24.9			
						AB	30—70	灰棕色	黏壤土	核状	8.6	20.5	0.99	0.69					
						B	70—160	棕黄色	黏壤土	棱块状	8.6	10.9							
剖10	钙层土	黑钙土	草甸黑钙土	石灰性草甸黑钙土	薄层石灰性草甸黑钙土	A	0—19	黑灰色	黏壤土	团粒状	8.4	30.5	2.23	1.14	27.9	30.1	第四纪洪积物、冲积物、堆积物	E 125°44′04.2″ N 45°51′15.8″	95
						AB	19—39	黄灰色	黏壤土	核块状	8.6	19.8	1.12	0.89	28.1	29.4			
						Bca	39—105	黄棕色	黏壤土	团粒状	8.6	5.5							
						C	105—160	棕黄色	壤质黏土	核块状	7.0	4.5							

续表 Continued

剖面号 Soil profile	土纲 Soil order	土类 Soil great group	亚类 Soil subgroup	土属 Soil genus	土种 Soil species	土层码 Layer code	土层厚度 Depth/cm	颜色 Soil color	质地 Soil texture	土壤结构 Soil structure	pH	有机质 OM/(g/kg)	全氮 TN/(g/kg)	全磷 TP/(g/kg)	全钾 TK/(g/kg)	阳离子交换量 CEC/(cmol/kg)	土壤母质 Parent material	剖面点坐标 Profile coordinate	匹配指数 Matching index/%
剖11	钙层土	黑钙土	草甸黑钙土	石灰性草甸黑钙土	厚层灰潮黑钙土	Ap	0—21	黑棕色	壤黏土	粒状、团块状		39.8	2.12	1.20	28.9		碳酸盐沉积物	E 125°47′02.8″ N 46°04′12.4″	82
						App	21—24	灰色	壤质黏土	粒状、片状		36.2	2.17	0.91	28.6				
						A	24—66	暗棕色	砂质黏土	粒状、片状		24.5	1.64	0.82	23.4				
						AB	66—86	暗棕色	砂质黏土	核块状		15.8							
						Bca	86—150												
剖12	初育土	新积土	冲积土			1	0—11		砂质黏土	团粒状								E 125°50′39.8″ N 45°38′33.4″	95
						2	11—19		壤黏土	片状	7.0								
						3	19—70		中壤土	团粒状	7.5								
						4	70—115		砂质黏土	小团粒状	7.5								
						5	115—160		砂质黏土	团块状	7.5								
剖13	半水成土	草甸土	石灰性草甸土	黏壤质石灰性草甸土	百合石灰性草甸土	Ap	0—13	暗灰色	砂质黏土	粒状、团块状		32.7	2.21	1.24	23.3	28.1	碳酸盐沉积盐土	E 125°53′19.7″ N 46°04′25.0″	81
						App	13—20	暗灰色	砂质黏土	片状		30.8	1.29	1.03	22.4	30.9			
						A	20—27	暗黄棕色	中壤黏土	粒状、团块状		27.8	1.27	1.04	22.7	23.5			
						AB	27—70	棕色	砂质黏土	小核块状		18.1	1.20	0.98					
						Bca	70—140	黄棕色	砂质黏土	团块状									
						Cca	140—												
剖14	钙层土	黑钙土	草甸黑钙土	石灰性草甸黑钙土	中层石灰性草甸黑钙土	A	0—12	暗灰色	壤土	团粒状	8.4	34.7	1.89	1.25	26.9	34.8	第四纪洪积物、冲积物	E 125°52′52.7″ N 46°00′30.2″	81
						Ap	12—23	暗灰色	壤土	片状	8.4	36.2	2.21	1.25	27.3	23.7			
						AB	23—60	暗黄棕色	黏质黏土	核块状	8.5	16.0	0.94	1.07	25.9	33.2			
						Bca	60—100	黄棕色	壤质黏土	小核块状	8.5	6.7							
						C₁	100—145	黄棕色	壤质黏土	核块状	8.6	4.9							
						C₂	145—160					4.0							
剖15	钙层土	黑钙土	草甸黑钙土	锈黑黄土	锈锈黑黄土	A₁₁	0—21	灰黄棕色	壤质黏土	屑粒状	8.2	39.8	2.12	1.20	28.9	34.4	黄土状沉积物	E 125°55′24.2″ N 46°02′02.4″	95
						Ah	21—56	棕灰色	壤质黏土	片状	8.1	36.2	2.17	0.91	28.6	23.7			
						Bk	56—86	油黄棕色	壤质黏土	块状	7.9	15.8	1.64	0.82	23.4	33.2			
						BC	86—150	棕色		块状									
						C	150—												
剖16	钙层土	黑钙土	草甸黑钙土	石灰性黑钙土	薄层草甸黑钙土	A	0—15	暗灰色	壤土	团粒状	7.5	31.2	1.79	1.26	29.7	21.5	第四纪洪积物、冲积物	E 125°56′09.6″ N 45°58′23.2″	95
						AB	15—35	灰棕色	壤土	核块状	8.5	31.5	1.69	1.18	29.4	21.9			
						Bca	35—60	棕黄色	黏质黏土	小核块状	8.8	14.7	0.82	0.59	27.9	21.4			
						C	60—160	棕黄色	壤质黏土	核块状	8.8	8.9							
剖17	钙层土	黑钙土	石灰性黑钙土	石灰性草甸黑钙土	薄层石灰性黑钙土	A	0—12	黑色	壤土	团粒状	8.4	27.5	1.65	1.03	24.2	27.2	第四纪洪积物、冲积物	E 125°51′38.2″ N 45°51′46.4″	95
						AB	12—44	灰棕色	黏土	小团块状	8.4	16.0	0.90	1.02	23.5	23.3			
						Bca	44—150	浅棕色	黏质黏土	核块状	8.5	5.0							
剖18	半淋溶土	黑土	黑土	黏底黑土	厚层黏底黑土	1	0—17	暗灰色	壤土	块状	6.8	28.4	1.79	0.69	26.7	28.6	黄土状沉积物	E 125°54′59.8″ N 45°48′01.8″	75
						2	17—22	暗灰色	黏壤土	粒状	6.9	28.2	1.52	0.93	26.1	29.9			
						3	30—40	暗灰色	壤土	片状	6.8	29.4	1.62	0.85	25.7	30.6			
						4	70—90				6.9	14.8							
						5	135—155				7.0	6.0							
剖19	钙层土	黑钙土	黑钙土	黑钙土	厚层黑钙土	Ap	0—10	暗灰色	壤土	粒状	7.5	28.7	1.63	1.16	26.3	31.7	第四纪洪积物、堆积物	E 125°51′53.6″ N 45°44′22.9″	95
						A₂	10—18	暗灰色	黏壤土	片状	7.4	27.1	1.53	0.99	25.3	34.2			
						AB	18—50	暗灰色	壤土	团块状	7.3	20.8	1.50	0.88	25.7	34.4			
						Bca	50—75	暗黄棕色	黏壤土	核状	7.6	13.8							
							75—105	棕黄色	黏壤土	核块状	8.6	12.1							
						C	105—170	棕黄色	黏壤土	核块状	8.7	9.2							

续表 Continued

剖面号 Soil profile	土纲 Soil order	土类 Soil great group	亚类 Soil subgroup	土属 Soil genus	土种 Soil species	土层码 Layer code	土层厚度 Depth/cm	颜色 Soil color	质地 Soil texture	土壤结构 Soil structure	pH	有机质 OM/(g/kg)	全氮 TN/(g/kg)	全磷 TP/(g/kg)	全钾 TK/(g/kg)	阳离子交换量CEC/(cmol/kg)	土壤母质 Parent material	剖面点坐标 Profile coordinate	匹配指数 Matching index/%
剖20	半水成土	草甸土	草甸土	平地草甸土	薄层平地草甸土	A	0—12	暗灰色	黏壤土	团粒状	7.5	25.8	1.43	0.83	29.1	20.6	第四纪洪积物、冲积物、堆积物	E 125°56′00.2″ N 45°43′37.9″	95
						Ap	12—19	暗灰色	黏壤土	片状	7.5	12.9	0.64	0.67	28.7	21.1			
						B	19—130	灰棕色	黏壤土	小块状	7.5	5.9	0.33	0.68	27.9	21.3			
						C	130—150	浅棕黄色	粉砂质壤土	小粒状	7.5	5.2			27.3	26.2			
剖21	半淋溶土	黑土	黑土	砂底黑土	中层砂底黑土	A	0—40	灰黑色	壤土	团粒状	7.0	19.0	1.12	0.66			第四纪洪积物、冲积物、堆积物	E 125°46′23.9″ N 45°36′06.8″	75
						AB	40—95	暗黄棕色		粒状	7.0	12.6							
						C	95—150	棕黄色	砂土	无明显结构	7.0	3.8							
剖22	半水成土	草甸土	草甸土	平地草甸土	中层平地草甸土	A	0—30	灰黑色	壤土	粒状	7.2	33.9	2.46	1.01	27.9	21.7	第四纪洪积物、冲积物、堆积物	E 125°49′50.2″ N 46°01′10.6″	95
						AB	30—70	棕黑色	黏壤土	核块状	7.4	17.8	0.98	0.83	29.4	20.6			
						B	75—140	灰棕色	黏壤土	小块状	7.4	9.0							
						C	145—170	黄棕色	粉砂质壤土	小粒状	7.6	2.9							
剖23	初育土	风沙土	生草风沙土	岗地生草风沙土	薄层砂底风沙土	A	0—8	暗灰色	粉砂质壤土	小团粒状	6.6	27.5	1.56	1.10	20.1	22.7	第四纪洪积物、冲积物、堆积物	E 125°57′06.5″ N 45°41′15.0″	74
						C	8—160	黄棕色	砂土	粒状	6.8	10.2	0.60	0.82	21.3	20.6			
剖24	初育土	新积土	泛滥冲积土	泛滥冲积土	薄层泛滥冲积土	A	0—10	暗黑色	黏壤土	小块状	6.2	38.7	2.04	1.43	27.3	22.7	第四纪洪积物、冲积物、堆积物	E 125°55′17.4″ N 45°40′28.2″	95
						AB	10—17	暗黑色	黏壤土	片状	6.4	37.8	2.34	0.88	26.8	23.9			
						Cg	17—70	灰黄棕色	粉质壤土	核块状	6.7	15.7	1.00	1.03	28.4	16.7			
						Cg	70—150	浅黄棕色	壤质砂土	小粒状	7.3	3.7							
剖25	半水成土	草甸土	泛滥地草甸土	泛滥地草甸土	中层泛滥地草甸土	A	0—20	暗黑色	壤土	团粒状	7.3	27.1	1.79	0.99	29.7	24.9	第四纪洪积物、冲积物、堆积物	E 125°52′04.4″ N 45°39′48.6″	95
						Ap	20—30	暗黑色	砂质黏土	核块状	7.3	23.1	1.40	0.86	26.2	25.1			
						AB	30—120	暗棕黑色	黏壤土	核块状	7.6	8.6							
						Cg	120—160	黄棕色	粉砂质壤土	小粒状	7.4	1.4							
剖26	半水成土	草甸土	草甸土	平地草甸土	厚层平地草甸土	A	0—17	暗灰色	壤土	片状	7.4	25.6	1.40	1.09	30.0	20.8	第四纪洪积物、冲积物、堆积物	E 126°08′10.0″ N 45°47′36.2″	95
						Ap	17—20	暗灰色	壤土	团粒状	7.4	25.0	1.29	0.98	29.3	21.0			
						A2	20—60	暗灰色	黏质壤土	核块状	7.6	18.5	0.93	0.78	29.3	21.4			
						B	60—80	暗灰色	黏土	小团粒状	7.6	8.3							
						C	80—150	粉砂棕色	粉砂质砂土	小块状	7.6	2.2							
剖27	半淋溶土	黑土	黑土	砂底黑土	厚层砂底黑土	A	0—80	黑色	壤土	小粒状	6.8	12.1	0.92	0.78	29.3	27.2	第四纪洪积物、冲积物、堆积物	E 125°45′55.4″ N 45°36′37.4″	95
						AB	80—115	暗灰色	砂质壤土	团粒状	6.8	16.4	1.14	1.02	25.3	29.7			
						C	115—150	暗灰色	壤土	无明显结构	6.9	4.0							
剖28	半淋溶土	黑土	黑土	黏底黑土	厚层黏底黑土	Ap	0—12	黑棕色	壤土	片状	6.9	30.5	1.84	0.72	26.5	30.3	第四纪洪积物、冲积物、堆积物	E 125°58′14.2″ N 45°43′43.7″	95
						Ap	12—22	暗灰色	壤土	团粒状	6.9	24.6	0.97	0.74	28.8				
						A2	22—53	灰棕色	黏质壤土	核块状	6.9	18.9							
						B	53—124	浅棕色	黏土	粒状	7.0	11.6							
						C	124—160	暗灰色		团粒状	7.8	7.8							
剖29	半淋溶土	黑土	黑土	黏底黑土	薄层黏底黑土	A1	0—15	暗灰色	壤土	团粒状	6.8	26.9	1.59	0.88	24.3	25.9	第四纪洪积物、冲积物、堆积物	E 126°12′59.4″ N 45°56′11.4″	95
						AB	15—24	暗灰色	黏壤土	核块状	6.8	28.5	1.81	0.84	23.4	47.9			
						A2	24—45	灰棕色	黏壤土	粒状	6.8	18.7	1.20	0.59	22.7	27.0			
						B	45—70	灰黄棕色	黏壤土	粒状	6.9	13.3							
						BC	70—95	暗棕黄色	黏壤土	核状	7.0	8.6							
						C	95—150	棕黄色	黏壤土	核块状	7.0	8.6							
剖30	钙层土	黑钙土	黑钙土	黑钙土	中层黑钙土	A	0—20	暗灰色	壤土	团粒状	7.8	30.6	1.57	1.06	26.9	32.8	第四纪洪积物、冲积物、堆积物	E 126°02′28.0″ N 45°54′53.3″	95
						Ap	20—25	暗灰色	壤土	片状	7.8	29.9	1.60	0.96	25.9	30.9			
						A2	25—40	暗灰色	壤土	小粒状	7.9	26.0	1.42	0.83	25.5	32.1			
						AB	40—105	黄棕色	粉砂质壤土	核块状	7.7	10.0							
						Bca	105—170		粉砂质壤土		8.5	6.1							

续表 Continued

剖面号 Soil profile	土纲 Soil order	土类 Soil great group	亚类 Soil subgroup	土属 Soil genus	土种 Soil species	土层码 Layer code	土层厚度 Depth/cm	颜色 Soil color	质地 Soil texture	土壤结构 Soil structure	pH	有机质 OM/(g/kg)	全氮 TN/(g/kg)	全磷 TP/(g/kg)	全钾 TK/(g/kg)	阳离子交换量CEC/(cmol/kg)	土壤母质 Parent material	剖面点坐标 Profile coordinate	匹配指数 Matching index/%
剖31	半淋溶土	黑土	黑土	黏底黑土	中层黏底黑土	A₁	0—15	暗灰色	壤土	团粒状	6.7	31.5	1.77	1.02	26.0	25.3	第四纪洪积物、冲积物、堆积物	E 126°12′03.2″ N 45°55′00.1″	95
						A₂	15—35	暗灰色	壤土	团粒状	6.6	33.1	2.14	1.00	28.0	28.6			
						AB	35—120	黄棕色	黏壤土	粒状	6.7	12.8							
						B	120—160	黄棕色	黏壤土	粒状	6.6	4.2							
剖32	半淋溶土	黑土	黑土	砂底黑土	薄层砂底黑土	A₁	0—15	暗灰色	壤土	团粒状	6.8	34.7	1.93	1.06	30.3	29.5	第四纪洪积物、冲积物、堆积物	E 126°13′56.6″ N 45°52′32.9″	95
						A₂	15—25	暗灰色	壤土	团粒状	6.8	37.8	1.92	1.13	27.1	27.2			
						AB	25—50	暗棕色	黏壤土		6.2	23.4	1.14	0.89	26.8	25.1			
						B	50—160	浅棕色	砂土		6.2	5.1							
剖33	半水成土	草甸土	石灰性草甸土	石灰性草甸土	中层石灰性草甸土	A₁	0—13	黑灰色	壤土	团粒状	8.2	32.7	2.21	1.24	23.3	25.1	第四纪洪积物、冲积物、堆积物	E 125°59′22.6″ N 45°44′39.8″	95
						Ap	13—20	黑灰色	壤土	片状	8.8	30.8	1.29	1.03	22.4	25.5			
						A₂	20—27	黑灰色	黏壤土	小粒状	8.8	27.8	1.27	1.04	22.7	24.7			
						AB	27—70	暗棕色	黏壤土	核块状	8.8	18.1	1.20	0.98					
						B	70—140	黄棕色	黏壤土	核块状	8.8	6.9							
剖34	半淋溶土	黑土	草甸黑土	砂底草甸黑土	薄层砂底草甸黑土	A	0—10	棕灰色	壤土	团粒状		7.9					第四纪洪积物、冲积物、堆积物	E 126°12′41.0″ N 45°45′33.1″	95
						Ap	10—23	棕灰色	砂壤土	片状		7.2							
						AB	23—50	暗棕色	砂壤土	小粒状	6.8	22.6							
						BC	50—115	黄棕色	砂土	粒状	6.8								
						C	115—160	棕黄色											
剖35	半淋溶土	黑土	草甸黑土	砂底草甸黑土	东发潮土	Ap	0—15	灰黑色	黏壤土	团粒状	7.6	22.6	1.53	0.93	29.3	23.7	洪积沖砂	E 126°13′40.4″ N 45°47′14.6″	95
						App	15—25	灰黑色	壤土	片状	7.6	18.5	1.05	0.97	28.6	23.6			
						B	25—45	黄棕色	壤土	粒状	7.5	13.2							
						C	45—95	棕黄色	砂壤土	核状	7.4	2.7							
							125—150												
剖36	初育土	新积土	冲积土	泛溢冲积土	厚层泛溢冲积土	A₁	0—35	暗灰色	壤土	团粒状	7.6	23.8	1.19	0.90	29.7	23.1	第四纪洪积物、冲积物、堆积物	E 126°18′46.1″ N 45°47′04.2″	95
						A	35—60	暗灰色	壤土	小团粒状	7.6	11.4	0.70	0.76	30.8	18.5			
						AB	60—90	灰棕色	粉砂质壤土	核块状	7.6	6.6							
						BC	90—100	黄棕色	粉砂质壤土	粒状	7.5	6.2							
						Cg	100—155	棕黄色	粉砂质壤土	小粒状	7.4	1.9							
剖37	初育土	风沙土	生草风沙土	岸边生草风沙土	岸边生草风沙土	A₁	0—20	浅灰色	粉砂质壤土	粒状	6.7	26.9	1.45	1.03	27.6		第四纪洪积物、冲积物、堆积物	E 126°15′34.6″ N 45°44′02.8″	92
						A₂	20—35	浅灰色	砂土	粒状	6.9	10.1	0.48	0.71	27.6				
						C₁	35—55	黄棕色	砂土	粒状	6.9	5.2							
						C₂	55—150	黄棕色	砂土	粒状	6.8	<1.0							

海 伦 市

主要土类说明

黑土是海伦市主要土壤类型，占本市地域面积的51%，广泛分布在一级阶地和高平原。黑土是本市的主要耕作土壤，在耕地面积中占比居首位。其成土过程主要是腐殖质积累和淋溶淀积过程。自然植被以草甸草原植被为主，植物种类很多，通常称为"五花草塘"，生长繁茂，根系发达，在距表层20—30cm内最为集中，是腐殖质形成和积累的主要来源。因此，黑土腐殖质含量高，黑土层厚，土壤结构良好，营养元素丰富，肥力较高。由于淋溶作用，土体内可溶性盐类及碳酸盐受到淋溶而下渗，故黑土通体无石灰反应，呈中性或微酸性。在中性淋溶及季节性过湿条件下，二氧化硅被水化而分离，呈白色粉末状淀积于下层结构体表面。土壤上层黏粒受重力作用向下移动，聚积于下层，故黑土质地一般下层比上层黏重。在淀积层内可见铁锰结核、胶膜和二氧化硅粉末。根据地形、水热状况、植被的更替和地域性附加成土过程的不同，本市黑土分为黑土、草甸黑土等亚类。

草甸土是海伦市第二大土壤类型，占本市地域面积的28%，主要分布在中部波状高平原的河谷低地及东北部岗丘高平原之间的宽广河谷中。其成土过程主要是草甸化过程。分布区草甸植物种类繁多，生长繁茂，根系密布，且集中在表层，为腐殖质的大量积累创造了条件。由于地势低平，地下水位高，土壤水分比较充足，土壤透气性差，呈嫌气状态，容易形成和积累腐殖质，故土壤表层腐殖质含量高，结构良好。因地下水位高，地下水直接浸润下层土壤，随季节干湿变化，地下水位随之升降，土壤氧化还原过程交替进行，铁锰化合物也随着溶解和沉积形成铁锰结核和锈斑。地下水的水质对草甸土的形成有直接影响，若地下水含有重碳酸盐，则使局部地区的草甸土有不同程度的盐碱化。

暗棕壤是海伦市第三大土壤类型，占本市地域面积的8%，主要分布在东北部的岗丘高平原区。其成土过程主要是暗棕壤化过程，即在针阔叶混交林下，有明显的弱酸性腐殖质积累和盐基的淋溶、黏化作用过程。在地势平缓地区或母质黏重、排水不良时，还伴有附加的白浆化过程。本市暗棕壤分为暗棕壤、白浆化暗棕壤等亚类。

沼泽土占本市地域面积的5%。沼泽土所处地势低洼，长期地表积水，喜湿植被生长繁茂。地表有机质积累明显，甚至可见泥炭层或腐泥层，还原作用强烈，形成潜育层，剖面构型为H-G。

新积土占本市地域面积的4%，主要分布在江河沿岸的泛滥地及河漫滩。新积土是在草甸化过程和沉积过程共同作用下形成的土壤。其形成主要受河流泛滥影响，在洪水季节，河水向低洼地泛滥，挟带大量泥砂，泥砂逐渐淤积下来，形成新积土。

小于本市地域面积3%的土壤类型有白浆土、水稻土。

本区域中心区气候特征

本区域中心区气候特征值
Regional climate characteristics in central area of the region

气候带：中温带亚湿润气候 Climate region: Mid temperate subhumid climate	
年平均气温 /℃ Annual average temperature /℃	2.1
年平均最高气温 /℃ Annual average maximum temperature /℃	7.8
年平均最低气温 /℃ Annual average minimum temperature /℃	-3.1
年降水量 /mm Annual precipitation /mm	540
≥10℃的积温 /℃ Daily temperature accumulated in a year (≥10℃) /℃	828
年日照时数 /h Annual sunshine /h	2679
年平均相对湿度 /% Annual average relative humidity /%	68
干燥度 Dryness	0.25

本区域中心区月平均气温与月平均降水量
Monthly temperature and precipitation in central area of the region

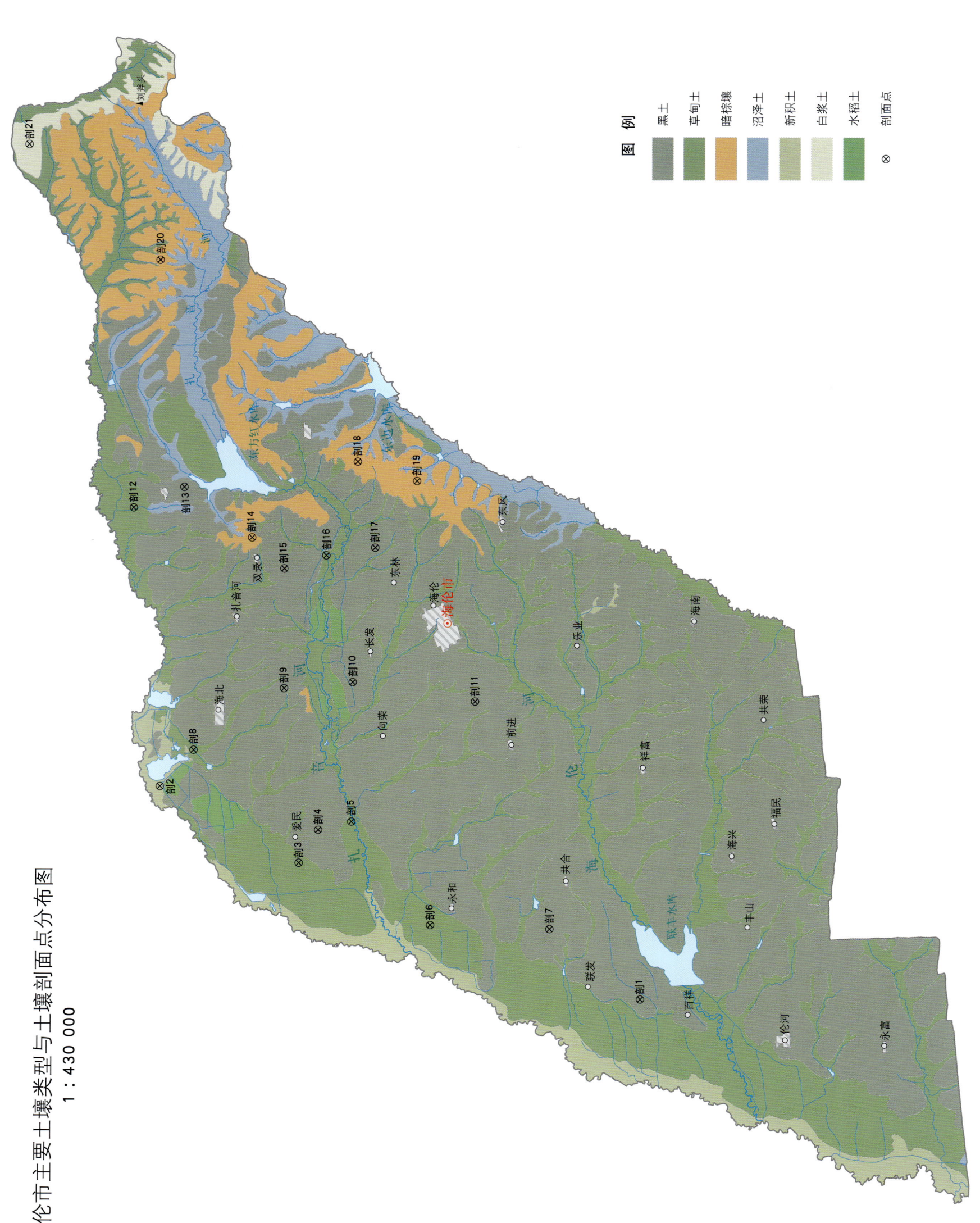

海伦市土壤剖面理化性状表

剖面号 Soil profile	土纲 Soil order	土类 Soil great group	亚类 Soil subgroup	土属 Soil genus	土种 Soil species	土层码 Layer code	土层厚度 Depth/cm	颜色 Soil color	质地 Soil texture	土壤结构 Soil structure	pH	有机质 OM/(g/kg)	全氮 TN/(g/kg)	全磷 TP/(g/kg)	全钾 TK/(g/kg)	阳离子交换量CEC/(cmol/kg)	土壤母质 Parent material	剖面点坐标 Profile coordinate	匹配指数 Matching index/%
剖1	半淋溶土	黑土	草甸黑土	平地草甸黑土	薄层草甸黑土	A	0~30	棕黑色	重壤土	团粒状	6.7	51.2	2.31	1.51			黄土状亚黏土	E 126°28′22.1″ N 47°16′12.0″	93
						AB	30~80	暗棕色	重壤土	粒块状									
						C	80~120	棕灰色	重壤土	块状									
剖2	初育土	新积土	冲积土			1	0~40		砂壤土	屑粒状	7.6							E 126°44′15.8″ N 47°42′47.4″	95
						ABca	40~90		轻壤土	粒状	7.7								
						3	90~140		轻壤土	核块状	8.1								
剖3	半水成土	草甸土	石灰性草甸土	低平地石灰性草甸土	薄层石灰性草甸土	Aca	0~20	暗黑色	中壤土	小粒状	7.6	91.1	4.39	1.90				E 126°38′24.4″ N 47°35′06.7″	95
						ABca	20~85	灰棕色	重壤土	块状	8.1	13.3							
						BCca	85~125	棕灰色	重壤土	核块状	8.2	11.6							
剖4	半淋溶土	黑土	黑土	岗地黑土	破皮黄黑土	1	0~10		重壤土	粒状	6.7	28.7	0.88	1.19			黄土状母质	E 126°41′06.7″ N 47°34′07.0″	96
						2	10~20		重壤土		6.6	26.7	1.45	0.60					
						3	20~150		重壤土		6.6	31.0							
剖5	半水成土	草甸土	草甸土	低平地草甸土	中层草甸土	A	0~35	暗灰色	重壤土	小粒状	6.7	64.3	2.13	1.90				E 126°41′52.4″ N 47°32′19.0″	95
						AB	35~85	棕色	重壤土	小粒状	6.9	24.1							
						C	85~130	棕黄色	重壤土	核块状	7.1	10.1							
剖6	半水成土	草甸土	泛滥地草甸土	洼地泛滥地草甸土	中层泛滥地草甸土	A	0~20	暗黑色	中壤土	团粒状	6.7	96.1	4.40	2.30				E 126°33′45.0″ N 47°27′49.0″	95
						B	20~60	灰黑色	中壤土	核状	6.5	26.1							
						C	60~120	棕黄色	轻壤土		6.1	3.4							
剖7	半淋溶土	黑土	黑土	岗地黑土	中层黑土	A	0~45	黑色	重壤土	团粒状	6.7	56.6	1.90	1.60			黄土状母质	E 126°33′45.0″ N 47°21′16.9″	95
						AB	45~80	棕灰色	中壤土	核粒状	6.5	34.9	1.00	1.20					
						B	80~120	棕黄色	重壤土	核块状	6.1	17.6							
剖8	半水成土	草甸土	草甸土	低平地草甸土	厚层草甸土	A	0~45	暗黑色	重壤土	团粒状	6.2	72.2	3.20	1.90				E 126°47′16.4″ N 47°41′04.2″	95
						AB	45~90	棕黄色	重壤土	核块状	6.6	48.6							
						C	90~150	棕黄色	重壤土	核状	6.5	24.4							
剖9	半淋溶土	黑土	黑土	岗地黑土	中层黑土	1	0~45		重壤土		6.6	69.0	2.30	2.20			黄土状母质	E 126°52′30.0″ N 47°36′13.7″	95
						2	45~100		重壤土	粒块状	6.3	58.0	2.20						
						3	100~150		重壤土		6.2	24.3							
剖10	半水成土	草甸土	草甸土	岗地黑土	破皮黄黑土	A	0~8	灰棕色	重壤土	核块状		9.6					黄土状母质	E 126°53′08.5″ N 47°32′29.4″	95
						AB	8~95	棕黄色	重壤土	块状		5.7							
						C	95~130	黄色	中壤土	粒状									
剖11	半淋溶土	黑土	黑土	岗地黑土	薄层黑土	A	0~15	暗灰色	重壤土	核粒状	6.9	50.9	2.26	1.50			黄土状母质	E 126°51′52.6″ N 47°25′45.8″	95
						B	15~45	暗棕色	重壤土	块状	6.6	27.9	1.32	1.21					
						C	45~100	棕灰色	重壤土	棱块状	6.9	22.3							
							100~150	棕黄色	重壤土	团块状	7.0	12.0							
剖12	半水成土	草甸土	草甸土	黏壤质草甸土	东胜草甸土	A	0~20	暗黑色	黏壤土	小核状	6.6	34.6	1.20	0.60	19.2		洪积黏土	E 127°06′44.3″ N 47°44′43.4″	81
						AB	20~70	棕灰色	壤质黏土	核块状	6.3	21.5	0.90	1.20	30.9				
						BC	70~130	暗黄色	壤质黏土	核块状		14.8	0.70	1.20	21.4				
						C	130~												
剖13	半淋溶土	黑土	草甸黑土	平地草甸黑土	中层草甸黑土	A	0~30	暗黑色	重壤土	团粒状	6.7	17.9					黄土状亚黏土	E 127°08′35.8″ N 47°42′07.9″	95
						AB	30~80	暗棕色	重壤土	粒块状									
						C	85~130	棕黄色	重壤土	核块状									

续表 Continued

剖面号 Soil profile	土纲 Soil order	土类 Soil great group	亚类 Soil subgroup	土属 Soil genus	土种 Soil species	土层码 Layer code	土层厚度 Depth/cm	颜色 Soil color	质地 Soil texture	土壤结构 Soil structure	pH	有机质 OM/(g/kg)	全氮 TN/(g/kg)	全磷 TP/(g/kg)	全钾 TK/(g/kg)	阳离子交换量 CEC/(cmol/kg)	土壤母质 Parent material	剖面点坐标 Profile coordinate	匹配指数 Matching index/%
剖14	淋溶土	暗棕壤	暗棕壤	砾石底暗棕壤	薄层砾石底暗棕壤	O	0—5	灰棕色	中砾质中壤土								花岗岩风化物	E 127°04′33.6″ N 47°38′12.5″	95
						A₁	5—10	灰黑色	重砾质中壤土	粒状									
						AB	10—30	棕黄色	重砾质中壤土	粒状									
						B	30—60	棕色	重砾质轻壤土	块状									
						C	60—120		重砾质轻壤土										
剖15	半淋溶土	黑土	黑土	岗地黑土	厚层黑土	A	0—60	暗灰色	重壤土	团粒状	6.6	65.1	>6.00	1.60			黄土状母质	E 127°02′07.4″ N 47°36′24.1″	95
						AB	60—105	棕灰色	重壤土	粒块状		21.1							
						C	105—150	黄褐色	重壤土	核块状		10.0							
剖16	半水成土	草甸土	草甸土	低平地草甸土	厚层草甸土	1	0—70		中壤土		6.3	32.4	1.30	2.50			黄土状母质	E 127°03′11.0″ N 47°34′06.1″	95
						2	70—130		重壤土		6.4	22.7	1.20	>4.00					
剖17	半淋溶土	黑土	黑土	岗地黑土	薄层黑土	1	0—20		中壤土		6.5	47.2	2.00	2.90			黄土状母质	E 127°03′59.4″ N 47°31′27.5″	95
						2	20—40		中壤土		6.5	35.0	1.60	2.00					
						3	40—80		中壤土		6.8	39.5	1.50	1.30					
						4	80—120		中壤土		7.2	11.2	0.30	<0.10					
剖18	淋溶土	暗棕壤	暗棕壤	砂砾底暗棕壤	中层砂砾底暗棕壤	Ao	0—5	灰棕色	重壤土	粒状							砂砾岩	E 127°10′54.8″ N 47°32′32.6″	95
						A₁	5—20	灰黑色	轻砾质重壤土	块状									
						B	20—60	棕色	重砾质中壤土	块状									
						C	60—115	黄褐色	重砾质轻壤土										
							115—150	黄褐色	轻砾质轻壤土										
剖19	淋溶土	暗棕壤	暗棕壤	亚暗矿质暗棕壤	海伦暗棕壤	Ao	0—5	暗棕灰色	砂质黏壤土	团块状	6.4	93.1	4.60	2.40	20.1	26.0	半风化碎石	E 127°09′29.2″ N 47°29′16.8″	81
						A	5—25	灰棕色	砂质黏壤土	团块状	6.5	93.1	4.60	2.40	18.7	19.9			
						AB	25—45	棕色	砂质黏壤土	团块状	5.9	45.8	2.78	1.78	19.9	22.1			
						Bt	45—70	棕色	粉砂质黏壤土	块状		19.0	0.85	0.50					
						C	70—120												
剖20	淋溶土	暗棕壤	暗棕壤	暗山泥土	双河山泥土	Ah	5—25	灰棕色	砂质黏壤土	团块状	6.4	93.1	4.60	2.40	20.1	26.0	安山岩风化残积物	E 127°26′53.2″ N 47°43′39.2″	75
						AB	25—45	油棕色	砂质黏壤土	团块状	6.5	45.8	2.78	1.78	18.7	19.9			
						Bt	45—70	棕色	粉砂质黏壤土	块状	5.9	19.0	0.85	0.50	19.9	22.1			
						C	70—120												
剖21	淋溶土	白浆土	白浆土	岗地白浆土	薄层岗地白浆土	O	0—20	灰黑色	重壤土	团粒状							黄土性黏土沉积物	E 127°35′60.0″ N 47°50′53.5″	75
						A₁	20—40	灰白色	重壤土	片状									
						Aw₂	40—85	暗棕色	重壤土	核块状									
						B	85—130	黄棕色	重壤土	核块状									

大 兴 安 岭 地 区

漠 河 市

主要土类说明

棕色针叶林土是漠河市主要土壤类型，占本市地域面积的 81%。棕色针叶林土是在温带针叶纯林下发育形成的具有酸性淋溶和弱度发育特征的土壤，具 O-A-AB-B-C 剖面构型。土壤表层凋落物腐解，富里酸下渗，络合部分铁铝下移，使表层盐基饱和度降低。由于土壤冻结期长，受冻层阻隔，被淋溶物质还可随水上移。B 层呈棕色，全剖面呈酸性，盐基饱和度为 50%—70%。

沼泽土是漠河市第二大土壤类型，占本市地域面积的 16%。沼泽土所处地势低洼，长期地表积水，喜湿植被生长繁茂。地表有机质积累明显，甚至可见泥炭层或腐泥层，还原作用强烈，形成潜育层，剖面构型为 H-G。

小于本市地域面积 3% 的土壤类型有草甸土。

本区域中心区气候特征

本区域中心区气候特征值
Regional climate characteristics in central area of the region

气候带：中温带亚湿润气候 Climate region: Mid temperate subhumid climate	
年平均气温 /℃ Annual average temperature /℃	-3.4
年平均最高气温 /℃ Annual average maximum temperature /℃	4.5
年平均最低气温 /℃ Annual average minimum temperature /℃	-10.5
年降水量 /mm Annual precipitation /mm	448
≥10℃的积温 /℃ Daily temperature accumulated in a year（≥10℃）/℃	119
年日照时数 /h Annual sunshine /h	2530
年平均相对湿度 /% Annual average relative humidity /%	70
干燥度 Dryness	0.00

本区域中心区月平均气温与月平均降水量
Monthly temperature and precipitation in central area of the region

漠河县主要土壤类型与土壤剖面点分布图
1∶690 000

图 例
- 棕色针叶林土
- 沼泽土
- 草甸土
- ⊗ 剖面点

注：国务院 2018 年 2 月批准，撤销漠河县，设立漠河市。

漠河市土壤剖面理化性状表

剖面号 Soil profile	土纲 Soil order	土类 Soil great group	亚类 Soil subgroup	土属 Soil genus	土种 Soil species	土层码 Layer code	土层厚度 Depth/cm	颜色 Soil color	质地 Soil texture	土壤结构 Soil structure	pH	有机质 OM/(g/kg)	全氮 TN/(g/kg)	全磷 TP/(g/kg)	全钾 TK/(g/kg)	碱解氮 AN/(mg/kg)	有效磷 AP/(mg/kg)	阳离子交换量 CEC/(cmol/kg)	土壤母质 Parent material	剖面点坐标 Profile coordinate	匹配指数 Matching index/%
剖1	淋溶土	棕色针叶林土	灰化棕色针叶林土	灰化寒棕土	灰化寒棕土	O	0—3													花岗岩风化残积物	E 122°03′45.0″ N 53°15′00.4″	95
						A_1	3—8	暗棕色	黏壤土	团块状	4.6	107.4	3.08	0.83	19.9	186	26.0				
						A_2	8—18	浅灰色	壤质黏土	不明显鳞片状	4.8	47.0	1.50	0.70	19.9	95	17.0				
						B	18—44	黄棕色	壤质黏土	块状	4.8	20.3	0.94	0.39	15.4						
						BC	44—60	暗黄棕色	壤质黏土		4.9	8.6	0.64	0.35	22.4						
剖2	淋溶土	棕色针叶林土	灰化棕色针叶林土	麻砂质灰化棕色针叶林土	灰寒土	O	0—3	暗黄棕色			4.6								花岗岩风化残积物	E 122°22′32.5″ N 53°25′13.1″	81
						A	3—8	暗棕色	壤质黏土	团块状	4.6	107.4	3.08	0.84	19.9	186	26.0	23.0			
						A_2	8—18	灰白色	壤质黏土	不明显鳞片状	4.8	47.0	1.50	0.70	19.9	95	17.0	22.8			
						B	18—44	黄棕色	壤质黏土	块状	4.8	20.3	0.94	0.39	15.4			25.0			
						C	44—	黄棕色			4.9	8.6	0.64	0.35	22.4			15.2			

呼 玛 县

主要土类说明

暗棕壤是呼玛县主要土壤类型，占本县地域面积的 51%。暗棕壤是在温带湿润地区针阔叶混交林下发育形成的具有明显有机质富集和弱酸性淋溶特征的土壤，具 O-A-B-C 剖面构型。A 层有机质含量可达 100g/kg，弱酸性淋溶使铁铝轻微下移；B 层呈棕色，结构面见铁锰胶膜。土壤呈弱酸性，盐基饱和度为 70%—80%。

草甸土是呼玛县第二大土壤类型，占本县地域面积的 19%。因所处地带地下水位较高，潜水参与土壤形成过程，受地下水升降与浸润作用，有明显腐殖质积累和铁锰氧化还原作用特点，土体出现锈色斑纹层。

棕色针叶林土是呼玛县第三大土壤类型，占本县地域面积的 13%。棕色针叶林土是在温带针叶纯林下发育形成的具有酸性淋溶和弱度发育特征的土壤，具 O-A-AB-B-C 剖面构型。土壤表层凋落物腐解，富里酸下渗，络合部分铁铝下移，使表层盐基饱和度降低。由于土壤冻结期长，受冻层阻隔，被淋溶物质还可随水上移。B 层呈棕色，全剖面呈酸性，盐基饱和度为 50%—70%。

沼泽土占本县地域面积的 10%。沼泽土所处地势低洼，长期地表积水，喜湿植被生长繁茂。地表有机质积累明显，甚至可见泥炭层或腐泥层，还原作用强烈，形成潜育层，剖面构型为 H-G。

黑土占本县地域面积的 6%。黑土是在温带半湿润草甸草原下发育形成的具深厚均腐殖质层的无石灰性黑色土壤。该土壤均腐殖质层厚 30—60cm，有机质含量一般为 30—60g/kg，底层具轻度滞水还原淋溶特征，见硅粉。土壤呈中性或微酸性，盐基饱和度在 80% 以上。

本区域中心区气候特征

本区域中心区气候特征值
Regional climate characteristics in central area of the region

气候带：中温带亚湿润气候 Climate region: Mid temperate subhumid climate	
年平均气温 /℃ Annual average temperature /℃	-1.4
年平均最高气温 /℃ Annual average maximum temperature /℃	5.6
年平均最低气温 /℃ Annual average minimum temperature /℃	-7.6
年降水量 /mm Annual precipitation /mm	471
≥10℃的积温 /℃ Daily temperature accumulated in a year（≥10℃）/℃	160
年日照时数 /h Annual sunshine /h	2589
年平均相对湿度 /% Annual average relative humidity /%	67
干燥度 Dryness	0.05

本区域中心区月平均气温与月平均降水量
Monthly temperature and precipitation in central area of the region

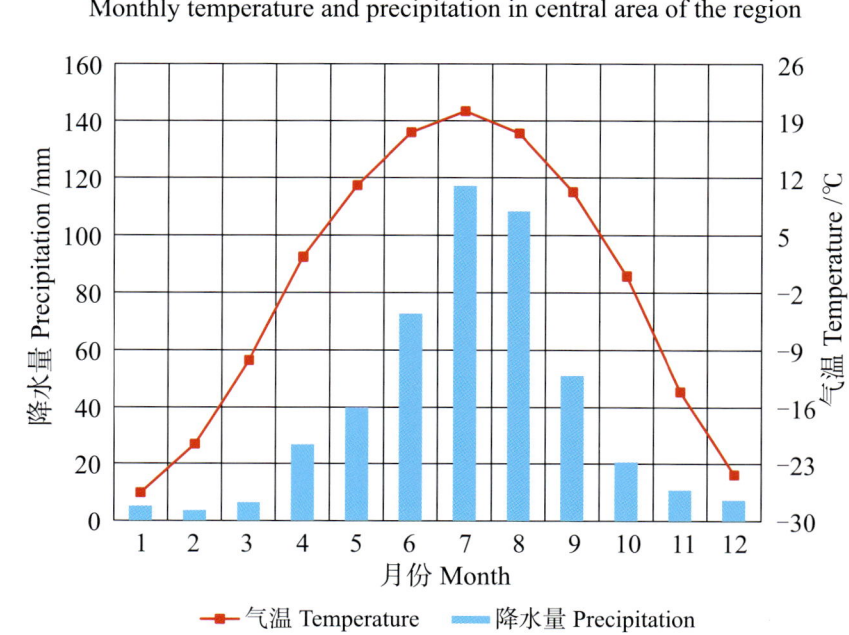

呼玛县主要土壤类型与土壤剖面点分布图
1∶740 000

呼玛县土壤剖面理化性状表

剖面号 Soil profile	土纲 Soil order	土类 Soil great group	亚类 Soil subgroup	土属 Soil genus	土种 Soil species	土层码 Layer code	土层厚度 Depth/cm	颜色 Soil color	质地 Soil texture	土壤结构 Soil structure	pH	有机质 OM/(g/kg)	全氮 TN/(g/kg)	全磷 TP/(g/kg)	全钾 TK/(g/kg)	土壤母质 Parent material	剖面点坐标 Profile coordinate	匹配指数 Matching index/%
剖1	淋溶土	暗棕壤	灰化暗棕壤	灰化暗棕麻砂土	灰化麻砂土	O	0—2									花岗岩风化残积物	E 125°56′06.7″ N 51°17′47.4″	75
						A₁	2—10	灰棕色	砂壤土	团块状	5.7	21.7	0.56	0.28	33.6			
						A₂	10—20	灰棕色	砂壤土	不明显片状	5.9	5.7	0.16	0.21	36.0			
						Bt	20—65	亮棕色	砂质黏壤土		5.2	3.7	0.12	0.26	31.8			
						C	65—85	橙色	砂壤土		5.8	1.5	0.08	0.16	36.6			

中国土壤剖面数据集·黑龙江卷

附 录

附录1 黑龙江省县级行政区及分县主要土壤类型与土壤剖面点分布图地域名对照表

地级行政区划	县级行政区划[1]	分县主要土壤类型与土壤剖面点分布图地域名[2]	地级行政区划	县级行政区划[1]	分县主要土壤类型与土壤剖面点分布图地域名[2]
哈尔滨市	道里区	市辖区*	齐齐哈尔市	昂昂溪区	市辖区*
	南岗区			富拉尔基区	
	道外区			碾子山区	
	平房区			梅里斯达斡尔族区	
	松北区			龙江县	龙江县
	香坊区			依安县	依安县
	呼兰区	呼兰县		泰来县	泰来县
	阿城区	阿城市		甘南县	甘南县
	双城区	双城市		富裕县	富裕县
	依兰县	依兰县		克山县	克山县
	方正县	方正县		克东县	克东县
	宾县	宾县		拜泉县	拜泉县
	巴彦县	巴彦县		讷河市	讷河市
	木兰县	木兰县	鸡西市	鸡冠区	市辖区*
	通河县	通河县		恒山区	
	延寿县	延寿县		滴道区	
	尚志市	尚志市		梨树区	
	五常市	五常市		城子河区	
齐齐哈尔市	龙沙区	市辖区*		麻山区	
	建华区			鸡东县	鸡东县
	铁锋区			虎林市	虎林县
				密山市	密山市

续表

地级行政区划	县级行政区划[1]	分县主要土壤类型与土壤剖面点分布图地域名[2]	地级行政区划	县级行政区划[1]	分县主要土壤类型与土壤剖面点分布图地域名[2]
鹤岗市	向阳区		伊春市	丰林县	市辖区*
	工农区			大箐山县	
	南山区			南岔县	
	兴安区			金林区	
	东山区			嘉荫县	
	兴山区			铁力市	铁力市
	萝北县	萝北县	佳木斯市	向阳区	
	绥滨县	绥滨县		前进区	
双鸭山市	尖山区			东风区	
	岭东区			郊区	
	四方台区			桦南县	桦南县
	宝山区			桦川县	桦川县
	集贤县	集贤县		汤原县	汤原县
	友谊县			同江市	同江市
	宝清县	宝清县		富锦市	富锦市
	饶河县	饶河县		抚远市	抚远县
大庆市	萨尔图区		七台河市	新兴区	市辖区*
	龙凤区			桃山区	
	让胡路区			茄子河区	
	红岗区			勃利县	勃利县
	大同区		牡丹江市	东安区	市辖区*
	肇州县	肇州县		阳明区	
	肇源县	肇源县		爱民区	
	林甸县	林甸县		西安区	
	杜尔伯特蒙古族自治县	杜尔伯特蒙古族自治县		林口县	林口县
伊春市	伊美区	市辖区*		绥芬河市	
	乌翠区			海林市	海林市
	友好区			宁安市	宁安市
	汤旺县			穆棱市	穆棱县
				东宁市	东宁县

续表

地级行政区划	县级行政区划[1]	分县主要土壤类型与土壤剖面点分布图地域名[2]	地级行政区划	县级行政区划[1]	分县主要土壤类型与土壤剖面点分布图地域名[2]
黑河市	爱辉区	市辖区*	绥化市	庆安县	庆安县
	逊克县	逊克县		明水县	明水县
	孙吴县	孙吴县		绥棱县	绥棱县
	北安市	北安市		安达市	安达市
	五大连池市	五大连池市		肇东市	肇东市
	嫩江市	嫩江县		海伦市	海伦市
绥化市	北林区	市辖区*	大兴安岭地区	漠河市	漠河县
	望奎县	望奎县		呼玛县	呼玛县
	兰西县	兰西县		塔河县	
	青冈县	青冈县			

注：1）为民政部于2022年3月发布的《2021年中华人民共和国行政区划代码》中的县级行政区名称。该名称也作为本数据集分县目录。分县排序按《2021年中华人民共和国行政区划代码》中的地级、县级行政区排列。

2）分县主要土壤类型与土壤剖面点分布图地域名是全国第二次土壤普查中分县采样调查、制图的县级行政区名称。分县主要土壤类型与土壤剖面点分布图采用的县级行政域是从国家测绘局获取的1∶25万DLG（公众版）数据（使用许可协议编号：非2011—1011）。附录1显示了全国第二次土壤普查时的县级行政区域名与《2021年中华人民共和国行政区划代码》中的县级行政区名称之间的关联。附录1中仅有《2021年中华人民共和国行政区划代码》中的县级行政区名称，而没有对应的分县主要土壤类型与土壤剖面点分布图地域名的分县，表示该县级行政区无土壤剖面数据，未纳入分县目录。

* 在附录1中，凡分县主要土壤类型与土壤剖面点分布图地域名表示为"市辖区"的地域，均指在全国第二次土壤普查中，在城市中心区及近郊区完成的采样调查和制图。此时，县级行政区名称与分县主要土壤类型与土壤剖面点分布图地域名不是完全的对应关系。如哈尔滨市市辖区（部分）主要土壤类型与土壤剖面点分布图代表土壤调查中哈尔滨市城区及近郊区的土壤分布状况。此时将"市辖区"作为这一节的标题。

附录2 专题图基础地理要素图例

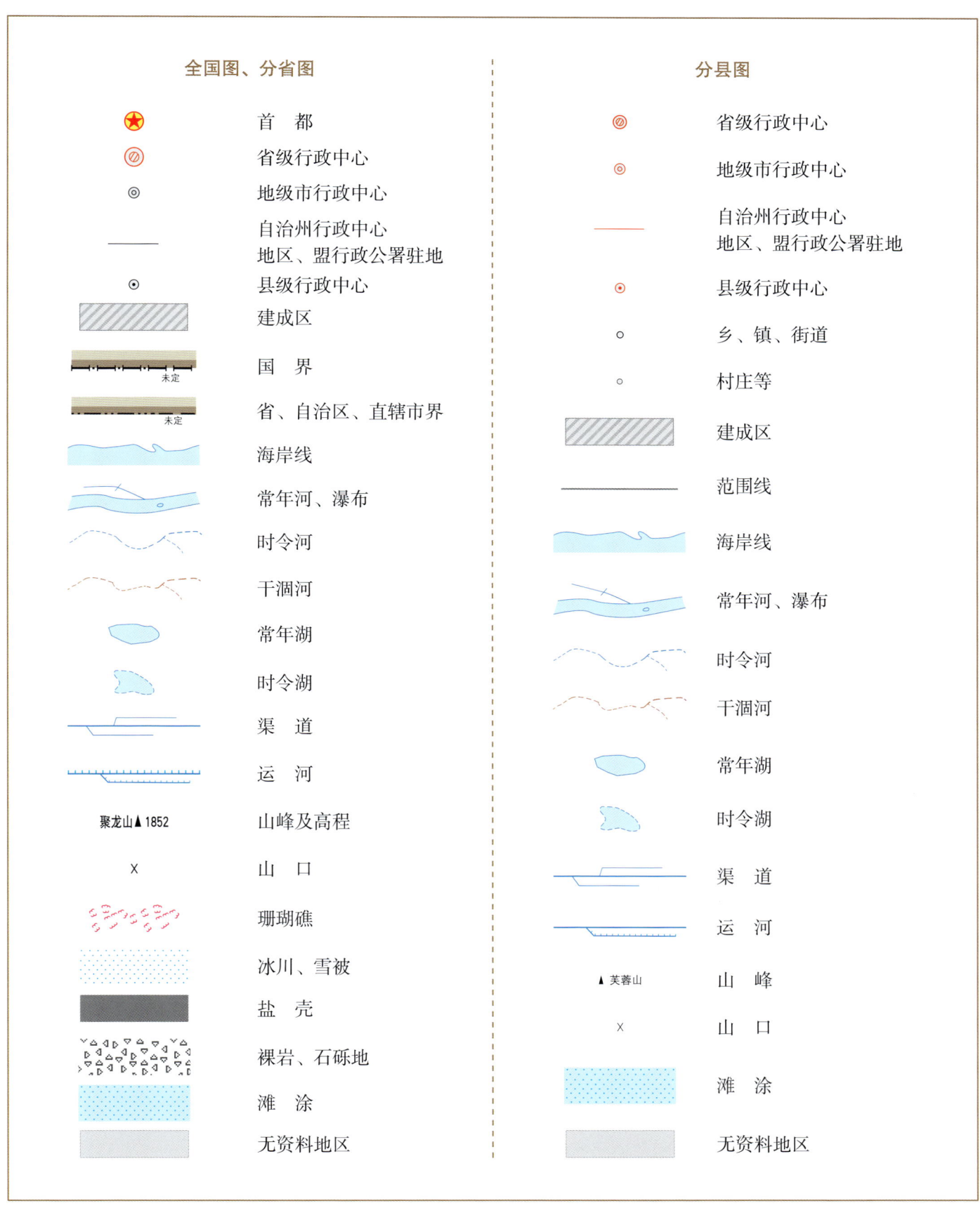

附录3 土壤图土类图例

图例	土类名	色码（RGB）	色码（CMYK）	图例	土类名	色码（RGB）	色码（CMYK）
	砖红壤	253, 139, 149	0, 56, 26, 0		棕钙土	250, 221, 212	2, 17, 13, 0
	赤红壤	253, 160, 170	0, 47, 17, 0		灰钙土	230, 214, 165	11, 15, 40, 1
	红 壤	252, 199, 209	1, 29, 6, 0		灰漠土	246, 237, 182	4, 6, 36, 0
	黄 壤	250, 238, 14	2, 5, 92, 0		灰棕漠土	232, 207, 118	8, 19, 62, 1
	黄棕壤	247, 231, 171	3, 9, 40, 0		棕漠土	238, 220, 86	5, 12, 76, 1
	黄褐土	249, 236, 121	2, 5, 64, 0		黄绵土	249, 223, 2	1, 13, 93, 0
	棕 壤	238, 218, 147	6, 14, 50, 1		红黏土	247, 149, 143	1, 52, 33, 0
	暗棕壤	226, 181, 98	9, 33, 68, 2		新积土	184, 199, 156	30, 11, 44, 2
	白浆土	223, 226, 205	15, 7, 22, 0		龟裂土	254, 252, 55	0, 7, 86, 0
	棕色针叶林土	206, 169, 142	18, 35, 40, 4		风沙土	242, 242, 180	6, 2, 39, 0
	灰化土	183, 169, 182	31, 31, 16, 4		石灰（岩）土	176, 175, 85	28, 21, 75, 9
	漂灰土*	220, 219, 162	15, 9, 44, 1		火山灰土	223, 167, 170	11, 41, 19, 2
	燥红土	250, 161, 9	0, 46, 95, 0		紫色土	199, 177, 221	28, 31, 0, 0
	褐 土	225, 201, 153	12, 21, 43, 1		磷质石灰土	240, 250, 156	7, 1, 51, 0
	灰褐土	228, 219, 186	12, 12, 30, 0		石质土	171, 181, 150	35, 18, 43, 5
	黑 土	142, 164, 151	46, 21, 38, 8		粗骨土	196, 187, 132	23, 21, 53, 4
	灰色森林土	162, 178, 175	40, 19, 27, 4		草甸土	128, 171, 117	51, 14, 63, 7

续表

图例	土类名	色码（RGB）	色码（CMYK）	图例	土类名	色码（RGB）	色码（CMYK）
	黑钙土	230，188，50	6，30，88，1		潮　土	169，219，118	34，1，68，0
	栗钙土	214，195，161	17，22，37，2		砂姜黑土	191，202，188	29，13，26，1
	栗褐土	240，213，157	5，18，43，1		林灌草甸土	171，191，44	31，12，93，5
	黑垆土	201，204，125	22，12，60，3		山地草甸土	132，184，161	52，9，42，3
	沼泽土	144，183，212	49，14，8，2		灌漠土	158，184，110	39，12，67，6
	泥炭土	150，140，173	46，41，10，6		草毡土	150，172，169	45，20，29，6
	草甸盐土	222，145，201	21，49，0，0		黑毡土	129，157，106	48，19，63，14
	滨海盐土	232，206，217	10，22，5，0		寒钙土	198，214，203	26，8，21，1
	酸性硫酸盐土	187，159，184	29，38，9，3		冷钙土	194，194，96	23，15，72，5
	漠境盐土	209，130，159	16，58，11，3		冷棕钙土	183，186，169	31，20，32，3
	寒原盐土	187，159，184	29，38，9，3		寒漠土	235，223，181	9，12，33，0
	碱　土	227，211，211	13，18，11，0		冷漠土	223，197，102	11，22，68，2
	水稻土	107，176，107	59，9，72，3		寒冻土	196，171，79	19，29，77，8
	灌淤土	136，146，47	38，24，90，21				

注：*漂灰土，《中国土壤分类与代码》（GB/T 17296—2009）中无此土类，在全国第二次土壤普查中完成的中国1∶100万土壤图和分县土壤图中含漂灰土，主要分布于西藏自治区南部，总面积约为112 km^2。

附录4　中国主要土壤类型简表

土纲名[1]	土类名[2]	主要成土条件及特征[3]	分布区域	WRB 土组名[4]	MR[5]/%	百分比[6]/%
铁铝土纲 Ferrallisols	砖红壤 Latosols	热带雨林或季雨林下，强烈脱硅富铝化，游离铁占全铁的80%，土壤呈砖红色，具A-Bs-Bv-C剖面构型	海南、广东等	Acrisols	29	0.46
	赤红壤 Latosolic red soils	南亚热带季雨林下，脱硅富铝化程度次于砖红壤、强于红壤，铁的游离度介于二者之间，土壤呈赤红色，具A-Bs-C剖面构型	广东、云南、广西、福建等	Acrisols	40	2.23
	红壤 Red soils	中亚热带常绿阔叶林下，中度脱硅富铝化，具有深厚红色土层，具A-Bs-Bv或A-Bs-C剖面构型	南部的江西、福建、湖南等	Cambisols	35	6.79
	黄壤 Yellow soils	亚热带湿润气候条件下，多见于海拔700—1200m的山区，中度富铝化，土壤有机质累积较多，土壤呈黄色，具O-A-AB-B-C剖面构型	贵州、四川、云南、西藏、台湾等	Cambisols	45	2.65
淋溶土纲 Alfisols	黄棕壤 Yellow-brown soils	北亚热带暖湿落叶阔叶林下，弱度富铝化，母质多为砂页岩及花岗岩风化物，黏化特征明显，土壤呈黄棕色，具A-B-C或A-(B)-C剖面构型	长江中下游沿江低山丘陵区，以及云南、贵州、四川、陕西、西藏等	Cambisols	39	2.37
	黄褐土 Yellow-cinnamon soils	北亚热带地区，黄土状母质，无游离碳酸钙，黏化淀积明显，土壤呈灰黄棕色，具A-B-C或A-Bt-C剖面构型	河南、安徽面积最大，陕南、鄂北、江苏、川东北、江西等地也有分布	Luvisols	58	0.59
	棕壤 Brown soils	湿润暖温带地区，处于硅铝风化阶段，盐基已淋失，土体见黏粒淀积，土壤呈棕色，具O-A-Bt-C剖面构型	辽东至苏北低山丘陵，以及内蒙古、河南、西藏、云南、湖北等地的山地垂直带	Luvisols	51	2.73
	暗棕壤 Dark brown soils	湿润温带地区，针阔叶混交林下，弱酸性淋溶，有机质富集明显，土体B层呈棕色，具O-A-B-C剖面构型	黑龙江、吉林、内蒙古等	Cambisols	48	4.12

续表

土纲名[1]	土类名[2]	主要成土条件及特征[3]	分布区域	WRB 土组名[4]	MR[5]/%	百分比[6]/%
淋溶土纲 Alfisols	白浆土 Bleached baijiang soils	湿润温带平缓岗地森林草原下，上层土壤周期性滞水，还原铁、锰，漂洗形成灰黄色至灰白色白浆土层 E，具 Ah-E-Bt-C 剖面构型	黑龙江、吉林等	Luvisols	46	0.49
	棕色针叶林土 Brown coniferous forest soils	寒温带针叶林下，酸性淋溶，表层盐基饱和度降低，B 层呈棕色，具 O-A-AB-B-C 剖面构型	内蒙古、黑龙江、四川、云南、吉林、新疆等	Cambisols	47	1.15
	灰化土 Podzolic soils	寒冷湿润针叶林下，表层有机质层深厚，强烈淋溶和 SiO_2 淀积形成灰化层 A_2，具 A_1-A_2-B-BC 剖面构型	西藏	Podzols	100	<0.01
半淋溶土纲 Semi-alfisols	燥红土 Torrid red soils	热带、亚热带干旱河谷与雨区稀树草原下形成的盐基饱和的红色土壤，具 A-B-C（D）剖面构型	海南、贵州、云南、四川等	Luvisols	100	0.08
	褐土 Cinnamon soils	暖温带半湿润，黏化与钙质淋移淀积，盐基饱和，B 层呈棕褐色，具 A-B-Bk-C 剖面构型	河北、山西、北京等	Cambisols	48	2.88
	灰褐土 Gray-cinnamon soils	温带干旱、半干旱山地云冷杉下，腐殖质累积与钙积作用明显，弱黏淀特征，具 Ao-A-B-C 剖面构型	甘肃、内蒙古、新疆、西藏、青海、宁夏等地的山地垂直带	Cambisols	43	0.65
	黑土 Black soils	温带半湿润草甸草原下，具深厚的腐殖质层，无石灰性的黑色土壤，底层轻度淋溶，具 A-ABh-BhC-C 剖面构型	东北平原	Phaeozems	31	0.68
	灰色森林土 Gray forest soils	温带森林植被下，腐殖质层深厚，弱度淋溶，剖面下部见硅粉，具 O-A-AB 或（B）-BC-C 剖面构型	内蒙古、新疆、河北	Phaeozems	77	0.34
钙层土 Pedocals	黑钙土 Chernozems	温带半湿润草甸草原下，具深厚的腐殖质层、碳酸钙淋溶淀积层	内蒙古、新疆、吉林、黑龙江、青海、甘肃	Chernozems	50	1.51
	栗钙土 Castanozems	温带半干旱草原下，具有栗色腐殖质层及灰白色钙积层	内蒙古、新疆、河北、山西、吉林等	Kastanozems	61	4.18
	栗褐土 Castano-cinnamon soils	暖温带半干旱草原及灌木下，弱度黏化和弱度淋溶，通体有石灰反应	山西、内蒙古、河北	Cambisols	40	0.47
	黑垆土 Dark loessial soils	黄土高原上，由黄土母质发育，有机质含量低，腐殖质层深厚，无明显黏化层	甘肃面积最大，其次为陕北和宁南地区	Cambisols	59	0.21
干旱土 Aridisols	棕钙土 Brown caliche soils	温带干旱草原向荒漠过渡区，具浅棕色薄腐殖质层、灰白色薄钙积层，钙积层接近地表	内蒙古、甘肃、青海、新疆	Cambisols	36	2.81
	灰钙土 Sierozems	暖温带干旱草原下，母质多为黄土，低腐殖质、弱淋溶，具腐殖质层和钙积层	甘肃、宁夏、新疆、青海、内蒙古、陕西	Cambisols	63	0.50

续表

土纲名[1]	土类名[2]	主要成土条件及特征[3]	分布区域	WRB 土组名[4]	MR[5]/%	百分比[6]/%
漠土 Desert soils	灰漠土 Gray desert soils	温带干旱漠境边缘区	宁夏、内蒙古、甘肃、新疆等	Cambisols	44	0.72
	灰棕漠土 Gray-brown desert soils	温带干旱中心	新疆、内蒙古等	Cambisols	78	3.11
	棕漠土 Brown desert soils	暖温带极干旱漠境中心	新疆、甘肃等	Cambisols	65	2.69
初育土 Amorphic soils	黄绵土 Loessial soils	黄土高原上，由黄土母质直接翻耕形成，具 A-C 剖面构型	陕西、甘肃、山西、宁夏等	Cambisols	33	1.97
	红黏土 Red primitive soils	由第三纪红色黏土及部分第四纪老黄土发育	陕西、甘肃、河南、山西、辽宁等	Regosols	48	0.07
	新积土 Neo-alluvial soils	新近冲积、洪积、坡积、塌积或人工堆垫，具 A-C 或（A）-C 剖面构型	全国各地，以吉林、陕西面积最大，其次为黑龙江、宁夏、四川等	Fluvisols	51	0.57
	龟裂土 Takyr	干旱、漠境地区山前细土洪积微弱发育，表层为不规则龟裂结皮	新疆、甘肃、内蒙古、宁夏	Cambisols	72	0.06
	风沙土 Aeolian soils	半干旱、干旱及滨海地区，由风成沙性母质发育	新疆、内蒙古、甘肃、青海等	Arenosols	75	7.03
	石灰（岩）土 Limestone soils	由热带、亚热带石灰岩母质发育	贵州、广西、四川、湖南等	Cambisols	80	1.73
	火山灰土 Volcanic ash soils	由火山喷发碎屑、粉尘状堆积物发育，具 A-C 剖面构型	黑龙江、江苏、海南等	Andosols	53	0.04
	紫色土 Purplish soils	由热带、亚热带紫红色岩层侵蚀发育，土层浅薄，具 A-C 剖面构型	四川、云南、湖南、贵州、广西等	Cambisols	68	2.44
	磷质石灰土 Phospho-calcic soils	热带珊瑚岛礁上，由海鸟粪与珊瑚礁风化物形成	南海的西沙、南沙、东沙、中沙诸岛	Arenosols	81	<0.01
	石质土 Lithosols	石质山地岩石风化残积物，风化层厚度一般小于 10cm，具 A-R 剖面构型	西北和华北山地	Leptosols	100	1.87
	粗骨土 Skeletal soils	基岩风化残积物、坡积物，属于 A-C 或（A）-C 剖面构型	辽宁、内蒙古、山东、浙江等地的河谷阶地、丘陵、低山和中山	Regosols	93	1.76
水成土 Aqueous soils	沼泽土 Bog soils	所处地势低洼，长期地表积水，还原作用形成潜育层G，泥炭层或腐泥层厚度小于 50cm，具 H-G 剖面构型	黑龙江、青海、内蒙古等地的沟谷、平原河湖滨低洼地区均有分布，主要分布于东北	Gleysols	53	1.53
	泥炭土 Peat soils	泥炭层 H 厚度大于 50cm，其下为潜育层 G，具 H-G 剖面构型	青海、四川、黑龙江、吉林等	Histosols	48	0.06

续表

土纲名[1]	土类名[2]	主要成土条件及特征[3]	分布区域	WRB 土组名[4]	MR[5]/%	百分比[6]/%
半水成土 Semi-aqueous soils	草甸土 Meadow soils	冷湿条件下受地下水浸润并在草甸植被下发育，有明显腐殖质累积，铁、锰氧化还原形成锈纹层 Cu，具 A-Cu 或 A-C-Cu 剖面构型	黑龙江、内蒙古、新疆、四川等	Cambisols	92	3.54
	潮土 Fluvo-aquic soils	河流冲积平原或低平阶地耕作土壤，地下水位高，底土氧化还原交替形成锈纹层 Cu，具 A_{11}-A_{12}-Cu 或 A_{11}-C-Cu 剖面构型	主要分布于黄淮海平原，内蒙古、辽宁、湖北等地的河谷平原，滨湖低地与山间谷地也有分布	Cambisols	85	3.71
	砂姜黑土 Lime concretion black soils	河湖沉积物经脱沼与长期耕作形成，底土见砂姜	主要分布于安徽、河南、山东、江苏等，河北、湖北、广西等地也有分布	Cambisols	79	0.54
	林灌草甸土 Shrubby meadow soils	漠境河谷平原沿河一带的胡杨林下发育，有交替氧化还原作用，具 Ao-AC-C 剖面构型	新疆、内蒙古、甘肃等	Cambisols	87	0.24
	山地草甸土 Mountain meadow soils	中海拔山顶平台草甸植被下发育的薄层土壤，草皮层 As 下见铁锰锈纹、胶膜，具 As-AC-D 剖面构型	除青藏高原及西北高山区以外，各省、自治区、直辖市均有分布，以西部为多，西南部次之	Cambisols	60	0.04
盐碱土 Alkali-saline soils	草甸盐土 Meadow solonchaks	草甸土、潮土、沼泽土地区，盐分累积量大于 6g/kg，有盐化表土层 Az，具 Az-C 剖面构型	从长江口到松辽平原均有分布	Solonchaks	55	1.21
	滨海盐土 Coastal solonchaks	母质为滨海沉积物，盐分来自海水和高矿化潜水，通常含盐量为 10g/kg，具 Az-Cz 剖面构型	山东、浙江、福建等沿海地区	Solonchaks	47	0.31
	酸性硫酸盐土 Acid sulphate soils	热带、南亚热带滨海低平原的海潮可及处，红树林残体形成的硫化物经氧化形成硫酸，土壤呈强酸性	海南、广东、广西、福建、台湾等	Solonchaks	36	<0.01
	漠境盐土 Desert solonchaks	极端干旱的漠境条件，含盐量通常在 100g/kg 以上	新疆、青海、甘肃等	Solonchaks	50	0.31
	寒原盐土 Frigid plateau solonchaks	青藏高寒地区退缩内陆湖盆、河间洼地	西藏	Solonchaks	88	0.10
	碱土 Solonetzes	碱化度（交换性钠占阳离子交换量百分比）大于 20%	零星分布于东北、华北、西北的内陆地区	Solonetz	50	0.06
人为土 Anthrosols	水稻土 Paddy soils	长期季节性淹灌、排水，水下翻耕，氧化还原交替，形成多种发生层分异：淹育层 Aa、犁底层 Ap、渗育层 P、潴育层 W 与潜育层 G	全国各地，以四川、江西、湖南等地面积为大	Anthrosols	83	4.93
	灌淤土 Irrigated warped soils	引用高泥沙含量灌溉水淤灌，加厚土层大于 50cm	新疆、宁夏、甘肃、河北、青海、西藏等	Anthrosols	70	0.22

续表

土纲名[1]	土类名[2]	主要成土条件及特征[3]	分布区域	WRB 土组名[4]	MR[5]/%	百分比[6]/%
人为土 Anthrosols	灌漠土 Irrigated desert soils	干旱荒漠地区，坎儿井水长期耕灌	新疆、甘肃、宁夏、青海等地的荒漠绿洲地带	Anthrosols	68	0.12
高山土 Alpine soils	草毡土 Felty soils	高寒区平缓高原面上，强度生草腐殖质累积与弱度氧化还原形成草毡层	青海、西藏、四川、新疆等	Cambisols	69	5.46
	黑毡土 Dark felty soils	高寒区略较温湿的原面上，草毡层初步分解，色泽较暗，有机质含量较高	西藏、四川、新疆、甘肃等	Cambisols	61	2.73
	寒钙土 Frigid calcic soils	高寒半干旱区，弱度腐殖质累积，底层积钙	西藏、青海、新疆、甘肃等	Calcisols	70	7.88
	冷钙土 Cold calcic soils	高寒区冷凉半干旱原面下，具弱腐殖质累积与钙积特征	新疆、西藏、甘肃等	Cambisols	45	1.43
	冷棕钙土 Cold brown calcic soils	高寒区温凉的半干旱河谷处，土壤弱腐殖质累积，弱度淋溶与积钙	西藏	Cambisols	67	0.09
	寒漠土 Frigid desert soils	高寒干旱条件下成土	青藏高原西北部海拔4000m 以上地区，涉及新疆、四川、西藏、青海等	Cryosols	87	0.29
	冷漠土 Cold desert soils	亚高山冷凉干旱条件下成土	西藏海拔 4500m 以下的湖盆、河谷及山地中下部	Cambisols	42	0.03
	寒冻土 Frigid frozen soils	高山冰川冰缘地带条件下，以物理风化为主	青藏高原冰缘地区，涉及新疆、西藏、甘肃等	Leptosols	100	3.23

注：1）中国土壤分类系统中土纲名及土纲英译名。
2）中国土壤分类系统中土类名及土类英译名。
3）本栏所用土层及后缀代码释义。
  自然土壤：A 表土层，As 草根层、草毡层，A_2 灰化层，B 母质特征消失的表下层，C 受成土作用影响小的母质层，D 未受成土作用影响的碎屑层，R 坚硬岩石层，E 漂白层、白浆层，H 泥炭状有机质层，Hi 纤维状泥炭层，He 半分解泥炭层，O 凋落物有机质层。
  旱地土壤：A_{11} 旱耕层，A_{12} 亚耕层，C_1 心土层，C_2 底土层。
  水田土壤：Aa 耕作层（淹育层），Ap 犁底层（淹渣层），P 渗育层，W 潴育层，G 潜育层，Gw 脱潜层，M 腐泥层。
  土层后缀代码：d 漂灰特征，c 铁结核或硬结核，f 冰冻特征，h 有机质淀积，k 石灰聚积，n 碱化特征，q 硅聚积，t 黏粒淀积，v 网纹特征，x 脆盘，z 易溶盐聚积，su 硫化物聚积，b 埋藏或重叠，e 漂洗特征，g 潜育特征，i 弱分解有机质，m 胶结或固结，p 人工扰动，s 三氧化二物聚积，u 锈色斑纹，w 色泽或结构发育，y 石膏聚积，mo 铁锰胶膜。
4）世界土壤资源参比基础（world reference base for soil resources，WRB）工作组发布土组名，WRB 土组划分原则与中国土壤分类系统中土纲接近。
5）WRB 土组对中国土壤分类系统中各土类的最大可参比性（maximum referencibility，MR）。
6）该土类面积占各土类总面积的百分比。

附录 5 黑龙江省主要土壤类型表

土纲名[1]	土类名[2]	WRB 土组名[3]	MR[4]/%	百分比[5]/%
淋溶土纲 Alfisols	暗棕壤 Dark brown soils	Cambisols	48	32.7
	白浆土 Bleached baijiang soils	Luvisols	46	6.5
	棕色针叶林土 Brown coniferous forest soils	Cambisols	47	9.1
半淋溶土纲 Semi-alfisols	黑土 Black soils	Phaeozems	31	9.7
钙层土 Pedocals	黑钙土 Chernozems	Chernozems	50	4.8
初育土 Amorphic soils	新积土 Neo-alluvial soils	Fluvisols	51	0.2
	风沙土 Aeolian soils	Arenosols	75	0.9
	火山灰土 Volcanic ash soils	Andosols	53	0.1
	石质土 Lithosols	Leptosols	100	0.1
半水成土 Semi-aqueous soils	草甸土 Meadow soils	Cambisols	92	24.0
水成土 Aqueous soils	沼泽土 Bog soils	Gleysols	53	9.8
	泥炭土 Peat soils	Histosols	48	0.2
盐碱土 Alkali-saline soils	草甸盐土 Meadow solonchaks	Solonchaks	55	0.1
	碱土 Solonetzes	Solonetz	50	0.1
人为土 Anthrosols	水稻土 Paddy soils	Anthrosols	83	0.8

注：1）中国土壤分类系统中土纲名及土纲英译名。
2）中国土壤分类系统中土类名及土类英译名。
3）世界土壤资源参比基础（world reference base for soil resources，WRB）工作组发布土组名，WRB 土组划分原则与中国土壤分类系统中土纲接近。
4）WRB 土组对中国土壤分类系统中各土类的最大可参比性（maximum referencibility，MR）。
5）该土类面积占黑龙江省省域面积百分比，土类面积不足本省省域面积0.05%的土类未列入本表。

附录 6　分省土壤有机质含量图有机质含量分级图例

图例	分级序号	色码（CMYK）	色码（RGB）	图例	分级序号	色码（CMYK）	色码（RGB）
	1	2, 2, 17, 0	255, 255, 220		8	38, 0, 74, 0	157, 218, 104
	2	4, 1, 35, 0	248, 255, 190		9	42, 0, 80, 0	146, 210, 90
	3	8, 0, 47, 0	238, 255, 165		10	48, 1, 85, 0	132, 200, 80
	4	17, 0, 53, 0	220, 249, 150		11	52, 4, 89, 1	123, 190, 70
	5	23, 0, 60, 0	203, 242, 135		12	54, 11, 94, 3	115, 175, 55
	6	28, 0, 62, 0	185, 235, 130		13	61, 18, 98, 7	92, 158, 37
	7	34, 0, 68, 0	169, 225, 118		14	64, 24, 100, 15	70, 138, 20

附录 7　黑龙江省典型剖面 0—20cm 土层土壤理化性状中位数与平均数

土壤理化性状[1]	黑龙江省[2]			东北地区[3]			全国[4]		
	中位数	平均数	样本量*	中位数	平均数	样本量*	中位数	平均数	样本量*
有机质 /（g/kg）	16.4	33.7	1194	19.3	32.3	3813	18.6	25.4	53243
pH	6.7	6.9	1000	6.8	6.9	3624	6.8	6.8	54014
全氮 /（g/kg）	1.54	2.23	792	1.17	1.73	3395	1.06	1.37	49409
全磷 /（g/kg）	1.02	1.25	764	0.60	0.85	3329	0.60	0.78	50185
全钾 /（g/kg）	24.1	24.0	676	22.4	22.3	2763	18.0	17.5	29736
碱解氮 /（mg/kg）	159	178	255	127	168	1821	90	114	19316
有效磷 /（mg/kg）	11.0	15.2	235	5.9	10.1	2062	4.4	7.5	23100
速效钾 /（mg/kg）	186	215	156	110	127	1915	90	110	23841
阳离子交换量 /（cmol/kg）				20.1	21.4	626	13.1	14.8	22361

注：1）土壤全氮、全磷、全钾、碱解氮、有效磷、速效钾含量均以 N、P、K 纯养分量计。
　　2）本卷收录的黑龙江省典型土壤剖面共计 1705 个。通过对剖面数据的土层厚度转换，附录 7 给出了这些典型剖面 0—20cm 土层土壤理化性状中位数与平均数。全国第二次土壤普查剖面采样为典型土类采样，而非网格化采样。0—20cm 土层土壤理化性状中位数与平均数不代表本省土壤理化性状平均状况。但全国第二次土壤普查是我国最早的大样本量调查，附录 7 所示的 0—20cm 土层土壤理化性状中位数与平均数对了解黑龙江省 20 世纪 80 年代土壤肥力性状量化指标具有一定参考价值。
　　3）东北地区包括黑龙江、吉林和辽宁 3 个省，本数据集收录该地区的剖面共计 4906 个。
　　4）本数据集全集收录的剖面共计 63792 个。
　　* 样本量的单位为"个"。

附录8　黑龙江省主要土地利用类型0—30cm土层土壤有机质含量[1]

土地利用类型	黑龙江省		东北地区[2]		全国	
	占省域面积百分比[3]/%	有机质/(g/kg)	占地域面积百分比/%	有机质/(g/kg)	占地域面积百分比/%	有机质/(g/kg)
耕地	37.99	32.35	19.51	25.91	13.52	18.65
园地	0.14	32.99	1.93	14.56	2.13	16.68
林地	47.77	39.88	24.52	35.78	30.04	26.96
草地	2.62	32.15	32.56	26.52	27.97	19.18
湿地	7.73	31.37	2.36	26.36	2.48	17.56

注：1) 各土地利用类型0—30cm土层土壤有机质含量由本卷编制的黑龙江省土壤有机质含量图和自然资源部土地科学数据中心编制的2019年1∶100万比例尺全国土地利用缩编图通过叠加、计算生成。其中，耕地包括水田、水浇地和旱地；园地包括果园、茶园和其他园地；林地包括有林地、灌木林地和其他林地；草地包括天然牧草地、人工牧草地和其他草地；湿地包括沼泽地、沿海滩涂和内陆滩涂。
2) 东北地区包括黑龙江、吉林和辽宁3个省。
3) 土地利用类型占省域面积百分比根据第三次全国国土调查发布的2019年土地利用现状分类面积汇总数据计算生成。

附录 9 黑龙江省耕地、园地、林地和草地中主要土壤类型占比[1]

黑龙江省									东北地区[2]									全国								
耕地		园地		林地		草地		耕地		园地		林地		草地		耕地		园地		林地		草地	
土类名	占比/%	土类名	占比/%	土类名	占比/%	土类名	占比/%	土类名	占比/%	土类名	占比/%	土类名	占比/%	土类名	占比/%	土类名	占比/%	土类名	占比/%	土类名	占比/%	土类名	占比/%
草甸土	34.3	暗棕壤	58.1	暗棕壤	55.6	草甸土	53.4	草甸土	30.9	棕壤	59.0	暗棕壤	49.3	草甸土	44.3	水稻土	14.9	水稻土	14.3	红壤	16.7	寒钙土	21.8
黑土	19.5	沼泽土	13.5	棕色针叶林土	19.5	沼泽土	17.7	黑土	13.3	草甸土	19.0	棕色针叶林土	12.3	沼泽土	12.7	潮土	14.3	红壤	13.1	暗棕壤	10.3	草毡土	14.4
暗棕壤	13.2	黑土	13.4	沼泽土	10.2	暗棕壤	12.6	黑钙土	11.1	粗骨土	9.5	棕壤	9.9	黑钙土	9.3	草甸土	9.1	砖红壤	11.5	黄壤	7.0	栗钙土	9.7
白浆土	11.2	草甸土	7.6	草甸土	9.8	黑钙土	5.2	暗棕壤	10.1	潮土	4.1	草甸土	9.7	暗棕壤	8.7	褐土	6.1	褐土	10.5	黄棕壤	6.3	棕钙土	7.4
黑钙土	9.7	白浆土	4.9	白浆土	2.7	风沙土	3.1	白浆土	8.4	褐土	2.8	沼泽土	6.7	粗骨土	5.5	紫色土	4.8	赤红壤	9.6	棕壤	5.8	寒冻土	5.3
沼泽土	8.2	黑钙土	1.9	黑土	1.2	黑土	2.1	棕壤	6.0	暗棕壤	2.4	白浆土	4.2	碱土	4.4	红壤	4.7	紫色土	5.6	赤红壤	5.1	风沙土	4.8
水稻土	1.7	风沙土	0.6	风沙土	0.3	白浆土	1.1	沼泽土	4.8	白浆土	0.6	粗骨土	3.8	风沙土	3.7	黑土	3.4	粗骨土	5.0	褐土	4.6	灰棕漠土	4.4
风沙土	1.3			石质土	0.2	新积土	1.0	水稻土	3.5	水稻土	0.6	褐土	1.2	褐土	2.2	黑钙土	3.2	潮土	4.8	紫色土	4.5	黑毡土	4.0
合计	99.1	合计	100.0	合计	99.5	合计	96.2	合计	88.1	合计	98.0	合计	97.1	合计	90.8	合计	60.5	合计	74.4	合计	60.3	合计	71.8

注：1）耕地、园地、林地和草地中主要土壤类型占比由本卷编制的黑龙江省土壤图和自然资源部土地科学数据中心编制的2019年1：100万比例尺全国土地利用缩编图通过叠加、计算生成。其中，耕地包括水田、水浇地和旱地；园地包括果园、茶园和其他园地；林地包括有林地、灌木林地和其他林地；草地包括天然牧草地、人工牧草地和其他草地。当省、自治区、直辖市中某土地利用类型所含土壤类型较多时，本表仅列出占比较大的土壤类型。

2）东北地区包括黑龙江、吉林和辽宁3个省。

附录10 《中国土壤剖面数据集》参编单位

国家科技基础性工作专项重点项目"我国1∶5万土壤图籍编撰及高精度数字土壤构建"主持与参加单位	
中国农业科学院农业资源与农业区划研究所	湖南农业大学
中国科学院南京土壤研究所	西北农林科技大学
中国农业科学院农业环境与可持续发展研究所	沈阳大学
中国科学院地理科学与资源研究所	山东省国土测绘院
国家基础地理信息中心	辽宁省基础测绘院
全国农业技术推广服务中心	黑龙江省农业科学院土壤肥料与环境资源研究所
中国农业大学	海南省农业科学院
华中农业大学	上海市农业科学院生态环境保护研究所
中国地质大学（北京）	城信迪赛（北京）科技有限公司
参加数据集各分卷审核和修订工作的单位	
北京市农林科学院植物营养与资源研究所	广西农业科学院农业资源与环境研究所
河北省农林科学院农业资源环境研究所	重庆市农业技术推广总站
山西省农业科学院农业环境与资源研究所	贵州省农业科学院土壤肥料研究所
辽宁省农业科学院植物营养与环境资源研究所	云南省农业科学院农业环境资源研究所
吉林省农业科学院农业资源与环境研究所	甘肃省农业科学院土壤肥料与节水农业研究所
江苏省农业科学院农业资源与环境研究所	青海省农林科学院土壤肥料研究所
福建省农业科学院	宁夏农林科学院农业资源与环境研究所
江西省土壤肥料技术推广站	新疆农业科学院土壤肥料与农业节水研究所
山东省农业科学院农业资源与环境研究所	西藏自治区农牧科学院
湖南省土壤肥料研究所	

续表

参加分县大比例尺纸质土壤图与土种志收集的单位	
北京市耕地建设保护中心	福建省农田建设与土壤肥料技术总站
天津市农田建设管理处	山东省土壤肥料总站
河北省土壤肥料总站	河南省土壤肥料站
山西省耕地质量监测保护中心	湖北省耕地质量与肥料工作总站（湖北省土壤肥料调查测试中心）
内蒙古自治区土壤肥料和节水农业工作站	湖南省土壤肥料工作站
辽宁省土壤肥料总站	广东省农业科学院农业资源与环境研究所
吉林省土壤肥料总站	河池市土壤肥料工作站
黑龙江八一农垦大学	成都土壤肥料测试中心
上海市农业技术推广服务中心	云南省土壤肥料工作站
江苏省农业科学院	陕西省耕地质量与农业环境保护工作站
扬州市土壤肥料站	甘肃省耕地质量建设保护总站
安徽省土壤肥料总站	

注：表中各参编单位仅出现一次，参与多项工作的单位不重复列出。

参考文献

［1］张维理，徐爱国，张认连，等. 土壤分类研究回顾与中国土壤分类系统的修编［J］. 中国农业科学，2014，47（16）：3214-3230.

［2］张维理，KOLBE H，张认连，等. 世界主要国家土壤调查工作回顾［J］. 中国农业科学，2022，55（18）：3565-3583.

［3］MCBRATNEY A B，MENDONÇA SANTOS M L，MINASNY B. On digital soil mapping［J］. Geoderma，2003（117）：3-52.

［4］USDA. Natural Resources Conservation Service［EB/OL］. Soils National Soil Information System（NASIS）［2021-12-01］. http://www.nrcs.usda.gov/wps/portal/ nrcs/detail/soils/survey/cid=nrcs142p2_053552.

［5］CSIRO Land and Water. Australian Soil Resource Information System（ASRIS）［EB/OL］.［2021-12-01］. http://www.asris.csiro.au/asris.

［6］European Soil Data Centre［EB/OL］.［2021-12-01］. http://eusoils.jrc.ec.europa.eu/.

［7］全国土壤普查办公室. 全国第二次土壤普查暂行技术规程［M］. 北京：农业出版社，1979.

［8］张维理，张认连，徐爱国，等. 中国1∶5万比例尺数字土壤的构建［J］. 中国农业科学，2014，47（16）：3195-3213.

［9］张维理，傅伯杰，徐爱国，等. 中国土壤调查结果的地统计特征［J］. 中国农业科学，2022，55（13）：2572-2583.

［10］张维理. 海量空间数据提取、整合与制图表达方法概要［J］. 中国农业科学，2014，47（16）：3231-3249.

［11］张维理. 智能化海量空间信息分析与地图制图软件包IMAT设计及构建［J］. 中国农业科学，2014，47（16）：3250-3263.

［12］《第一次全国地理国情普查地图集》编纂委员会. 第一次全国地理国情普查地图集［M］. 北京：中国地图出版社，2019.

［13］中国地图出版社. 中国地图集［M］. 3版. 北京：中国地图出版社，2022.

［14］全国土壤质量标准化技术委员会. 土壤制图 1∶25 000 1∶50 000 1∶100 000中国土壤图用色和图例规范：GB/T 36501—2018［S］. 北京：中国标准出版社，2018.

［15］张维理，KOLBE H，张认连. 土壤有机碳作用及转化机制研究进展［J］. 中国农业科学，2020，53（2）：317-331.

［16］周北燕，石家星. 中国地形图［M］. 北京：中国地图出版社，2009.

［17］《中华人民共和国气候图集》编委会. 中华人民共和国气候图集［M］. 北京：气象出版社，2002.

［18］中国标准化与信息分类编码研究所，全国农业技术推广服务中心. 中国土壤分类与代码：GB/T 17296—1998［S］.

［19］中国标准研究中心. 中国土壤分类与代码：GB/T 17296—2000［S］.

［20］全国信息分类编码标准化技术委员会. 中国土壤分类与代码：GB/T 17296—2009［S］. 北京：中国标准出版社，2009.

［21］ISSS，ISRIC，FAO. World Reference Base for Soil Resources. Wageningen/Rome，1998.

[22] SHI X Z, YU D S, XU S X, et al. Cross-reference for relating Genetic Soil Classification of China with WRB at different scales [J]. Geoderma, 2010 (155): 344-350.
[23] 全国土壤普查办公室. 中国土种志 第一卷 [M]. 北京: 中国农业出版社, 1993.
[24] 全国土壤普查办公室. 中国土种志 第二卷 [M]. 北京: 中国农业出版社, 1994.
[25] 全国土壤普查办公室. 中国土种志 第三卷 [M]. 北京: 中国农业出版社, 1994.
[26] 全国土壤普查办公室. 中国土种志 第四卷 [M]. 北京: 中国农业出版社, 1995.
[27] 全国土壤普查办公室. 中国土种志 第五卷 [M]. 北京: 中国农业出版社, 1995.
[28] 全国土壤普查办公室. 中国土种志 第六卷 [M]. 北京: 中国农业出版社, 1996.
[29] 全国土壤普查办公室. 中国土壤 [M]. 北京: 中国农业出版社, 1998.